"十四五"职业教育国家规划教材

建筑工程计量与计价

（第4版）

主　编　蒋晓燕　魏　柯
副主编　唐　静　杨　兵　彭德红
主　审　袁小雷

人民交通出版社股份有限公司
北京

内 容 提 要

本书是浙江省新形态教材建设项目成果之一，围绕培养技能技术型人才的特色与定位，侧重传授技能，弱化理论，强化实践内容。本书共分三篇：建筑工程计量与计价基础知识，建筑工程施工图预算、工程量清单、清单计价文件编制，工程造价软件应用。每一篇下设若干单元；书后附一套完整的小框架结构图纸，以满足教师授课和读者学习需要。在体例安排上，由工程实例引入，结合计价规则、依据和程序，提出任务，然后展开工程量计算，更符合教师的教学要求，也方便读者透彻地理解理论知识在工程中的运用。同时配套编写《建筑工程施工图实例图集》一书，以满足读者算量计价训练的需要。

本书可作为高等职业技术院校建筑工程技术、工程造价、建设工程管理、建设工程监理等专业的教学用书，也可供施工、造价、咨询等企业概预算管理人员学习参考，还可作为造价人员的培训用书。

图书在版编目(CIP)数据

建筑工程计量与计价 / 蒋晓燕，魏柯主编. —4版.
—北京：人民交通出版社股份有限公司，2020.9
ISBN 978-7-114-16618-1

Ⅰ. ①建… Ⅱ. ①蒋… ②魏… Ⅲ. ①建筑工程—计量—职业教育—教材②建筑造价—职业教育—教材 Ⅳ. ①TU723.32

中国版本图书馆CIP数据核字(2020)第098703号

Jianzhu Gongcheng Jiliang yu Jijia

书　　名：建筑工程计量与计价(第4版)
著 作 者：蒋晓燕　魏　柯
责任编辑：李　坤
责任校对：刘　芹
责任印制：张　凯
出版发行：人民交通出版社股份有限公司
地　　址：(100011)北京市朝阳区安定门外外馆斜街3号
网　　址：http://www.ccpcl.com.cn
销售电话：(010)59757973
总 经 销：人民交通出版社股份有限公司发行部
经　　销：各地新华书店
印　　刷：北京市密东印刷有限公司
开　　本：787×1092　1/16
印　　张：31.75
字　　数：756千
版　　次：2010年8月　第1版
2012年8月　第2版
2015年8月　第3版
2020年9月　第4版
印　　次：2023年12月　第4版　第5次印刷　总第15次印刷
书　　号：ISBN 978-7-114-16618-1
定　　价：58.00元

高职高专土建类专业系列教材出版说明

近年来，我国职业教育蓬勃发展，教育教学改革不断深化，国家对职业教育的重视达到前所未有的高度。为了贯彻落实《国务院关于大力发展职业教育的决定》的精神，提高我国建设工程领域的职业教育水平，培育出适应新时期职业要求的高素质高技能人才，人民交通出版社股份有限公司深入调研，周密组织，在全国高职高专教育土建类专业教学指导委员会的热情鼓励和悉心指导下，发起并组织了全国四十余所院校一大批骨干教师，编写出版本系列教材。

本系列教材以《高等职业教育土建类专业教育标准和培养方案》为纲，结合专业建设、课程建设和教育教学改革成果，在广泛调查和研讨的基础上进行规划和展开编写工作，重点突出企业参与和实践能力、职业技能的培养，推进教材立体化开发，鼓励教材创新。教材组委会、编审委员会、编写与审稿人员全力以赴，为打造特色鲜明的优质教材做出了不懈努力，希望能够以此推动高职土建类专业的教材建设。

本系列教材已先后推出建筑工程技术、建设工程监理和工程造价三个土建类专业共计四十余种主辅教材，随后将在全面推出土建大类中七类方向的全部专业教材的同时，对已出版的教材进行优化、修订，并开发相关数字资源。最终出版一套体系完整、特色鲜明、资源丰富的优秀高职高专土建类专业新形态教材。

本系列教材适合高职高专院校、成人高校、继续教育学院和民办高校土建类专业学生使用，也可作为相关从业人员的自学、培训教材。

人民交通出版社股份有限公司

2017 年 1 月

前 言

QIANYAN

本书是浙江省新形态教材建设项目成果之一，以现行建设工程造价文件为基础，突出学生动手计算分析能力的培养，结合编者在实际工作和教学实践中的经验与体会编写而成。2020年根据《浙江省房屋建筑与装饰工程预算定额》(2018 版)进行改版修订，形成第 4 版。本版主要特色和创新有以下 4 点：

(1)企业行业造价人员参与教材编写，教材更具实用性。

浙江泰宁咨询有限公司多位专家对课程设计思路、教学内容选取以及教材编写方案给予全程指导。教材的工程实例由行业专家选取，实训案例内容由行业专家参与编写。

(2)教材内容顺应国家计价模式的变革，既适用于定额计价，又适用于工程量清单计价。

编者将定额计价和清单计价进行结合，每一个单元均以定额计价和清单计价两种计价模式为主线，针对两种不同的计价方法的具体操作进行详细介绍并突出清单计价方法，既考虑国家标准《建设工程工程量清单计价规范》的要求，又兼顾地区企业的具体操作。

(3)选取典型的实际工程项目穿插两种计价模式编入教材，突出教材的操作性、实用性。

精心选取近期的典型工程实例纳入教材，将知识点、职业技能的培养链接于施工全过程。教材编写遵循“工作过程导向”理念，引入行业职业标准，将企业生产实际中应用的知识、造价员的考试内容纳入教材各单元。

(4)打破各课程自成体系、相互独立的格局，在每一个单元中加入施工工艺和建筑构造等基础知识。

编者通过多年的教学实践发现，工程识图和施工工艺知识的欠缺是阻碍学生学习“建筑工程计量与计价”这门课程的重要因素。随着计价模式的改变，对造价从业人员的综合素质提出了更高要求，尤其是施工工艺、建筑构造等方面的知识已必不可少。为此，编者以建筑工程计量计价知识点作为教学的主干线，将识图、施工、房屋构造等相关知识贯穿其中，编写汇总成基础知识，成为本书的重要组成部分。

本书可作为高等职业技术院校建筑工程技术、工程造价、建设工程管理、建设工程监理等专业的教学用书，也可供施工、造价、咨询等企业概预算管理人员学习参考，还可作为造价人员的培训用书。

本书由蒋晓燕、魏柯任主编并统稿，唐静、杨兵、彭德红任副主编。编写分工为：第一篇单元一～六由绍兴职业技术学院魏柯编写，单元七由浙江义乌工商职业技术学院彭德红编写；第二篇单元一～九由绍兴职业技术学院蒋晓燕编写,单元十由浙江广厦建设职业技术学院任玲华编写,单元十一～十五由绍兴职业技术学院唐静编写,单元十六～ 二十一由绍兴职业技术学院杨兵编写;第三篇由绍兴职业技术学院魏柯编写;实训案例由浙江建汇工程咨询有限公司沈兴标编写。本书由浙江翔实建设项目管理有限公司袁小雷高级工程师主审。

目前,我国工程造价的改革在不断推进,新的清单计价规范、定额和计价表式也在不断完善。由于知识更新较快,加之编者水平有限,书中欠妥之处在所难免,敬请广大读者批评指正。

本书配套丰富的教学资源,读者可扫码获取。

编　者

2020 年 6 月

课程介绍

目录

MULU

第一篇　建筑工程计量与计价基础知识

第二篇　建筑工程施工图预算、工程量清单、清单计价文件编制

第三篇　工程造价软件应用

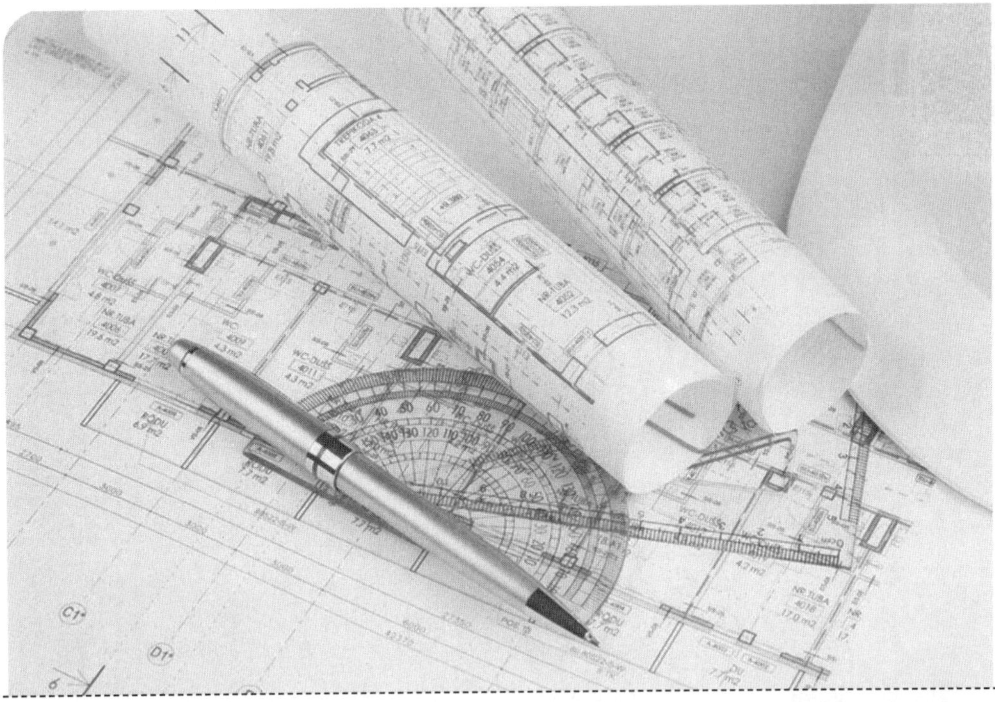

第一篇
建筑工程计量与计价基础知识

单元一

建筑工程计量与计价的基本概念

教学课件

【能力目标】

1. 能说出本课程的性质、学习目标、作用、衔接关系及学习方法等。

2. 能结合某学院培训楼项目，分析建筑工程计量、建筑工程计价、工程量、工程造价等基本概念的含义。

3. 能结合某学院培训楼项目，举例说明工程计价的特点。

【知识目标】

1. 了解本课程的性质、学习目标、作用、衔接关系、课程学习方法及学习资源等。

2. 掌握建筑工程计量、建筑工程计价、工程量、工程造价等基本概念。

3. 熟悉工程造价的特点、职能及作用。

4. 了解工程量的作用，了解工程量计算的步骤及注意事项。

一 课程基本情况介绍

（一）课程的性质

"建筑工程计量与计价"课程是高等职业技术院校建筑工程技术、工程造价、建设工程管理、建设工程监理等专业开设的一门重要课程。课程以两个紧密联系的工作任务（即建筑工程算量与建筑工程计价）为中心，来组织相关知识与技能的学习，是一门以培养学生的实际工作能力为目标的项目化课程。

（二）课程的学习目标

高职建筑工程技术、工程造价、建设工程管理、建设工程监理等专业的就业岗位有土建施工员、造价员、资料员、质量员、监理员等，这些岗位中与本课程相关的主要工作内容有：工程招投标、工程计量与价款支付、工程变更及工程价款调整、工程索赔和工程结算等。通过分析相关的岗位内容及岗位技能，确定该课程的学习目标。

1. 知识目标

（1）掌握建筑工程、装饰装修工程分部分项的材料、构造、施工工艺等基础知识。

(2)掌握建筑工程、装饰装修工程定额的使用及换算方法。

(3)掌握建筑工程、装饰装修工程分部分项的定额工程量的计算方法。

(4)掌握工程量清单的编制方法。

(5)掌握分部分项、措施项目综合单价的计算方法。

(6)掌握广联达、品茗等计价软件的操作方法。

2. 能力目标

(1)能计算建筑工程、装饰装修工程的定额工程量。

(2)能准确套用定额计算建筑工程、装饰装修工程的分部分项直接工程费。

(3)能编制工程量清单,计算分部分项、措施项目综合单价。

(4)能用广联达、品茗等计价软件,编制施工图预算、工程量清单、工程量清单报价文件。

3. 素质目标

(1)具备良好的爱岗敬业、吃苦耐劳的职业道德与法律意识。

(2)具备良好的与人沟通、协调的能力。

(3)具备良好的自我管理与约束能力。

(三)课程的作用

学生掌握本课程的相关知识与技能后,能够承担中小型建筑工程的施工现场算量及计价工作任务,即能在工程招投标、工程合同签订、工程计量与价款支付、工程变更、工程价款调整、工程索赔和工程结算等方面承担计量与计价工作。此外,还能胜任工程造价咨询、房产、监理、审计等机构的概预算编审、投标书编制、竣工结算等工作。这些职业能力都是建筑工程建设领域中非常重要的能力,对提高学生的就业竞争力有着非常重要的作用。

(四)课程的衔接

该课程在三年制高职建筑工程技术、工程造价、建设工程管理、建设工程监理等专业的大二或者大三开设,在专业课程中起着承上启下的作用。先修课程有:建筑识图与构造、建筑力学与结构、建筑材料与检测、建筑施工技术等,后续课程有:建筑施工组织、工程建设法规与合同管理、顶岗实习、毕业设计等。

(五)教材的编写思路

课程建设和教材编写始终围绕工作实际需要进行(图1-1-1)。

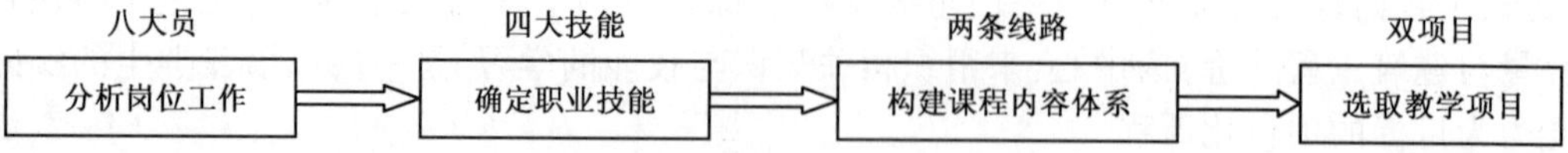

图1-1-1　围绕工作实际需要构建教材内容

1. 以工作过程为导向的编写思路

(1)本课程分析了土建施工员、造价员等的岗位工作过程:熟悉施工图纸→编制招投标文件→进行工程招投标→参与图纸会审→进行施工预算→进度款结算→工程竣工结算。

(2)确定其四大职业技能:建筑工程定额工程量计算、直接工程费计算、工程量清单编制、综合单价计算和相应的职业素养。

(3)从培养其职业能力出发设计两条线路的课程体系,即定额计价模式、清单计价模式,整合选取教学内容编写教材。

(4)两种计价模式。

定额计价模式:识图→定额列项→定额算量→套定额(市场询价)→确定工程造价→工程造价审核。

清单计价模式:识图→清单列项→清单算量→编制工程量清单→确定综合单价→确定工程造价→工程造价审核。

2. 采用双项目教学的编写思路

在教材编写中,建议实施基于施工员、造价员等岗位工作过程的双项目并行的课程教学方法,以项目一某学院培训楼(见本书附录)为载体,导入教学,老师示范,学生模仿训练,完成项目一的任务;以项目二宏祥手套厂 2 号厂房(见《建筑工程施工图实例图集》)为支撑,学生分组协作,实操训练,完成项目二的任务。整个编写过程遵循“学中做,做中学,边学边做”的原则。

(六)本课程的学习方法建议

1. 增选工具书

(1)《浙江省房屋建筑与装修工程预算定额》(2018 版)。

(2)《浙江省建筑工程计价规则》(2018 版)。

(3)《混凝土结构施工图平面整体表示方法制图规则和构造详图》(16G101-1、2、3)。

(4)《建设工程工程量清单计价规范》(GB 50500—2013)。

(5)《房屋建筑与装饰工程工程量计算规范》(GB 50854—2013)。

(6)《建筑工程施工图实例图集》(蒋晓燕主编,人民交通出版社)。

(7)《建筑工程计价新教材》(何辉主编,浙江人民出版社)。

(8)《建筑工程计量与计价实务》、《建筑工程造价基础理论》(浙江省二级造价工程师职业资格考试培训教材)。

(9)《建筑工程建筑面积计算规范》(GB/T 50353—2013)。

2. 学习要求

课前课后做好预复习,勤做笔记,按时完成自主练习和各个阶段的实训项目任务,学练结合,具备独立完成建筑工程施工图预算、工程量清单、工程量清单报价文件编制的能力。

(七)学习资源链接

(1)《建筑工程计量与计价》精品课程网站:http://jpkc. gsxynw. com/jzgcjlyjj/

(2)鲁班软件:www. lubansoft. com

(3)品茗软件:www. pinming. cn

(4)广联达软件:www. fwxgx. com

(5)中国造价师考试网:http://zaojiashi. com/

(6)中国建设工程造价信息网:www. cecn. org. cn

(7)中国建设工程造价管理协会:www. ccea. pro

(8)浙江建设信息港:www. zjjs. com. cn

(9)浙江造价网:www. zjzj. net

二 建筑工程计量与计价的概念

(一)建筑工程计量

建筑工程计量是指对建筑工程的工程量的计算。

1. 工程量的含义

工程量是指以物理计量单位或自然计量单位所表示的建筑工程各个分项工程或结构构件的实物数量。物理计量单位是指以度量表示的长度、面积、体积和质量等计量单位;自然计量单位是指建筑成品表现在自然状态下的简单点数所表示的个、根、樘、套等计量单位。

2. 工程量的作用

工程量是计算建筑工程直接费、确定单位工程预算造价、编制施工组织设计、安排工程作业进度、组织材料供应计划、进行统计工作和实现经济核算的重要依据。

3. 工程量计算的主要依据资料

(1)经审定的施工图纸及设计说明、相关图集、设计变更资料、图纸答疑和会审记录等。

(2)经审定的施工组织设计。

(3)招标文件的商务条款、工程施工合同。

(4)工程量计算规则。

4. 工程量计算步骤及注意事项

(1)工程项目列项:根据施工图列出的工程项目的口径(工程项目所包括的内容及范围),必须与预算定额中相应工程项目的口径一致,才能准确地套用预算定额单价。

(2)列出分项工程量计算式:工程项目列出后,必须严格按照施工图纸所注示的部位、尺寸和数量,严格按照工程量计算规则列出计算式,不得任意加大或缩小、任意增加或丢失数据,以免影响工程量计算的准确性。并且计算式应按一定的次序排列,便于审查核对。例如,计算面积时,应该为宽×高;计算体积时,应该为长×宽×高等。

(3)演算计算式:由于各个分项工程项目的工程数据之间存在内在联系,分项工程量计算式全部列出后,应注意统筹安排工程量计算程序并按照一定的计算顺序对各计算式进行逐式计算。并将其计算结果一般保留两位小数后填入工程量计算表中的“计算结果”栏内。

(4)调整计算单位:计算所得工程量的计量单位,必须与预算定额中规定的计量单位相一致,才能准确地套用预算定额中的预算单价。例如,计算所得工程量一般都是以 m、m^2、m^3 或 kg 为计量单位,而定额或清单往往是以 100m、$100m^2$、$100m^3$ 或 10m、$10m^2$、$10m^3$ 或 t 等为计量单位,这时就要将计算所得工程量的计量单位调整为与定额或清单一致的计量单位。

(5)自我检查复核:工程量计算完毕后,必须进行自我复核,检查其项目、算式、数据及小数点等有无错误和遗漏,以避免预算审查时返工重算。

5. 工程量计算的顺序

1)不同分部分项工程的计算顺序

(1)按施工顺序计算法:此法是按照工程施工的先后次序来计算工程量的。如一般民用建筑,分部工程可按照土方、基础、墙体、主体、脚手架、地面、楼面、屋面、门窗安装、内外装饰、油漆涂料等顺序进行计算。

(2)按定额顺序计算法:此法是按照预算定额中的分章或分部分项工程顺序来计算工程

量的。这种计算顺序法对初学计量计价的人员尤为合适。

(3)按统筹安排计算法:此法充分利用分部分项工程之间数据的内在联系和规律,统筹安排分部分项工程计算顺序,使前面项目的计算结果应用于后面的计算中,减少重复计算,加快计算速度。如在工程量计算前,先算出三条“线”和一个“面”(即外墙中心线、内墙净长线、外墙外边线、底层建筑面积)作为基数,然后利用这些基数再计算与它们有关的分项工程量;又如在计算砖墙体工程量前,先算出门窗和构造柱、圈梁等的工程量,以便在计算砖墙、装饰等项目时运用这些计算结果。

2)相同分项工程计算顺序

(1)按照顺时针方向计算法:此法是先从平面图的左上角开始,自左至右,然后再由上而下,最后转回到左上角为止,这样按顺时针方向转圈一次进行工程量计算。例如外墙、地面、天棚等分项工程,都可以按照此顺序进行计算。

(2)按轴线编号顺序进行工程量计算:例如房屋的条形基础土方、基础垫层、砖石基础、砖墙砌筑、门窗过梁、墙面抹灰等分项工程,均可以按照此顺序进行计算。

(3)按图纸分项编号顺序计算法:此法是按照图纸上所注结构构件、配件的编号顺序进行工程量计算的。例如混凝土构件、门窗、屋架等分项工程,均可以按照此顺序进行计算。

在计算工程量时,不论采用哪种顺序计算,都不能有漏项少算或重复多算的现象发生。

(二)建筑工程计价

建筑工程计价是指对建筑工程项目造价的计算。

1. 工程造价的两种含义

一是以需求主体、投资者、业主的角度定义,指建设一项工程预期开支或实际开支的全部固定资产投资费用。

固定资产是指使用年限超过一年,单位价值在 2 000 元以上并且在使用过程中保持原有实物形态的资产,包括房屋、建筑物、机械运输工具等。

二是以供给主体、承包人角度定义。工程价格,即建设一项工程预计或实际在土地市场、设备市场、技术劳务市场,以及承包市场等交易活动中所形成的建筑安装工程的价格和建设工程总价格。

对于业主——投资者,市场经济条件下的工程造价就是项目投资,是“购买”项目时要付出的价格,同时也是投资者在作为市场供给主体时“出售”项目时定价的基础。对于承包人,工程造价是他们作为市场供给主体出售商品和劳务的价格总和。

两种含义的区别:需求主体和供给主体在市场追求的经济利益不同,因而管理的性质和管理的目标不同。从管理性质看,前者属于投资管理,后者属于价格管理,但相互交叉。从管理的目标看,作为投资者,降低工程造价是其一如既往的追求;作为承包人,所关注的是利润和高额利润,为此其追求的是较高的工程造价,所以他们源于一个统一体,又相互区别。

不同的管理目标,反映他们不同的经济利益,但他们都受经济规律(供求规律和价值规律)的影响和调节。而我们的政府部门承担双重管理角色:当政府提出降低工程造价时,是站在投资者的角度充当着市场需求主体的角色;当承包人提出要提高工程造价,提高利润率,并获得更高的实际利润时,他是要实现一个市场供给主体的管理目标。故要制定各类定额、标准、规范、参数,对建设工程造价的计算依据进行控制,维护各方利益,规范建筑市场。

2. 工程造价的特点

1)大额性

工程造价的大额性是由于工程的形体庞大、耗资多、构造复杂等原因所致。

2)个别性、差异性

任何一项工程都有特定的用途、技术经济要求和规模。不同的工程,其用途、功能、规模不同;结构、造型、空间分割不同,设备配置、内外装饰不同;处于不同地区、不同地段、不同时期;即使前面全部相同的两幢房子,也会因为地基的不同而不同,这就是个别性、差异性的体现。产品的差异性决定了工程造价的个别差异性,而且工程所在地区不同,这种差异更加明显。

3)动态性

任何一项工程从决策到竣工交付使用,都有一个较长的建设期,而且受多种不可控制的因素的影响,如工程变更、设备材料价格、工资、利率变化等。这些不确定因素都将影响工程造价。所以工程造价在整个建设期中处于不确定状态,直至竣工决算后才能最终确定工程的实际造价。这反映了工程造价的动态性特点。

4)层次性

工程造价5个层次:建设项目→单项工程→单位工程→分部工程→分项工程。

建设项目一般是指在一个场地或几个场地上,按一个总体设计进行施工的各个工程项目的总和,它是由一个或几个单项工程组成。在工业建设中,建设一座工厂就是一个建设项目;在民用建设中,一般以一个学校、一所医院等为一个建设项目。

单项工程是指在一个建设项目中,具有独立的设计文件,竣工后可以独立发挥生产能力或效益的工程。它是建设项目的组成部分。工业建设中,如各个车间、办公楼、食堂、住宅等;民用工程中,如学校的教学楼、图书馆、食堂等,各自成为一个单项工程。

单位工程是竣工后一般不能独立发挥生产能力或效益,但具有独立设计,可以独立组织施工的工程。它是单项工程的组成部分。例如一个生产车间的厂房修建、电气照明、给水排水、工业管道安装、机械设备安装、电气设备安装等,都是单项工程中所包括的不同性质工程内容的单位工程。

分部工程是单位工程的组成部分。按照工程部位、设备种类和型号、使用材料的不同,可将一个单位工程分解为若干个分部工程。如房屋的土建工程,按其不同的工种、不同的结构和部位可分为基础工程、砌体工程、混凝土及钢筋混凝土工程、木结构及木装修工程、金属结构制作及安装工程、混凝土及钢筋混凝土构件运输及安装工程、楼地面工程、屋面工程、装饰工程等。

分项工程是分部工程的组成部分。按照不同的施工方法、不同的材料、不同的规格,可将一个分部工程分解为若干个分项工程。如砌体工程(分部工程),可分为砖砌体、毛石砌体两类,其中砖砌体又可按部位不同分为外墙、内墙等分项工程。

综上所述,工程的层次性决定了造价的层次性。工程建设项目造价的形成,首先是确定划分的项目,将项目由大到小细致划分,然后具体计算出每一个小项的工程量,从而确定每一个分项工程的价格,再由小到大累加起来,从而确定分部工程、单位工程、单项工程、建设项目的相应价格。以上体现了工程造价的层次性。

5)多次性

建设工程的周期长、规模大,因此需要在建设程序的各个阶段进行计价。多次性计价是一个逐步深化、逐步细化、逐步接近最终造价的过程。

6)兼容性

工程造价具有两种含义,工程造价的构成因素具有广泛性和复杂性,同时赢利的构成也较为复杂,资金成本较大,均体现了工程造价的兼容性。

3. 工程造价的职能

(1)预测职能:由于工程造价的大额性和多变性,无论投资者还是承包人都要对拟建工程进行预先测算。

(2)控制职能:表现为投资者对投资的控制(避免三超现象),承包人对成本的控制(决定企业的赢利水平)。

(3)评价职能:利用造价资料可以进行投资合理性和投资效益的评价。

(4)调节职能:以工程造价为经济杠杆,国家对工程建设中的资源分配和资金流向等进行控制。

工程造价职能实现的条件如下:

(1)市场竞争机制的形成,真正成为有经济利益的市场主体。

(2)给建筑安装企业创造出平等竞争的条件,使不同类型、不同所有制、不同规模、不同地区的企业,在同一项目的投标竞争中处于平等的地位。

(3)要建立完善的、灵敏的价格信息系统。

4. 工程造价的作用

(1)建设工程造价是项目决策的依据。

(2)建设工程造价是制订投资计划和控制投资的依据。

(3)建设工程造价是筹集建设资金的依据。

(4)建设工程造价是评价投资效果的重要指标。

(5)建设工程造价是合理利益分配和调节产业结构的手段。

(三)工程造价的计价特征

1. 计价的单件性

工程造价的个别性、差异性决定计价的单件性。如不同的用途,不同的结构、造型和装饰,不同的体积、面积,建筑时采用不同的工艺设备,不同的建筑材料。即使是用途相同的建设工程,技术水平、建筑等级和建筑标准也是有差别的。

2. 计价的多次性

工程多次计价见表1-1-1。

工程多次计价一览表 表1-1-1

工程造价文件	投资估价	概算造价	修正概算造价	预算造价	合同价	结算价	实际造价
编制阶段	项目建议书和可行性研究阶段	初步设计阶段	技术设计阶段	施工图设计阶段	招投标阶段	合同实施阶段	竣工验收阶段
编制单位	有能力的建设单位、有资质的咨询单位	设计单位	设计单位	设计、施工、工程咨询机构	有招标能力的招标单位或受其委托有相应资质的招标代理机构、工程咨询单位、监理单位、中介机构	施工单位	建设单位

注:表中前者控制后者,后者比前者精确,更接近实际价格。

3. 造价的组合性

工程造价的计算是分部组合而成的。一个建设项目是一个工程综合体,这就决定了计价的过程是一个逐步组合的过程。其计算过程和计算顺序是:分部分项工程单价→单位工程造价→单项工程造价→建设项目总造价。

4. 方法的多样性

工程造价多次性计价有各不相同的计价依据,对造价的精度要求也不相同,这就决定了计价方法具有多样性。

要求学生掌握:国标工程量清单计价、定额项目清单计价。

5. 依据的复杂性

(1)计算设备和工程量的依据,包括项目建议书、可行性研究报告、设计文件等。

(2)计算人工、材料、机械等实物消耗量的依据,包括投资估算指标、概算定额、预算定额。

(3)计算工程单价的价格依据,包括人工单价、材料价格、材料运杂费、机械台班费等。

(4)计算设备单价的依据,包括设备原价、设备运杂费、进口设备关税等。

(5)计算间接费和工程建设其他费用的依据,主要是相关的费用定额和指标。

(6)政府规定的税、费。

(7)物价指数和工程造价指数。

学生工作页

一、单项选择题

1. 工程造价的兼容性具体表现在(　　)。
   A. 长期性和统一性
   B. 具有两种含义和造价构成的广泛性、复杂性
   C. 运动的绝对性和稳定的相对性
   D. 运动的依存性和连锁性
2. 工程造价职能实现的条件,最主要的是(　　)。
   A. 国家的宏观调控　　B. 市场竞争机制的形成
   C. 价格信息系统的建立　　D. 定额管理的现代化
3. 工程造价管理有两种含义:一是投资费用管理;二是(　　)。
   A. 工程价格管理　　B. 工程造价计价依据管理
   C. 工程造价专业队管理　　D. 工程建设定额管理
4. 工程造价包括两个含义,从业主和承包人的角度可以理解为(　　)。
   A. 建设工程固定资产投资和建设工程承发包价格
   B. 建设工程总投资和建设工程承发包价格
   C. 建设工程总投资和建设工程固定资产投资
   D. 建设工程动态投资和建设工程静态投资

5. 工程造价在整个建设期中处于不确定状态，直至竣工决算后才能最终确定工程的实际造价，这反映了工程造价的(　　)特点。

A. 兼容性　B. 层次性　C. 动态性　D. 差异性

6. 工程造价由工程建设的特点所决定，其具有(　　)特点。

A. 大量性　B. 巨大性　C. 层次性　D. 差别性

7. 工程造价多次性计价有各不相同的计价依据，对造价的精度要求也不相同，这就决定了计价方法具有(　　)。

A. 组合性　B. 多样性　C. 多次性　D. 单件性

8. 工程造价的控制职能表现在(　　)。

A. 对投资的控制　B. 对工程质量的控制

C. 对安全的控制　D. 对进度的控制

9. 有效控制工程造价应体现(　　)。

A. 以设计阶段为重点的建设全过程造价控制

B. 知识与信息相结合是控制工程造价最有效的手段

C. 直接控制，以取得令人满意的结果

D. 人才与经济相结合是控制工程造价最有效的手段

10. 在工程造价的计价过程中，(　　)是决策、筹资和控制造价的主要依据。

A. 投资估算　B. 概算造价　C. 修正概算造价　D. 预算造价

11. 合同价是指在(　　)阶段通过签订总承包合同，建筑安装工程承包合同、设备材料采购合同以及技术和咨询服务合同确定的价格。

A. 施工图设计　B. 工程招投标　C. 合同实施　D. 竣工决算

12. 工程造价的职能除一般商品价格职能外，还有自己特殊的(　　)职能。

A. 预计　B. 决定　C. 调整　D. 评价

13. 施工图预算是在(　　)阶段，确定工程造价的文件。

A. 方案设计　B. 初步设计　C. 技术设计　D. 施工图设计

14. 从业主角度出发，工程造价指的是(　　)。

A. 工程承发包价格　B. 全部固定资产投资费用

C. 建设项目总投资　D. 建筑安装工程费用

15. 下列工程属于建设项目的是(　　)。

A. 一个工厂　B. 一座厂房　C. 一条生产线　D. 一套动力装置

16. 工程决算是由(　　)编制的。

A. 建设单位　B. 监理单位　C. 施工单位　D. 中介机构

17. 某工厂的炼钢车间是(　　)。

A. 单项工程　B. 分部工程　C. 单位工程　D. 分项工程

二、多项选择题

1. 工程造价具有(　　)特点。

A. 个别性、差异性　B. 动态性　C. 概括性

D. 大额性　E. 层次性

2. 工程造价具有(　　)职能。

A. 调节　　B. 控制　　C. 评价

D. 监督　　E. 预测

3. 建设项目总投资主要分为两大部分,由(　　)组成。

A. 固定资产投资　　B. 建筑安装工程费用

C. 设备及工器具购置费　　D. 预备费

E 流动资产投资

4. 下列项目属于分项工程的有(　　)。

A. 土石方工程　　B. C20 混凝土梁的制作

C. 水磨石地面　　D. 人工挖地槽土方

E. 天棚工程

单元二
建筑工程计价依据

教学课件

【能力目标】

1. 能简单查阅、使用《浙江省房屋建筑与装饰工程预算定额》(2018 版)。

2. 能运用《浙江省建设工程计价规则》(2018 版),分析某学院培训楼项目的两种计价思路。

【知识目标】

1. 理解建筑工程计价依据的含义。
2. 熟悉浙江省现行建筑计价依据的主要类别与内容。
3. 理解建筑工程定额编号、计量单位、基价、消耗量的含义。
4. 了解浙江省建筑工程计价规则。

一 建筑工程计价依据的定义

建筑工程计价依据是指运用科学、合理的调查统计和分析测算方法,从工程建设经济技术活动和市场交易活动中获取的可用于预测、评估、计算工程造价的参数、量值、方法等,具体包括政府设立的有关机构编制的工程定额、指标等指导性计价依据、建筑市场信息价格依据、企业(行业)自行编制的经验性计价依据,以及其他能够用于科学、合理地确定工程造价的计价依据。

浙江省现行建筑工程计量与计价依据主要有《建设工程工程量清单计价规范》(GB 50500—2013)、《房屋建筑与装饰工程工程量计算规范》(GB 50854—2013)、《浙江省建设工程计价规则》(2018 版)、《浙江省房屋建筑与装饰工程预算定额》(2018 版)、《混凝土结构施工图平面整体表示方法制图规则和构造详图》(16G101-1、2、3)、企业定额、价格信息、施工图纸、施工方案等,具体可以归纳为三类。

(一)计算工程量的依据

(1)经审定的施工图纸及设计说明、相关图集、设计变更资料、图纸答疑和会审记录等。

(2)经审定的施工组织设计。

(3)招标文件的商务条款、工程施工合同。

(4)工程量计算规则。

(二)计算分部分项工程人工、材料、机械台班消耗量及费用的依据

(1)预算定额。

(2)企业定额。

(3)地区人工费单价。

(4)企业掌握人、材、机市场价。

(三)计算建筑安装工程费用的依据

(1)地区主管部门计价办法、取费标准、发布的市场基准价和调价文件。

(2)企业计价定额或策略。

二 浙江省建设工程主要计价依据介绍

(一)浙江省计价定额

浙江省计价定额包括:《浙江省房屋建筑与装饰工程预算定额》《浙江省通用安装工程预算定额》《浙江省市政工程预算定额》《浙江省园林绿化及仿古预算定额》《浙江省建筑工程计价规则》(2018 版),人、材、机市场价格信息,造价指数指标等。2018 版计价定额编制原则为:

(1)严格遵守国家法律法规和有关价格政策,按照"量价分离"的原则,使计价依据既能适应"综合单价法",又能适应"工料单价法",并与国际惯例稳妥接轨。

(2)以符合社会平均水平为原则,在保证工程质量和安全施工的前提下,维护建设工程各方的合法权益。

(3)以实用性、可操作性为原则,有利于清单报价的推广,有利于企业内部经济核算和成本分析,有利于计算机软件开发和应用。

(4)结合建筑设计施工的新规范和新标准,设置常用项目,并对项目的划分、计量单位和工程量计算规则三者施行有机的统一。

(二)清单工程量计算规范

1. 清单内容

(1)《房屋建筑与装饰工程工程量计算规范》(GB 50854—2013)。

(2)《仿古建筑工程工程量计算规范》(GB 50855—2013)。

(3)《通用安装工程工程量计算规范》(GB 50856—2013)。

(4)《市政工程工程量计算规范》(GB 50857—2013)。

(5)《园林绿化工程工程量计算规范》(GB 50858—2013)。

(6)《矿山工程工程量计算规范》(GB 50859—2013)。

(7)《构筑物工程工程量计算规范》(GB 50860—2013)。

(8)《城市轨道交通工程工程量计算规范》(GB 50861—2013)。

(9)《爆破工程工程量计算规范》(GB 50862—2013)。

2. 补充内容

浙江省建设工程工程量清单计价活动在此基础做了补充,详见《建设工程工程量清单计

算规范》(GB 50500—2013)浙江省补充规定。

3. 必须执行计价规则的工程

建设工程施工发承包推行工程量清单计价,国有资金投资的工程建设项目,必须采用工程量清单计价。

三 浙江省建设工程计价规则介绍

(一)概述

(1)内容:共设10章和3类附表。

(2)适用:既适用于国标工程量清单计价模式,又适用于定额项目清单计价模式。

(二)总则

1. 制定计价规则的目的

为规范建设工程计价行为,维护建设工程各方的合法权益,实现建设工程造价全过程管理,根据有关法律、法规、规章的规定,并按照"政府宏观调控、企业自主报价、竞争形成价格、监管行之有效"的精神,结合浙江省实际,制定本规则。

2. 计价规则的适用范围

计价规则适用于浙江省行政区域范围内从事房屋建筑工程和市政基础设施工程的发承包及实施阶段的计价活动,其他专业工程可参照执行。

3. 必须执行计价规则的工程

国有资金投资的建设工程必须实行工程量清单计价模式。

(三)工程造价的组成及计价方法

1. 工程造价的组成

建设工程造价由人工费、材料(含工程设备)费、施工机具使用费、企业管理费、利润、规费和税金组成。

2. 建设工程造价计价模式

建筑安装工程统一按照综合单价法进行计价,建设工程造价计价模式分国标工程量清单计价和定额项目清单计价两种模式。采用国标清单计价法和定额清单计价法时,除分部分项工程费、施工技术措施项目费分别依据计量规范规定的清单项目和专业定额规定的定额项目列项外,其余费用的计算原则及方法应当一致。

综合单价法是指项目单价采用全费用单价(规费、税金按规定程序另行计算)的一种方法。

(四)工程量清单计价

工程量清单计价分工程量清单编制、工程量清单计价两大内容。

1. 工程量清单的编制

编制人:应由具有编制能力的招标人,或受其委托具有相应资质的工程造价咨询人(或招标代理机构)编制。

编制依据:计价规则、计价规范、浙江省建设工程计价依据、建设工程设计文件及相关资料(如勘察报告、施工图及配套标准、规范等),以及与建设项目相关的标准、规范、技术资料、常规的施工组织设计或施工方案。

2. 工程量清单报价

其内容包括分部分项工程费、措施项目费、其他项目费、规费和税金。

(五)招标控制价、投标价与成本价

1. 招标控制价

招标人根据国家或省级、行业建设主管部门颁发的有关计价依据和办法,以及拟定的招标文件和招标工程量清单,结合工程具体情况编制的招标工程的最高投标限价。招标控制价应由具有编制能力的招标人,或受其委托具有相应资质的工程造价资讯人(或招标代理机构)编制,招标控制价应按规定备案。招标控制价应随同招标文件一并发出和公布。

2. 投标价

除"计价规范"和计价规则规定及招标文件实质性要求外,投标价由投标人自主确定,但不得低于企业自身成本。投标价应由投标人或受其委托具有相应资质的工程造价咨询人编制。投标人应按招标人提供的工程量清单填报价格。填写的项目编码、项目名称、项目特征、计量单位、工程量必须与招标人提供的一致。

3. 成本价

工程成本是指"特定时期""特定企业",为完成"特定工程"所消耗的物化劳动和活劳动价值的货币反映。成本价的界定应根据企业不同的规模、技术和管理水平,结合特定工程具体情况进行。评标阶段对投标报价所作的成本分析,是指评标委员会成员以自己的专业知识和经验,合理推断特定投标人按招标要求完成投标项目所需的预期成本。

(六)合同价款与工程结算

1. 合同价款的确定

实行招标投标的工程,招标人与中标人应根据中标价确定合同价款;不实行招标投标的工程,应在发承包双方确认的施工图预算基础上,协商确定合同价款。

2. 合同价款的类型

(1)固定总价:合同总价在合同约定的风险范围内不予调整。对于工期较短(一般在半年内)、技术简单、施工图纸完备、造价低(一般在200万元以内)的小型工程,可采用固定总价合同。风险范围以外的合同价款调整方法,应当在专用合同条款中约定。

(2)固定单价:合同单价在合同约定的风险范围内不予调整。实行工程量清单计价的工程,宜采用固定单价合同。风险范围以外的合同价款调整方法,应当在专用合同条款中约定。

(3)可调价格:合同总价或者单价应根据合同约定的事项和方法调整。工期一年以上的工程或人工、材料等要素价格波动较大时宜采用可调价合同。

(4)成本加酬金:工程成本按实际发生计算,承包人按约定的方式计取相应的酬金。紧急抢修、救援、救灾及施工技术特别复杂的建筑工程,可选择成本加酬金合同。

3. 合同价款调整

发承包双方应根据合同约定的价款调整事项和方法及真实有效的依据调整合同价款。合同价款调整包括工程量清单项目、数量和单价的调整,措施项目费调整,人工、材料、施工机械台班价格波动,法律政策变化等引起的调整,以及双方约定的其他调整。除合同另有约定外,合同双方可参照计价规则规定的方法调整。

(七)工程计价纠纷处理

处理程序如下:

(1)发生工程计价纠纷时,合同双方当事人应进行协商。协商达成一致的,合同双方当事人应就达成一致的意见签订书面协议。

(2)合同双方当事人无法协商,或虽然协商但未在合同约定期限内达成一致意见的,可向工程造价管理机构或其他组织提请调解。

(3)工程计价纠纷经调解后,合同双方当事人达成一致意见的,应制作调解书。经合同双方当事人、调解人签字后,作为工程计价的依据。

学生工作页

一、单项选择题

1.《浙江省建设工程计价规则》(2018版)(　　)。

A. 适用于工程量清单计价模式

B. 既适用于工程量清单计价模式,也适用于定额计价模式

C. 适用于定额计价模式

D. 工程量清单计价模式和定额计价模式均不适用

2.《浙江省建设工程计价规则》(2018版)建设工程施工取费费用计算程序和施工取费费率是(　　)。

A. 指令性　　B. 指导性

C. 参考性　　D. 推荐性

3. 下列说法正确的是(　　)。

A. 清单计价模式下量、价风险均由招标方承担

B. 清单计价模式下量、价风险均由投标方承担

C. 清单计价模式下量的风险由招标人承担,价的风险由投标人承担

D. 清单计价模式下量的风险由投标人承担,价的风险由招标人承担

4. 工程量清单中的内容应该包括(　　)。

A. 项目名称与工程数量　　B. 工程数量与工程价格

C. 工程单价与工程总价　　D. 项目名称与工程价格

5. 关于工程量清单计价模式与定额计价模式,下列正确的是(　　)。

A. 工程量清单计价模式采用工料单价法,定额计价模式采用综合单价计价法

B. 工程量清单计价与定额计价工程量计算规则不同

C. 工程量清单由招标人提供,工程量计算和单价风险由招标人承担

D. 定额计价模式仅适用于非招投标的建设工程

6. 预算定额中的基价一般指的是(　　)。

A. 人工费单价　B. 工料单价　C. 全费用单价　D. 完全单价

7. 若计量规则中的项目名称有缺陷,则处理方法是(　　)。

A. 招标人作补充,并与投标人协商后执行

B. 投标人作补充,并与招标人协商后执行

C. 投标人作补充,并报当地工程造价管理机构备案

D. 招标人作补充,并报当地工程造价管理机构备案

8. 当发包人提出变更要求时,则(　　)。

A. 应经过工程师确认后承包人执行

B. 经承包人同意后变更生效

C. 承包人没有拒绝的权利

D. 应经过原规划管理部门和其他有关部门审查批准

9.《建设工程工程量清单计价规范》(GB 50500—2013)的性质属于(　　)。

A. 国家标准　B. 行业标准　C. 地方标准　D. 推荐性标准

10.《浙江省建设工程计价规则》(2018 版)费率表的作用是(　　)。

A. 费用计算程序和施工取费计算规则是指导性的,施工取费费率也是指导性的

B. 费用计算程序和施工取费计算规则是指令性的,施工取费费率也是指令性的

C. 费用计算程序和施工取费计算规则是指导性的,而施工取费费率是指令性的

D. 费用计算程序和施工取费计算规则是指令性的,而施工取费费率是指导性的

11. 施工组织措施费、综合费用,在编制概算、施工图预算(标底)施工取费时,应按弹性区间费率的(　　)计取。

A. 下限　B. 中值　C. 上限　D. 任意值

12. 下列选项正确的是(　　)。

A. 招标人提供的分部分项工程量清单项目漏项,若合同中没有类似项目综合单价,招标方提出适当的综合单价

B. 招标人提供的分部分项工程量清单数量有误,调整的工程数量由发包人重新计算,作为结算依据

C. 招标人提供的分部分项工程量数量有误,其增加部分工程量单价一律执行原有的综合单价

D. 清单项目中项目特征或工程内容发生变更的,以原综合单价为基础,仅就变更部分相应定额子目调整综合单价

二、多项选择题

1. 根据我国有关规定,非国有资金投资的建设工程,计价的计算方法有(　　)。

A. 人工费单价法　B. 工料单价法　C. 全费用单价法

D. 综合单价法　E. 人、材、机单价法

2. 与定额计价法相比,采用工程量清单计价法具有的特点包括(　　)。

A. 有利于工程造价的最终确定　B. 有利于主管部门对建设产品市场的监管

C. 有利于工程款的拨付　D. 有利于实现风险的合理分担

E. 有利于业主对投资的控制

3. 在我国建筑产品价格市场化过程中,经历的阶段包括(　　)。

A. 国家定价阶段　　B. 国家指导价阶段　　C. 市场指导价阶段

D. 国家调控价阶段　　E. 市场调控价阶段

4. 在我国现行的建设工程工程量清单计价规范中,分部分项工程综合单价的主要内容包括(　　)。

A. 人工费　　B. 材料费　　C. 机械费

D. 管理费　　E. 利润　　F. 税金

三、查阅定额资料

查阅表 1-2-1 中项目的定额编号、计量单位与基价。

表 1-2-1

定额编号	分项工程名称	单　位	基　价
	综合挖三类干土($H=2.5$m)		
	人力车运土,运距为 320m		
	ϕ500 静力压预应力钢筋混凝土管桩		
	振动式沉管混凝土灌注桩成孔,桩长 25m		
	凿 ϕ1 000 钻孔灌注桩桩头		
	C20 钢筋混凝土杯形基础模板(组合钢模)		
	M5.0 混合砂浆砌 1.5mm 厚混凝土多孔混凝土砖墙		
	C20 现浇钢筋混凝土檐沟混凝土(商品混凝土,泵送)		
	C30 预应力空心板(板厚 120mm)混凝土(先张法)		
	40mm 厚细石混凝土楼面找平层		
	地面干铺碎石垫层		
	屋面改性沥青热熔法防水卷材(平面)		
	屋面干铺珍珠岩		
	地面砖大便坑		
	ϕ300 室外 UPVC 管道铺设		
	房屋综合脚手架(檐高 18m,层高 7.5m)		
	金属复合地板楼面		
	现浇混凝土雨篷抹水泥砂浆		
	不锈钢扶手、玻璃栏板(全玻)		
	圆柱面不锈钢板包面		
	墙面瓷砖水泥砂浆粘贴(150mm × 220mm)		
	U 形轻钢龙骨上装石膏板(平面)		

续上表

定额编号	分项工程名称	单　位	基　价
	不带纱有亮全玻门		
	普通内墙涂料(803)(两遍)		
	木扶手硝基清漆(五遍)		
	收银台		
	建筑物塔式起重机垂直运输增加费(檐高25m,层高3.6m)		
	建筑物超高机械降效增加费(檐高40m,层高3.6m)		

单元三 建筑工程造价构成

教学课件

【能力目标】

1. 能结合某学院培训楼项目,分析建设项目总投资的费用组成。
2. 能结合某学院培训楼项目,分析建筑安装工程费用项目组成。

【知识目标】

1. 熟悉我国现行投资构成和工程造价构成。
2. 掌握建筑安装工程费用构成。

一 我国现行投资构成和工程造价构成

建设项目投资包含固定资产投资和流动资产投资两部分,建设项目总投资中的固定资产投资与建设项目的工程造价在量上相等。

我国现行建筑工程造价的构成主要划分为设备及工、器具购置费用、建设安装工程费用、工程建设其他费用、预备费、建设期利息等。如表 1-3-1 所示。

建筑工程造价构成　　表 1-3-1

<table>
<tr><th colspan="6">费用组成</th></tr>
<tr><td rowspan="10">建设项目总投资</td><td rowspan="9">固定资产投资(工程造价)</td><td rowspan="8">建设投资</td><td rowspan="3">工程费用</td><td rowspan="2">设备及工、器具购置费</td><td>设备购置费</td></tr>
<tr><td>工、器具及生产家具购置费</td></tr>
<tr><td>建筑安装工程费用</td><td>人工费、材料(包含工程设备)费、施工机具使用费、企业管理费、利润、规费、税金</td></tr>
<tr><td colspan="2" rowspan="3">工程建设其他费用</td><td>固定资产其他费用</td></tr>
<tr><td>无形资产费用</td></tr>
<tr><td>其他资产费用</td></tr>
<tr><td colspan="2" rowspan="2">预备费</td><td>基本预备费</td></tr>
<tr><td>涨价预备费</td></tr>
<tr><td colspan="4">建设期利息</td></tr>
<tr><td colspan="5">流动资产投资(流动资金)</td></tr>
</table>

二 建筑安装工程费用项目组成

(一)定额建筑安装工程费用组成

1. 按照费用构成要素划分

建筑安装工程费,按照费用构成要素划分,由人工费、材料(包含工程设备,下同)费、施工机具使用费、企业管理费、利润、规费和税金组成。其中人工费、材料费、施工机具使用费、企业管理费和利润包含在分部分项工程费、措施项目费、其他项目费中(图1-3-1)。

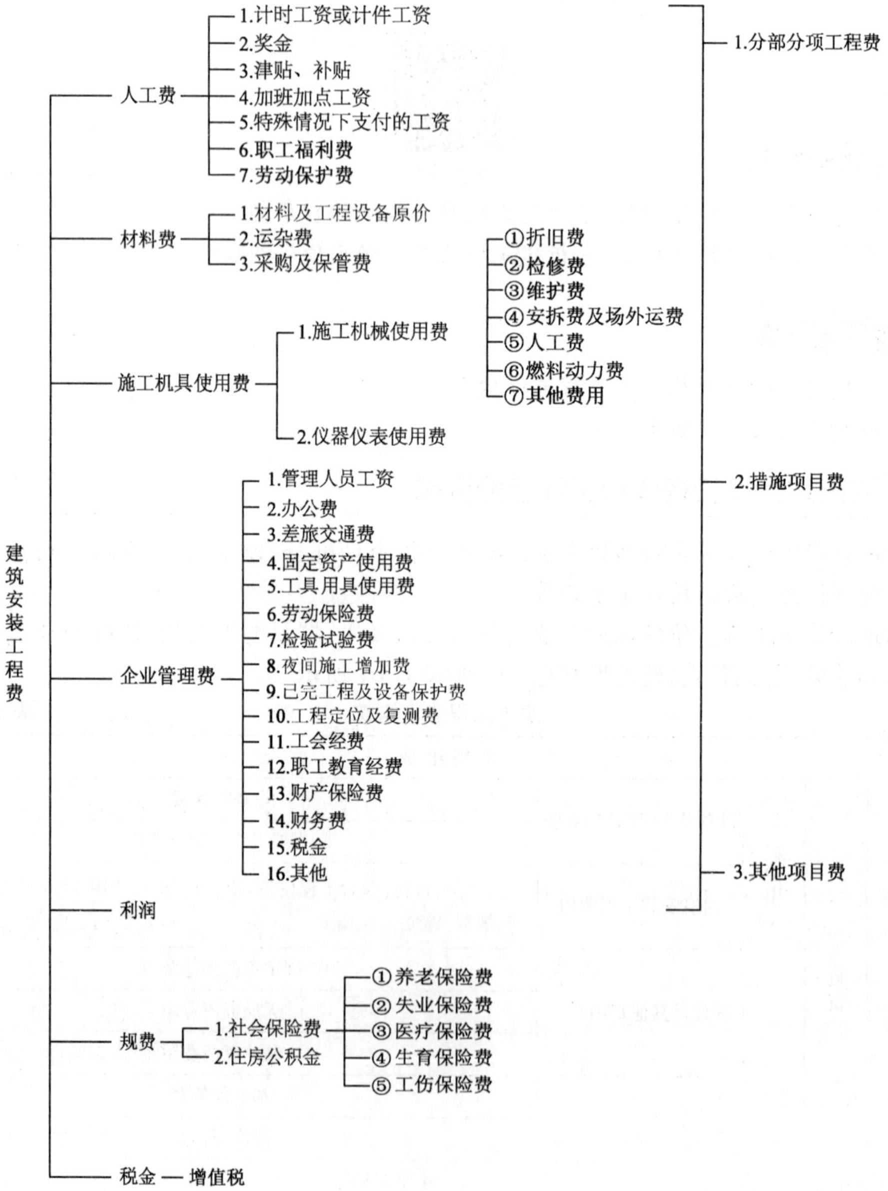

图1-3-1 建筑安装工程费用项目组成(按费用构成要素划分)

1)人工费

人工费是指按工资总额构成规定,支付给从事建筑安装工程施工的生产工人和附属生产单位工人的各项费用。

(1)计时工资或计件工资:指按计时工资标准和工作时间或对已做工作按计件单价支付给个人的劳动报酬。

(2)奖金:指对超额劳动和增收节支支付给个人的劳动报酬,如节约奖、劳动竞赛奖等。

(3)津贴补贴:指为了补偿职工特殊或额外的劳动消耗和因其他特殊原因支付给个人的津贴,以及为了保证职工工资水平不受物价影响支付给个人的物价补贴,如流动施工津贴、特殊地区施工津贴、高温(寒)作业临时津贴、高空津贴等。

(4)加班加点工资:指按规定支付的在法定节假日工作的加班工资和在法定日工作时间外延时工作的加点工资。

(5)特殊情况下支付的工资:指根据国家法律、法规和政策规定,因病、工伤、产假、计划生育假、婚丧假、事假、探亲假、定期休假、停工学习、执行国家或社会义务等原因按计时工资标准或计时工资标准的一定比例支付的工资。

(6)职工福利费:指企业按规定标准计提并支付给生产工人的集体福利费、夏季防暑降温费、冬季取暖补贴、上下班交通补贴等。

(7)劳动保护费:指企业按规定标准发放的生产工人劳动保护用品的支出,如工作服、手套、防暑降温饮料以及在有碍身体健康的环境中施工的保健费用等。

2)材料费

材料费是指施工过程中耗费的原材料、辅助材料、构配件、零件、半成品或成品、工程设备的费用,以及周转材料的摊销费用。

(1)材料及工程设备原价:指材料、工程设备的出厂价格或商家供应价格,原价包括为方便材料、工程设备的运输和保护而进行必要的包装所需要的费用。

(2)运杂费:指材料、工程设备自来源地运至工地仓库或指定堆放地点所发生的全部费用,包括装卸费、运输费、运输损耗及其他附加费等费用。

(3)采购及保管费:指为组织采购、供应和保管材料、工程设备的过程中所需要的各项费用,包括采购费、仓储费、工地保管费、仓储损耗等费用。

工程设备是指构成或计划构成永久工程一部分的机电设备、金属结构设备、仪器装置及其他类似的设备和装置。

3)施工机具使用费和仪器仪表使用费

(1)施工机具使用费:指施工机械作业所发生的机械使用费。其以施工机械台班耗用量乘以施工机械台班单价表示,施工机械台班单价应由下列七项费用组成:

①折旧费:指施工机械在规定的使用年限内,陆续收回其原值的费用。

②检修费:指施工机械在规定的耐用总台班内,按规定的检修间隔进行必要的检修,以恢复其正常功能所需的费用。

③维护费:指施工机械在规定的耐用总台班内,按规定的维护间隔进行各级维护和临时故障排除所需的费用,包括为保障机械正常运转所需替换设备与随机配备工具附具的摊销费用、机械运转及日常维护所需润滑与擦拭的材料费用及机械停滞期间的维护费用等。

④安拆费及场外运费:安拆费指施工机械(大型机械除外)在现场进行安装与拆卸所需的人工、材料、机械和试运转费用以及机械辅助设施的折旧、搭设、拆除等费用;场外运费指施工机械整体或分体自停放地点运至施工现场或由一施工地点运至另一施工地点的运输、装卸、辅助材料及架线等费用。

⑤人工费:指机上驾驶员(司炉)和其他操作人员的人工费。

⑥燃料动力费:指施工机械在运转作业中所消耗的各种燃料及水、电等。

⑦其他费用:指施工机械按照国家和有关部门规定应缴纳的车船使用税、保险费及年检费用等。

(2)仪器仪表使用费:指工程施工所需使用的仪器仪表的摊销及维修费用。

4)企业管理费

企业管理费是指建筑安装企业组织施工生产和经营管理所需的费用。

(1)管理人员工资:指按规定支付给管理人员的计时工资、奖金、津贴补贴、加班加点工资及特殊情况下支付的工资及相应的职工福利费、劳动保护费等。

(2)办公费:指企业管理办公用的文具、纸张、账表、印刷、邮电、书报、办公软件、现场监控、会议、水电、烧水和集体取暖降温(包括现场临时宿舍取暖降温)等费用。

(3)差旅交通费:指职工因公出差、调动工作的差旅费、住勤补助费,市内交通费和误餐补助费,职工探亲路费,劳动力招募费,职工退休、退职一次性路费,工伤人员就医路费,工地转移费以及管理部门使用的交通工具的油料、燃料等费用。

(4)固定资产使用费:指管理和试验部门及附属生产单位使用的属于固定资产的房屋、设备、仪器等的折旧、大修、维修或租赁费。

(5)工具用具使用费:指企业施工生产和管理使用的不属于固定资产的工具、器具、家具、交通工具和检验、试验、测绘、消防用具等的购置、维修和摊销费。

(6)劳动保险费:指由企业支付的离退休职工易地安家补助费、职工退职金、六个月以上的病假人员工资、职工死亡丧葬补助费、抚恤费、按规定支付给离休干部的各项经费等。

(7)检验试验费:指施工企业按照有关标准规定,对建筑以及材料、构件和建筑安装物进行一般鉴定、检查所发生的费用,包括自设试验室进行试验所耗用的材料等费用。不包括新结构、新材料的试验费,对构件做破坏性试验及其他特殊要求检验试验的费用和建设单位委托检测机构进行检测的费用。对此类检测发生的费用,由建设单位在工程建设其他费用中列支。但对施工企业提供的具有合格证明的材料进行检测不合格的,该检测费用由施工企业支付。

(8)夜间施工增加费:指因施工工艺要求必须持续作业而不可避免的夜间施工所增加的费用,包括夜班补助费、夜间施工降效、夜间施工照明设备摊销及照明用电等费用。

(9)已完工程及设备保护费:指竣工验收前,对已完工程及工程设备采取的必要保护措施所发生的费用。

(10)工程定位复测费:指工程施工过程中进行全部施工测量放线和复测工作的费用。

(11)工会经费:指企业按《中华人民共和国工会法》规定的全部职工工资总额比例计提的工会经费。

(12)职工教育经费:指按职工工资总额的规定比例计提,企业为职工进行专业技术和职业技能培训，专业技术人员继续教育、职工职业技能鉴定、职业资格认定以及根据需要对职工进行各类文化教育所发生的费用。

(13)财产保险费：指施工管理用财产、车辆等的保险费用。

(14)财务费：指企业为施工生产筹集资金或提供预付款担保、履约担保、职工工资支付担保等所发生的各种费用。

(15)税费：指根据国家税法规定应计入建筑安装工程造价内的城市维护建设税、教育费附加和地方教育附加，以及企业按规定缴纳的房产税、车船使用税、土地使用税、印花税、环保税等。

(16)其他：包括技术转让费、技术开发费、投标费、业务招待费、绿化费、广告费、公证费、法律顾问费、审计费、咨询费、危险作业意外伤害保险费等。

5)利润

利润是指施工企业完成所承包工程获得的盈利。

6)规费

规费是指按国家法律、法规规定，由省级政府和省级有关权力部门规定必须缴纳或计取的费用。

(1)社会保险费：

①养老保险费：指企业按照规定标准为职工缴纳的基本养老保险费。

②失业保险费：指企业按照规定标准为职工缴纳的失业保险费。

③医疗保险费：指企业按照规定标准为职工缴纳的基本医疗保险费。

④生育保险费：指企业按照规定标准为职工缴纳的生育保险费。

⑤工伤保险费：指企业按照规定标准为职工缴纳的工伤保险费。

(2)住房公积金：指企业按规定标准为职工缴纳的住房公积金。

7)税金

税金是指国家税法规定的应计入建筑安装工程造价内的建筑服务增值税。

(1)采用一般计税方法时增值税的计算。

当采用一般计税方法时，建筑业增值税率为10%，计算公式为：

$$增值税 = 税前造价 \times 增值税税率$$

其中，税前造价为人工费、材料费、施工机具使用费、企业管理费、利润和规费之和，各费用项目均以不包含增值税可抵扣进项税额的价格计算。

(2)采用简易计税方法时增值税的计算。

采用简易计税法时，建筑物增值税税率为3%。简易计税方法主要适用于以下几种情况：

①小规模纳税人发生应税行为适用简易计税方法计税。小规模纳税人通常是指纳税人提供建筑服务的年应征增值税销售额未超过500万元，并且会计核算不健全，不能按规定报送有关税务资料的增值税纳税人。年应税销售额超过500万元但不经常发生应税行为的单位也可选择按照小规模纳税人计税。

②一般纳税人以清包工方式提供的建筑服务，可以选择适用简易计税方法计税。以清包工方式提供建筑服务，是指施工方不采购建筑工程所需的材料或只采购辅助材料，并收取人工

费、管理费或者其他费用的建筑服务。

③一般纳税人为甲供工程提供的建筑服务,可以选择适用简易计税方法计税。甲供工程,是指全部或部分设备、材料、动力由工程发包方自行采购的建筑工程。其中建筑工程总承包单位为房屋建筑的地基与基础、主体结构提供工程服务,建设单位自行采购全部或部分钢材、混凝土、砌体材料、预制构件的,适用简易计税方法计税。

④一般纳税人为建筑工程老项目提供的建筑服务,可以选择适用简易计税方法计税。建筑工程老项目包括:《建筑工程施工许可证》注明的合同开工日期在2016年4月30日前的建筑工程项目;未取得《建筑工程施工许可证》的,建筑工程承包合同注明的开工日期在2016年4月30日前的建筑工程项目。

2.按照工程造价形成划分

建筑安装工程费,按照工程造价形成,由分部分项工程费、措施项目费、其他项目费、规费、税金组成。分部分项工程费、措施项目费、其他项目费包含人工费、材料费、施工机具使用费、企业管理费和利润(图1-3-2)。

分部分项工程费是指根据设计规定,按照施工验收规范、质量评定标准的要求,完成构成工程实体所耗费或发生的各项费用,包括人工费、材料费、机械费和企业管理费、利润。分部分项工程是指按现行国家计量规范对各专业工程划分的项目,如房屋建筑与装饰工程划分的土石方工程、地基处理与桩基工程、砌筑工程、钢筋及钢筋混凝土工程等。

措施项目费是指为完成建筑安装工程施工,按照安全操作规程、文明施工规定的要求,发生于该工程施工前和施工过程中用作技术、生活、安全、环境保护等方面的各项费用,由施工技术措施项目费和施工组织措施项目费构成,包括人工费、材料费、机械费和企业管理费、利润。

1)施工技术措施项目费

(1)通用施工技术措施项目费:

①大型机械设备进出场及安拆费:指机械整体或分体自停放场地运至施工现场或由一个施工地点运至另一个施工地点所发生的机械进出场运输、转移(含运输、装卸、辅助材料、架线等)费用及机械在施工现场进行安装、拆卸所需的人工费、材料费、机械费、试运转费和安装所需的辅助设施的费用。

②脚手架工程费:指施工需要的各种脚手架搭、拆、运输费用以及脚手架购置费的摊销费用。

(2)专业工程施工技术措施项目费:指根据国家各专业工程工程量计算规范(以下简称"计量规范")或浙江省各专业工程计价定额(以下简称"专业定额")及有关规定,列入各专业工程措施项目的属于施工技术措施的费用。

(3)其他施工技术措施项目费:指根据各专业工程特点补充的施工技术措施项目的费用。

施工技术措施项目按实施要求划分,可分为施工技术常规措施项目和施工技术专项措施项目。其中,施工技术专项措施项目是指根据设计或建设主管部门的规定,需由承包人提出专项方案并经论证、批准后方能实施的施工技术措施项目,如深基坑支护、高支模承重架、大型施工机械设备基础等。

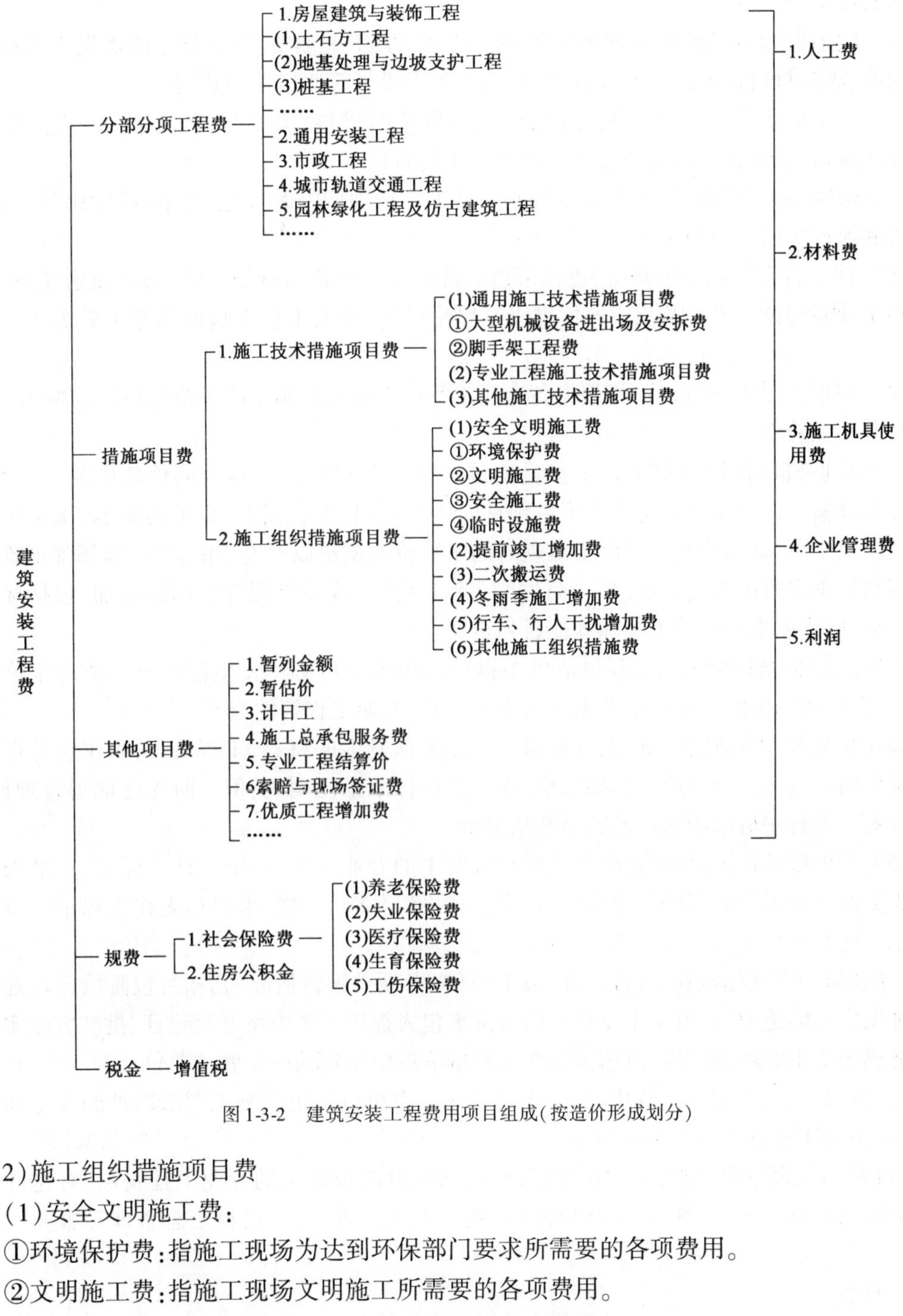

图 1-3-2　建筑安装工程费用项目组成(按造价形成划分)

2)施工组织措施项目费

(1)安全文明施工费:

①环境保护费:指施工现场为达到环保部门要求所需要的各项费用。

②文明施工费:指施工现场文明施工所需要的各项费用。

③安全施工费:指施工现场安全施工所需要的各项费用。

④临时设施费:指施工企业为进行建设工程施工所必须搭设的生活和生产用的临时建筑物、构筑物和其他临时设施费用,包括临时设施的搭设、维修、拆除、清理费或摊销费等。

安全文明施工费以实施标准划分,可分为安全文明施工基本费和创建安全文明施工标准化工地增加费。

(2)提前竣工增加费:指因缩短工期要求发生的施工增加费,包括赶工所需发生的夜间施工增加费、周转材料加大投入量和资金、劳动力集中投入等所增加的费用。

(3)二次搬运费:指因施工场地条件限制而发生的材料、构配件、半成品等一次运输不能到达堆放地点,必须进行二次或多次搬运所发生的费用。

(4)冬雨季施工增加费:指在冬季或雨季施工需增加的临时设施、防滑、排除雨雪,人工及施工机械效率降低等费用。

(5)行车、行人干扰增加费:指边施工边维持行人与车辆通行的市政、城市轨道交通、园林绿化等市政基础设施工程及相应养护维修工程受行车、行人干扰影响而降低工效等所增加的费用。

(6)其他施工组织措施费:指根据各专业工程特点补充的施工组织措施项目的费用。

3)其他项目费

(1)暂列金额:指建设单位在工程量清单中暂定并包括在工程合同价款中的一笔款项。用于施工合同签订时尚未确定或者不可预见的所需材料、工程设备、服务的采购,施工中可能发生的工程变更、合同约定调整因素出现时的工程价款调整以及发生的索赔、现场签证确认等的费用和安全文明标准化工地(以下简称"标化工地")、优质工程等费用的追加,包括标化工地暂列金额、优质工程暂列金额和其他暂列金额。

(2)暂估价:指招标人在工程量清单中提供的用于支付必然发生但暂时不能确定价格的材料、工程设备的单价以及施工技术专项措施项目、专业工程等的金额。

①材料及工程设备暂估价:指发包阶段已经确认发生的材料、工程设备,由于设计标准未明确等原因造成无法当时确定准确价格,或者设计标准虽已明确,但一时无法取得合理询价,由招标人在工程量清单中给定的若干暂估单价。

②专业工程暂估价:指发包阶段已经确认发生的专业工程,由于设计未详尽、标准未明确或者需要由专业承包人完成等原因造成无法当时确定准确价格,由招标人在工程量清单中给定的一个暂估总价。

③施工技术专项措施项目暂估价(以下简称"专项措施暂估价"):指发包阶段已经确认发生的施工技术措施项目,由于需要在签约后由承包人提出专项方案并经论证、批准方能实施等原因造成无法当时准确计价,由招标人在工程量清单中给定的一个暂估总价。

(3)计日工:指在施工过程中,施工企业完成建设单位提出的施工图纸以外的零星项目或工作所需的费用。

(4)总承包服务费:指总承包人为配合、协调建设单位进行的专业工程发包,对建设单位自行采购的材料、工程设备等进行保管以及施工现场管理、竣工资料汇总整理等服务所需的费用。

4)规费

规费是指按国家法律、法规规定,由省级政府和省级有关权力部门规定必须缴纳或计取的费用。

(1)社会保险费:

①养老保险费:指企业按照规定标准为职工缴纳的基本养老保险费。

②失业保险费:指企业按照规定标准为职工缴纳的失业保险费。

③医疗保险费:指企业按照规定标准为职工缴纳的基本医疗保险费。

④生育保险费:指企业按照规定标准为职工缴纳的生育保险费。

⑤工伤保险费:指企业按照规定标准为职工缴纳的工伤保险费。

(2)住房公积金:指企业按规定标准为职工缴纳的住房公积金。

5)税金

税金是指国家税法规定的应计入建筑安装工程造价内的建筑服务增值税。

(二)工程量清单计价清单费用组成

根据《建设工程工程量清单计价规范》(GB 50500—2013)的规定,工程量清单计价的费用由分部分项工程费、措施项目费、其他项目费、规费及税金组成。

1.分部分项工程费

分部分项工程费采用综合单价计价。综合单价是指完成工程量清单中一个规定计量单位项目所需要的人工费、材料费、施工机械使用费、企业管理费和利润,以及一定范围内的风险费用。

(1)人工费:指直接从事建筑安装工程施工的生产工人开支的各项费用。具体包含的内容同上节所述。

(2)材料费:指施工过程中耗费的构成工程实体的原材料、辅助材料、构配件、零件、半成品的费用。具体包含的内容同上节所述。

(3)施工机械使用费:指使用施工机械作业所发生的费用。具体包含的内容同上所述。

(4)管理费:指建筑安装企业组织施工生产和经营管理所需要的费用。具体包含的内容同上节所述。

(5)利润:指按企业经营管理水平和市场的竞争能力,完成工程量清单中各个分项工程应获得并计入清单项目的利润。

分部分项工程费用中,还应考虑一定范围内的风险费用。风险费用是指投标企业在确定综合单价时,客观上可能产生的不可避免的误差,以及在施工过程中遇到施工现场条件复杂、恶劣的自然条件,施工意外事故,物价暴涨以及其他风险因素发生的费用。

2.措施项目费用

措施项目费用是指为完成建设工程施工,发生于该工程施工前和施工过程中的技术、生活、安全、环境保护等方面的费用。

3.其他项目费用

(1)暂列金额:指招标人在工程量清单中暂定并包括在合同价款中的一笔款项。

(2)暂估价:指招标阶段直至签订合同协议时,招标人在招标文件中提供的用于支付必然要发生但暂时不能确定确定价格的材料,以及需另行发包的专业工程金额。包括材料暂估单价、专业工程暂估价。

(3)计日工:指为了解决现场发生的零星工作的计价而设立的。

(4)总承包服务费:指为了解决招标人在法律、法规允许的条件下进行专业工程发包以及自行采购供应材料、设备时,要求总承包人对发包的专业工程提供协调和配合服务,对供应的材料、设备提供收、发和保管服务以及对施工现场进行统一管理,对竣工资料进行统一汇总整理等并向总承包人支付的费用。

4. 其他费用

(1)规费:指政府和有关部门规定必须缴纳的费用,内容包括社会保险费、住房公积金等。

(2)税金:指国家税法规定的应计入建筑安装工程造价内的建筑服务增值税。

工程量清单计价费用项目组成如图 1-3-3 所示。

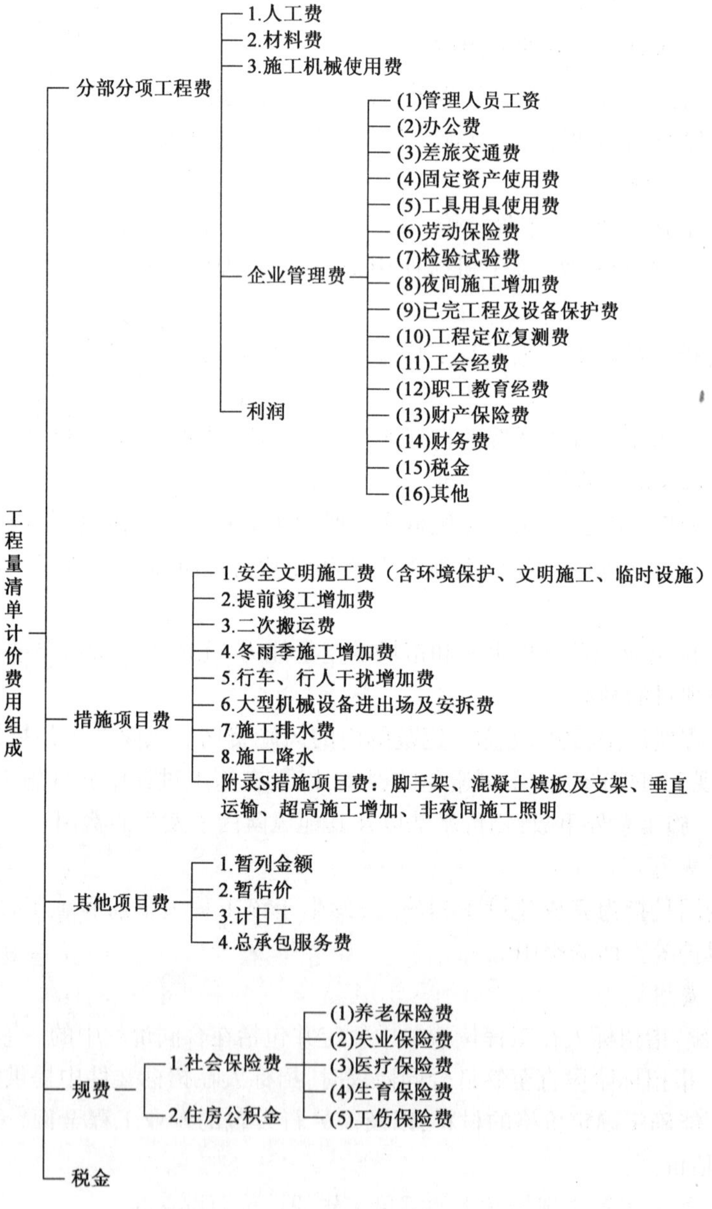

图 1-3-3　工程量清单计价费用项目组成图

学生工作页

一、单项选择题

1. 根据《浙江省建设工程计价规则》(2018 版),按规定缴纳的养老保险费应计入建筑安装工程(　　)。

A. 风险费用　　B. 规费　　C. 措施费　　D. 企业管理费

2. 根据《浙江省建设工程计价规则》(2018 版),我国现行建设项目的构成中,工程建设的其他费用包括(　　)。

A. 涨价预备费　　B. 直接费　　C. 建设期贷款利息　　D. 土地使用费

3. 根据《浙江省建设工程计价规则》(2018 版),施工现场定位复测费应计入建筑安装工程(　　)。

A. 风险费用　　B. 规费　　C. 措施费　　D. 企业管理费

4. 根据《浙江省建设工程计价规则》(2018 版),施工现场按规定缴纳的劳动保护费应计入建筑安装工程(　　)。

A. 风险费用　　B. 规费　　C. 措施费　　D. 企业管理费

5. 下列不属于材料预算价格的费用是(　　)。

A. 材料原价　　B. 材料运杂费

C. 材料采购保管费　　D. 新型材料试验费

6. 根据《浙江省建设工程计价规则》(2018 版),下列属于人工费的是(　　)。

A. 六个月以上的病假人员工资　　B. 装卸驾驶员工资

C. 公司质量监督人员工资　　D. 电焊工产、婚假期的工资

7. 建筑安装工程费用构成中的税金是(　　)。

A. 营业税、城市维护建设税、教育费附加、地方教育费附加

B. 营业税、城市维护建设税、教学费附加、个人所得税

C. 发票税、城建税、教学税、所得税、个人所得税

D. 应计入建筑安装工程造价内的建筑服务增值税

8. 根据《浙江省建设工程计价规则》(2018 版),职工易地安家补助属于(　　)。

A. 人工费　　C. 企业管理费　　B. 差旅费　　D. 劳动保险费

9. 下列费用中不属于社会保险费的是(　　)。

A. 养老保险费　　B. 失业保险费　　C. 医疗保险费　　D. 住房公积金

10. 根据《浙江省建设工程计价规则》(2018 版),劳动保护费属于(　　)。

A. 人工费　　C. 企业管理费

B. 规费二次搬运费　　D. 安全保护费

11. 不属于与未来企业生产经营有关的其他费用的是(　　)。

A. 工程承包费　　B. 联合试运转费　　C. 生产准备费　　D. 生产家具购置费

12. 根据《浙江省建设工程计价规则》(2018 版),以下不属于社会保险费的是(　　)。

A. 生育保险费　B. 医疗保险费　C. 财产保险费　D. 工伤保险费

13. 根据现行《浙江省建设工程计价规则》(2018版),施工单位特殊情况下支付给工人的工资费属于(　　)。

A. 人工费　B. 管理人员工资　C. 企业管理费　D. 工程建设其他费

14. 下列税费中计入建筑安装工程费的是(　　)。

A. 教育费附加　B. 外贸手续费　C. 进口关税　D. 增值税

15.《建设工程工程量清单计价规范》(GB 50500—2013)中其他项目费包括暂列金额、计日工、总承包服务费和(　　)。

A. 材料暂估价　B. 特殊项目暂估价　C. 暂估费　D. 暂估价

16. 下列费用不属于企业管理费用的是(　　)。

A. 工具用具使用费　B. 生育保险费　C. 检验试验费　D. 差旅交通费

17. 以下不应计入人工费的是(　　)。

A. 辅助工资　B. 生产工人基本工资

C. 生产工人工资性补贴　D. 职工养老保险

18. 工程量清单计价中分部分项工程清单中的综合单价包含人工费、材料费、机械费、企业管理费、利润和(　　)。

A. 直接费　B. 间接费　C. 税金　D. 一定的风险

19. 建筑安装工程费用按工程造价形成划分为分部分项工程费、措施项目费、其他项目费、规费和(　　)。

A. 财务费　B. 措施费　C. 企业管理费　D. 税金

20. 建安工程造价中的税金包括(　　)。

A. 营业税　B. 增值税　C. 城市维护建设税　D. 教育费附加

二、多项选择题

1. 根据现行《浙江省建设工程计价规则》(2018版),规费包括(　　)。

A. 工程排污费　B. 工程定额测定费　C. 文明施工

D. 住房公积金　E. 社会保险费

2. 下列与项目建设有关的其他费用是(　　)。

A. 勘察设计费　B. 生产准备费　C. 工程保险费

D. 工程监理费　E. 联合试运转费

3. 下列费用中属于企业管理费的是(　　)。

A. 仪器仪表使用费　B. 固定资产使用费　C. 检验试验费

D. 劳动保护费　E. 工具用具使用费

4. 根据现行《浙江省建设工程计价规则》(2018版),材料费应该包括(　　)。

A. 材料原价　B. 材料运杂费　C. 材料采购保管费

D. 新型材料试验费　E. 运输损耗费

5. 根据我国现行税法的规定,可以不计入建筑安装工程税费的有(　　)。

A. 增值税　B. 车船使用税　C. 教育费附加

D. 营业税　E. 固定资产投资方向调节税

单元四
工程建设定额与清单

教学课件

【能力目标】

1. 能应用建筑工程消耗量定额进行分类。
2. 能对2013版清单计价表格进行分类。

【知识目标】

1. 了解定额、清单的概念与分类。
2. 熟悉《浙江省房屋建筑与装饰工程预算定额》(2018版)和《建设工程工程量清单计价规范》(GB 50500—2013)。
3. 掌握定额换算的方法及清单编码的设置。

一 工程建设定额的基础知识

(一)工程建设定额的概念

工程建设定额是指在工程建设中单位产品消耗人工、材料、机械、资金的规定额度。

(二)工程建设定额的分类

1. 按定额反映的生产要素消耗内容分类

可分为:①劳动消耗定额;②机械消耗量定额;③材料消耗量定额。

2. 按定额的编制程序和用途分类

可分为:①施工定额;②预算定额;③概算定额;④概算指标;⑤投资估算指标;⑥工期定额。

3. 按照专业性质分类

可分为:①全国通用定额;②行业通用定额;③专业专用定额。

4. 按主编单位和管理权限分类

可分为:①全国统一定额;②行业统一定额;③地区统一定额,如《浙江省房屋建筑与装饰工程预算定额》(2018版);④企业定额;⑤补充定额。

(三)工程建设定额的特点

工程建设定额有以下特点:①科学性;②系统性;③统一性;④权威性;⑤稳定性;⑥时效性。

(四)《浙江省房屋建筑与装饰工程预算定额》(2018版)的组成

1. 总说明

总说明是对定额的使用方法及上下册共同性的问题所作的综合说明和规定。使用定额必须熟悉和掌握总说明内容,以便对整个定额有全面的了解。

2. 分部工程定额

《浙江省房屋建筑与装饰工程预算定额》(2018 版)分上下册,上下册各分为 10 章。

每一章均列有分部说明、工程量计算规则和定额表。

(1)分部说明:是对分部的编制内容、编制依据、使用方法和共同性问题所作的说明和规定。

(2)工程量计算规则:是对本分部分项工程量计算规则所作的统一规定。

(3)定额节:是分部工程中技术因素相同的分项工程集合。例如:砌筑工程主体砌筑的定额节是根据不同墙体材料分砖砌体和砌块砌体,砖砌体又分为混凝土类、烧结类、蒸压类,砌块砌体分为轻集料混凝土类小型空心砌块、烧结类空心砌块、蒸压加气类混凝土砌块等。

(4)定额表:是定额基本表现形式。

每个定额表列有工作内容、计量单位、项目名称、定额编号、定额基价以及人工、材料及施工机械台班等消耗数量。有时在定额表下还列有附注,说明设计有特殊要求时,怎样使用定额,以及说明其他应做必要解释的问题。

3. 附录

附录是定额的有机组成部分,浙江省预算定额附录由以下 4 部分组成:

(1)附录一:砂浆、混凝土强度等级配合比。

(2)附录二:机械台班单独计算的费用。

(3)附录三:建筑工程主要材料损耗率取定表。

(4)附录四:人工、材料、机械台班价格定额取定表。

说明:本书第二篇各单元即按《浙江省房屋建筑与装饰工程预算定额》(2018 版)编写。

(五)建筑工程消耗量定额的应用

消耗量定额的使用方法有定额的直接套用、定额的换算、补充定额。

1. 定额的直接套用

当图纸设计工程项目的内容与定额项目的内容一致时,可直接套用定额,确定工、料、机消耗量。以《浙江省房屋建筑与装饰工程预算定额》(2018 版)为例,说明建筑工程消耗量定额的应用。

【例 1-4-1】 采用 DM M10.0 干混砂浆砌筑混凝土实心砖(240mm × 115mm × 53mm)基础,试确定基价和主要工料机消耗量。

解

第一步 确定定额编号 4-1,基价 = 4 078.04 元

第二步 计算主要工料机消耗量

人工消耗量 = 7.79 工日/$10m^3$

标准砖 = 5.29 千块/$10m^3$

DM M10.0 干混砂浆用量 = $2.3m^3/10m^3$

干混砂浆罐式搅拌机 2 000L 消耗量 = 0.115 台班/10m^3

2. 定额的换算

当施工图纸设计项目内容与套用的相应定额项目内容不完全一致时，则应按定额规定的范围、内容和方法进行换算。对换算后的定额项目，应在其定额编号后注明"换"字，以示区别。

1）材料配合比不同的换算

配合比不同会引起相应消耗量的变化，消耗量变化会引起基价的变化，所以必须进行换算。

【例 1-4-2】 DM M10.0 干混砂浆砌筑砖基础，试计算换算后的基价和主要工料机消耗量。

解

第一步　确定定额编号，4-1 换（也可以写成 4-1H）

第二步　确定换算后的基价

基价 = 4 078.04 + 2.3 × (397.23 − 413.73) = 4 040.09 元/10m^3

第三步　计算主要工料机消耗量

人工消耗量 = 10.2 工日/10m^3

标准砖用量 = 5.29 千块/10m^3

DM M10.0 干混砂浆消耗量 = 2.3m^3/10m^3

干混砂浆罐式搅拌机 2 000L 消耗量 = 0.115 台班/10m^3

2）按比例换算

对于定额计量单位为平方米的分项工程，当设计厚度与定额厚度不同时，应根据厚度每增减子目按比例调整。

分项定额换算消耗量 = 分项定额消耗量 × 设计厚度 ÷ 定额厚度

【例 1-4-3】 试确定混凝土楼面 18mm 厚 DS M20.0 干混地面砂浆的分项工程主要材料消耗量。

解

第一步　确定定额编号，11-1H

第二步　计算主要工料机消耗量

人工消耗量 = 5.182 工日/100m^2 − 0.102 × 2 工日/100m^2 = 4.978 工日/100m^2

水的用量 = 0.4m^3/100m^2

DS M20.0 干混地面砂浆用量 = 2.04m^3/100m^2 − 0.102 × 2m^3/100m^2 = 1.836m^3/100m^2

干混砂浆罐式搅拌机 2 000L 消耗量 = 0.102 台班/100m^2 − 0.005 × 2m^3/100m^2 = 0.092 台班/100m^2

3）乘系数换算

乘系数换算是指在使用某些定额项目时，定额的一部分或全部乘以规定的系数。此类换算比较多见，方法也较为简单，但使用时应注意以下几个问题。

（1）按定额规定的系数进行换算。

（2）要区分定额换算的系数和工程量换算的系数。

（3）正确确定项目换算的被调内容和计算基数。

4）其他换算

其他换算方法有直接增加工料法、实际材料用量换算法等。

3. 编制补充定额

施工图纸中的某些工程项目,由于采用了新技术、新材料和新工艺等原因,没有类似定额可供套用,必须编制补充定额项目。

二 建设工程工程量清单的基础知识

(一)工程量清单的概念

工程量清单是表现建设工程的分部分项工程项目、措施项目、其他项目、规费项目和税金项目的名称和相应数量等的明细清单。工程量清单是一个工程计价中反映工程量的特定内容的概念,与建设阶段无关,在不同阶段,又可分别称为“招标工程量清单”“结算工程量清单”等。是由招标人按照“清单计价规范”附录中统一的项目编码、项目名称、项目特征、计量单位和工程量计算规则进行编制。其包括分部分项工程量清单、措施项目清单、其他项目清单、规费项目清单和税金项目清单。

工程量清单应由具有编制能力的招标人或受其委托,具有相应资质的工程造价咨询人编制。采用工程量清单方式招标,工程量清单必须作为招标文件的组成部分,其准确性和完整性由招标人负责。工程量清单是工程量清单计价的基础,应作为编制招标控制价、投标报价、计算工程量、支付工程款、调整合同价款、办理竣工结算以及工程索赔等的依据之一。

编制工程量清单主要依据:《建设工程工程量清单计价规范》(GB 50500—2013);国家或省级、行业建设主管部门颁发的计价依据和办法;建设工程设计文件;与建设工程项目有关的标准、规范、技术资料;招标文件及其补充通知、答疑纪要;施工现场情况、工程特点及常规施工方案;其他相关资料。

(二)工程量清单的构成

工程量清单应由分部分项工程量清单、措施项目清单、其他项目清单、规费项目清单和税金项目清单组成。

1. 分部分项工程量清单

分部分项工程量清单包括项目编码、项目名称、项目特征、计量单位和工程数量。

分部分项工程量清单项目的设置,原则上是以形成工程实体为主,它是计量的前提。

分部分项工程量清单是由招标人按照《建设工程工程量清单计价规范》(GB 50500—2013)中统一的项目编码、统一的项目名称、统一的项目特征、统一的计量单位和统一的工程量计算规则(即“五统一”)进行编制,招标人必须按规范规定执行,不得因情况不同而变动。在设置清单项目的,以《建设工程工程量清单计价规范》(GB 50500—2013)附录中项目名称为主体,考虑该项目的规格、型号、材质等特征要求,结合拟建工程实际情况,在工程量清单中详细地描述出影响工程计价的有关因素。

在清单项目设置时应注意以下几点:

1)项目编码

《建设工程工程量清单计价规范》(GB 50500—2013)中对每一个分部分项工程量清单项目均设定一个编码。项目编码采用12位阿拉伯数字表示:1~9位为统一编码,10~12位应根据拟建工程的工程量清单项目名称设置,同一招标工程的项目编码不得有重码。

1~2 位：表示专业工程代码。例如，01 为房屋建筑与装饰工程，02 为仿古建筑工程，03 为通用安装工程，04 为市政工程，05 为园林绿化工程，06 为矿山工程，07 为构筑物工程，08 为城市轨道交通工程，09 为爆破工程。

3~4 位：表示附录分类顺序码。例如，附录 E 混凝土及钢筋混凝土工程为 0105。

5~6 位：表示分部工程顺序码。例如，E·1 现浇混凝土基础为 010501，E·2 现浇混凝土柱为 010502。

7~9 位：表示分项工程项目名称顺序码。例如，独立柱基为 010501002，异形柱为 010502003。

10~12 位：表示具体的清单项目工程名称编码，主要区别同一分项工程具有不同特征的项目。例如：

C20、C25 两种现浇混凝土平板的项目编码：C20 平板为 010505003001，C25 平板为 010505003002。

不同厚度混凝土平板项目编码：C20 混凝土平板 90mm 厚，为 010505003001；C20 混凝土平板 110mm 厚，为 010505003002。

后三位应按平板的不同特征分别编号。

在《建设工程工程量清单计价规范》（GB 50500—2013）附录中缺项的，由编制人自行补充。补充项目应填写在工程量清单相应分部工程之后，并在“项目编码”栏中以“补”字示之。

2）项目名称

工程量清单的项目名称应按附录的项目名称结合拟建工程的实际确定。编制工程量清单，较大的项目应区分项目名称，分别编码列项。例如：门窗工程中特殊门应区分冷藏门、冷冻间门、保温门、变电室门、隔音门、防射线门、人防门、金库门等。如出现附录中未包括的项目，编制人可作相应补充，并应报省、自治区、直辖市工程造价管理机构备案。

3）项目特征

工程量清单的项目特征是确定一个清单项目综合单价不可缺少的重要依据，在编制工程量清单时，必须对项目特征进行准确和全面的描述。但有些项目特征用文字往往又难以准确和全面地描述清楚。因此，为达到规范、简洁、准确、全面描述项目特征的要求，在描述工程量清单项目特征时应按以下原则进行：

（1）项目特征描述的内容应按附录中的规定，结合拟建工程的实际，能满足确定综合单价的需要。

（2）若采用标准图集或施工图纸能够全部或部分满足项目特征描述的要求，项目特征描述可直接采用详见××图集或××图号的方式。对不能满足项目特征描述要求的部分，仍应用文字描述。

4）计量单位

应按附录中规定的计量单位确定。

工程数量及有效位数的规定如下：

（1）工程数量应按附录中规定的工程量计算规则计算。

（2）工程数量的有效位数应遵守下列规定：

以“t”为单位，应保留小数点后三位数字，第四位四舍五入。

以“m^3”“m^2”“ m”“kg”为单位,应保留小数点后两位数字,第三位四舍五入。

以“个”“件”“根”“组”等为单位,应取整数。

5)计算规则

清单中所列工程量应按附录中规定的工程量计算规则计算。

2. 措施项目清单

措施项目清单措施项目中若列出了项目编码、项目名称、项目特征、计量单位、工程量计算规则的项目,编制工程量清单时,宜采用分部分项工程量清单的方式编制,措施项目中仅列出项目编码、项目名称,但未列出项目特征、计量单位和工程量计算规则的措施项目(即总价措施项目),编制工程量清单时,必须按本规范规定的项目编码、项目名称确定清单项目,不必描述项目特征和确定计量单位。对于未列的措施项目,工程量清单编制人应做补充,并列在措施项目清单最后,在序号栏中以“补”字示之。

3. 其他项目清单

其他项目清单宜按照下列内容列项:

(1)暂列金额。

(2)暂估价,包括材料(工程设备)暂估价/结算价、专业工程暂估价/结算价。

(3)计日工。

(4)总包服务费。

(5)索赔与现场签证。

《建设工程工程量清单计价规范》(GB 50500—2013)提供的其他项目,仅作为列项的参考,对于不足或未列的其他项目工程量清单,编制人可根据工程具体情况补充,并列在其他项目清单最后,在序号栏中以“补”字示之。

4. 规费项目清单

规费项目清单应按照下列内容列项:

(1)社会保险费,包括养老保险费、失业保险费、医疗保险费、工伤保险费、生育保险费。

(2)住房公积金。

5. 税金项目清单

税金项目清单包括增值税。

(三)工程量清单计价

工程量清单计价活动包括:工程量清单编制、工程量清单招标控制价编制、工程量清单投标报价编制、工程合同价款的约定、工程计量与价款支付、索赔与现场签证、工程价款调整、合同价款中期支付、合同价款争议处理、竣工结算办理及工程造价鉴定等。

《建设工程工程量清单计价规范》(GB 50500—2013)浙江省计价表式介绍如下。

1. 计价表格的组成

工程量清单及计价表格包括封面、扉页、总说明、汇总表、分部分项工程量清单表等共32张,具体如下:

1　封面

1.1　招标工程量清单(封-1)

1.2　招标控制价(封-2)

1.3 投标总价(封-3)
1.4 竣工结算书(封-4)
1.5 工程造价鉴定意见书(封-5)
2 扉页
2.1 招标工程量清单扉页(扉-1)
2.2 招标控制价扉页(扉-2)
2.3 投标总价扉页(扉-3)
2.4 竣工结算书扉页(扉-4)
2.5 工程造价鉴定意见书扉页(扉-5)
3 总说明
4 汇总表
4.1 建设项目招标控制价/投标报价汇总表(表-01)
4.2 单项工程招标控制价/投标报价汇总表(表-02)
4.3 单位工程招标控制价/投标报价汇总表(表-03)
4.4 建设项目竣工结算汇总表(表-04)
4.5 单项工程竣工结算汇总表(表-05)
4.6 单位工程竣工结算汇总表(表-06)
5 分部分项工程和措施项目计价表
5.1 分部分项工程和单价措施项目清单及计价表(表-08)
5.2 综合单价分析表(表-09)
5.3 综合单价调整表(表-10)
5.4 总价措施项目清单及计价表(表-11)
6 其他项目计价表
6.1 其他项目清单与计价汇总表(表-12)
6.1.1 暂列金额明细表(表-12-1)
6.1.2 材料(工程设备)暂估单价及调整表(表-12-2)
6.1.3 专业工程暂估价及结算价表(表-12-3)
6.1.4 计日工表(表-12-4)
6.1.5 总承包服务费计价表(表-12-5)
6.1.6 索赔与现场签证计价汇总表(表-12-6)
6.1.7 费用索赔申请(核准)表(表-12-7)
6.1.8 现场签证表(表-12-8)
7 规费、税金项目计价表(表-13)
8 工程计量申请(核准)表
9 合同价款支付申请(核准)表(表-14)
9.1 预付款支付申请(核准)表(表-15)
9.2 总价项目进度款支付分解表(表-16)
9.3 进度款支付申请(核准)表(表-17)

9.4 竣工结算款支付申请(核准)表(表-18)

9.5 最终结清支付申请(核准)表(表-19)

10 主要材料、工程设备一览表

10.1 发包人提供材料和工程设备一览表(表-20)

10.2 承包人提供材料和工程设备一览表(表-21)

10.3 承包人提供材料和工程设备一览表(表-22)

2. 计价表格的使用

工程计价表格具体使用时,应满足工程计价的需要。为方便使用,在计价过程中应按照下列规定:

(1)招标工程量清单编制使用的表格包括:封-1、扉-1、总说明、表-08、表-11、表-12(不含表-12-6 ~ 表-12-8)、表-13、表-20、表-21 或表-22。

(2)招标控制价编制使用的表格包括:封-2、扉-2、表-01、表-02、表-03、表-04、表-08、表-09、表-11、表-12(不含表-12-6 ~ 表-12-8)、表-13、表-20、表-21 或表-22。

(3)投标报价编制使用的表格包括:封-3、扉-3、表-01、表-02、表-03、表-04、表-08、表-09、表-11、表-12(不含表-12-6 ~ 表-12-8)、表-13、表-16 及招标文件提供的表-20、表-21 或表-22。

(4)竣工结算编制使用的表格包括:封-4、扉-4、表-01、表-05、表-06、表-07、表-08、表-09、表-10、表-11、表-12、表-13、表-14、表-15、表-16、表-17、表-18、表-20、表-21 或表-22。

(5)工程造价鉴定编制使用的表格包括:封-5、扉-5、表-01、表-05、表-06、表-07、表-08、表-09、表-10、表-11、表-12、表-13、表-14、表-15、表-16、表-17、表-18、表-20、表-21 或表-22。

3. 工程量清单计价法的特点

与采用定额计价法相比,采用工程量清单计价方法有以下特点:

(1)满足竞争的需要。

(2)提供了一个平等的竞争条件。

(3)有利于工程款的拨付和工程造价的最终确定。

(4)有利于实现风险的合理分担。

(5)有利于业主对投资的控制。

学生工作页

一、单项选择题

1. 工程建设定额按生产要素消耗内容分类可分为(　　)。

A. 施工定额

B. 预算定额

C. 劳动消耗量定额、材料消耗量定额、机械消耗量定额

D. 建筑定额

2. 凡建筑结构构件的断面有一定形状和大小,但是长度不定时,可以(　　)为计量单位。

A. 平方米　　B. 立方米　　C. 延长米　　D. 吨

3. 凡建筑结构构件的厚度有一定规格,但是长度和宽度不定时,可以(　　)为计量单位。

A. 平方米　　B. 立方米　　C. 延长米　　D. 吨

4. 凡建筑结构构件的长度、厚(高)度和宽度都变化时,可按(　　)为计量单位。

A. 平方米　　B. 立方米　　C. 延长米　　D. 吨

5. 材料消耗量(　　)。

A. 材料消耗量 = 材料净用量 ×(1 + 损耗率)

B. 材料消耗量 = 材料净用量 + 材料损耗率

C. 材料消耗量 = 材料净用量 ×(1 + 材料损耗量)

D. 材料消耗量 = 材料净用量 + 施工损耗

6. 定额遇有两个系数时可用(　　)。

A. 连乘法计算　　B. 连加法计算

C. 按大的系数计算　　D. 按小的系数计算

7.《浙江省房屋建筑与装饰工程预算定额》(2018 版)除定额注明高度外,均按檐高(　　)内编制。

A. 20m　　B. 25m　　C. 30m　　D. 35m

8. 建设工程费用按"人工费 + 机械费"或"人工费"为计算基数,人工费、机械费指的是(　　)。

A. 直接工程费中的人工费和机械费

B. 直接工程费及施工技术措施费中的人工费和机械费

C. 直接工程费及施工措施费中的人工费和机械费

D. 直接工程费中人工费和机械费,其中机械费包括大型机械设备进出场及安拆费

9. 定额中的建筑物檐高是指(　　)至建筑物沿口底的高度。

A. 自然地面　　B. 设计室内地坪　　C. 设计室外地坪　　D. 原地面

10.《建设工程工程量清单计价规范》(GB 50500—2013)中规定房屋建筑与装饰工程的第一级专业代码为(　　)。

A. 01　　B. 02　　C. 03　　D. 04

11. 工程量清单的提供者是(　　)。

A. 建设主管部门　　B. 招标人　　C. 投标人　　D. 以上都是

12. 按照我国目前的规定,在工程量清单计价过程中,分部分项工程量清单综合单价不包括(　　)。

A. 利润　　B. 风险因素　　C. 规费　　D. 企业管理费

13. 工程量清单格式的组成内容不包括(　　)。

A. 工程项目总价表　　B. 分部分项工程量清单

C. 措施项目清单　　D. 封面

14. 当进行清单项目工程量计算时,应计算其(　　)。

A. 实际施工工程量　　B. 损耗工程量

C. 实体工程量　　D. 投标工程量

15. 工程量清单表中项目编码的第五. 六位为(　　)。

A. 专业代码　　B. 附录分类顺序码

C. 分部工程顺序码　　D. 分项工程顺序码

16. 在工程量清单的编制过程中,具体的项目名称应按(　　)确定。

A. 项目特征

B. 附录的项目名称结合拟建工程的实际

C. 计量单位

D. 项目编码

E. 人工费 + 机械费

F. 分部分项工程清单项目费 + 施工技术措施项目清单

17. 按照《建设工程工程量清单计价规范》(GB 50500—2013)规定,工程量清单(　　)。

A. 必须由招标人委托具有相应资质的中介机构进行编制

B. 应采用工料单价计价

C. 由总说明和分部分项工程清单两部分组成

D. 应作为招标文件的组成部分

18. 工程量清单项目以(　　)级编码设置。

A. 2　　B. 3　　C. 4　　D. 5

19. 投标单位应按招标单位提供的工程量清单,注意填写单价和合价。在开标后发现有的分项投标单位没有填写单价或合价,则(　　)。

A. 允许投标单位补充填写

B. 视为废标

C. 认为此项费用已包括在其他项的单价和合价中

D. 由招标人退回招标书

20. 工程量清单表中项目编码的第三四位为(　　)。

A. 专业代码　　B. 附录分类顺序码

C. 分部工程顺序码　　D. 分项工程顺序码

21. 工程量清单漏项或设计变更引起新的工程量清单项目,其相应综合单价由承包人提出,经(　　)确认后作为结算依据。

A. 造价咨询机构　　B. 发包人　　C. 造价管理部门　　D. 投标人

22. 分部分项工程量清单应包括(　　)。

A. 工程量清单表和工程量清单说明

B. 项目编码、项目名称、项目特征、计量单位和工程数量

C. 工程量清单表、措施项目一览表和其他项目清单

D. 项目名称、项目特征、工程内容等

23. 采用工程量清单计价时,要求投标报价根据(　　)。

A. 业主提供的工程量,按照现行概算扩大指标编制得出

B. 业主提供的工程量,结合企业自身所掌握的各种信息,资料及企业定额编制得出

C. 承包商自行计算工程量参照现行预算定额规定编制得出

D. 承包商自行计算工程量,结合企业自身所掌握的各种信息、资料及企业定额编制得出

24.《建设工程工程量清单计价规范》(GB 50500—2013)中所采用的单价是(　　)。

A. 指数单价　B. 综合单价　C. 工料单价　D. 不限制

25. 在我国目前工程量清单计价过程中,分部分项工程量清单综合单价由(　　)。

A. 人工费、材料费、机械费

B. 人工费、材料费、机械费、管理费

C. 人工费、材料费、机械费、管理费、利润、一定范围风险金

D. 人工费、材料费、机械费、管理费、利润、规费和税金

26. 在工程量清单计价中,工程数量以"立方米""平方米""米"为单位,应保留小数点后(　　)数字,其后四舍五入。

A. 一位　B. 两位　C. 三位　D. 四位

27. 工程量清单及其计价式中任何内容(　　)。

A. 可以删除　B. 可以补充或删除

C. 经招标办同意可适当删减　D. 不得随意删除或涂改

28.(　　)应执行《建设工程工程量清单计价规范》(GB 50500—2013)。

A. 全部使用国有资金投资或国有资金投资为主的工程建设项目

B. 全部使用引进外资或国有资金投资为主的工程建设项目

C. 全部使用国有资金投资或国内集体投资为主的工程建设项目

D. 所有大中型建设工程或外商投资工程

29. 工程量清单漏项或由于设计变更引起新的工程清单项目,其相应综合单价由(　　)提出经(　　)确认后作为结算的依据。

A. 招标人、投标人　B. 承包方、发包方

C. 中标人、招标人　D. 乙方、甲方

30. 下列选项正确的是(　　)。

A. 招标人提供的分部分项工程量清单项目漏项,若合同中没有类似项目综合单价,招标方提出适当的综合单价

B. 招标人提供的分部分项工程量清单数量有误,调整的工程数量由发包人重新计算,作为结算依据

C. 招标人提供的分部分项工程量清单数量有误,其增加部分工程量单价一律执行原有的综合单价

D. 清单项目中项目特征或工程内容发生变更的,以原综合单价为基础,仅就变更部分相应定额子目调整综合单价

31. 由于清单项目中项目特征或工程内容发生部分变更的,则综合单价应(　　)。

A. 和原综合单价一致

B. 否定原综合单价,制定新综合单价

C. 由发包人自行确定

D. 以原综合单价为基础,仅就变更部分相应定额子目调整综合单价

二、多项选择题

1. 工程建设定额的特点有(　　)。

A. 科学性　B. 系统性　C. 权威性　D. 相关性　E. 稳定性

2. 单位工程的基本构成要素是指(　　)。

A. 分部工程　B. 分部项目　C. 分项工程　D. 结构构件

3. 预算定额编制的原则有(　　)。

A. 按社会平均水平确定预算定额的原则　B. 简明适用的原则

C. 坚持统一性和差别性相结合的原则　D. 独立自主原则

4. 人工工日消耗确定的方法有(　　)。

A. 定额法　B. 现场测定法　C. 经验估算法　D. 理论计算法

5. 材料消耗量的确定方法有(　　)。

A. 理论计算法　B. 现场测定法

C. 经验估算法　D. 定额法

6. 材料按其消耗量方式分为(　　)。

A. 周转使用的、构成工程实体的材料

B. 一次性消耗的、不构成工程实体的材料

C. 一次性消耗的、构成工程实体的材料

D. 多次性的周转材料一般不构成工程实体

7.《浙江省房屋建筑与装饰工程预算定额》(2018 版)是(　　)。

A. 编制设计概算、施工图预算、竣工结算、编审工程标底的依据

B. 调解处理工程造价纠纷,鉴定工程造价的依据

C. 是工程量清单计价、投标报价、界定工程成本价的基础

D. 编制投资估算的依据

8.《浙江省房屋建筑与装饰工程预算定额》(2018 版)(　　)。

A. 适用于本省区域内的工业与民用建筑的新建、扩建、改建工程

B. 适用于各个地区范围的工业与民用建筑的新建、扩建、改建工程

C. 不适用于修建和其他专业工程

D. 不适用于国防、科研等有特殊要求的工程

9.《浙江省房屋建筑与装饰工程预算定额》(2018 版)中材料、成品、半成品的取定价格包括(　　)。

A. 市场供应价　B. 检验试验费

C. 运杂费、运输损耗费　D. 采购保管费

10.《浙江省房屋建筑与装饰工程预算定额》(2018 版)中材料、成品、半成品的定额消耗量均包括(　　)。

A. 场内运输损耗　B. 场外运输损耗

C. 施工操作损耗　D. 加工厂内损耗

11. 消耗量定额换算一般有(　　)。

A. 乘系数换算　B. 按比例换算

C. 材料配合比不同的换算　　D. 其他换算

12. 分部分项工程量清单构成包括(　　)。

A. 项目编码　B. 项目名称　C. 计量单位　D. 工程数量　E. 项目特征

13. 工程量清单计价中分部分项工程量清单计价表中有综合单价一项,该综合单价应包括完成一个规定计量单位工程所需的(　　)。

A. 人工费　　B. 材料费　　C. 机械使用费

D. 利润　　E. 企业管理费　　F. 风险金

14. 与定额计价法相比,采用工程量清单计价法具有的特点包括(　　)。

A. 有利于工程造价的最终确定　B. 有利于主管部门对建设产品市场的监管

C. 有利于工程款的拨付　D. 有利于实现风险的合理分担

E. 有利于业主对投资的控制

15. 关于工程量清单说法正确的是(　　)。

A. 工程量清单是招标文件的组成部分

B. 工程量清单是投标文件的组成部分

C. 工程量清单是合同的组成部分

D. 工程量清单由投标人提供

E. 工程量清单由招标人提供

16.《建设工程工程量清单计价规范》(GB 50500—2013)提出了分部分项工程量清单的五个统一,即(　　)。

A. 项目编码统一　　B. 项目名称统一　　C. 计量单位统一

D. 小数点位数统一　　E. 工程量计算规则统一　　F. 项目特征统一

17. 综合单价应包括人工费、材料费、机械费和(　　),并考虑一定范围内的风险费用。

A. 材料购置费　　B. 利润　　C. 税金

D. 企业管理费　　E. 其他项目费

18. 下列关于工程量清单计价办法的说法正确的有(　　)。

A. 此方法是一种独立的计价模式

B. 此方法是一种市场定价模式

C. 此方法常称为工程量清单招标

D. 此方法包括编制招标标底、投标报价、合同价款的确定与调整和办理工程结算

E. 此方法包括工程量清单格式编制,利用工程量清单编制报价和评标定标

单元五
工程造价计价方法

教学课件

【能力目标】

1. 能应用建筑工程消耗量定额进行分类。
2. 能根据2018版费率表查取各项费率。

【知识目标】

1. 熟悉建筑安装工程概算费用计价。
2. 掌握建筑安装工程施工费用计价。

一 概述

(1)建筑安装工程费用统一按照综合单价法进行计价,包括国标工程量清单计价(以下简称"国标清单计价")和定额项目清单计价(以下简称"定额清单计价")两种。采用国标清单计价和定额清单计价时,除分部分项工程费外,施工技术措施项目费分别依据"计量规范"规定和"专业定额"规定不同的项目列项计算外,其余费用的计算原则及方法应当一致。

(2)建筑安装工程计价可采用一般计税法和简易计税法计税,如选择采用简易计税法计税,应符合税务部门关于简易计税的适用条件,建筑安装工程概算应采用一般计税方法计税。

(3)采用一般计税法计税时,其税前工程造价(或税前概算费用)的各费用项目均不包含增值税的进项税额,相应价格、费率及其取费基数均按"除税价格" 进行计算或测定;采用简易计税法计税时,其税前工程造价的各费用项目均应包含增值税的进项税额,相应价格、费率及其取费基数均按"含税价格"计算或测定。

(4)建筑安装工程费用计算程序按照不同阶段的计价活动分别进行设置,包括建筑安装工程概算费用计算程序和建筑安装工程施工费用计算程序。其中,建筑安装工程施工费用计算程序分为招投标阶段和竣工结算阶段两种。

二 建筑安装工程概算费用计价

概算费用由税前概算费用和税金(增值税销项税)组成,计价内容包括概算分部分项工程费(包含施工技术措施项目)、总价综合费用、概算其他费用和税金。

1. 概算分部分项工程费

概算分部分项工程费按概算分部分项工程数量乘以综合单价以其合价之和进行计算。

1)工程数量

概算分部分项工程数量应根据概算"专业定额"中定额项目规定的工程量计算规则进行计算。

2)综合单价

(1)综合单价所含人工费、材料费、机械费应按照概算"专业定额"中的人工、材料施工机械(仪器仪表)台班消耗量以概算编制期对应月份省、市工程造价管理机构发布的市场信息价进行计算。遇未发布市场信息价的,可通过市场调查以询价方式确定价格。

(2)综合单价所含企业管理费、利润应以概算"专业定额"中定额项目的"定额人工费 + 定额机械费"乘以单价综合费用费率进行计算。单价综合费用费率由企业管理费费率和利润费率构成,按相应施工取费费率的中值取定。

2. 总价综合费用

总价综合费用按概算分部分项工程费中的"定额人工费 + 定额机械费"乘以总价综合费用费率进行计算。总价综合费用费率由施工组织措施项目费相关费率和规费费率构成,所含施工组织措施项目费费率只包括安全文明施工基本费、提前竣工增加费、二次搬运费及冬雨季施工增加费费率,不包括标化工地增加费和行车、行人干扰增加费费率。

(1)安全文明施工基本费费率按市区工程相应基准费率(即施工取费费率的中值)取定。

(2)提前竣工增加费费率按缩短工期比例为10%以内施工取费费率的中值取定。

(3)二次搬运费、冬雨季施工增加费费率按相应施工取费费率的中值取定。

(4)规费费率按相应施工取费费率取定。

3. 概算其他费用

概算其他费用按标化工地预留费、优质工程预留费、概算扩大费用之和进行计算。

(1)标化工地预留费是指因工程实施时可能发生的标化工地增加费而预留的费用。

①标化工地预留费应以概算分部分项工程费中的"定额人工费 + 定额机械费"乘以标化工地预留费费率进行计算。

②标化工地预留费费率按市区工程标化工地增加费相应标准化等级的施工取费费率取定,设计概算编制时已明确创安全文明施工标准化工地目标的,按目标等级对应费率计算。

(2)优质工程预留费是指因工程实施时可能发生的优质工程增加费而预留的费用。

①优质工程预留费应以"概算分部分项工程费 + 总价综合费用"乘以优质工程预留费费率进行计算。

②优质工程预留费费率按优质工程增加费相应优质等级的施工取费费率取定,设计概算编制时已明确创优质工程目标的,按目标等级对应费率计算。

(3)概算扩大费用是指因概算定额与预算定额的水平幅度差、初步设计图纸与施工图纸的设计深度差异等因素,编制概算时应予以适当扩大需考虑的费用。

①概算扩大费用应以"概算分部分项工程费 + 总价综合费用"乘以扩大系数进行计算。

②扩大系数按1% ~3%进行取定,具体数值可根据工程的复杂程度和图纸的设计深度确定。其中,较简单工程或图纸设计深度达到要求的取1%,一般工程取2%,较复杂工程或设计图纸深度不达到要求的取3%。

4. 税前概算费用

税前概算费用按概算分部分项工程费、总价综合费用、概算其他费用之和进行计算。

5. 税金

税金按税前概算费用乘以增值税销项税税率进行计算。

6. 建筑安装工程概算费用

建筑安装工程概算费用按税前概算费用、税金之和进行计算。

三 建筑安装工程施工费用计价

建筑安装工程施工费用(即工程造价)由税前工程造价和税金(增值税销项税或征收率)组成,计价内容包括分部分项工程费、措施项目费、其他项目费、规费和税金。

1. 分部分项工程费

1)工程数量

(1)采用"国标清单计价"的工程,分部分项工程数量应根据"计量规范"中清单项目(含浙江省补充清单项目)规定的工程量计算规则和本省有关规定进行计算。

(2)采用"定额清单计价"的工程,分部分项工程数量应根据预算"专业定额"中定额项目规定的工程量计算规则进行计算。

(3)编制招标控制价和投标报价时,工程数量应统一按照招标人在发承包计价前依据招标工程设计图纸和有关计价规定计算并提供的工程量确定;编制竣工结算时,工程数量应以承包人完成合同工程应予计量的工程量进行调整。

2)综合单价

(1)工料机费用:

①招标控制价。所含人工费、材料费、机械费应按照预算"专业定额"中的人工、材料、施工机械(仪器仪表)台班消耗量以相应基准价格进行计算。遇未发布基准价格的,可通过市场调查以询价方式确定价格;或者设计标准虽已明确,但无法取得合理询价的材料,应以"暂估单价"计入综合单价。

②投标报价。所含人工费、材料费、机械费可按照企业定额或参照预算"专业定额"中的人工、材料、施工机械(仪器仪表)台班消耗量以当时当地相应市场价格由企业自主确定。

③竣工结算。所含人工费、材料费、机械费除"暂估单价"直接以相应"确认单价"替换计算外,应根据已标价清单综合单价中的人工、材料、施工机械(仪器仪表)台班消耗量,按照合同约定计算因价格波动所引起的价差。计补价差时,应以分部分项工程所列项目的全部差价汇总计算,或直接计入相应综合单价。

(2)企业管理费、利润:

①招标控制价。以"定额人工费+定额机械费"乘以企业管理费、利润相应费率。费率应按相应施工取费费率的中值计取。其费率分别见表1-5-1和表1-5-2。

房屋建筑与装饰工程企业管理费费率　　表 1-5-1

定额编号	项目名称	计算基数	费率(%)					
			一般计税			简易计税		
			下限	中值	上限	下限	中值	上限
A1	企业管理费							
A1-1	房屋建筑及构筑物工程	人工费 + 机械费	12.43	16.57	20.71	12.12	16.16	20.20
A1-2	单独装饰工程		11.37	15.16	18.95	11.15	14.86	18.57
A1-3	专业打桩、钢结构、幕墙及其他专业工程		10.12	13.49	16.86	9.92	13.22	16.52
A1-4	专业土石方工程		4.15	5.53	6.91	3.82	5.09	6.36

注:1. 房屋建筑及构筑物工程适用于工业与民用建筑工程、单独构筑物及其他工程,并包括相应的附属工程;单独装饰工程仅适用于单独承包的装饰工程;专业工程仅适用于房屋建筑与装饰工程中单独承包的专业发包工程;其他专业工程是指本费率表所列专业工程项目以外的,需具有专业工程施工资质施工的专业发包工程。

2. 采用装配整体式混凝土结构的工程,其费率应根据不同PC率(预制装配率)乘以相应系数进行调整。其中,PC率20%及20%以上至30%以内的,调整系数为1.1;PC率40%以内的,调整系数为1.15;PC率50%以内的,调整系数为1.2;PC率50%以上的,调整系数为1.25。

房屋建筑与装饰工程利润费率　　表 1-5-2

定额编号	项目名称	计算基数	费率(%)					
			一般计税			简易计税		
			下限	中值	上限	下限	中值	上限
A2	利润							
A2-1	房屋建筑及构筑物工程	人工费 + 机械费	6.08	8.10	10.12	5.93	7.90	9.87
A2-2	单独装饰工程		5.72	7.62	9.52	5.60	7.47	9.34
A2-3	专业打桩、钢结构、幕墙 及其他专业工程		5.72	7.63	9.54	5.59	7.45	9.31
A2-4	专业土石方工程		2.03	2.70	3.37	1.87	2.49	3.11

②投标报价。以“人工费 + 机械费”乘以企业管理费、利润相应费率计算。费率可参考相应施工取费,费率由企业自主确定。

③竣工结算。以国标(定额)清单项目中依据已标价清单综合单价确定的“人工费 + 机械费”乘以企业管理费、利润费率分别进行计算。企业管理费、利润费率按投标报价时的相应费率保持不变。

(3)风险费用:综合单价应包括风险费用,以“暂估单价”计入综合单价的材料不考虑风险费用。

2. 措施项目费

(1)施工技术措施项目费:计算原则参照分部分项工程费相关内容处理。

(2)施工组织措施项目费:

①招标控制价。以“定额人工费 + 定额机械费”乘以相应费率,其中安全文明施工基本费费率应按相应基准费率(即施工取费费率的中值)计取,其余施工组织措施项目费(标化工地增加费除外)费率均按相应施工取费费率的中值确定。其费率见表 1-5-3。

房屋建筑与装饰工程施工组织措施项目费费率 表 1-5-3

定额编号	项目名称		计算基数	费率(%)					
				一般计税			简易计税		
				下限	中值	上限	下限	中值	上限
A3	施工组织措施项目费								
A3-1	安全文明施工基本费								
A3-1-1	其中	非市区工程	人工费+机械费	7.14	7.93	8.72	7.37	8.19	9.01
A3-1-2		市区工程		8.57	9.52	10.47	8.84	9.82	10.80
A3-2	标化工地增加费								
A3-2-1	其中	非市区工程	人工费+机械费	1.27	1.49	1.79	1.31	1.54	1.85
A3-2-2		市区工程		1.54	1.81	2.17	1.58	1.86	2.23
A3-3	提前竣工增加费								
A3-3-1	其中	缩短工期比例10%以内	人工费+机械费	0.01	0.52	1.03	0.01	0.54	1.07
A3-3-2		缩短工期比例20%以内		1.03	1.29	1.55	1.07	1.33	1.59
A3-3-3		缩短工期比例30%以内		1.55	1.79	2.03	1.59	1.85	2.11
A3-4	二次搬运费		人工费+机械费	0.40	0.50	0.60	0.42	0.52	0.62
A3-5	冬雨季施工增加费		人工费+机械费	0.06	0.11	0.16	0.07	0.12	0.17

注:1. 采用装配整体式混凝土结构的工程,其施工组织措施项目费费率应根据不同PC率乘以相应系数进行调整。不同PC率的费率调整系数同企业管理费。

2. 专业土石方工程的施工组织措施项目费费率乘以系数0.35。

3. 房屋建筑与装饰工程的安全文明施工基本费按其取费基本额度(合同标段分部分项工程费与施工技术措施项目费所含"人工+机械"),大小采用分档累进以递减方式计算费用。其中,取费基数额度500万元以内的,执行标准费率;500万以上至2000万元以内部分按标准费率乘以系数0.9;2000万元以上至5000万元以内部分按标准费率乘以系数0.8;5000万元以上部分按标准费率乘以系数0.7。

4. 单独装饰工程与专业打桩、钢结构、幕墙及其他专业工程的安全文明施工基本费费率乘以系数0.6。

5. 标化工地增加费费率的下限、中值、上限分别对应设区市级、省级、国家级标准化工地,县市区级标准化工地的费率按费率中值乘以系数0.7。

②投标报价。以"人工费+机械费"乘以相应费率,其中安全文明施工基本费费率应不低于相应基准费率的90%(即施工取费费率的下限)计取,其余施工组织措施项目费(标化工地增加费除外)参考相应施工取费费率由企业自主确定。

③竣工结算。以已标价综合单价确定的"人工费+机械费"乘以相应费率,除法律、法规等政策性调整外,费率均按投标报价时的相应费率保持不变。

a. 对于安全防护、文明施工有特殊要求和危险性较大的工程,需增加安全防护、文明施工措施所发生的费用可另列项目计算或要求投标报价的施工企业在费率中考虑。

b. 安全文明施工费以实施标准划分,可分为安全文明施工基本费和标化工地增加费。基本费费率不包括市政、城市轨道交通高架桥(高架区间)及道路绿化等工程在施工区域沿线搭设的临时围挡(护栏)费用,发生时应按施工技术措施项目费另列项目进行计算。

施工现场与城市道路之间的连接道路硬化是发包人向承包人提供正常施工所需的交通条件,属工程建设其他费用中场地准备及临时设施费包含的内容。如由承包人负责实施,其费用应按实际并经现场签证后另行计算。

c. 标化工地增加费，在编制招标控制价和投标报价时，可按其他项目费的暂列金额计列；编制竣工结算时，标化工地增加费应以施工组织措施项目费计算。

其中，合同约定有创安全文明施工标准化工地要求而实际未创建的，不计算标化工地增加费；实际创建等级与合同约定不符或合同无约定而实际创建的，按实际创建等级相应费率标准的 75% ~100% 计算标化工地增加费（实际创建等级高于合同约定等级的，不应低于合同约定等级原有费率标准），并签订补充协议。

d. 提前竣工增加费，以工期缩短的比例计取，工期缩短比例按下式确定：

$$工期缩短比例 = [(定额工期 - 合同工期)/定额工期] \times 100\%$$

缩短工期比例在 30% 以上者，应按审定的措施方案计算相应的提前竣工增加费。实际工期比合同工期提前的，应根据合同约定另行计算。

3. 其他项目费

(1) 招标控制价和投标报价：按暂列金额、暂估价、计日工和施工总承包服务费中实际发生项的合价之和进行计算。招标控制价费率见表 1-5-4。

房屋建筑与装饰工程其他项目费费率 表 1-5-4

定额编号	项目名称		计算基数	费率(%)
A4	其他项目费			
A4-1	优质工程增加费			
A4-1-1	其中	县市区级优质工程	除优质工程增加费外税前工程造价	1.50
A4-1-2		设区市级优质工程		2.00
A4-1-3		省级优质工程		3.00
A4-1-4		国家级优质工程		4.00
A4-2	施工总承包服务费			
A4-2-1	其中	专业发包工程管理费(管理、协调)	专业发包工程金额	1.00 ~ 2.00
A4-2-2		专业发包工程管理费(管理、协调、配合)		2.00 ~ 4.00
A4-2-3		甲供材料保管费	甲供材料金额	0.50 ~ 1.00
A4-2-4		甲供设备保管费	甲供设备金额	0.20 ~ 0.50

注：1. 其他项目费不分计税方法，统一按相应费率执行。优质工程增加费费率按工程质量综合性奖项测定，适用于获得工程质量综合性奖项程的计价；获得工程质量单项性专业奖项的工程，费率标准由发承包双方自行商定。

2. 施工总承包服务费中专业发包工程管理费的取费基数按其税前金额确定，不包括相应的销项税；甲供材料保管费和甲供设备保管费的取费基数按其含税金额计算，包括相应的进项税。

(2) 竣工结算：按专业工程结算价、计日工、施工总承包服务费、索赔与现场签证费和优质工程增加费中实际发生项的合价之和进行计算。

①标化工地暂列金额，在招标控制价和投标报价时，可按暂列金额列项；竣工结算时，列入施工组织措施项目费计算。

②优质工程暂列金额，在招标控制价和投标报价时，可按暂列金额列项；竣工结算时，在其他项目费中列项。

③其他暂列金额，在招标控制价和投标报价时，应以招标控制价中除暂列金额外的税前工

程造价乘以相应估算比例进行计算,估算比例一般不高于5%;结算时该项取消,根据工程实际发生项目增加相应费用。

④暂估价包括专业工程暂估价和专项措施暂估价;招标控制价与投标报价的暂估价应保持一致,材料及工程设备暂估价列入分部分项工程项目的综合单价计算。竣工结算时,专业工程暂估价以专业工程结算价取代;专项措施暂估价以专项措施结算价格取代,并计入施工技术措施项目费及相关费用。

4. 规费

(1)招标控制价:规费应以分部分项工程费与施工技术措施项目费中的"定额人工费+定额机械费"乘以规费相应费率进行计算。其费率见表1-5-5。

房屋建筑与装饰工程规费费率　　表1-5-5

定额编号	项目名称	计算基数	费率(%)	
			一般计税	简易计税
A5	规费			
A5-1	房屋建筑及构筑物工程	人工费+机械费	25.78	25.15
A5-2	单独装饰工程		27.92	27.37
A5-3	专业打桩、钢结构、幕墙及其他专业工程		25.08	24.49
A5-4	专业土石方工程		12.62	11.65

注:规费费率使用说明同企业管理费。

(2)投标报价:规费应以分部分项工程费与施工技术措施项目费中的"人工费+机械费"乘以"投标人应根据本企业实际缴纳'五险一金'情况自主确定规费费率"进行计算。

注:关于投标人规费费率,《关于颁发浙江省建设工程计价依据(2018版)的通知》(浙建〔2018〕61号)规定:"投标人根据国家法律法规及自身缴纳规费的实际情况,自主确定其投标费率,但在规费政策平稳过渡期内不得低于标准费率的30%。当规费相关政策发生变化时,再另行发文规定。"

(3)竣工结算:规费应以分部分项工程费与施工技术措施项目费中依据已标价清单综合单价确定的"人工费+机械费"乘以规费相应费率进行计算。

5. 税金

税金税率见表1-5-6。

房屋建筑与装饰工程税金税率　　表1-5-6

定额编号	项目名称	适用计税方法	计算基数	税率(%)
A6	增值税			
A6-1	增值税销项税	一般计税方法	税前工程造价	10.00
A6-2	增值税征收率	简易计税方法		3.00

注:采用一般计税方法计税时,税前工程造价中的各费用项目均不包含增值税进项税额;采用简易计税方法计税时,税前工程造价中的各费用项目均应包含增值税进项税额。

(1)采用一般计税法计税时,税前工程造价中的各费用项目均不包含增值税进项税额;采用简易计税法计税时,税前工程造价中的各费用项目均应包含增值税进项税额。

(2)甲供材料、甲供设备金额不计税金。
(3)税率根据计价工程按规定选择“增值税销项税税率”或“增值税征收率”取定。
(4)税金不得作为竞争性费用。

学生工作页

一、单项选择题

1. 工程结算时,下列其他项目,计入施工组织措施项目的为(　　)。
   A. 标化工程增加费　　B. 优质工程增加费
   C. 其他暂列金额　　D. 专项技术措施暂估价
2. 标化工地增加费费率的下限值,对应的是(　　)。
   A. 市级　　B. 省级　　C. 国家级　　D. 县市区级
3. 专业工程暂估价金额是(　　)列出。
   A. 招标人　　B. 投标人　　C. 监理人　　D. 设计人
4. 企业管理费、利润、其他施工组织措施费费率采用(　　)计算。
   A. 一、二、三类　　B. 下限、中值、上限
   C. 固定费率　　D. 一、二、三类和下限、中值、上限相结合
5. 项目管理人员的工资应为(　　)。
   A. 人工费　　B. 机械费　　C. 管理费　　D. 规费
6. 工程定位复测费,属于(　　)。
   A. 施工组织措施　　B. 管理费　　C. 利润　　D. 规费
7. 检验试验费,属于(　　)。
   A. 管理费　　B. 规费　　C. 施工组织措施　　D. 其他项目
8. 建设工程施工发承包活动统一实行(　　)计价方法。
   A. 清单　　B. 定额　　C. 综合合价　　D. 综合单价
9. 关于标化工地暂列金额的取费基数,下列说法正确的是(　　)。
   A. 以招标控制价中“定额人工费+定额机械费”计算
   B. 以招标控制价中“市场人工费+市场机械费”计算
   C. 以投标控制价中“定额人工费+定额机械费”计算
   D. 以投标控制价中“市场人工费+市场机械费”计算
10. 关于建筑安装工程费用中的规费,下列说法正确的是(　　)。
   A. 规费是指县级以上有关权力部门规定必须缴纳或计取的费用
   B. 规费包括社会保险费和住房公积金
   C. 投标人在投标报价时填写的规费可高于规定的标准
   D. 社会保险费中包括建筑安装工程一切险的投保费用
11. 暂估价是由(　　)按估算金额确定。

A. 招标人　　B. 投标人　　C. 设计人　　D. 监理人

12. 下列关于暂列金额的说法,错误的是(　　)。

A. 包括在合同价款中的一笔款项

B. 由招标人在工程量清单中暂定

C. 剩余的暂列金额归承包人所有

D. 工程变更、合同约定调整因素出现时的合同价款调整

13. 建筑安装工程概算费用计价中,下列不属于总价综合费用的是(　　)。

A. 安全文明施工基本费　　B. 提前竣工增加费

C. 二次搬运费　　D. 行车、行人干扰增加费

14. 编制投标报价时,甲供材料和甲供设备保管费费率可参考相应区间费率由(　　)确定。

A. 最大值　　B. 最小值　　C. 中值　　D. 企业自主确定

15. 工具用具使用费属于(　　)。

A. 企业管理费　　B. 措施费　　C. 施工机械使用费　　D. 材料费

二、多项选择题

1. 根据现行的建筑安装工程费用项目组成规定,下列关于施工企业管理费中工具用具使用费的说法正确的有(　　)。

A. 指企业管理使用,而非施工生产使用的工具用具使用费

B. 指企业施工生产使用,而非企业管理使用的工具用具使用费

C. 指企业施工生产不属于固定资产的工具的购置

D. 包括各类资产标准的工具用具的购置、维修和摊销费用

E. 指企业施工管理使用的不属于交通工具和检验、试验等的维修

2. 下列(　　)工程造价文件的编制与审核,遵循计价规则。

A. 设计概算　　B. 招标控制价　　C. 投标报价

D. 设计施工图　　E. 工程量清单

3. 属于综合单价的有(　　)。

A. 人工费　　B. 材料费　　C. 规费　　D. 税金　　E. 风险

4. 应计入检验试验费(　　)。

A. 自设试验室进行试验所耗用的材料和化学药品等费用

B. 新结构、新材料的试验费

C. 建设单位对具有出厂合格证明的材料进行检验的费用

D. 对构件做破坏性试验及其他特殊要求检验试验的费用

E. 对建筑材料、构件和建筑安装物进行一般鉴定

5. 下列属于暂列金额的是(　　)。

A. 标化工地暂列金额　　B. 专业工程暂估价　　C. 优质工程暂列金额

D. 其他暂列金额　　E. 扩大费用

6. 关于冬雨季施工增加费,下列说法正确的是(　　)。

A. 在连续降雨季节,工程停工期间支付给工人的工资

B. 冬季施工期间,为确保工程质量而采取的养护措施所发生的费用

C. 台风暴雨天气,对施工现场设施进行加固的费用

D. 冬季施工期间,为保证混凝土施工质量而添加的添加剂的费用

E. 雨季施工期间采取防雨、防潮遮盖措施费用

7. 下列属于安全文明施工费基本费的有(　　)。

A. 环境保护费　　B. 标化工地增加费　　C. 文明施工费

D. 夜间施工费　　E. 临时设施费

8. 下列属于施工组织措施项目费的有(　　)。

A. 检验试验费　　B. 环境保护费　　C. 夜间施工增加费

D. 冬雨季施工增加费　　E. 二次搬运费

9. 下列属于施工技术措施项目费的有(　　)。

A. 脚手架工程费　　B. 专业工程施工技术措施项目费

C. 大型机械设备安拆费　　D. 临时设施费　　E. 安装工程费

单元六 工程造价计算程序

教学课件

【能力目标】

1. 能够解释单位工程总价表和措施项目费汇总表两种表格中的各项费用的来源。
2. 对照计价程序表和建筑安装费组成内容,各项目内容能够一一对应。
3. 能根据背景资料填写单位工程措施项目清单与计价表、单位工程投标报价汇总表。

【知识目标】

1. 了解建筑安装工程概算费用计算程序。
2. 掌握招投标阶段建筑安装工程施工费用计算程序。
3. 掌握竣工结算阶段建筑安装工程施工费用计算程序。

一 工程造价概算阶段的计算程序

建筑安装工程费用的计算程序按照不同阶段的计价活动分别进行设置,包括建筑安装工程概算费用计算程序和建筑安装工程施工费用计算程序。其中建筑安装工程施工费用的计算程序分为招投标阶段和竣工结算阶段。建筑安装工程概算费用计算程序见表1-6-1。

建筑安装工程概算费用计算程序　　表1-6-1

序号	费用项目		计算方法(公式)
一	概算分部分项工程费		Σ(概算分部分项工程数量×综合单价)
	其中	1. 人工费+机械费	Σ概算分部分项工程(定额人工费+定额机械费)
二	总价综合费用		1×费率
三	概算其他费用		2+3+4
	其中	2. 标化工地预留费	1×费率
		3. 优质工程预留费	(一+二)×费率
		4. 概算扩大费用	(一+二)×扩大系数
四	税前概算费用		一+二+三
五	税金(增值税销项税)		四×税率
六	建筑安装工程概算费用		四+五

注:1. 本计算程序适用于单位工程的概算编制。
　2. 概算分部分项工程费所列"人工费+机械费"仅指用于取费基数部分的定额人工费与定额机械费之和。

二 工程造价招投标阶段的计算程序

招投标阶段建筑安装工程施工费用计算程序见表1-6-2。

招投标阶段建筑安装工程施工费用计算程序 表1-6-2

序号	费用项目		计算方法(公式)
一	分部分项工程费		Σ(分部分项工程数量×综合单价)
	其中	1. 人工费+机械费	Σ分部分项工程(人工费+机械费)
二	措施项目费		(一)+(二)
	(一)施工技术措施项目费		Σ(技术措施项目工程数量×综合单价)
	其中	2. 人工费+机械费	Σ技术措施项目(人工费+机械费)
	(二)施工组织措施项目费		按实际发生项之和进行计算
	其中	3. 安全文明施工基本费	(1+2)×费率
		4. 提前竣工增加费	
		5. 二次搬运费	
		6. 冬雨季施工增加费	
		7. 行车、行人干扰增加费	
		8. 其他施工组织措施费	按相关规定进行计算
三	其他项目费		(三)+(四)+(五)+(六)
	(三)暂列金额		9+10+11
	其中	9. 标化工地暂列金额	(1+2)×费率
		10. 优质工程暂列金额	除暂列金额外税前工程造价×费率
		11. 其他暂列金额	除暂列金额外税前工程造价×估算比例
	(四)暂估价		12+13
	其中	12. 专业工程暂估价	按各专业工程的除税金外全费用暂估金额之和进行计算
		13. 专项措施暂估价	按各专项措施的除税金外全费用暂估金额之和进行计算
	(五)计日工		Σ计日工(暂估数量×综合单价)
	(六)施工总承包服务费		14+15
	其中	14. 专业发包工程管理费	Σ专业发包工程(暂估金额×费率)
		15. 甲供材料设备保管费	甲供材料暂估金额×费率+甲供设备暂估金额×费率
四	规费		(1+2)×费率
五	税前工程造价		一+二+三+四
六	税金(增值税销项税或征收率)		五×税率
七	建筑安装工程造价		五+六

注:1. 分部分项工程费、施工技术措施项目费所列"人工费+机械费",在编制招标控制价时仅指用于取费基数部分的定额人工费与定额机械费之和。

2. 其他项目费的构成内容按照施工总承包工程计价要求设置,专业发包工程及未实行施工总承包的工程,可根据实际需要做相应调整。

3. 标化工地暂列金额按施工总承包人自行承包的范围考虑,专业发包工程的标化工地暂列金额应包含在相应的暂估金额内,优质工程暂列金额、其他暂列金额已涵盖专业发包工程的内容,编制专业发包工程招标控制价和投标报价时,不再另行列项计算。

4. 专业工程暂估价包括专业发包工程暂估价和施工总承包人自行承包的专业工程暂估价,专项措施暂估价按施工总承包人自行承包范围的内容考虑,专业发包工程的专项措施暂估价应包含在相应的暂估金额内,按暂估单价计算的材料及工程设备暂估价,发生时应分别列入分部分项工程的相应综合单价内计算。

5. 施工总承包服务费中的专业发包工程管理费以专业工程暂估价内属于专业发包工程暂估价部分的各专业工程暂估金额为基数进行计算,甲供材料设备保管费按施工总承包人自行承包的范围考虑,专业发包工程的甲供材料设备保管费应包含在相应的暂估金额内。

6. 编制招标控制价和投标报价时,可按规定选择增值税一般计税法或简易计税法进行计税,招标控制价与投标报价的计税方法应当一致。遇税前工程造价包含甲供材料及甲供设备暂估金额的,应在计税基数中予以扣除。

项目导入

某学院培训楼分部分项工程费为 173 785.63 元,其中人工费 31 688.89 元,机械费为 8 382.11元;技术措施项目费 14 129.65 元,其中人工费 4 826.26 元,机械费 1 546.78 元。施工组织措施费按《浙江省建设工程计价规则》(2018 版)分别列项计算,仅计取安全文明施工措施费(市区工程),二次搬运费,冬雨季施工增加费;本工程要求达到当地"标化工程"要求,质量达到县市区级优质工程,其他暂列金额按2%计算,暂估价不考虑,本工程无甲供材料或设备;计日工不考虑,税收按一般计税法。

任务分析

根据以上条件,采用综合单价法计算某学院培训楼的招标控制价。

任务实施

招投标阶段计算程序见表 1-6-3。

招投标阶段计算程序表(某学院培训楼)　　表 1-6-3

序号	费用项目		计算结果
一	分部分项工程费		173 785.63
	其中	1. 人工费 + 机械费	31 688.89 + 8 382.11 = 40 071
二	措施项目费		14 129.65 + 4 704.78 = 18 834.43
	(一)施工技术措施项目费		14 129.65
	其中	2. 人工费 + 机械费	4 826.26 + 1 546.78 = 6 373.04
	(二)施工组织措施项目费		4 421.47 + 232.22 + 51.09 = 4 704.78
	其中	3. 安全文明施工基本费	(40 071 + 6 373.04) × 9.52% = 4 421.47
		4. 二次搬运费	(40 071 + 6 373.04) × 0.5% = 232.22
		5. 冬雨季施工增加费	(40 071 + 6 373.04) × 0.11% = 51.09
		6. 提前竣工增加费	0
		7. 行车、行人干扰增加费	0
		8. 其他施工组织措施费	0
三	其他项目费		47 238.43
	(三)暂列金额		840.64 + 3 068.90 + 4 091.87 = 8 001.41
	其中	9. 标化工地暂列金额	(40 071 + 6 373.04) × 1.81% = 840.64
		10. 优质工程暂列金额	(173 785.63 + 18 834.43 + 11 973.27) × 1.5% = 3 068.90
		11. 其他暂列金额	(173 785.63 + 18 834.43 + 11 973.27) × 2% = 4 091.87
	(四)暂估价		12 + 13
	其中	12. 专业工程暂估价	0
		13. 专项措施暂估价	0

续上表

序号	费用项目		计算结果
	(五)计日工		0
	(六)施工总承包服务费		14 + 15
	其中	14. 专业发包工程管理费	0
		15. 甲供材料设备保管费	0
四	规费		(40 071 + 6 373.04) × 25.78% = 11 973.27
五	税前工程造价		173 785.63 + 18 834.43 + 8 001.41 + 11 973.27 = 212 594.74
六	税金(增值税销项税)		212 594.74 × 10% = 21 259.47
七	建设工程造价		252 022.14 + 21 259.47 = 233 854.21
工程总造价(大写)			贰拾叁万叁仟捌佰伍拾肆圆贰角壹分

三 工程造价竣工结算阶段的计算程序

竣工结算阶段建筑安装工程施工费用计算程序见表 1-6-4。

竣工结算阶段建筑安装工程施工费用计算程序 表 1-6-4

序号	费用项目		计算方法(公式)
一	分部分项工程费		分部分项工程(工程数量 × 综合单价 + 工料机价差)
	其中	1. 人工费 + 机械费	Σ分部分项工程(人工费 + 机械费)
		2. 工料机价差	Σ分部分项工程(人工费价差 + 材料费价差 + 机械费价差)
	措施项目费		(一) + (二)
	(一)施工技术措施项目费		Σ技术措施项目(工程数量 × 综合单价 + 工料机价差)
	其中	3. 人工费 + 机械费	Σ技术措施项目(人工费 + 机械费)
		4. 工料机价差	Σ技术措施项目(人工费价差 + 材料费价差 + 机械费价差)
	(二)施工组织措施项目费		按实际发生项之和进行计算
	其中	5. 安全文明施工基本费	(1 + 3) × 费率
		6. 标化工地增加费	
		7. 提前竣工增加费	
		8. 二次搬运费	
		9. 冬雨季施工增加费	
		10. 行车、行人干扰增加费	
		11. 其他施工组织措施费	按相关规定进行计算
	其他项目费		(三) + (四) + (五) + (六) + (七)
	(三)专业发包工程结算价		按各专业发包工程的除税金外全费用结算金额之和进行计算
	(四)计日工		Σ计日工(确认数量 × 综合单价)
	(五)施工总承包服务费		12 + 13

续上表

序号	费用项目		计算方法(公式)
	其中	12. 专业发包工程管理费	Σ专业发包工程(结算金额×费率)
		13. 甲供材料设备保管费	甲供材料确认金额×费率+甲供设备确认金额×费率
	(六)索赔与现场签证费		14+15
	其中	14. 索赔费用	按各索赔事件的除税金外全费用金额之和进行计算
		15. 签证费用	按各签证事项的除税金外全费用金额之和进行计算
	(七)优质工程增加费		除优质工程增加费外税前工程造价×费率
四	规费		(1+3)×费率
五	税前工程造价		一+二+三+四
六	税金(增值税销项税)		五×税率
七	建筑安装工程造价		五+六

注:1. 本计算程序适用于单位工程的竣工结算编制。

2. 分部分项工程费、施工技术措施项目费所列"人工费+机械费"仅指竣工结算时依据已标价清单综合单价确定的用于取费基数部分的人工费与机械费之和。

3. 分部分项工程费、施工技术措施项目费所列"工料机价差"是指竣工结算时按照合同约定计算的因价格波动所引起的人工费、材料费、机械费价差。

4. 其他项目费的构成内容按照施工总承包工程计价要求设置,专业发包工程及未实行施工总承包的工程应根据实际情况做相应调整。

5. 专业工程结算价仅按专业发包工程结算价列项计算,凡经过二次招标属于施工总承包人自行承包的专业工程结算时,将其直接列入总包工程的分部分项工程费、措施项目费及相关费用中。

6. 计日工、甲供材料设备保管费、索赔与现场签证费及优质工程增加费仅限于施工总承包人自行发生部分内容的计算。专业发包工程分包人所发生的计日工、甲供材料设备保管费、索赔与现场签证费及优质工程增加费,应分别计入专业发包工程相应结算金额内。

7. 编制竣工结算时,计税方法应与招标控制价、投标报价保持一致。遇税前工程造价包含甲供材料及甲供设备金额的,应在计税基数中予以扣除。

能力训练项目

计算宏祥手套厂2号厂房工程结算价

项目导入

宏祥手套厂2号厂房结算分部分项工程费为5 440 361.66元,其中人工费1 096 111.62元,机械费为883 270.05元;施工技术措施项目包括钢筋混凝土模板及支架费用531 950.65元,脚手架108 125.07元,大型机械设备及进出场费用38 600.66元,其中人工费310 812.47元,机械费150 572元。施工组织措施费计取安全文明施工基本措施费(非市区工程),提前竣工增加费(缩短工期10%以内),二次搬运费、冬雨季施工增加费,费率按相应费率的中值计取;本工程上报索赔费用0元,施工过程中产生签证费用159 076元。本工程按合同要求经验收达到县市区级"标化工程"要求,质量达到县市区级"优质工程",本工程无甲供材料或设备;计日工不考虑,规费、税金按一般计税法计取。

项目任务

采用综合单价法计算竣工结算阶段建筑安装工程施工费用计算程序计算宏祥手套厂的结算价。

学生工作页

一、单项选择题

1. 在工程量清单的其他项目清单中，应包括(　　)。

A. 环境保护费　　B. 夜间施工费

C. 施工排水、降水费　　D. 总承包服务费

2. 在招投标阶段计算建筑安装工程费用，规费的计算基数为(　　)。

A. 直接工程费 + 措施费 + 综合费用

B. 分部分项工程清单项目费 + 措施项目清单费

C. 人工费 + 机械费

D. 分部分项工程清单项目费 + 施工技术措施项目清单

3. 采用一般计税法编制招标控制价，500 万以下市区工程安全文明施工基本费费率中值是(　　)。

A. 7.14%　　B. 7.93%　　C. 8.72%　　D. 7.34%

4. 采用一般计税法编制招标控制价，某市区工程造价 1800 万元，安全文明施工基本费费率中值是(　　)。

A. 7.14%　　B. 7.93%　　C. 8.72%　　D. 7.34%

5. 采用一般计税法编制招标控制价，非市区工程标化工地增加费费率中值是(　　)。

A. 1.31%　　B. 1.81%　　C. 1.49%　　D. 1.58%

6. 根据《浙江省建设工程计价规则》(2018 版)，房屋建筑与装饰工程增值税采用一般计税法计税时税率为(　　)。

A. 3%　　B. 9%　　C. 10%　　D. 11%

7. 以下其他项目费中必然要动用的是(　　)。

A. 暂列金额　　B. 暂估价　　C. 总承包管理费　　D. 计日工

8. 优质工程增加费取费基数是(　　)。

A. 人工 + 机械　　B. 人工 + 材料 + 机械

C. 税前工程造价　　D. 除优质工程增加费外税前工程造价

9. 某单独装饰工程采用一般计税法费率是(　　)。

A. 25.78%　　B. 27.37%　　C. 27.92%　　D. 25.08%

10. 提前竣工增加费，缩短工期比例 20%，采用一般计税法中值费率是(　　)。

A. 1.03%　　B. 1.79%　　C. 1.33%　　D. 1.29%

11. 以下属于专业发包工程管理费,包括管理、协调、配合的合理费率是(　　)。

A. 1.8%　　B. 0.5%　　C. 5%　　D. 3%

二、多项选择题

1. 根据《浙江省建设工程计价规则》(2018 版),以下属于安全文明施工费内容的是(　　)。

A. 环境保护　　B. 文明施工　　C. 安全施工　　D. 提前竣工　　E. 临时设施

2. 以下费用的计算以“人工+机械”为取费基数的是(　　)。

A. 安全文明施工费　　B. 二次搬运费　　C. 优质工程增加费

D. 标化工地增加费　　E. 企业管理费

3. 根据《浙江省建设工程计价规则》(2018 版),以下属于规费内容的是(　　)。

A. 社会保险费　　B. 工程排污费　　C. 养老保险费

D. 住房公积金　　E. 医疗保险费

4. 工程量清单作为招标文件的组成部分,主要包括(　　)。

A. 直接项目工程量清单　　B. 规费项目工程量清单

C. 分部分项工程量清单　　D. 措施项目工程量清单

E. 其他项目工程量清单　　F. 税金项目工程量清单

5. 工程量清单中的工程量计算规则,按专业划分有(　　)。

A. 房屋建筑与装饰工程　　B. 仿古建筑工程　　C. 给排水工程

D. 园林绿化工程　　E. 市政工程

6. 根据《浙江省建设工程计价规则》(2018 版),以下属于施工组织措施费的项目是(　　)。

A. 提前竣工增加费　　B. 冬雨季施工增加费　　C. 定位复测费

D. 行车、行人干扰费　　E. 夜间施工增加费

单元七
建筑工程建筑面积的计算

教学课件

【能力目标】

1. 能够准确计算某学院培训楼、某职工宿舍楼、宏祥手套厂2号厂房、某私人别墅等项目的建筑面积。

2. 能够根据建筑面积计算规则中的三个基本原则，熟练地计算简单工程的面积。

【知识目标】

1. 了解建筑面积的概念，计算建筑面积的意义。

2. 掌握面积计算规范中相关建筑物、阳台、雨篷、架空走廊、坡屋面、门厅、不计建筑面积等计算规则。

3. 掌握面积计算规范中相关建筑物、建筑物围护，场馆看台及不计建筑面积等计算规则。

一 建筑面积计算的相关知识

（一）建筑面积的概念

建筑面积亦称建筑展开面积，是建筑物各层面积的总和。建筑面积包括使用面积、辅助面积和结构面积三部分。

1. 使用面积

使用面积是指建筑物各层平面中直接为生产或生活使用的净面积之和。例如，住宅建筑中的居室、客厅、书房等。

2. 辅助面积

辅助面积是指建筑物各层平面中为辅助生产或辅助生活所占净面积之和。例如，住宅建筑中的楼梯、走道、卫生间、厨房等。使用面积与辅助面积之和称为有效面积。

3. 结构面积

结构面积是指建筑各层平面中的墙、柱等结构所占面积之和。

(二)建筑面积的作用

1. 重要管理指标

建筑面积是建设投资、建设项目可行性研究、建设项目勘察设计、建设项目评估、建设项目招标投标、建筑工程施工和竣工验收、建设工程造价管理、建筑工程造价控制等一系列工作的重要计算指标。

2. 重要技术指标

建筑面积是计算开工面积、竣工面积、优良工程率、建筑装饰规模等的重要技术指标。

3. 重要经济指标

建筑面积是计算建筑、装饰等单位工程或单项工程的单位面积工程造价、人工消耗指标、机械台班消耗指标、工程量消耗指标的重要经济指标。

各经济指标的计算公式如下：

每平方米工程造价 = 工程造价 ÷ 建筑面积(元/m^2)

每平方米人工消耗 = 单位工程用工量 ÷ 建筑面积(工日/m^2)

每平方米材料消耗 = 单位工程某材料用量 ÷ 建筑面积(kg/m^2、m^3/m^2 等)

每平方米机械台班消耗 = 单位工程某机械台班用量 ÷ 建筑面积(台班/m^2 等)

每平方米工程量 = 单位工程某工程量 ÷ 建筑面积(m^2/m^2、m/m^2 等)

4. 重要计算依据

建筑面积是计算有关工程量的重要依据。例如,装饰用满堂脚手架工程量等。

综上所述,建筑面积是重要的技术经济指标,在全面控制建筑、装饰工程造价和建设过程中起着重要作用。

(三)建筑面积计算规则

由于建筑面积是计算各种技术指标的重要依据,这些指标又起着衡量和评价建设规模、投资效益、工程成本等方面重要尺度的作用。因此,中华人民共和国住房和城乡建设部颁发了《建筑工程建筑面积计算规范》(GB/T 50353—2013),规定了建筑面积的计算方法。《建筑工程建筑面积计算规范》(GB/T 50353—2013)主要规定了三个方面的内容：

(1)计算全部建筑面积的范围和规定。

(2)计算部分建筑面积的范围和规定。

(3)不计算建筑面积的范围和规定。

这些规定主要基于以下两个方面的考虑：

(1)尽可能准确地反映建筑物各组成部分的价值量。例如,建筑物间的架空走廊,有顶盖和围护结构的,应按其围护结构外围水平面积计算全面积;无围护结构、有围护设施的,应按其结构底板水平投影面积计算 1/2 面积。又如,场馆看台下的建筑空间,结构净高在 2.10m 及以上的部位应计算全面积;结构净高在 1.20m 及以上至 2.10m 以下的部位应计算 1/2 面积;结构净高在 1.20m 以下的部位不应计算建筑面积。室内单独设置的有围护设施的悬挑看台,应按看台结构底板水平投影面积计算建筑面积。有顶盖无围护结构的场馆看台应按其顶盖水平投影面积的 1/2 计算面积。

(2)通过建筑面积计算的规定,简化了建筑面积计算过程。例如,附墙柱、垛等不应计算建筑面积。

项目导入一

某学院培训楼建筑施工图纸见本书附录一。已知外墙墙厚为370mm，内墙墙厚为240mm，房屋结构层高3.6m，设有悬挑非封闭阳台。

项目任务

计算该培训楼的建筑面积。

任务分析

某学院培训楼为两层建筑物，设有阳台、台阶、散水、楼梯。

计算建筑面积的范围——建筑物、阳台、楼梯

1. 建筑物

1）计算规定

（1）建筑物的建筑面积应按自然层外墙结构外围水平面积之和计算。结构层高在2.20m及以上的，应计算全面积；结构层高在2.20m以下的，应计算1/2面积。

（2）场馆看台下的建筑空间，结构净高在2.10m及以上的部位应计算全面积；结构净高在1.20m及以上至2.10m以下的部位应计算1/2面积；结构净高在1.20m以下的部位不应计算建筑面积。室内单独设置的有围护设施的悬挑看台，应按看台结构底板水平投影面积计算建筑面积。有顶盖无围护结构的场馆看台应按其顶盖水平投影面积的1/2计算面积。

2）计算规定解读

（1）其规定明确了外墙上的抹灰厚度或装饰材料厚度不能计入建筑面积。

（2）“自然层”是指按楼地面结构分层的楼层。有可能各层的平面布置不同，面积也不同，因此要分层计算。

（3）建筑物的建筑面积应按不同的结构层高分别计算。结构层高是指楼面或地面结构层上表面至上部结构层上表面之间的垂直距离。建筑物最底层的结构层高是指，当有基础底板时按基础底板上表面结构标高至上层楼面的结构标高之间的垂直距离确定；当没有基础底板时按地面标高至上层楼面结构标高之间的垂直距离确定。最上一层的结构层高是指楼面结构标高至屋面板板面结构标高之间的垂直距离；若遇到以屋面板找坡的屋面，层高指楼面结构标高至屋面板最低处板面结构标高之间的垂直距离。

（4）多层建筑坡屋顶内和场馆看台下的空间应视为坡屋顶内的空间，结构净高在2.10m及以上的部位应计算全面积；结构净高在1.20m及以上至2.10m以下的部位应计算1/2面积；结构净高在1.20m以下的部位不应计算建筑面积。室内单独设置的有围护设施的悬挑看台，应按看台结构底板水平投影面积计算建筑面积。有顶盖无围护结构的场馆看台应按其顶盖水平投影面积的1/2计算面积。其示意图如图1-7-1所示。

2. 阳台

在主体结构内的阳台，应按其结构外围水平面积计算全面积；在主体结构外的阳台，应按其结构底板水平投影面积计算1/2面积。

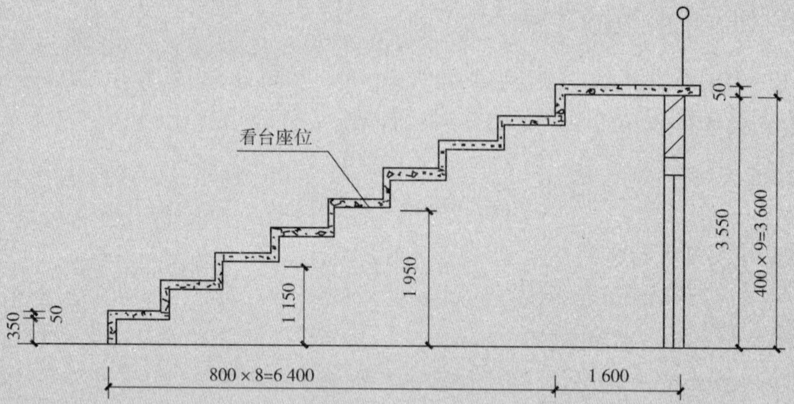

图1-7-1 看台下空间(场馆看台剖面图)计算建筑面积示意图(尺寸单位:mm)

3. 室内楼梯间、电梯井、垃圾道等

1)计算规定

建筑物的室内楼梯、电梯井、提物井、管道井、通风排气竖井、烟道,应并入建筑物的自然层计算建筑面积。

2)计算规定解读

(1)室内楼梯间的面积计算,应按楼梯依附的建筑物的自然层数计算,合并在建筑物面积内。若遇跃层建筑,其共用的室内楼梯应按自然层计算面积。

(2)电梯井是指安装电梯用的垂直通道。

(3)提物井是指图书馆提升书籍、酒店提升食物的垂直通道。

(4)管道井是指宾馆或写字楼内集中安装给排水、采暖、消防、电线管道用的垂直通道。

不计算建筑面积的范围——散水、台阶

1. 计算规定

(1)勒脚、附墙柱、垛、台阶、墙面抹灰、装饰面、镶贴块料面层、装饰性幕墙,主体结构外的空调室外机搁板(箱)、构件、配件,挑出宽度在2.10m以下的无柱雨篷和顶盖高度达到或超过两个楼层的无柱雨篷等不应计算建筑面积。

(2)窗台与室内地面高差在0.45m以下且结构净高在2.10m以下的凸(飘)窗,窗台与室内地面高差在0.45m及以上的凸(飘)窗等不应计算建筑面积。

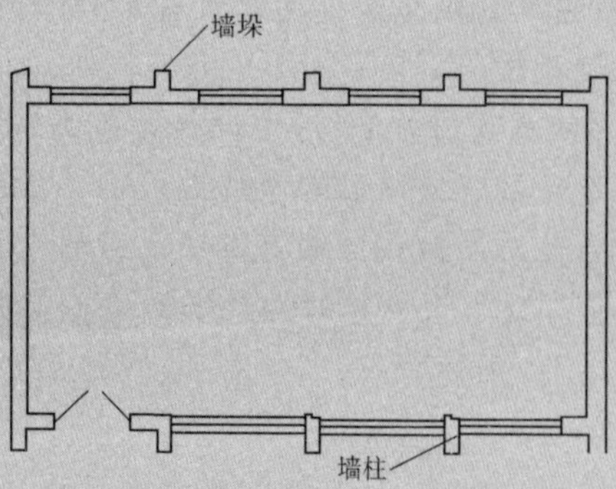

图1-7-2 附墙柱、垛示意图

2. 计算规定解读

(1)上述内容均不属于建筑结构,所以不应计算建筑面积。

(2)附墙柱、垛示意图如图1-7-2所示。

(3)装饰性阳台、挑廊是指人不能在其中间活动的空间。

任务实施一

根据以上建筑面积计算规则，计算某培训楼的建筑面积为：

首层建筑面积 $=11.6\times6.5=75.4\text{m}^2$

二层建筑面积 $=11.6\times6.5=75.4\text{m}^2$

阳台建筑面积 $=4.56\times1.2\times0.5=2.736\text{m}^2$

总建筑面积 $=75.4\times2+2.736=153.546\text{m}^2$

项目导入二

某职工宿舍楼建筑施工图见《建筑工程施工图实例图集》。三层框混结构，坡屋顶，屋顶平面、剖面示意图如图 1-7-3 所示。

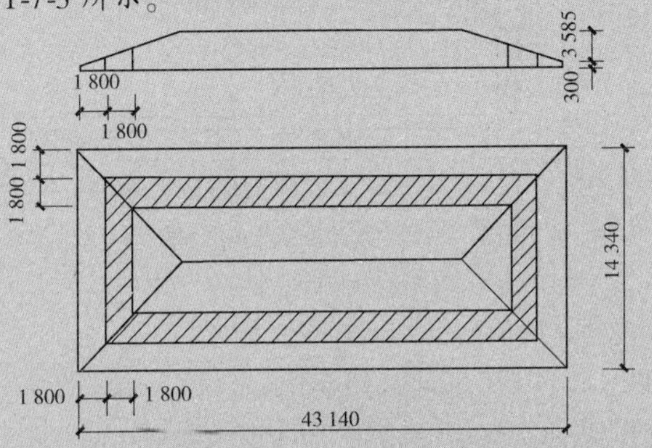

图 1-7-3 屋顶平面、剖面示意图(尺寸单位:mm)

项目任务

计算该职工宿舍楼的建筑面积。

任务分析

某职工宿舍楼为 3 层建筑物，属于多层建筑物范畴，设有雨篷、飘窗、坡屋顶。

计算建筑面积的范围——单层建筑物、坡屋顶、雨篷、飘窗

1. 单层建筑物

1) 计算规定

(1) 建筑物的建筑面积应按自然层外墙结构外围水平面积之和计算。结构层高在 2.20m及以上的，应计算全面积；结构层高在 2.20m 以下的，应计算 1/2 面积。

(2) 形成建筑空间的坡屋顶，结构净高在 2.10m 及以上的部位应计算全面积；结构净高在 1.20m 及以上至 2.10m 以下的部位应计算 1/2 面积；结构净高在 1.20m 以下的部位不应计算建筑面积。

2) 计算规定解读

(1)“应按其外墙结构外围水平面积计算”的规定，主要强调建筑面积只包括外墙的结构

面积,不包括外墙抹灰厚度、装饰材料厚度所占的面积。

(2)坡屋顶空间结构净高计算建筑面积的部位举例如下:

【例 1-7-1】 如图 1-7-4 所示,计算坡屋顶空间的建筑面积。

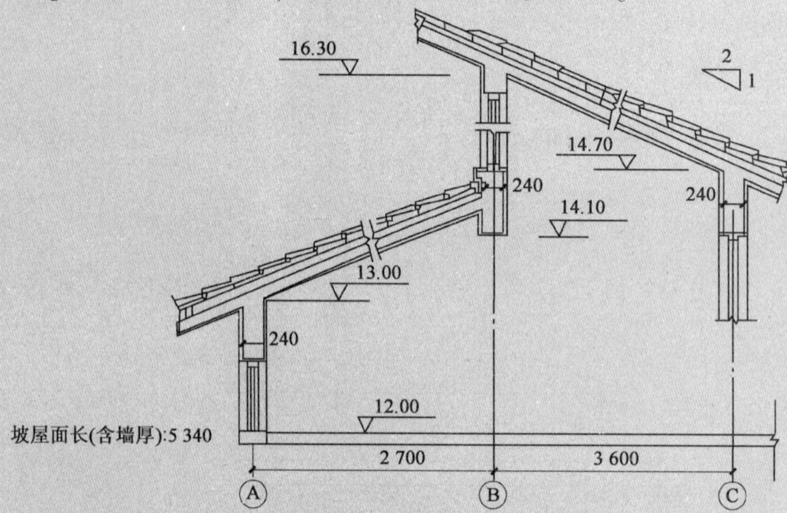

图 1-7-4 利用坡屋顶空间净高计算建筑面积示意图(尺寸单位:mm)

解

应计算 1/2 面积(A 轴 ~ B 轴):

$S_1=(2.70-0.40)\times5.34\times0.50=6.15\text{m}^2$

应计算全部面积(B 轴 ~ C 轴):

$S_2=3.60\times5.34=19.22\text{m}^2$

小计:$S_1+S_2=6.15+19.22=25.37\text{m}^2$

(3)建筑物应按不同的高度确定面积的计算。其高度是指室内地面标高至屋面板板面结构标高之间的垂直距离。遇有以屋面板找坡的平屋顶单层建筑物,其高度是指室内地面标高至屋面板最低处板面结构标高之间的垂直距离。

2. 建筑物内设有局部楼层

1)计算规定

建筑物内设有局部楼层时,对于局部楼层的二层及以上楼层,有围护结构的应按其围护结构外围水平面积计算,无围护结构的应按其结构底板水平面积计算。结构层高在 2.20m 及以上的,应计算全面积;结构层高在 2.20m 以下的,应计算 1/2 面积。

2)计算规定解读

建筑物内设有部分楼层的示例如图 1-7-5 所示。这时,局部楼层的墙厚应包括在楼层面积内。

【例 1-7-2】 根据图 1-7-5 所示示意图计算该建筑的建筑面积(墙厚均为 240mm)。

解

底层建筑面积 $=(6.0+4.0+0.24)\times(3.30+2.70+0.24)=10.24\times6.24=63.90\text{m}^2$

楼隔层建筑面积 $=(4.0+0.24)\times(3.30+0.24)=4.24\times3.54=15.01\text{m}^2$

全部建筑面积 $=69.30+15.01=78.91\text{m}^2$

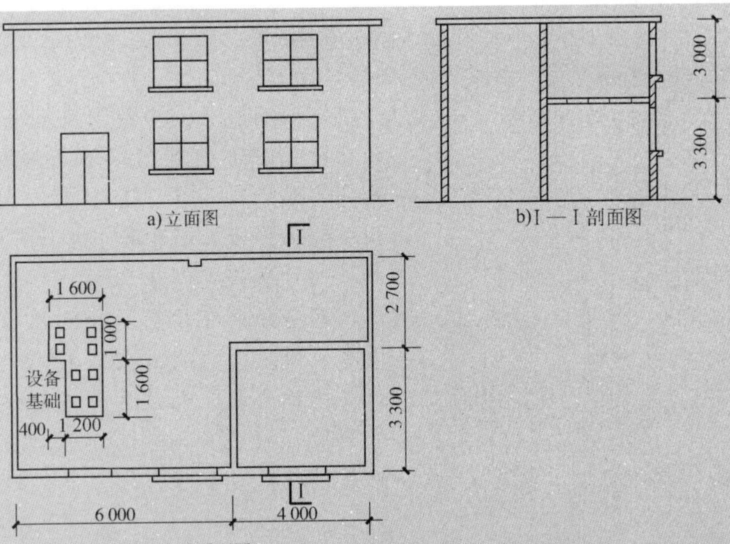

a)立面图　b)Ⅰ—Ⅰ剖面图　c)平面图

图 1-7-5　建筑面积计算示意图(尺寸单位:mm)

3. 地下室

1)计算规定

(1)地下室、半地下室应按其结构外围水平面积计算。结构层高在 2.20m 及以上的,应计算全面积;结构层高在 2.20m 以下的,应计算 1/2 面积。

(2)出入口外墙外侧坡道有顶盖的部位,应按其外墙结构外围水平面积的 1/2 计算面积。

(3)有顶盖的采光井应按一层计算面积,结构净高在 2.10m 及以上的,应计算全面积;结构净高在 2.10m 以下的,应计算 1/2 面积。

2)计算规定解读

(1)出入口坡道分有顶盖出入口坡道和无顶盖出入口坡道,出入口坡道顶盖的挑出长度,为顶盖结构外边线至外墙结构外边线的长度;顶盖以设计图纸为准,对后增加及建设单位自行增加的顶盖等,不计算建筑面积。顶盖不分材料种类(如钢筋混凝土顶盖、彩钢板顶盖、阳光板顶盖等)。地下室出入口如图 1-7-6 所示。

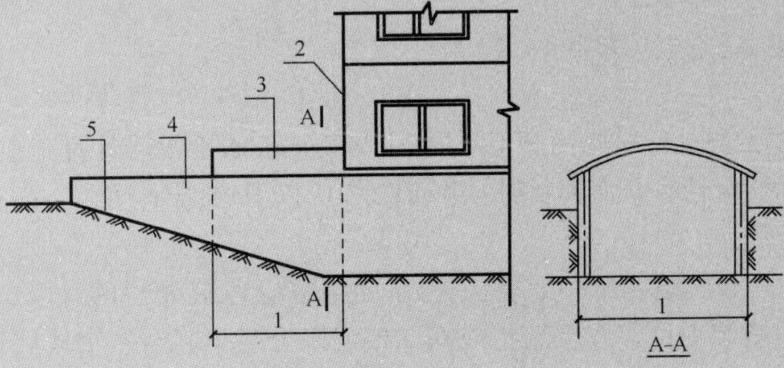

图 1-7-6　地下室出入口

1-计算 1/2 投影面积部位;2-主体建筑;3-出入口顶盖;4-封闭出入口侧墙;5-出入口坡道

(2)有顶盖的采光井包括建筑物中的采光井和地下室采光井。地下室采光井如图 1-7-7 所示。

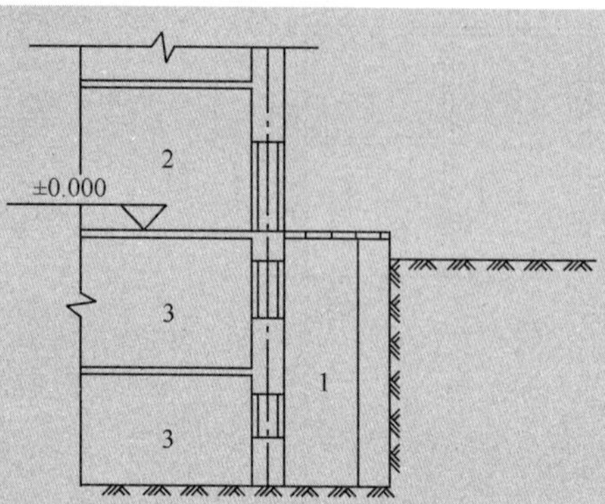

图1-7-7　地下室采光井

1-采光井;2-室内;3-地下室

4. 雨篷

1)计算规定

有柱雨篷应按其结构板水平投影面积的1/2计算建筑面积;无柱雨篷的结构外边线至外墙结构外边线的宽度在2.10m及以上的,应按雨篷结构板的水平投影面积的1/2计算建筑面积。

2)计算规定解读

雨篷分为有柱雨篷和无柱雨篷。有柱雨篷,没有出挑宽度的限制,也不受跨越层数的限制,均计算建筑面积。无柱雨篷,其结构板不能跨层,并受出挑宽度的限制,设计出挑宽度大于或等于2.10m时才计算建筑面积。出挑宽度,系指雨篷结构外边线至外墙结构外边线的宽度,弧形或异形时,取最大宽度。

任务实施二

根据以上建筑面积计算规则,计算某职工宿舍楼的建筑面积为:

首层到3层建筑面积:

$S_1 = 43.14 \times 14.34 \times 3 = 1\,855.88\text{m}^2$

阁楼层建筑面积:

$$S_2 = (43.14 - 3.6 \times 2) \times (14.34 - 3.6 \times 2) + 1/2 \times [(43.14 - 3.6) \times (14.34 - 3.6) - (14.14 - 7.2) \times (14.34 - 7.2)] = 340.64\text{m}^2$$

总的建筑面积:

$S_3 = 1\,855.88 + 340.64 = 2\,196.52\text{m}^2$

二 知识拓展

(一)计算建筑面积的范围

1. 建筑物架空层、吊脚架空层

1)计算规定

建筑物架空层及坡地建筑物吊脚架空层,应按其顶板水平投影计算建筑面积。结构层高在2.20m及以上的,应计算全面积;结构层高在2.20m以下的,应计算1/2面积。

2)计算规定解读

(1)本条既适用于建筑物吊脚架空层、深基础架空层建筑面积的计算,也适用于目前部分住宅、学校教学楼等工程在底层架空或在二楼或以上某个甚至多个楼层架空,作为公共活动、停车、绿化等空间的建筑面积的计算。架空层中有围护结构的建筑空间按相关规定计算。建筑物吊脚架空层如图1-7-8所示。

(2)结构层高在2.20m及以上的吊脚架空层可以设计用来作为一个房间使用。

(3)深基础架空层在2.20m及以上结构层高时,可以设计用来作为安装设备或做储藏间使用。

2. 建筑物内门厅、大厅

1)计算规定

建筑物的门厅、大厅按一层计算建筑面积。门厅、大厅内设有回廊时,应按其结构底板水平面积计算。结构层高在2.20m及以上者应计算全面积;结构层高不足2.20m者应计算1/2面积。

2)计算规定解读

(1)“门厅、大厅内设有回廊”是指,建筑物大厅、门厅的上部(一般该大厅、门厅占两个或两个以上建筑物层高)四周向大厅、门厅、中间挑出的走廊称为回廊,如图1-7-9所示。

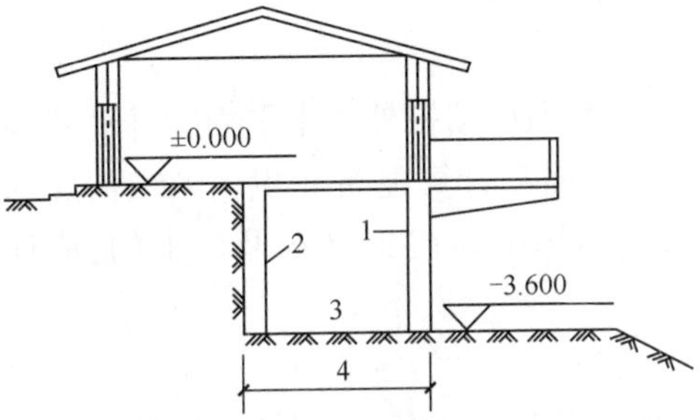

图1-7-8 建筑物吊脚架空层

1-柱;2-墙;3-吊脚架空层;4-计算建筑面积部位

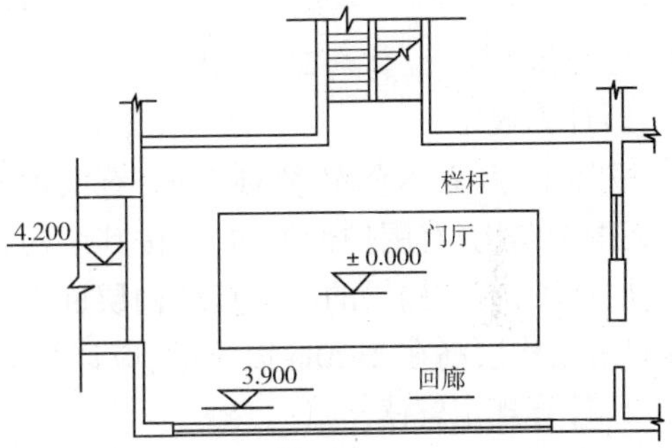

图1-7-9 门厅、大厅内设有回廊示意图

(2)宾馆、大会堂、教学楼等大楼内的门厅或大厅,往往要占建筑物的两层或两层以上的层高,这时也只能计算一层面积。

(3)“结构层高不足2.20m者应计算1/2面积”应该指回廊层高可能出现的情况。

3. 架空走廊

1)计算规定

建筑物间的架空走廊,有顶盖和围护结构的,应按其围护结构外围水平面积计算全面积;无围护结构、有围护设施的,应按其结构底板水平投影面积计算1/2面积。

2)计算规定解读

无围护结构的架空走廊如图1-7-10所示,有围护结构的架空走廊如图1-7-11所示。

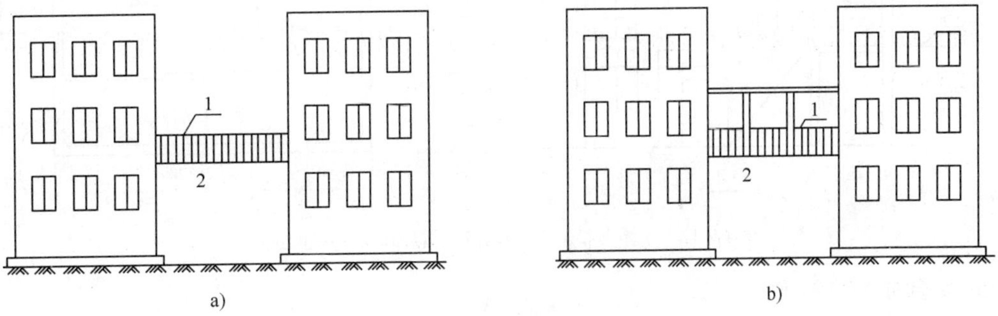

图1-7-10 无围护结构的架空走廊

1-栏杆;2-架空走廊

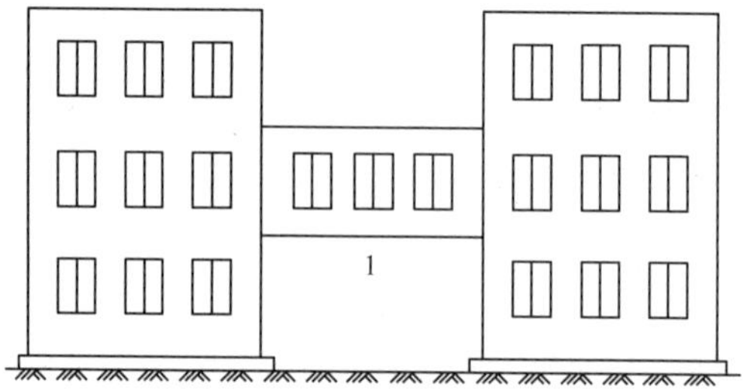

图 1-7-11　有围护结构的架空走廊

1-架空走廊

4. 立体书库、立体仓库、立体车库

1) 计算规定

立体书库、立体仓库、立体车库,有围护结构的,应按其围护结构外围水平面积计算建筑面积;无围护结构、有围护设施的,应按其结构底板水平投影面积计算建筑面积。无结构层的应按一层计算,有结构层的应按其结构层面积分别计算。结构层高在 2.20m 及以上的,应计算全面积;结构层高在 2.20m 以下的,应计算 1/2 面积。

2) 计算规定解读

(1) 本条主要规定了图书馆中的立体书库、仓储中心的立体仓库、大型停车场的立体车库等建筑的建筑面积计算规则。起局部分隔、存储等作用的书架层、货架层或可升降的立体钢结构停车层均不属于结构层,故该部分分层不计算建筑面积。

(2) 立体书库建筑面积计算例 1-7-3。

【例 1-7-3】 按图 1-7-12 计算建筑面积。

解

底层建筑面积 $= (2.82 + 4.62) \times (2.82 + 9.12) + 3.0 \times 1.2$

$= 7.44 \times 11.94 + 3.60 = 92.43\text{m}^2$

结构层建筑面积 $= (4.62 + 2.82 + 9.12) \times 2.82 \times 0.50$(层高 2m)

$= 16.56 \times 2.82 \times 0.50 = 23.35\text{m}^2$

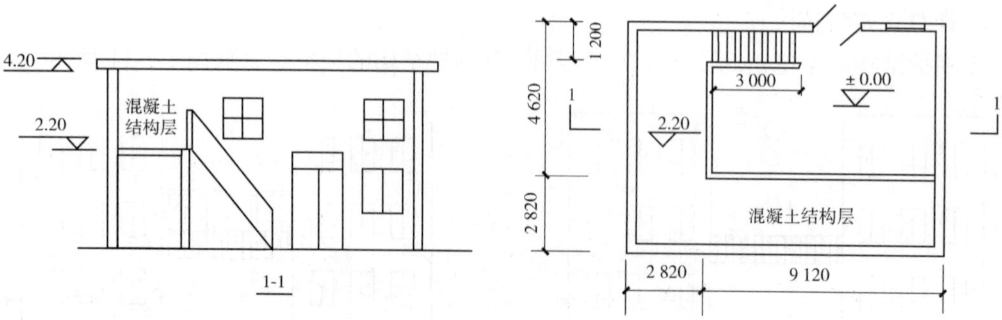

图 1-7-12　立体书库建筑面积计算示意图(尺寸单位:mm)

5. 舞台灯光控制室

1) 计算规定

有围护结构的舞台灯光控制室,应按其围护结构外围水平面积计算。结构层高在 2.20m

及以上者应计算全面积;结构层高不足 2.20m 者应计算 1/2 面积。

2)计算规定解读

如果舞台灯光控制室有围护结构且只有一层,那么就不能另外计算面积。因为整个舞台的面积计算已经包含了该灯光控制室的面积。

6. 落地橱窗、门斗

1)计算规定

建筑物外有围护结构的落地橱窗、门斗,应按其围护结构外围水平面积计算。结构层高在 2.20m 及以上者应计算全面积;结构层高不足 2.20m 者应计算 1/2 面积。有永久性顶盖无围护结构的应按其结构底板水平面积的 1/2 计算。

2)计算规定解读

(1)落地橱窗是指突出外墙面、根基落地的橱窗。

(2)门斗是指在建筑物出入口设置的起分隔、挡风、御寒等作用的建筑过渡空间。保温门斗一般有围护结构,如图 1-7-13 所示。

7. 挑廊、走廊、檐廊

1)计算规定

有围护设施的室外走廊(挑廊),应按其结构底板水平投影面积计算 1/2 面积;有围护设施(或柱)的檐廊,应按其围护设施(或柱)外围水平面积计算 1/2 面积。

2)计算规定解读

挑廊是指挑出建筑物外墙的水平交通空间,如图 1-7-14 所示;走廊是指建筑物的水平交通空间,如图 1-7-15 所示;檐廊是指设置在建筑物底层檐下的水平交通空间,如图 1-7-16 所示。

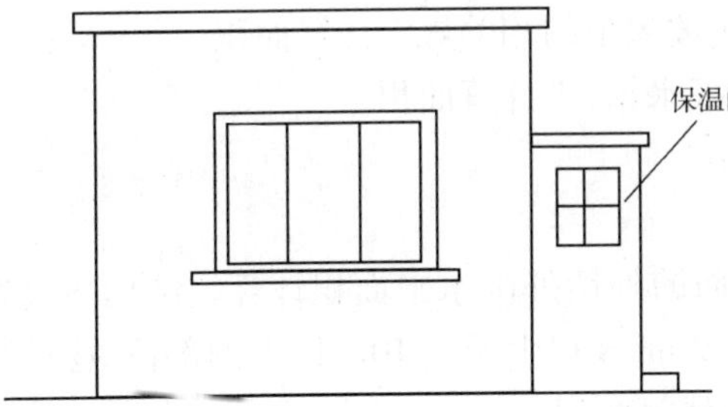

图 1-7-13　有围护结构门斗示意图

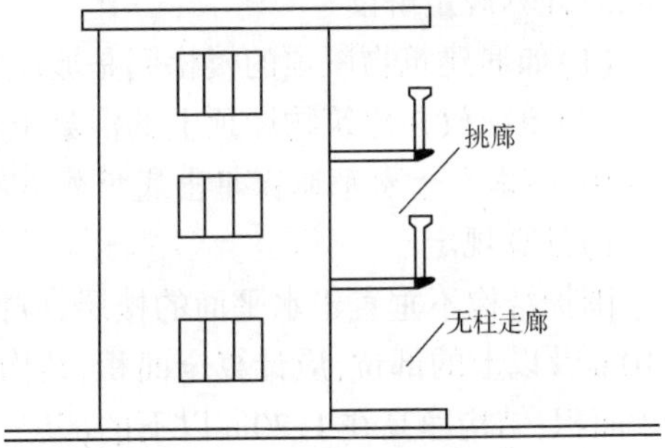

图 1-7-14　挑廊、无柱走廊示意图

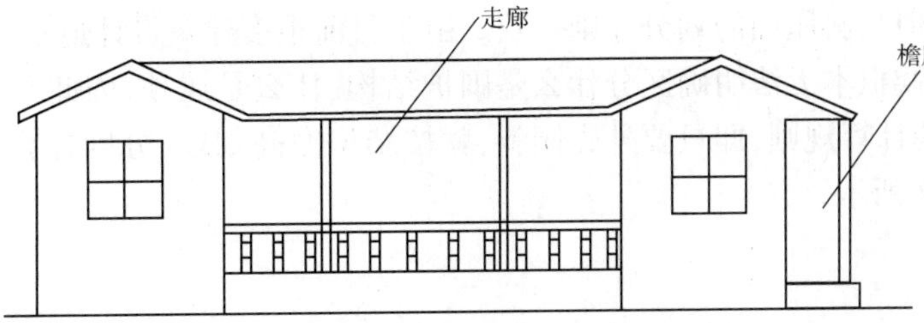

图 1-7-15　走廊、檐廊示意图

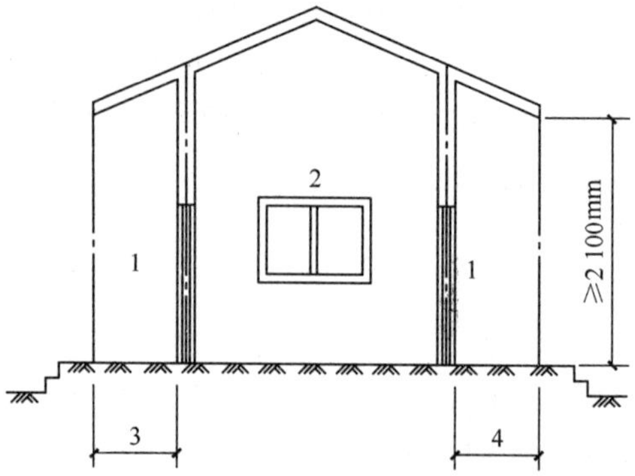

图 1-7-16 檐廊示意图

1-檐廊;2-室内;3-不计算建筑面积部位;4-计算 1/2 建筑面积部位

8. 场馆看台

1)计算规定

有永久性顶盖无围护结构的场馆看台,应按其顶盖水平投影面积的 1/2 计算。

2)计算规定解读

这里所称的“场馆”实际上是指“场”(如足球场、网球场等)看台上有永久性顶盖的部分。“馆”应是有永久性顶盖和围护结构的部分,应按单层或多层建筑相关规定计算面积。

9. 建筑物顶部楼梯间、水箱间、电梯机房

1)计算规定

建筑物顶部有围护结构的楼梯间、水箱间、电梯机房等,结构层高在 2.20m 及以上者应计算全面积;结构层高不足 2.20m 者应计算 1/2 面积。

2)计算规定解读

(1)如遇建筑物屋顶的楼梯间是坡屋顶时,应按坡屋顶的相关规定计算面积。

(2)单独放在建筑物屋顶上的混凝土水箱或钢板水箱,不计算面积。

10. 不垂直于水平面而超出底板外沿的建筑物

1)计算规定

围护结构不垂直于水平面的楼层,应按其底板面的外墙外围水平面积计算。结构净高在 2.10m 及以上的部位,应计算全面积;结构净高在 1.20m 及以上至 2.10m 以下的部位,应计算 1/2 面积;结构净高在 1.20m 以下的部位,不应计算建筑面积。

2)计算规定解读

对于向内、向外倾斜均适用。在划分高度上,本条使用的是结构净高,与其他正常平楼层按层高划分不同,但与斜屋面的划分原则一致。由于目前很多建筑设计追求新、奇、特,造型越来越复杂,很多时候根本无法明确区分什么是围护结构、什么是屋顶,因此对于斜围护结构与斜屋顶采用相同的计算规则,即只要外壳倾斜,就按结构净高划段,分别计算建筑面积。斜围护结构如图 1-7-17 所示。

11. 室外楼梯

1)计算规定

室外楼梯应并入所依附建筑物自然层,并应按其水平投影面积的 1/2 计算建筑面积。

2)计算规定解读

室外楼梯作为连接该建筑物层与层之间交通不可缺少的基本部件,如图 1-7-18 所示,无论从其功能还是工程计价的要求来说,均需计算建筑面积。层数为室外楼梯所依附的楼层数,即梯段部分投影到建筑物范围的层数。利用室外楼梯下部的建筑空间不得重复计算建筑面积;利用地势砌筑的为室外踏步,不计算建筑面积。

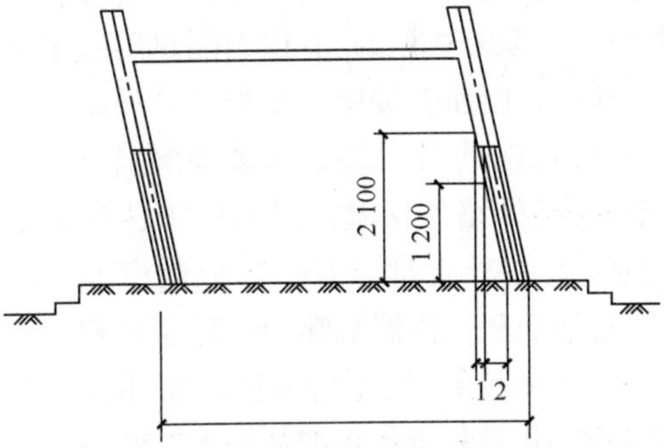

图 1-7-17　斜围护结构示意图(尺寸单位:mm)
1-计算 1/2 建筑面积部位;2-不计算建筑面积部位

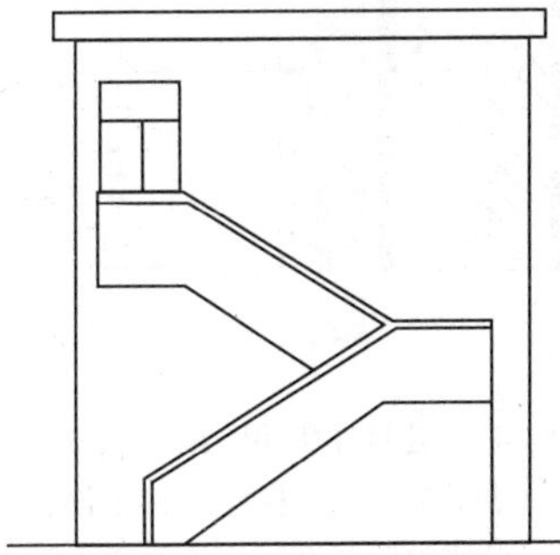

图 1-7-18　室外楼梯示意图

12. 车棚、货棚、站台、加油站、收费站等

1)计算规定

有顶盖无围护结构的车棚、货棚、站台、加油站、收费站等,应按其顶盖水平投影面积的1/2计算建筑面积。

2)计算规定解读

(1)由于建筑技术的发展,车棚、货棚、站台、加油站、收费站等出现许多新型结构,如柱不再是单纯的直立柱,而出现正 V 形、倒 V 形等不同类型的柱,给面积计算带来许多争议。为此,我们不以柱来确定面积,而依据顶盖的水平投影面积来计算面积。

(2)在车棚、货棚、站台、加油站、收费站内设有带围护结构的管理房间、休息室等,应另按有关规定计算面积。

13. 高低联跨建筑物

计算规定:高低联跨的建筑物,应以高跨结构外边线为界,分别计算建筑面积;其高低跨内部联通时,其变形缝应计算在低跨面积内。

14. 以幕墙作为围护结构的建筑物

1)计算规定

以幕墙作为围护结构的建筑物,应按幕墙外边线计算建筑面积。

2)计算规定解读

围护性幕墙是指直接作为外墙起围护作用的幕墙。

15. 建筑物外墙外保温层

1)计算规定

建筑物的外墙外保温层,应按保温材料的水平截面积计算,并计入自然层建筑面积。

2)计算规定解读

建筑物外墙外侧有保温隔热层的,保温隔热层以保温材料的净厚度乘以外墙结构外边线长度按建筑物的自然层计算建筑面积,其外墙外边线长度不扣除门窗和建筑物外已计算建筑面积构件(如阳台、室外走廊、门斗、落地橱窗等部件)所占长度。当建筑物外已计算建筑面积的构件(如阳台、室外走廊、门斗、落地橱窗等部件)有保温隔热层时,其保温隔热层也不再计算建筑面积。外墙是斜面者按楼面楼板处的外墙外边线长度乘以保温材料的净厚度计算。外墙外保温以沿高度方向满铺为准,某层外墙外保温铺设高度未达到全部高度时(不包括阳台、室外走廊、门斗、落地橱窗、雨篷、飘窗等),不计算建筑面积。保温隔热层的建筑面积是以保温隔热材料的厚度来计算的,不包含抹灰层、防潮层、保护层(墙)的厚度。建筑外墙外保温如图1-7-19所示。

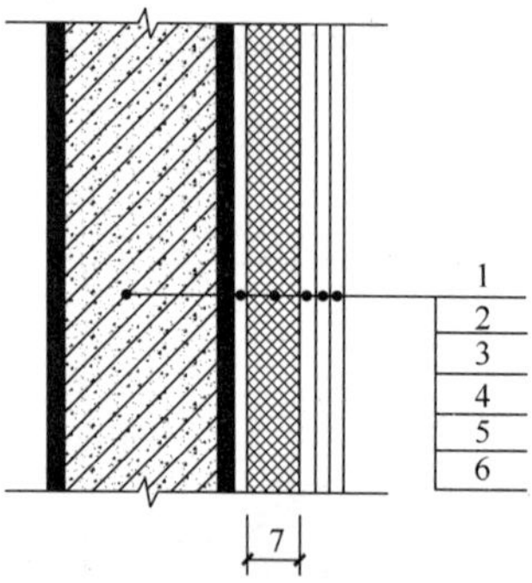

图1-7-19　建筑外墙外保温示意图

1-墙体;2-黏结胶浆;3-保温材料;4-标准网;5-加强网;6-抹面胶浆;7-计算建筑面积部位

16.建筑物内的变形缝

1)计算规定

与室内相通的变形缝,应按其自然层合并在建筑面积内计算。

2)计算规定解读

本条规定所指的是与室内相通的变形缝,即暴露在建筑物内,可以看得见的变形缝。

(二)不计算建筑面积的范围

1.建筑物通道

1)计算规定

建筑物的通道(骑楼、过街楼的底层),不应计算建筑面积。

2)计算规定解读

(1)骑楼是指楼层部分跨在人行道上的临街楼房,如图1-7-20所示。

(2)过街楼是指有道路穿过建筑空间的楼房,如图1-7-21所示。

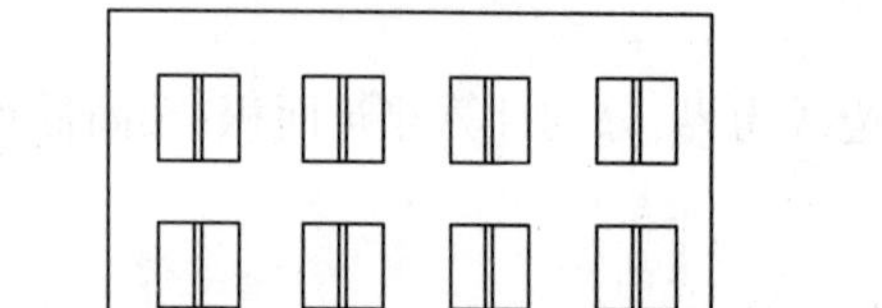

图1-7-20　骑楼示意图

1-骑楼;2-人行道;3-街道

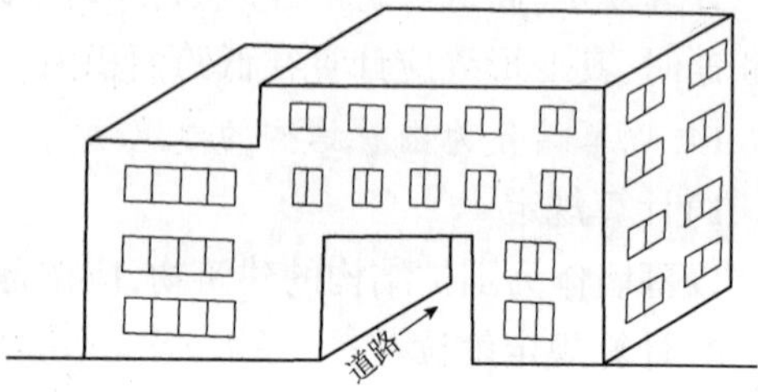

图1-7-21　过街楼示意图

2.舞台、天桥、挑台等

舞台及后台悬挂幕布、布景的天桥、挑台等,不应计算建筑面积。

3. 屋顶花架、露天游泳池等

屋顶水箱、花架、凉棚、露台、露天游泳池等,不应计算建筑面积。

4. 操作、上料平台等

1)计算规定

建筑物内的操作平台、上料平台、安装箱和罐体的平台,不应计算建筑面积。

2)计算规定解读

建筑物外的操作平台、上料平台等,应该按有关规定确定是否应计算建筑面积。

5. 室外爬梯、消防钢梯、观光电梯等

室外爬梯、室外专用消防钢楼梯、无围护结构的观光电梯,不应计算建筑面积。

6. 其他

建筑物以外的地下人防通道、独立烟囱、烟道、地沟、油(水)罐、气柜、水塔、储油(水)池、储仓、栈桥、地下人防通道、地铁隧道。

能力训练项目

宏祥手套厂 2 号厂房、某私人别墅项目建筑面积的计算。

项目导入

宏祥手套厂 2 号厂房建筑施工图见《建筑工程施工图实例图集》。框架结构,平屋顶。

某私人别墅建筑施工图见《建筑工程施工图实例图集》。框架结构,坡屋顶,有门厅、花架、露台。

项目任务

根据建筑面积计算规范分别计算宏祥手套厂 2 号厂房和某私人别墅项目的建筑面积。

小贴士

建筑面积计算三步法:

(1)有无顶盖(有,则可算建筑面积;无,则不算建筑面积,且不用考虑下面条件)。

(2)有无围护(有,则计算全面积;无,则计算 1/2 建筑面积)。

(3)层高(或净高)要求(最后根据层高或净高要求取"无""半"或"全"计算)。

学生工作页

一、单项选择题

1. 室外楼梯无永久性顶盖或不能完全遮盖楼梯的雨篷,顶层楼梯的建筑面积为(　　)。

A. 全面积　　B. 1/2 面积　　C. 1/4 面积　　D. 不计算面积

2. 下列情形应计算建筑面积的是(　　)。

A. 单层建筑层高小于 2.2m 的　　B. 过街楼

C. 检修用的室外爬梯　　D. 建筑物内的操作平台

3. 建筑面积计算规定结构层高(　　)作为全计或半计面积的划分界线。

A. 1.2m　　B. 2.1m　　C. 2.2m　　D. 3m

4. 结构外阳台建筑面积按其水平投影面积的(　　)计算。

A. 1/4　　B. 1/2　　C. 全面积　　D. 不

5. 以下不是按建筑物的自然层计算建筑面积的是(　　)。

A. 室内楼梯间、通风排气竖井　　B. 电梯井、垃圾道

C. 提物井、管道井、烟道　　D. 室外楼梯

6. 建筑物的坡屋顶结构净高在 1.2m 以上、2.1m 以内的部位应计算(　　)面积。

A. 0　　B. 1/4　　C. 1/2　　D. 1

7. 有顶盖无围护结构的车棚、货棚、站台，应按其顶盖水平投影面积(　　)计算。

A. 1　　B. 1/2　　C. 1/4　　D. 不计算面积

8. 下列(　　)不应计算建筑面积。

A. 建筑物顶部的电梯机房　　B. 无围护结构的观光电梯

C. 无顶盖的多层室外楼梯　　D. 层高 2.2m 内的底层车库

9. 下面关于建筑面积计算描述错误的是(　　)。

A. 地下室、半地下室应按其结构外围水平面积计算

B. 设有围护结构、不垂直于水平面而超出底板外沿的建筑物，应按其底板面的外围水平面积计算

C. 建筑物间的架空走廊，有顶盖和围护结构的，应按其围护结构外围水平面积计算全面积；无围护结构、有围护设施的，应按其结构底板水平投影面积计算 1/2 面积

D. 建筑物内的变形缝，应按其自然层合并在建筑物面积内计算

二、多项选择题

1. 下列各项中(　　)不计算建筑面积。

A. 附墙柱、垛　　B. 台阶　　C. 水塔

D. 设备管道层　　E. 储藏室

2. 下面有关建筑面积的计算规定中，按面积的 1/2 计算的有(　　)。

A. 有顶盖有围护设施的橱窗、门斗、挑廊、走廊、檐廊

B. 结构外的阳台　　C. 结构外挑 2.50m 的雨篷

D. 层高 2.20m 的设备管道夹层　　E. 室外楼梯

3. 下列各项中(　　)不计算建筑面积。

A. 建筑物通道(骑楼、过街楼的底层)

B. 建筑物内的设备管道夹层

C. 建筑物内分隔的单层房间，舞台及后台悬挂幕布、布景的天桥、挑台等

D. 屋顶水箱、花架、露台、露天游泳池

E. 有围护结构的舞台灯光控制室

4. 建筑物应按其外墙结构外围水平面积之和计算建筑面积,并应符合下列(　　)规定。

A. 结构层高为 2.20m 时应计算全面积

B. 结构层高 2.20m 以上应计算全面积

C. 结构层高不足 2.20m 应计算 1/2 面积

D. 坡屋顶内空间结构净高超过 2.10m 部位应计算全面积

5. 坡屋顶(　　)。

A. 结构净高在 1.20m 至 2.10m 的部位应计算 1/2 面积

B. 结构净高不足 1.20m 的部位不应计算面积

C. 结构净高在 4.20m 以上的部位应计算 2 倍面积

D. 结构净高在 3.0m 以上的部位才能计算面积

6. 建筑物内设有局部楼层者,局部楼层的二层及以上楼层(　　)。

A. 有围护结构的应按其围护结构外围水平面积计算建筑面积

B. 无围护结构的应按其结构底板水平面积计算建筑面积

C. 层高在 2.20m 及以上者应计算全面积

D. 层高不足 2.20m 者应计算 1/2 面积

7. 多层建筑物首层应按其外墙结构外围水平面积计算,二层及以上楼层应按其外墙结构外围水平面积计算,则下列说法正确的是(　　)。

A. 结构层高 2.20m 者计算全面积

B. 结构层高不超过 2.20m 者计算全面积

C. 结构层高不足 2.20m 者应计算 1/2 面积

D. 结构层高不足 1.50m 者不计算面积

8. 门厅、大厅内设有回廊时(　　)。

A. 应按其结构底板水平面积计算建筑面积

B. 结构层高在 2.20m 及以上者计算全面积

C. 结构层高不足 2.20m 者应计算 1/2 面积

D. 结构层高不足 1.20m 者不计算建筑面积

9. 立体书库的建筑面积(　　)。

A. 无结构层的应按一层计算

B. 有结构层的应按其结构层面积分别计算

C. 结构层高在 2.20m 及以上者计算全面积

D. 结构层高不足 2.20m 者应计算 1/2 面积

10. 建筑物外有围护结构的(　　)应按其围护结构外围水平面积计算建筑面积。

A. 落地橱窗　B. 门斗　C. 挑廊　D. 走廊　E. 檐廊

11. 建筑物顶部有围护结构的楼梯间、水箱间、电梯机房(　　)。

A. 结构层高 2.20m 者应计算建筑面积

B. 结构层高 2.20m 以上者计算建筑面积

C. 结构层高不足 2.20m 者应计算 1/2 建筑面积

D. 结构层高不足 1.80m 者不计算建筑面积

12. 建筑物内的(　　)应按建筑物的自然层计算建筑面积。

A. 楼梯间　B. 电梯井　C. 提物井

D. 管道井　E. 通风排气竖井　F. 垃圾道

G. 附墙烟囱

13. (　　)雨篷结构的外边线至外墙结构外边线宽度超过2.10m者,应按雨篷结构板的水平投影面积的1/2计算。

A. 无柱雨篷　B. 有柱雨篷

C. 独立柱雨篷　D. 吊雨篷

14. 按其水平投影面积1/2计算建筑面积的有(　　)。

A. 室外楼梯　B. 阳台

C. 挑阳台　D. 凹阳台

15. 有顶盖无围护结构的(　　)应按其顶盖水平投影面积的1/2计算。

A. 车棚　B. 站台　C. 加油站　D. 收费站

16. 不计算建筑面积的项目有(　　)。

A. 骑楼　B. 过街楼的底层

C. 建筑物内设备管道夹层　D. 屋顶水箱

E. 花架　F. 水塔

17. 不计算建筑面积的项目有(　　)。

A. 露台　B. 露天游泳池　C. 勒脚　D. 附墙柱

18. 不计算建筑面积的项目有(　　)。

A. 建筑物内的操作平台　B. 垛

C. 墙面抹灰　D. 块料面层

19. 不计算建筑面积的项目有(　　)。

A. 飘窗　B. 装饰性阳台

C. 自动扶梯　D. 独立烟囱

20. 不计算建筑面积的项目有(　　)。

A. 无永久性顶盖的室外楼梯　B. 室外专用消防钢楼梯

C. 地沟　D. 地下人防通道

21. 建筑面积包括(　　)。

A. 使用面积　B. 辅助面积　C. 共用面积　D. 结构面积

22. 建筑物中的(　　)属于辅助面积。

A. 楼梯　B. 走道　C. 厕所　D. 厨房

23. 建筑面积是评价(　　)的重要尺度。

A. 建筑规模　B. 投资效益　C. 建设成本　D. 工程质量

24. 下面关于建筑面积计算的描述正确的是(　　)。

A. 地下室、半地下室应按其结构外围水平面积计算

B. 设有围护结构、不垂直于水平面而超出底板外沿的建筑物,应按其底板面的外围水平面积计算

C. 建筑物间的架空走廊,有顶盖和围护结构的,应按其围护结构外围水平面积计算全面积;无围护结构、有围护设施的,应按其结构底板水平投影面积计算1/2面积

D. 建筑物内的变形缝,应按其自然层合并在建筑物面积内计算

三、判断题

1. 层高是指上下两层之间的净高。 ( )
2. 按楼板、地板结构分层称为自然层。 ( )
3. 建筑物的水平交通空间称为走廊。 ( )
4. 挑出建筑物外墙的水平交通空间称为挑廊。 ( )
5. 建筑物大厅内设置在二层及以上的回形走廊称为回廊。 ( )
6. 建筑物出入口设置的起分隔、挡风、御寒等作用的建筑过渡空间称为门斗。 ( )
7. 围合建筑物空间四周的墙体、门、窗等称为围护结构。 ( )
8. 为房间采光和美化造型而设置的突出外墙的窗称为飘窗。 ( )
9. 建筑物底层沿街面后退且留出公共人行空间的建筑物。 ( )
10. 有道路穿过建筑物空间的楼房称为过街楼。 ( )
11. 建筑物结构层高在2.10m以上者应计算全面积。 ( )
12. 结构层高不足2.10m的多层建筑物应计算1/2面积。 ( )
13. 半地下室结构层高在2.20m以下应计算1/2面积。 ( )
14. 大厅内的回廊不计算面积。 ( )
15. 大厅内的走廊结构层高在2.20m以下按1/2计算面积。 ( )
16. 立体书房有围护结构按其围护结构外围水平面积计算面积。 ( )
17. 有围护设施的挑廊,按其结构底板水平面积的1/2计算建筑面积。 ( )
18. 屋顶楼梯间不计算建筑面积。 ( )
19. 管道井不计算建筑面积。 ( )
20. 无柱的雨篷不计算建筑面积。 ( )
21. 室外楼梯计算全部建筑面积。 ( )
22. 建筑物内的变形缝不计算建筑面积。 ( )
23. 屋顶花园不计算建筑面积。 ( )
24. 台阶要计算建筑面积。 ( )
25. 装饰性挑廊要计算建筑面积。 ( )

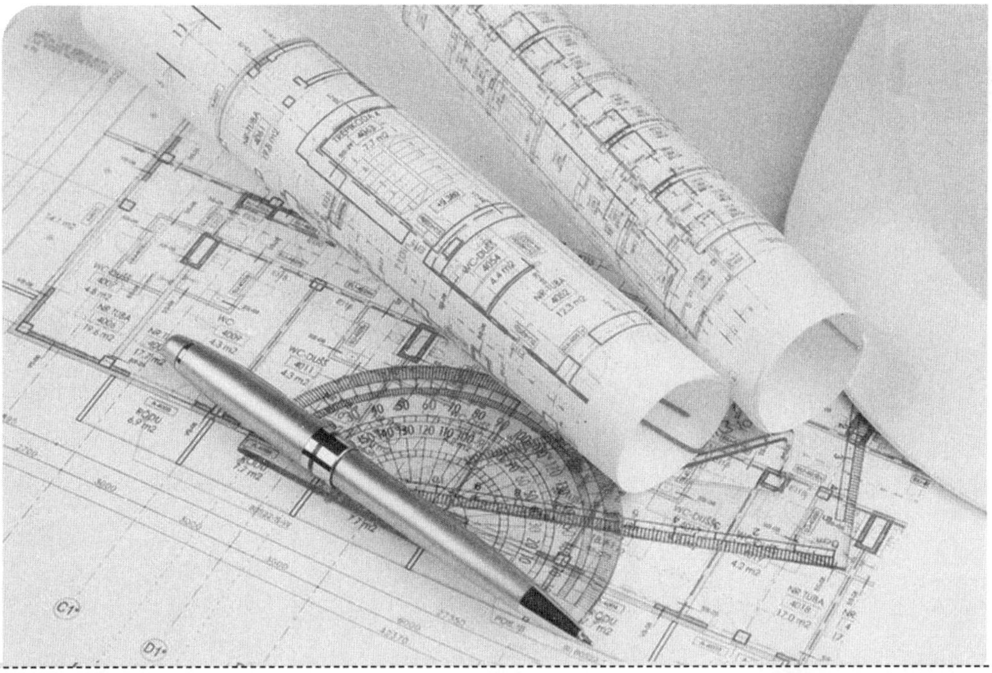

第二篇
建筑工程施工图预算、工程量清单、清单计价文件编制

单元一　土石方工程
单元二　地基处理与边坡支护工程
单元三　桩基工程
单元四　砌筑工程
单元五　混凝土及钢筋混凝土工程
单元六　金属结构工程
单元七　木结构工程
单元八　门窗工程
单元九　屋面及防水工程
单元十　保温、隔热、防腐工程
单元十一　楼地面装饰工程
单元十二　墙、柱面装饰与隔断、幕墙工程
单元十三　天棚工程
单元十四　油漆、涂料、裱糊工程
单元十五　其他装饰工程
单元十六　拆除工程
单元十七　构筑物、附属工程
单元十八　脚手架工程
单元十九　垂直运输工程
单元二十　建筑物超高施工增加费
单元二十一　措施清单项目及其他

仁爱之美

单元一
土石方工程

教学课件

【能力目标】

1. 能够计算土石方工程平整场地、挖土方、基底夯实、回填土、余方弃置外运等定额工程量。

2. 能够准确套用定额并计算土石方工程平整场地、挖土方、基底夯实、填土、余方弃置外运等直接工程费。

3. 能够编制土石方工程平整场地、挖基坑土方和回填方、余方弃置等分部分项工程量清单。

4. 能够计算土石方工程平整场地、挖基坑土方和回填方、余方弃置等分部分项工程的综合单价。

5. 能够灵活运用《浙江省房屋建筑与装饰工程预算定额》(2018 版),进行土石方工程的定额换算。

【知识目标】

1. 熟悉土石方工程的施工工艺及相应的基础知识。

2. 掌握土石方工程建筑工程定额的使用及换算方法。

3. 掌握平整场地、挖土方、土方回填等定额工程量的计算规则。

4. 了解土石方工程的 13 个清单子目构成。

5. 掌握分部分项工程清单项目设置时项目编码的确定方法。

6. 掌握土石方 4 个清单项目:平整场地、挖基坑土方和回填方、余方弃置的清单工程量的计算方法。

7. 熟悉土石方 4 个清单项目:平整场地、挖基坑土方和回填方、余方弃置的分部分项工程量清单编制方法。

8. 掌握土石方 4 个清单项目:平整场地、挖基坑土方和回填方、余方弃置综合单价的确定方法。

项目导入

1. 施工图纸:某学院培训楼基础平面图、满基 370 墙下剖面图、满基 240 墙下剖面图见本书附录。

2. 设计说明:本工程为框架结构,地上两层,基础为梁板式筏型基础。人工原土找平平均高度25cm,地下水位标高 -1.000m,土方含水率为20%,采用轻型井点降水,井点立管30根,工作2d,采用履带式挖掘机(斗容量$1m^3$)挖三类土,基底人工原土打夯,人工就地回填土并夯实,已知室外地坪以下混凝土垫层体积$8.86m^3$,基础体积$29.76m^3$,柱子和砖墙体积$9.19m^3$,余土采用挖掘机装土、自卸汽车运土,余土外运5km。采用清单计价时,管理费按"人工费+机械费"的15%计取,利润按"人工费+机械费"的10%计取,风险金暂定按"人工费+机械费"的2%计取。

项目任务

1. 计算某学院培训楼土石方工程的分部分项定额工程量。
2. 计算某学院培训楼土石方工程的分部分项直接工程费、技术措施费。
3. 编制某学院培训楼土石方工程的分部分项工程量清单。
4. 计算某学院培训楼土石方工程的分部分项综合单价。

任务分析

熟悉某学院培训楼施工图纸,收集相关计价依据,拟解决以下问题:

1. 土方工程施工工艺过程。
2. 计算土石方工程量前应确定哪些技术资料?
3. 该培训楼室外地坪标高、基底标高、垫层底标高、基础形式、基础构造。
4. 土石方工程定额项目有哪些?如何套用?工程量计算规则如何?
5. 土石方工程分部分项工程量清单项目如何设置?工程量如何计算?综合单价如何计算?

一 基础知识

(一)土壤及岩石的分类

按照土壤及岩石的名称、天然湿度下平均重度、极限压碎强度、钻孔机耗时、开挖方式及工具、坚固系数等参数,普氏分类法将土壤和岩石分别分类。

土壤类别:一、二类土,三类土,四类土。

岩石类别:极软岩,软岩,较软岩,较坚硬岩,坚硬岩。

除上述几种土壤外,还有淤泥、流砂这两种特殊性土壤。

(1)淤泥:是指含水率大于液限值,不易成形而呈稀软流动状的灰黑色、有臭味,含有半腐朽的动、植物残骸,置于水中有动植物残体渣滓浮于水面上,并会有气泡由水中冒出的泥土。

(2)流砂:是指受动力水扰动,坑底的土成流动状态,随地下水涌出的砂土。

(二)技术资料确定

在计算土石方工程量前应确定下列技术资料:

(1)施工现场土壤及岩石类别。

(2)地下水位的标高和现场降、排水的方法(地下水位以上的土壤称为干土;以下的土壤称为湿土)。

(3)挖、运土方的施工方法(如采用人工还是机械挖土方,土方开挖是否留工作面,是否放坡或支挡土板等)和取、弃土的运距。

(4)施工场地自然地坪标高或设计标高。

(5)岩石开凿、爆破方法、石渣清运方法及运距。

(6)其他有关资料。

(三)土方工程施工工艺过程

1. 场地平整

场地平整是指原土地坪与设计室外地坪高差平均相差30cm以内的原土找平。在土方开挖前,对施工场地高低不平的部位进行平整工作。工作内容包括30cm以内的就地挖土、填土、找平。

2. 槽坑开挖

在基坑开挖时,当基坑较深、地质条件不好时,要采取加固措施,以确保安全施工,常采用放坡、支护来保持土壁稳定;在地下水位以下挖土,应采取降水措施。

(1)放坡:为了防止土壁塌方,确保施工安全,当挖土深度超过一定深度或填方超过一定高度时,其边沿应放出足够的边坡。

(2)支护:浅基础开挖采用挡土板支撑;用于深基坑的支护结构有板桩、灌注桩、深层搅拌桩、地下连续墙等。

(3)在基坑开挖时,地下水会不断地渗入坑内,为保证施工场地正常进行,防止边坡塌方和地基承载能力的下降,必须做好基坑的降水工作。降水方法分集水井降水和井点降水两类。

①集水井降水。在基坑开挖时,在坑底设置集水井,并沿坑底的周围或中央开挖排水沟,使水由排水沟流入集水井内,然后用水泵抽出坑外。

②井点降水。井点降水是在基坑开挖前,预先在基坑四周埋设一定数量的滤水管,在基坑开挖前或开挖过程中,利用真空原理,不断抽出地下水,使地下水位降低到坑底以下。

轻型井点的施工程序为:排放总管→埋设井点管→用弯联管将井点管与总管接通→安装抽水设备→试运行→正式抽水。

(4)机械开挖:当建筑场地和基坑开挖的面积和土方量较大时,一般采用机械化开挖方式。机械开挖常用机械有:

①正铲挖土机施工,特点为向前向上,强制切土。适用于停机面以上的基坑开挖。

②反铲挖土机施工,特点为后退向下,强制切土。适用于停机面以下的基坑开挖。

③抓铲挖土机施工,特点为直上直下,自重切土。适用范围:挖窄而深的基坑、疏通旧有渠道以及挖取水中淤泥。

3. 填土

土方回填是将符合要求的土填充到需要的部位,填土时从最低处开始,由下向上整个宽度分层铺填碾压或压实。回填土分基槽、坑回填和室内回填。

二 定额的套用和工程量的计算

定额子目:4节,分别为土方工程、石方工程、平整与回填、基础排水,共96个子目。

各小节子目划分如表2-1-1所示。

定额子目划分

表 2-1-1

定额节				子目数
一	土方工程(40)	人工土方(13)	一般土方	3
			挖地槽、地坑	6
			挖运淤泥、流砂	2
			人力车运土方	2
		机械土方(27)	挖掘机挖一般土方	3
			挖掘机挖装一般土方	3
			挖掘机挖槽坑土方	3
			挖掘机挖装槽坑土方	3
			挖掘机挖淤泥、流砂	1
			泥浆罐车运淤泥流砂	2
			推土机推运土方	4
			装载机装运土方	2
			装载机、挖掘机装土方	2
			机动翻斗车运土方	2
			自卸汽车运土方	2

定额节				子目数
二	石方土方(34)	爆破石方(8)	一般石方	4
			沟槽、坑开挖	4
		人工石方(12)	人工凿石	5
			人工岩石表面找平	5
			人力车运石渣	2
		机械石方(14)	液压锤破碎石方	4
			推土机推运石渣	2
			挖掘机挖、装石渣	2
			装载机、挖掘机装石渣	2
			机动翻斗车运石渣	2
			自卸汽车运石渣	2
三	平整与回填(10)		平整、打夯、碾压、回填	9
			石渣回填	1
四	基础排水(12)		轻型井点、喷射井点、真空深井、直流深井	11
			湿水排水	1

(1)土石方体积均按天然密实体积计算,回填土按碾压夯实后的体积计算。

(2)挖桩承台土方时:人工挖土方综合定额乘以系数1.08,人工挖土方单项定额乘以系数1.25,机械挖土方定额乘以系数1.1。计算工程量时扣除大口径桩及未回填桩孔所占的体积。

(3)本单元定额挖运土方除淤泥、流砂为湿土外,均按干土编制(含水率<25%)。湿土排水(包括淤泥、流砂)均应另列项目计算,人工挖运湿土时,相应定额人工乘以系数1.18。

干土、湿土的划分,以地质勘测资料的地下常水位为准,常水位以上为干土,以下为湿土。地表水排出后,土壤含水率≥25%时为湿土。如采用井点降水等措施降低地下水位施工时,土方开挖按干土计算,并按施工组织设计要求套用基础排水相应定额,不再套用湿土排水定额。

【例2-1-1】 人工挖地槽坑,二类湿土,深3m,求该项目基价。

套定额1-7H,换算后基价=2 410×1.18=2 843.8元/100m^3

(4)人工挖土方深度超过3m时,应按机械挖土考虑。如局部超过3m且仍采用人工挖土的,超过3m部分土方,每增加1m按相应定额乘以系数1.15计算。

【例2-1-2】 人工挖地槽、地坑,二类土,局部深度4.6m,求该项目基价。

套定额1-7H,换算后基价=2 410×1.15×1.15=3 187.2元/100m^3

(5)若同时满足上列条件,系数连乘。

【例2-1-3】 人工挖地槽坑,二类湿土,局部深度4.6m,求该项目基价。

套定额1-7H,换算后基价=2 410×1.18×1.15×1.15=3 760.9元/100m^3

(一)人工平整场地

人工平整场地套定额1-75。

平整场地是指建筑物所在现场厚度在 ±30cm 以内的就地挖填及平整。挖填土方厚度在 ±300mm 以上时,全部厚度按一般土方相应规定另行计算,不再计算平整场地。

平整场地工程量:按建(构)筑物底面积的外边线每边各放 2m 后所围的面积以 m^2 计算,建筑物地下室外边线突出首层结构外边线时,其突出部分的面积合并计算。

$$S_{平整场地} = S_{底} + 2m \times L_{外} + 16m^2$$

平整场地示意图见图 2-1-1,平整场地计算公式示意图见图 2-1-2。

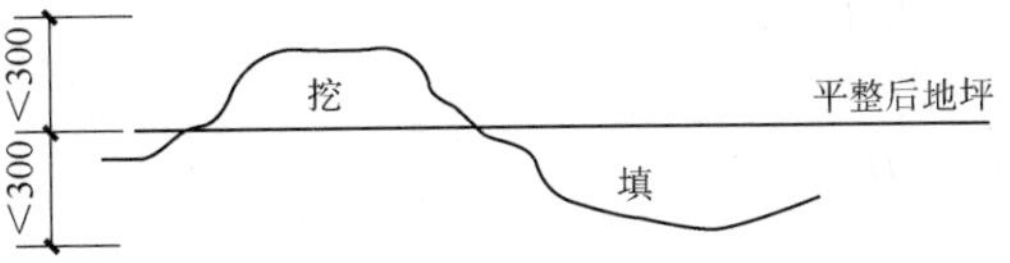

图 2-1-1　平整场地示意图(尺寸单位:mm)

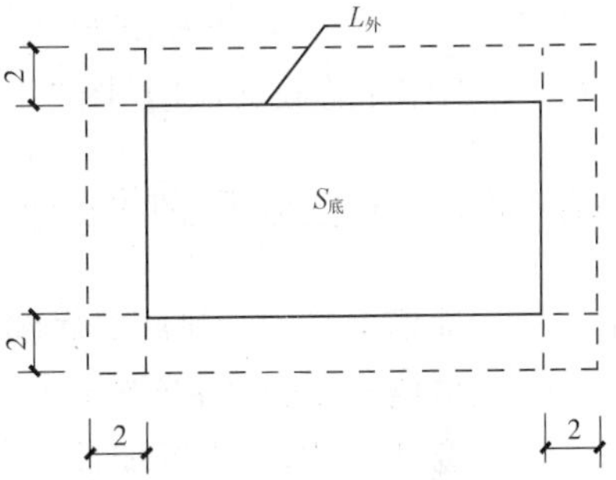

图 2-1-2　平整场地计算公式示意图(尺寸单位:m)

【例 2-1-4】 根据图 2-1-3 计算人工平整场地工程量。

解

$S_{底} = (10.0 + 4.0) \times 9.0 + 10.0 \times 7.0 + 18.0 \times 8.0 = 340m^2$

$L_{外} = (18 + 24 + 4) \times 2 = 92m$

$S_{平} = 340 + 92 \times 2 + 16 = 540m^2$

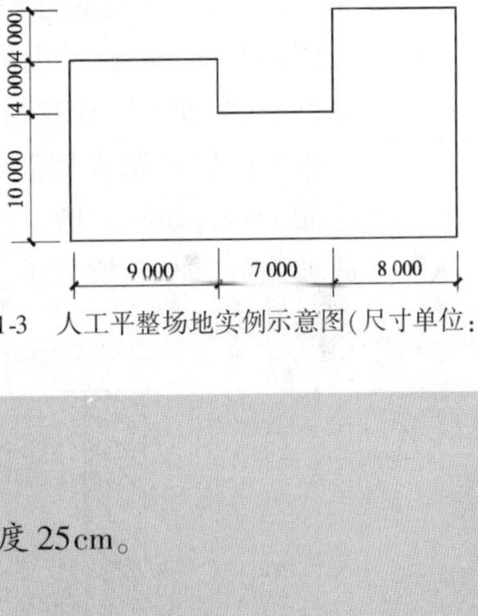

图 2-1-3　人工平整场地实例示意图(尺寸单位:mm)

任务实施一

某学院培训楼人工平整场地:人工原土找平,平均高度 25cm。

(1)定额工程量

$S_{底} = 11.6 \times 6.5 = 75.4m^2$

$S_{平整场地} = 75.4 + 2 \times (11.6 + 6.5) \times 2 + 16 = 163.8m^2$

(2)直接工程费

套定额 1-75,基价 3 672.50 元/1 000m^2,直接工程费 $= 163.8 \times 3.762\,5 = 616.30$ 元

(二)履带式挖掘机挖槽坑土方

履带式挖掘机挖槽坑土方套定额 1-20 ~ 1-25。

挖土机挖土

(1)基槽、坑底宽不大于 7m,底长大于 3 倍底宽为基槽(图 2-1-4);底长不大于 3 倍底宽、底面积不大于 150m^2 为基坑(图 2-1-5);超出上述范围及平整场地挖土厚度在 30cm 以上的均按一般土方套用定额。

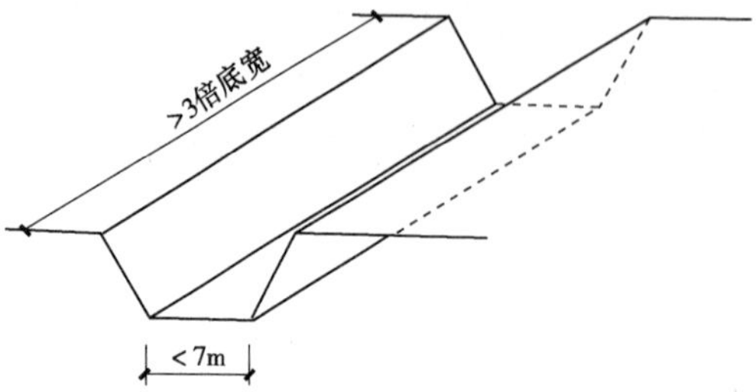

图 2-1-4　基槽示意图

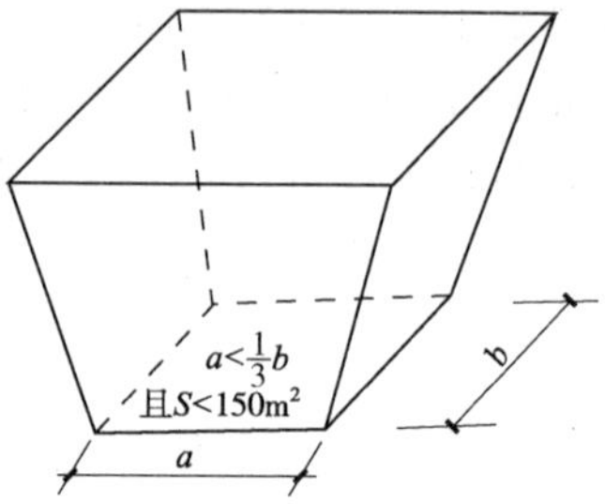

图 2-1-5　基坑示意图

(2)有工作面有放坡地槽(图 2-1-6)计算公式:

$$V = (a + 2c + KH)HL$$

有工作面不放坡地槽(图 2-1-7)计算公式:

$$V = (a + 2c)HL$$

式中:a——地槽中基础或垫层的底部宽度;

L——地槽长度,外墙按图示中心线长度计算,内墙按图示基础(含垫层)底面之间净长度计算,附墙垛折加长度合并计算;

H——挖土深度,按槽坑基础(含垫层)底至交付施工场地标高确定,无交付施工场地标高时,应按自然地面标高确定;

c——工作面宽度,按施工组织规定,若无规定,则基础或垫层为混凝土时,每边加 30cm;地下室、半地下室按垫层底宽每边加 1m;砖基础或块石基础,每边加 20cm;基础垂直表面需做防腐或防潮处理的,每边增加 100cm;浆砌毛石,条石基础每边增加工作面 15cm;如同一槽、坑遇有多个增加工作面条件的,按其中较大的一个计算;

K——放坡系数,地槽、坑放坡工程量按施工设计规定计算,机械挖土未规定时按表 2-1-2 方法计算。

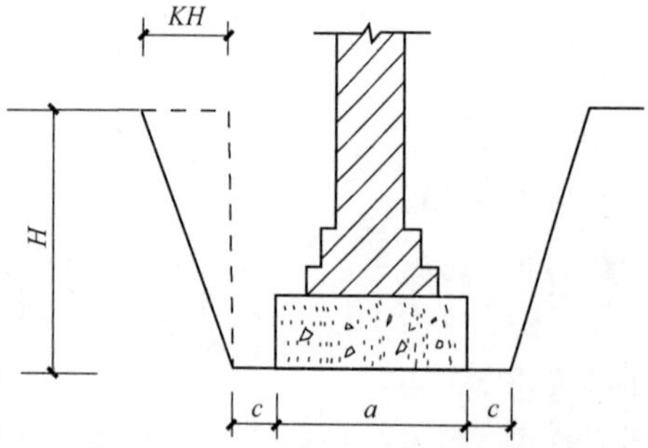

图 2-1-6　有工作面有放坡地槽示意图

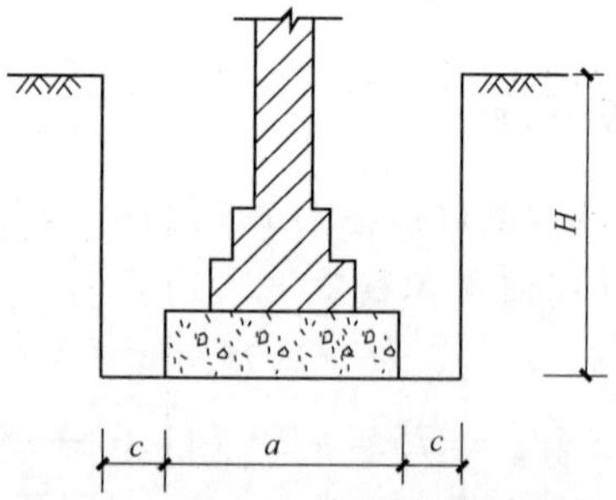

图 2-1-7　有工作面不放坡地槽示意图

土方放坡起点深度和放坡系数表

表 2-1-2

土　类	起点深度(m)	放坡系数			
		人工挖土	机械挖土		
			基坑内作业	基坑上作业	沟槽上作业
一、二类土	>1.20	1:0.50	1:0.33	1:0.75	1:0.50
三类土	>1.50	1:0.33	1:0.25	1:0.67	1:0.33
四类土	>2.00	1:0.25	1:0.10	1:0.33	1:0.25

注:1. 淤泥、流砂及海涂工程,不适用于本表。

2. 凡有围护或地下连续墙的部分,不再计算放坡系数。

湿土工程量：

$$V=(a+2c+KH_{湿})\times H_{湿}\times L$$

干土工程量：

$$V=V_{全}-V_{湿}$$

(3)地坑工程量(图 2-1-8)。

放坡地坑计算公式：

$$V=(a+2c+KH)(b+2c+KH)H+\frac{K^2H^3}{3}$$

圆形不放坡地坑计算公式：

$$V=\pi r^2H$$

圆形放坡地坑(图 2-1-9)计算公式：

$$V=\frac{\pi H}{3}[r^2+(r+KH)^2+r(r+KH)]$$

式中：r——坑底半径(含工作面)。

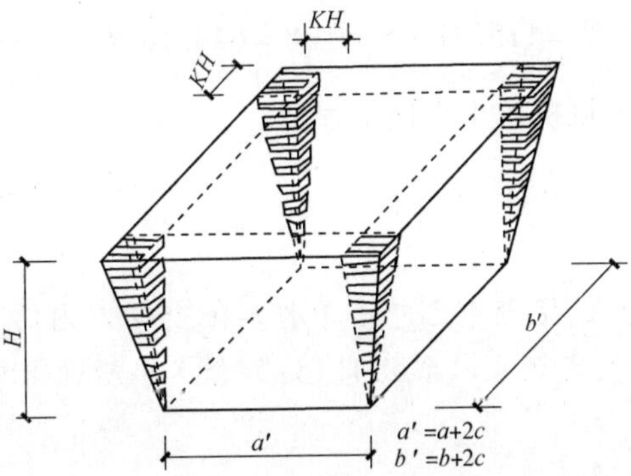

图 2-1-8　放坡地坑示意图

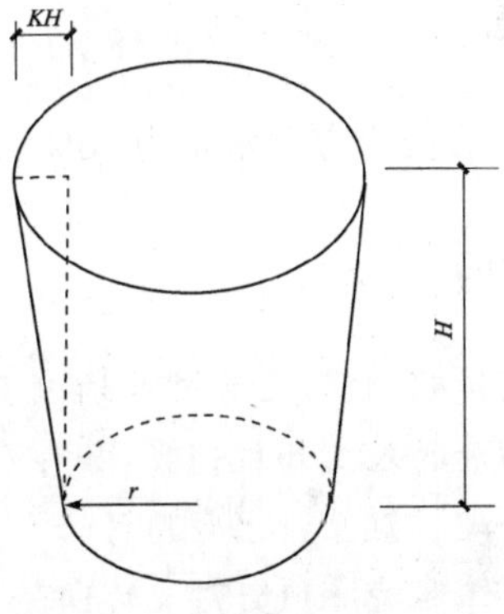

图 2-1-9　圆形地坑示意图

【例 2-1-5】　根据图 2-1-10 计算地槽长度。

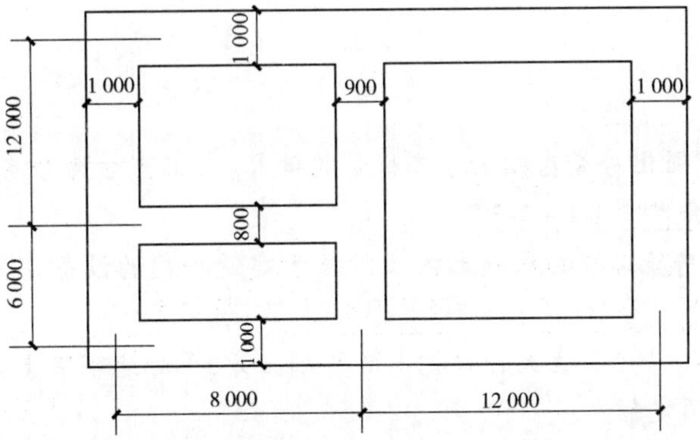

图 2-1-10　地槽及槽底宽平面图(尺寸单位：mm)

解

外墙地槽长(宽 1.0m) = (12 + 6 + 8 + 12) × 2 = 76m

内墙地槽长(宽 0.9m) = 6 + 12 − (1.0/2) × 2 = 17m

内墙地槽长(宽0.8m) =8 - (1.0/2) - (0.9/2) =7.05m

任务实施二

某学院培训楼履带式挖掘机挖土:采用履带式挖掘机(斗容量$1m^3$)挖三类土,土方含水率为20%。

(1)定额工程量

挖土深度:$H=1.5+0.1-0.45=1.15m$

$a=11.1+0.5\times2+0.1\times2=12.3m$

$b=6+0.5\times2+0.1\times2=7.2m$

工作面:c取30cm(垫层为C15混凝土)

放坡系数:$K=0$(按照机械土方放坡系数表2-1-2,三类土因$H=1.15m<1.5m$,故不放坡)

$V=(12.3+2\times0.3)\times(7.2+2\times0.3)\times1.15=115.71m^3$

(2)直接工程费

套定额1-24,基价560.18元/$100m^3$,直接工程费=115.71×5.6018=648.18元

练习:假设土方含水率为30%,试计算履带式挖掘机挖土直接工程费。

小贴士

定额说明:机械土方作业均以天然湿度土壤为准,定额中已包括含水率在25%以内的土方所需增加的人工和机械费;如含水率超过25%时,定额乘以系数1.15;如含水率超过40%时另行处理。湿土排水费用另计。

直接工程费=115.71×4.147×1.15=551.83元

练习:假设土方为人工槽坑挖土方,地下水位标高-1.000m,人工挖土的基价为多少?直接工程费为多少?

小贴士

定额说明:为了简化房屋基础土方工程量的计算,人工土方又分房屋基础综合土方和单项土方。综合土方套定额1-1~1-3。

(1)适用范围:房屋工程的基础土方及附属于建筑物内的设备基础土方、地沟土方及局部满堂基础土方。

(2)不适用范围:房屋工程大开口挖土的基础土方、单独地下室土方及构筑物土方,以上土方应套相应的单项定额。

(3)综合定额综合的工作内容:平整场地,地槽、坑挖土,运土,槽、坑底原土打夯,槽、坑底及室内回填夯实和150m以内弃土运输等项目。

(4)综合定额工程量计算:地槽、坑挖土工程量。

当地槽、坑工程量大于实际开挖工程量,按实际工程量计算。

定额说明：人工挖土除淤泥、流砂为湿土外，均以干土为准。如挖运湿土，综合定额乘以系数 1.06；单项定额乘以系数 1.18，湿土排水应另列项计；如采用积水井抽水，费用按时计算，不再套用湿土排水定额。

套定额 1-2H，换算后基价 = 2 715 × 1.06 = 2 878 元/100m^3

挖湿土工程量 = $V_{挖} \times H_{湿}/H_{挖}$

人工土方放坡系数见表 2-1-3。

人工土方放坡系数 表 2-1-3

土壤类别	深度(m)	放坡系数 K	说　明
一、二类土	>1.2	0.50	1. 同一槽、坑内土类不同时，分别按其放坡起点、放坡系数依不同土类别厚度加权平均计算； 2. 放坡起点均自槽、坑底开始； 3. 如遇淤泥、流砂及海涂工程，放坡系数按施工组织设计的要求计算
三类土	>1.5	0.33	
四类土	>2.0	0.25	

【例 2-1-6】 某工程基槽人工挖土深度为 1.45m，根据地质勘察资料，该深度范围分布的土方自上而下分别为：二类土厚 1.25m，三类土厚 0.2m。试按定额规定计算该基槽挖土工程量时的放坡系数 K。

解

(1) 判断：同一基槽坑如有不同土类时，开挖深度按某类土的底表面至开挖槽坑上口高度计算，如开挖深度大于某类土方规定的放坡开挖深度，则可计算放坡工程量。本例二类土厚 1.25m > 1.2m，该基槽挖土应考虑放坡。

(2) 计算：$K = (1.25 \times 0.5 + 0.2 \times 0.33)/1.45 = 0.48$

【例 2-1-7】 计算图 2-1-11 所示房屋基础土方的工程量，并套定额计算直接工程费（设土方类别为三类土，采用人工挖土）。

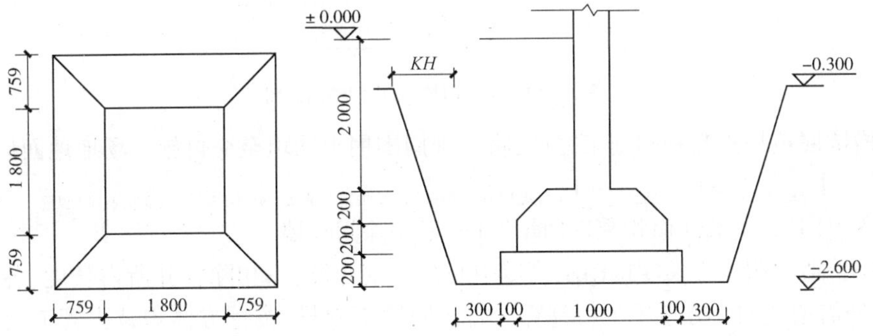

图 2-1-11　独立柱基础示意图（尺寸单位：mm）

解

基坑挖土深度为 2.6 − 0.3 = 2.3m > 1.5m，根据表 2-1-3，应放坡开挖，放坡系数为 0.33；按规定每边留工作面 300mm，则：

$$V_{挖土方} = (a + 2c + KH) \times H \times (b + 2c + KH) + K^2H^3/3$$
$$= (1.2 + 2 \times 0.3 + 0.33 \times 2.3)^2 \times 2.3 + 0.33^2 \times 2.3^3/3$$
$$= 15.5m^3$$

由于是挖土槽坑,故应套定额1-8,基价3 770元/$100m^3$,直接工程费 = 15.5 × 37.70 = 584.35元

(三)人工原土打夯

人工原土打夯套定额1-77,适用于单独原土打夯,凡基础与垫层项目中已包括原土打夯的,不应重复套用。

工程量计算规则:按设计图示尺寸以面积计算。

任务实施三

某学院培训楼人工原土打夯:基底人工原土打夯。

(1)定额工程量

$S = (12.3 + 2 \times 0.3) \times (7.2 + 2 \times 0.3) = 100.62m^2$

(2)直接工程费

套定额1-77,基价713.41元/1 $000m^2$,直接工程费 = 100.62 × 0.713 41 = 71.78元

(四)人工就地回填土夯实

人工就地回填土夯实套定额1-80。回填土包括槽坑回填、室内回填(图2-1-12)。

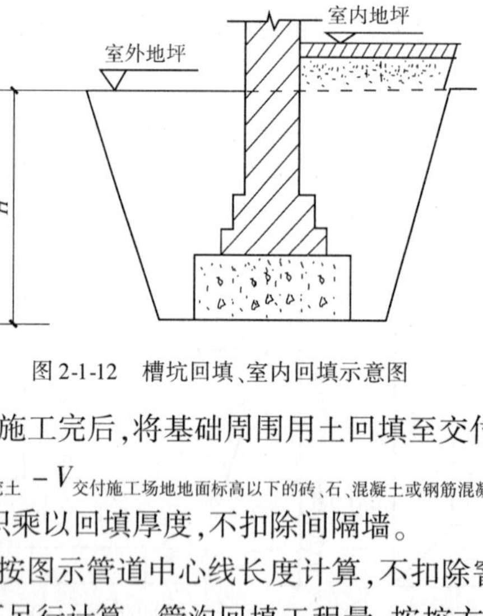

图2-1-12 槽坑回填、室内回填示意图

(1)槽坑回填是指当基础施工完后,将基础周围用土回填至交付施工场地地面标高。

$$V_{基础回填土} = V_{地槽坑挖土} - V_{交付施工场地地面标高以下的砖、石、混凝土或钢筋混凝土及垫层、基础工程量}$$

(2)室内回填:主墙间面积乘以回填厚度,不扣除间隔墙。

(3)挖管道沟槽土方长度按图示管道中心线长度计算,不扣除窨井所占长度,各种井类及管道接口处需增加的土方量不另行计算。管沟回填工程量,按挖方体积减去管道及基础等埋入物的体积计算。

主墙是指结构厚度在120mm以上(不包120mm)墙体。

$$V = S_{主墙间净面积} \times 填土厚度$$

$$S_{主墙间净面积} = S_{底层建筑面积} - (L_{中} \times 外墙厚 + L_{内} \times 内墙厚)$$

式中:$L_{中}$——外墙中心线总长;

$L_{内}$——内墙净长线总长;

填土厚度——室内外高差减地坪厚度,地坪厚度为地坪的垫层及面层厚度之和。

任务实施四

某学院培训楼人工就地回填土夯实：人工就地回填土并夯实，已知室外地坪以下混凝土垫层体积8.86m^3，基础体积29.76m^3，柱子和砖墙体积9.19m^3。

(1)定额工程量

$V_{挖}=115.71m^3$

$V_{交付施工场地标高以下各构件、基础、垫层体积}=8.86+29.76+9.19=47.81m^3$

$V_{槽坑回填}=115.71-47.81=67.9m^3$

根据附录一某学院培训楼施工图纸，首层地面有以下3种做法：

图形、钢筋培训室(地9-1)：$h=0.15+0.05+0.02+0.01=0.23m$

$H=0.45-0.23=0.22m$

$V=(3.3-0.24)\times(6-0.24)\times2\times0.22=7.76m^3$

楼梯间(地3A)：$h=0.15+0.05+0.02=0.22$

$H=0.45-0.22=0.23m$

$V=(4.5-0.24)\times(2.1-0.24)\times0.23=7.924\times0.23=1.82m^3$

接待室(地25A)：$h=0.15+0.05+0.0015+0.035+0.0095=0.246m$

$H=0.45-0.246=0.204m$

$V=(4.5-0.24)\times(3.9-0.24)\times0.204=15.592\times0.204=3.18m^3$

小计：$V_{房心回填}=7.76+1.82+3.18=12.76m^3$

合计：$V_{回填}=67.9+12.76=80.66m^3$

(2)直接工程费

套定额1-80，基价1 222.95元/100m^3，直接工程费$=12.2295\times80.66=986.43$元。

(五)余方弃置运输

人力车运土套定额(1-12～1-13)，适用于槽坑挖土外运，弃土或借土远运。挖掘机挖槽坑土方、装土套定额(1-20～1-25)。装载机装土套定额(1-35～1-40)。

余方弃置运输工程量为挖方工程量减去填方工程量乘以相应的土石方体积折算系数表中的折算系数计算。工程量按实际发生的情况计算。其计算式为$V_{运土}=V_{挖}-V_{回填}$，计算结果若是正的为余土外运；若为负的为借土回填。

任务实施五

某学院培训楼余土外运：余土采用挖掘机装土、自卸汽车运土，外运5km。

(1)定额工程量

$V_{余土}=115.71-80.66=35.05m^3$

(2)直接工程费

挖掘机装土，自卸汽车运余土，运距5km：套定额1-36，基价285.69元/100m^3，1-39+1-40×4，基价$648.79+131.84\times4=1\,176.15$元/100$m^3$，直接工程费$=(2.8569+11.7615)\times35.05=512.37$元。

(六)施工排水、降水

施工排水、降水属于施工技术措施费,定额见基础排水。

(1)湿土排水套定额1-96,工程量同湿土工程量。

(2)轻型井点,以50根为一套,使用费套定额1-86;喷射井点,以30根为一套,使用费套定额1-88。使用时累计根数,轻型井点少于25根,喷射井点少于15根,使用费按相应定额乘以系数0.7。

(3)使用天以每昼夜24h为一天,使用天数按施工组织设计规定的使用天数计算。

任务实施六

某学院培训楼施工降排水:土方含水率为20%,采用轻型井点降水,井点立管30根,工作2d。井点降水按安装拆除、使用分别计算费用。

(1)定额工程量

轻型井点管安装拆除:30根。轻型井点管使用:2套·天。

(2)技术措施费

安、拆费:套定额1-85,基价2 351.23元/10根,技术措施费=2 351.23×3=7 053.69元。

使用费:套定额1-86,基价331.58元/套·天,技术措施费=331.58×2=663.16元

(七)大型机械进出场及安拆

大型机械进出场及安拆费属于施工技术措施费,其工作内容包括:

(1)大型施工机械设备的临时基础建筑和拆除清理。

(2)施工机械设备的场外运输、安装、拆卸及试运转等。

定额见《浙江省房屋建筑与装饰工程预算定额》(2018版)附录二,单独计算台班费用。

任务实施七

某学院培训楼大型机械进出场及安拆:履带式挖掘机(斗容量$1m^3$)挖1天。

(1)定额工程量

履带式挖掘机进出场及安拆:1台次。

(2)技术措施费

套定额下册附录(二)3001,基价3 249.84元/台次。

技术措施费=3 249.84元/台次×1=3 249.84元

三 工程量清单及清单计价

清单子目:本单元工程项目按《房屋建筑与装饰工程工程量计算规范》(GB 50854—2013)附录A土石方工程列项,分3节共13个子目,分别是A.1土方工程、A.2石方工程、A.3回填。

土方工程包括:平整场地、挖一般土方、挖沟槽土方、挖基坑土方、冻土开挖、挖淤泥流砂、管沟土方7个项目,项目编码分别按010101001×××~010101007×××编列。

石方工程包括：挖一般石方、挖沟槽石方、挖基坑石方、挖管沟石方4个项目。项目编码分别按010102001×××~010102004×××编列。

回填包括：回填方、余方弃置两个项目。项目编码分别按010103001×××~010103002×××编列。

（一）平整场地010101001×××

1. 工程量清单编制

平整场地适用于建筑场地厚度在±0.3m以内的挖、填找平及其运输项目。

（1）平整场地的工程内容一般包括土方挖填、场地找平和土方运输。在项目列项时，应描述场地现有及平整以后需达到的要求特征，如挖填范围、土壤类别、弃土或取土的运输距离（或地点）。例如：平整场地，三类土，弃土运距200m。

（2）现场平整场地时，可能遇到±0.3m以内全部是挖方或填方的情况，这时就应当在清单项目中描述弃土或取土的内容特征。

（3）工程量计算规则：按设计图示尺寸以建筑物首层建筑面积平方米计算。

（4）“首层面积”应按建筑物外墙外边线计算。落地阳台计算面积，悬挑阳台不计算面积。设地下室和半地下室的采光井等不计算建筑面积的部位也应计入平整场地的工程量内。地上无建筑物的地下停车场按地下停车场外墙外边线外围面积计算，包括出入口、通风竖井和采光井。

2. 清单计价（报价）

组合内容：场地找平、土方挖填、土方运输。

根据提供的条件（场地平整，三类土，弃土运距150m），可组合的内容有场地平整、弃土运土。

任务实施一

某学院培训楼土方平整场地：人工原土找平平均高度25cm，无弃土。采用清单计价时，管理费按“人工费＋机械费”的15%计取，利润按“人工费＋机械费”的10%计取，风险金暂定按“人工费＋机械费”的2%计取。

（1）工程量清单

①统一的项目名称：平整场地。

②统一的项目编码：010101001001。

③统一的项目特征：三类土，平均高度25cm的人工原土找平，场内运土，无弃运土。

④统一的计量单位：m^2。

⑤统一的工程量计算规则：按设计图示尺寸以建筑物首层建筑面积计算（注意定额规则的不同）。

清单工程量：

$S_{平整场地}=11.6\times6.5=75.4m^2$

分部分项工程量清单见表2-1-4。

分部分项工程量清单　　表 2-1-4

工程名称:某学院培训楼

序号	项目编码	项目名称	项目特征	计量单位	工程数量
			A.1　土(石)方工程		
1	010101001001	平整场地	正负在30cm以内的挖、填、找平,场内运土,无弃运土	m^2	75.4

(2)综合单价

计价工程量:

套定额1-21,人工平整场地 $S = 163.8m^2$。

工程量清单综合单价计算表见表2-1-5。

工程量清单综合单价计算表　　表 2-1-5

单位及专业工程名称:某学院培训楼——建筑工程　　第1页　共1页

序号	编号	名称	计量单位	数量	综合单价(元)							合计(元)
					人工费	材料费	机械费	管理费	利润	风险费用	小计	
1	010101001001	平整场地	m^2	75.4	8.17	0	0	1.216	0.825	0.173	10.38	782.65
	1-75	人工平整场地	m^2	163.8	3.76	0	0	0.56	0.38	0.08	4.78	782.96

(二)挖基坑土方010101003 ×××

1. 工程量清单编制

适用于建筑物、构筑物工程的基础基坑的土方开挖项目列项,也适用于人工单独挖孔桩土方。

(1)挖基坑土方包括独立基础、满堂基础(包括地下室基础)及设备基础、人工单独挖孔桩等土方开挖工程。其工程内容包括:排地表水、土方开挖、挡土板支护(设计或招标人对现场有具体要求时)、基底钎探、截桩头、土方运输(场内或场外)等。

(2)项目特征描述的内容一般有:土壤类别、基础类别、垫层底尺寸、挖土深度、弃取土运距等(弃取土运距也可以不描述,但应注明由投标人根据施工现场实际情况自行考虑,决定报价)。且应包括土方含水率、地下水情况等。有桩基础的工程,应描述桩头截桩要求和有关特征。

(3)土方开挖的干湿土划分,应以地质资料提供的地下常水位为界,地下常水位以下为湿土。

(4)工程量计算规则:按设计图示尺寸以基础垫层底面积乘以挖土深度的体积立方米计算。基础土方开挖深度应按基础垫层底表面标高至交付施工场地标高确定,无交付施工场地标高时,应按自然地面标高确定。

2. 清单计价(报价)

(1)组合内容:排地表水,土方开挖,围护(挡土板)及拆除,基底钎探,运输。

(2)根据施工方案确定的基坑放坡、操作工作面和机械挖土进出施工工作面的坡道等增加的施工工程量，应包括在挖基础土方综合单价中。工程量计算时，挖土深度按设计室外地坪标高界定，平面按基底尺寸需考虑增加工作面。

任务实施二

某学院培训楼挖基坑土方：采用履带式挖掘机(斗容量 $1m^3$)挖三类土，土方含水率为20%，基底人工原土打夯。采用清单计价时，管理费按"人工费+机械费"的15%计取，利润按"人工费+机械费"的10%计取，风险金暂定按"人工费+机械费"的2%计取。

(1)工程量清单

清单工程量：

根据《建设工程工程量清单计价规范》(GB 50500—2013)浙江省补充规定：$V_{挖}=115.71m^3$。

分部分项工程量清单见表2-1-6。

分部分项工程量清单 表2-1-6

工程名称：某学院培训楼

序号	项目编码	项目名称	项目特征	计量单位	工程数量
			A.1 土方工程		
1	010101004001	挖基坑土方	挖三类土，满堂基础，挖土深度1.15m，垫层底尺寸：7.2m×12.3m	m^3	115.71

(2)综合单价

计价工程量：

套定额1-24，履带式挖掘机挖三类土 $V=115.71m^3$

套定额1-77，原土打夯 $S=100.62m^2$

工程量清单综合单价计算见表2-1-7。

工程量清单综合单价计算表 表2-1-7

单位及专业工程名称：某学院培训楼——建筑工程 第1页 共1页

序号	编号	名称	计量单位	数量	综合单价(元)							合计(元)
					人工费	材料费	机械费	管理费	利润	风险费用	小计	
1	010101004001	挖基坑土方	m^3	115.71	3.26	0	2.96	0.93	0.62	0.12	7.89	901.18
	1-24	挖掘机挖槽坑土方，装车三类土	m^3	115.71	2.65	0	2.95	0.84	0.56	0.11	7.11	822.7
	1-77	原土打夯	m^2	100.62	0.61	0	0.01	0.09	0.06	0.012	0.78	78.48

(三)回填方 010103001 ×××

1. 工程量清单编制

(1)适用场地回填、室内回填、基础回填，包括指定范围内的运输、场内外借土回填的开挖。

(2)工程内容:挖土、装卸、运输、回填、碾压、夯实。

(3)工程量:按设计图示尺寸以体积计算。

场地回填 = 回填面积 × 平均回填厚度

室内回填 = 主墙间净面积 × 回填厚度

基础回填 = $V_{挖} - V_{基础及垫层等(交付施工场地地面以下)}$

基础放坡增加工程量,考虑在报价中。

2. 清单计价(报价)

组合内容:挖土、运土、人工回填夯实、机械碾压等。

(四)余方弃置 010103002 ×××

1. 工程量清单编制

(1)适用指定范围内的余土外运。

(2)工作内容:余方点装料运输至弃置点。

(3)工程量:按挖方清单项目工程量减利用回填方体积(正数)计算。

2. 清单计价(报价)

组合内容:装土、运土。

任务实施三

某学院培训楼挖基础土方:人工就地回填土并夯实,已知室外地坪以下混凝土垫层体积 $8.86m^3$,基础体积 $29.76m^3$,柱子和砖墙体积 $9.19m^3$,余土采用挖掘装土、自卸汽车运土,外运 5km,管理费按“人工费 + 机械费”的 15% 计取,利润按“人工费 + 机械费”的 10% 计取,风险金暂定按“人工费 + 机械费”的 2% 计取。

(1)工程量清单

回填方清单工程量:根据《建设工程工程量清单计价规范》(GB 50500—2013)浙江省补充规定,$V_{回填} = 80.66m^3$。

余方弃置清单工程量:$V_{余方弃置} = 35.05m^3$。

分部分项工程量清单见表 2-1-8。

分部分项工程量清单 表 2-1-8

工程名称:某学院培训楼

序号	项目编码	项目名称	项目特征	计量单位	工程数量
A.3 回填					
1	010103001001	回填方	人工就地回填三类土,夯实,密实度满足设计和规范的要求	m^3	66.79
2	010103001002	余方弃置	余土外运 5km	m^3	35.05

(2)综合单价

回填方计价工程量:

套定额 1-80，人工回填土并夯实，$V_{填}=80.66m^3$

余方弃置计价工程量：

套定额 1-36，挖掘机装土，$V_{装}=35.05m^3$

套定额 1-39 + 1-40 ×4，自卸汽车运土，$V_{运}=35.05m^3$

工程量清单综合单价计算见表 2-1-9。

工程量清单综合单价计算表 表 2-1-9

单位及专业工程名称：某学院培训楼——建筑工程 第 1 页 共 1 页

序号	编号	名称	计量单位	数量	综合单价(元)							合计(元)
					人工费	材料费	机械费	管理费	利润	风险费用	小计	
1	010103001001	回填方	m^3	80.66	11.725	0	0.5	1.83	1.22	0.245	15.52	1 251.84
	1-80	人工就地回填土并夯实	m^3	80.66	11.725	0	0.5	1.83	1.22	0.245	15.52	1 251.84
2	010103001002	余方弃置	m^3	35.05	0.81	0	13.82	2.19	1.47	0.30	18.59	651.58
	1-36	挖掘机装土	m^3	35.05	0.48	0	2.38	0.43	0.29	0.06	3.64	127.58
	1-39 + 1-40 ×4	自卸汽车运土方	m^3	35.05	0.325	0	11.436	1.764	1.176	0.235	14.936	523.5

能力训练项目

宏祥手套厂 2 号厂房土石方工程计量与计价。

项目导入

宏祥手套厂 2 号厂房建筑施工图见《建筑工程施工图实例图集》。

人工原土找平平均高度 25cm，地下水位标高 −3.8 ~ 3.540m，人工挖土挖二类土，人工就地回填并夯实，已知室外地坪以下混凝土垫层体积 $23.41m^3$，独立基础体积 $76.38m^3$，电梯井 $15.58m^3$，柱子 $1.17m^3$，砖基础体积 $26.47m^3$，余土采用人工装土、自卸汽车运土，运距 2 000m，管理费按“人工费 + 机械费”的 20% 计取，利润按“人工费 + 机械费”的 15% 计取，风险费不计。

补充资料：

车间、楼梯间的地面做法为磨光花岗岩地面，其具体做法为：素土夯实→80mm 厚碎石压实→70mm 厚 C15 混凝土垫层→15mm 厚 1∶3 干硬性水泥砂浆→20mm 厚花岗岩石材面层。

卫生间地面做法为地砖地面，其具体做法为：素土夯实→80mm 厚碎石压实→70mm 厚 C15 混凝土垫层→20mm 厚 1∶2 水泥砂浆结合层→10mm 厚铺地砖面层。

项目任务

(1)计算宏祥手套厂2号厂房土石方工程的分部分项定额工程量。

(2)计算宏祥手套厂2号厂房土石方工程的分部分项直接工程费、技术措施费。

(3)编制宏祥手套厂2号厂房土石方工程的分部分项工程量清单。

(4)计算宏祥手套厂2号厂房土石方工程的分部分项综合单价。

小贴士

(1)土石方回填适用于场地回填、室内回填和基槽坑回填,并包括指定范围内的运输、借土回填的土石方开挖。

(2)"指定范围内的运输"是指由招标人指定的弃土或取土地点的距离,如招标文件规定由投标人自行确定弃土或取土地点时,此条件不必在清单中描述。

(3)因地质情况变化或设计变更引起的土石方工程量的变更,由业主与承包人双方现场确认,依据合同条款进行调整。

(4)招标人在编制土石方开挖工程量清单时,一般不列施工方法(有特殊要求的除外),招标人确定工程数量即可。如招标文件对土石方开挖有特殊要求的,在编制工程量清单时,可规定施工方法。

(5)对于同类但不同基底尺寸、不同开挖深度的基槽坑土(石)方工程,虽然计价人可能套用同一定额子目录进行计价,但由于规格尺寸不同,其放坡、工作面增加开挖的含量就不同,因而应将不同规格尺寸的基槽坑分别予以编码列项。

(6)挡土板支拆如非设计或招标人根据现场具体情况要求而属于投标人自行采用的施工方案,则清单项目特征中即不予描述。

(7)深基础土石方开挖,设计文件中可能提示或要求采用支护结构,但到底用什么支护结构,是打预制混凝土桩、钢板桩、人工挖孔桩、地下连续墙,是否做水平支撑等,招标人应在措施项目清单中予以列项明示。

(8)土石方清单项目计价应包括指定范围内的土石方一次或多次运输、装卸以及基底夯实、修理边坡、清理现场等全部施工工序。

(9)人工挖房屋基础综合土方只适用于工料单价法计价,且最大深度按3.0m计算,超过3.0m时(不包括局部加深),应考虑机械挖土方。

①房屋基础土方综合定额综合了平整场地,地槽、坑挖土,运土,槽、坑底原土打夯,槽、坑及室内回填夯实和150m以内弃土运输等项目,适用于房屋工程的基础土方及附属与建筑物内的设备基础土方、地沟土方及局部满堂基础土方,不适用于房屋工程大开口挖土的基础土方、单独地下室土方及构筑物土方,以上土方应套用相应的单项定额。

②房屋基槽、坑土方人工开挖,因工作面、放坡重叠造成槽、坑计算体积之和大于实际开挖体积时,应按实际开挖体积计算。

(10)定额挖土方除淤泥、流砂为湿土外,均以干土为准;发生湿土排水(包括淤泥、流砂)应另行列入措施项目计算。

①湿土排水是指基槽坑开挖时，在槽坑一侧或两侧设置明沟，间隔设置集水坑，用水泵抽排水的措施，工程量计算同湿土工程量。如采用集中集水井抽水，井的开挖、砌筑、抽水台班费用按实计算，不再套用湿土排水定额。

②《浙江省房屋建筑与装饰工程预算定额》(2018 版)土石方工程第四节列入了基础排水子目，包括轻型井点、喷射井点、真空深井降水和湿土排水。

③采用井点排水时，应按施工组织设计规定套用井点排水相应定额。井点管的场外运输按照实际发生费用另行计算。

④湿土排水、降水工程列入措施项目清单内计价。

(11)采用机械施工时，土方机械应计算的进退场费用在施工措施项目清单内计价。

(12)深基础开挖需要支护时，设计文件中可能提示需要采用支护结构，如果支护结构构成建筑物或构筑物实体的，必然在设计中有具体要求，如：坡地建筑采用的抗滑桩、挡土墙、土钉支护、锚杆支护等。应按相应清单规范附录列项。如属于施工中采取的技术措施，招标人在分部分项工程量清单中不需要列项投标人编制施工组织设计或施工方案，反映在投标人报价的措施项目费内。

学生工作页

一、单项选择题

1. 定额平整场地工程量按建筑物底面积的外边线每边各放(　　)，计算单位为 m^2。

A. 1m　　B. 2m　　C. 3m　　D. 5m

2. 下列定额工作内容不属于借土回填夯实的是(　　)。

A. 碎土　　B. 平土　　C. 挖、运土方　　D. 分层夯实

3. 挖土机挖土，当土层平均厚度小于 30cm 时应乘以系数(　　)。

A. 1.25　　B. 1.35　　C. 1.45　　D. 1.15

4. 已知某建筑物外边线长 20m，宽 15m，根据《浙江省房屋建筑与装饰工程预算定额》(2018 版)，其平整场地工程量为(　　)。

A. 456m^2　　B. 300m^2　　C. 374m^2　　D. 415m^2

5. 内墙土方地槽长度按(　　)计算。

A. 内墙中心线长度　　B. 内墙净长线长度

C. 内墙基础垫层净长线长度　　D. 内墙基础(含垫层)底净长线长度

6. 平整场地 $S_{底}$ 按建筑物首层面积计算，其落地阳台的面积(　　)。

A. 计算全面积　　B. 计算 1/2 面积　　C. 计算 1/4 面积　　D. 不计算面积

7. 场地平整(　　)。

A. 按设计图示尺寸以建筑物首层面积计算

B. 按设计图示尺寸以建筑物首层面积的一半计算

C. 按设计图示尺寸以建筑物首层面积四周向外扩大 2m 计算

D. 按经甲方工程师签批的施工组织设计的使用面积计算

8. 一设备的混凝土基础，底面积为 5m×5m，工作面为 0.3m，挖土深 1.5m，放坡系数 0.5，则挖土工程量为(　　)m^3。

A. 55.16　　B. 60.77　　C. 37.5　　D. 25

9. 有一建筑，外墙厚 370mm，中心线总长 80m，内墙厚 240mm，净长线总长 35m。底层建筑面积为 $600m^2$，室内外高差 0.6m，地坪厚度 100mm，已知该建筑基础挖土量为 1 000m^3，室外设计地坪以下埋设物体积 450m^3，则该工程的余土外运量为(　　)m^3。

A. 212.8　　B. 269　　C. 169　　D. 112.8

10. 如图 2-1-13 所示，挖地槽土方底宽为(　　)。

A. 1 600mm　　B. 1 800mm　　C. 1 850mm　　D. 2 600mm

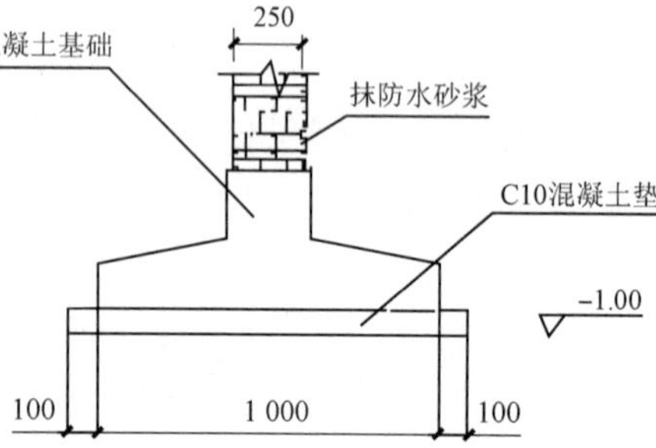

图 2-1-13(尺寸单位:mm)

11. 基础挖土方施工中，砖基础下为混凝土垫层时，挖土工作面为(　　)。

A. 按混凝土垫层宽度每边各加 30cm

B. 按砖基础宽度每边各加 30cm

C. 按混凝土垫层宽度每边各加 15cm

D. 按砖基础宽度每边各加 15cm

12. 人工挖三类土，挖土深度为 1.5m 时，放坡系数为(　　)。

A. 0.5　　B. 0.25　　C. 0.33　　D. 0

13. 人工挖房屋基础地槽三类湿土，挖土深度为 2m 时，应套用(　　)。

A. 1-8　　B. 1-8×1.18　　C. 1-12　　D. 1-12×1.18

14. 挖土方的工程量按设计图示尺寸的体积计算，此时的体积是指(　　)。

A. 虚方体积　　B. 夯实后体积　　C. 松填体积　　D. 天然密实体积

15. 土建工程中的土石方工程说明规定：凡沟槽底宽在 7m 以内，且沟槽长大于槽宽 3 倍以上的为(　　)。

A. 基坑　　B. 地槽　　C. 挖土方　　D. 平整场地

16. 人工挖土方时放坡起点从(　　)开始算起。

A. 垫层顶　　B. 槽、坑底　　C. 室外地坪　　D. 自然地面

二、多项选择题

1. 爆破定额已经综合了不同阶段的(　　)等因素。

A. 高度　　　B. 坡面　　　C. 改炮　　　D. 运输

2. 基坑开挖深度以(　　)m 为准,深度超过(　　)m,定额乘以系数(　　),工程量包括(　　)m 以内部分。

A. 1.09　　　B. 1.08　　　C. 5.0　　　D. 8.0

3. 人工一般土方定额未包括的内容是(　　)。

A. 挖土　　　B. 修整边底　　　C. 装车　　　D. 运输

4. 在计算地槽长度时,外墙按外墙中心线长度计算,内墙按基础(垫层)底净长线计算,不扣除(　　)的长度。

A. 工作面　　　B. 砖垛折加长度　C. 垫层　　　D. 放坡重叠部分

5. 人工土方定额遇到以下(　　)情况时,应乘以系数。

A. 挖桩承台土方

B. 挖土深度超过 3m,采用机械土方

C. 局部挖土深度超过 3m 仍采用人工土方挖土

D. 挖运湿土

E. 挖淤泥、流砂

三、定额换算题

根据表 2-1-10 中所列信息,完成定额换算。

表 2-1-10

序号	定额编号	工 程 名 称	定额计量单位	基价	基价计算式
1		履带式挖掘机开挖房屋土方,三类湿土,含水率 40%,下有桩基,不装车			
2		人工挖地槽,下有桩承台,三类土,深 2.2m			
3		人工挖房屋地槽,二类湿土,深 2.5m			
4		人工挖地槽土方,局部深 4m,三类土			
5		人力车运土,运距 150m			
6		挖掘机山坡切土,不清底修边,二类土,不装车			
7		自卸汽车运淤泥,5km 运距			
8		挖掘机挖地下室底板下基坑,二类土,装车			
9		三类土,土壤含水率 30%,履带式挖掘机挖槽坑土方,不装车			
10		人力车运淤泥流砂,运距 $S=70$m			
11		液压锤破碎槽坑石方,软岩			

四、计算分析题

某房屋工程基础平面及断面图如图 2-1-14 所示,已知:基底土质均衡,为一、二类土,地下常水位标高为 −1.1m,土方含水率 30%;室外地坪设计标高 −0.15m,交付施工的地坪标高 −0.3m,基坑回填后余土弃运 5km。

(1)试计算该基础土方开挖工程量,编制工程量清单。

(2)按照《浙江省房屋建筑与装饰工程预算定额》(2018版)计算工程挖基槽、坑土方综合单价(假设当时当地人工市场价48元/工日,载重8t自卸汽车市场价650元/台班;企业管理费为人工费及机械费之和的15%,利润为人工费及机械费之和的10%,风险费为人工费及机械费之和的2%)。

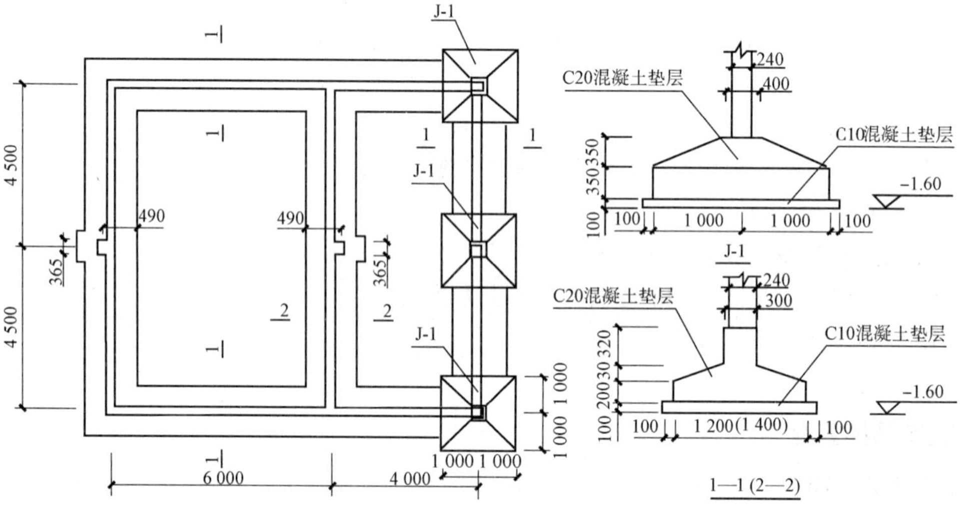

图2-1-14 (尺寸单位:mm)

单元二
地基处理与边坡支护工程

教学课件

【能力目标】

1. 能够计算换填加固、强夯地基加固、地下连续墙、钢板桩、土钉锚杆与喷锚联合支护等的定额工程量。

2. 能够准确套用定额并计算换填加固、强夯地基加固、地下连续墙、钢板桩、土钉锚杆与喷锚联合支护等的直接工程费。

3. 能够编制强夯地基、地下连续墙、喷射混凝土等的分部分项工程量清单。

4. 能够计算强夯地基、地下连续墙、喷射混凝土等分部分项工程的综合单价。

5. 能够灵活运用房屋建筑与装饰工程预算定额，进行地基处理与边坡支护工程的定额换算。

【知识目标】

1. 了解各种类型的地基处理、边护支护的受力机理和施工工艺。

2. 熟悉换填加固、强夯地基加固、地下连续墙、钢板桩、土钉锚杆与喷锚联合支护等的定额套用说明。

3. 掌握换填加固、强夯地基加固、地下连续墙、钢板桩、土钉锚杆与喷锚联合支护等的定额工程量的计算规则。

4. 熟悉地基处理清单项目：强夯地基、地下连续墙、喷射混凝土等分部分项工程量清单编制方法。

5. 掌握基坑与边坡支护工程清单项目：强夯地基、地下连续墙、喷射混凝土等综合单价的确定方法。

一 基础知识

1. 换填加固

换填加固是指基坑开挖后对软弱土层或不均匀土层的加固处理。

2. 水泥搅拌桩

水泥搅拌桩是指软基处理的一种有效形式，是一种将水泥作为固化剂的主剂，利用搅拌桩机将水泥喷入土体并充分搅拌,使水泥与土发生一系列物理化学反应,使软土硬结而提高地基强度。水泥搅拌桩按主要使用的施工做法分为单轴、双轴和三轴搅拌桩。施工工序按桩机流程为:定位、搅拌下沉、喷浆(粉)搅拌提升、原位重复搅拌下沉、重复搅拌提升、机械移位。

3. 钢筋混凝土地下连续墙

沿深基础或地下建(构)筑物周边,按设计要求逐段开挖一定厚度和深度的深槽,槽内采用泥浆护壁,放置钢筋骨架,用导管浇灌水下混凝土,各段用特殊的接头方式将单元槽段连接成一道连续的钢筋混凝土地下连续墙。

4. 土钉墙支护

土钉墙是由天然土体通过土钉墙就地加固并与喷射混凝土面板相结合,形成一个类似重力挡墙的结构,以此来抵抗墙后的土压力,从而保持开挖面的稳定,这个挡土墙称为土钉墙。土钉墙是通过钻孔、插筋、注浆来设置的,一般称砂浆锚杆,也可以直接打入角钢、粗钢筋形成土钉。

5. 喷射混凝土护坡

按一定比例,将水泥、沙、石、水及外加剂,经特定工艺方法混合搅拌再喷射到受喷面上,在半小时甚至更短时间内凝结、硬化后达到一定强度的快速支护方法。

二 定额的套用和工程量的计算

定额子目:2 节,分别为地基处理,基坑与边坡支护,包含 8 类地基处理及 6 类边坡支护项目,共计 95 个定额子目。

各小节子目划分具体如表 2-2-1 所示。

定额子目划分 表 2-2-1

定额节			子目数	定额节			子目数
一	地基处理(42)	换填加固	5	二	边坡支护(53)	地下连续墙	15
		强夯地基	14			水泥土连续墙	3
		填料桩	9			混凝土预制板桩	4
		水泥搅拌桩	4			钢板桩	4
		旋喷桩	3			土钉、锚杆与喷射联合支护	22
		注浆地基	2			钢支撑	
		树根桩	2				
		松(园)木桩	3				

(一)地基处理

1. 换填加固

1)定额的套用

(1)定额适用于基坑开挖后对软弱土层或不均匀土层地基的加固处理,按不同换填材料分别套用定额子目。定额未包括软弱土层挖除,发生时套用定额“第一章　土石方工程”相应定额。

(2)填筑毛石混凝土子目中毛石投入量按 24% 考虑,设计不同时混凝土及毛石按比例调整。

2）工程量计算

（1）换填加固，按设计图示尺寸或经设计验槽确认工程量，以体积计算。

（2）强夯地基加固按设计的不同夯击能、夯点击数和夯锤搭接量分别计算，点夯按设计图示布置以点数计算；满夯按设计图示范围以面积计算。

2. 强夯地基加固

1）定额的套用

（1）强夯地基加固定额分点夯和满夯；点夯按设计夯击能和夯点击数不同，满夯按设计夯击能和夯锤搭接量不同分别设置定额子目，按设计不同分段计算。

（2）点夯定额已包含夯击完成后夯坑回填平整，如设计要求夯坑填充材料的，则材料费另行计算。

（3）满夯定额按一遍编制，设计遍数不同，每增一遍按相应定额乘以系数 0.75 计算。

（4）定额未考虑场地表层软弱土或地下水位较高时设计需要处理的，按具体处理方案套用相应定额。

2）工程量计算

强夯地基加固按设计的不同夯击能、夯点击数和夯锤搭接量分别计算，点夯按设计图示布置以点数计算；满夯按设计图示范围以面积计算。

（二）基坑与边坡支护

1. 地下连续墙

1）定额的套用

（1）导墙开挖定额已综合了土方挖、填，导墙浇灌定额已包含了模板安拆。

（2）地下连续墙成槽土方运输按成槽工程量计算，套用定额“第一章　土石方工程”中相应定额子目，成槽产生的泥浆按成槽工程量乘以系数 0.2 计算，泥浆池建拆、泥浆运输套用定额“第三章　桩基工程”中泥浆处理定额子目。

（3）钢筋笼、钢筋网片、十字钢板封口、预埋铁件及导墙的钢筋制作、安装，套用定额“第五章　混凝土及钢筋混凝土工程”中相应定额子目。

（4）地下连续墙墙底注浆管埋设及注浆定额执行定额“第三章　桩基工程”中灌注桩相应子目。

（5）地下连续墙墙顶凿除，套用定额“第三章　桩基工程”中的凿灌注桩定额子目。

（6）成槽机、地下连续墙钢筋笼吊装机械不能利用原有场地内路基需单独加固处理的，应另列项目计算。

2）工程量计算

（1）导墙开挖按设计中心线长度乘以开挖宽度及深度以体积计算，现浇导墙混凝土按设计图示以体积计算。

（2）成槽按设计图示墙中心线长乘以墙厚乘以成槽深度（交付地坪至连续墙底深度），以体积计算。入岩增加费按设计图示墙中心线长乘以墙厚乘以入岩深度，以体积计算。

（3）锁口管安、拔按连续墙设计施工图划分的槽段数计算，定额已包括锁口管的摊销费用。

（4）清底置换以“段”为单位（段指槽壁单元槽段）。

(5)浇筑连续墙混凝土,按设计图示墙中心线长度乘以墙厚及墙深另加加灌高度,以体积计算。加灌高度:设计有规定的,按设计规定计算;设计无规定的,按 0.50m 计算。若设计墙顶标高至交付地坪标高差小于 0.50m 时,加灌高度计算至交付地坪标高。

(6)地下连续墙凿墙顶按加灌混凝土体积计算。

2. 钢板桩

1)定额的套用

(1)定额按拉森钢板桩编制,仅考虑打、拔施工费用和施工损耗,定额未包括钢板桩的使用费。

(2)打、拔其他钢板桩(如槽钢或钢轨等)的,定额机械乘以系数 0.75,其余不变。

(3)若单位工程的钢板桩工程量小于 30t 时,其人工及机械乘以系数 1.25。

2)工程量的计算

打、拔钢板桩按入土长度乘以单位理论质量计算。

3. 土钉、锚杆与喷射联合支护

1)定额的套用

(1)土钉支护按钻孔注浆和打入注浆施工工艺综合考虑。注浆材料定额按水泥浆编制,如设计不同时,价格换算,其余不变。

打锚杆

(2)锚杆定额按水平施工编制,当设计为垂直锚杆时(≥75°)钻孔定额人工及定额机械乘以系数 0.85,其余不变。

(3)锚杆、锚索支护注浆材料定额按水泥砂浆编制,如设计不同时,价格换算,其余不变。

(4)定额未包括钢绞线锚索回收,发生时另行计算。

(5)喷射混凝土按喷射厚度及边坡坡度不同分别设置子目。其中钢筋制作、安装套用定额"第五章　混凝土及钢筋混凝土工程"中相应定额子目。

2)工程量计算

(1)土钉支护钻孔、注浆按设计图示入土长度以延长米计算。

(2)土钉的制作、安装按设计长度乘以单位理论质量计算。

(3)锚杆、锚索支护钻孔、注浆分不同孔径按设计图示入土长度以延长米计算。

(4)锚杆制作、安装按设计长度乘以单位理论质量计算。

(5)锚索制作、安装按张拉设计长度乘以单位理论质量计算。

(6)锚墩、承压板制作、安装,按设计图示以"个"计算。

(7)边坡喷射混凝土按不同坡度设计图示尺寸,以面积计算。

三 工程量清单及清单计价

清单子目:本单元工程项目按《房屋建筑与装饰工程工程量计算规范》(GB 50854—2013)附录 B 地基处理与边坡支护工程分 2 节共 28 个子目,分别是 B.1 地基处理,B.2 基坑与边坡支护。

(一)地基处理

地基处理包括:换填垫层、铺设土工合成材料、预压地基、强夯地基、振冲密实(不填料)、振冲桩(填料)、砂石桩、水泥粉煤灰碎石桩、深层搅拌桩、粉喷桩、夯实水泥土桩、高压喷射注浆桩、石灰桩、灰土(土)挤密桩、柱锤冲扩桩、注浆地基、褥垫层 17 个项目。项目编码分别按 010201001 × × × ~010201017 × × ×编列。

1. 强夯地基 010201004 × × ×

1)工程量清单编制

(1)强夯地基适用于采用强夯机械对松软地基进行强力夯击以达到一定密实要求的工程。

(2)地基强夯项目特征描述应对夯击能量、夯击遍数、夯击点布置形式、间距、地耐力要求、夯填材料种类等予以描述。

(3)工程量计算规则:按设计图示处理范围以面积计算。

2)清单计价(报价)

组合内容:铺设夯填材料、强夯、夯填材料运输。

2. 深层搅拌桩 010201009 × × ×

1)工程量清单编制

(1)深层搅拌桩适用于饱和软黏土、淤泥质亚黏土、新吹填软土沼泽地带炭土、沉积粉土等土层的建筑物基础地基加固。

(2)地基强夯项目特征描述应对地层情况、空桩长度、桩长、桩截面尺寸、水泥强度等级、掺量等予以描述。

(3)工程量计算规则:按设计图示以桩长计算。

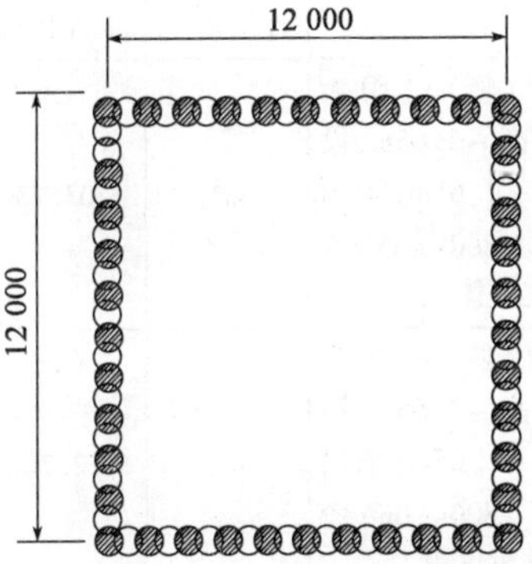

图 2-2-1　三轴水泥搅拌桩平面图(尺寸单位:mm)

2)清单计价(报价)

组合内容:铺设夯填材料、强夯、夯填材料运输。

【例 2-2-1】　某工程基坑围护采用图 2-2-1、图 2-2-2 所示三轴水泥搅拌桩,桩径为 850mm,桩轴(圆心)距为 600mm,设计有效桩长 15m,设计桩顶相对标高 -3.65m,设计桩底标高 -18.65m,交付地坪标高 -2.65m,采用 P · O42.5 普通硅酸盐水泥,土体重度按 1 800kg/m^3 考虑,水泥掺入量 18%。按全截面套打施工方案,试计算该工程基坑围护三轴水泥搅拌桩国标清单工程量并编制国标工程量清单。并按《浙江省房屋建筑与装饰工程预算定额》(2018 版),计算该工程三轴水泥搅拌桩定额工程量并编制定额工程量清单。

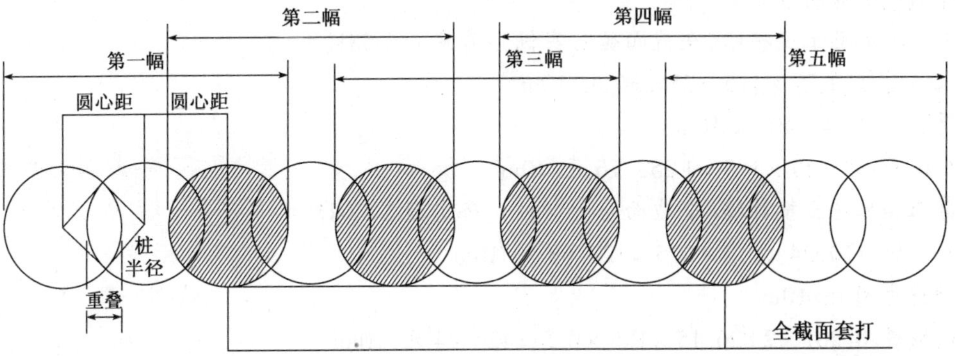

图 2-2-2　三轴水泥搅拌桩截面

解

(1)国标清单工程量计算

$$L = 15 \times 80 = 1\ 200\text{m}$$

根据清单规范的项目划分,编列清单见表2-2-2。

分部分项工程量清单(国标清单)　　表2-2-2

序号	项目编码	项目名称	项目特征	计量单位	工程数量
1	010201009001	深层水泥搅拌桩	三轴水泥搅拌桩,桩径 ϕ850,桩轴(圆心)距为600mm;设计桩长15m,设计桩顶相对标高-3.65m,设计桩底标高-18.65m,交付地坪标高-2.65m;采用P·O42.5普通硅酸盐水泥,土体重度按1 800kg/m³考虑,水泥掺入量18%;全截面套打施工	m	1 200

(2)定额清单工程量计算

桩径截面积:$S = (0.85/2)^2 \times 3.142 \times 80 = 45.402\text{m}^2$

三轴水泥搅拌桩实桩工程量:$V = 45.402 \times (15 + 0.5) = 703.73\text{m}^2$

三轴水泥搅拌桩空搅工程量:$V = 45.402 \times (3.65 - 2.65 - 0.5) = 22.70\text{m}^3$

根据定额的项目划分,编列定额清单见表2-2-3。

定额清单　　表2-2-3

项目编码	项目名称	项目特征	计量单位	工程数量
2-58	三轴水泥土搅拌墙	三轴水泥搅拌桩,桩径 ϕ850,桩轴(圆心)距为600mm;设计桩长15m,设计桩顶相对标高-3.65m,设计桩底标高-18.65m,交付地坪标高-2.65m;采用P·O42.5普通硅酸盐水泥,土体重度按1 800kg/m³考虑,水泥掺入量18%;全截面套打施工;实桩体积	m³	703.73
2-58	三轴水泥土搅拌墙	三轴水泥搅拌桩,桩径 ϕ850,桩轴(圆心)距为600mm;设计桩长15m,设计桩顶相对标高-3.65m,设计桩底标高-18.65m,交付地坪标高-2.65m;采用P·O42.5普通硅酸盐水泥,土体重度按1 800kg/m³考虑,水泥掺入量18%;全截面套打施工;空搅体积	m³	22.70

(3)根据组合内容套用《浙江省房屋建筑与装饰工程预算定额》(2018版)确定相应分部分项人、材、机费用。

①三轴水泥土搅拌墙(全截面套打实桩):套定额2-58H。

人工费:$170.24 \times 1.5 = 255.36$ 元/10m³

材料费:1 149.40 元/10m³

机械费:$835.17 \times 1.5 = 1\ 252.76$ 元/10m³

②三轴水泥土搅拌墙(全截面套打空桩):套定额2-58H。

人工费:$170.24 \times 1.5 \times 0.5 = 127.68$ 元/10m³

材料费:0 元/10m³

机械费:$0.201 \times 2\ 826.15 \times 1.5 \times 0.5 = 426.04$ 元/10m³

填写工程量清单综合单价,见表2-2-4。

综合单价计算表(国标清单)　　表 2-2-4

单位(专业)工程名称:×××××

序号	编　　号	项目名称	计量单位	数量	人工费	材料费	机械费	管理费	利润	小计	合计(元)
1	010201009001	深层水泥搅拌桩	m	1 200	15.22	67.41	74.27	14.83	7.25	178.98	214 776
2	2-58	三轴水泥土搅拌墙(实桩)	$10m^3$	70.37	255.36	1 149.40	1 252.76	249.89	122.16	3 029.55	213 199
3	2-58	三轴水泥土搅拌墙(空桩)	$10m^3$	2.27	127.68	0	426.04	91.75	44.85	690.32	1 567

(二)基坑与边坡支护

基坑与边坡支护包括:地下连续墙、咬合灌注桩、圆木桩、预制钢筋混凝土板桩、型钢桩、钢板桩、锚杆(锚索)、土钉、喷射混凝土、水泥砂浆、钢筋混凝土支撑、钢支撑共 11 个项目。项目编码按 010202001×××~010202011×××编列。

(1)地下连续墙:地下连续墙适用于各种导墙施工的复合型地下连续墙工程。

(2)喷射混凝土、水泥砂浆:喷射混凝土(水泥砂浆)是借助喷射机械,利用压缩空气或其他动力,将按一定比例配合的拌合料,通过管道输送并以高速喷射到受喷面上凝结硬化而成的一种混凝土(砂浆)护坡(壁)层,适用于基坑边坡、隧道支护,也适用于地下工程、薄壁结构工程、维修加固工程、岩土工程、耐火防水工程等领域。

学生工作页

一、单项选择题

1. 水泥搅拌桩的水泥掺入量定额按加固土重(1 800kg/m^3)的(　　)考虑,如设计不同时,水泥掺量按比例调整,其余不变。

A. 10%　　B. 13%　　C. 15%　　D. 18%

2. 圆木桩定额工程量是按(　　)计算。

A. m　　B. m^3　　C. 个　　D. 重量

3. 单位工程的水泥搅拌桩、旋喷桩工程量小于(　　)m^3,相应项目的人工、机械乘以系数(　　)。

A. 200,1.2　　B. 150,1.18　　C. 120,1.30　　D. 100,1.25

4. 填筑毛石混凝土子目中毛石投入量按(　　)考虑,设计不同时按混凝土及毛石比例调整。

A. 15%　　B. 18%　　C. 20%　　D. 24%

5. 三轴水泥土搅拌墙,设计要求全截面套打,基价应为(　　)$10m^3$。

A. 2 355.21　　B. 2 546.21　　C. 2 657.52　　D. 2 754.23

二、多项选择题

1. 以下关于水泥搅拌桩的说法正确的是(　　)。
   A. 按桩长乘桩单个圆形截面积以体积计算,扣除重叠部分体积
   B. 桩长按设计桩长另加0.5m
   C. 加灌长度设计有规定的按设计,无规定按0.5m计算
   D. 桩顶凿除不考虑加灌体积
   E. 空搅部分长度按设计桩顶标高到交付施工地坪标高
2. 下列说法错误的是(　　)。
   A. 混凝土预制板桩按设计桩长(不包括桩尖)乘桩截面积以体积计算
   B. 边坡喷射混凝土按不同坡度,以体积计算
   C. 插、拔型钢工程量按设计图示型钢规格以质量计算
   D. 钢板桩定额已包括钢板桩的使用费
   E. 沉管桩中的混凝土桩尖,定额已包括埋设费用,但未包括桩尖本身费用

三、定额换算题

根据表2-2-5所列信息,完成定额换算。

表2-2-5

序号	定额编号	工程名称	定额计量单位	基价	基价计算式
1		双轴水泥搅拌桩,单位工程量小于100m^3			
2		三轴水泥土搅拌墙,全截面套打			
3		打拔其他钢板桩如槽钢,桩长8m			
4		水泥土连续墙型钢只插不拔			
5		ϕ500单轴喷水泥浆搅拌桩水泥掺量50kg,工程加固土重1800kg/m^3			
6		强夯地基满夯,夯击能2000,二分之一搭接,2遍			
7		沉管砂桩,锤击沉管,空打			

单元三
桩基工程

教学课件

【能力目标】

1. 能够计算混凝土预制桩与钢管桩、灌注桩等的定额工程量。

2. 能够准确套用定额并计算混凝土预制桩与钢管桩、灌注桩等的直接工程费。

3. 能够编制预制钢筋混凝土方桩、预制钢筋混凝土管桩、泥浆护壁成孔灌注桩等的分部分项工程量清单。

4. 能够计算预制钢筋混凝土方桩、预制钢筋混凝土管桩、泥浆护壁成孔灌注桩等分部分项工程的综合单价。

5. 能够灵活运用房屋建筑与装饰工程预算定额,进行桩基工程的定额换算。

【知识目标】

1. 了解各种类型的混凝土预制桩与钢管桩的受力机理和施工工艺。

2. 熟悉桩基工程的定额套用说明。

3. 掌握混凝土预制桩与钢管桩、灌注桩等的定额工程量的计算规则。

4. 掌握桩与地基基础工程3个清单项目:预制钢筋混凝土方桩、预制钢筋混凝土管桩、泥浆护壁成孔灌注桩的清单工程量的计算方法。

5. 熟悉桩与地基基础工程3个清单项目:预制钢筋混凝土方桩、预制钢筋混凝土管桩、泥浆护壁成孔灌注桩的分部分项工程量清单编制方法。

6. 掌握桩与地基基础工程3个清单项目:预制钢筋混凝土方桩、预制钢筋混凝土管桩、泥浆护壁成孔灌注桩综合单价的确定方法。

一 基础知识

桩是置于岩土中的柱型构件,一般房屋基础中,桩基的主要作用是将承受的上部竖向荷载,通过软弱地层传至深部较坚硬的、压缩性小的土层或岩层。

(1)按桩基传递荷载的形式可分为端承桩和摩擦桩。端承桩,在极限承载力状态下,桩顶荷载由桩端阻力承受;摩擦桩,在极限承载力状态下,桩顶荷载由桩侧阻力承受。

(2)按施工工艺分为预制混凝土桩和灌注混凝土桩。

(一)预制混凝土桩

按断面形式分为预制方桩和预应力管桩。

预制方桩为钢筋混凝土桩,由现场(或工厂)制作,根据设计桩长可以是单节桩或分段(2~3节)接桩而成,桩端部做成锥形,称桩尖。

预应力管桩一般为专业化工厂制作生产,按照设计桩长需要进行配桩,端部一节与钢板制成的桩尖连接(图2-3-1)。

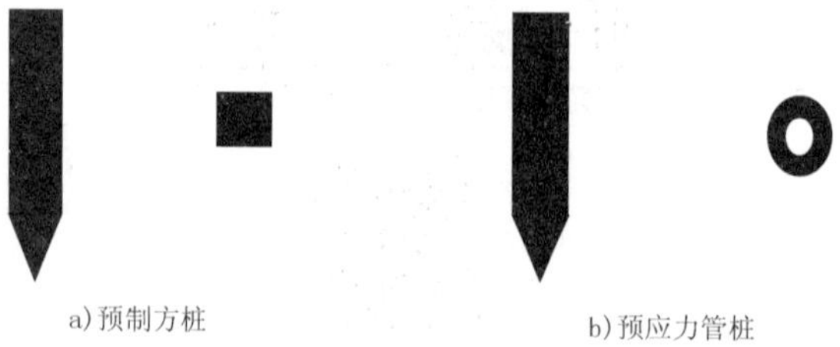

图2-3-1　预制方桩与预应力管柱

预制桩的施工包括制桩(或购成品桩)、运桩、沉桩三个过程;当单节桩长不能满足设计要求时,应接桩;当桩顶标高要求在自然地坪以下时,应送桩。

预制桩(压桩)施工,一般情况下都采用分段压入、逐节接长的方法,先将第一节桩压入土中,当其上端与压桩机操作平台齐平时,进行接桩。接桩的方法有焊接结合、管式结合、硫黄砂浆钢筋结合、管桩螺栓结合。

(二)灌注混凝土桩

按照成孔方法划分为:沉管灌注桩、钻(冲)孔灌注桩、人工挖孔桩。

1. 沉管灌注桩

根据设计要求,沉管灌注桩可采用"复打""夯扩"等方法,以增加单桩的承载能力。

"复打"是指在第一次混凝土灌注达到要求标高拔出桩管后,立即在原桩位作第二次沉管,使未凝固的混凝土向桩管四周挤压,然后再次灌注混凝土以扩大桩径。

"夯扩"是指采用双管施工,通过内管夯击桩端混凝土形成扩大头,以提高单桩承载力。

2. 钻(冲)孔灌注桩

利用钻孔(冲孔)机械在地基土层中成孔后,安放钢筋笼,灌注混凝土形成桩基,成孔一般采用泥浆护壁。

3. 人工挖孔桩

采用人工挖成桩孔,安放钢筋笼,灌注混凝土形成混凝土桩基。

小贴士

(1)打桩(方桩、管桩):采用打桩机械将预制桩沉入土层的过程。

(2)送桩:打桩过程中如果要求将桩顶面打到低于桩架操作平台以下,或打入自然地坪以下时,由于桩锤不能直接触击到桩头,就需要另用一根冲桩(送桩),放在桩头上,将桩锤的冲击力传给桩头,使桩打到设计位置,然后将送桩去掉,这个施工过程称为送桩。

(3)接桩：有些桩基设计很深，而预制桩因吊装、运输、就位等原因，不能将桩预制很长，而需要接头。多采用电焊接桩。

凿桩

(4)截桩：用于高出设计桩顶标高多余部分整桩截除。

(5)凿桩：用于高出设计桩顶标高部分混凝土(需保留钢筋)的凿除。

(6)小型工程：工程量小于一定标准的桩基工程。

(7)锤击法：采用打桩机械将预制的桩打入地下土层的方法。打桩机一般由桩锤和桩架组成。桩锤沿着桩架上下冲击桩顶，使桩沉入土中。打桩机一般分为蒸汽打桩机和柴油打桩机等种类。

(8)锤击沉桩：利用振动沉桩机(利用激振器代替桩锤)，把预制桩打入地下土层。

(9)静压力沉桩：又称为液压静力压桩机压桩，是采用液压静力压桩机将预制钢筋混凝土桩分节压入地基土层中成桩的施工方法。预制桩分段施工，每节长度常用 7m、8m 和 9m，用硫黄胶泥接桩，压入深度最大可达 35m。

(10)人工挖孔桩：采用人工挖孔，灌注混凝土成桩，有时候将桩底断面扩大，称为挖孔扩底灌注桩。

(11)钻孔(沉管)灌注桩：是用锤击沉管成孔，然后再灌注混凝土。将带有活瓣桩尖或钢筋混凝土桩靴的钢管锤击沉入土中，然后边浇筑混凝土边拔管成桩。分为单打法、复打法和翻插法。

(12)单打法：指套管只插入土层一次成桩的方法。

(13)扩大法：复打法和翻插法都称为扩大法，是在套管成孔灌注桩拔管施工过程中，通过复打或翻插，扩大桩径，并使灌注的混凝土更为密实，提高单桩的承载能力。

(14)复打法：一般是在同一桩孔内进行两次单打。即：当桩孔中灌满混凝土将桩管全部拔出后，再重新沉管复打一次(前后两次沉管的中心线必须重合)，第二次灌注混凝土，将第一次灌注的混凝土挤密实，并向桩孔周围的土层中扩散，使桩径随之扩大。

(15)翻插法：其施工方法与复打法的不同点在于，不是在单打将桩管全部拔出后再进行复打，而是单打拔管过程中，每提升 0.5~1.0m，再把桩管下沉 0.3~0.5m，在拔管过程中分段添加混凝土。如此反复进行直至灌注混凝土至地面。

二 定额的套用和工程量的计算

定额子目：2 节，分别为混凝土预制桩与钢管桩、灌注桩，共 128 个子目(表 2-3-1)。

(一)定额说明

(1)定额适用于陆地上桩基工程，所列桩基施工机械的规格、型号按常规施工工艺和方法所用机械综合取定。

(2)定额中涉及的各类土(岩石)层鉴别标准如下：

①砂、黏土层：粒径大于 2mm 的颗粒质量不超过总质量的 50% 的土层，包括黏土、粉质黏土、粉土、粉砂、细砂、中砂、粗砂、砾砂。

②碎、卵石层：粒径大于 2mm 的颗粒质量超过总质量 50% 的土层，包括角砾、圆砾、碎石、卵石、块石、漂石，此外亦包括软石及强风化岩。

定额子目划分 表 2-3-1

<table>
<tr><th colspan="3">定 额 节</th><th>子目数</th><th colspan="3">定 额 节</th><th>子目数</th></tr>
<tr><td rowspan="12">一</td><td rowspan="12">混凝土
预制桩
与钢管桩
(39)</td><td rowspan="4">非预应力混凝土预制桩</td><td rowspan="4">11</td><td rowspan="12">二</td><td rowspan="12">灌注桩
(89)</td><td>转盘式钻机成孔</td><td>10</td></tr>
<tr><td>旋挖钻机成孔</td><td>10</td></tr>
<tr><td>钢护筒埋设及拆除、桩底扩孔</td><td>10</td></tr>
<tr><td>冲孔桩机成孔</td><td>15</td></tr>
<tr><td rowspan="4">预应力混凝土预制桩</td><td rowspan="4">8</td><td>长螺旋钻机成孔</td><td>2</td></tr>
<tr><td>沉管桩机成孔</td><td>5</td></tr>
<tr><td>空气潜孔锤成孔</td><td>9</td></tr>
<tr><td>灌注混凝土</td><td>6</td></tr>
<tr><td rowspan="4">钢管桩</td><td rowspan="4">20</td><td>人工挖孔灌注桩</td><td>10</td></tr>
<tr><td>预埋管及后压浆</td><td>4</td></tr>
<tr><td>泥浆处置</td><td>4</td></tr>
<tr><td>截(凿)桩</td><td>4</td></tr>
</table>

③岩石层:除软石及强风化岩以外的各类坚石,包括次坚石、普坚石和特坚石。

④定额中未涉及土(岩石)层的子目,已综合考虑了各类土(岩石)层因素。

(3)人工探桩位等因素已综合考虑了各类桩基定额,不另行计算。

(4)桩基施工前场地平整、压实地表、地下障碍物处理等,定额均未考虑,发生时可另行计算。

(二)混凝土预制桩与钢管柱

1. 混凝土预制桩

1)定额的套用

(1)非预应力混凝土预制桩

①定额按成品桩以购入构件考虑,已包含了场内必需的就位供桩,发生时不再另行计算。若预制桩采用现场预制时,场内运输运距在 500m 以内时,套用场内运桩子目;运距超过 500m 时,桩运输费另行计算。桩的预制执行定额“第五章　混凝土及钢筋混凝土工程”相应定额子目。

②发生单桩单节长度超过 18m 时,按锤击、静压相应定额(不含预制桩主材)乘以系数 1.20计算。

③定额已综合了接桩所需的打桩机械台班,但未包括接桩本身费用,发生时套用相应定额子目。

(2)预应力混凝土预制桩

①定额按成品桩以购入构件考虑,已包含了场内必需的就位供桩,发生时不再另行计算。

②定额已综合了电焊接桩。如采用机械接桩,相应定额扣除电焊条和交流弧焊机台班用量;机械连接件材料费已包含在相应预制桩信息价中,不得另计。

③桩灌芯,桩芯取土按钢管桩相应定额执行,如设计要求桩芯取土长度小于 2.5m 时,相应定额乘以系数 0.75;设计要求设置的钢骨架,钢托板分别按定额“第五章　混凝土及钢筋混

凝土工程”中的桩钢筋笼和预埋铁件相应定额计算。

④设计要求设置桩尖时，按成品桩尖以购入构件材料费另计。

2）工程量计算（混凝土预制桩）

（1）锤击（静压）非预应力混凝土预制桩按设计桩长（包括桩尖），以长度计算。

（2）锤击（静压）预应力混凝土预制桩按设计桩长（不包括桩尖），以长度计算。

（3）送桩深度按设计桩顶标高至打桩前的交付地坪标高另加0.50m，分不同深度以长度计算。

（4）非预应力混凝土预制桩的接桩按设计图示以角钢或钢板的质量计算。

（5）预应力混凝土预制桩顶灌芯按设计长度乘以填芯截面积，以体积计算。

（6）因地质原因沉桩后的桩顶标高高出设计标高，在长度小于1m时，不扣减相应桩的沉桩工程量；在长度超过1m时，其超过部分按实扣减沉桩工程量，但桩体的价格不扣除。

（7）单位（群体）工程的桩基工程量少于表2-3-2对应数量时，相应人工、机械乘以系数1.25。

桩基工程量表 表2-3-2

项 目	单位工程的工程量	项 目	单位工程的工程量
混凝土预制桩	1 000m	机械成孔灌注桩	$150m^3$
钢管桩	50t	人工挖孔灌注桩	$50m^3$

【例2-3-1】 计算图2-3-2所示某单位工程柴油打桩机锤击非预应力预制钢筋混凝土方桩120根的工程量，并查出定额编号，写出定额计量单位、基价，求出直接工程费。

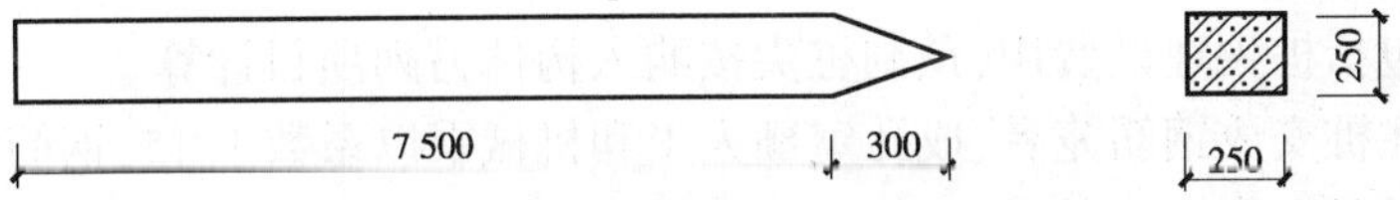

图2-3-2 预制方桩工程量计算（尺寸单位：mm）

解

打桩工程量：$V=(7.5+0.3)\times120=936$m

套定额3-1H，基价 $=1\,679.05+(537.03+1\,066.96)\times0.25=2\,080.05$ 元/100m

直接工程费 $=936\times20.8=19\,468.8$ 元

2. 钢管桩

1）定额套用

（1）定额按锤击施工方法编制，已综合考虑了穿越砂、黏土层，碎、卵石层的因素。

（2）定额已包含了场内必需的就位供桩，发生时不再另行计算。

（3）钢管内取土、填芯按设计材质不同分别套用定额。

2）工程量计算

（1）锤击钢管桩按设计桩长（包括桩尖），以长度计算。送桩深度按设计桩顶标高至打桩前的交付地坪标高另加0.50m，分不同深度以长度计算。

（2）钢管桩接桩、内切割、精割盖帽按设计要求的数量计算。

（3）钢管桩管内钻孔取土、填芯，按设计桩长（包括桩尖）乘以填芯截面积，以体积计算。

混凝土预制桩与钢管桩发生送桩时，按沉桩相应定额的人工及打桩机械乘以表2-3-3中的系数,其余不计。

送桩深度系数表

表 2-3-3

送桩深度(m)	系　　数	送桩深度(m)	系　　数
≤2	1.20	≤6	1.56
≤4	1.37	>6	1.78

【例 2-3-2】 计算图 2-3-3 所示柴油打桩机锤击钢管桩 200 根的工程量,并查出定额编号,写出定额计量单位、基价,求出直接工程费。

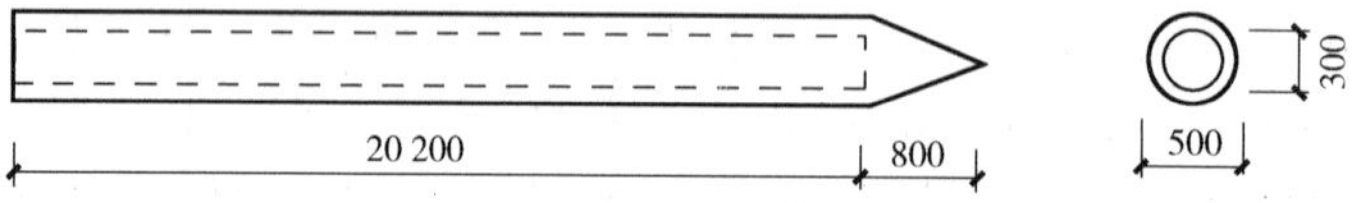

图 2-3-3　预制管桩工程量计算(尺寸单位:mm)

解

打桩工程量:$L=(20.2+0.8)\times 200\text{m}=4\,200\text{m}$

查定额 3-21,基价 = 5 486.57 元/100m

直接工程费 $=4\,200\times 54.865\,7=230\,435.94$ 元

(三)灌注桩

1.沉管灌注桩

1)定额套用

(1)定额已包括桩尖埋设费用,预制桩尖按购入构件另列项目计算。

(2)沉管灌注桩安放钢筋笼者,成孔定额人工和机械乘以系数 1.15,钢筋笼制作安放套用定额"第五章　混凝土及钢筋混凝土工程"相应定额。

(3)振动式沉管灌注混凝土桩,若安放钢筋笼,人工和机械乘以系数 1.15,钢筋笼按定额 5-54、定额 5-55 另列定额子目。

【例 2-3-3】 振动式沉管混凝土灌注桩成孔,设计桩长 15m,安放钢筋笼,求该项目基价。

解

套定额 3-88H,换算后基价 $=1\,202.44+(577.53+517.42)\times 0.15=1\,366.68$ 元/10m^3

2)工程量计算

(1)单桩成孔按打桩前的交付地坪标高至设计桩底的长度(不包括预制桩尖)乘以钢管外径截面积(不包括桩箍)以体积计算。

(2)夯扩(静压扩头)桩工程量 = 单桩成孔工程量 + 夯扩 <扩头> 部分高度 × 桩管外径截面积,式中夯扩(扩头)部分高度按设计规定计算。

(3)扩大桩的体积按单桩体积乘以复打次数计算,其复打部分乘以系数 0.85。

2.钻(冲)孔混凝土灌注桩

1)定额套用

(1)定额列有成孔与灌注两部分,成孔包括钻孔与冲孔两种形式。其中钻孔定额综合了砂黏土、碎卵石层因素,单列入岩增加费定额;冲孔定额则列有砂黏土层、碎卵石层、岩石层。

(2)桩孔设计需回填时,填土按土石方工程松填土方定额套用,填碎石按砌筑工程碎石垫层定额乘以系数0.7套用。

(3)钻孔混凝土灌注桩灌注定额采用水下混凝土，如采用非水下混凝土时，混凝土单价换算，其余不变。

2)工程量计算

(1)成孔工程量

①钻孔桩。钻孔桩成孔工程量按成孔长度乘以设计桩径截面积以 m^3 计算。成孔长度为打桩前自然地坪至设计桩底的长度。岩石层增加费工程量按实际入岩数量以 m^3 计算。

$$V=\text{桩径截面积}\times\text{成孔长度}$$

$$V_{\text{入岩增加}}=\text{桩径截面积}\times\text{入岩长度}$$

式中：成孔长度——打桩前自然地坪至设计桩底标高；

入岩长度——实际进入岩石层的长度。

②冲孔桩。卷扬机带冲抓(击)锤冲孔工程量分别按进入各类土层、岩石层的成孔长度乘以设计桩径截面积以 m^3 计算。

$$V_{\text{砂黏土层}}=\text{桩径截面积}\times\text{砂黏土层长度}$$

$$V_{\text{碎卵石层}}=\text{桩径截面积}\times\text{碎卵石层长度}$$

$$V_{\text{岩石层}}=\text{桩径截面积}\times\text{岩石层长度}$$

其中，砂黏土层长度＋碎卵石层＋岩石层长度＝成孔长度

(2)灌注混凝土工程量

灌注混凝土工程量按桩长乘以设计桩径截面积计算，桩长＝设计桩长＋设计加灌长度(图2-3-4)，设计未规定加灌长度时，加灌长度(不论有无地下室)按不同设计桩长确定：25m以内按0.50m，35m以内按0.80m，45m以内按1.10m，55m以内按1.4m，65m以内按1.70m，65m以上按2.00m计算。灌注桩设计要求扩底时，其扩底扩大工程量按设计尺寸，以体积计算，并入相应的工程量内。

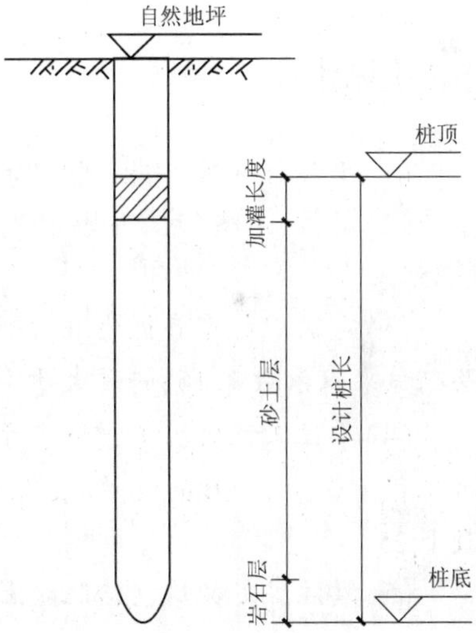

图 2-3-4

$$V=\text{桩径截面积}\times\text{有效桩长}$$

$$\text{有效桩长}=\text{设计桩长}+\text{加灌长度}$$

式中：设计桩长——桩顶标高至桩底标高长度；

加灌长度——按设计要求，如无设计规定，桩长25m以内按0.5m；桩长35m以内按0.8m，桩长35m以上按1.2m。

(3)桩孔回填工程量

桩孔回填工程量按加灌长度顶面至打桩前自然地坪的长度乘以桩孔截面积计算。

$$V=\text{桩径截面积}\times\text{回填深度}$$

式中：回填深度——自然地坪至加灌长度顶面。

(4)泥浆池建拆与泥浆运输工程量

泥浆池建造和拆除、泥浆运输工程量按成孔工程量以 m^3 计算。

3. 人工挖孔桩

1)定额套用

(1)人工挖孔按设计注明的桩芯直径及孔深套用定额。桩孔土方需外运时,按土方工程相应定额计算;挖孔时若遇淤泥、流砂、岩石层,可按实际挖、凿的工程量套用相应定额计算挖孔增加费。

(2)人工挖孔子目中,已综合考虑了孔内照明、通风。孔内垂直运输方式按人工考虑。

(3)护壁不分现浇或预制,均套用安设混凝土护壁定额。

2)工程量计算

(1)人工挖孔按护壁外围截面积乘以孔深以体积计算;孔深按打桩前的交付地坪标高至设计桩底标高的长度计算。

(2)挖淤泥、流砂、入岩增加费按实际挖、凿数量以体积计算。

(3)护壁按设计图示截面积乘以护壁长度以体积计算,护壁长度按打桩前的交付地坪标高至设计桩底标高(不含入岩长度)另加0.20m计算。

(4)灌注桩芯混凝土按设计图示截面积乘以设计桩长另加加灌长度,以体积计算;加灌长度设计无规定时,按0.25m计算。

小贴士

(1)单独打试桩、锚桩,相应定额的打桩人工及机械乘以系数1.5。

(2)补桩、地槽(坑)中打桩与强夯地基上打桩,相应定额的打桩人工及机械乘以系数1.25。

(3)定额以打垂直桩为准。如打斜桩,斜度小于或等于1:6者,其相应定额的打桩人工及机械乘以系数1.15;斜度大于1:6者,其相应定额的打桩人工及机械乘以系数1.43。

(4)单位工程打桩工程量少于定额规定量,即预制方桩的工程量少于200m^3,预应力管桩工程量少于1 000m,沉管(钻孔)灌注桩工程量少于150m^{3}时,相应定额人工及机械乘以系数1.25。

(5)灌注桩定额均包括混凝土灌注充盈量。

【例2-3-4】 某工程有直径1 200mm钻孔混凝土灌注桩(旋挖桩基成孔,C30商品混凝土水下混凝土)36根。已知:自然地坪 -0.3m,桩顶标高 -4.6m,桩底标高 -29.00m,进入岩石层平均标高 -26.5m,试计算:

(1)成孔直接工程费。

(2)成桩直接工程费。

(3)孔径回填土直接工程费。

(4)泥浆池建拆与泥浆运输直接工程费(运距12km)。

解

(1)成孔

套定额3-52,基价 = 2 228.75 元/m^3

$V = 1/4 \times 1.2^2 \times \pi \times 28.7 \times 36 = 1\ 167.929\text{m}^3$

直接工程费 $=1\,167.929\times222.875=260\,302.18$ 元

套定额 3-57，基价 $=8\,374.72$ 元 $10/m^3$

$V_{入岩}=V=1/4\times1.2^2\times\pi\times2.5\times36=101.736m^3$

直接工程费 $=101.736\times837.47=85\,200.85$ 元

(2)成桩

套定额 3-102，基价 $=5\,533.21$ 元$/10m^3$

$V=1/4\times1.2^2\times\pi\times(24.4+0.5)\times36=1\,013.291m^3$

直接工程费 $=1\,013.291\times553.32=560\,674.18$ 元

(3)孔径回填

套定额 1-79，基价 $=533.75$ 元$/100m^3$

$V=1/4\times1.2^2\times\pi\times(4.3-0.5)\times36=154.639m^3$

直接工程费 $=154.639\times5.337\,5=825.39$ 元

(4)泥浆

泥浆池建拆：套定额 3-121，基价 $=54.86$ 元$/m^3$

$V=1\,167.929m^3$

直接工程费 $=1\,167.929\times5.486=6\,407.26$ 元

泥浆运输：套定额 3-123 +3-124 ×7，基价 $=(898.64+48.36\times7)$ 元$/10m^3$

$V=1\,167.929m^3$

直接工程费 $=1\,167.929\times(898.64+48.36\times7)/10=144\,491.5$ 元

三 工程量清单及清单计价

清单子目：本单元工程项目按《房屋建筑与装饰工程工程量计算规范》(GB 50854—2013)附录 C 桩基工程列项。附录 C 桩基工程分 2 节共 11 个子目，分别是 C.1 打桩，C.2 灌注桩。

打桩包括：预制钢筋混凝土方桩、预制钢筋混凝土管桩、钢管桩、截(凿)桩头 4 个项目。项目编码分别按 010301001 × × × ~010301004 × × ×编列。

灌注桩包括：泥浆护壁成孔灌注桩、沉管灌注桩、干作业成孔灌注桩、挖孔桩土(石)方、人工挖孔灌注桩、钻孔压浆桩、灌注桩后压浆 7 个项目。项目编码分别按 010302001 × × × ~010302007 × × ×编列。

(一)预制钢筋混凝土管桩 010301002 × × ×

1. 工程量清单编制

(1)预制钢筋混凝土管桩项目以成品桩编列，应包括成品桩购置费，如果用现场预制，应包括现场预制桩的所有费用。桩顶与承台的连接构造按规范附录 E 相关项目列项。

(2)预制钢筋混凝土管桩项目特征描述应对地层情况，送桩深度、桩长，桩外径、壁厚，桩倾斜度，沉桩方法，桩尖类型，混凝土强度等级，填充材料种类等予以描述。项目特征中的桩截面、混凝土强度等级、桩类型等可直接用标准图代号或设计桩型进行描述。打试验桩和打斜桩应按相应项目单独列项，并应在项目特征中注明试验桩或斜桩(斜率)。

(3)工程量计算规则：以 m 计量，按设计图示尺寸以桩长(包括桩尖)计算；以 m^3 计量，按设计图示截面积乘以桩长(包括桩尖)以实体积计算；以根计量，按设计图示数量计算。

2. 清单计价(报价)

组合内容:工作平台搭拆,桩机竖拆、移位,沉桩,接桩,送桩,桩尖制作安装,填充材料、刷防护材料。

【例2-3-5】 某工程锤击110根C60预应力钢筋混凝土管桩,桩外径ϕ600,壁厚100mm,每根桩总长25m,每根桩顶连接构造(假设)钢托板3.5kg、圆钢骨架38kg,桩顶灌注C30非泵送商品混凝土1.5m高,设计桩顶标高-3.5m,现场自然地坪标高-0.45m,现场条件允许可以不发生场内运桩。按规范编制该管桩清单,并按照所编清单进行清单报价。

解

1)分部分项工程量清单编制

(1)清单工程量计算

C60预应力钢筋混凝土管桩:$L=110\times25=2\,750$m

(2)编列清单

分部分项工程量清单见表2-3-4。

分部分项工程量清单 表2-3-4

工程名称:某工程

序号	项目编码	项目名称	项目特征	计量单位	工程数量
			C.1 打桩		
1	010301002001	预制钢筋混凝土管桩	C60钢筋混凝土预应力管桩,每根总长25m,共110根,外径ϕ600mm,壁厚100mm;桩顶标高-3.5m,自然地坪标高-0.45m,桩顶端灌注C30混凝土,1.5m高,每根桩顶圆钢骨架38kg、构造钢托板3.5kg	m	2 750

2)清单报价

根据提供的清单,计算预应力混凝土管桩的综合单价。投标方设定的施工方案(采用柴油打桩机)及市场询价,人工单价按155元计算,部分材料按市场信息计算:管桩210元/m,圆钢4 200/t,其余材料价格假设与定额取定价格相同,5t柴油打桩机台班单价按2 000元计算,其余机械假设与定额取定价相同;施工取费按企业管理费12%,利润8%,风险费用按人工费、机械费之和的5%计算。计价工程量计算见表2-3-5。

计价工程量计算 表2-3-5

序号	项目名称	工程量计算式	单位	数量
1	锤击管桩	110×25	m	2 750
2	送桩	$110\times(3.5-0.45+0.5)$	m	390.5
3	桩顶灌芯	$110\times(0.6-0.2)^2\times\pi/4\times1.5$	m^3	20.73
4	钢骨架	$110\times38/1\,000$	t	4.18
5	钢托板	$110\times3.5/1\,000$	t	0.385

根据组合内容套用浙江省定额确定工料机费。

(1)锤击管桩套定额3-21H

人工费$=0.097\,7\times155=15.14$元/m

材料费 = 1.682 9 + 210 × 1.01 = 213.78 元/m

机械费 = 39.993 3 + (2 000 − 1 899.34) × 0.014 86 = 41.49 元/m

(2) 送桩套定额 3-21H

人工费 = 15.14 × 1.37 = 20.75 元/m

材料费 = 213.78 元/m

机械费 = 41.49 × 1.37 = 56.84 元/m

(3) 桩顶灌混凝土套定额 3-37H

人工费 = 0.483 3 × 155 = 74.91 元/m^3

材料费 = 443.794 元/m^3

机械费 = 0.204 元/m^3

(4) 圆钢骨架套定额 5-54H

人工费 = 3.064 × 155 = 474.92 元/t

材料费 = 4 144.58 + (4 200 − 3 981) × 1.02 = 4 367.96 元/t

机械费 = 185.66 元/t

(5) 钢托板套定额 5-95H

人工费 = 18.901 × 155 = 2 929.66 元/t

材料费 = 4 334.07 元/t

机械费 = 1 742.26 元/t

工程量清单综合单价计算见表 2-3-6。

工程量清单综合单价计算表　　表 2-3-6

单位及专业工程名称:某工程——建筑工程　　第 1 页　共 1 页

序号	编号	名称	计量单位	数量	综合单价(元)							合计(元)
					人工费	材料费	机械费	管理费	利润	风险费用	小计	
1	010301002001	预制钢筋混凝土管桩	m	2 750	19.78	224.37	50.09	8.38	5.59	3.49	311.7	857 175
	3-21H	锤击管桩	m	2 750	15.14	213.78	41.49	6.80	4.53	2.83	284.57	782 567.5
	3-21H	送桩	m	390.5	20.75	0	56.84	9.31	6.21	3.88	96.99	37 874.59
	3-37H	桩顶灌芯	m^3	20.73	74.91	443.79	0.20	9.01	6.01	3.76	537.68	11 146.11
	5-54H	钢骨架	t	4.18	474.92	4 367.96	185.66	79.27	52.85	33.03	5 193.69	21 709.62
	5-95H	钢托架	t	0.385	2 929.66	4 334.07	1 742.26	560.63	373.75	233.60	10 173.97	3 916.98

(二) 泥浆护壁成孔灌注桩 010302001 × × ×

1. 工程量清单编制

(1) 泥浆护壁成孔灌注桩是指在泥浆护壁条件下成孔,采用水下灌注混凝土的桩。其成孔方法包括冲击钻成孔、冲抓锤成孔、回旋钻成孔、潜水钻成孔、泥浆护壁的旋挖成孔等。灌注桩钢筋笼制作、安装,按规范附录 E 中相关项目编码列项。

(2) 泥浆护壁成孔灌注桩项目特征描述应对地层情况,空桩长度、桩长,桩径,成孔方法,护壁类型、长度,混凝土种类、强度等级等予以描述。项目特征中的桩长应包括桩尖,空桩长度 = 孔深－桩长,孔深为自然地面至设计桩底的深度。项目特征中的桩截面、混凝土强度等级、桩类型等可直接用标准图代号或设计桩型进行描述。混凝土种类有清水混凝土、彩色混凝土、水下混凝土等,如在同一地区既使用预拌(商品)混凝土,又允许现场搅拌混凝土时,也应注明。

(3)工程量计算规则:以 m 计量,按设计图示尺寸以桩长(包括桩尖)计算;以 m^3 计量,按不同截面在桩上范围内以体积计算;以根计量,按设计图示数量计算。

2. 清单计价(报价)

组合内容:护筒埋设,成孔、固壁,混凝土制作、运输、灌注、养护,土方、废泥浆外运,打桩场地硬化及泥浆池、泥浆沟。

【例 2-3-6】 某工程采用 C30 钻孔灌注桩 80 根,设计桩径 1 200mm,要求桩穿越碎卵石层后进入强度为 $280kg/cm^2$ 的中等风化岩层 1.7m,入岩深度下面部分做成 200mm 深的凹底;桩底标高(凹底)－49.8m,桩顶设计标高－4.8m,现场自然地坪标高－0.45m,设计规定加灌长度 1.5m;废弃泥浆要求外运至 5km 处。试计算该桩基清单工程量,编列分部分项工程量清单。

解

(1)编制清单

清单工程量 $=80\times(49.8-4.8)=3\ 600.00$m

其中入岩 $=80\times1.7=136$m

(2)编列清单

分部分项工程量清单见表 2-3-7。

分部分项工程量清单 表 2-3-7

工程名称:某工程

序号	项目编码	项目名称	项 目 特 征	计量单位	工程数量
			C.2 灌注桩		
1	010302001001	泥浆护壁成孔灌注桩	C30 混凝土钻孔桩,80 根,桩长 45m,桩截面直径 ϕ1 200,桩底进入强度为 $280kg/cm^2$ 的中等风化,入岩深度包括凹底 200mm 共 1.7m;桩底标高－49.8m,桩顶标高－4.8m,自然地坪标高－0.45m,要求加灌长度1.5m;废弃泥浆要求外运 5km	m	3 600

小贴士

(1)混凝土桩的钢筋骨架或钢筋笼及预制桩头钢筋,应按规范附录 E 有关项目编码列项。

(2)同一截面规格的桩长,桩顶标高不同的以及现场自然地坪标高不一致的,应分别编码列项。

(3)沉管灌注桩若要求安放钢筋笼、预制混凝土桩尖时,应在项目清单中予以注明。

(4)现场灌注桩如要求采用商品混凝土浇灌的,可以在编制说明中统一说明,不需要在清单项目中一一描述。

(5)设计对人工挖孔桩护壁有具体设计内容的,应在清单中明确描述其相应内容及特征。如要求土方运出现场的,清单中应予以明确。人工挖孔桩的挖桩孔子目,如与桩基础施工不是同一承包单位承担时,按挖基础土方列项。

(6)灌注桩的加灌长度不计算在清单工程量中,设计有要求的,项目特征中予以描述。

学生工作页

一、单项选择题

1. 锤击钢管桩应按(　　)计算工程量。
   A. 设计桩长乘以桩截面积　　B. 设计桩长(包括桩尖)以延长米
   C. (设计桩长 + 加灌长度) × 截面积　　D. 设计桩长 × 桩截面积 - 空心体积
2. 锤击钢管桩的电焊接桩工程量是按(　　)计算。
   A. m^2　　B. m^3　　C. 设计接头按"个"　　D. 重量
3. 钻机灌注桩成孔长度为设计桩底至(　　)的长度。
   A. 桩顶　　B. 打桩前的交付地平高度
   C. 桩顶加加灌长度　　D. 空灌长度
4. 现场锤击预制方桩时,场内运输,运距300m,基价应为(　　)。
   A. 2 355.21　　B. 667.54　　C. 572.23　　D. 207.39

二、多项选择题

1. 以下(　　)是旋挖钻机成孔的工作内容。
   A. 钻孔　　B. 出渣　　C. 浇灌混凝土　　D. 造浆　　E. 压浆
2. 下列关于灌注混凝土桩加灌长度说法正确的是(　　)。
   A. 设计有规定时,按设计要求计算
   B. 设计桩顶标高即为自然地坪标高时,不计算加灌长度
   C. 设计无规定时,可按定额规定0.5m计算
   D. 设计桩顶标高未达到自然地坪标高时,必须计算加灌长度

三、定额换算题

根据表2-3-8所列信息,完成定额换算。

表2-3-8

序号	定额编号	工程名称	定额计量单位	基价	基价计算式
1		非预应力混凝土预制方桩400mm×400mm断面锤击成桩,单节长度超过18m			
2		预应力混凝土预制桩机械接桩,包角钢			
3		桩钢筋笼制作圆钢			
4		静压沉斜桩断面450mm×450mm,斜度1∶6			
5		锤击试桩500mm×500mm断面非预应力预制混凝土方桩			
6		锤击钢管桩送桩桩径600mm,送桩深度2m			
7		人工挖孔桩灌注桩芯混凝土,采用钢护筒护壁			
8		C20(40)振动沉管混凝土灌注桩成孔,桩长16m,有钢筋笼			
9		桩孔回填碎石			

单元四 砌筑工程

教学课件　　教学视频

【能力目标】

1. 能够计算砂石垫层、砖基础、防潮层、砖墙等的定额工程量。
2. 能够准确套用定额并计算砂石垫层、砖基础、防潮层、砖墙等的直接工程费。
3. 能够编制砖基础、实心砖墙、零星砌砖等的分部分项工程量清单。
4. 能够计算砖基础、实心砖墙、零星砌砖等分部分项工程的综合单价。
5. 能够灵活运用建筑工程预算定额,进行砌筑工程的定额换算。

【知识目标】

1. 了解大放脚、等高式、间隔式、附墙砖垛、砌体出檐、附墙烟道等构造做法。
2. 掌握砌筑工程定额的使用及换算方法。
3. 掌握砌筑工程砂石垫层、砖基础、防潮层、砖墙等定额工程量的计算规则。
4. 了解砌筑工程的27个清单子目构成。
5. 掌握砌筑工程3个清单项目:砖基础、实心砖墙、零星砌砖的清单工程量计算方法。
6. 熟悉砌筑工程3个清单项目:砖基础、实心砖墙、零星砌砖的分部分项工程量清单编制方法。
7. 掌握砌筑工程3个清单项目:砖基础、实心砖墙、零星砌砖的综合单价确定方法。

项目导入

1. 施工图纸:某学院培训楼建筑、结构施工图见本书附录。

2. 设计说明:本工程设计室外地坪以下埋设砖基础:内外墙下均采用DM M10.0干混砌筑砂浆砌筑MU10混凝土实心砖(240mm×115mm×53mm)基础,砖基础侧面做DS M15.0干混砌筑砂浆;墙体,外墙厚370mm,内墙及女儿墙厚240mm,均采用DM M7.5干混砌筑砂浆砌筑混凝土实心砖(240mm×115mm×53mm)实心砖墙。采用清单计价时,管理费按“人工费+机械费”的20%计取,利润按“人工费+机械费”的12.5%计取,风险金暂定按“人工费+机械费”的2%计取。

项目任务

1. 计算某学院培训楼砌筑工程的分部分项定额工程量。
2. 计算某学院培训楼砌筑工程的分部分项直接工程费。
3. 编制某学院培训楼砌筑工程的分部分项工程量清单。
4. 计算某学院培训楼砌筑工程的分部分项工程综合单价。

任务分析

熟悉某学院培训楼施工图纸,收集相关计价依据,拟解决以下问题:

1. 砖基础有哪几种类型? 墙体有哪几种类型? 该培训楼有哪种类型的砖基础和砖墙?
2. 计算砌筑工程量前应确定哪些技术资料?
3. 该培训楼室外地坪标高、砖基础基底标高、砌筑砂浆类型。
4. 砌筑工程定额项目有哪些? 如何套用? 工程量计算规则如何?
5. 砌筑工程分部分项工程量清单项目如何设置? 工程量如何计算? 综合单价如何计算?

一 基础知识

砌筑工程工程量计算应该掌握不同部位砌体的有关构造、规则及其尺寸。

(一)砌筑墙基

当墙基承受荷载较大、砌筑高度达到一定范围时,在其底部做成阶梯形状,俗称“大放脚”,分为等高式和间隔式两种(图 2-4-1)。

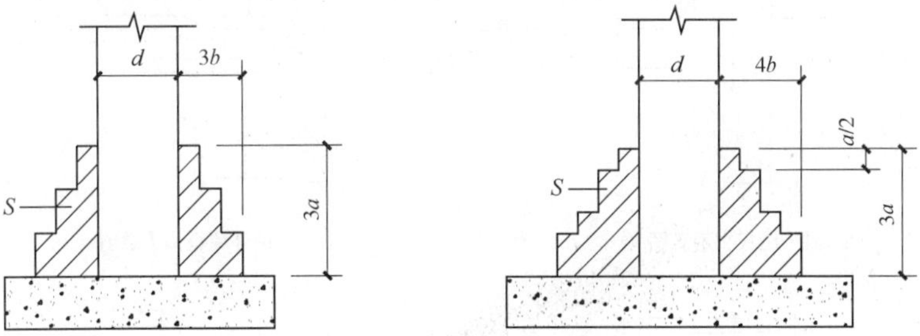

a)等高式大放脚　　b)间隔式大放脚

图 2-4-1　砖砌大放脚

a-两皮砖的高度;b-每一层收(放)宽度;d-墙厚;S-斜线阴影部分大放脚面积

图 2-4-1 中等高式为二皮一收三层大放脚,间隔式为二皮一收与一皮一收间隔四层做法。每层高度为 126mm 或 62.5mm。大放脚每一层一侧收进的水平尺寸按砌筑用砖的模数加灰缝来确定,上图如为标准砖砌筑时,每层大放脚收进尺寸为 62.5mm。

砌筑除砖砌基础外,常用的还有块石、砌块等砌筑的基础,这类基础的截面往往做成梯形或阶梯形的,其截面应按设计尺寸来计算。

(二)附墙砖垛

当墙体承受集中荷载时,墙砌体会在一侧凸出,以增加支座承压面积(图2-4-2)。

(三)砌体出檐及附墙烟道等

因构造要求,在墙身面做砖挑檐,起分隔立面装饰、滴水等作用(图2-4-3);因排烟、排气需要设置的附墙烟道、通风道随墙体同时砌筑(图2-4-4)。

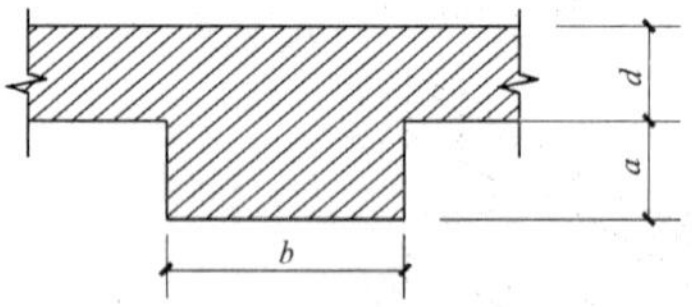

图2-4-2　附墙砖垛

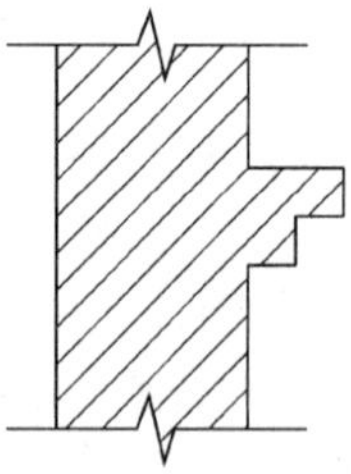

图2-4-3　墙身二出沿挑檐

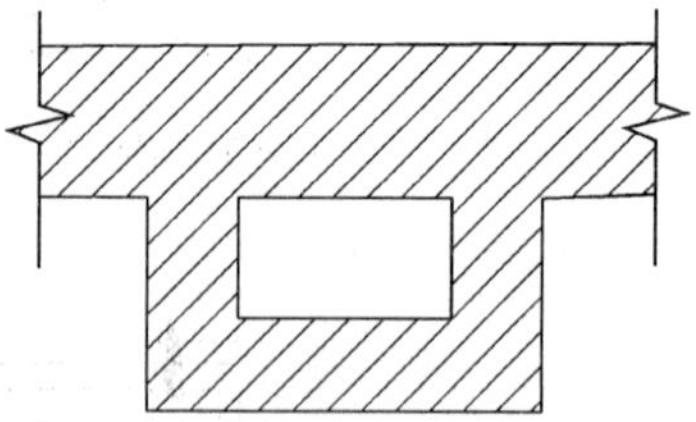

图2-4-4　附墙烟道、排气道

(四)垫层

地面垫层按材料性能可分为刚性和非刚性两种。刚性一般为混凝土,非刚性垫层一般有素土、砂石、炉渣(矿渣)、毛石、碎(砾)石、碎砖、级配砂石等做法。

(五)其他构造

其他砌筑构造如图2-4-5所示。

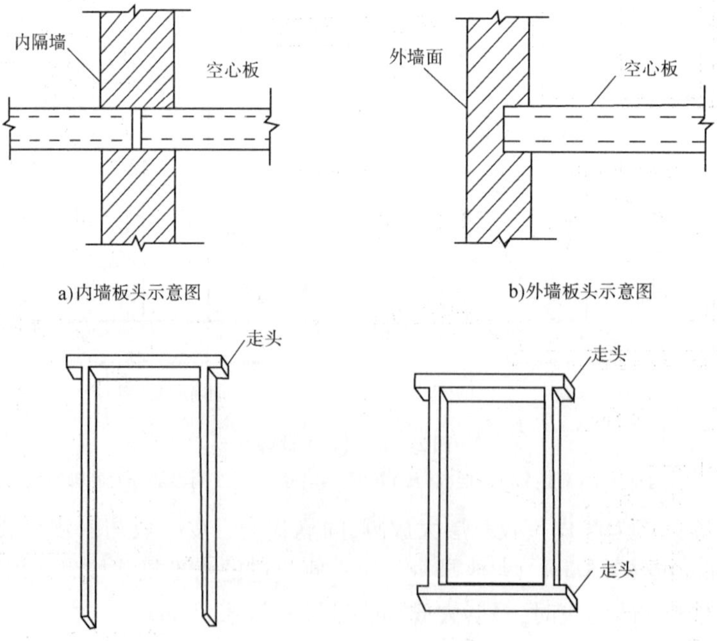

a)内墙板头示意图　b)外墙板头示意图

c)木门框走头示意图　d)木窗框走头示意图

图　2-4-5

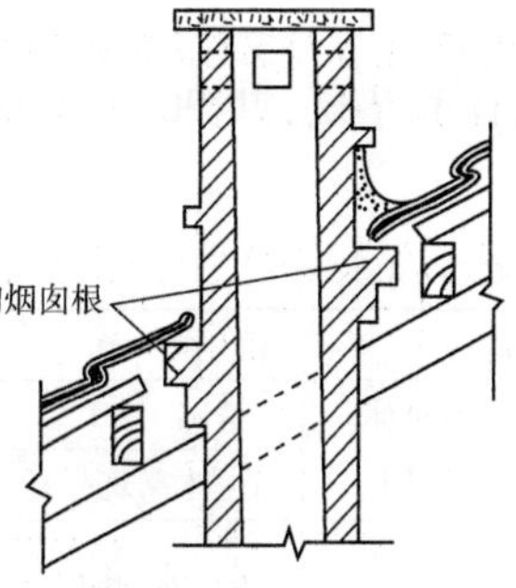

e)砖烟囱剖面图（平瓦坡屋面）

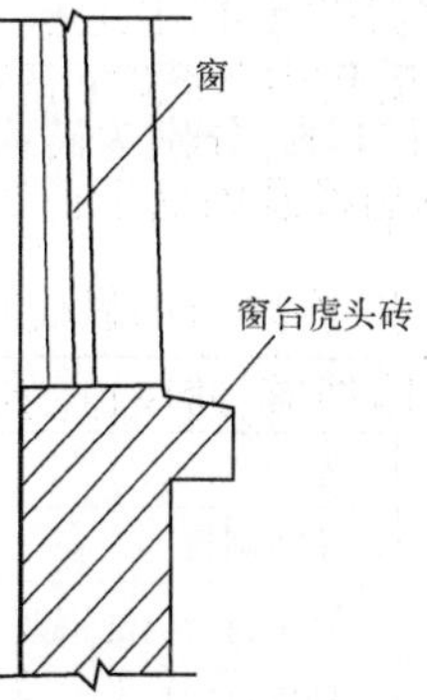

f)突出墙面的窗台虎头砖示意图

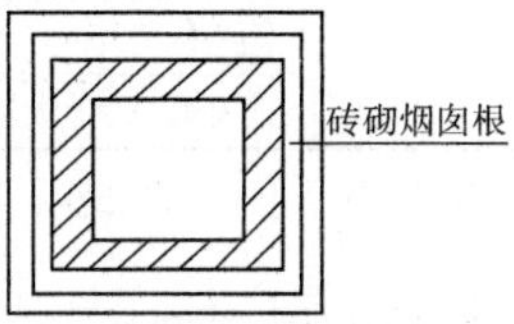

g)砖烟囱平面图

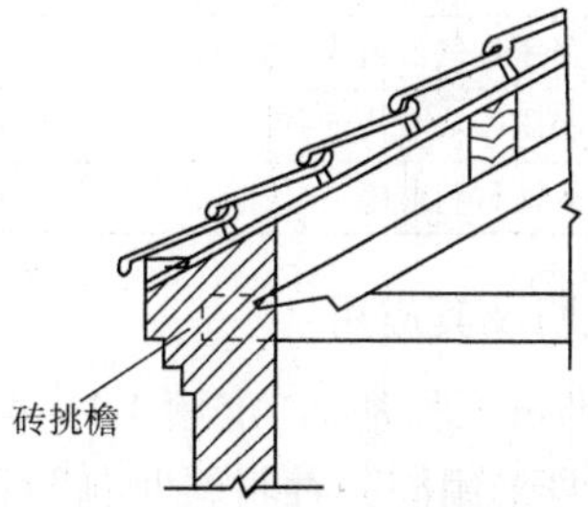

h)坡屋面砖挑檐示意图

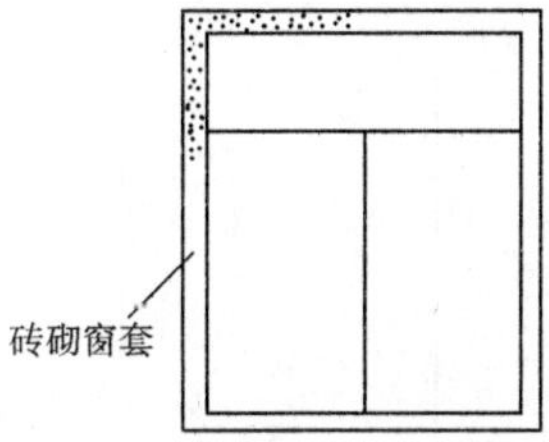

i)窗套立面图

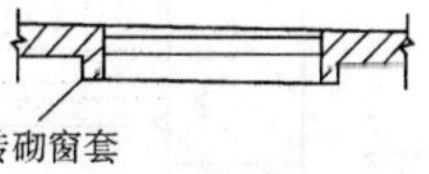

j)窗套剖面图

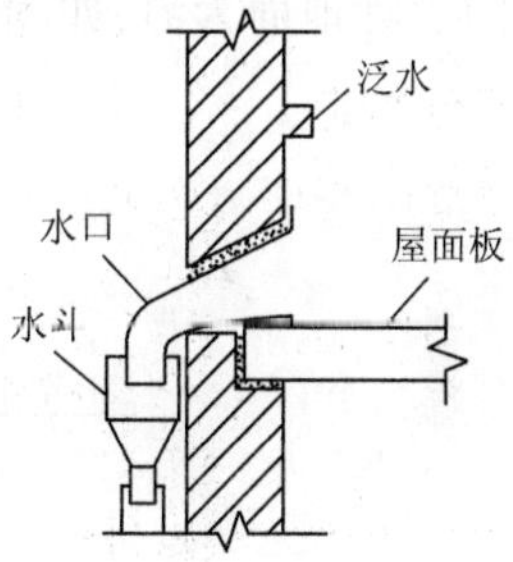

k)山墙泛水、排水示意图

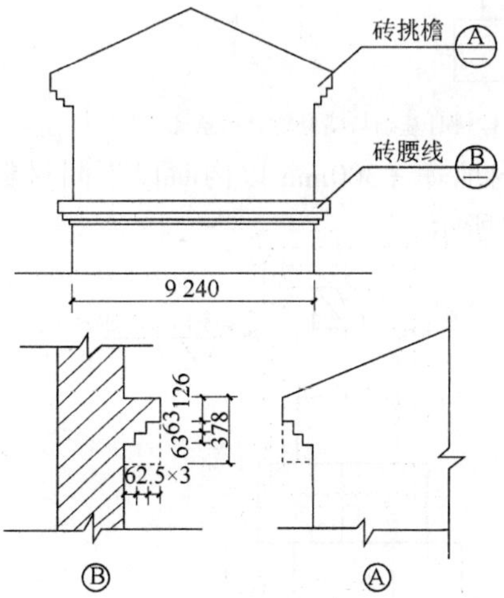

l)砖挑檐、腰线示意图

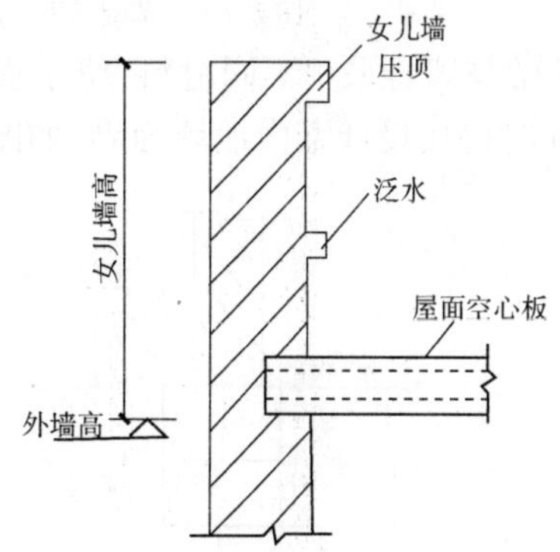

m)女儿墙示意图

图 2-4-5　其他砌筑构造汇总图(尺寸单位:mm)

二 定额的套用和工程量的计算

定额子目:4 节,分别为砖砌体、砌块砌体、石砌体和垫层,共 90 个子目,各小节子目划分情况见表 2-4-1。

定额子目划分 表 2-4-1

定额节			子目数	定额节			子目数
一	砖砌体(53)	基础	5	三	石砌体(11)	基础	3
		主体砌筑	48			主体砌筑	8
二	砌块砌体(15)	轻集料(陶粒)混凝土小型空心砌块	3	四	垫层(11)	砂(石)垫层	3
		烧结类空心砌块	3			塘渣垫层	1
		蒸压加气混凝土类砌块	7			块石垫层	3
		轻质砌块专用连接件	1			碎石垫层	2
		柔性材料嵌缝	1			灰土、三合土垫层	2

(一)定额说明及其应用

(1)建筑物砌筑工程基础(定额 4-1 ~4-5)与上部结构的划分如下:

①基础与墙身采用同一种材料时,砖石基础与墙身以设计室内地坪为界;有地下室者,以地下室室内设计地面为界,如图 2-4-6 所示。

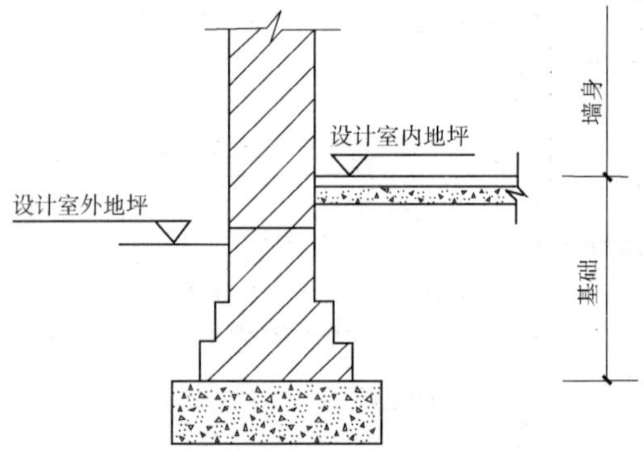

图 2-4-6 基础与墙身采用同种材料时基础与墙身划分示意图

②基础与墙身采用不同材料,位于设计室内地坪 ±300mm 以内时以不同材料为界;超过 ±300mm 时仍按设计室内地坪为界,如图 2-4-7 所示。

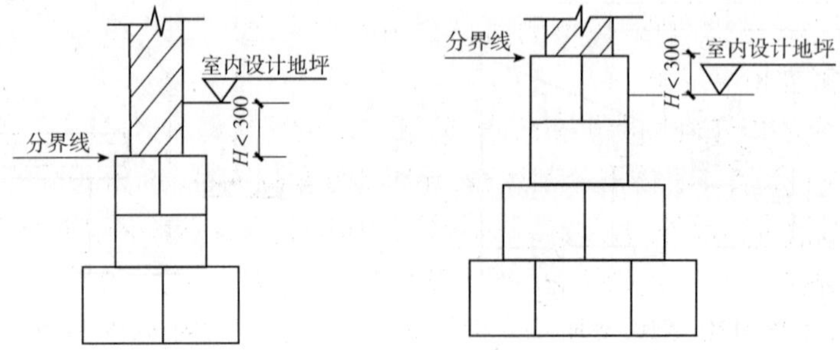

图 2-4-7 基础与墙身采用不同材料时基础与墙身划分示意图(尺寸单位:mm)

(2)垫层定额(定额4-80 ~4-90)适用于基础垫层和地面垫层。混凝土垫层套用混凝土及钢筋混凝土工程相应定额。块石基础与垫层的划分,当图纸不明确时,砌筑者为基础,铺排者为垫层。干铺垫层上如有砌筑工程者,每 $10m^3$ 垫层另加 DM M5.0 干混砌筑砂浆 $0.5m^3$,20 000L干混砂浆罐式搅拌机0.025 台班,其余用量不变。

【例 2-4-1】 干铺碎石垫层,上有砌筑工程,请列出定额编号和换算后基价。

解

套定额 4-87H,换算后单价 =2 352.17 +0.5 ×397.23 +0.025 ×193.83 =2 555.63 元/$10m^3$

(3)砖砌体和砌块砌体不分内、外墙,均执行对应品种及规格砖和砌块的同一定额,墙厚一砖以上的均套用一砖墙相应定额。

(4)墙厚一砖以上的均套用一砖墙相应定额;定额中均已包括了立门窗框的调直以及腰线、窗台线、挑檐等一般出线用工。

(5)定额中所使用的砂浆除另有注明外均按干混预拌砂浆编制,若实际使用现拌砂浆或湿拌预拌砂浆时,按以下方法调整:

①使用现拌砂浆的,除将定额中的干混预拌砂浆调换为现拌砂浆外,另按相应定额中每立方米砂浆增加:人工0.382 工日、200L 灰浆搅拌机0.167 台班,并扣除定额中干混砂浆罐式搅拌机台班的数量。

②使用湿拌预拌砂浆的,除将定额中的干混预拌砂浆调换为湿拌预拌砂浆外,另按相应定额中每立方米砂浆扣除人工0.20 工日,并扣除定额中干混砂浆罐式搅拌机台班数量。

【例 2-4-2】 DM M20 干混砌筑砂浆砌筑混凝土实心砖(240mm ×115mm ×53mm)一砖厚砖基础,请列出定额编号和换算后基价。

解

查定额 4-1,基价 =4 078.04 元/$10m^3$

查附录,DM M20 干混砌筑砂浆,基价 =446.81 元/m^3

套定额 4-1H,换算后基价 =4 078.04 +2.3 ×(446.81 −413.73) =4 154.124 元/$10m^3$

【例 2-4-3】 DM M20 干混砌筑砂浆砌筑混凝土实心砖一砖墙,请列出定额编号和换算后基价。

解

查定额 4-6,基价 =4 464.06 元/$10m^3$

查附录,DM M20 干混砌筑砂浆,基价 =446.81 元/m^3

套定额 4-6H,换算后单价 =4 464.06 +2.36 ×(446.81 −413.73) =2 689 元/$10m^3$

(6)夹心保温墙(包括两侧)按单侧墙厚套用墙相应定额,人工乘系数1.15,保温填充料另套用保温隔热工程相应定额。

(7)多孔砖、空心砖及砌块砌筑有防水、防潮要求的墙体时,若以实心(普通)混凝土作为导墙砌筑,导墙与上部墙体主体需分别计算,导墙部分套用零星砌体相应定额。

(8)除圆弧形构筑物以外,各类砖及砌块定额均按直形砌筑编制,如为圆弧形砌筑者,按相应定额人工乘系数1.10,砖、砌块及砂浆(黏结剂)乘系数1.03。

【例 2-4-4】 DM M20 干混砌筑砂浆砌筑混凝土实心砖(240mm ×115mm ×53mm)一砖厚圆弧形基础,请列出定额编号和换算后基价。

解

查定额4-1,基价 =4 078.04 元/10m³

查附录,DM M20干混砌筑砂浆,基价 =446.81 元/m³

套定额4-1H,换算后基价 =4 078.04 +2.3 ×(446.81 −413.73) +1 051.65 ×0.1 +(388 ×5.29 +446.81 ×2.3) ×0.03 =4 351.69 元/10m³

【例2-4-5】 DM M20干混砌筑砂浆砌筑圆弧形混凝土实心砖一砖墙,请列出定额编号和换算后基价。

解

查定额4-6,基价 =4 464.06 元/10m³

查附录,DM M20干混砌筑砂浆,基价 =446.81 元/m³

套定额4-6H,换算后基价 =4 464.06 +2.36 ×(446.81 −413.73) +1 395.90 ×0.1 +(388 ×5.32 +2.36 ×446.81) ×0.03 =4 995.28 元/10m³

(二)工程量的计算

1.垫层工程量计算(砂石垫层,按设计垫层面积乘以厚度计算)

(1)带形基础下垫层

计量单位:m³。

工程量计算公式:

$$V_{垫层} = 断面积 \times 长度$$

长度:外墙按外墙中心线长度,内墙按垫层底净长线,附墙垛凸出部分按砖垛折加长度,柱网结构均按基底净长线。

(2)独立(杯形)基础下垫层

计量单位:m³。

工程量计算公式:

$$V_{垫层} = 底面积 \times 垫层厚度$$

(3)满堂基础(地下室底板)下垫层

计量单位:m³。

工程量计算公式:

$$V_{垫层} = 底面积 \times 垫层厚度$$

(4)地面面积按定额"第十一章　楼地面装饰工程"的工程量计算规则计算。

2.砌筑基础工程量计算(主要介绍条形砌筑基础,按设计图纸以体积计算)

条形砖基础、块石基础工程量按断面积乘长度计算。

(1)计算条形砖(石)基础与垫层长度时,附墙垛凸出部分按折加长度合并计算,不扣除搭接重叠部分的长度,垛的加深部分也不增加。附墙垛折加长度 L 按以下公式计算:

$$L = \frac{ab}{d}$$

式中:a、b——附墙垛突出部分断面的长、宽,见图2-4-8;

d——砖(石)墙厚。

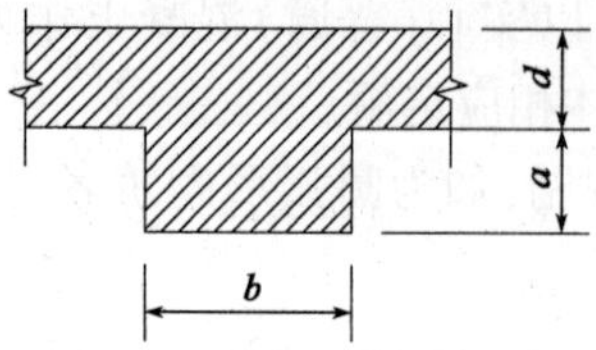

图2-4-8　墙垛

(2)计算条形砖基础工程量时,大放脚折加高度可以按下式计算(或查表):

大放脚折加高度

$$H_{折加}=\frac{两边大放脚面积}{墙厚}$$

两边大放脚体积合并计算,大放脚体积 = 砖基础长度 × 大放脚断面积,大放脚断面积也可按下列公式计算:

等高式

$$S=n(n+1)ab$$

间隔式

$$S=\sum(a\times b)+\sum(a/2\times b)$$

式中:n——放脚层数;

a、b——每层放脚的高、宽(凸出部分)。

注:标准砖基础,$a=0.126\text{m}$(每层二皮砖)、$b=0.0625\text{m}$。

另外,大放脚折加高度见表 2-4-2、表 2-4-3。标准砖等高式大放脚示意图如图 2-4-9 所示。

等高式砖墙基大放脚折加高度 表 2-4-2

放脚步数	折加高度(m)							增加断面积 (m^2)
	0.5 砖	0.75 砖	1 砖	1.5 砖	2 砖	2.5 砖	3 砖	
一	0.137	0.088	0.066	0.043	0.032	0.026	0.021	0.015 8
二	0.411	0.263	0.197	0.129	0.096	0.077	0.064	0.047 3
三	0.822	0.525	0.394	0.259	0.193	0.154	0.128	0.094 5
四	1.369	0.875	0.656	0.432	0.321	0.256	0.213	0.157 5
五	2.054	1.313	0.984	0.647	0.482	0.384	0.319	0.236 3
六	2.876	1.837	1.378	0.906	0.675	0.538	0.447	0.330 8

注:本表按标准砖双面放脚,每步等高 126mm,砌出 62.5mm 计算;本表折加高度以双面放脚为准(如单面放脚应乘以系数 0.5)。

间隔式砖墙基(标准砖)大放脚折加高度 表 2-4-3

放脚步数	折加高度(m)							增加断面积 (m^2)
	0.5 砖	0.75 砖	1 砖	1.5 砖	2 砖	2.5 砖	3 砖	
最上一步厚度为 126mm								
一	0.137	0.088	0.066	0.043	0.032	0.026	0.021	0.015 8
二	0.274	0.175	0.131	0.086	0.064	0.051	0.043	0.031 5
三	0.685	0.438	0.328	0.216	0.161	0.128	0.106	0.078 8
四	0.959	0.613	0.459	0.302	0.225	0.179	0.149	0.110 3
五	1.643	1.050	0.788	0.518	0.386	0.307	0.255	0.189 0
六	2.055	1.312	0.984	0.647	0.482	0.384	0.319	0.236 3
七	3.013	1.925	1.444	0.949	0.707	0.563	0.468	0.346 5
最上一步厚度为 62.5mm								
一	0.069	0.044	0.033	0.022	0.016	0.013	0.011	0.007 9
二	0.343	0.219	0.164	0.108	0.080	0.064	0.053	0.039 4
三	0.548	0.350	0.263	0.173	0.129	0.102	0.085	0.063 0
四	1.096	0.700	0.525	0.345	0.257	0.205	0.170	0.126 0
五	1.438	0.919	0.689	0.453	0.338	0.269	0.224	0.165 4
六	2.260	1.444	1.083	0.712	0.530	0.423	0.351	0.259 9

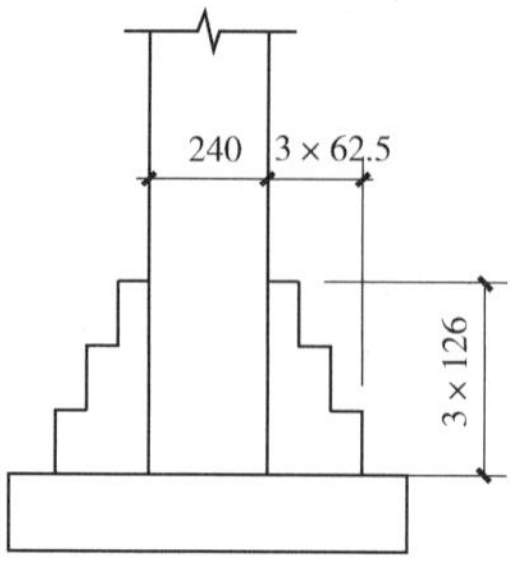

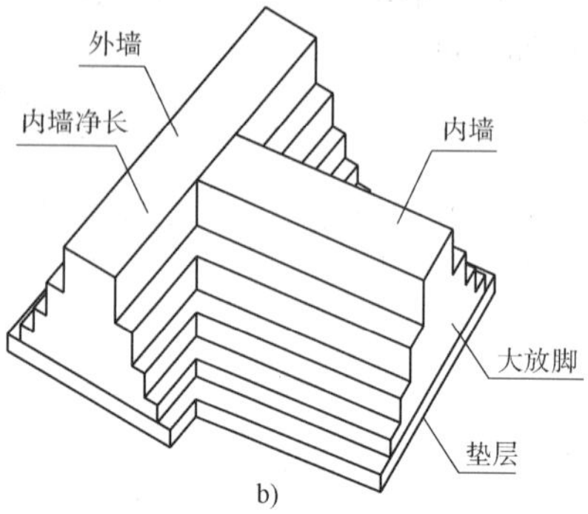

图 2-4-9　标准砖等高式大放脚示意图

(3)长度:外墙按外墙中心线长度;内墙按内墙净长线;附墙垛凸出部分按砖垛折加长度,柱网结构均按基础净长计算,即扣除柱所占的体积。

(4)扣除地梁(圈梁)、构造柱所占体积,不扣除基础大放脚 T 形接头处的重叠部分及嵌入基础内的钢筋、铁件、管道、基础砂浆防潮层和单个 $0.3m^2$ 以内的孔洞所占体积,需要砌筑的大放脚计入砖基础体积内。

(5)$V_{搭接}$:柱网结构时,搭接体积按图示尺寸计算。

独立砖柱基础工程量按柱身体积加四边大放脚体积计算,砖柱基础工程量并入砖柱计算。四边大放脚体积按以下公式计算:

$$V = n(n+1)ab[2/3(2n+1)b + A + B]$$

式中:A、B——砖、柱断面积的长、宽。

其余符号意义同上。

任务实施一

某学院培训楼砖基础:内外墙下均采用 DM M10.0 干混砌筑砂浆砌筑 MU10 混凝土实心砖(240mm×115mm×53mm)基础,砖基础侧面做 DS M15.0 干混地面砂浆防潮层。墙体:外墙厚 370mm,内墙及女儿墙厚 240mm。

(1)定额工程量

墙厚 370mm,下砖基础:$H = 1.5 - 0.2 - 0.2 - 0.1 = 1m$

外墙:$L = (11.1 - 0.5 - 0.4 \times 2 + 6 - 0.5) \times 2 = 30.6m$

$V = 0.365 \times 1 \times 30.6 = 11.17m^3$

墙厚 240mm,下砖基础:$H = 1m$

内墙:$L = (6 - 0.25 \times 2 - 0.4) \times 2 + (4.5 - 0.2 \times 2) = 14.3m$

$V = 0.24 \times 1 \times 14.3 = 3.43m^3$

小计:$V = 11.17 + 3.43 = 14.6m^3$

(2)直接工程费

查定额 4-1,基价 = 4 078.04 元/$10m^3$

砖基础直接工程费 = 14.6 × 407.8 = 5 953.94 元

3. 砌筑砖基础防潮防水工程量计算

计量单位：m^2。

工程量计算公式：

$$S_{砖基础防潮(平面)}=墙厚\times长度$$

长度（条形砖基础防潮层长度）：外墙按外墙中心线长度，内墙按内墙净长线，附墙垛凸出部分按砖垛折加长度。

$$S_{砖基立面防潮}=实际展开面积$$

也可以按统筹法：

$$S=\frac{V}{墙厚}\times2$$

任务实施二

某学院培训楼立面防水砂浆防潮层：内外墙下均采用 DM M10.0 干混砌筑砂浆砌筑 MU10 混凝土实心砖（240mm×115mm×53mm）基础，砖基础侧面做 DS M15.0 干混地面砂浆防潮层。墙体：外墙厚 370mm，内墙及女儿墙厚 240mm。

（1）定额工程量

立面防水砂浆防潮层：$S=(11.17\div0.37+3.43\div0.24)\times2=89.8m^2$

（2）直接工程费

查定额 9-43，换算基价 =2 225.17 元/100m^2

直接工程费 =89.8×22.251 7=1 998.2 元

4. 墙体工程量计算（砖墙、砌块墙，按设计图示尺寸以体积计算）

计量单位：m^3。

墙体工程量计算公式：

$$V=(墙高\times墙长-应扣面积)\times墙厚+应增加体积-应扣体积$$

1）墙身高度（按设计图示墙体高度计算）

外墙：斜（坡）屋面无檐口天棚者算至屋面板底；有屋架且室内外均有天棚者算至屋架下弦底另加 200mm；无天棚者算至屋架下弦底另加 300mm；出檐宽度超过 600mm 时按实砌高度计算；有钢筋混凝土楼板隔层者算至板底，平屋顶算至钢筋混凝土板底。

内墙：位于屋架下弦者，算至屋架下弦底；无屋架者算至天棚底另加 100mm；有钢筋混凝土楼板隔层者算至楼板顶；有框架梁时算至梁底。

女儿墙：从屋面板上表面算至女儿墙顶面（当有混凝土压顶时算至压顶下表面）。

内、外山墙：按其平均高度计算。

2）墙身长度

外墙：按外墙中心线长度计算，用 $L_{中}$ 表示。

内墙：按内墙净长计算，用 $L_{净内}$ 表示。

附墙垛：按折加长度合并计算，用 $L_{折}$ 表示。

框架墙:不分内、外墙均按净长计算,用 $L_{净}$ 表示。

3)砖砌体及砌块砌体墙厚(砖砌块灰缝厚度统一按 10mm 考虑)

砖砌体及砌块砌体厚度,不论设计有无注明,按定额"砖墙厚度表"计算,如混凝土类砖见表 2-4-4。

砖墙厚度(单位:mm)　　表 2-4-4

砖及砌块分类	定额取定砖及砌块名称	砖及砌块规格(长×宽×厚)(mm)	砌体厚(砖数)					
			$\frac{1}{4}$	$\frac{1}{2}$	$\frac{3}{4}$	1	$1\frac{1}{2}$	2
混凝土类砖	混凝土实心砖	240×115×53	53	115	178	240	365	490
		190×90×53		90		190		
	混凝土多孔砖	240×115×90		115		240	365	490
		190×190×90				190		

注:1. 不论设计有无注明,按定额"墙厚取定表"计算。
2. 特别要注意 1/2、3/4 砖墙墙厚的规定。

4)墙体计算应扣面积

门窗洞口,过人洞面积,每个面积大于 0.3m² 的孔洞。

5)墙体计算应扣体积

应扣除钢筋混凝土梁、板、柱等平行嵌入墙体所占的体积;不扣除屋架、檩条、梁等伸入砌体的头子、钢筋混凝土过梁板(厚 7cm 以内)、钢筋混凝土垫块、沿柚木、木砖等所占的体积。

6)墙体计算应增加体积

凸出墙身的统腰线,1/2 砖以上的门窗套,二出檐以上的挑檐等,突出墙身的窗台、1/2 砖以内的门窗套、二出檐以内的挑檐等的体积不增加。

7)附墙垃圾道、烟囱、通风道

按外形体积计算工程量并入所附的砖墙内,不扣除每个面积在 0.1m² 以内孔道体积,但孔道内的抹灰工料亦不增加;如孔道面积在 0.1m² 以上,按实体积计算,孔道内抹灰按展开面积计算,套用零星抹灰定额。

8)计算墙体工程量时应注意的其他问题

(1)砖柱:柱基和柱身的工程量合并计算,套砖柱定额(以混凝土实心砖为例)4-10。

(2)空花墙:按空花部分外形体积计算,不扣除空花部分体积,套定额 4-10。

(3)地沟:砖基础和沟壁工程量合并计算,套地沟定额 4-14。

(4)砖砌洗涤池、污水池、垃圾箱、花坛及石墙定额中未包括的砖砌门窗口立边、窗台虎头砖及钢筋砖过梁等,套用零星砌体定额 4-15。

【例 2-4-6】 某工程基础见图 2-4-10,图中附墙砖垛凸出半砖,宽一砖半,地坪厚度 90mm。试计算:

(1)平整场地、人工挖三类土方、回填土、人力车余土外运(200m)定额工程量。

(2)非泵送商品混凝土 C10 垫层及模板、DM M10.0 干混砌筑砂浆混凝土实心砖基础、20mm 厚 DS M15.0 干混地面砂浆砖基础抹灰工程量。

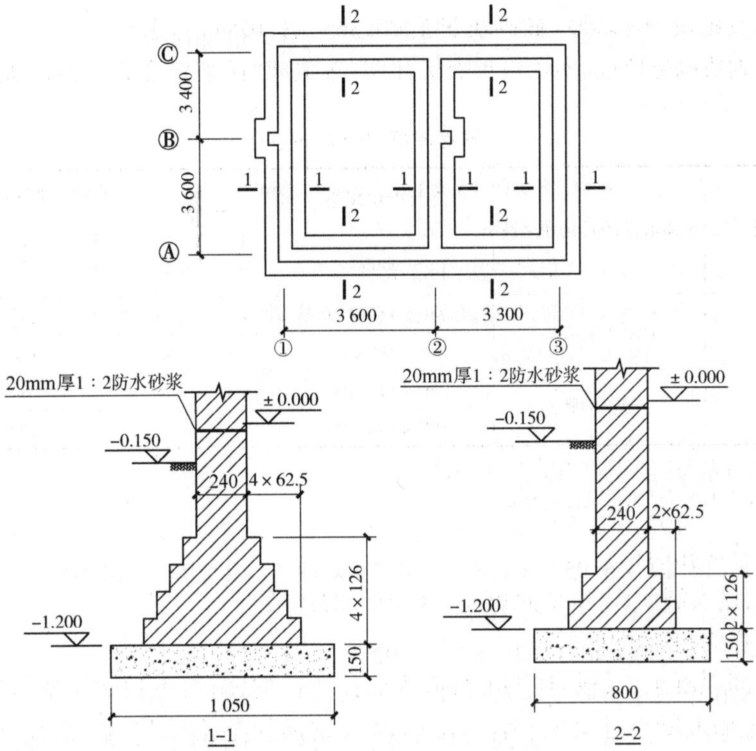

图 2-4-10　例 2-3-6 图(尺寸单位:mm)

(3)土方套综合定额完成直接工程费和技术措施费的计算(计算结果保留两位小数)。

解

1)工程量计算

(1) $S_{平整场地} = (7.24+4)\times(7.14+4) = 125.21\text{m}^2$

(2) $L_{1-1} = 7\times2+7-0.49+\dfrac{0.365\times0.125}{0.24}\times2 = 20.89\text{m}, L_{折} = \dfrac{0.365\times0.125}{0.24} = 0.19\text{mm}$

$L_{2-2} = 6.9\times2 = 13.8\text{m}, H = 1.2\text{m}, K = 0, V_{挖} = (B+2c+KH)\times H\times L$,即

$V_{挖} = (1.05+2\times0.3)\times1.2\times20.89+(0.8+2\times0.3)\times1.2\times13.8 = 64.546\text{m}^3$

(3) -0.15m 以下基础、垫层工程量

$V_{垫层} = 20.89\times1.05\times0.15+13.8\times0.8\times0.15 = 4.946\text{m}^3$

$V_{砖基} = 0.24\times(1.856-0.15)\times(14.19+6.95)+0.24\times(1.397-0.15)\times13.8$

$= 12.786\text{m}^3$

$V_{-0.15\text{m}以下基础、垫层工程量} = 4.946+12.786 = 17.732\text{m}^3$

(4) $V_{基槽回填} = V_{挖} - V_{-0.15\text{m}以下基础垫层工程量} = 64.546-17.732 = 46.814\text{m}^3$

$V_{房心回填} = S_{主墙间净面积}\times H_{填土厚度} = 43.3992\times(0.15-0.09) = 2.604\text{m}^3$

$V_{回填总} = 46.814+2.604 = 49.418\text{m}^3$

(5) $V_{余土外运} = V_{挖} - V_{回填总} = 64.546-49.418 = 15.130\text{m}^3$

(6)C10 混凝土垫层

$$L_{1-1}=7\times2+7-0.49+\frac{(0.365-0.24)\times0.365}{0.24}\times2=20.89\text{m}$$

$L_{2-2}=6.9\times2=13.8\text{m}$

混凝土浇捣工程量

$V=1.05\times0.15\times20.89+0.8\times0.15\times13.8=4.946\text{m}^3$

套定额 5-1,基价 =4 503.4 元/10m^3

直接工程费 =4.95 ×450.34 =2 229.183 元

(7)DM M10.0 干混砌筑砂浆砌筑混凝土实心砖基础

$L_{外1-1}=7\times2+0.19=14.19\text{ m}$

$L_{外2-2}=6.9\times2=13.8\text{ m}$

$L_{内1-1}=7-0.24+0.19=6.95\text{ m}$

$H_{1-1}=1.2+0.656=1.856\text{ m}$

$H_{2-2}=1.2+0.197=1.397\text{ m}$

$V=0.24\times(14.19+6.95)\times1.856+0.24\times13.8\times1.397=14.043\text{ m}^3$

套定额 4-1,基价 =4 078.04 元/10m^3

直接工程费 =14.043 ×407.804 =5 726.792 元

(8)DS M15.0 干混地面砂浆防水砂浆

$S=(7\times2+6.9\times2+7-0.24+0.38)\times0.24=34.94\times0.24=8.386\text{ m}^2$

套定额 9-44,基价 =1 183.37 元/100m^2

直接工程费 =8.386 ×1.833 7 =15.38 元

(9)砖基抹灰

$$S=\frac{14.043}{0.24}\times2=117.025\text{m}^2$$

2)工程预算书编制

工程预算书见表 2-4-5。

工 程 预 算 书　　表 2-4-5

定额编号	工程项目	工程量		直接工程费		其中人工费		其中机械费	
		单位	数量	单价	合价	单价	合价	单价	合价
	直接工程费								
1-5	挖地槽土方三类	100m^3	0.645 5	3 150	2 033.33	3 150	2 033.33	0	0
1-12	人力车运土(50m 以内)	100m^3	0.151 3	1 518.75	229.79	1 518.75	229.79	0	0
1-13 ×3	人力车运土每增加 50 米	100m^3	0.151 3	870	131.63	870	131.63	0	0
5-1	混凝土垫层	10m^3	0.495	4 503.40	2 229.18	408.78	202.35	6.77	3.35
4-1	混凝土实心砖基础墙厚 1 砖	10m^3	1.404	4 078.04	5 725.57	1 051.65	1 476.52	22.29	31.30
9-44	防水砂浆砖基础上	100m^2	0.083 9	1 183.37	99.28	0	0	20.55	36.37

任务实施三

某学院培训楼砖墙，墙体：外墙厚370mm，内墙及女儿墙厚240mm，均采用DM M7.5干混砌筑砂浆砌筑（240mm×115mm×53mm）混凝土实心砖墙。

（1）定额工程量

①一层墙体工程量

外墙：当梁高为0.5m时，$H=3.6-0.5=3.1\text{m}$

$L=(11.1-0.5-0.4\times2+6-0.5)\times2=30.6\text{m}$

$S_{门窗洞口}=1.5\times1.8\times4+1.8\times1.8\times1+2.4\times2.7=20.52\text{m}^2$

$V_{应扣过梁}=(1.5+0.5)\times0.365\times0.18\times4+(1.8+0.5)\times0.365\times0.18+(2.4+0.5)\times0.365\times0.24=0.93\text{m}^3$

$V_{外}=(3.1\times30.6-20.52)\times0.365-0.93=26.2\text{m}^3$

内墙：当梁高为0.5m时，$H=3.6-0.5=3.1\text{m}$

$L=(6-0.5-0.4)\times2+(4.5-0.4)=14.3\text{m}$

$S_{门窗洞口}=0.9\times2.4\times2+0.9\times2.1=6.21\text{m}^2$

$V_{应扣过梁}=(0.9+0.5)\times0.24\times0.12\times3=0.12\text{m}^3$

$V_{内}=(3.1\times14.3-6.21)\times0.24-0.12=9.03\text{m}^3$

小计：$V=26.2+9.03=35.23\text{m}^3$

②二层墙体工程量

外墙：当梁高为0.65m时，$H=3.6-0.65-2.95\text{m}$

$L=(11.1-0.5-0.4\times2+6-0.5)\times2=30.6\text{m}$

$S_{门窗洞口}=1.5\times1.8\times4+1.8\times1.8\times1+(1.5\times1.8+0.9\times2.7)=19.17\text{m}^2$

$V_{应扣过梁}=0.93\text{m}^3$

$V_{外}=(2.95\times30.6-19.17)\times0.365-0.93=25.02\text{m}^3$

内墙：$V_{内}=9.03\text{m}^3$

小计：$V=25.02+9.03=34.05\text{m}^3$

③女儿墙

$V=0.24\times0.54\times(6+0.12\times2+11.1+0.12\times2)\times2=4.57\text{m}^3$

$V_{构造柱}=(0.24\times0.24+0.24\times0.03\times2)\times0.54\times8=0.312\text{m}^3$

$V_{女}=4.57-0.312=4.26\text{m}^3$

合计：$V=35.23+34.05+4.26=73.54\text{m}^3$

（2）直接工程费

套定额4-6，基价=4 464.06元/10m^3

砖墙直接工程费=73.54×446.406=32 828.70元

小贴士

空斗墙的门窗和过人洞口、墙角、梁支座等实砌部分和地面以上、圈梁或板底以下三皮实砌砖,均已包括在定额内,其工程量并入空斗墙内计算;砖垛工程量应另行计算,套实砌墙相应定额;设计要求实砌的窗间墙、窗下墙的工程量另计,套用零星砌体定额。

三 工程量清单及清单计价

清单子目:本单元工程项目按《房屋建筑与装饰工程工程量计算规范》(GB 50854—2013)附录D列项,分4节共27个清单项目,分别是D.1砖砌体,D.2砌块砌体,D.3石砌体,D.4垫层。

砖砌体包括:砖基础、砖砌挖孔桩护壁、实心砖墙、多孔砖墙、空心砖墙、空斗墙、空花墙、填充墙、实心砖柱、多孔砖柱、砖检查井、零星砌砖、砖散水(地坪)、砖地沟(明沟)14个项目。项目编码分别按010401001×××~010401014×××编列。

砌块砌体包括:砌块墙、砌块柱两个项目。项目编码分别按010402001×××~010402002×××编列。

石砌体包括:石基础、石勒脚、石墙、石挡土墙、石柱、石栏杆、石护坡、石台阶、石坡道、石地沟(石明沟)10个项目。项目编码分别按010403001×××~010403010×××编列。

垫层包括垫层一个项目。项目编码按010404001×××编列。

(一)砖砌体 010401001×××~010401014×××

1. 砖基础(010401001×××)

1)工程量清单编制

(1)适用范围

砖基础项目适用于各种类型砖基础,如柱下基础、墙下基础、管道基础等。

基础与墙身使用同一种材料时,以设计室内地面为界(有地下室者,以地下室室内设计地面为界),以下为基础,以上为墙身。基础与墙身使用不同材料时,位于设计室内地面高度不大于±300mm时,以不同材料为分界线;高度大于±300mm时,以设计室内地面为分界线。

(2)项目特征

应描述:砖品种、规格、强度等级,基础类型,基础深度,砂浆强度等级,防潮层材料种类等。

(3)工程量计算规则

按设计图示尺寸以体积立方米计算,包括附墙跺基础宽出部分体积。应扣除地梁(圈梁)、构造柱所占体积;不扣除基础大放脚T形接头处的重叠部分,嵌入基础内钢筋、构件、管道、基础砂浆防潮层和单个面积0.3m²以内的孔洞所占体积,靠墙暖气沟的挑檐不增加。

工程量计算公式:

$$V = L(Hd + S) - V_0$$

或者

$$V = L(H + H_{折})d - V_{应扣}$$

式中：V——基础体积(m^3)；

H——基础高度(m)；

$H_{折}$——大放脚折加高度(m)；

d——墙厚，见表2-4-6；

L——砖基础长度，外墙按外墙中心线长，内墙按内墙净长线，砖垛按砖垛折加长度，附墙垛折加长度 $L_d = ab/d$，式中计算参数如图2-4-8所示；

S——大放脚断面积(计算方法见第二节)；

V_0——应扣除的体积。

标准墙计算厚度 表2-4-6

砖数(厚度)	$\frac{1}{4}$	$\frac{1}{2}$	$\frac{3}{4}$	1	$1\frac{1}{2}$	2	$2\frac{1}{2}$	3
计算厚度(mm)	53	115	180	240	365	490	615	740

【例2-4-7】 某工程基础如图2-4-9所示，DM M10.0干混砌筑砂浆混凝土实心砖基础，试编制砖基础砌筑项目清单(说明：①～③轴为1-1截面，Ⓐ～Ⓒ轴为2-2截面，基底垫层为C10非泵送商品混凝土，附墙砖垛凸出半砖，宽一砖半。防潮层处标高为−0.06m)。

解

1-1截面：砖基础高度 $H = 1.2$m

砖基础长度：

砖垛折加长度 $= (0.365 - 0.24) \times 0.365 \div 0.24 = 0.19$m

$L = 7 \times 3 - 0.24 + 2 \times 0.19 = 21.14$m

大放脚断面面积 $S = 0.1575m^2$，或者折加高度 $H_{折} = 0.656$m

砖基础工程量 $= 21.14 \times (1.2 \times 0.24 + 0.1575) = 9.42m^3$

或者 $V = 21.14 \times (1.2 + 0.656) \times 0.24 = 9.42m^3$

2-2截面：砖基础高度 $H = 1.2$m

砖基础长度 $L = (3.6 + 3.3) \times 2 = 13.8$m

大放脚断面面积 $S = 0.047\,3m^2$，或者折加高度 $H_{折} = 0.197$m

砖基础工程量 $V = 13.8 \times (1.2 \times 0.24 + 0.047\,3) = 4.63m^3$

或者 $V = 13.8 \times (1.2 + 0.197) \times 0.24 = 4.63m^3$

外墙基防潮层工程量在项目特征中予以描述，工程量清单见表2-4-7。

分部分项工程量清单 表2-4-7

工程名称：某工程

序号	项目编码	项目名称	项目特征	计量单位	工程数量
			D.1 砖砌体		
1	010401001001	砖基础	1-1剖，DM M10.0干混砌筑砂浆混凝土实心砖一砖条形基础，四层等高式大放脚；−0.06m标高处20mm厚DS M15.0干混地面砂浆	m^3	9.42
2	010401001002	砖基础	2-2剖，DM M10.0干混砌筑砂浆混凝土实心砖一砖条形基础，二层等高式大放脚；−0.06m标高处20mm厚DS M15.0干混地面砂浆	m^3	4.63

2)清单计价(报价)

组合内容:砂浆制作、运输,砖基础砌筑,防潮层铺设,材料运输。

【例2-4-8】 某工程DM M10.0干混砌筑砂浆混凝土实心砖砖基(规格为240mm×115mm×53mm),试确定1-1砖基的综合单价。假设人工费、材料费、机械费市场价同定额取定价,企业管理费、利润分别以“人工费+机械费”的12%、10%计取,不考虑风险费用。

解

(1)计价工程量计算

套定额4-1,砖基础工程量 $=9.42m^3$

套定额9-44,DS M15.0干混地面砂浆的工程量需要计算砖基长度,可以结合项目清单特征从清单工程量推算得:$L=9.42/[1.2\times0.24+4\times(4+1)\times0.126\times0.0625]=21.14m$

防潮层 $S=21.14\times0.24=5.07m^2$

(2)计算分部分项工程量的清单综合单价(表2-4-8)

工程量清单综合单价计算表 表2-4-8

单位及专业工程名称:某工程——建筑工程 第1页 共1页

序号	编号	名称	计量单位	数量	综合单价(元)							合计(元)
					人工费	材料费	机械费	管理费	利润	风险费用	小计	
1	010401001001	砖基础	m^3	9.42	105.165	307.625	2.347	12.901	10.751	0	438.789	4 133.392
	4-1	混凝土实心砖墙厚1砖	m^3	9.42	105.165	300.41	2.229	12.89	10.74	0	431.434	4 064.108
	9-44	防水砂浆砖基础上	m^2	5.07	0	11.628 2	0.205 5	0.025	0.021	0	11.88	60.23

注:垫层模板在措施费中计算,有砖基础抹灰时也在报价中计入。

任务实施一

某学院培训楼砖基础:内外墙下均采用DM M10.0干混砌筑砂浆砌筑MU10(240mm×115mm×53mm)混凝土实心砖基础,砖基础侧面做DS M15.0干混地面砂浆。墙体:外墙厚370mm,内墙及女儿墙厚240mm。管理费按“人工费+机械费”的15%计取,利润按“人工费+机械费”的10%计取,风险金暂定按“人工费+机械费”的2%计取。

(1)工程量清单

工程量计算规则:按设计图示尺寸以体积计算。

注意:与定额规则相同,但在清单计价时3/4砖墙的墙体计算厚度为180mm,其余墙体计算厚度与定额相同。

$V_{砖基础}=14.6m^3$

分部分项工程量清单见表2-4-9。

分部分项工程量清单 表 2-4-9

工程名称：某学院培训楼

序号	项目编码	项目名称	项目特征	计量单位	工程数量
D.1 砖砌体					
1	010401001001	砖基础	DM M10.0 干混砌筑砂浆砌筑（240mm × 115mm × 53mm）MU10 混凝土实心砖一砖半条形砖基础，砖基础高度为 1m，砖基础侧面 DM M15.0 干混地面砂浆	m^3	14.6

(2)综合单价

计价工程量：

$V_{砖基础}=14.6m^3$，$V_{防潮层}=89.8m^2$

工程量清单综合单价计算见表 2-4-10。

工程量清单综合单价计算表 表 2-4-10

单位及专业工程名称：某学院培训楼——建筑工程 第 1 页 共 1 页

序号	编号	名称	计量单位	数量	综合单价（元）							合计（元）
					人工费	材料费	机械费	管理费	利润	风险费用	小计	
1	010401001001	砖基础	m^3	14.6	112.03	371.94	3.52	17.33	11.56	2.31	518.69	7 572.87
	4-1	混凝土实心砖墙厚 1 砖	m^3	14.6	105.17	300.41	2.23	16.11	10.74	2.15	436.81	3 886.23
	9-43	防水砂浆立面	m^2	89.8	10.42	11.63	0.21	1.59	1.06	0.21	25.12	1 278.75

2. 实心砖墙（010401003 × × ×）

1)工程量清单编制

(1)适用范围：实心砖墙适用于各种类型实心砖墙。

(2)项目特征：应描述砖品种、规格、强度等，墙体类型，墙体厚度，墙体高度，勾缝要求，砂浆强度等级、配合比。例如实心墙体可分为外墙、内墙、围墙、双面混水墙、双面清水墙、单面清水墙、直形墙、弧形墙以及不同的墙厚，砌筑砂浆分为强度等级、配合比。

(3)工程量计算：按设计图示尺寸以体积计算，公式为：

$$V=(HL-S_{应扣})\times 墙厚-V_{应扣}+V_{增加}$$

①墙高 H。

外墙：平屋面算到屋面板板底，有女儿墙时，算到女儿墙顶（如压顶为混凝土算至压顶底）；坡屋面无檐口天棚者算至屋面板底，无天棚者算至屋架下弦底另加 300mm。

内墙：位于屋架下弦者，算至屋架下弦底；无屋架者算至天棚底另加 100mm；有钢筋混凝土楼板隔层算至楼板顶。

框架墙:按框架墙的净高度计算。

女儿墙:从屋面板上表面算至女儿墙顶面(如有混凝土压顶时算至压顶下表面)。

内、外山墙:按平均高度计算。

②墙长 L。

外墙:按外墙中心线长。

内墙:按内墙净长线长。

砖垛:按折加长度合并。

框架墙:按柱和柱之间净长。

③砖墙厚度:注意 3/4 砖墙墙厚 180mm 与定额计价法墙厚 178mm 的区分。

$$\text{定额墙厚 } 178\text{mm} = 0.115\text{m} + 0.01\text{m} + 0.053\text{m}$$

④墙体应扣面积:门窗洞口面积,过人洞面积,每个面积大于 0.3m^2 的孔洞。

⑤墙体计算应扣体积:嵌入墙内的钢筋混凝土柱、梁体积;进墙内的壁龛、管槽、暖气槽、消火栓箱所占体积。

⑥不扣除体积:梁头、板头等所占体积;砖墙内加固钢筋、木筋、铁件、钢管所占体积;单个面积小于 0.3m^2 孔洞所占体积。墙内砖平石旋、砖拱石旋、砖过梁等不扣除。

⑦应增加体积:附墙烟囱实体积(扣除孔洞所占体积)通风道体积。附墙烟囱的瓦管、除灰门、垃圾道门、垃圾斗、通风百叶窗、铁篦子、钢筋混凝土顶盖板等孔洞内需抹灰时,均另列项目计算。

⑧不增加体积:凸出墙面的腰线、挑檐、压顶、窗台线、虎头砖、门窗套的体积。

⑨凸出墙面的砖垛并入墙体体积内计算。

2)清单计价(报价)

组合内容包括:砂浆制作、运输,砌砖,勾缝,砖压顶砌筑,材料运输。

任务实施二

某学院培训楼实心砖墙,墙体:外墙厚 370mm,内墙及女儿墙厚 240mm,均采用 DM M7.5 干混砌筑砂浆砌筑砖(240mm×115mm×53mm)混凝土实心砖墙。管理费按"人工费+机械费"的 15% 计取,利润按"人工费+机械费"的 10% 计取,风险金暂定按"人工费+机械费"的 2% 计取。

(1)工程量清单

工程量计算规则:按设计图示尺寸以体积计算。

注意:与定额规则相同,但在清单计价时 3/4 砖墙的墙体计算厚度为 180mm,其余墙体计算厚度与定额相同。

一层墙体工程量计算如下:

外墙:$V_{外} = 26.2 + 25.02 = 51.22\text{m}^3$

内墙:$V_{内} = 9.03 + 9.03 = 18.06\text{m}^3$

女儿墙:$V_{女} = 4.26\text{m}^3$

分部分项工程量清单见表 2-4-11。

分部分项工程量清单 表 2-4-11

工程名称:某学院培训楼

序号	项目编码	项目名称	项目特征	计量单位	工程数量
			D.1 砖砌体		
1	010401003001	实心砖墙	DM M7.5 干混砌筑砂浆,混凝土实心砖砌筑(240mm × 115mm × 53mm)实心砖墙,墙体厚度 370mm,墙体高度 6.05m,外墙	m^3	51.22
2	010401003002	实心砖墙	DM M7.5 干混砌筑砂浆,混凝土实心砖砌筑(240mm × 115mm × 53mm)实心砖墙,墙体厚度 240mm,墙体高度 6.2m,内墙	m^3	18.06
3	010401003003	实心砖墙	DM M7.5 干混砌筑砂浆,混凝土实心砖砌筑(240mm × 115mm × 53mm)实心砖墙,墙体厚度 240mm,墙体高度 0.54m,女儿墙	m^3	4.26

(2)综合单价

计价工程量:

$V_{外} = 51.22m^3$;$V_{内} = 18.06m^3$;$V_{女儿墙} = 4.26m^3$

工程量清单综合单价见表 2-4-12。

工程量清单综合单价计算表 表 2-4-12

单位及专业工程名称:某学院培训楼——建筑工程 第 1 页 共 1 页

序号	编号	名称	计量单位	数量	综合单价(元)							合计(元)
					人工费	材料费	机械费	管理费	利润	风险费用	小计	
1	010401003001	实心砖墙	m^3	51.22	139.59	304.53	2.29	21.28	14.19	2.84	484.71	24 827.05
	4-6	370 标准砖墙	$10m^3$	5.122	1 395.9	3 045.29	22.87	212.82	141.88	28.38	4 847.14	24 827.05
2	010401003002	实心砖墙	m^3	18.06	139.59	304.53	2.29	21.28	14.19	2.84	484.71	875.39
	4-6	240 标准砖墙	$10m^3$	1.806	1 395.9	3 045.29	22.87	212.82	141.88	28.38	4 847.14	8 753.93
3	010401003003	实心砖墙	m^3	4.26	139.59	304.53	2.29	21.28	14.19	2.84	484.71	206.49
	4-6	240 标准砖墙	$10m^3$	0.426	1 395.9	3 045.29	22.87	212.82	141.88	28.38	4 847.14	2 064.88

3. 空斗墙(010401006 × × ×)

(1)适用各种砌法砌筑的空斗墙,砖纵横相砌,中空似斗,一般用于隔墙、围墙的砌筑。

(2)项目特征:同实心砖墙,但应描述组砌方式。

(3)工程量计算:按设计图示尺寸以空斗墙外形体积计算。

(4)墙角、内外墙交接处、门窗洞口立边、窗台砖、屋檐处的实砌部分并入空斗墙体积内。

(5)窗间墙、窗台下、楼板下、梁头下等的实砌部分,按零星砌砖项目编码列项。

4. 空花墙(010401007×××)

(1)适用于各种用砖砌成的各种镂空花式的墙。使用混凝土花格砌筑的空花墙,实砌墙体混凝土花格应分别计算,混凝土花格按混凝土及钢筋混凝土中预制构件相关项目编码列项。

(2)工程量按设计尺寸以空花部分外形体积计算,不扣除空洞部分体积。

5. 填充墙(010401008×××)

(1)适用于各类砖砌筑的双层夹墙,夹墙内按需要填充各种保温、隔热材料。

(2)除一般特征外,应描述填充材料的种类及厚度。

(3)工程量按设计图示尺寸以填充墙外形体积计算。

6. 实心砖柱(010401009×××)

(1)按设计尺寸以体积计算。扣除混凝土及钢筋混凝土梁垫、梁头、板头所占体积。

(2)项目特征应描述砖品种、规格、强度等级,砂浆强度等级、配合比,柱的类型、截面尺寸、柱高,勾缝等要求。

7. 零星砌砖(010401012×××)

(1)台阶、台阶挡墙、梯带、锅台、炉灶、蹲台、池槽、池槽腿、砖胎膜、花台、花池、楼梯栏板、阳台栏板、地垄墙、不大于0.3m^2的孔洞填塞等,应按零星砌砖项目编码列项。框架外表面的镶贴砖部分,按零星项目编码列项。

(2)项目特征除了描述基本构造内容和特征外,还应将砌砖的部位、名称、相关的构造(如垫层、基层、埋深、基础等),砖品种、规格、强度等级,砂浆强度等级、配合比等予以明确描述,必要时可将面层做法予以描述(必须有明确的内容和规格、尺寸要求)以便计价内容组合。

(3)工程量计算基本原则:按设计图示尺寸以体积、面积、长度、个计算。

①台阶:按水平投影面积计算。

②小型池槽、锅台、炉灶按外形尺寸以“个”计算。

③小便槽、地垄墙按长度计算,其他按m^3计算。

④按照清单规范规定编制可以分别列项的项目,如由于工程量不大,也可以在列项时予以合并。

(二)砌块砌体 010402001×××~010402002×××

1. 砌块墙(010402001×××)

按设计图示尺寸以体积计算,规则同砖墙。

2. 砌块柱(010402002×××)

按设计图示尺寸以体积计算,扣除钢筋混凝土梁垫、梁头、板头所占的体积。

(三)石砌体 010403001×××~010403010×××

(1)石基础、石勒脚、石墙、石柱、石护坡、石台阶按设计图示尺寸以体积计算。

(2)石坡道按图示尺寸以水平投影面积计算。

(3)地沟、石明沟按设计图示尺寸以中心线长度计算。

(四)垫层 010404001×××

(1)按设计图示尺寸以m^3计算。

(2)工作内容应包括垫层材料的拌制、垫层铺设、材料运输。

(3)项目特征应描述:垫层材料种类、配合比、厚度。

(五)其他有关问题

(1)附墙烟囱、通风道、垃圾道应按设计图示尺寸以体积(扣除孔洞所占体积)计算并入所依附的墙体体积内。当设计规定孔洞内需抹灰时,应按附录M中零星抹灰项目编码列项。

(2)砌体内加固筋的制作、安装,应按附录E中有关项目编码列项。

(3)砖砌体勾缝按附录M中有关项目编码列项。

(4)如施工图设计标注做法见标准图集时,应在项目特征描述中注明标注图集的编码、页号及节点大样。

能力训练项目

宏祥手套厂2号厂房砌筑工程计量与计价。

项目导入

宏祥手套厂2号厂房建筑施工图见《建筑工程施工图实例图集》。

背景资料:

某厂房室外地坪以下埋设砖基础:内外墙下均采用DM M10.0干混砌筑砂浆砌筑MU10(240mm×115mm×53mm)混凝土实心砖基础,砖基础在-0.06m处做240mm×300mm混凝土地圈梁,2个侧面用20mm厚1:2水泥砂浆做侧面防潮层。墙体:内外墙及女儿墙厚240mm,卫生间隔墙为120mm厚,均采用DM M7.5干混砌筑砂浆砌筑混凝土多孔砖墙。管理费按“人工费+机械费”的20%计取,利润按“人工费+机械费”的15%计取,风险费不计。

项目任务

1. 计算宏祥手套厂2号厂房砌筑工程的分部分项定额工程量。
2. 计算宏祥手套厂2号厂房砌筑工程的分部分项直接工程费。
3. 编制宏祥手套厂2号厂房砌筑工程的分部分项工程量清单。
4. 计算宏祥手套厂2号厂房砌筑工程的分部分项工程综合单价。

学生工作页

一、单项选择题

1. 外墙墙身高度,坡屋面无沿口天棚者,其高度算至(　　)。

A. 屋面板底　　B. 屋面板顶　　C. 梁底　　D. 屋架底

2. 一砖半厚的标准砖墙,计算工程量时,墙厚取值为(　　)mm。

A. 370　　B. 360　　C. 365　　D. 355

3. 内墙长度工程量应按(　　)计算。

A. 外边线　　B. 中心线　　C. 内边线　　D. 净长线

4. 计算砌筑基础工程量时,应扣除单个面积在(　　)以上的孔洞所占面积。

A. 0.15m^2　　B. 0.3m^2　　C. 0.45m^2　　D. 0.6m^2

5. 外墙墙身高度,平屋面其高度算至(　　)。

A. 屋面板底　　B. 屋面板顶　　C. 梁底　　D. 屋架底

6. 半砖厚的混凝土实心砖墙,计算工程量时,墙厚取值为(　　)mm。

A. 75　　B. 105　　C. 115　　D. 120

7. 内墙垫层长度工程量应按(　　)计算。

A. 内墙净长线　　B. 内墙中心线　　C. 垫层底净长线　　D. 基底净长线

8. 外墙长度工程量应按(　　)计算。

A. 外边线　　B. 中心线　　C. 内边线　　D. 净长线

9. 条形基础长度内墙按(　　)计算。

A. 中心线　　B. 内边线　　C. 内墙净长线　　D. 基底(垫层)净长线

10. 3/4 标准砖墙计算砌体厚度时,定额计价应按(　　)计算。

A. 150mm　　B. 165mm　　C. 178mm　　D. 180mm

11. 基础与墙身使用同一种材料时,以(　　)为界。

A. 设计室外地坪　　B. 设计室内地坪　　C. 防潮层　　D. −300mm 处

12. 基础与墙身使用不同材料时,位于设计室内地面 ±300mm 以内时,以(　　)为界。

A. 设计室外地坪　　B. 不同材料分界处

C. +300mm 处　　D. −300mm 处

13. 关于内墙墙身高度下列规定错误的是(　　)。

A. 位于屋架下弦者,其高度算至屋架下弦底

B. 无屋架有天棚不砌到顶者算至天棚底另加 100mm

C. 有钢筋混凝土楼板隔层者算至板顶

D. 有框架梁时算至梁顶面

14. 清单工程量计算规则中外墙墙身高度,有女儿墙无檐口,其高度算至(　　)。

A. 屋面板底　　B. 屋面板顶面　　C. 梁底　　D. 屋架底

15. 根据《建设工程工程量清单计价规范》(GB 50500—2013)有关规定,实心砖墙清单项目应增加的项目为(　　)。

A. 二出檐以内凸出墙面的腰线、挑檐　　B. 窗台虎头砖

C. 1/2 砖以内的门窗套、窗台线　　D. 凸出墙面的砖垛

16. 某一砖厚砖墙长 12m,高 3.6m,洞口面积 4.77m^2,有一嵌入墙内的混凝土圈梁体积为 0.69m^3,2 根预制过梁体积共为 0.18m^3,有突出墙身的窗台体积为 0.05m^3,有突出墙身的统腰线体积为 0.18m^3,砖墙体积为(　　)。

A. 10.37m^3　　B. 9.22m^3　　C. 8.53m^3　　D. 8.65m^3

17. 砖烟囱计算工程量时不应扣除(　　)。

A. 0.1m^2 以内孔洞　　B. 钢筋混凝土圈梁

C. 钢筋混凝土过梁　　D. 以上都不对

二、多项选择题

1. 计算墙体工程量时,应扣除(　　)。

A. 门窗洞口　　B. 0.3m^2的孔洞

C. 平行嵌入梁、板、柱　　D. 钢筋混凝土过梁板

2. 计算墙体工程量不应扣除(　　)。

A. 梁头　　B. 门窗走头

C. 砖墙内的加固钢筋铁件　　D. 0.6m^2 的孔洞

3. 定额计价计算墙体工程量时,下列(　　)体积不增加。

A. 突出墙身的窗台　　B. 压顶线

C. 1/2 砖以内的门窗套　　D. 二出檐以内的挑檐

4. 计算墙体工程量时,下列(　　)体积应并入墙身体积内计算。

A. 1/2 砖以上的门窗套　　B. 凸出墙面的砖垛

C. 二出檐以上的挑檐　　D. 凸出墙身统腰线

5. 关于基础砌体工程量计算,下列说法错误的是(　　)。

A. 内墙砖基础按内墙净长计算　　B. 基础大放脚 T 形接头处的重叠部分应扣除

C. 基础防潮层应扣除　　D. 附墙垛凸出部分体积不计算工程量

6. 关于内、外墙墙身高,下列规定正确的是(　　)。

A. 外墙坡屋面无檐口天棚者算至屋面板底

B. 内墙无屋架天棚者算至天棚底加高 10cm 计算

C. 内墙有钢筋混凝土楼板隔层者算至屋面板或楼板顶面

D. 外墙平屋面算至钢筋混凝土板顶面

7. 空斗墙中套零星砌体的有(　　)。

A. 设计要求实砌的窗下墙　　B. 门窗洞口立边的实砌部分

C. 墙角、内外墙交接处实砌部分　　D. 设计要求实砌的窗间墙

8. 根据《建设工程工程量清单计价规范》(GB 50500—2013)有关规定,实心砖墙项目工程量计算规则正确的是(　　)。

A. 坡屋面无檐口天棚的外墙高度计算至屋面板底

B. 有屋架且室内外均有天棚其外墙高度算至屋架下弦另加 200mm

C. 工程量按设计图示尺寸以面积计算

D. 位于屋架下弦的内墙高度算至屋架下弦底

E. 无屋架的内墙高度算至天棚底加高 100mm

9. 空斗墙中工程量应并入空斗墙内计算的实砌部分有(　　)。

A. 梁头下,楼板下实砌部分　　B. 门窗洞口立边等处的实砌部分

C. 设计要求实砌的窗间墙、窗下墙　　D. 内外墙交接处的实砌部分

10. 清单计价时不能增加墙体工程量的有(　　)。

A. 凸出墙面的腰线　　B. 凸出墙面窗台线

C. 凸出墙面砖垛　　D. 凸出墙面压顶

11. 计算清单墙体工程量时应扣除的体积有(　　)。

A. 门窗洞口　　B. 嵌入墙内的混凝土梁、柱

C. 嵌入墙内的消火栓　　D. 梁头、钢管、铁件等

三、定额换算题

根据表 2-4-13 所列信息,完成定额换算。

表 2-4-13

序号	定额编号	工程名称	定额计量单位	基价	基价计算式
1		干混砌筑砂浆 DM M10.0,砌筑混凝土实心一砖墙			
2		干混砌筑砂浆 DM M5.0,砌筑混凝土实心半砖墙			
3		干混砌筑砂浆 DM M7.5, 砌筑弧形混凝土多孔砖 1/2 砖墙			
4		干混砌筑砂浆 DM M5.0, 砌筑弧形混凝土多孔砖一砖墙			
5		干铺碎石垫层,上有砖基础			
6		混凝土实心砖空斗墙(一斗一盖,需要灌肚料,就地取材)			
7		加气混凝土砌块专用连接件(轻质砌块间的连接)			
8		块石挡土墙干砌,墙高 5m			

四、计算分析题

试计算图 2-4-11 所示的 DM M5.0 干混砌筑砂浆砌筑混凝土实心砖内外墙工程量。已知:窗 C1 框外围尺寸 1 480mm×1 480mm(洞口尺寸 1 500mm×1 500mm),门 M1 框外围尺寸 1 180mm×2 390mm(洞口尺寸 1 200mm×2 400mm),现浇板处设圈梁一道(包括砖垛、内墙上)断面均为 240mm×240mm,门窗洞口上预制过梁 240mm×120mm,长度为洞口 +500mm,图中附墙砖垛凸出一砖,宽一砖半。

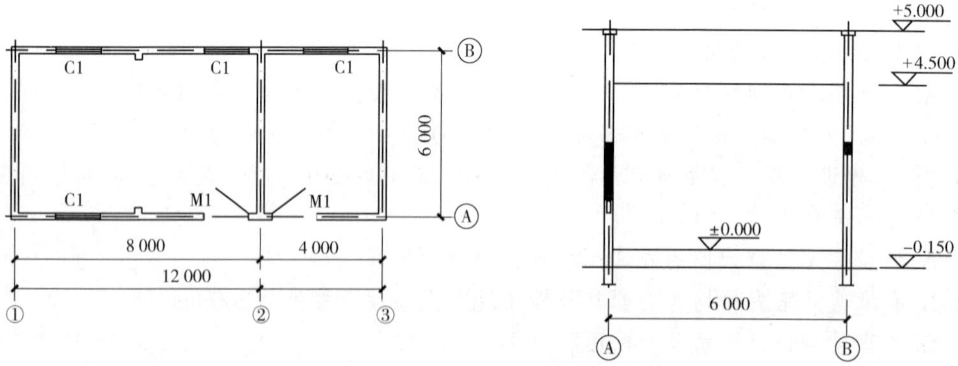

图 2-4-11　(尺寸单位:mm)

单元五 混凝土及钢筋混凝土工程

教学课件

【能力目标】

1. 能够计算垫层、基础、柱、梁、板、墙、楼梯、阳台、挑檐、压顶等的定额工程量。

2. 能够准确套用定额，并计算垫层、基础、柱、梁、板、墙、楼梯、阳台、挑檐、压顶等的直接工程费。

3. 能够编制垫层、带形基础、独立基础、满堂基础、矩形柱、基础梁、矩形梁、圈梁、过梁、有梁板、平板、雨篷、阳台板、直形楼梯、散水、坡道、现浇构件钢筋等分部分项工程量清单。

4. 能够计算垫层、带形基础、独立基础、满堂基础、矩形柱、基础梁、矩形梁、圈梁、过梁、有梁板、平板、雨篷、阳台板、直形楼梯、散水、坡道、现浇构件钢筋等分部分项工程的综合单价。

5. 能够灵活运用建筑工程预算定额，进行混凝土及钢筋混凝土工程的定额换算。

6. 能够熟练识读钢筋平法结构施工图纸。

7. 能够准确计算柱、梁、板钢筋的工程量。

【知识目标】

1. 了解建筑物中的混凝土工程项目：基础、柱、梁、板、墙等主体结构构件，楼梯、阳台、栏板、雨篷、檐沟等工程辅助构件的施工工艺及相应的基础知识。

2. 掌握混凝土及钢筋混凝土工程定额的使用及换算方法。

3. 掌握混凝土及钢筋混凝土工程垫层、基础、柱、梁、板、墙、楼梯、阳台、挑檐、压顶等的定额工程量的计算规则。

4. 了解混凝土及钢筋混凝土工程的 76 个清单子目构成。

5. 掌握混凝土及钢筋混凝土工程 15 个清单项目：垫层、带形基础、独立基础、满堂基础、矩形柱、基础梁、矩形梁、圈梁、过梁、有梁板、平板、雨篷、阳台板、直形楼梯、散水、坡道、现浇构件钢筋的清单工程量的计算方法。

6. 熟悉混凝土及钢筋混凝土工程 15 个清单项目：垫层、带形基础、独立基础、满堂基础、矩形柱、基础梁、矩形梁、圈梁、过梁、有梁板、平板、雨篷、阳台板、直形楼梯、散水、坡道、现浇构件钢筋的分部分项工程量清单编制方法。

7. 掌握混凝土及钢筋混凝土工程 15 个清单项目：垫层、带形基础、独立基础、满堂基础、矩形柱、基础梁、矩形梁、圈梁、过梁、有梁板、平板、雨篷、阳台板、直形楼梯、散水、坡道、现浇构件钢筋综合单价的确定方法。

8. 掌握钢筋工程柱、梁、板的钢筋工程量计算方法。

项目导入

1. 施工图纸:某学院培训楼建筑、结构施工图见附录三。

2. 设计说明:本工程采用商品泵送(部分非泵送)混凝土,混凝土强度等级为:垫层,C15;±0.00以下,C30;±0.00以上,C25;模板使用复合木模,层高3.6m。垫层、基础、梁、板、柱、楼梯、圈过梁等混凝土构件相应尺寸参见相关图纸。采用清单计价时,管理费按"人工费+机械费"的15%计取,利润为"人工费+机械费"的10%计取,风险金暂定为"人工费+机械费"的2%。

项目任务

1. 计算某学院培训楼混凝土及钢筋混凝土工程的分部分项定额工程量。

2. 计算某学院培训楼混凝土及钢筋混凝土工程的分部分项直接工程费、施工技术措施费。

3. 编制某学院培训楼混凝土及钢筋混凝土工程的分部分项工程量清单。

4. 计算某学院培训楼混凝土及钢筋混凝土工程的分部分项工程综合单价。

任务分析

熟悉某学院培训楼施工图纸,收集相关计价依据,拟解决以下问题:

1. 钢筋混凝土基础有哪几种类型?钢筋混凝土柱、梁、板有哪几种类型?该培训楼有哪种类型的基础、柱、梁、板?

2. 计算混凝土及钢筋混凝土工程量前应确定哪些技术资料?

3. 该培训楼室外地坪标高、砖基础基底标高、砌筑砂浆类型?

4. 混凝土及钢筋混凝土工程定额项目有哪些?如何套用?工程量计算规则如何?

5. 混凝土及钢筋混凝土工程分部分项工程量清单项目如何设置?工程量如何计算?综合单价如何计算?

一 基础知识

(一)混凝土工程

1. 现浇混凝土工程项目

按构件部位、作用及其性质划分,建筑物中的混凝土工程项目主要有:

(1)基础、柱、梁、板、墙——主体结构构件。

(2)楼梯、阳台、栏板、雨篷、檐沟——工程辅助构件。

1）基础

基础按外形分为：条形基础、独立基础、杯形基础、满堂基础（又称筏形基础）、箱式基础，在条形基础下设有桩基础时，又统称为“桩承台”。

（1）条形基础。条形基础也称带形基础，它又分为无梁式（板式基础）和有梁式（有肋条形基础）两种，如图 2-5-1 所示。

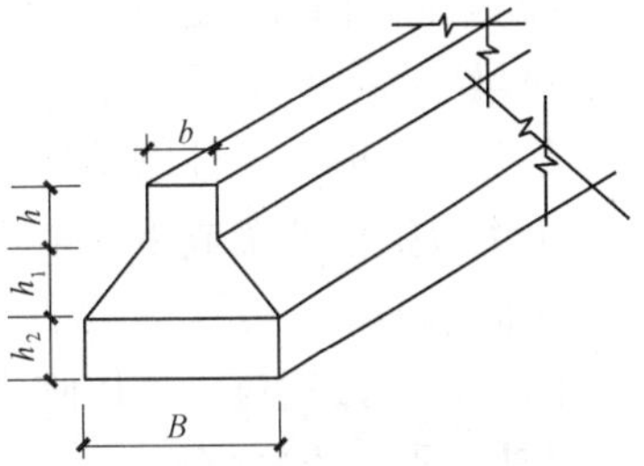

图 2-5-1　混凝土条形基础示意图

（2）满堂基础。满堂基础是指由成片的钢筋混凝土板支承着整个建筑，一般分为无梁式满堂基础、梁式满堂基础和箱式满堂基础 3 种形式。无梁式满堂基础也称板式基础，有扩大或角锥形柱墩时，应并入无梁式满堂基础内计算；有梁式满堂基础也称梁板式基础，相当于倒置的有梁板或井格形板，如图 2-5-2 所示；箱式满堂基础是指由顶板、底板及纵横墙板连成整体的基础，如图 2-5-3 所示。

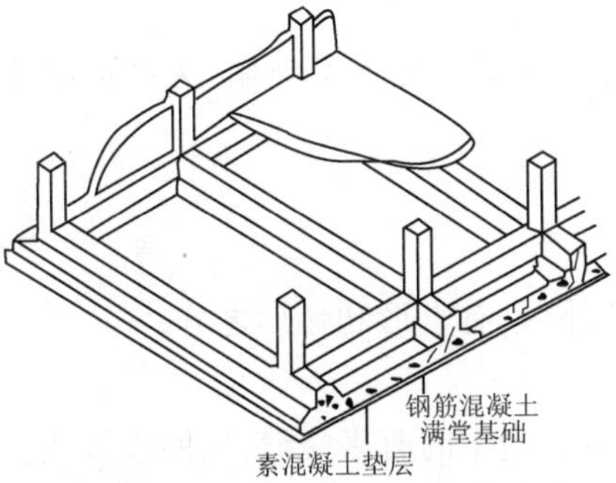

图 2-5-2　梁式满堂基础示意图

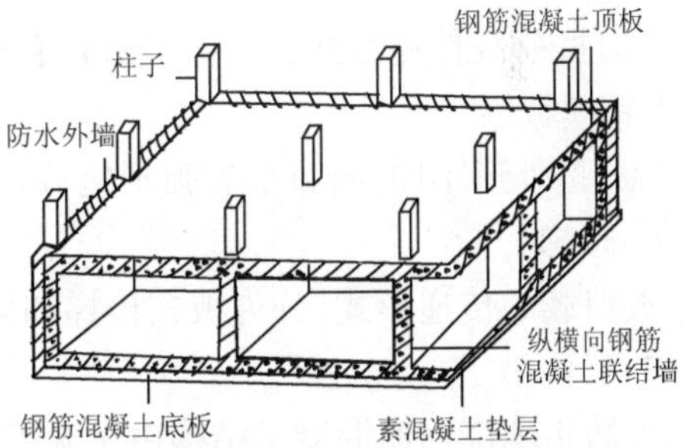

图 2-5-3　箱式满堂基础示意图

（3）柱下独立基础。柱下独立基础常用断面尺寸有四棱锥台形、杯形、踏步形等，具体如图 2-5-4、图 2-5-5 所示。

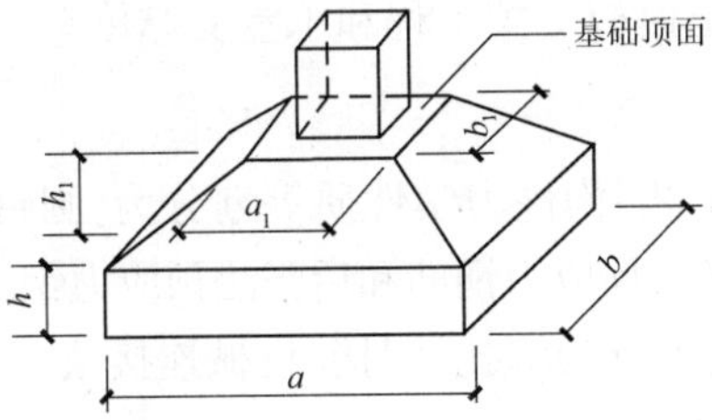

图 2-5-4　四棱锥台形基础示意图

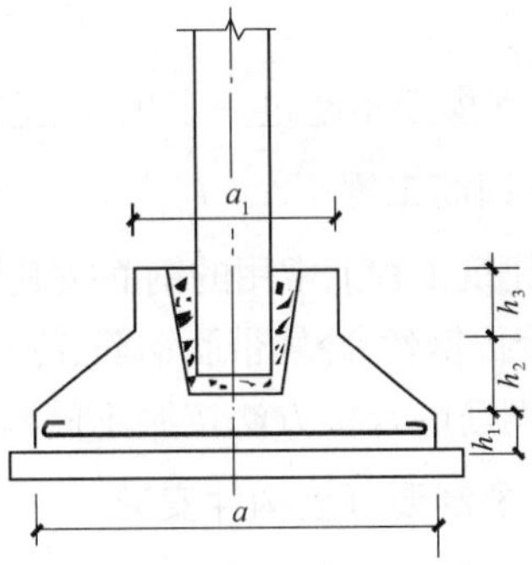

图 2-5-5　杯形基础示意图

2）柱

（1）按其作用，分为独立柱和构造柱。

独立柱常见于承重独立柱、框架柱、有梁板柱、无梁板柱、构架柱等。

构造柱是指按建筑物刚性要求设置的、先砌墙后浇捣的柱，按设计规范要求，需设与墙体咬接的马牙槎。

(2)按断面形状,分为矩形、圆形、异形柱。

3)梁

基础梁一般用于柱网结构或不宜设墙基的构造部位,可不再设墙基。

单梁包括框架梁或单独承重梁,按断面或外形形状分为矩形梁、异形梁、弧形梁、拱形梁、薄腹屋面梁等。

圈梁是指按建筑物整体刚度要求,沿墙体水平封闭设置的构件,按布置情况有矩形和弧形(布置轴线非直线)之分。

过梁用于承受洞口上部荷载并传递给墙体的单独小梁。

4)板

(1)按荷载传递形式,分为平板、有梁板(包括密肋板、井字板)、无梁板。

(2)按外形或结构形式不同,分为拱形板、薄壳屋盖等。

5)墙

(1)按荷载传递形式,分为钢筋混凝土剪力墙、钢筋混凝土地下室外墙、无筋混凝土挡土墙、大钢模板墙。

(2)按外形不同,有直形和弧形之分。

6)楼梯

按荷载的传递形式,分为板式楼梯和梁式楼梯;按外形,有直形和弧形之分。

7)后浇带

为防止现浇钢筋混凝土结构由于温度、收缩不均可能产生的有害裂缝,按照设计或施工规范要求,在板、墙、梁相应位置留设临时施工缝,将结构暂时划分为若干部分,经过构件内部收缩,在若干时间后再浇捣该施工缝混凝土,将结构连成整体。

设置后浇带的位置、距离通过设计计算确定,其宽度考虑施工简便,避免应力集中,常为800~1 200mm。后浇带部位填充的混凝土强度等级需比原结构等级提高一级。

2. 超危支撑架

超危支撑架指超过一定规模、危险性较大的混凝土模板支撑工程和承重支撑体系。

(二)钢筋工程

(1)建筑工程上常用的钢筋按其轧制外形及加工工艺、构件力学性质等划分为:圆钢筋、螺纹钢筋、冷拔钢丝、冷轧带肋钢筋、冷轧扭钢筋,以及先张法预应力钢筋和后张法预应力钢筋。

(2)钢筋的连接方法按照不同构件要求、施工工艺等分为绑扎、焊接、机械连接法。

(三)预制混凝土构件安装

装配式混凝土构件安装定额项目适用于以标准化设计、工厂化生产、装配化施工生产方式建造的建筑物,装配式混凝土构件按成品购入编制,装配式建筑物中的现浇混凝土、钢筋和模板按定额说明,分别执行相应定额。

二 定额的套用和工程量的计算

定额子目:4 节,分别为现浇混凝土、钢筋、模板及混凝土装配式结构工程,共 251 个子目,各小节子目划分情况见表 2-5-1。

定额子目划分 表 2-5-1

定额节			子目数	定额节			子目数
一	混凝土（35）	现浇混凝土	34	三	模板（95）	基础模板	20
		现场搅拌混凝土调整费	1			建筑物模板	75
二	钢筋（61）	现浇构件圆钢筋	2			其中：(1)构件模板	73
		现浇构件带肋钢筋	8			(2)超危支撑架	2
		箍筋及其他	8	四	装配式混凝土构件（60）	构件安装	38
		桩及地下连续墙钢筋笼	11			后浇混凝土	22
		后张法预应力钢丝束	8			其中：(1)浇捣	4
		钢筋连接、植筋	21			(2)钢筋	14
		预埋铁件、螺栓制作安装	3			(3)模板	4

(一)定额说明及其应用

1. 现浇混凝土工程

1)混凝土

(1)定额中混凝土除另有注明外均按泵送商品混凝土编制，实际采用非泵送商品混凝土、现场搅拌混凝土时仍套用泵送定额，混凝土价格按实际使用的种类换算，混凝土浇捣人工乘以表 2-5-2 中相应系数，其余不变。现场搅拌的混凝土还应按混凝土消耗量执行现场搅拌调整费定额。

建筑物人工调整系数表 表 2-5-2

序号	项目名称	人工调整系数	序号	项目名称	人工调整系数
1	基础	1.50	4	墙、板	1.30
2	柱	1.05	5	楼梯、雨篷、阳台、栏板及其他	1.05
3	梁	1.40			

【例 2-5-1】 定额换算，见表 2-5-3。

例 2-5-1 定额换算表 表 2-5-3

定额编号	项目名称	计量单位	基价（元）	基价计算式
5-16H	C30 商品混凝土非泵送平板	$10m^3$	5 108.65	5 171.71 + (438 − 461) × 10.1 + 423.09 × 0.3
5-6H	C25 现浇现拌混凝土矩形柱	$10m^3$	5 042.3	5 584.9 + (298.96 − 416) × 10.1 + 876.15 × 0.05 + 595.7

(2)毛石混凝土，定额毛石的投入量按 18% 考虑，如设计不同时，毛石、混凝土的体积按设计比例调整。

(3)设计要求需进行温度控制的大体积混凝土，温度控制费用按照经批准的专项施工方案另行计算。

(4)基础：

①基础与上部结构的划分以混凝土基础上表面为界。

②基础与垫层的划分，一般以设计确定为准，如设计不明确时，以厚度划分：150mm 以下

的为垫层,150mm 以上的为基础。

③设计为条形基础的单位工程,如仅楼(电)梯间、厨厕间等少量部位采用满堂基础时,其工程量并入条形基础计算。

④箱形基础的底板(包括边缘加厚部分)套用无梁式满堂基础定额,其余套用柱、梁、板、墙相应定额。

⑤设备基础仅考虑块体形式,执行混凝土及钢筋混凝土基础定额,其他形式设备基础分别按基础、柱、梁、板、墙等有关规定计算,套用相应定额。

(5)设备基础预留螺栓孔洞及基础面的二次灌浆按非泵送混凝土编制,如设计灌注材料与定额不同时,按设计调整。

(6)柱、梁、板计算分别套用相应定额,暗柱、暗梁分别并入相连构件内计算。

(7)当柱的 a 与 b 之比小于4 时按柱相应定额执行,大于4 时按墙相应定额执行(图2-5-6)。

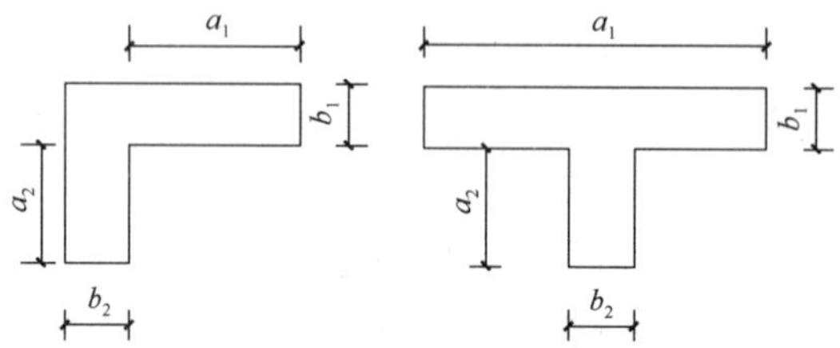

图2-5-6　柱结构示意图

(8)地圈梁套用圈梁定额,异形梁、梯形梁、变截面矩形梁套用矩形梁、异形梁定额。

(9)斜梁(板)按 10° < 坡度 $\alpha \leq 30°$ 综合编制。斜梁(板)坡度 $\alpha \leq 10°$ 时,执行普通梁、板项目;30° < 坡度 $\alpha \leq 45°$ 时,人工乘以系数 1.05;坡度 $\alpha > 45°$ 以上时,按墙相应定额执行。

(10)现浇屋脊、斜脊并入所依附的板内计算,单独屋脊、斜脊按压顶考虑套用定额。

(11)压型钢板上浇捣混凝土,执行平板项目,人工乘以系数 1.10。

【例 2-5-2】　定额换算,见表 2-5-4。

例 2-5-2 定额换算表　　表 2-5-4

定额编号	项 目 名 称	计 量 单 位	基价(元)	基价计算式
5-142H	现浇混凝土板坡度为40°组合钢模	$100m^2$	3 530.62	3 433.02 + 1 951.97 × 0.05

(12)屋面女儿墙、栏板(含扶手)及翻沿净高度在 1.2m 以上时套用墙相应定额,小于 1.2m时套用栏板相应定额,小于 250mm 时体积并入所依附的构件计算。

(13)凸出混凝土柱、墙、梁、阳台梁、栏板外侧面的线条,凸出宽度小于 300mm 的工程量并入相应构件内计算,凸出宽度大于 300mm 的按雨篷定额执行。

(14)弧形阳台、雨篷按普通阳台、雨篷定额执行。现浇飘窗板、空调板、水平遮阳板等平挑檐外挑小于 500mm 时,并入板内计算;外挑大于 500mm 时,套用雨篷定额。拱形雨篷套用拱形板定额,非全悬挑的阳台、雨篷按梁、板有关规则计算并套用相应定额。阳台不包括阳台栏板及单独压顶内容,发生时执行相应定额。

(15)屋面挑出的带翻沿平挑檐套用檐沟、挑檐定额。

(16)屋面内天沟按梁、板规则计算,套用梁、板相应定额。雨篷与檐沟相连时,梁板式雨篷按雨篷规则计算并套用相应定额,板式雨篷并入檐沟计算。

(17)楼梯设计指标超过表2-5-5中定额取定值时,混凝土浇捣定额按比例调整,其余不变。

楼梯底板折实厚度取定表 表2-5-5

项目名称	指标名称	取定值(mm)	备注
直形楼梯	底板厚度	180	梁式楼梯的梯段梁并入楼梯底板内计算折实厚度
弧形楼梯		300	

(18)独立现浇门框按构造柱项目执行。

2)钢筋

(1)钢筋工程按现浇构件钢筋、地下连续墙钢筋、桩钢筋等不同用途、不同强度等级和规格,以圆钢、螺纹钢、箍筋及钢绞线等分别列项,发生时分别套用相应定额。

(2)除定额规定单独列项计算外,各类钢筋、铁件的制作成型、绑扎、接头、安装及固定所用人工、材料、机械消耗均已综合在相应项目内。

(3)钢筋连接接头:

①除定额另有说明外,均按绑扎搭接计算。

②当设计规定采用直螺纹、锥螺纹、冷挤压、电渣压力焊和气压焊连接时,则以设计规定的连接方式按个数计算套用相应定额。

(4)现场预制桩钢筋按现浇构件钢筋定额执行。

(5)除模板所用铁件及成品构件内已包括的铁件外,定额均不包括混凝土构件内的预埋铁件,预埋铁件及用于固定或定位预埋铁件(螺栓)所消耗的钢筋、钢板、型钢等应按设计图示计算工程量,按铁件定额执行。

3)模板

(1)现浇混凝土构件的模板按照不同构件,分别以组合复合木模、铝模、钢模单独编制,模板的具体组成规格、比例、复合木模的材质及支撑方式等定额已综合考虑;定额未注明模板类型的,均按复合木模考虑。

(2)铝模板考虑实际工程使用情况,仅适用上部主体结构。

(3)铝模板材料价格已包含铝模板回库维修等相关费用。

(4)有梁式基础模板仅适用于基础表面有梁上凸时,仅带有下翻或暗梁的基础套用无梁式基础定额。

(5)圆弧形基础模板套用基础相应定额,另按弧形侧边长度计算基础侧边弧形增加费。

(6)地下室底板模板套用满堂基础定额,集水井杯壳模板工程量合并计算;设计为条形基础的单位工程,如仅楼(电)梯间、厨厕间等少量部位采用满堂基础时,其工程量并入条形基础计算。

(7)异形柱、梁是指柱、梁的断面形状为L形、十字形、T形、Z形的柱、梁,套用异形柱、梁定额。地圈梁模板套用圈梁定额;梯形、变截面矩形梁模板套用矩形梁定额;单独现浇过梁模板套用矩形梁定额;与圈梁连接的过梁模板套用圈梁定额。

(8)屋面内天沟按梁、板规则计算,套用梁、板相应定额。雨篷与檐沟相连时,梁板式雨篷按雨篷规则计算并套用相应定额,板式雨篷并入檐沟计算。

(9)弧形楼梯指梯段为弧形的楼梯,仅平台弧形的,按直形楼梯定额执行,平台另计弧形板增加费。

(10)凸出混凝土梁、墙面的线条,并入相应构件内计算,另按凸出的棱线道数执行模板增加费项目;但单独窗台板、拦板扶手、墙上压顶的单阶挑沿不另计算模板增加费;其他单阶线条凸出宽度大于300mm的套用雨篷定额。

(11)小型构件是指单件体积在0.1m^3以内的小型混凝土构件。小型构件定额已综合考虑了现浇和预制的情况,统一执行小型构件定额,发生时不做调整。

(12)外形尺寸体积在1m^3以内的池槽执行小型构件项目,1m^3以上的池槽执行定额“第十七章　构筑物、附属工程”相应定额。

(13)现浇钢筋混凝土柱(不含构造柱)、梁(不含圈、过梁)、板、墙的支模高度按结构层高3.6m以内编制,超过3.6m时,工程量包括3.6m以下部分,另按相应超高定额计算;斜板(梁)或拱形结构按板(梁)顶平均高度确定支模高度,电梯井壁按建筑物自然层层高确定支模高度。

【例2-5-3】　定额换算,见表2-5-6。

例2-5-3定额换算表　　表2-5-6

定额编号	项目名称	计量单位	基价(元)	基价计算式
5-129+5-137	矩形梁组合钢模,层高4.2m	100m^2	5 115.84	4 672.97+442.87

(14)当一字形柱a与b之比小于4时按矩形柱相应定额执行,异形柱a与b之比小于4时按异形柱相应定额执行,大于4时套用墙相应定额。

4)超危支撑架

适用于搭设高度8m及以上,或搭设跨度18m及以上,或施工总荷载(设计值)15kN/m^2及以上,或集中线荷载(设计值)20kN/m及以上的混凝土模板支撑工程;适用于钢结构安装等满堂支撑体系,承受单点集中荷载7kN及以上的承重支撑体系;若遇到其他危险性较大的分部分项工程应按施工技术方案另行计算。

2.装配式混凝土结构工程

1)构件安装

(1)构件按成品购入构件考虑,构件价格已包含了构件运输至施工现场指定区域、卸车、堆放发生的费用。

(2)装配式混凝土结构工程构件吊装机械综合取定,按定额“第十九章　垂直运输工程”相关说明及计算规则执行。

(3)构件安装包含了结合面清理、指定位置堆放后的构件移位及吊装就位、构件临时支撑、注浆及拆除临时支撑的全部消耗量。构件临时支撑的搭设及拆除已综合考虑了支撑(含支撑用预埋铁件)种类、数量、周转次数及搭设方式,实际不同不予调整。

(4)构件安装定额中,构件底部坐浆按砌筑砂浆铺筑考虑,遇设计采用灌浆料的,除灌浆材料单价换算外,每10m^2构件安装定额另行增加人工0.60工日、HYB50-50-1型液压注浆泵0.30台班,其余不变。

(5)墙板安装定额不分是否带有门窗洞口,均按相应定额执行。凸(飘)窗安装定额适用于单独预制的凸(飘)窗安装,依附于外墙板制作的凸(飘)窗,其工程量并入外墙板计算,该板块安装整体套用外墙板安装定额,人工和机械用量乘以系数1.30。

(6)楼梯休息平台安装按平台板结构类型不同,分别套用整体楼板或叠合楼板相应定额。

(7)女儿墙安装按构件净高以0.6m以内和1.4m以内分别编制,构件净高1.4m以上时套用外墙板安装定额。压顶安装定额适用于单独预制的压顶安装。

(8)装配式混凝土结构工程构件安装支撑高度按结构层高3.6m以内编制的,高度超过3.6m时,每增加1m,人工乘以系数1.15,钢支撑、零星卡具、支撑杆件乘以系数1.30计算。后浇混凝土模板支模高度超过3.6m按现浇相应模板的超高定额计算。

2)后浇混凝土

(1)后浇混凝土定额适用于装配式整体式结构工程,用于与预制混凝土构件连接,使其形成整体受力构件,由混凝土、钢筋、模板等子目组成。除下列部位外,其他现浇混凝土构件按现浇混凝土、钢筋和模板相应项目及规定执行:

(1)预制混凝土柱与梁、梁与梁接头,套用梁、柱接头定额。

(2)预制混凝土梁、墙、叠合板顶部及上部搁置叠合板的全断面混凝土后浇梁,套用叠合梁、板定额。

(3)预制双叶叠合墙板内及叠合墙板端部边缘,套用叠合剪力墙定额。

(4)预制墙板与墙板间、墙板与柱间等端部边缘连接墙、柱,套用连接墙、柱定额。

(二)工程量的计算

1.现浇混凝土

(1)混凝土工程量除另有规定者外,均按设计图示尺寸以体积计算。不扣除构件内钢筋、预埋铁件所占体积。型钢混凝土中型钢骨架所占体积按(密度)7850kg/m³ 扣除。

(2)基础与垫层:按设计图示尺寸以体积计算,不扣除伸入承台基础的桩头所占体积。

任务实施一

某学院培训楼基础垫层浇捣:采用商品非泵送混凝土,混凝土强度等级为C15,基础垫层模板使用复合木模。

(1)定额工程量

$V_{商品非泵送混凝土基础垫层浇捣} = (11.1 + 0.6 \times 2) \times (6 + 0.6 \times 2) \times 0.1 = 8.86m^3$

$S_{基础垫层模板} = (11.1 + 0.6 \times 2 + 6 + 0.6 \times 2) \times 2 \times 0.1 = 3.9m^2$

(2)直接工程费

套定额5-1,基价=4 503.4元/10m³

现浇现拌混凝土基础垫层浇捣直接工程费=8.86×450.34=3 990.01元

(3)技术措施费

基础垫层模板:套定额5-97,基价=3 801.89元/100m²

基础垫层模板技术措施费=3.9×38.018 9=148.27元

(3)基础。

①条形基础。

a.外墙按中心线、内墙按基底净长线计算,独立柱基间条形基础按基底净长线计算,附墙垛基础并入基础计算。

b. 基础搭接体积按图示尺寸计算。

c. 有梁条形基础梁面以下凸出的钢筋混凝土柱并入相应基础内计算。

d. 不分有梁式与无梁式均按条形基础项目计算,有梁式条形基础,梁高(指基础扩大顶面至梁顶面的高)小于1.2m时合并计算,大于1.2m时,扩大顶面以下的基础部分,按条形基础项目计算,扩大顶面以上部分,按墙项目计算。

②满堂基础:满堂基础范围内承台、地梁、集水井、柱墩等并入满堂基础内计算。

③箱式基础:分别按基础、柱、墙、梁、板等有关规定计算。

④设备基础:设备基础除块体(块体设备基础是指没有空间的实心混凝土形状)以外其他类型设备基础分别按基础、柱、墙、梁、板等有关规定计算;工程量不扣除螺栓孔所占的体积,螺栓孔内及设备基础二次灌浆按设计图示尺寸另行计算,不扣除螺栓及预埋铁件体积。

任务实施二

某学院培训楼商品泵送混凝土满堂基础浇捣:采用商品泵送混凝土,混凝土强度等级为C30,模板使用复合木模。

(1)定额工程量

①商品泵送混凝土满堂基础浇捣

长方体:$V_1=(11.1+0.5\times2)(6+0.5\times2)\times0.2=16.94\text{m}^3$

棱台:$V_2=1/6H[AB+ab+(A+a)(B+b)]$

$=0.1/6[(12.1-0.15\times2)\times(7-0.15\times2)+(11.8+12.1)(6.7+7)+12.1\times7]$

$=8.18\text{m}^3$

上翻梁:$V_3=0.2\times0.5\times(11.1+6)\times2+0.2\times0.4\times[(6-0.25\times2)\times2+(4.5-0.2\times2)]$

$=4.63$

小计:29.75m^3

②满堂基础模板

长方体:$S_1=(11.6+0.25\times2+6+0.25\times2)\times2\times0.2=7.44\text{m}^2$

棱台:$S_2=(6+0.25\times2+11.6+0.25\times2)\times2\times0.18=6.70\text{m}^2$

上翻梁:$S_3=(6+11.6)\times2\times0.2+(6-0.25\times2+3.3-0.25-0.2)\times2\times0.2\times2+(2.1-0.25-0.2+4.5-0.2\times2)\times2\times0.2+(3.9-0.25-0.2+4.5-0.2\times2)\times2\times0.2=19.04\text{m}^2$

$S_{总}=7.44+6.7+19.04=33.18\text{m}^2$

(2)直接工程费

套定额5-4,基价=4 892.69元/10m^3

商品泵送混凝土满堂基础浇捣直接工程费=29.75×489.27=14 555.78元

(3)技术措施费

满堂基础复合木模:套定额5-107,基价=3 626.46元/ 100m^2

技术措施费=33.18×32.26=1 070.39元

(4)现浇混凝土框架结构分别按柱、梁、板、墙的有关规定计算。

(5)柱:按设计图示尺寸以体积计算。

①柱高按基础顶面或楼板上表面算至柱顶面或上一层楼板上表面。

②无梁板柱高按基础顶面(或楼板上表面)算至柱帽下表面。

③构造柱高度按基础顶面(或楼板上表面)至框架梁、连续梁等单梁(不含圈、过梁)底标高计算,与墙咬接的马牙槎混凝土浇捣按柱高每侧30mm合并计算。

④依附柱上的牛腿,并入柱身体积内计算。

⑤钢管混凝土柱以管内设计灌混凝土高度乘以钢管内径以体积计算,如图2-5-7所示。

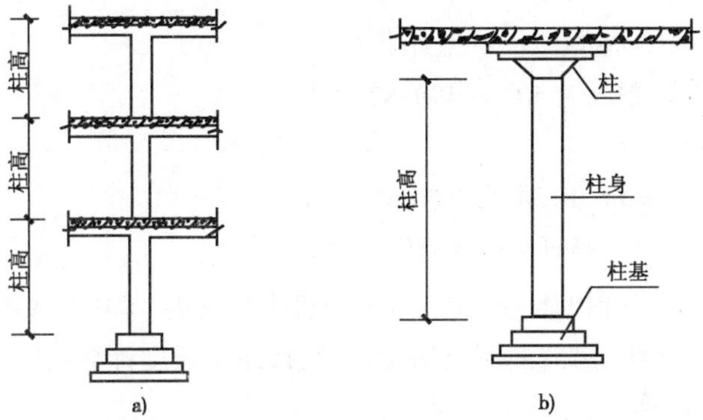

图2-5-7　现浇钢筋混凝土柱高计算示意图

任务实施三

某学院培训楼商品泵送混凝土柱浇捣:采用商品泵送混凝土,混凝土强度等级C30,层高3.6m,模板使用复合木模。

(1)定额工程量

①商品泵送混凝土矩形柱浇捣

$H=1.5-0.5+7.17=8.17\text{m}$

$V_{z1}=0.5\times0.5\times8.17\times4=8.17\text{m}^3$

$V_{z2}=0.4\times0.5\times8.17\times4=6.536\text{m}^3$

$V_{z3}=0.4\times0.4\times8.17\times2=2.614\text{m}^3$

小计:$V=8.17+6.536+2.614=17.32\text{m}^3$

②商品泵送混凝土矩形构造柱浇捣

$V=0.24\times0.3\times0.54\times8=0.312\text{m}^3$

③矩形柱模板

$[0.5\times4\times4+(0.4+0.5)\times2\times4+0.4\times4\times2]\times8.17=150.33\text{m}^2$

④构造柱模板

$S=(0.24+0.3)\times2\times0.54\times8=4.67\text{m}^2$

(2)直接工程费

①商品泵送混凝土矩形柱浇捣

套定额5-6,基价=5 584.19元/$10m^3$

商品泵送混凝土矩形柱浇捣直接工程费=17.32×558.42=9 671.83元

②女儿墙构造柱

套定额5-7,基价=5 754.93元/$10m^3$

女儿墙构造柱浇捣直接工程费=0.312×575.49=179.55元

(3)技术措施费

①矩形柱复合木模

套定额5-119,基价=4 333.21元/$100m^2$

技术措施费=4 333.21×1.50=6 499.82元

②构造柱复合木模

套定额5-123,基价=4 058.34元/$100m^2$

技术措施费=4 058.34×0.046 7=189.52元

(6)梁:按设计图示尺寸以体积计算,伸入砖墙内的梁头、梁垫并入梁体积内。

①梁与柱、次梁与主梁、梁与混凝土墙交接时,按净空长度计算;伸入砌筑墙体内的梁头及现浇的梁垫并入梁内计算。

②圈梁与板整体浇捣的,圈梁按断面高度计算。

任务实施四

某学院培训楼商品泵送混凝土框架梁浇捣:采用商品泵送混凝土,混凝土强度等级为C30;非泵送商品混凝土过梁:采用非泵送商品混凝土,混凝土强度等级为C25。层高3.6m,模板使用复合木模。

(1)定额工程量

①商品泵送混凝土矩形梁浇捣

a.标高3.57m

KL1(370×500)

$V_{KL1}=0.37\times0.5\times(11.1-0.5-0.4\times2)=1.813m^3$

KL2(370×500)

$V_{KL2}=0.37\times0.5\times(6-0.5)\times2=2.035m^3$

KL3(370×500)

$V_{KL3}=0.37\times0.5\times(11.1-0.5-0.4\times2)=1.813m^3$

KL4(240×500)

$V_{KL4}=0.24\times0.5\times(6-0.5-0.4)\times2=1.224m^3$

KL5(240×500)

$V_{KL5}=0.24\times0.5\times(4.5—0.4)=0.492m^3$

b. 标高 7.17m

KL1, KL2, KL3 (370 × 650)

$V_{KL1、2、3} = 0.37 \times 0.65 \times 30.60 = 7.36m^3$

KL4, KL5 (240 × 500)

$V_{KL4、5} = 0.24 \times 0.5 \times 14.30 = 1.716m^3$

矩形梁小计：$V_{梁} = 16.45m^3$

②非泵送商品混凝土过梁浇捣

GL24 (370 × 240)：$(2.4 + 0.5) \times 0.37 \times 0.24 \times 2 = 0.515m^3$

GL18 (370 × 180)：$[(1.5 + 0.5) \times 8 + (1.8 + 0.5) \times 2] \times 0.37 \times 0.18 = 1.372m^3$

GL12 (240 × 120)：$(0.9 + 0.25) \times 0.24 \times 0.12 \times (4 + 2) = 0.199m^3$

小计：$V = 2.086m^3$

③矩形梁模板

a. 3.37m 梁模板

$(3.3 - 0.25 - 0.2) \times 0.5 \times 2 \times 4 = 11.4m^2$

$(3.3 - 0.25 - 0.2) \times 0.37 \times 4 = 4.22m^2$

$(6 - 0.25 \times 2) \times 0.5 \times 2 \times 2 = 11m^2$

$(6 - 0.25 \times 2) \times 0.37 \times 2 = 4.07m^2$

$(4.5 - 0.2 \times 2) \times 0.5 \times 2 \times 3 = 12.3m^2$

$(4.5 - 0.2 \times 2) \times 0.37 \times 2 = 3.03m^2$

$(4.5 - 0.2 \times 2) \times 0.24 = 0.98m^2$

$(3.9 - 0.2 - 0.25) \times 0.5 \times 2 \times 2 = 6.9m^2$

$(2.1 - 0.2 - 0.25) \times 0.5 \times 2 \times 2 = 3.3m^2$

$(3.9 - 0.2 - 0.25) \times 0.24 \times 2 = 1.66m^2$

$(2.1 - 0.2 - 0.25) \times 0.24 \times 2 = 0.79m^2$

$S_1 = 11.4 + 4.22 + 11 + 4.07 + 12.3 + 3.03 + 0.98 + 6.9 + 3.3 + 1.66 + 0.79 = 59.65m^2$

b. 7.17m 梁模板

$(3.3 - 0.25 - 0.2) \times 0.37 \times 4 = 4.22m^2$

$(3.3 - 0.25 - 0.2) \times 0.65 \times 2 \times 4 = 14.82m^2$

$(6 - 0.25 \times 2) \times 0.65 \times 2 \times 2 = 14.3m^2$

$(6 - 0.25 \times 2) \times 0.37 \times 2 = 4.07m^2$

$(4.5 - 0.2 \times 2) \times 0.65 \times 2 \times 3 = 15.99m^2$

$(4.5 - 0.2 \times 2) \times 0.37 \times 2 = 3.03m^2$

$(4.5 - 0.2 \times 2) \times 0.24 = 0.98m^2$

$(2.1 - 0.25 - 0.2) \times 0.5 \times 2 \times 2 = 3.3m^2$

$(2.1 - 0.25 - 0.2) \times 0.24 = 0.4m^2$

$(3.9-0.25-0.2)\times0.5\times2\times2=6.9m^2$

$(3.9-0.25-0.2)\times0.24=0.83m^2$

$S_2=4.22+14.82+14.3+4.07+15.99+3.03+0.98+3.3+0.4+6.9+0.83=68.84m^2$

$S_{总}=59.65+68.84=128.49m^2$

④直形过梁模板

$S_1=[(2.4+0.5)\times0.24\times2+2.4\times0.37]\times2=4.56m^2$

$S_2=[(1.5+0.5)\times0.18\times2+1.5\times0.37]\times8+[(1.8+0.5)\times0.18\times2+1.8\times0.38]\times2$
$=13.22m^2$

$S_3=[(0.9+0.25)\times0.12\times2+0.9\times0.24]\times6=2.95m^2$

$S_{总}=4.56+13.22+2.95=20.73m^2$

(2)直接工程费

套定额5-9,基价=5 068.96元/10m³

商品泵送混凝土矩形梁浇捣直接工程费=1.645×5068.96=8338.44元

套定额5-10,基价=5 331.36元/10m³

非泵送商品混凝土过梁浇捣直接工程费=0.2086×5331.36=1112.12元

(3)技术措施费

①矩形梁复合木模

套定额5-131,基价=5 392.35元/100m²

技术措施费=1.284 9×5 392.35=6 928.63元

②直形过梁复合木模

套定额5-141,基价=5 502.63元/100m²

技术措施费=5 502.63×0.207 3=1 140.7元

(7)板:按设计图示尺寸以体积计,不扣除单个0.3m²以内的柱、垛及孔洞所占体积。

①无梁板按板和柱帽体积之和计算。

②各类板伸入砖墙内的板头并入板体积内计算,依附于拱形板、薄壳屋盖的梁及其他构件工程量均并入所依附的构件内计算。

③板垫及与板整体浇捣的翻边(净高250mm以内的)并入板内计算;板上单独浇捣的砌筑墙下素混凝土翻边按圈梁定额计算,高度大于250mm且厚度与砌体相同的翻边无论整体浇筑或后浇筑均按混凝土墙体定额执行。

④压形钢板混凝土楼板扣除构件内压形钢板所占的体积。

任务实施五

某学院培训楼商品泵送混凝土板浇捣:采用泵送商品混凝土,混凝土强度等级为C30;层高3.6m,板厚100mm,模板使用复合木模。

(1)定额工程量

①现浇现拌混凝土板浇捣

a. 标高3.57m

$V_1=[(6.0-0.12\times2)\times(3.3-0.12\times2)\times2+(4.5-0.12\times2)\times(3.9-0.24)]\times0.1$

$=5.084m^3$

b. 标高7.17m

$V_2=[(6.0-0.12\times2)\times(3.3-0.12\times2)\times2+(4.5-0.12\times2)\times(6-0.48)]\times0.1$

$=5.877m^3$

②楼梯间C25混凝土板

$V=[(1.05-0.12-0.24)\times(2.1-0.24)]\times0.1=1.283\times0.1=0.1283m^3$

板混凝土浇捣小计：$V=5.084+5.877+0.1283=11.09m^3$

③板复合木模(板厚100mm)

$S=[(4.5-0.2\times2)\times(2.1-0.25-0.2)+(4.5-0.2\times2)\times(3.9-0.25-0.2)+(6-0.25\times2)\times(3.3-0.2-0.25)\times2]\times2$

$=104.52m^2$

(2)直接工程费

套定额5-16，基价=5 171.71元/10m³

现浇现拌混凝土板浇捣直接工程费=1.109×5171.71=5 735.43元

(3)技术措施费

板复合木模：套定额5-144，基价=3 883.41元/100m²

技术措施费=3 883.41×1.045 2=4 058.94元

(8)墙：按设计图示尺寸以体积计算，扣除门窗洞口及单个0.3m²以上的孔洞所占体积，墙垛及突出部分并入墙体积内计算。

柱与墙连接时墙算至柱边，墙与板连接时墙算至板顶，平行嵌入墙上的梁不论凸出与否，均并入墙内计算，与墙连接的暗梁暗柱并入墙体积，墙与梁相交时梁头并入墙内。

【例2-5-4】 某工程结构平面如图2-5-8所示，采用C30商品泵送混凝土浇捣，组合钢模，层高为4.8m，柱截面尺寸均为400mm×400mm，KL1截面尺寸为300mm×700mm，KL2截面尺寸为300mm×600mm，板厚120mm，试计算：

(1)梁、柱、板的模板及混凝土的工程量。

(2)计算直接工程费和施工技术措施费。

解

(1)工程量计算

柱混凝土浇捣工程量：$V_{柱}=0.4\times0.4\times4.8\times6=4.608m^3$

柱模板工程量：$S_{柱}=0.4\times4\times4.8\times6=46.08m^2$

梁混凝土浇捣工程量：

KL1：$0.3\times0.7\times(6-0.28\times2)\times3=3.427m^3$

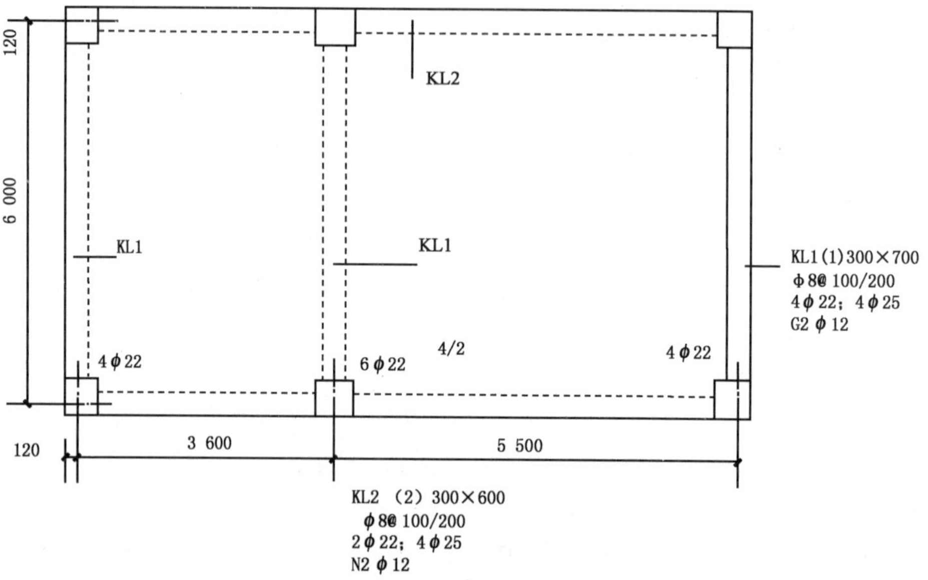

图2-5-8　某工程结构平面图(尺寸单位:mm)

KL2:$0.3\times0.6\times(5.5+3.6-0.4-0.28\times2)\times2=2.93\text{m}^3$

小计:$V_{梁}=3.427+2.93=6.357\text{m}^3$

梁模板工程量:

KL1:$[(6-0.28\times2)\times0.7\times2+(6-0.28\times2)\times0.3]\times3=27.74\text{m}^2$

KL2:$[(5.5+3.6-0.4-0.28\times2)\times0.6\times2+(5.5+3.6-0.4-0.28\times2)\times0.3]\times2=24.42\text{m}^2$

小计:$S_{梁}=27.74+24.42=52.16\text{m}^2$

板混凝土浇捣工程量:$V_{板}=(6-0.18\times2)\times(3.6+5.5-0.18\times2-0.3)\times0.12=5.712\text{m}^3$

板模板工程量:$S_{板}=(6-0.18\times2)\times(3.6+5.5-0.18\times2-0.3)=47.6\text{m}^2$

(2)费用计算

建筑工程预算书见表2-5-7。

建筑工程预算书　　表2-5-7

序号	定额编号	分部分项工程名称	定额计量单位	数量	单价	合价(元)	其中			
							人工单价	人工合价(元)	机械单价	机械合价(元)
直接工程费										
1	5-9	C30商品泵送混凝土梁	10m^3	0.636	5 068.96	3 223.86	366.53	233.11	4.19	2.66
2	5-16	C30商品泵送混凝土板	10m^3	0.571	5 171.71	2 953.05	423.09	241.58	7.74	4.42
3	5-6	C30商品泵送混凝土柱	10m^3	0.461	5 584.19	2 574.31	876.15	403.91	4.19	1.93
		小计				8 751.22		878.6		9.01

续上表

序号	定额编号	分部分项工程名称	定额计量单位	数量	单价	合价（元）	其中			
							人工单价	人工合价（元）	机械单价	机械合价（元）
施工技术措施费										
1	5-117	矩形柱组合钢模	$100m^2$	0.460 8	4 467.05	2 058.52	3 075.3	1 417.1	194.57	89.66
2	5-124×2	柱支模超高每增高1m	$100m^2$	0.460 8	519.1	239.2	366.4	168.84	13.66	6.29
3	5-129	矩形梁组合钢模	$100m^2$	0.521 6	4 672.97	2 437.42	2 864.57	1 494.16	273.75	142.79
4	5-137×2	梁支模超高每增高1m	$100m^2$	0.521 6	885.74	462.00	620.2	323.50	39.96	20.84
5	5-142	板组合钢模	$100m^2$	0.476	3 433.02	1 634.12	1 951.97	929.14	214.27	101.99
6	5-151×2	板支模超高每增高1m	$100m^2$	0.476	786.54	374.39	469.8	223.62	47.46	22.59
		小计				7 205.65		4 556.36		384.16

(9)楼梯：按水平投影面积计算；工程量包括休息平台、平台梁、楼梯段、楼梯与楼面板连接的梁，无梁连接时，算至最上一级踏步沿加30cm处。不扣除宽度小于50cm的楼梯井，伸入墙内部分不另行计算，但与楼梯休息平台脱离的平台梁按梁或圈梁计算。直形楼梯与弧形楼梯相连者，直形、弧形应分别套相应定额计算。楼梯基础、梯柱、栏板、扶手另行计算。

【例2-5-5】 计算图2-5-9所示C30楼梯商品泵送混凝土及组合刚钢模板工程量。

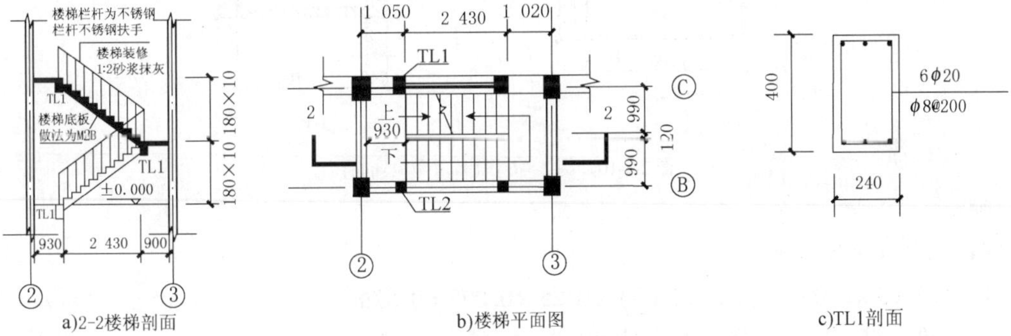

图2-5-9 例2-5-5图(尺寸单位:mm)

解

套定额5-24，楼梯C30混凝土：$S=(2.43+1.02-0.12+0.24)\times(2.1-0.24)=6.64m^2$

套定额5-168，楼梯模板：$S=6.64m^2$

任务实施六

某学院培训楼C30商品泵送混凝土直形楼梯浇捣：采用C30商品泵送混凝土，混凝土强度等级为C30；层高为3.6m，模板使用复合木模。

(1)定额工程量

C30商品泵送混凝土直形楼梯浇捣：$S=(2.43+1.02-0.12+0.24)\times(2.1-0.24)=6.64m^2$

直形楼梯复合木模：$S=6.64m^2$

(2)直接工程费

套定额5-24,基价=1 303.45元/10m³

C30商品泵送混凝土直形楼梯浇捣直接工程费=0.664×732=486.05元

(3)技术措施费

直形楼梯复合木模:套定额5-170,基价=1 271.33元/10m²

技术措施费=1 271.33×0.664=584.98元

(10)全悬挑阳台按阳台项目以体积计算,外挑牛腿(挑梁)、台口梁、高度小于250mm的翻沿均合并在阳台内计算,翻沿净高度大于250mm时,翻沿另行按栏板计算;非全悬挑阳台,按梁、板分别计算,阳台栏板、单独压顶分别按栏板、压顶项目计算。

(11)雨篷梁、板工程量合并,按雨篷以体积计算,雨篷翻沿高度小于250mm时并入雨篷体积内计算,高度大于250mm时,另按栏板计算。

【例2-5-6】 C30泵送商品混凝土雨篷,采用组合钢模(图2-5-10),试计算雨篷模板、雨篷混凝土工程量及模板的措施费、直接工程费。

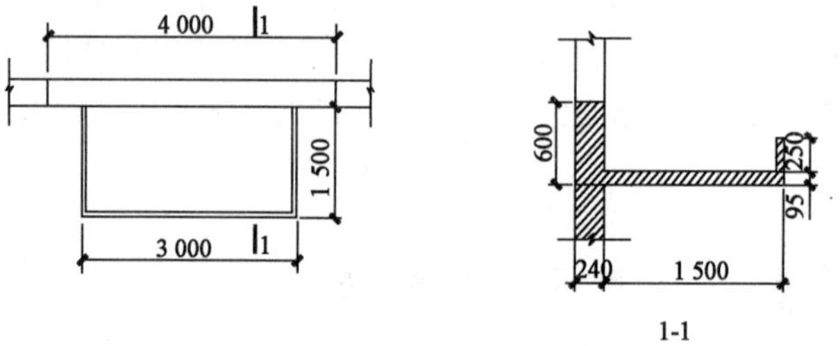

图2-5-10 例2-5-6图(尺寸单位:mm)

解

(1)雨篷现浇混凝土

$V=1.5\times3\times0.095+(1.5\times2+3)\times0.25\times0.095=0.57m^3$

套定额5-22,基价=5 483.61元/10m²

雨篷直接工程费:0.57×548.361=312.57元

(2)雨篷模板

$S=1.5\times3=4.5m^2$

套定额5-174,基价=1 040.50元/10m²

雨篷模板施工技术措施费:1 040.50×0.45=468.23元

任务实施七

某学院培训楼商品泵送混凝土阳台浇捣:采用商品泵送混凝土,混凝土强度等级为C30;层高为3.6m,模板使用复合木模。

(1)定额工程量

现浇现拌混凝土阳台浇捣:$V=1.2\times4.56\times0.1=0.547m^3$

悬挑阳台复合木模：$S = 1.2 \times 4.56 = 5.47m^2$

(2)直接工程费

套定额5-20，基价 = 5 998.2 元/$10m^2$

商品泵送混凝土阳台浇捣直接工程费 = 0.054 7 × 5 998.2 = 328.1 元

(3)技术措施费

悬挑阳台复合木模：套定额5-174，基价 = 1 040.5 元/$10m^2$

技术措施费 = 1 040.5 × 0.547 = 569.15 元

(12)栏板、扶手：按设计图示尺寸以体积计算，伸入砖墙内的部分并入相应构件内计算，栏板柱并入栏板内计算，当栏板净高度小于250mm时，并入所依附的构件内计算。

任务实施八

某学院培训楼商品泵送混凝土阳台栏板浇捣：采用商品泵送混凝土，混凝土强度等级为C30；层高为3.6m，模板使用复合木模。

(1)定额工程量

商品泵送混凝土阳台栏板浇捣：$V = (1.2 \times 2 - 0.06 \times 2 + 4.56) \times 0.9 \times 0.06 = 0.369m^3$

栏板复合木模：$S = (1.2 \times 2 + 4.56) \times 1 + (1.2 \times 2 - 0.06 \times 2 + 4.5) \times 0.9 = 13.06m^2$

(2)直接工程费

套定额5-20，基价 = 5 998.2 元/$10m^3$

商品泵送混凝土阳台栏板浇捣直接工程费 = 0.036 9 × 5 998.2 = 221.33 元

(3)技术措施费

栏板复合木模：套定额5-176，基价 = 4 869.04 元/ $100m^2$

技术措施费 = 4 869.04 × 0.130 6 = 635.9 元

(13)挑檐、檐沟按设计图示尺寸以墙外部分体积计算。挑檐、檐沟板与板(包括屋面板)连接时，以外墙外边线为分界线；与梁(包括圈梁等)连接时，以梁外边线为分界线；外墙外边线以外为挑檐、檐沟(工程量包括底板、侧板及与板整浇的挑梁)。

任务实施九

某学院培训楼商品泵送混凝土挑檐浇捣：采用商品泵送混凝土，混凝土强度等级为C30；层高为3.6m，模板使用复合木模。

(1)定额工程量

商品泵送混凝土挑檐浇捣：

外挑600mm：$[(11.6 + 0.6 \times 2) \times 2 + 6.5 \times 2 - 4.56] \times 0.6 \times 0.1 = 2.042m^3$

外挑1 200mm：$4.56 \times 1.2 \times 0.1 = 0.547m^3$

挑檐侧板：$(34.04 - 0.06 \times 4) \times 0.2 \times 0.06 + (4.5 - 0.06 + 0.6 \times 2) \times 0.2 \times 0.06 = 0.473m^3$

小计：$V=2.042+0.547+0.473=3.062m^3$

挑檐复合木模，外挑600mm：$S=[(11.6+0.6\times2)\times2+6.5\times2-4.56]\times0.6=20.42m^3$

外挑1 200mm：$S=4.56\times1.2=5.47m^3$

挑檐侧板：$S=[(11.6+0.6\times2+6.5+0.6\times2)\times2+0.6\times2]\times0.3+[(11.6+0.6\times2+6.5+0.6\times2)\times2+0.6\times2]\times0.2=21.1m^3$

$S_{总}=20.42+5.47+21.1=135.84m^3$

(2)直接工程费

套定额5-21，基价＝5 591.66元/10m^3

商品泵送混凝土挑檐浇捣直接工程费＝0.306 2×5 591.66＝1 712.17元

(3)技术措施费

挑檐复合木模：套定额5-178，基价＝6 520.39元/100m^2

技术措施费＝1.358 4×6 520.39＝8 857.3元

(14)场馆看台、地沟、扶手、压顶、小型构件、混凝土后浇带按设计图示尺寸以体积计算。

任务实施十

某学院培训楼商品泵送混凝土小型构件(压顶)浇捣：采用商品泵送混凝土，混凝土强度等级为C30，模板使用复合木模。

(1)定额工程量

商品泵送混凝土小型构件(压顶)浇捣：$V=0.06\times(0.03\times2+0.24)\times(11.1+0.01\times2+6.5)\times2=0.634m^3$

小型构件(压顶)复合木模：$S=(0.03\times2+0.24)\times(11.1+0.01\times2+6.5)\times2=10.57m^2$

(2)直接工程费

套定额5-27，基价＝6 210.84元/10m^3

商品泵送混凝土小型构件(压顶)浇捣直接工程费＝0.063 4×6 210.84＝393.77元

(3)技术措施费

小型构件(压顶)复合木模：套定额5-179，基价＝4 568.92元/100m^2

技术措施费＝0.105 7×4 568.92＝482.93元

2.装配式结构构件安装及后浇连接混凝土

1)装配式结构构件安装

(1)构件安装工程量按成品构件设计图示尺寸的实体积以“m^3”计算，依附于构件制作的各类保温层、饰面层体积并入相应的构件安装中计算，不扣除构件内钢筋、预埋铁件、配管、套管、线盒及单个0.3m^2以内的孔洞、线箱等所占体积，外露钢筋体积亦不再增加。

(2)套筒注浆按设计数量以“个”计算。

(3)轻质条板隔墙安装工程量按构件图示尺寸以“m^2”计算，应扣除门窗洞口、过人洞、空圈、嵌入墙板内的钢筋混凝土柱、梁、圈梁、挑梁、过梁、止水翻边及凹进墙内的壁龛、消防栓箱及单个 0.3m^2 以上的孔洞所占的面积，不扣除梁头、板头及单个 0.3m^2 以内的孔洞所占面积。

(4) 预制烟道、通风道安装工程量按图示长度以"m"计算，排烟(气)止回阀、成品风帽安装工程量按图示数量以"个"计算。

(5) 外墙嵌缝、打胶按构件外墙接缝的设计图示尺寸以"m"计算。

2) 后浇混凝土

后浇混凝土浇捣工程量按设计图示尺寸以实体积计算，不扣除混凝土内钢筋、预埋铁件及单个 0.3m^2 以内的孔洞等所占体积。

3) 后浇混凝土钢筋

(1) 后浇混凝土钢筋工程量按设计图示钢筋的长度、数量乘以钢筋单位理论质量计算。

(2) 钢筋搭接长度应按设计图示、标准图集和规范要求计算，当设计要求钢筋接头采用机械连接时，不再计算该处钢筋的搭接长度。遇设计图示、标准图集和规范要求不明确时，钢筋的搭接长度和数量按现浇混凝土构件钢筋规则计算。预制构件外露钢筋不计入钢筋工程量。

4) 后浇混凝土模板

后浇混凝土模板工程量按后浇混凝土与模板接触面以"m^2"计算，超出后浇混凝土接触面与预制构件抱合部分的模板面积不增加计算。不扣除后浇混凝土墙、板上单孔面 0.3m^2 以内的孔洞，洞侧壁模板亦不增加；应扣除单孔 0.3m^2 以上的孔洞，洞侧壁模板面积并入相应的墙、板模板工程量内计算。

小贴士

1. 列制混凝土工程量项目的统筹法思路

(1) 把混凝土工程量项目作为一个系统来统筹考虑，避免重项、漏项。

(2) 先算的工程量为后算的工程量服务，减少计算程序，一次算出，多次使用。

2. 列制其工程量项目的前提条件

(1) 熟悉定额的有关规定，了解定额是按什么原则划分项目的，明确每个定额项目包括的工程内容。

(2) 了解施工图设计说明，熟悉施工图及其相应的标准图集的全部内容，看懂各图纸之间的相互关系。

(3) 对编制施工图预算的其他条件也要了解，比如施工组织设计、招标文件、施工合同等。

3. 列制其工程量项目的方法步骤

(1) 区分构件种类(如现浇混凝土、预制混凝土、构筑物)及混凝土不同的强度等级，把构件的全称逐一写出来列制分项工程。

(2) 施工图中的每一个现浇混凝土构件都要列项计算其模板、混凝土、钢筋工程量，特殊情况下还要列项计算模板超高费。

(3) 如果施工图中的混凝土构件与混凝土构件的连接，设计要求焊接，还需列项计算其预埋铁件工程量。

三 钢筋工程量计算

(一)钢筋工程量计算的有关规定

1. 混凝土保护层厚度

为了保护钢筋不受大气的侵蚀而生锈,在钢筋的周围应留有混凝土保护层。保护层厚度是指钢筋的外表面到混凝土外表面的垂直距离。在无设计要求的情况下,按表 2-5-8 执行最小混凝土保护层厚度。梁、柱中箍筋和构造筋的保护层厚度一般可取 15mm,板、墙、壳中分布钢筋的保护层厚度不应小于表 2-5-8 中相应数值减 10mm,且不应小于 10mm。

钢筋混凝土保护层的最小厚度(单位:mm)　　表 2-5-8

环境类别	构件名称	混凝土强度等级		
		≤C20	C25 ~ C45	≥C50
室内正常环境	板、墙、壳	20	15	15
	梁	30	25	25
	柱	30	30	30
室内潮湿环境,露天环境及无侵蚀性水或土壤环境	板、墙、壳	—	20	15
	梁	—	30	25
	柱	—	30	30
严寒和寒冷地区的露天环境及与无侵蚀性水或土壤直接接触的环境	板、墙、壳	—	25	20
	梁、柱	—	35	30
使用除冰盐环境,严寒及寒冷地区冬季水位变动环境、滨海室外环境	板、墙、壳	—	30	25
	梁、柱	—	40	35
有垫层	基础	40	40	40
无垫层		70	70	70

2. 钢筋的锚固

混凝土中的钢筋在深入或穿过支座或支点时,应与支座有足够的锚固能力,因而必须保证钢筋伸入支座或支点内有足够的长度。纵向受力钢筋伸入混凝土支座内的长度称为锚固长度 l_a。混凝土结构受拉钢筋的锚固长度按设计要求或按表 2-5-9 执行。

受拉钢筋基本锚固长度 l_a　　表 2-5-9

钢筋种类	混凝土强度等级								
	C20	C25	C30	C35	C40	C45	C50	C55	≥C60
HPB300	39d	34d	30d	28d	25d	24d	23d	22d	21d
HRB335、HRBF335	38d	33d	29d	27d	25d	23d	22d	21d	21d
HRB400、HRBF400、RRB400	—	40d	35d	32d	29d	28d	27d	26d	25d
HRB500、HRBF500	—	48d	43d	39d	36d	34d	32d	31d	30d

注:d 为钢筋直径。

有抗震设防要求的混凝土构件纵向受拉钢筋抗震锚固长度 l_{aE}：

一、二级抗震等级

$$l_{aE}=1.15l_a$$

三级抗震等级

$$l_{aE}=1.05l_a$$

四级抗震等级

$$l_{aE}=l_a$$

式中：l_a——纵向受拉钢筋锚固长度；

l_{aE}——纵向受拉钢筋抗震锚固长度。

箍筋制作

在任何情况下，钢筋的锚固长度不得小于 200mm。

图 2-5-11 为框架柱和梁纵向受力钢筋的锚固形式之中柱锚固。

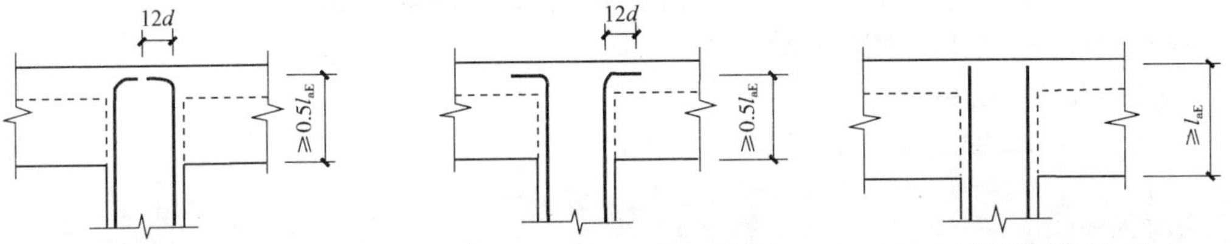

a）当直锚长度＜l_{aE}时

b）当直锚长度＜l_{aE}，且顶层为现浇混凝土板，其强度等级≥C20，板厚≥80mm时

c）当直锚长度≥l_{aE}时

图 2-5-11 中柱锚固

3. 钢筋的连接

受力钢筋除少量以圆盘形式供货外，大多以一定长度（如 9～12m）的直条方式供货。在按设计长度定尺切断后，就有将加工余料连接起来再利用的问题。结构尺度很大，超出钢筋供货长度时，也必然存在将钢筋接长使用的问题。为保证结构受力的整体效果，这些钢筋必须连接起来实现内力的过度。

1）钢筋连接的类型

搭接：一般采用绑扎形式，这是应用最广，也是最简单的连接形式。

焊接：利用热加工，熔融金属实现钢筋的连接。有对焊、电弧焊、电焊、埋弧焊等几种形式。

机械连接：利用连接套筒的咬合力，实现钢筋连接。有锥螺纹连接、套筒挤压连接、镦粗直螺纹连接、滚扎直螺纹连接等形式。

2）绑扎搭接连接的搭接长度

纵向钢筋绑扎搭接长度为：

抗震地区

$$l_{lE}=\zeta l_{aE}$$

钢筋绑扎

非抗震地区

$$l_l=\zeta l_a$$

式中：l_{lE}——纵向受拉钢筋的抗震搭接长度；

l_l——纵向受拉钢筋的搭接长度；

ζ——纵向受拉钢筋搭接长度修正系数，按表 2-5-10 计取。

钢筋焊接

纵向受拉钢筋搭接长度修正系数　　表 2-5-10

纵向受拉钢筋搭接接头百分率(%)	≤25	50	100
ζ	1.2	1.4	1.6

轴心受拉及小偏心受拉杆件的纵向受力钢筋不得采用绑扎搭接接头。当受拉钢筋的直径 $d>28$mm 及受压钢筋的直径 $d>32$mm 时不宜采用绑扎搭接接头,常用气压焊、电渣压力焊或机械连接。电渣压力焊用于竖直钢筋的连接,如框架柱和剪力墙的纵向钢筋。

在任何情况下,受拉钢筋的搭接长度不得小于 300mm,受压钢筋的搭接长度不得小于 200mm。

(二)钢筋工程量计算

钢筋的理论净重量(计量单位为 t)计算公式为:

钢筋的理论净重量 = 钢筋长度 × 每米重量

式中:钢筋长度——按施工图纸计算;

每米重量——$0.617d^2$;

d——钢筋直径(cm)。

项目导入一

某框架结构中的一根框架梁 KJL1 配筋如图 2-5-12 所示,设计为二级抗震。请回答以下问题:

(1)梁中有哪些钢筋?

(2)所有钢筋是如何配置的?

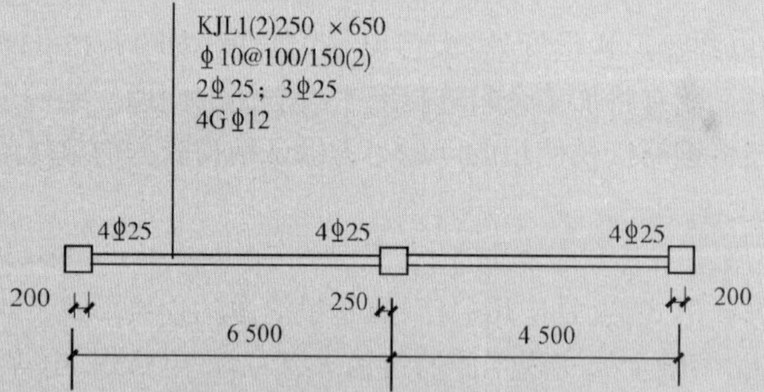

图 2-5-12　KJL1 配筋(尺寸单位:mm)

注:设梁端纵筋伸至柱边后弯锚 15d。

项目任务

试计算 KJL1 的钢筋工程量。

任务实施

设计图中未明确时,保护层厚度按 25mm 计算,钢筋定尺长度大于 9m,根据规范,钢筋搭接采用焊接方式,按 5d 计算搭接长度柱纵向钢筋直径为 25mm。

1)通长筋(上部、下部)

L = 通跨净跨长 + 支座锚固值 + 搭接长度

支座锚固值：

(1)端支座宽$\geqslant L_{aE}$，且$\geqslant 0.5H_c+5d$，为直锚，取$\max\{L_{aE},0.5H_c+5d\}$。

(2)端支座宽$<L_{aE}$，为弯锚，取$H_c-a+15d$(a为保护层厚度，b为柱外侧纵向钢筋直径)。

【相关知识：见16G101-1中第84页。】

搭接长度：超过定尺长度(如一般为9m)。

焊接，取$5d$；绑扎连接，取$35d$；套筒连接，取0，计算套筒个数。

$L=L_0-2a+n\cdot L_m+n\cdot L_d$

通长筋(梁上2 ⌀25，梁下3 ⌀25)：

$L=(11+0.2\times2-0.025\times2-0.025\times2+0.025\times15\times2+0.025\times5)\times5=60.88\text{m}$

(下部通长钢筋按伸至柱外侧纵筋内侧)

2)支座负筋

第一排：$L=L_n/3+$端支座锚固值$=L_n/3+H_c-a-b+15d$

第二排：$L=L_n/4+$端支座锚固值$=L_n/4+H_c-a-b+15d$

【相关知识：见16G101-1中第84页，其中跨度值L_n为左跨和右跨之较大值。】

$L=(6.05/3+0.4-0.025-0.025+0.025\times15+6.05/3\times2+0.5+4.05/3+0.4-0.025-0.025+0.025\times15)\times2=18.70\text{m}$

Ⅱ级螺纹钢筋合计工程量：$m=3.85\times(60.88+18.70)=306.38\text{kg}$(其中：$0.025\times0.025\div4\times3.14\times7\,850=3.85$)

3)腰筋

构造钢筋：$L=$净跨长$+$支座锚固值$=L_n+15d$

抗扭钢筋：$L=$净跨长$+$支座锚固值$=L_n+L_{lE}$

【相关知识：根据16G101-1中第90页注3，当为梁侧面构造钢筋时，其搭接与锚固长度可取为$15d$。】

构造筋(4G ⌀12)：

$L=(11-0.2\times2+0.012\times15\times2+0.012\times5)\times4=44.08\text{m}$

4)拉筋

【相关知识：根据16G101-1中第90页，当梁高$\geqslant$450mm时，在梁的两个侧面应沿高度配置纵向构造钢筋；纵向构造钢筋间距$a\leqslant$200mm，当梁宽$\leqslant$350mm时，拉筋直径为6mm；当梁宽>350时，拉筋直径为8mm。拉筋间距为非加密区箍筋间距的2倍。当设有多排拉筋时，上下两排拉筋竖向错开设置；根据16G101-1中第62页，其中$0.006\times1.9(1.9d)$为135°弯折时的弯钩增加长度，直段长度为$\max\{10d,75\text{mm}\}$，此处取75mm。】

拉筋ϕ6@300：

拉筋长度=(梁宽$-2\times$保护层)$+2\times11.9d$(抗震弯钩值)$+2d$

拉筋根数：拉筋的根数=布筋长度/布筋间距

$L=($梁宽$-2a)+2d+2\times(\max\{10d,75\text{mm}\}+1.9d)$

$N=[(6.5-0.2-0.25-0.05\times2)/0.3+1+(4.5-0.2-0.25-0.05\times2)/0.3+1]\times2=(21+15)\times2=72$只

ϕ6拉筋小计：$L=[(0.25-0.025\times2+0.006\times1.9+0.075)\times2]\times72=26.84\text{m}$

5)箍筋

箍筋长度=(梁宽 $-2a$ + 梁高 $-2a$)×2+2×(max{$10d$,75mm}+$1.9d$)

=(梁宽 −2×保护层+梁高 −2×保护层)+2× $11.9d$

箍筋根数=(加密区长度/加密区间距+1)×2+(非加密区长度/非加密区间距−1)

加密区:

(1)一级抗震,取 max{$2h_b$,500}。

(2)二~四级抗震,取 max{$1.5h_b$,500}。

【加密区长度选择:根据16G101-1中第88页。】

箍筋 ϕ10@100/150(2):

加密区箍筋根数:$N=[(0.65\times1.5-0.05)/0.1+1]\times4=44$ 只

非加密区箍筋数量:

$N=(6.05-0.65\times1.5\times2)/0.15-1+(4.05-0.65\times1.5\times2)/0.15-1=40$ 只

$L=[(0.65+0.25-4\times0.025)\times2+2\times11.9\times0.01]\times(44+40)=1.838\times84$ 只

$=154.39$m

Ⅰ级圆钢工程量:

ϕ12:$W=0.888\times44.08=39.14$kg(其中:$0.012\times0.012\div4\times3.14\times7\,850=0.888$)

ϕ10:$W=0.617\times154.39=95.26$kg(其中:$0.001\times0.001\div4\times3.14\times7\,850=0.617$)

ϕ6:$W=0.26\times26.84=6.98$kg(其中:$0.006\,5\times0.006\,5\div4\times3.14\times7\,850=0.26$)

合计:$W=39.14+95.26+6.98=141.38$kg

项目导入二

某学院培训楼3.57梁配筋图如图2-5-13所示。

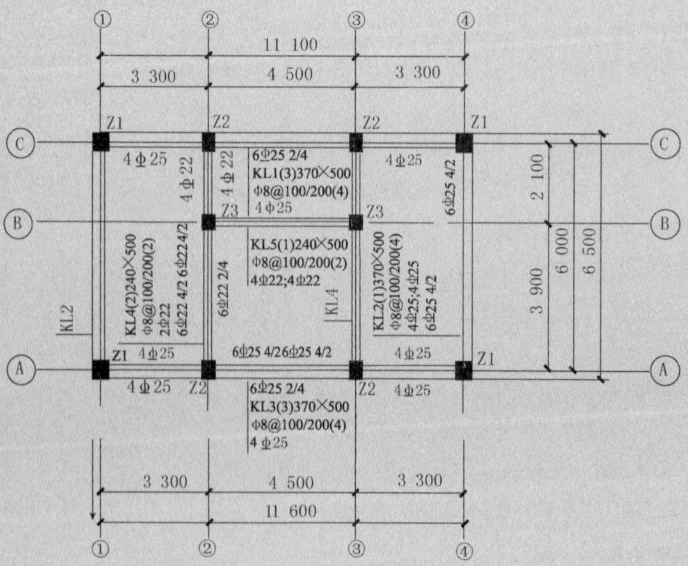

图2-5-13　3.57梁配筋图(尺寸单位:mm)

项目任务

试计算3.57梁配筋图KL1、KL2、KL3、KL4、KL5的钢筋工程量(抗震等级为一级)。

任务实施

(1)KL1:370mm×500mm

上筋:4ф25通长,$L=(11.6-0.025\times2-0.025\times2+15\times0.025\times2+5\times0.025)\times4=49.5\text{m}$

下筋:4ф25通长,$L=49.5\text{m}$

②~③轴:下二排筋,$L=(4.5+0.4+\max\{l_{ae},0.5h_c+5d\})\times2=(4.5+0.4+0.95)\times2=11.7\text{m}$

混凝土强度等级C25,根据16G101-1中第58页表,ф25锚固长度:$l_{ae}=38\times0.025=0.95$

$0.5h_c+5d=0.5\times0.5+5\times0.025=0.375$($h_c$为柱截面沿框架方向的高度,16G101-1中第84页注2)

箍筋:$\phi8@100/200(4)$

箍筋长度(外箍),$L=(\text{梁宽}-2a+\text{梁高}-2a)\times2+2\times(\max\{10d,75\text{mm}\}+1.9d)$

$=(0.5-0.025\times2+0.37-0.025\times2)\times2+2\times11.9\times0.008=1.73\text{m}$

箍筋长度(内箍),$L=(1/3\times\text{梁宽}+\text{梁高}-2a)\times2+2\times(\max\{10d,75\text{mm}\}+1.9d)$

$=(1/3\times0.37+0.5-0.025\times2)\times2+2\times11.9\times0.008=1.34\text{m}$

箍筋数量:①~②轴、③~④轴,净长$=3.3-0.25-0.2=2.85\text{m}$

加密区长度取$\max\{2h_b,500\}$,16G101-1第88页,$2h_b-2\times0.5=1\text{m}$

加密区箍筋数量$=(1-0.05)/0.1+1=11$个$\times2$端$=22$个

非加密区箍筋数量$=(2.85-1\times2)/0.2-1=4$个

②~③轴:净长$=4.5-0.4=4.1\text{m}$

加密区箍筋数量=22个

非加密区箍筋数量$=(4.1-1\times2)/0.2-1=10$个

汇总:

ф25,$G=(49.5\times2+11.7)\times3.85\text{kg/m}=426.20\text{kg}$

$\phi8$,$G=(1.73+1.34)\times(44+8+22+10)\times0.395\text{kg/m}=33.18\text{kg}$

(2)KL2:370mm×500mm(①、④轴)

上筋:4ф25通长,$L=(6.5-0.025\times2-0.025\times2+15\times0.025\times2)\times4=28.6\text{m}$

上二排筋:2ф25,$L=[(6-0.5)/4+0.5-0.025-0.025+15\times0.025]\times2=4.4\text{m}\times2$端$=8.8\text{m}$

下筋:4ф25通长,$L=28.6\text{m}$

箍筋:$\phi8@100/200(4)$

箍筋长度(外箍),$L=(\text{梁宽}-2a+\text{梁高}-2a)\times2+2\times(\max\{10d,75\text{mm}\}+1.9d)$

$=(0.5-0.025\times2+0.37-0.025\times2)\times2+2\times11.9\times0.008=1.73\text{m}$

箍筋长度(内箍), L =(1/3×梁宽+梁高−2a)×2+2×(max{10d,75mm} + 1.9d)
=(1/3×0.37+0.5−0.025×2)×2+2×11.9×0.008=1.34m

箍筋数量:Ⓐ~Ⓒ轴,净长=6−0.25−0.2=5.5m

加密区长度2H=2×0.5=1m

加密区箍筋数量=(1−0.05)/0.1+1=11个×2端=22个×2轴=44个

非加密区箍筋数量=(5.5−1×2)/0.2−1=17个×2轴=34个

汇总:

⏀25, G=(28.6+8.8+28.6)×2轴×3.85kg/m=508.20kg

ϕ8, G=(1.73+1.34)×(44+34)×0.395=94.59kg

(3)KL3:370mm×500mm

上筋:2⏀25通长, L =(11.6−0.025×2−0.025×2+15×0.025×2+5×0.025)×2
=24.75m

①~②轴　上排非通长筋,2⏀25, L =3.3+0.25−0.025−0.025+0.2+4.1/3+15×0.025
=5.442m×2=10.88m

③~④轴　上排非通长筋,2⏀25,10.88m

②~③轴　上二排筋:2⏀25, L =[(4.1/4×2+0.4)]×2×2处=2.45m×2×2处
=9.8m

架立筋:2⏀12, L=4.1−4.1/3×2+0.15×2=1.67×2=3.33m

下筋:4⏀25通长, L=24.75m×2=49.5m

下二排筋:2⏀25, L=(4.1+38×0.025×2)×2=12m

箍筋:ϕ8@100/200(4)

箍筋长度(外箍), L =(梁宽−2a+梁高−2a)×2+2×(max{10d,75mm} +1.9d)
=(0.5−0.025×2+0.37−0.025×2)×2+2×11.9×0.008=1.73m

箍筋长度(内箍), L =(1/3×梁宽+梁高−2a)×2+2×(max{10d,75mm} +1.9d)
=(1/3×0.37+0.5−0.025×2)×2+2×11.9×0.008=1.34m

箍筋数量:

①~②轴　净长=3.3−0.25−0.2=2.85m

③~④轴　2.85m

加密区长度2H=2×0.5=1m

加密区箍筋数量=(1−0.05)/0.1+1=11个×2端=22个×2段=44个

非加密区箍筋数量=(2.85−1×2)/0.2+1=4个×2段=8个

②~③轴　净长=4.5−0.4=4.1m

加密区长度2H=2×0.5=1m

加密区箍筋数量=22个

非加密区箍筋数量=(4.1−1×2)/0.2−1=10个

汇总:

⏀25, G=(24.85+21.87+4.5+49.7+9.8)×3.85kg/m=426.27kg

$\Phi 12$，$G=3.33\times0.888=2.96$kg

$\phi 8$，$G=(1.73+1.34)\times(44+8+22+10)\times0.395=101.86$kg

(4) KL4：240mm×500mm（②～③轴）

上筋：2 $\Phi 22$ 通长，$L=6.5-0.025\times2-0.025\times2+15\times0.022\times2=7.06\times2=14.12$m

上一排筋：2 $\Phi 22$，$L=[(3.9-0.2-0.25)/3+0.5-0.025-0.025+15\times0.022]\times2$
$=1.93\text{m}\times2=3.86$m

上二排筋：2 $\Phi 22$，$L=[(3.9-0.2-0.25)/4+0.5-0.025-0.025+15\times0.022]\times2$
$=1.617\text{m}\times2=3.234$m

Ⓑ/② 上一排筋：2 $\Phi 22$，$L=[2\times(3.9-0.2-0.25)/3+0.4]\times2=5.4$m

上二排筋：2 $\Phi 22$，$L=[(3.9-0.2-0.25)/4+0.4]\times2=1.2625\times2=2.525$m

Ⓑ～Ⓒ轴 上筋：2 $\Phi 22$，$L=[(2.1-0.2-0.25)/3+0.5-0.025-0.025+15\times0.022]\times2$
$=1.33\text{m}\times2=2.66$m

下筋：4 $\Phi 22$，$L=(6.5-0.025\times2-0.025\times2+15\times0.022\times2)\times4=7.06\text{m}\times4=28.24$m

下二排筋：2 $\Phi 22$，$L=(3.9+0.25+0.2-0.025-0.025+38\times0.022)\times2=4.74\text{m}\times2=9.48$m

箍筋：$L=(\text{梁宽}-2a+\text{梁高}-2a)\times2+2\times(\max\{10d,75\text{mm}\}+1.9d)$
$=(0.5-0.025\times2+0.24-0.025\times2)\times2+2\times11.9\times0.008=1.47$m

Ⓐ～Ⓑ轴 加密区长度 $=2\times0.5=1$m

加密区箍筋数量 $=(1-0.05)/0.1+1=11$ 个 $\times2=22$ 个 $\times2$ 轴 $=44$ 个

非加密区箍筋数量 $=(3.9-0.25-0.2-1\times2)/0.2-1=7$ 个 $\times2$ 轴 $=14$ 个

Ⓑ～Ⓒ轴 加密区箍筋数量 $=(1.65-0.05\times2)/0.1+1=17$ 个 $\times2$ 轴 $=34$ 个

汇总：

$\Phi 22$，$G=(14.12+3.86+3.234+5.4+2.525+2.66+28.24+9.48)\times2\times2.968\text{kg/m}=412.66$kg

$\phi 8$，$G=1.47\times(44+14+34)\times0.395\text{kg/m}=53.42$kg

(5) KL5：240mm×500mm

上、下通长筋：8 $\Phi 22$，$L=4.5+0.4+15\times0.022\times2-0.025\times2-0.022\times2=5.47\times8=43.76$m

箍筋：$\phi 8$@100/200(2)

箍筋长度：$L=(0.5-0.025\times2+0.24-0.025\times2)\times2+2\times11.9\times0.008=1.47$m

加密区长度 $=2\times0.5=1$m

加密区箍筋数量 $=(1-0.05)/0.1+1=11$ 个 $\times2$ 端 $=22$ 个

非加密区箍筋长度 $L=4.5-0.4-1\times2=2.1$m

非加密区箍筋数量 $=2.1/0.2-1=10$ 个

汇总：

$\Phi 22$，$G=(43.76)\times2.968\text{kg/m}=129.88$kg

$\phi 8$，$G=1.47\times(22+10)\times0.395\text{kg/m}=18.58$kg

项目导入三

某学院培训楼结构施工图见本书附录。

二级抗震,混凝土保护层厚度:板,15mm;梁和柱,25mm;基础底板,40mm。

项目任务

试计算中柱(Z3)、边柱(Z2)、角柱(Z1)的钢筋工程量。

任务实施

(1)基础层

基础高度不满足直锚(16G101-3,第66页)。

L_1 = 基础高 $- a - b + H_n/3 + 15d$

L_2 = 基础高 $- a - b + H_n/3 + 15d + \max\{35d, 500\text{mm}\}$

a 为基础保护层厚,b 为基础底板钢筋直径。

6 ⌀22:H_n = 基础顶面至二层高度 − 二层梁高

$L_1 = (0.5 - 0.04 - 0.018 + 4.07/3 + 15 \times 0.025) \times 6$

$= 2.17 \times 6 = 13.02\text{m}$

6 ⌀22:$L_2 = (0.5 - 0.04 - 0.018 + 4.07/3 + 15 \times 0.025 + 35 \times 0.022) \times 6$

$= 2.94 \times 8 = 17.64\text{m}$

(2)一层

$L_1 = L_2$ = 层高 + 基础顶到一层高 − 基础顶面距接头的距离 + 上层楼面距接头的距离

$= H_0 - H_n/3 + \max\{H_n/6, H_c, 500\}$

12 ⌀22:$L_1 = [3.6 + 1 - (3.6 + 1 - 0.5)/3 + (3.6 - 0.5)/6] \times 12$

$= 3.75 \times 12 = 45\text{m}$

(3)二层(顶层)

锚固长度 $\begin{cases} \text{梁高} - a & (\text{梁高} \geq L_{ae}) \\ \text{梁高} - a + 12d & (\text{梁高} < L_{ae}) \end{cases}$

L_1 = 层高 − 本层距接头的距离 − 保护层 $+ 12d$

$= 3.6 - (3.6 - 0.5)/6 - 0.025 + 12 \times 0.022 = 3.32$

L_2 = 层高 − 本层距接头的距离 − 错开接头的距离 − 保护层 $+ 12d$

$= 3.6 - (3.6 - 0.5)/6 - 35 \times 0.022 - 0.025 + 12 \times 0.022 = 2.55$

角柱、边柱顶部锚固构造见16G101-1,第67页。

(4)箍筋

箍筋加密区

一层:加密区 $L = H_n/3 + H_b + \max\{H_n/6, H_c, 500\}$

中间层、顶层:加密区 $L = 2 \times \max\{H_n/6, H_c, 500\} + H_b$

箍筋在基础中的构造见16G101-3,第66页。

项目导入四板钢筋计算

四 工程量清单及清单计价

清单子目：本单元工程项目按《房屋建筑与装饰工程工程量计算规范》(GB 50854—2013)附录E列项，分17节共76个项目，分别是E.1现浇混凝土基础，E.2现浇混凝土柱，E.3现浇混凝土梁，E.4现浇混凝土墙，E.5现浇混凝土板，E.6现浇混凝土楼梯，E.7现浇混凝土其他构件，E.8后浇带，E.9预制混凝土柱，E.10预制混凝土梁，E.11预制混凝土屋架，E.12预制混凝土板，E.13预制混凝土楼梯，E.14其他预制构件，E.15钢筋工程，E.16螺栓、铁件，E.17相关问题及说明。

现浇混凝土基础包括：垫层、条形基础、独立基础、满堂基础、桩承台基础、设备基础6个项目。项目编码分别按010501001×××~010501006×××编列。

现浇混凝土柱包括：矩形柱、构造柱、异形柱3个项目。项目编码分别按010502001×××~010502003×××编列。

现浇混凝土梁包括：基础梁、矩形梁、异形梁、圈梁、过梁、弧形拱形梁6个项目。项目编码分别按010503001×××~010503006×××编列。

现浇混凝土墙包括：直形墙、弧形墙、短肢剪力墙、挡土墙4个项目。项目编码分别按010504001×××~010504004×××编列。

现浇混凝土板包括：有梁板、无梁板、平板、拱板、薄壳板、栏板、天沟挑檐板、雨篷阳台板、空心板、其他板10个项目。项目编码分别按010505001×××~010505010×××编列。

现浇混凝土楼梯包括：直形楼梯、弧形楼梯2个项目。项目编码分别按010506001×××~010506002×××编列。

现浇混凝土其他构件包括：散水坡道、室外地坪、电缆沟地沟、台阶、扶手压顶、化粪池检查井、其他构件7个项目。项目编码分别按010507001×××~010507007×××编列。

后浇带包括：后浇带1个项目。项目编码按010508001×××编列。

预制混凝土柱包括：矩形柱、异形柱2个项目。项目编码分别按010509001×××~010509002×××编列。

预制混凝土梁包括：矩形梁、异形梁、过梁、拱形梁、鱼腹式吊车梁、其他梁6个项目。项目编码分别按010510001×××~010510006×××编列。

预制混凝土屋架包括：折线形、组合、薄腹、门式刚架、天窗架5个项目。项目编码分别按010511001×××~010511005×××编列。

预制混凝土板包括：平板、空心板、槽形板、网架板、折线板、带肋板、大型板、沟盖板井盖板井圈8个项目。项目编码分别按010512001×××~010512008×××编列。

预制混凝土楼梯包括：楼梯1个项目。项目编码分别按010513001×××编列。

其他预制构件包括：烟道垃圾道通风道、其他构件2个项目。项目编码分别按010514001×××~010514002×××编列。

钢筋工程包括：现浇构件钢筋、预制构件钢筋、钢筋网片、钢筋笼、先张法预应力钢筋、后张法预应力钢筋、预应力钢丝、预应力钢绞线、支撑钢筋(铁马)、声测管10个项目。项目编码分别按010515001×××~010515010×××编列。

螺栓、铁件包括：螺栓、预埋铁件、机械连接3个项目。项目编码分别按010516001×××~

010516003×××编列。

(一)现浇混凝土基础(编码**010501**)

6个清单项目,编码为010501001×××~010501006×××。

1.工程量清单编制

1)适用范围

(1)"垫层"项目适用于各类基础下的垫层。

(2)"条形基础"项目适用于各种条形基础、墙下的板式基础,包括浇注在一字排桩上面的条形基础。

(3)"独立基础"项目适用于块体柱基、杯基、柱下的板式基础、无筋倒圆台基础、壳体基础、电梯井基础等。

(4)"满堂基础"项目适用于有梁、无梁的基础,也适用于地下底板及箱式基础等。

(5)"桩承台基础"项目适用于浇注在群桩、单桩上的墙基、柱基等承台。

(6)"设备基础"项目适用于设备的块体基础、框架式设备基础等。

2)工程量清单项目的编制

工程量清单编制时,应根据工程设计内容,按照规范的提示,结合有关计价定额的使用规则,完整、明确地描述清单特征。

(1)各类基础下有各种垫层的,垫层不包括在基础项目内,另外列项。

(2)有梁、无梁条形基础以及同一基础类型、不同底面标高的基础应分别编码列项,并注明梁高。

(3)箱式满堂基础,可按基础类型、不同断面尺寸、不同底面标高的基础分别编码列项。

(4)设备基础应按块体外形尺寸不同分别列项,项目特征应对基础的单体体积、设备螺栓孔尺寸和数量、二次灌浆要求及其尺寸予以描述,二次灌浆不单独列项。

3)清单项目工程量计算规则

基础工程清单工程数量的计算规则:按设计图示尺寸以体积立方米计算。不扣除构件内钢筋、预埋铁件和伸入承台基础的桩头所占体积。

(1)条形基础长度:外墙按中心线、内墙按基底净长线计算,独立柱基间条形基础按基底净长线计算,附墙垛折加并入计算;垫层不扣除重叠部分的体积,有梁条形基础梁面以下的钢筋混凝土柱并入相应基础内计算。

(2)满堂基础的柱墩并入满堂基础内计算。满堂基础设有后浇带时,后浇带应分别列项计算。

(3)设备基础中的设备螺栓孔体积不予扣除。

(4)基础搭接体积按图示尺寸计算。

2.清单计价(报价)

组合内容包括:混凝土制作、运输、浇筑、振捣、养护。

【例2-5-7】 已知混凝土独立柱基C30泵送商品混凝土,基础下为100mm厚的C15非泵送商品混凝土垫层,柱断面尺寸为400mm×400mm,如图2-5-14所示。

试计算混凝土垫层、独立基础清单工程量,编制垫层、独立基础分部分项工程量清单。

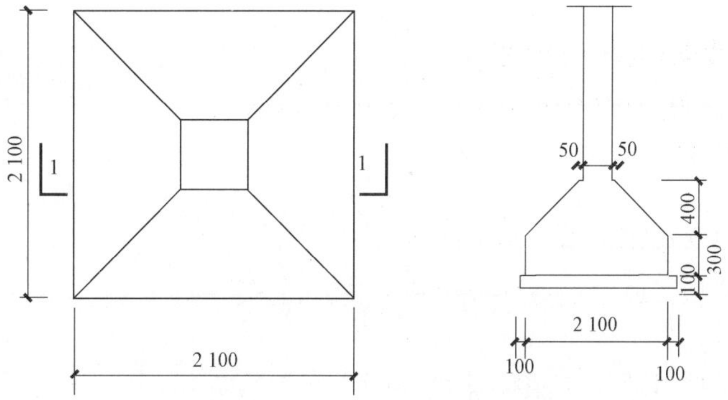

a)基础平面图　　　　b)1—1剖面图

图 2-5-14　混凝土独立桩基示意图(尺寸单位:mm)

解

混凝土基础清单工程量:

$$V_{独立基础} = 0.4 \div 6 \times [2.1 \times 2.1 + (2.1 + 0.5) \times (2.1 + 0.5) + 0.5 \times 0.5] + 2.1 \times 2.1 \times 0.3 = 2.084\text{m}^3$$

$$V_{C15混凝土垫层} = 2.3 \times 2.3 \times 0.1 = 0.529\text{m}^3$$

分部分项工程量清单见表 2-5-11。

分部分项工程量清单　　　　表 2-5-11

工程名称:某工程

序号	项目编码	项目名称	项 目 特 征	计量单位	工程数量
			E.1　现浇混凝土基础		
1	010501001001	垫层	C15 非泵送商品混凝土垫层,100mm 厚	m^3	0.53
2	010501003001	独立基础	C30 泵送商品混凝土独立基础	m^3	2.08

任务实施一

某学院培训楼垫层浇捣:采用非泵送商品混凝土,垫层混凝土强度等级为 C15,满堂基础浇捣:采用泵送商品混凝土,混凝土强度等级为 C30,模板使用复合木模。管理费按“人工费 + 机械费”的 15% 计取,利润按“人工费 + 机械费”的 10% 计取,风险金暂定为“人工费 + 机械费”的 2%。

(1)工程量清单

清单工程量:

$$V_{满堂基础} = 29.75\text{m}^3$$

$$V_{垫层} = (11.1 + 0.6 \times 2) \times (6 + 0.6 \times 2)0.1 = 8.86\text{m}^3$$

$$S_{满堂基础模板} = 33.18\text{m}^2$$

$$S_{基础垫层模板} = 3.9\text{m}^2$$

分部分项、措施项目工程量清单见表 2-5-12。

分部分项、措施项目工程量清单 表 2-5-12

工程名称:某学院培训楼

序号	项目编码	项目名称	项目特征	计量单位	工程数量
E.1 现浇混凝土基础					
1	010501001001	垫层	非泵送商品混凝土,强度等级为 C15(40)	m^3	8.86
2	010501004001	满堂基础	泵送商品混凝土,强度等级为 C30(40)	m^3	29.75
S.2 混凝土模板及支架					
1	011702001001	基础模板	非泵送商品混凝土满堂基础垫层模板,复合木模	m^2	3.9
2	011702001002	基础模板	泵送商品混凝土满堂基础模板,复合木模	m^2	33.18

(2)综合单价

计价工程量:

$V_{满堂基础}=29.75m^3$

$V_{垫层}=8.86m^3$

$S_{满堂基础模板}=24.4m^2$

$S_{基础垫层模板}=1.86m^2$

工程量清单综合单价计算表见表 2-5-13,措施项目清单综合单价计算表见表 2-5-14。

工程量清单综合单价计算表 表 2-5-13

单位及专业工程名称:某学院培训楼——建筑工程 第1页 共1页

序号	编号	名称	计量单位	数量	综合单价(元)							合计(元)
					人工费	材料费	机械费	管理费	利润	风险费用	小计	
1	010501001001	垫层	m^3	8.86	40.88	408.79	0.68	6.23	4.16	0.83	461.57	4 089.51
	5-1	垫层	m^3	8.86	40.88	408.79	0.68	6.23	4.16	0.83	461.57	4 089.51
2	010501004001	满堂基础	m^3	29.75	21.64	467.38	0.25	3.28	2.19	0.44	495.18	14 731.61
	5-4	满堂基础	m^3	29.75	21.64	467.38	0.25	3.28	2.19	0.44	495.18	1 4731.61

措施项目清单综合单价计算表 表 2-5-14

单位及专业工程名称:某学院培训楼——建筑工程 第1页 共1页

序号	编号	名称	计量单位	数量	综合单价(元)							合计(元)
					人工费	材料费	机械费	管理费	利润	风险费用	小计	
1	011702001001	基础模板	m^2	3.9	26.17	10.94	0.91	4.06	2.71	0.54	45.33	176.79
	5-97	基础垫层模板	m^2	3.9	26.17	10.94	0.91	4.06	2.71	0.54	45.33	176.79
2	011702001002	基础模板	m^2	33.18	21.39	11.59	1.12	3.38	2.25	0.45	40.18	1 333.17
	5-107	有梁式满堂基础复合木模	m^2	33.18	21.39	11.59	1.12	3.38	2.25	0.45	40.18	1 333.17

(二)现浇混凝土柱

3 个清单项目,编码为 010502001 × × × ~010502003 × × ×

1. 工程量清单编制

1)适用范围

矩形柱、异形柱项目适用于各种形式的柱,包括框架柱、独立柱、有梁板柱、无梁板柱。

构造柱另列项目编制。

同一类型的柱,按以下情况分别编码列项:

(1)按柱所处部位层高 3.6m 以内和 3.6m 以上区别,超过 3.6m 的按每增加 1m 步距分别列项。

(2)矩形柱(构造柱除外)断面按周长 1.2m 以内、1.8m 以内和 1.8m 以上分别列项。

(3)圆形柱以异形柱编码列项,按断面直径 50cm 以上和 50cm 以内划分项目。

2)项目特征

(1)矩形柱、构造柱项目特征应描述:混凝土种类、混凝土强度等级。

(2)异形柱项目特征应描述:柱形状、混凝土种类、混凝土强度等级。

(3)混凝土种类是指清水混凝土、彩色混凝土、水下混凝土等,如在同一地区既使用预拌(商品)混凝土,又允许现场搅拌混凝土时,也应注明。

3)工程量计算规则

计量单位为 m^3,按设计图示尺寸以体积计算。不扣除构件内钢筋预埋件所占体积。

柱高的确定:

(1)有梁板的柱高,应自柱基上表面(或楼板上表面)至上一层楼板上表面。

(2)无梁板柱高,应自柱基上表面(或楼板上表面)至柱帽下表面。

(3)框架柱的柱高,应自柱基上表面至柱顶。

(4)构造柱按柱全高计算,嵌接墙体部分并入柱身体积。

(5)依附柱上的牛腿和升板的柱帽,并入柱身体积计算。

2. 清单计价(报价)

组合内容包括:混凝土制作、运输、浇筑、振捣、养护。

【例 2-5-8】 某工程有框架柱 KZ1、KZ2,详见表 2-5-15。

KZ1、KZ2 表 表 2-5-15

柱名称	柱高(m)	断面(mm)	备注
KZ1	-1.5 ~ 8.07	500 × 500	一层层高 4.5m; 二 ~ 五层层高 3.6m; 六 ~ 七层层高 3m; 各层平面图外围尺寸相同; 檐高 25m; KZ1 共 24 只,KZ2 共 10 只; 混凝土强度等级均为 C30; 商品泵送混凝土
	8.07 ~ 15.27	450 × 400	
	15.27 ~ 24.87	300 × 300	
KZ2	-1.5 ~ 4.47	直径 500	
	4.47 ~ 8.07	500 × 500	
	8.07 ~ 15.27	450 × 400	
	15.27 ~ 24.87	300 × 300	

试编制柱的工程量清单。

解

(1) ±0.000 以下,矩形柱,断面尺寸为 500mm × 500mm

$V_{KZ1} = 0.5 \times 0.5 \times 1.5 \times 24 = 9m^3$

$S_{模板} = 0.5 \times 4 \times 1.5 \times 24 = 72m^2$

(2) ±0.000 以下,圆形柱,直径为 500mm

$V_{KZ2} = 0.25 \times 0.25 \times 3.14 \times 1.5 \times 10 = 2.95m^3$

$S_{模板} = 3.14 \times 0.5 \times 1.5 \times 10 = 23.55m^2$

(3)层高 4.5m,矩形柱,断面尺寸为 500mm × 500mm

$V_{KZ1} = 0.5 \times 0.5 \times 4.47 \times 24 = 26.82m^3$

$S_{模板} = 0.5 \times 4 \times 4.47 \times 24 = 214.56m^2$

(4)层高 4.5m,圆形柱,直径为 500mm

$V_{KZ2} = 0.25 \times 0.25 \times 3.14 \times 4.47 \times 10 = 8.78m^3$

$S_{模板} = 3.14 \times 0.5 \times 4.47 \times 10 = 70.18m^2$

(5)层高 3.6m 以内,矩形柱,断面尺寸为 500mm × 500mm

$V_{KZ1} = 0.5 \times 0.5 \times 3.6 \times 24 = 21.6m^3$

$V_{KZ2} = 0.5 \times 0.5 \times 3.6 \times 10 = 9m^3$

小计:$V = 21.6 + 9 = 30.6m^3$

$S_{模板} = 0.5 \times 4 \times 3.6 \times 24 + 0.5 \times 4 \times 3.6 \times 10 = 244.8m^2$

(6)层高 3.6m 以内,矩形柱,断面尺寸为 500mm × 500mm

$V_{KZ1} = 0.45 \times 0.4 \times 7.2 \times 24 = 31.104m^3$

$V_{KZ2} = 0.45 \times 0.4 \times 7.2 \times 10 = 12.96m^3$

小计:$V = 31.104 + 12.96 = 44.06m^3$

$S_{模板} = (0.45 + 0.4) \times 2 \times 7.2 \times (10 + 24) = 416.16m^2$

(7)层高 3.6m 以内,矩形柱,断面尺寸为 300mm × 300mm

$V_{KZ1} = 0.3 \times 0.3 \times 9.6 \times 24 = 20.736m^3$

$V_{KZ2} = 0.3 \times 0.3 \times 9.6 \times 10 = 8.64m^3$

小计:$V = 20.736 + 8.64 = 29.38m^3$

$S_{模板} = 0.3 \times 4 \times 9.6 \times (24 + 10) = 391.68m^2$

矩形柱复合木模,层高 3.6m 以下合计:$S = 72 + 244.8 + 416.16 + 391.68 = 1\,124.64m^2$

圆形柱复合木模,层高 3.6m 以下合计:$S = 23.55m^2$

矩形柱复合木模,层高 3.6m 以上合计:$S = 214.56m^2$

圆形柱复合木模,层高 3.6m 以上合计:$S = 70.18m^2$

分部分项、措施项目工程量清单见表 2-5-16。

分部分项、措施项目工程量清单　　表 2-5-16

工程名称:某工程

序号	项目编码	项目名称	项 目 特 征	计量单位	工程数量
			E.2 现浇混凝土柱		
1	010502001001	矩形柱	C30 商品泵送混凝土矩形柱,断面周长 1.8m 以内,±0.000以下,深 1.5m	m^3	9
			E.2 现浇混凝土柱		
2	010502001002	矩形柱	C30 商品泵送混凝土矩形柱,断面周长 1.8m 以上,层高 4.5m	m^3	26.82
3	010502001003	矩形柱	C30 商品泵送混凝土矩形柱,断面周长 1.8m 以上,层高 3.6m 以内	m^3	30.6
4	010502001004	矩形柱	C30 商品泵送混凝土矩形柱,断面周长 1.8m 以内,层高 3.6m 以内	m^3	44.06
5	010502001005	矩形柱	C30 商品泵送混凝土矩形柱,断面周长 1.2m 以内,层高 3.6m 以内	m^3	29.38
6	010502002001	异形柱	C30 商品泵送混凝土圆形柱,直径 500mm,±0.000 以下,深 1.5m	m^3	2.95
7	010502002002	异形柱	C30 商品泵送混凝土圆形柱,直径 500mm,层高 4.5m	m^3	8.78
			S.2 混凝土模板及支架		
1	011702002001	矩形柱	框架矩形柱模板,柱支模高度 3.6m 以下,复合木模	m^2	1 124.64
2	011702002002	矩形柱	框架矩形柱模板,柱支模高度 3.6m 以上,复合木模	m^2	23.55
3	011702004001	异形柱	框架圆形柱模板,柱支模高度 3.6m 以下,复合木模	m^2	214.56
11	011702004002	异形柱	框架圆形柱模板,柱支模高度 3.6m 以上,复合木模	m^2	70.18

任务实施二

某学院培训楼混凝土柱浇捣:采用商品泵送混凝土,混凝土强度等级为 C30;层高为 3.6m,模板使用复合木模。管理费按"人工费 + 机械费"的 15% 计取,利润按"人工费 + 机械费"的 10% 计取,风险金暂定为"人工费 + 机械费"的 2%。

(1)工程量清单

清单工程量:

±0.000 以下,柱子断面周长在 1.8m 以内的矩形柱:$V=0.8+0.32=1.12m^3$

±0.000 以下,柱子断面周长在 1.8m 以上的矩形柱:$V=1.0m^3$

±0.000 以上,柱子断面周长在 1.8m 以内的矩形柱:$V=5.736+2.294=8.03m^3$

±0.000 以上,柱子断面周长在 1.8m 以上的矩形柱:$V=7.17m^3$

构造柱:$V=0.31m^3$

矩形柱模板:$S=150.33m^2$

构造柱模板:$S=4.67m^2$

分部分项、措施项目工程量清单见表 2-5-17。

分部分项、措施项目工程量清单 表2-5-17

工程名称:某学院培训楼

序号	项目编码	项目名称	项目特征	计量单位	工程数量
			E.2 现浇混凝土柱		
1	010502001001	矩形柱	C30商品泵送混凝土矩形柱,柱高1m,柱子断面周长在1.8m以内,层高3.6m	m^3	1.12
2	010502001002	矩形柱	C30商品泵送混凝土矩形柱,柱高1m,柱子断面周长在1.8m以上,层高3.6m	m^3	1.00
3	010502001003	矩形柱	C25商品泵送混凝土矩形柱,柱高7.17m,柱子断面周长在1.8m以内,层高3.6m	m^3	8.03
4	010502001004	矩形柱	C25商品泵送混凝土矩形柱,柱高7.17m,柱子断面周长在1.8m以上,层高3.6m	m^3	7.17
5	010502002001	构造柱	C25商品泵送混凝土构造柱,柱高0.54m,层高0.54m	m^3	0.31
			S.2 混凝土模板及支架		
1	011702002001	矩形柱	独立矩形柱模板,柱支模高度为3.6m,复合木模	m^2	145.34
2	011702003001	构造柱	构造柱模板,柱支模高度为0.54m,复合木模	m^2	3.05

(2)综合单价

计价工程量:

±0.000以下,柱子断面周长在1.8m以内的矩形柱:$V=0.8+0.32=1.12m^3$

±0.000以下,柱子断面周长在1.8m以上的矩形柱:$V=1.0m^3$

±0.000以上,柱子断面周长在1.8m以内的矩形柱:$V=5.736+2.294=8.03m^3$

±0.000以上,柱子断面周长在1.8m以上的矩形柱:$V=7.17m^3$

构造柱:$V=0.31m^3$

矩形柱模板:$S=150.33m^2$

构造柱模板:$S=4.67m^2$

工程量清单综合单价计算表见表2-5-18,措施项目清单综合单价计算表见表2-5-19。

工程量清单综合单价计算表 表2-5-18

单位及专业工程名称:某学院培训楼——建筑工程 第1页 共1页

序号	编号	名称	计量单位	数量	综合单价(元)							合计(元)
					人工费	材料费	机械费	管理费	利润	风险费用	小计	
1	010502001001	矩形柱	m^3	1.12	87.62	470.39	0.42	13.21	8.8	1.76	582.2	652.06
	5-6	矩形柱	m^3	1.12	87.62	470.39	0.42	13.21	8.8	1.76	582.2	652.06
2	010502001002	矩形柱	m^3	1.00	87.62	470.39	0.42	13.21	8.8	1.76	582.2	582.2
	5-6	矩形柱	m^3	1.00	87.62	470.39	0.42	13.21	8.8	1.76	582.2	582.2
3	010502001003	矩形柱	m^3	8.03	87.62	470.39	0.42	13.21	8.8	1.76	582.2	4 675.07

续上表

序号	编号	名称	计量单位	数量	综合单价(元)							合计(元)
					人工费	材料费	机械费	管理费	利润	风险费用	小计	
	5-6	矩形柱	m^3	8.03	87.62	470.39	0.42	13.21	8.8	1.76	582.2	4 675.07
4	010502001004	矩形柱	m^3	7.17	87.62	470.39	0.42	13.21	8.8	1.76	582.2	4 174.37
	5-6	矩形柱	m^3	7.17	87.62	470.39	0.42	13.21	8.8	1.76	582.2	4 174.37
5	010502002001	构造柱	m^3	0.31	148.68	426.19	0.63	22.40	14.93	2.99	615.82	190.90
	5-7	构造柱	m^3	0.31	148.68	426.19	0.63	22.40	14.93	2.99	615.82	190.90

措施项目清单综合单价计算表 表 2-5-19

单位及专业工程名称:某学院培训楼——建筑工程 第 1 页 共 1 页

序号	编号	名称	计量单位	数量	综合单价(元)							合计(元)
					人工费	材料费	机械费	管理费	利润	风险费用	小计	
1	011702002001	矩形柱	m^2	150.33	26.31	15.54	1.48	0.62	0.41	0.08	44.44	6 680.67
	5-119	矩形柱模板(层高 3.6m)	m^2	150.33	26.31	15.54	1.48	0.62	0.41	0.08	44.44	6 680.67
2	011702003001	构造柱	m^2	4.67	20.84	19.03	0.72	3.23	2.16	0.43	46.41	216.73
	5-123	构造柱模板(层高 0.54m)	m^2	4.67	20.84	19.03	0.72	3.23	2.16	0.43	46.41	216.73

(三)现浇混凝土梁(编码 010503)

6 个清单项目,编码为 010503001 × × × ~010501006 × × ×。

1. 工程量清单编制

(1)适用范围:梁适用于各种形式的基础梁、矩形梁、异形梁、圈梁、过梁、弧形梁和拱形梁项目。

(2)项目特征:应描述梁底标高;梁断面;混凝土种类;混凝土强度等级。

(3)工程量计算规则:按设计图示尺寸以体积计算,不扣除构件内钢筋、预埋铁件所占的体积,伸入墙内的梁头、梁垫并入梁体积内。

梁长:梁与柱子连接时,梁长算至柱侧面;主梁与次梁连接时,次梁长算至主梁侧面。

2. 清单计价(报价)

组合内容:混凝土制作、运输、浇筑、振捣、养护。

任务实施三

某学院培训楼混凝土梁浇捣:采用商品泵送混凝土,混凝土强度等级为 C30;层高为 3.6m,模板使用复合木模。管理费按"人工费 + 机械费"的 15% 计取,利润按"人工费 + 机械费"的 10% 计取,风险金暂定为"人工费 + 机械费"的 2%。

(1)工程量清单

清单工程量:

①矩形梁(层高3.6m,C30商品泵送混凝土):

$V=1.813+2.035+1.813+1.224+0.492+1.716=9.09m^3$

②矩形梁(层高3.6m,C30商品泵送混凝土):$V=7.36m^3$

③过梁(C30商品泵送混凝土):$V=2.09m^3$

④矩形梁模板:$S=150.33m^2$

⑤过梁模板:$S=20.73m^2$

分部分项、措施项目工程量清单见表2-5-20。

分部分项、措施项目工程量清单 表2-5-20

工程名称:某学院培训楼

序号	项目编码	项目名称	项目特征	计量单位	工程数量
			E.3 现浇混凝土梁		
1	010503002001	矩形梁	C25商品泵送混凝土矩形梁,梁高0.6m以内,层高3.6m	m^3	9.09
2	010503002002	矩形梁	C25商品泵送混凝土矩形梁,梁高0.6m以上,层高3.6m	m^3	7.36
3	010503005001	过梁	C25商品泵送混凝土过梁	m^3	2.09
			S.2 混凝土模板及支架		
1	011702006001	矩形梁	矩形梁模板,梁支模高度为3.6m,复合木模	m^2	150.33
2	011702009001	过梁	过梁模板,梁支模高度为3.6m,复合木模	m^2	20.73

(2)综合单价

计价工程量:

矩形梁(层高3.6m,梁高0.6m以内C25商品泵送混凝土):$V=9.09m^3$

矩形梁(层高3.6m,梁高0.6m以上C25商品泵送混凝土):$V=7.36m^3$

过梁(C25商品泵送混凝土):$V=2.09m^3$

矩形梁模板:$S=150.33m^2$

直形过梁模板:$S=20.73m^2$

工程量清单综合单价计算表见表2-5-21,措施项目清单综合单价计算表见表2-5-22。

工程量清单综合单价计算表 表2-5-21

单位及专业工程名称:某学院培训楼——建筑工程 第1页 共1页

序号	编号	名称	计量单位	数量	综合单价(元)							合计(元)
					人工费	材料费	机械费	管理费	利润	风险费用	小计	
1	010503002001	矩形梁	m^3	9.09	33.65	469.82	0.42	5.11	3.41	0.68	513.09	4 663.99
	5-9	矩形框架梁	m^3	9.09	33.65	469.82	0.42	5.11	3.41	0.68	513.09	4 663.99
2	010503002002	矩形梁	m^3	7.36	33.65	469.82	0.42	5.11	3.41	0.68	513.09	3 776.34
	5-9	矩形框架梁	m^3	7.36	33.65	469.82	0.42	5.11	3.41	0.68	513.09	3 776.34
3	010503005001	过梁	m^3	2.09	99.75	432.75	0.63	15.06	10.04	2.01	560.24	1 170.90
	5-10	过梁	m^3	2.09	99.75	432.75	0.63	15.06	10.04	2.01	560.24	1 170.90

措施项目清单综合单价计算表 表 2-5-22

单位及专业工程名称:某学院培训楼——建筑工程 第 1 页 共 1 页

序号	编号	名称	计量单位	数量	综合单价(元)							合计(元)
					人工费	材料费	机械费	管理费	利润	风险费用	小计	
1	011702006001	矩形梁	m^2	150.33	32.84	18.90	2.19	5.24	3.50	0.70	63.37	9 526.41
	5-131	矩形梁模板(层高 3.6m)	m^2	150.33	32.84	18.90	2.19	5.24	3.50	0.70	63.37	9 526.41
2	011702009001	过梁	m^2	20.73	30.38	11.68	0.56	4.64	3.09	0.62	50.97	1 056.61
	5-140	直形过梁模板(层高 3.6m)	m^2	20.73	30.38	11.68	0.56	4.64	3.09	0.62	50.97	1 056.61

(四)现浇混凝土墙(编码 **010504**)

1. 工程量清单编制

(1)现浇混凝土墙适用于直形墙、弧形墙、短肢剪力墙、挡土墙。

(2)项目特征:应描述墙类型、墙厚度、混凝土种类、混凝土强度等级、混凝土拌和料要求。

(3)工程量计算规则:按设计图示尺寸以体积计算。不扣除构件内钢筋、预埋铁件所占体积,扣除门窗洞口及单个面积 0.3m^2 以外的孔洞所占体积,墙垛及突出墙面部分并入墙体体积内计算。

2. 清单计价(报价)

组合内容:混凝土制作、运输、浇筑、振捣、养护。

(五)现浇混凝土板(编码 **010505**)

1. 工程量清单编制

(1)现浇混凝土板,有梁板适用于肋形板、密肋板、井字梁板;无梁板适用于直接用柱支承的板;平板适用于直接搁置在墙或圈过梁上的板等。

(2)项目特征:应描述板底标高、板厚度、混凝土种类、混凝土强度等级、混凝土拌和料要求。

(3)工程量计算规则:有梁板、无梁板、平板、拱板、薄壳板、栏板,按设计图示尺寸以体积计算,不扣除构件内钢筋、预埋铁件及单个面积 0.3m^2 以内的孔洞所占体积;有梁板(包括主、次梁与板)按梁、板体积之和,无梁板按板和柱帽体积之和,各类板伸入墙内的板头并入板体积内,薄壳板的肋、基梁并入薄壳体积内计算。

天沟、挑檐板:按设计图示尺寸以体积计算。

雨篷、阳台板:按设计图示尺寸以墙外部分体积计算。包括伸出墙外的牛腿和雨篷反挑檐的体积。

空心板:按设计图示尺寸以体积计算。空心板(GBF 高强薄壁蜂巢芯板等)应扣除空心部分体积。

其他板:按设计图示尺寸以体积计算。

2. 清单计价(报价)

组合内容:混凝土制作、运输、浇筑、振捣、养护。

【例 2-5-9】 C30 泵送混凝土翻檐雨篷如图 2-5-15 所示,试编制分部分项、施工技术措施项目工程量清单,并进行综合单价的计算(设人工、材料、机械的市场信息价格与定额取定价格相同,企业管理费、利润、风险费以人+机为基数,分别按 20%、12.5%、2% 计取。设雨篷下层高为 4.5m)。

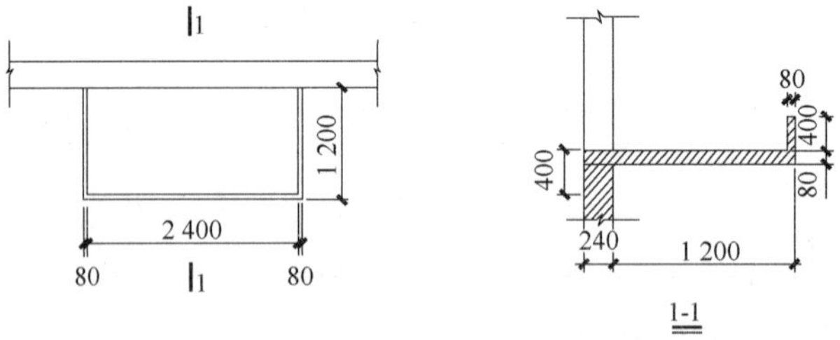

图 2-5-15 例 2-5-9 图(尺寸单位:mm)

解

(1)清单工程量

$V_{板} = 1.2 \times 2.56 \times 0.08 = 0.246m^3$

$V_{翻檐} = (1.2 \times 2 + 2.4) \times 0.4 \times 0.08 = 0.154m^3$

小计:$V = 0.246 + 0.154 = 0.4m^3$

$S_{雨篷模板} = 1.2 \times 2.56 = 3.072m^2$

分部分项、措施项目工程量清单见表 2-5-23。

分部分项、措施项目工程量清单 表 2-5-23

工程名称:某工程

序号	项目编码	项目名称	项 目 特 征	计量单位	工程数量
			E.5 现浇混凝土板		
1	010505008001	雨篷板	C30 商品泵送混凝土板式带翻檐雨篷,外挑尺寸为 1.2m×2.56m,翻檐高为 0.4m	m^3	0.4
			S.2 混凝土模板及支架		
1	011702023001	雨篷板	雨篷模板,雨篷板厚 80mm	m^2	3.07

(2)计价工程量

$V_{C30混凝土雨篷} = 1.2 \times 2.56 \times 0.08 = 0.246m^2$

$V_{C30翻檐} = (1.2 \times 2 + 2.4) \times 0.4 \times 0.08 = 0.154m^3$

$S_{雨篷模板} = 1.2 \times 2.56 = 3.072m^2$

$S_{翻檐模板} = [(1.2 - 0.08) \times 2 + 2.4] \times 0.4 + [1.2 \times 2 + (2.4 + 0.8 \times 2)] \times 0.48 = 4.93m^2$

工程量清单综合单价计算表见表 2-5-24,措施项目清单综合单价计算表见表 2-5-25。

工程量清单综合单价计算表 表2-5-24

单位及专业工程名称:某工程——建筑工程 第1页 共1页

序号	编号	名称	计量单位	数量	综合单价(元)							合计(元)
					人工费	材料费	机械费	管理费	利润	风险费用	小计	
1	010505008001	雨篷板	m^3	0.4	94.14	473.40	0.62	14.21	9.48	1.90	596.75	238.7
	5-22	雨篷	m^3	0.246	70.79	476.95	0.61	10.71	7.14	1.43	567.63	139.64
	5-20	栏板	m^3	0.154	131.45	467.74	0.63	19.81	13.21	2.64	635.48	97.86

措施项目清单综合单价计算表 表2-5-25

单位及专业工程名称:某工程——建筑工程 第1页 共1页

序号	编号	名称	计量单位	数量	综合单价(元)							合计(元)
					人工费	材料费	机械费	管理费	利润	风险费用	小计	
1	011702023001	雨篷板	m^2	3.072	107.46	67.82	21.22	19.30	12.87	2.57	231.24	710.37
	5-174	雨篷模板	m^2	3.072	65.99	33.19	4.87	10.63	7.09	1.42	123.19	378.44
	5-176	翻檐模板	m^2	4.93	25.84	21.58	1.27	4.07	2.71	0.54	56.01	276.13

任务实施四

某学院培训楼混凝土平板、栏板、挑檐板、阳台板浇捣:采用商品泵送混凝土,混凝土强度等级为C30;层高3.6m,模板使用复合木模。管理费按"人工费+机械费"的20%计取,利润按"人工费+机械费"的12.5%计取,风险金暂定为"人工费+机械费"的2%。

(1)工程量清单

清单工程量:

商品泵送混凝土平板浇捣:$V=11.09m^3$

商品泵送混凝土栏板浇捣:$V=0.369m^3$

商品泵送混凝土挑檐板浇捣:$V=3.062m^3$

商品泵送混凝土阳台板浇捣:$S=0.55m^3$

商品泵送混凝土板模板:$S=104.52m^2$

商品泵送混凝土栏板模板:$S=13.06m^2$

商品泵送混凝土挑檐板模板:$S=135.84m^2$

商品泵送混凝土阳台板模板:$S=5.47m^3$

分部分项、措施项目工程量清单见表2-5-26。

分部分项、措施项目工程量清单 表2-5-26

工程名称:某学院培训楼

序号	项目编码	项目名称	项目特征	计量单位	工程数量
			E.5 现浇混凝土板		
1	010505003001	平板	C25(40)现浇现拌混凝土楼板,板厚100mm	m^3	11.09
2	010505006001	栏板	C25(16)现浇现拌混凝土阳台栏板,板厚60mm,高0.9m	m^3	0.37

续上表

序号	项目编码	项目名称	项 目 特 征	计量单位	工程数量
			E.5 现浇混凝土板		
3	010505007001	挑檐板	C25(16)现浇现拌混凝土屋面挑檐板	m^3	3.06
4	010505008001	阳台板	C25(40)现浇现拌混凝土阳台板	m^3	0.55
			S.2 混凝土模板及支架		
1	011702016001	平板	平板模板,复合木模(层高3.6m)	m^2	104.52
2	011702021001	栏板	直形阳台栏板模板,复合木模	m^2	13.06
3	011702022001	天沟、檐沟	挑檐模板,复合木模	m^2	135.84
4	011702023001	阳台板	阳台模板,复合木模(层高3.6m)	m^2	5.47

(2)综合单价

计价工程量:

商品泵送混凝土平板浇捣:$V=11.09m^3$

商品泵送混凝土栏板浇捣:$V=0.369m^3$

商品泵送混凝土挑檐板浇捣:$V=3.062m^3$

商品泵送混凝土阳台板浇捣:$S=0.55m^3$

商品泵送混凝土板模板:$S=104.52m^2$

商品泵送混凝土栏板模板:$S=13.06m^2$

商品泵送混凝土挑檐板模板:$S=135.84m^2$

商品泵送混凝土阳台板模板:$S=5.47m^3$

工程量清单综合单价计算表见表2-5-27,措施项目清单综合单价计算表见表2-5-28。

工程量清单综合单价计算表 表2-5-27

单位及专业工程名称:某学院培训楼——建筑工程 第1页 共1页

序号	编 号	名 称	计量单位	数量	综合单价(元)							合计(元)
					人工费	材料费	机械费	管理费	利润	风险费用	小计	
1	010505003001	平板	m^3	11.09	42.31	474.09	0.77	6.46	4.31	0.86	528.8	5 864.39
	5-16	C30商品泵送混凝土平板浇捣	m^3	11.09	42.31	474.09	0.77	6.46	4.31	0.86	528.8	5 864.39
2	010505006001	栏板	m^3	0.37	131.45	467.74	0.63	19.81	13.21	2.64	635.48	235.13
	5-20	C30商品泵送混凝土栏板浇捣	m^3	0.37	131.45	467.74	0.63	19.81	13.21	2.64	635.48	235.13
3	010505007001	挑檐板	m^3	3.06	81.95	475.52	1.71	12.55	8.37	1.67	581.77	1 780.22
	5-21	C30商品泵送混凝土挑檐板浇捣	m^3	3.06	81.95	475.52	1.71	12.55	8.37	1.67	581.77	1 780.22
4	010505008001	阳台板	m^3	0.55	68.12	475.95	0.61	10.31	6.87	1.37	563.23	307.78
	5-23	C30商品泵送混凝土阳台板浇捣	m^3	0.55	68.12	475.95	0.61	10.31	6.87	1.37	563.23	307.78

措施项目清单综合单价计算表 表 2-5-28

单位及专业工程名称:某学院培训楼——建筑工程 第1页 共1页

序号	编　　号	名　　称	计量单位	数量	综合单价(元)							合计(元)
					人工费	材料费	机械费	管理费	利润	风险费用	小计	
1	011702016001	平板	m^2	104.52	20.67	16.46	1.70	3.36	2.24	0.45	44.88	4 690.86
	5-144	板复合木模(层高 3.6m)	m^2	104.52	20.67	16.46	1.70	3.36	2.24	0.45	44.88	4 690.86
2	011702021001	栏板	m^2	13.06	25.84	21.58	1.27	4.07	2.71	0.54	56.01	731.49
	5-176	直形阳台栏板复合木模	m^2	13.06	25.84	21.58	1.27	4.07	2.71	0.54	56.01	731.49
3	011702022001	天沟、檐沟	m^2	135.84	43.16	20.86	1.18	6.65	4.43	0.89	77.17	10 482.77
	5-178	挑檐复合木模	m^2	135.84	43.16	20.86	1.18	6.65	4.43	0.89	77.17	10 482.77
4	011702023001	阳台板	m^2	5.47	65.99	33.19	4.87	10.63	7.09	1.42	123.19	673.85
	5-174	阳台复合木模	m^2	5.47	65.99	33.19	4.87	10.63	7.09	1.42	123.19	673.85

(六)现浇混凝土楼梯(编码 010506)

1. 工程量清单编制

(1)适用范围:适用于直形楼梯和弧形楼梯。

(2)项目特征:应描述混凝土种类、混凝土强度等级、混凝土拌合料要求。

(3)清单工程量计算规则:按设计图示尺寸以水平投影面积计算。不扣除宽度小于 500mm 的楼梯井,伸入墙内部分不计算。

2. 清单计价(报价)

组合内容:混凝土制作、运输、浇筑、振捣、养护。

任务实施五

某学院培训楼混凝土直形楼梯浇捣:采用商品泵送混凝土,混凝土强度等级为 C30;层高为 3.6m,模板使用复合木模。管理费按"人工费 + 机械费"的 15% 计取,利润按"人工费 + 机械费"的 10% 计取,风险金暂定为"人工费 + 机械费"的 2%。

(1)工程量清单

清单工程量:

现浇现拌混凝土直形楼梯浇捣:$S = 6.64m^2$

直形楼梯复合木模:$S = 6.64m^2$

分部分项、措施项目工程量清单见表 2-5-29。

(2)综合单价

计价工程量:

现浇现拌混凝土直形楼梯浇捣:$S = 6.64m^2$

直形楼梯复合木模:$S = 6.64m^2$

分部分项、措施项目工程量清单 表2-5-29

工程名称:某学院培训楼

序号	项目编码	项目名称	项 目 特 征	计量单位	工程数量
E.6 现浇混凝土楼梯					
1	010506001001	直形楼梯	C30商品泵送混凝土直形楼梯,底板厚100mm	m^2	6.64
S.2 混凝土模板及支架					
1	011702024001	楼梯	直形楼梯模板,复合木模	m^2	6.64

工程量清单综合单价计算表见表2-5-30,措施项目清单综合单价计算表见表2-5-31。

工程量清单综合单价计算表 表2-5-30

单位及专业工程名称:某学院培训楼——建筑工程 第1页 共1页

序号	编 号	名 称	计量单位	数量	综合单价(元)							合计(元)
					人工费	材料费	机械费	管理费	利润	风险费用	小计	
1	010506001001	直形楼梯	m^2	6.64	15.59	114.60	0.15	2.36	1.57	0.31	134.58	893.61
	5-24	混凝土直形楼梯(C30)	m^2	6.64	15.59	114.60	0.15	2.36	1.57	0.31	134.58	893.61

措施项目清单综合单价计算表 表2-5-31

单位及专业工程名称:某学院培训楼——建筑工程 第1页 共1页

序号	编 号	名 称	计量单位	数量	综合单价(元)							合计(元)
					人工费	材料费	机械费	管理费	利润	风险费用	小计	
1	011702024001	楼梯	m^2	6.64	87.63	35.67	3.83	13.72	9.15	1.83	151.83	1 008.15
	5-170	直形楼梯复合木模	m^2	6.64	87.63	35.67	3.83	13.72	9.15	1.83	151.83	1 008.15

(七)其他构件(编码010507)

(1)其他构件项目包括散水、坡道,室外地坪,电缆沟、地沟,台阶,扶手、压顶,化粪池、检查井,其他构件7个项目。现浇混凝土小型池槽、垫块、门框等按其他构件编码列项。

(2)池槽、垫块、门框等应在清单中描述其外形、断面尺寸以及相关的构造要求;台阶应描述步数、步距等特征;散水、坡道应对垫层、基层、混凝土厚度等予以描述;电缆沟、地沟按内空断面不同予以分别列项。

(八)后浇带(编码010508)

后浇带项目适用于梁、墙、板的后浇带。

(九)钢筋工程(编码010515)

1. 工程量清单编制

(1)工程内容:钢筋(网、笼)制作运输、钢筋(网、笼)安装、焊接(绑扎)。

(2)项目特征:钢筋(钢丝、钢绞线)种类、规格、锚具种类。
(3)计量单位:吨(t)。
(4)工程量计算规则:按设计图示钢筋(网)长度(面积)乘以单位理论质量计算。
2. 清单计价(报价)
钢筋工程计价定额按不同钢种,以现浇、预制、预应力构件划分。

能力训练项目

宏祥手套厂2号厂房混凝土与钢筋混凝土工程计量与计价。

项目导入

宏祥手套厂2号厂房建筑施工图见《建筑工程施工图实例图集》。

模板采用组合钢模,管理费按"人工费+机械费"的20%计取,利润按"人工费+机械费"的15%计取,风险费不计。

项目任务

1. 计算宏祥手套厂2号厂房混凝土及钢筋混凝土工程的分部分项定额工程量。
2. 计算宏祥手套厂2号厂房混凝土及钢筋混凝土工程的分部分项直接工程费、施工技术措施费。
3. 编制宏祥手套厂2号厂房混凝土及钢筋混凝土工程的分部分项工程量清单。
4. 计算宏祥手套厂2号厂房混凝土及钢筋混凝土工程的分部分项综合单价。

学生工作页

一、单项选择题

1. 以下关于钢筋混凝土工程,说法准确的是(　　)。
   A. 阳台、雨篷按挑出部分以面积计算　　B. 檐沟按中心线长度计算
   C. 楼梯按水平投影面积计算　　D. 栏板按垂直投影面积计算
2. 现浇钢筋混凝土楼梯工程量不扣除宽度小于(　　)的楼梯井面积。
   A. 500mm　　B. 450mm　　C. 300mm　　D. 350mm
3. 商品混凝土如非泵送时,套用(　　)定额,其人工乘系数。
   A. 现拌混凝土　　B. 现拌泵送混凝土　　C. 商品泵送混凝土　　D. 商品混凝土
4. 某砖混结构房屋,有4个构造柱,设置在T形墙角处,断面尺寸为240mm×240mm,柱高3.5m,其工程量为(　　)m^3。
   A. 0.81　　B. 1.11　　C. 1.13　　D. 0.98
5. 计算板工程量时应扣除的体积是(　　)。

A. 无梁板的柱帽　　B. 预埋铁件

C. 截面为 $1.2m^2$ 的柱　　D. $0.3m^2$ 的孔洞

6. 雨篷模板按(　　)计算。

A. 雨篷混凝土体积乘含模系数　　B. 与混凝土接触的面积

C. 按雨篷水平投影面积　　D. 雨篷水平投影面积加250mm以内侧板面积

7. 根据《浙江省房屋建筑与装饰工程预算定额》(2018版),混凝土、钢筋混凝土墙基础与上部结构的划分界线为(　　)。

A. 设计室外地坪　B. 设计室内地坪　C. 基础上表面　D. ±0.00处

8. 钢筋混凝土现浇板坡度为35°时(　　)。

A. 浇混凝土人工乘系数1.05　　B. 支模人工乘系数1.05

C. 现浇混凝土和支模人工均乘系数1.1　　D. 按相应定额套用,不乘系数

9. 以下不正确的是(　　)。

A. 全悬挑阳台按挑出墙(梁外)水平投影面积计算;挑梁不包括在定额内

B. 平行嵌入混凝土墙上的梁及附墙柱不论凸出与否,均并入墙内计算

C. 檐沟工程量包括底板、侧板及与板整浇的挑梁

D. 各类板伸入砖墙内的板头并入板内体积内计算

10. 如图2-5-16所示钢筋混凝土梁,已知其截面尺寸为250mm×550mm,则其定额工程量为(　　)。

A. $0.756m^3$　B. 5.5m　C. $0.138m^2$　D. $0.657m^3$

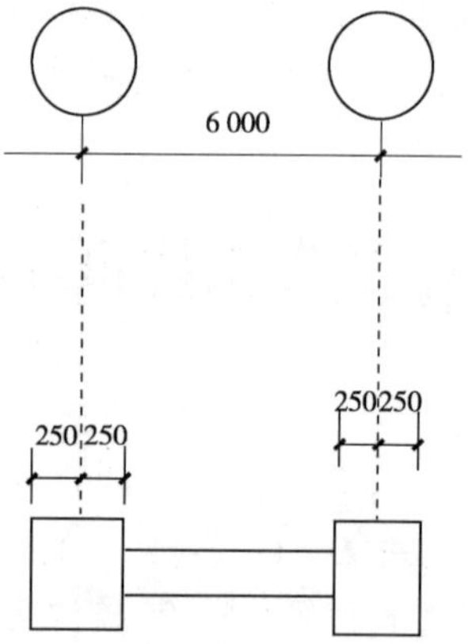

图2-5-16　钢筋混凝土梁示意图(尺寸单位:mm)

11. 后浇带部位的混凝土强度等级比原结构混凝土强度等级(　　)。

A. 降低一级　B. 相同　C. 提高一级　D. 提高二级

12. 某工程采用C30泵送商品混凝土条形基础,基础下为100mm厚的C15非泵送商品混凝土垫层,混凝土垫层下为碎石垫层,则该基础清单项目编码为(　　)。

A. 010501002001,条形基础　　B. 010501002001,混凝土垫层

C. 010501002001,碎石垫层　　D. 010501002001,独立基础

13. 当层高超过3.6m时不需要计算支模超高费的支模是(　　)。

A. 异形柱　B. 无梁板　C. 地下室顶板　D. 电梯井壁

14. 某 C30 泵送商品混凝土直形楼梯面积为 30m^2，梯段宽 1.5m，底板厚 250mm，底板下一根梯段梁，下凸尺寸为 300mm×450mm。该楼梯混凝土浇捣费用合计为(   )。

A. 4 406 元　　B. 4 005 元　　C. 4 301 元　　D. 4 432 元

15. 直角三角形 12mm 厚钢板预埋铁件直角边尺寸为 450mm×380mm，每块板下 9ϕ20 螺纹钢铁脚，L=250mm，共 5 只铁件，其工程量为(   )。

A. 68kg　　B. 69kg　　C. 108kg　　D. 109kg

二、多项选择题

1. 现浇钢筋混凝土构件应计算的工程量包括 (   )。

A. 运输工程量　　B. 模板工程量　　C. 钢筋工程量

D. 混凝土工程量　　E. 安装工程量

2. 以下属于模板工程量计算规则的是(   )。

A. 模板工程量按构件展开面积计算

B. 弧形板并入板内计算，另按弧形板增加费计算

C. 模板工程量按模板表面积计算

D. 模板工程量按构件与模板接触面积计算

3. 工程量清单规范中以立方米为计量单位的有(   )。

A. 阳台　　B. 台阶　　C. 书柜　　D. 踢脚线　　E. 独立基础

4. 以下关于混凝土及钢筋混凝土工程列项和计算表述正确的是(   )。

A. 凸出混凝土墙外的混凝土柱并入墙内计算

B. 坡度为 25°和 15°的混凝土板浇捣可以合并计算

C. 凹阳台按内空水平投影面积计算

三、是非判断题

1. 无梯口梁时，楼梯工程量算至最上一级踏步沿加 30cm 处。(   )

2. 混凝土满堂基础的柱墩并入满堂基础内计算。(   )

3. 散水、防滑坡道，按图示尺寸以平方米计算。(   )

4. 现浇混凝土及钢筋混凝土模板工程量，应区别模板的不同材质，按混凝土与模板接触面的面积，以平方米计算。(   )

5. 全悬挑式阳台混凝土工程量按挑出墙(梁)外水平投影面积计算。(   )

6. 定额中的砂浆和混凝土强度等级，设计与定额不同时，可以换算。(   )

四、定额换算题

根据表 2-5-32 所列信息，完成定额换算。

表 2-5-32

序号	定额编号	工程名称	定额计量单位	基价	基价计算式
1		C30 泵送商品混凝土矩形柱浇捣			
2		C30 泵送商品混凝土楼梯(直形) 浇捣，底板厚 22cm			
3		矩形梁组合钢模，层高 4.8m			
4		C25 泵送商品混凝土圈梁浇捣			

续上表

序号	定额编号	工 程 名 称	定额计量单位	基价	基价计算式
5		C30 商品混凝土矩形梁,非泵送			
6		C30 商品泵送混凝土杯形基础浇捣			
7		C30 非泵送商品混凝土构造柱浇捣			
8		屋面女儿墙高度为 1m,C30 泵送商品混凝土浇捣			
9		混凝土斜板,坡度为 40°,组合铝模板			
10		混凝土斜梁,坡度为 35°,组合钢模板			
11		C15 现浇现拌混凝土垫层浇捣			
12		C30 商品混凝土矩形柱,非泵送			
13		C30 非泵送商品混凝土现场预制方桩			
14		C30 泵送商品混凝土斜梁浇捣,坡度为 32°			
15		C30 泵送商品混凝土斜板浇捣,坡度为 35°			
16		压型钢板上 C30 泵送商品混凝土浇捣			

五、计算分析题

1. 某工程楼层结构图如图 2-5-17 所示。

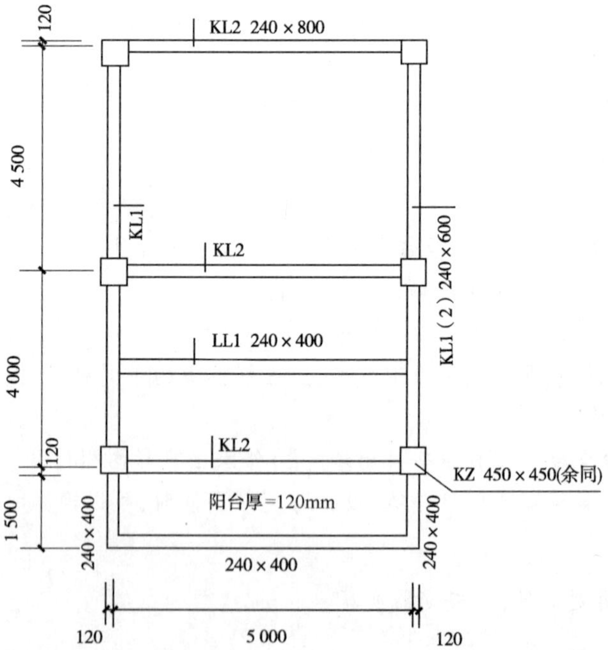

图 2-5-17 某工程楼层结构示意图(尺寸单位:mm)

注:未注明板厚 140mm,层高 3 000mm。

(1) 列式计算此楼层混凝土工程柱、梁、板、阳台清单工程量并编列清单项目(该部分模板工程量列入措施费中,不在此计算)。

（2）填表计算清单阳台综合单价。

设人工、材料、机械的市场信息价格与定额取定价格相同，C20 泵送商品混凝土，企业管理费、利润、风险费分别按人工费 + 机械费的 20%、10%、5% 计取。

2. 梁式楼梯如图 2-5-18 所示，C25 混凝土，计算楼梯清单工程量及编制分部分项工程量清单。

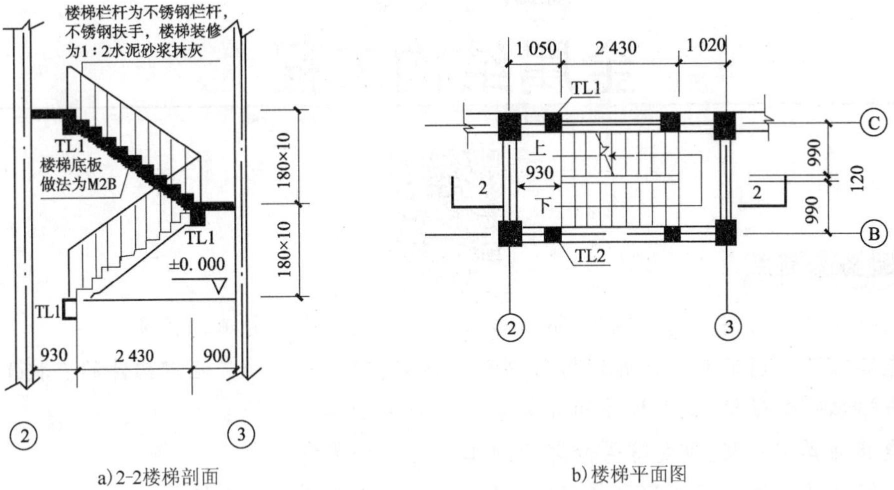

图 2-5-18　梁式楼梯示意图（尺寸单位：mm）

单元六 金属结构工程

教学课件

【能力目标】

1. 能够计算钢桁架、钢柱、钢梁、钢吊车梁和其他钢构件的定额工程量。
2. 能够准确套用定额并计算钢桁架、钢柱、钢梁、钢吊车梁和其他钢构件的直接工程费。
3. 能够编制钢屋架、钢支撑等的分部分项工程量清单。
4. 能够计算钢屋架、钢支撑等分部分项工程的综合单价。
5. 能够灵活运用建筑工程预算定额,进行金属结构工程的定额换算。

【知识目标】

1. 了解钢材类型及其表示方法、钢材理论重量的计算方法。
2. 熟悉金属结构工程的定额套用说明。
3. 掌握钢桁架、钢柱、钢梁、钢吊车梁和其他钢构件的定额工程量的计算规则。
4. 掌握金属结构工程两个清单项目:钢屋架、钢支撑的清单工程量的计算方法。
5. 熟悉金属结构工程两个清单项目:钢屋架、钢支撑的分部分项工程量清单编制方法。
6. 掌握金属结构工程两个清单项目:钢屋架、钢支撑综合单价的确定方法。

一 基础知识

金属结构是用各类型钢、钢板以及钢管、圆钢等钢材制造而成的构件。具有承载能力高、吊装方便、重量轻、工业化程度高、施工周期短等优点。因此,适用于大跨度和荷载大的构件。在建筑工程中,金属结构主要有钢柱、钢梁、钢屋架、钢支撑、钢栏杆、钢梯、钢平台等构件。

(一)钢种

金属结构常用钢材按化学成分划分为普通碳素钢(代表牌号:Q195、Q215、Q235、Q255、Q275)和普通低合金钢(代表牌号:Q295、Q345、Q390、Q420、Q460)。

(二)钢材类型及其表示方法

1. 圆钢

圆钢断面呈圆形,一般用直径“d”表示。

2. 方钢

方钢断面呈正方形,一般用边长"a"表示。

3. 角钢

(1)等边角钢

等边角钢的断面呈"L"形,角钢的两肢宽度相等,一般用∟$b \times d$ 表示。

(2)不等边角钢

不等边角钢的断面呈"L"形,角钢两肢宽度不相等,一般用∟$B \times b \times d$ 表示。

4. 槽钢

槽钢的断面呈"["形,一般用型号表示,同一型号的槽钢其宽度和厚度均有差别,分别用 a、b、c 表示。

5. 工字钢

工字钢断面呈工字形,一般用型号表示,同一型号的工字钢其宽度和厚度均有差别,分别用 a、b、c 表示。

6. 钢板

钢板的表示方法,一般用厚度来表示,符号为"$-\delta$",其中"$-$"为钢板代号,δ 为板厚。

7. 扁钢

扁钢为长条式钢板,一般宽度均有统一标准,它的表示方法为"$-a \times \delta$",其中"$-$"表示钢板,a 表示钢板宽度,δ 表示钢板厚度。

8. 钢管

钢管的一般表示方法用"$\phi D \times t \times l$"来表示。

钢结构基础知识　钢结构定额　钢构件工程量

(三)钢材理论重量的计算方法

1. 各种规格型钢的计算

各种型钢包括等边角钢、不等边角钢、槽钢、工字钢等,每米理论重量均可从型钢表中查得。

2. 钢板的计算

钢材的相对密度为 7 850kg/m^3、7.85g/cm^3。

1mm 厚钢板每平方米重量为 7 850kg/m^3 × 0.001m = 7.85kg/m^2。

计算不同厚度钢板时其每平方米理论重量为 7.850kg/m^2 × δ(δ 为钢板厚度)。

3. 扁钢、钢带的计算

计算不同厚度扁钢、钢带时,其每米理论重量为 0.007 85 × a × δ(a、δ 为扁钢宽度及厚度)。

4. 方钢的计算

$$G = 0.006\,17 \times a^2$$（a 为方钢的边长）

5. 圆钢的计算

$$G = 0.006\,17 \times d^2$$（d 为圆钢的直径）

6. 钢管的计算

$$G = 0.024\,66 \times \delta \times (D - \delta)$$

式中:δ——钢管的壁厚;

D——钢管的外径。

以上公式:G 为每米长度的重量(kg/m),其他计算单位均为 mm。

(四)主要构件简介

(1)钢网架:网架是多根杆件按照一定的网格形式通过节点连接而成的空间结构。其具有空间受力、重量轻、刚度大、抗震性能好等优点;可用作体育馆、影剧院等大跨度、大空间建筑的屋盖。缺点是汇交于节点上的杆件数量较多,制作安装较平面结构复杂。

钢网架结构主要有焊接空心球节点及螺栓球节点两种形式。一般情况下,节点的耗钢量占整个钢网架结构用钢量的 15% ~20%。

(2)钢屋架:以钢材制成的承受屋面横向荷载作用的格构式受弯构件,其形式有三角形、梯形等;跨度小于 18m 时常用作圆钢筋、小角钢和薄钢板等材料组成的轻型钢屋架。

(3)刚托架:用以支撑中间屋架的钢构件。当局部大开间不能设置支撑屋架的柱时,则在此开间两侧柱上设置托架构件。

(4)钢桁架:应用比网架、屋架、托架范围更加广泛的承重钢构件,其结构形式比网架、屋架、托架更为灵活、多样,可以形成一立体的构架体系,承受水平和垂直方向的荷载;屋架、托架为桁架体系中的特定构件之一。

(5)钢柱:按柱截面及其腹板形式分为实腹钢柱、空腹钢柱。

(6)钢支撑:为加强结构横向水平刚度的钢制杆件。按支撑布置方式不同有水平支撑和垂直支撑。

二 定额的套用和工程量的计算

定额子目:3 节,分别为预制钢构件安装、围护体系安装、钢结构现场制作及除锈,共 75 个子目。各小节子目划分情况见表 2-6-1。

定额子目划分 表 2-6-1

定额节			子目数	定额节			子目数
一	预制钢构件安装(52)	钢网架	6	二	围护体系安装(19)	钢楼(承)板	2
		厂(库)房钢结构	30			钢结构屋面板	4
		住宅钢结构	14			钢结构墙面板	13
		钢结构安装配件	2	三	钢构件现场制作及除锈		4

(一)定额说明及其应用

1. 说明

(1)定额包括预制钢构件安装、围护体系安装、钢结构现场制作及除锈。其中预制钢构件安装包括钢网架、厂(库)房钢结构、住宅钢结构。装配式钢结构是指以标准化设计、工厂化生产、装配化施工、一体化装修和信息化管理等为主要特征的工业化生产方式建造的钢结构建筑。

(2)定额中预制构件均按购入成品到场考虑,不再考虑场外运输费用。

(3)预制钢构件安装包括钢网架安装、厂(库)房钢结构安装、住宅钢结构安装等内容。

(4)钢构件安装定额中已包含现场施工发生的零星油漆破坏的修补、节点焊接或切割需要的除锈及补漆费用。

(5)预制钢构件的除锈、油漆及防火涂料费用应在成品价格内包含,若成品价格中未包括除锈、油漆及防火涂料等,另按《浙江省房屋建筑与装饰工程预算定额》(2018 版)中油漆、涂料、裱糊工程相应定额及规定执行。

(6)预制钢构件安装:

①钢构件安装定额中预制钢构件以外购成品编制,不考虑施工损耗。

②预制钢结构构件安装按构件种类、质量不同分别套用定额。

③钢构件安装定额中已包括了施工企业按照质量验收规范要求所需的超声波探伤费用,但未包括 X 光拍片检测费用,如设计要求,X 光拍片检测费用另行计取。

④钢墙架柱、钢墙架梁和配套连接杆件套用钢墙架(挡风架)安装定额。

⑤零星钢构件安装定额适用于本单元未列项目且单件重量在 50kg 以内的小型构件。

⑥组合钢板剪力墙安装套用住宅钢结构 3t 以内钢柱安装定额,相应人工、机械及除预制钢柱外的材料用量乘以系数 1.50。

⑦钢桁架安装按直线形桁架安装考虑,如设计为曲线、折线形或其他非直线形桁架,安装人工、机械乘以系数 1.20。

⑧型钢混凝土组合结构中钢构件安装套用本单元相应定额,人工、机械乘以系数 1.15。

⑨基坑围护中的格构柱安装套用本单元相应项目乘以系数 0.50。同时考虑钢格构柱的拆除及回收残值等因素。

(7)围护体系安装:

①钢楼(承)板如因天棚施工需要拆除,增加拆除用工 0.15 工日/m^2。

②钢楼(承)板安装需要增设的临时支撑消耗量在定额中未考虑,如有发生另行计算。

③围护体系适用于金属结构屋面工程,如为其他屋面,套用《浙江省房屋建筑与装饰工程预算定额》(2018 版)中屋面及防水工程相应定额。钢结构屋面配套的不锈钢天沟、彩钢板天沟安装套用《浙江省房屋建筑与装饰工程预算定额》(2018 版)中屋面及防水工程相应定额。

④保温岩棉铺设仅限于硅酸钙板墙面板配套使用,蒸压砂加气保温块贴面子目仅用于组合钢板墙体配套使用,屋面墙面玻纤保温棉子目配合钢结构围护体系使用,如为其他形式保温则套用《浙江省房屋建筑与装饰工程预算定额》(2018 版)中保温、隔热、防腐工程相应定额。硅酸钙板包梁包柱仅用于钢结构配套使用。

2. 预制钢结构安装

工程量计算规定如下:

(1)金属构件安装工程量按设计图示尺寸以质量(t)计算。

(2)工程量计算时不扣除单个 0.3m^2 以内的孔洞质量,焊缝、铆钉、螺栓等不另增加质量。

(3)依附在钢柱上的牛腿及悬臂梁的质量等并入钢柱的质量内,钢柱上的柱脚板、加劲板、柱顶板、隔板和肋板并入钢柱工程量内。

(4)钢楼梯的工程量包括楼梯平台、楼梯梁、楼梯踏步等的质量,钢楼梯上的扶手、栏杆并入钢楼梯工程量内。钢平台、钢楼梯上不锈钢、铸铁或其他非钢材类栏杆、扶手套用《浙江省房屋建筑与装饰工程预算定额》(2018 版)中装饰部分相应定额。

(5)高强螺栓、栓钉、花篮螺栓等安装配件工程量按设计图示节点工程量计算。

3. 围护体系安装

(1)工程量计算

①钢楼(承)板、屋面板按设计图示尺寸以铺设面积计算,不扣除单个 0.3m^2 以内柱、垛及孔洞所占面积,屋面玻纤保温棉面积同单层压型钢板屋面板面积。

②压型钢板、彩钢夹心板、采光板墙面板、墙面玻纤保温棉按设计图示尺寸以铺挂面积计算,不扣除单个 0.3m^2 以内孔洞所占面积,墙面玻纤保温棉面积同单层压型钢板墙面板面积。

③硅酸钙板墙面板按设计图示尺寸的墙体面积以“m^2”计算,不扣除单个面积小于或等于 0.3m^2 孔洞所占面积。保温岩棉铺设、EPS 混凝土浇灌按设计图示尺寸的铺设或浇灌体积以“m^3”计算,不扣除单个 0.3m^2 以内孔洞所占体积。

④硅酸钙板包柱、包梁及蒸压砂加气保温块贴面工程量按钢构件设计断面周长乘以构件长度,以“m^2”计算。

(2)注意事项

①屋、楼面板与底板采用保温时,执行保温工程相应定额。

②钢楼(承)板上混凝土浇捣所需收边板的用量,均已包含在定额消耗量中,不再单独计取工程量。

③屋面板、墙面板安装需要的包角、包边、窗台泛水等用量,均已包含在相应定额的消耗量中,不再单独计取工程量。

④面板安装按竖装考虑,如发生横向铺设,按相应定额子目人工、机械乘以系数 1.20。

⑤硅酸钙板墙面板项目中双面隔墙定额墙体厚度按 180mm、镀锌钢龙骨按 15kg/m^2 编制,设计与定额不同时材料调整换算。

4. 钢构件现场制作

(1)工程量计算

①金属构件制作工程量按设计图示尺寸以质量(t)计算。

②工程量计算时不扣除单个 0.3m^2 以内的孔洞质量,焊缝、螺栓等不另增加质量。

(2)注意事项

①非工厂制作的构件,除钢柱、钢梁、钢屋架外的钢构件均套用其他构件定额。

②当发生弧形、曲线型构件制作时人工、机械乘以系数 1.30。

【例 2-6-1】 某工程现场制作型钢格构柱,按设计图纸计算得出单只柱的工程量为2.78t,其中角钢 1.904t,钢板 0.786t,HRB400 综合 0.09t。设工料机价格与定额取定相同,分别求出换算后的定额人工费、材料费和机械费。

解

(1)查定额:现场制作型钢格构柱套用定额 6-73。

(2)定额费用:

人工费 = 1 396.97 元/t

材料费 = 4 299.32 + (1.06 × 28.27% − 0.194) × 3 750 + (−0.866) × 3 836 + 1.06 ×

68.49% ×3 966 + 1.06 ×3.24% ×3 849 = 4 385.05 元/t

机械费 = 414.25 元/t

注：该钢柱设计用钢比例与定额不同。角钢：1.904/2.78 = 68.49%；钢板：0.786/2.78 = 28.27%；HRB400 综合：100% − 68.49% − 28.27% = 3.24%；套用定额 6-73H，定额钢材消耗量为 1.06t/t 不变，仅调整不同钢材类别用量。查《浙江省房屋建筑与装饰工程预算定额》（2018 版）附录四，角钢材料单价为 3 966 元/t，HRB400 综合材料单价为 3 849 元/t。

三 工程量清单及清单计价

清单子目：本单元工程项目按《房屋建筑与装饰工程工程量计算规范》（GB 50854—2013）附录 F 列项，分 7 节共 31 个项目，分别是 F.1 钢网架，F.2 钢屋架、钢托架、钢桁架、钢架桥，F.3钢柱，F.4 钢梁，F.5 钢板楼板、墙板，F.6 钢构件，F.7 金属制品。

钢网架包括：钢网架一个项目。项目编码按 010601001 × × ×编列。

钢屋架、钢托架、钢桁架、钢架桥包括：钢屋架、钢托架、钢桁架、钢架桥 4 个项目。项目编码分别按 010602001 × × × ~010602004 × × ×编列。

钢柱包括：实腹钢柱、空腹钢柱、钢管柱 3 个项目。项目编码分别按 010603001 × × × ~010603003 × × ×编列。

钢梁包括：钢梁、钢吊车梁 2 个项目。项目编码分别按 010604001 × × × ~010604002 × × ×编列。

钢板楼板、墙板包括：钢板楼板、压型钢板墙板 2 个项目。项目编码分别按 010605001 × × × ~010605002 × × ×编列。

钢构件包括：钢支撑钢拉条、钢檩条、钢天窗架、钢挡风架、钢墙架、钢平台、钢走道、钢梯、钢栏杆、钢漏斗、钢板天沟、钢支架、零星钢构件 13 个项目。项目编码分别按 010606001 × × × ~010606013 × × ×编列。

金属制品包括：成品空调金属百叶护栏、成品栅栏、成品雨篷、金属网栏、砌块墙钢丝网加固、后浇带金属网 6 个项目。项目编码分别按 010607001 × × × ~010607006 × × ×编列。

本单元定额适用于建筑物、构筑物的钢结构工程。

1. 项目特征

项目特征：钢材品种、规格，单榀重量，安装高度，探伤要求，油漆品种、刷漆遍数等。

2. 工程内容

工程内容：制作、运输、拼装、安装、探伤、刷油漆。

（一）钢网架，钢屋架、钢托架、钢桁架，钢柱，钢梁

1. 计算规则

按设计图示尺寸以质量计算。不扣除孔眼、切肢、切边的质量，焊条、铆钉、螺栓等不另加质量，不规则或多边形钢板，以其外接矩形面积乘以厚度再乘以单位理论质量计算。

2. 适用范围

（1）“钢屋架”项目适用于一般钢屋架和轻钢屋架、冷弯薄壁型钢屋架。

（2）“钢网架”项目适用于一般钢网架和不锈钢网架。

（3）“实腹柱”项目适用于实腹钢柱和实腹式型钢混凝土柱。

(4)“空腹柱”项目适用于空腹钢柱和空腹型钢混凝土柱。

(5)“钢管柱”项目适用于钢管柱和钢管混凝土柱。

(6)“钢梁”项目适用于钢梁和实腹式型钢混凝土梁、空腹式型钢混凝土梁。

(7)“钢吊车梁”项目适用于钢吊车梁的制动梁、制动板、制动桁架。

3. 有关项目说明

(1)钢网架不论节点形式(球形节点、板式节点)和节点连接方式(焊接、丝接)等均使用该项目。

(2)依附在实腹柱、空腹柱上的牛腿及悬臂梁等并入钢柱工程量内。

(3)钢管柱上的节点板、加强环、内衬管、牛腿等并入钢管柱工程量内。

(4)钢管混凝土柱的盖板、底板、穿心板、横隔板、加强环、明牛腿、暗牛腿应包括在报价内。

(5)制动梁、制动板、制动桁架、车挡并入钢吊车梁工程量内。

(二)钢板楼板、墙板

1. 钢板楼板计算规则

按设计图示尺寸以铺设水平投影面积计算。不扣除柱、垛及单个0.3m^2以内的孔洞所占面积。

2. 钢板墙板计算规则

按设计图示尺寸以铺挂展开面积计算。不扣除单个0.3m^2以内的孔洞所占面积,包角、包边、窗台泛水等不另增加面积。

3.“钢板楼板”项目适用范围

“钢板楼板”项目适用于现浇混凝土楼板使用钢板作永久性模板,并与混凝土叠合后组成共同受力的构件。钢板采用镀锌或防腐处理的薄钢板。

(三)钢构件

1. 包含内容

钢支撑、钢檩条、钢天窗架、钢挡风架、钢墙架、钢平台、钢走道、钢梯、钢栏杆、钢漏斗、钢支架、零星钢构件。

2. 计算规则

按设计图示尺寸以质量计算。不扣除孔眼、切肢、切边的质量,焊条、铆钉、螺栓等不另加质量,不规则或多边形钢板,以其外接矩形面积乘以厚度再乘以单位理论质量计算。

3.“钢栏杆”适用范围

“钢栏杆”适用于工业厂房平台钢栏杆。

4. 有关项目说明

(1)钢墙架项目包括墙架柱、墙架梁和连接铁件。

(2)钢扶梯的重量应包括梯梁、踏步及依附于楼梯的扶手栏杆重量。

(3)加工铁件等小型构件,应按F.6零星钢构件项目编码列项。

【例2-6-2】 H型钢支撑5榀如图2-6-1所示,运输距离6km。按建筑工程清单计价规范编制工程量清单。

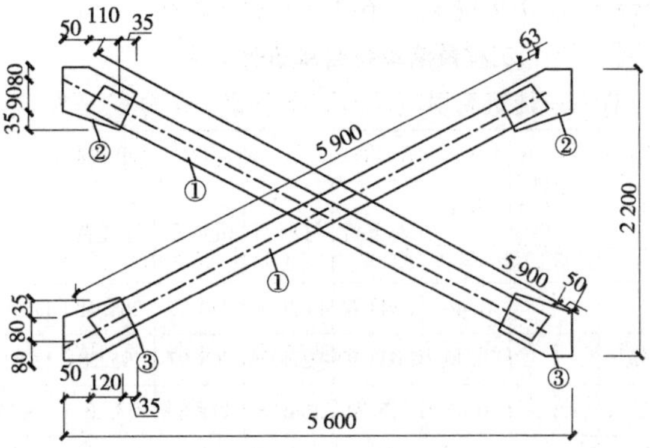

图 2-6-1 （尺寸单位:mm）

解

型钢支撑制作、安装、运输工程量:

⌊75 ×6　6.905 ×5.9 ×2 ×5 =407.40kg

—8　7.85 ×8 ×0.195 ×0.21 ×2 ×5 =25.72kg

—8　7.85 ×8 ×0.205 ×0.19 ×2 ×5 =24.45kg

小计:407.40 +25.72 +24.45 =457.57kg =0.46t

分部分项工程量清单见表 2-6-2。

分部分项工程量清单　　表 2-6-2

工程名称:某工程

序号	项目编码	项目名称	项 目 特 征	计量单位	工程数量
			F.6 钢构件		
1	010606001001	钢支撑	88.6%角钢、11.4%钢板,制作、运输距离 6km,安装高度 12m	t	0.46

(四)金属网计算规则

按设计图示尺寸以面积计算。

(五)工程量清单计价

(1)工程量清单计价即利用消耗量定额确定某清单项目的综合单价。

(2)综合单价由人工费、材料费、机械费、管理费、利润、风险费组成。

(3)确定清单项目综合单价时,首先通过项目特征的描述确定该项目所包含的工程具体内容,再利用《浙江省房屋建筑与装饰工程预算定额》(2018 版)进行组合报价。

【例 2-6-3】 计算例 2-6-2 钢支撑清单的综合单价。

解

清单工程量:010606001001

型钢支撑 0.46t,为计算方便,人工、材料、机械台班消耗量及单价按《浙江省房屋建筑与装饰工程预算定额》(2018 版)价格计取,管理费按人工费加机械费的 15%计取,利润按人工费加机械费的 10%计取。风险费用由企业自行确定,本例暂不计取。

钢支撑项目综合单价计算与分析见表2-6-3。

工程量清单综合单价计算表 表2-6-3

单位及专业工程名称:某工程——建筑工程 第1页 共1页

序号	编号	名称	计量单位	数量	综合单价(元)							合计(元)
					人工费	材料费	机械费	管理费	利润	风险费用	小计	
1	010606001001	钢支撑	t	0.46	1 348.66	4 471.13	440.77	268.41	178.94	0	6 707.91	3 085.64
	6-74	钢支撑制作	t	0.46	1 032.92	4 276.30	268.97	195.28	130.19	0	5 903.66	2 715.68
	6-33	钢支撑安装	t	0.46	315.74	194.83	171.80	73.13	48.75	0	804.25	369.96

小贴士

(1)钢构件的除锈刷漆包括在报价内。

(2)钢构件的拼装台的搭、拆和材料摊销应列入措施项目费。

(3)钢构件探伤(包括射线探伤、超声波探伤、磁粉探伤、金属探伤、着色探伤、荧光探伤等)应包括在报价内。

(4)型钢混凝土柱、梁浇筑混凝土和压型钢板楼板上浇筑钢筋混凝土,混凝土和钢筋应按A.4中相关项目编码列项。

(5)工程量清单编制时,应描述钢材品种、规格和不同钢种的比例。

学生工作页

一、单项选择题

1.不规则多边形钢板面积按其(　　)计算。

A.实际面积　　B.外接矩形　　C.外接圆形　　D.内接矩形

2.执行《浙江省房屋建筑与装饰工程预算定额》(2018版)中金属结构工程项目时,下列说法正确的是(　　)。

A.构件拼装费包括在构件制作安装项目中

B.构件安装未含吊装机械费

C.构件制作安装包含刷红丹防锈漆一遍的工料

D.构件制作安装工程量按理论质量计算

二、多项选择题

1.零星构件指的是(　　)。

A.晾衣架　　B.垃圾门

C.烟囱紧固件　　D.单件重量在50kg以内的小型构件

2. 构件运输中,属于二类构件的是(　　)。

A. 钢柱　　B. 钢拉杆　　C. 钢平台　　D. 屋架　　E. 钢梯

3. 以下有关钢构件工程量计算表述有误的是(　　)。

A. 钢平台的柱、梁并入钢平台计算

B. 钢平台上的钢栏杆并入钢平台计算

C. 钢平台上的钢栏杆单独列项计算

D. 钢楼梯上的钢栏杆并入钢楼梯计算

三、判断题

1. 本单元定额适用于加工厂制作,但不适用于现场加工制作的构件。　(　　)
2. 本单元定额构件制作项目中,均已包括刷一遍红丹防锈漆的工料。　(　　)
3. 钢柱安装在钢筋混凝土柱上,其人工、机械乘系数 1.34。　(　　)
4. 在构件运输中,钢柱、钢支撑属于二类构件。　(　　)

四、定额换算题

根据表 2-6-4 所列信息,完成定额换算。

表 2-6-4

题号	定额编号	工程项目内容	计量单位	基价(元)	基价计算式
1		实腹钢柱制作(3t 内/根,主材用量比例:角钢 5%、钢板 95%)			
2		轻钢屋架安装(工程采用塔式起重机吊装)			
3		10t 钢柱安装在钢筋混凝土柱上			
4		轻钢屋架制作(主材用量比例为:角钢 50%,钢板 30%,圆钢 20%)			

单元七
木结构工程

【能力目标】

1. 能够计算木屋架、木构件、屋面木基层等的定额工程量。
2. 能够准确套用定额并计算木屋架、木构件、屋面木基层等的直接工程费。
3. 能够编制木屋架、木构件、屋面木基层等的分部分项工程量清单。
4. 能够计算木屋架、木构件、屋面木基层等分部分项工程的综合单价。
5. 能够灵活运用房屋建筑与装饰工程预算定额,进行木结构工程的定额换算。

【知识目标】

1. 了解木屋架、钢木屋架、博风板、大刀头、马尾、折角、正交屋架等房屋构造。
2. 熟悉木结构工程的定额套用说明。
3. 掌握木屋架、木构件、屋面木基层等的定额工程量的计算规则。
4. 掌握木结构工程三个清单项目:木屋架、木构件、屋面木基层的清单工程量的计算方法。
5. 熟悉木结构工程三个清单项目:木屋架、木构件、屋面木基层的分部分项工程量清单编制方法。
6. 掌握木结构工程三个清单项目:木屋架、木构件、屋面木基层综合单价的确定方法。

一 基础知识

木结构工程包括木屋架、其他木构件和屋面木基层。

(一)屋面木结构:木屋架、屋面木基层

1. 木屋架、钢木屋架(图 2-7-1)

(1)木屋架,是指全部杆件均采用如方木或圆木等木材制作的屋架。

(2)钢木屋架,是指受压杆件如上弦杆及斜杆均采用木材制作,受拉杆件如下弦杆及拉杆均采用钢材制作,拉杆一般用圆钢材料,下弦杆可以采用圆钢或型钢材料的屋架。

(3)博风板、大刀头,如图 2-7-2 所示。

(4)封檐板、挑檐木,如图 2-7-3 所示。

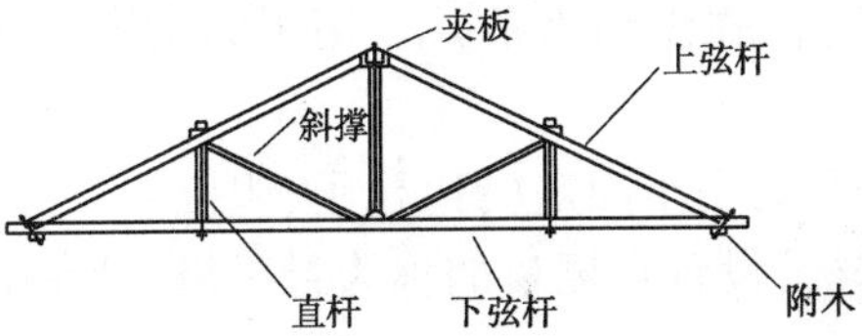

图 2-7-1　屋架构造示意图

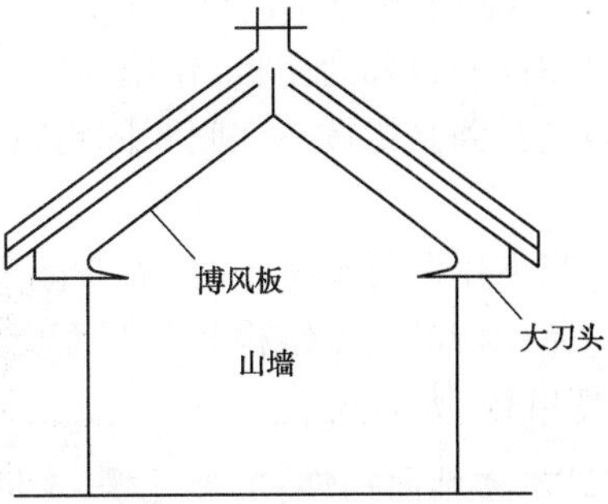

图 2-7-2　博风板、大刀头示意图

(5)马尾、折角、正交屋架，如图 2-7-4 所示。

(6)檩条、椽子(椽条)、挂瓦条，如图 2-7-5 所示。

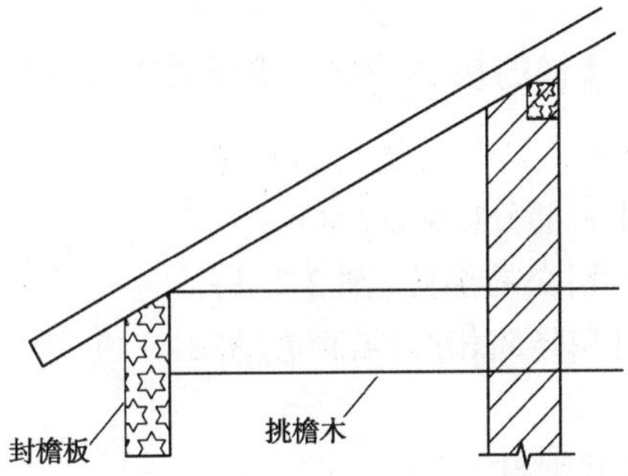

图 2-7-3　封檐板、挑檐木示意图

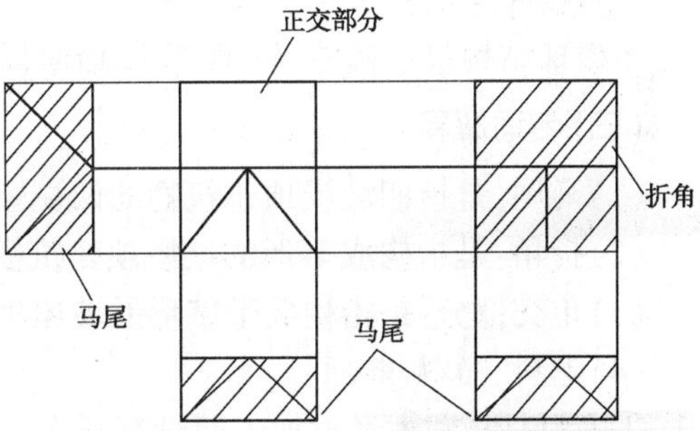

图 2-7-4　马尾、折角、正交屋架示意图

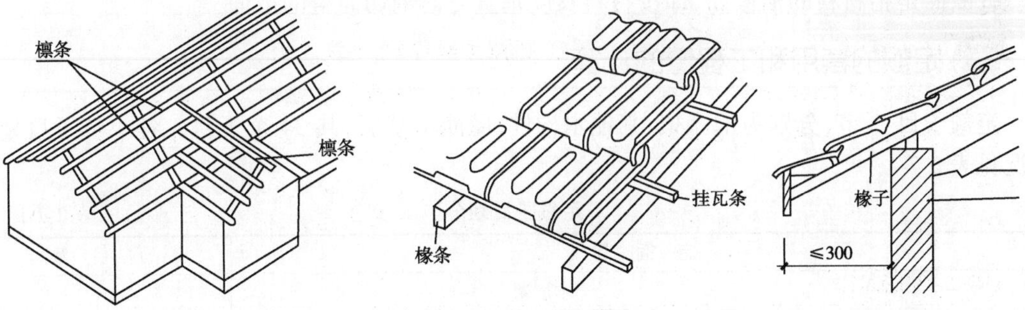

图 2-7-5　檩子、椽子(椽条)、挂瓦条

2. 屋面木基层及封檐板

屋面木基层是指在屋架之上的木构件或木构造层，包括檩木、椽子、屋面板、油毡、挂瓦条、顺水条等构造层；在房屋屋面外沿设有封檐板、博风板等。

(1)檩木又称为檩条，也称为桁条，是搁在屋架或山墙上用来承受屋顶荷载的构件，一般用三角形木块(檩托)来固定就位，檩条的间距及断面需根据屋架的间距、屋面荷载等因素综合考虑，由结构计算确定。木檩条按设计布置情况有简支檩条和连续檩条，按断面有圆木和方木两种形式。

(2)椽子是按一定间距搁在檩木上(与檩木方向垂直)，用以铺钉挂瓦条或直接铺盖瓦片的木条,也有圆木和方木两种形式。

(3)屋面板也称为望板,作用与椽子基本相同,采用木板满铺在檩木上。

(4)挂瓦条是指按一定间距固定在椽子或屋面板(需先设顺水条)上,用于固定屋面瓦片的木条。

(5)当采用混凝土檩条时,需在檩条上铺设一道檩木,用于固定(钉)椽子、望板。

(6)屋面四沿在木结构和瓦屋面交接处设置的木板,设置在檐口的称为封檐板,设在山墙的称为博风板、大刀头。

(二)木楼地面构件:木楼地塄、木楼梯

1.木楼地塄

木地板的结构构造由木楞和面板组成,木楞有方木、圆木两种。木地板可铺设在木楞上、毛地板上、细木工板上、水泥楼面上、混凝土楼地面上。

2.木楼梯

木楼梯结构包括梯柱、斜梁、梯段踏面板、踢面板、楼梯的扶手、栏杆,均可采用木料制作。

(三)名词解释

(1)马尾:是指四坡屋顶建筑物的两端屋面端头坡面部分(图2-7-4)。

(2)折角:是指构成L形的坡屋顶建筑横向和竖向相交的部位(图2-7-4)。

(3)正交部分:是指构成丁字形的坡屋顶建筑横向和竖向相交的部位(图2-7-4)。

(4)毛料、净料、断面:

①毛料是指圆木经过加工而没有刨光的各种规格的锯材。

②净料是指圆木经过加工刨光而符合设计尺寸要求的锯材。

③断面是指材料的横截面,即按材料长度垂直方向剖切而得的截面。

二 定额的套用和工程量的计算

定额子目:3节,分别为木屋架、其他木构件、屋面木基层,共34个子目。各小节子目划分情况见表2-7-1。

定额子目划分 表2-7-1

定额节		子目数
一	木屋架	6
二	其他木构件	11
三	屋面木基层	17

(一)定额说明及其应用

1.定额的编制依据

定额是按手工操作和机械操作综合编制的,实际均按定额执行。

2.木种换算

定额采用的木材木种,除另有注明外,均以一、二类为准,如采用三、四类木种时,木材单价调整,相应定额制作人工和机械乘系数1.3。换算公式如下:

换算后基价 = 原基价 +(设计木材单价 - 定额木材单价)× 定额用量 + 人工、机械差价

【例 2-7-1】 板高 15cm 以内封檐板，假设木材采用柏木，单价为 1 600 元/m^3，请计算定额基价。

解

查定额 7-32

换算后基价 = 1 195.09 + (1 800 − 1 625) × 0.454 + 452.6 × 0.3 = 1 410.32 元/100m^2

3. 木材断面换算

定额所注明的木材断面、厚度均以毛料（经过加工而没有刨光）为准，设计为净料时，应另加刨光损耗，板枋材单面加 3mm，双面刨光加 5mm，圆木直径加 5mm，当设计木材断面、厚度与表 2-7-2 不同时，木材用量按比例计算，其余用量不变。

断面取定表（单位：cm） 表 2-7-2

项 目 名 称		门框	门扇立梃	门板
屋面木基层	椽子	杉圆木 ϕ7 对开；松枋 4 × 6		
	屋面板	板厚 1.5		

【例 2-7-2】 某工程屋面的屋面板基层，设计采用有油毡的错口板，板厚 17mm（毛料）。试求该项目单价。

解

查定额 7-22，基价 = 8 188.60 元/100m^2

屋面板厚设计毛料为 17mm，故设计厚度与定额厚度不同，木材用量应换算。

换算后木材用量 = 设计断面（或厚度）÷ 定额断面（或厚度）× 定额用量

$$= \frac{17}{15} \times 105 = 119 m^2/100m^2$$

换算后基价 = 原基价 + 木材用量引起的价差

$$= 8\,188.60 + (119 - 105) \times 64.66 = 9\,093.84 元/m^2$$

【例 2-7-3】 某工程小青瓦屋面采用刨光直径 60mm 不对开杉圆木椽子基层，已知椽子杉圆木价格为 1 280 元/m^3，其他价格均与定额取定价格相同，试确定该屋面椽子木基层的定额套用及计算换算后的基价。

解

查小青瓦屋面椽子木基层定额 7-29，基价 = 2 635.85 元/100m^2

调整定额杉圆木含量：按设计刨光用材规格加刨耗 5mm 后为直径 65mm（不对开），定额调整后的杉圆木用量 $V = 1 \times (65/2)^2/[(70/2)^2/2] = 1.724\,5 m^3/100m^2$

换算后基价 = (2 635.85 − 1.15 × 1 800 + 1.724 5 × 1 280) = 2 773.21 元/100m^2

4. 钢材换算

定额取定的钢材品种、比例与设计不同时，可按设计比例调整；设计木门及木构件中的钢构件及铁件用量与定额不同时，按设计图示用量调整。

5. 定额中的金属件的有关说明

定额中的金属件已包括刷一遍防锈漆的工料。

（二）工程量的计算

1. 木屋架

计量单位：m^3。

计算木材材积,不扣除孔眼、开榫、切肢、切边的体积。屋架材积包括剪刀撑、挑沿木、上下弦之间的拉杆、夹木等。

2. 屋面木基层

屋面木基层由檩条、椽子、屋面板、挂瓦条等组成。

(1)檩条

计量单位:m^3。

按木材材积计算,檩条垫木包括在檩木定额中,不另计算体积。

(2)屋面木基层

计量单位:m^2。

定额分屋面板基层和椽子基层两大类,工程量按屋面斜面积计算。不扣除附墙烟囱、竖风道、风帽底座和斜沟等所占的面积。屋面小气窗的出檐部分面积另行增加。

3. 木楼梯

计量单位:m^2。

按楼梯水平投影面积计算,不扣除宽度小于300mm的楼梯井,其踢脚、平台和伸入墙内部分,不另计算;但楼梯扶手、栏杆另行计算。

三 工程量清单及清单计价

清单子目:本单元工程项目按《房屋建筑与装饰工程工程量计算规范》(GB 50854—2013)附录G列项,分3节共8个项目,分别是G.1木屋架,G.2木构件,G.3屋面木基层。

木屋架包括:木屋架、钢木屋架2个项目。项目编码分别按010701001×××~010701002×××编列。

木构件包括:木柱、木梁、木檩、木楼梯、其他木构件5个项目。项目编码分别按010702001×××~010702005×××编列。

屋面木基层包括:屋面木基层一个项目。项目编码按010703001×××编列。

(一)木屋架(010701)

(1)包括木屋架、钢木屋架。

(2)项目特征:跨度,安装高度,材料品种、规格,刨光要求,防护材料种类。

(3)计量单位:"榀";计算规则:按设计图示数量计算。

(4)工程内容:制作、运输、安装,刷防护材料、油漆。

(5)适用范围:

①"木屋架"项目适用于各种方木、圆木屋架。

②"钢木屋架"项目适用于各种方木、圆木与钢材的组合屋架。

(6)有关项目说明:

①屋架的跨度应以上、下弦中心线两交点之间的距离计算。

②带气楼的屋架和马尾、折角以及正交部分的半屋架,应按相关项目编码列项。

③与屋架相连的挑檐木应包括在报价内。

【例2-7-4】 某工程五榀6m跨度杉圆木普通人字屋架(图2-7-6),直拉杆用圆钢制作,木屋架刷防火涂料二遍。按清单计价规范编制工程量清单(每榀屋架刷涂料面积为8.06m^2,每榀屋架材积为 0.328m^3）。

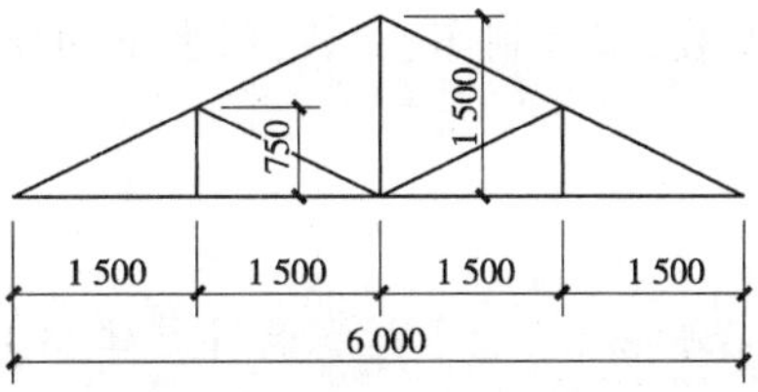

图 2-7-6　6m 跨度杉圆木普通人字屋架（尺寸单位：mm）

解

木屋架工程量清单见表 2-7-3。

分部分项工程量清单表　　表 2-7-3

工程名称：某工程

序号	项目编码	项目名称	项 目 特 征	计量单位	工程数量
G.1　木屋架					
1	010701001001	木屋架	6m 跨度杉圆木普通木屋架、直拉杆用圆钢、刷防火涂料两遍，每榀屋架刷涂料面积为 8.06m^2，每榀屋架材积为 0.328m^3	榀	5

（二）木构件（010702）

（1）包括木柱、木梁、木檩、木楼梯、其他木构件。

（2）木柱、木梁、木檩计量单位：m^3；计算规则：按设计图示尺寸以体积计算。

（3）木楼梯计量单位：m^2；计算规则：按设计图示尺寸以水平投影面积计算。不扣除宽度小于 300mm 的楼梯井，伸入墙内部分不计算。

（4）其他木构件计量单位：m^3 或 m；计算规则：按设计图示尺寸以体积或长度计算。

（5）项目特征：构件高度、长度，构件截面，木材种类，刨光要求，防护材料种类。

（6）工程内容：制作、运输、安装、刷防护材料油漆。

（7）适用范围：

①“木柱”、“木梁”项目适用于建筑物各部位的柱、梁。

②“木楼梯”项目适用于楼梯和爬梯。

③“其他木构件”项目适用于木楼地楞、封檐板、博风板等构件的制作、安装。

④其他木构件按设计图示尺寸以体积或长度计算。

⑤封檐板、博风板工程量按延长米计算。

⑥封檐板、博风板带大刀头时，每个大刀头增加长度 500mm。

（8）有关项目说明：

①木梁、木柱接地、嵌入墙内部分的防腐应包括在报价内。

②木楼梯的防滑条应包括在报价内。

③楼梯栏杆（栏板）、扶手应按楼地面工程相关项目编码列项。

（三）屋面木基层（010703）

（1）屋面木基层计量单位：m^2；计算规则：按设计图示尺寸以斜面积计算，不扣除房上烟囱、风帽底座、通风道、屋面小气窗、屋脊、斜沟等所占面积。小气窗的出檐部分不增加面积。

(2)项目特征:椽子断面尺寸及椽距,望板材料种类、厚度,防护材料种类。

(3)工程内容:椽子制作、安装,望板制作、安装,顺水条和挂瓦条制作、安装,刷防护材料。

小贴士

(1)原木构件设计规定梢径时,应按原木材积表计算体积。

(2)设计规定使用干燥木材时,干燥损耗及干燥费用应包括在报价内。

(3)木材的出材率应包括在报价内。

(4)木结构有防虫要求时,防虫药剂应包括在报价内。

学生工作页

一、单项选择题

1. 木楼梯工程量不扣除宽度小于(　　)mm 的楼梯井。

A. 300　　B. 500　　C. 200　　D. 800

2. 木结构工程定额木材木种是按照(　　)编制的。

A. 一类　　B. 二类　　C. 一、二类　　D. 三、四类

3. 定额所注的木材断面,厚度均以毛料为准,设计为净料时,应另加刨光损耗,板枋材单面加(　　),双面刨光加(　　)。

A. 3mm　　B. 5mm　　C. 2mm　　D. 6mm

二、多项选择题

1. 木构件中以立方米作为计量单位计算的有(　　)。

A. 檩木、椽木　　B. 封檐板、博风板　　C. 木制楼梯

D. 屋面木基层　　E. 正交部分的半屋架

2. 计算屋面木基层工程量时,不扣除(　　)所占面积。

A. 气楼挑檐重叠部分　　B. 附墙烟囱　　C. 风帽底座

D. 斜沟　　E. 竖风道

3. 木楼地楞定额已包括(　　)的材积。

A. 平撑　　B. 剪刀撑　　C. 沿油木　　D. 拉杆　　E. 夹木

三、定额换算题

根据表 2-7-4 所列信息,完成定额换算。

表 2-7-4

序号	定额编号	工 程 名 称	定额计量单位	基价	基价计算式
1		杉圆木椽子钉杉挂瓦条屋面木基层(设杉圆木价格为 680 元/m^3)			
2		楠木圆木桩(设楠木价格为 6 000 元/m^3)			

单元八 门窗工程

教学课件

【能力目标】

1. 能够计算木门窗(普通木门窗、装饰木门窗、成品木门窗),金属门窗(塑钢门窗、铝合金门窗),金属卷帘门等的定额工程量。

2. 能够准确套用定额并计算木门窗(普通木门窗、装饰木门窗、成品木门窗),金属门窗(塑钢门窗、铝合金门窗),金属卷帘门等的直接工程费。

3. 能够编制木门窗(普通木门窗、装饰木门窗、成品木门窗),金属门窗(塑钢门窗、铝合金门窗),金属卷帘门等的分部分项工程量清单。

4. 能够计算木门窗(普通木门窗、装饰木门窗、成品木门窗),金属门窗(塑钢门窗、铝合金门窗),金属卷帘门等分部分项工程的综合单价。

5. 能够灵活运用房屋建筑与装饰工程预算定额,进行门窗工程的定额换算。

【知识目标】

1. 了解木种、板材和枋材的分类;熟悉木门、木窗等的构造做法;理解毛料、净料、断面等的含义。

2. 熟悉门窗工程的定额套用说明。

3. 掌握镶板门、胶合板门、塑钢窗等的定额工程量的计算规则。

4. 掌握门窗工程4个清单项目:木质门(镶木板门、胶合板门、夹板装饰门),金属(塑钢)窗的清单工程量的计算方法。

5. 熟悉门窗工程4个清单项目:木质门(镶木板门、胶合板门、夹板装饰门),金属(塑钢)窗的分部分项工程量清单编制方法。

6. 掌握门窗工程4个清单项目:木质门(镶木板门、胶合板门、夹板装饰门),金属(塑钢)窗综合单价的确定方法。

项目导入

施工图纸:某学院培训楼建筑施工图门窗表见本书附录。

项目任务

1. 计算某学院培训楼门窗工程的分部分项定额工程量。
2. 计算某学院培训楼门窗工程的分部分项直接工程费。
3. 编制某学院培训楼门窗工程的分部分项工程量清单。
4. 计算某学院培训楼门窗工程的分部分项综合单价。

任务分析

熟悉某学院培训楼施工图纸,收集相关计价依据,拟解决以下问题:

1. 你所知道的建筑工程常见的门窗有哪些类型?该培训楼的门窗装修做法是怎么样的?
2. 门窗工程定额项目有哪些?如何套用?工程量计算规则如何?
3. 门窗工程分部分项工程量清单项目如何设置?工程量如何计算?综合单价如何计算?

一 基础知识

(一)木种分类

一、二类:红松、水桐木、樟木松、白松(云杉、冷杉)、杉木、杨木、柳木、椴木。

三、四类:青松、黄花松、秋子木、马尾松、东北榆木、柏木、苦楝木、梓木、黄菠萝、椿木、楠柳、华北榆木、榉木、枫木、橡木、核桃木、樱桃木。设计采用木材种类与定额取定不同时,按定额有关规定计算。

(二)板材和枋材分类

板材和枋材分类见表2-8-1。

板材和枋材分类　　表2-8-1

项目	按宽厚尺寸比例分类	按板材厚度、枋材宽、厚乘积			
板材	$\frac{宽}{厚}\geq 3$	名称	薄板	中板	厚板
		厚度(mm)	≤18	19~35	36~65
枋材	$\frac{宽}{厚}<3$	名称	小方	中方	大方
		断面(cm^2)	≤54	55~100	101~225

(三)木材的干燥方法

木材的干燥方法一般分为自然干燥法及人工干燥法两种。

1. 自然干燥法

自然干燥法是将需干燥的木材,选择适当的堆垛方法进行堆垛,在木料之间留有适当的空隙,利用自然通风使木料水分蒸发,以降低木材的天然含水率。木材在自然干燥过程中,为防止木材开裂，可以在木材两端头刷上防裂涂料。

2. 人工干燥法

人工干燥法常用的有蒸汽干燥法和烟熏干燥法。蒸汽干燥法系强制空气循环使木料降低含水率，在各类干燥室内安置不同类型的通风机，促使空气流通对木材进行干燥。

（四）木门、木窗

木门包括门框和门扇两部分，木门构造示意图如图 2-8-1、图 2-8-2 所示。框有上框、中框（带亮子的门）和边框，各框之间榫接。门扇按结构形式分有贴板门、镶板门和拼板门。贴板门是在木框上覆以胶合板或纤维板制成，外覆板材通过钉接或胶接方法与木框连接，木框宽 65mm 左右，竖框宽 30mm 左右，中间做木肋。这种门自重小，构造简单，多用作简易门。镶板门是将实木板镶入门扇木框的凹槽装配而成，木框上用来装镶板的凹槽宽度依镶板的厚度而定，镶嵌后板的边距底槽应有 2mm 左右的间隙。这种门属于传统做法，其结构较牢固，但因耗材较多，目前已较少采用。拼板门是用细木工板做门扇，表面覆盖木夹板制成，门扇也需做门框，顶框和竖框均取 16mm 左右。这种门坚固耐用，构造简单，但是自重大。

图 2-8-1　木门构造示意图

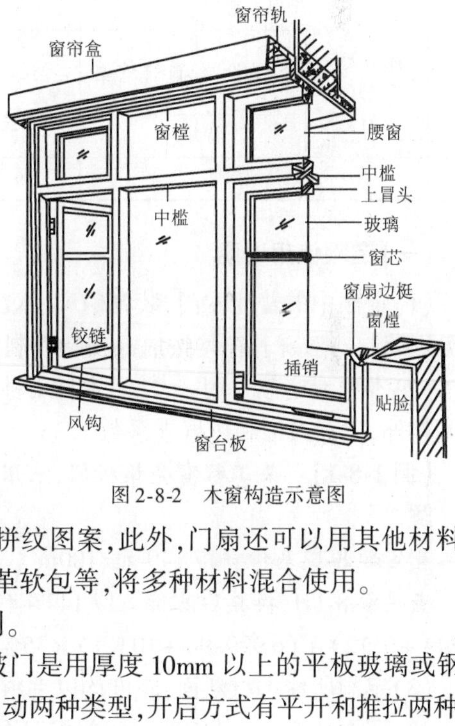

图 2-8-2　木窗构造示意图

木门表面常需装饰各种线条或木单板、胶合板拼纹图案，此外，门扇还可以用其他材料进行装饰，如铝合金、钛合金、不锈钢、玻璃、织物或皮革软包等，将多种材料混合使用。

门通常需做门套，门套有木制、金属制或石材制。

除木门外，全玻门在公共建筑中采用较多。全玻门是用厚度 10mm 以上的平板玻璃或钢化玻璃直接加工成门扇，一般无框。全玻门有手动和自动两种类型，开启方式有平开和推拉两种。

（五）名词解释

（1）毛料是指圆木经过加工而没有刨光的各种规格的锯材。

（2）净料是指圆木经过加工刨光而符合设计尺寸要求的锯材。

（3）断面是指材料的横截面，即按材料长度垂直方向剖切而得的截面。

（4）吸顶式窗帘箱是指窗帘箱顶板与结构楼板底紧密连接的窗帘箱，反之则称为悬挂式窗帘箱。

二 定额的套用和工程量的计算

定额子目:11 节,分别为木门,金属门,金属卷帘门,厂库房大门、特种门,其他门,木窗,金属窗,门钢架、门窗套,窗台板,窗帘盒、轨,门五金,共 197 个子目。各小节子目划分情况见表 2-8-2。

定额子目划分 表 2-8-2

定额节			子目数	定额节			子目数
一	木门(39)	普通木门制作安装	14	六	木窗		5
		装饰门扇制作安装	16	七	金属窗(15)	铝合金窗	7
		成品木门及门框安装	9			塑钢窗	4
二	金属门(10)	铝合金门	5			彩板、防火、防盗窗	4
		塑钢、彩钢板门	3	八	门钢架、门窗套(20)	门钢架	5
		钢质防火、防盗门	2			门窗套	15
三	金属卷帘门		5	九	窗台板		7
四	厂库房大门、特种门(41)	厂库房大门制作、安装	24	十	窗帘盒、轨(13)	窗帘盒	9
						窗帘轨	4
		特种门	17	十一	门五金(33)	门特殊五金	24
五	其他门		9			厂库房大门五金铁件	9

(一)定额使用说明

(1)定额中的普通木门、装饰门扇、木窗按现场制作安装综合编制,厂库房大门按制作、安装分别编制,其余门、窗均按成品安装编制。

(2)本单元定额采用一、二类木材木种编制的定额,当设计采用三、四类木种时,除木材单价调整外,定额人工和机械乘系数 1.35。

【例 2-8-1】 某工程有亮镶板门,采用硬木(进口)制作,试求基价。

解

查定额 8-1,基价 = 17 149 元/$100m^2$

查定额 8-1H,换算后基价 = 17 149 + (3 276 − 1 810) × (1.908 + 1.632 + 1.016 + 0.461 + 0.244 + 0.12) + (6 999.96 + 103.1) × 35% = 27 523.62 元/$100m^2$

(3)定额所注木材断面、厚度均以毛料为准,如设计为净料,应另加刨光损耗:板枋材单面加 3mm,双面加 5mm,其中普通门门板双面刨光加 3mm。

(4)普通木门窗木材断面、厚度见表 2-8-3,设计不同,木材用量按比例调整,其余不变。

木门窗用料断面、规格尺寸表(单位:cm) 表 2-8-3

门窗名称		门窗框	门窗扇立梃	门板
普通门	镶板门	5.5 × 10	4.5 × 8	1.5
	胶合板门		3.9 × 3.9	
	半玻门		4.5 × 10	1.5

续上表

门窗名称		门窗框	门窗扇立梃	门板
自由门	全玻门	5.5×12	5×10.5	
	带玻胶合板门	5.5×10	4.5×6.5	
厂库房木板大门	带框平开门	5.3×12	5×10.5	2.1
	不带框平开门		5.5×12.5	
	不带框推拉门			
普通窗	平开窗	5.5×8	4.5×6	
	翻窗	5.5×9.5		

【例2-8-2】 某工程杉木平开窗，设计断面尺寸（净料）窗框为5.5cm×8cm，窗扇梃为4.5cm×6cm，求基价。

解

(1)设计为净料尺寸，加刨光损耗后的尺寸为：

窗框：$(5.5+0.3)\text{cm}\times(8+0.5)\text{cm}=5.8\text{cm}\times8.5\text{cm}$

窗扇梃：$(4.5+0.5)\text{cm}\times(6+0.5)\text{cm}=5\text{cm}\times6.5\text{cm}$

(2)设计木材用量按比例调整：

查定额8-105，窗框杉木含量为$2.015\text{m}^3/100\text{m}^2$，窗扇为$1.887\text{m}^3/100\text{m}^2$。

窗框：$\dfrac{5.8\times8.5}{5.5\times8}\times2.015=2.257\text{m}^3$

窗扇梃：$\dfrac{5\times6.5}{4.5\times6}\times1.887=2.271\text{m}^3$

(3)基价换算：查定额8-105，基价＝16 223.88元$/100\text{m}^2$

查定额8-105H，换算后基价$=16\,223.88+(2.257-2.015+2.271-1.887)\times1\,810$

$=17\,356.94$元$/100\text{m}^2$

(5)成品套装门安装包括门套（含门套线）和门扇的安装；纱门按成品安装考虑。

(6)成品套装木门、成品木移门的门规格不同时，调整套装木门、成品木移门的单价，其余不调整。

(7)铝合金成品门窗安装项目按隔热断桥铝合金型材考虑，当设计为普通铝合金型材时，按相应定额项目执行。采用单片玻璃时，除材料换算外，相应定额子目的人工乘以系数0.8；采用中空玻璃时，除材料换算外，相应定额子目的人工乘以系数0.90。

(8)铝合金百叶门、窗和格栅门按普通铝合金型材考虑。

(9)当设计为组合门、组合窗时，按设计明确的门窗图集类型套用相应定额。

(10)弧形门窗套相应定额，人工乘以系数1.15；型材弯弧形费用另行增加。

(11)防火卷帘按金属卷帘（闸）项目执行，定额材料中的金属卷帘替换为相应的防火卷帘，其余不变。

(12)厂库房大门的钢骨架制作以钢材重量表示，已包括在定额中，不再另列项计算。

(13)厂库房大门、特种门门扇上所用铁件均已列入定额内，当设计用量与定额不同时，定额用量按比例调整；墙、柱、楼地面等部位的预埋铁件，按设计要求另行计算。

(14)厂库房大门、特种门定额取定的钢材品种、比例与设计不同时,可按设计比例调整;设计木门中的钢构件及铁件用量与定额不同时,按设计图示用量调整。

(15)全玻璃门有框亮子安装按全玻璃有框门扇安装项目执行,人工乘以系数0.75,地弹簧换为膨胀螺栓,消耗量调整为277.55个/100m²;无框亮子安装按固定玻璃安装项目执行。

(16)电子感应自动门传感装置、伸缩门电动装置安装已包括调试用工。

(17)普通木门窗一般小五金,如普通折页、蝴蝶折页、铁插销、风钩、铁拉手、木螺丝等已综合在五金材料费内,不另计算、地弹簧、门锁、门拉手、闭门器及铜合页等特殊五金另套相应定额计算。

(18)门连窗,门、窗应分别执行相应项目;木门窗定额采用普通玻璃,当设计玻璃品种与定额不同时,单价调整;厚度增加时,另按定额的玻璃面积每10m² 增加玻璃用工0.73工日。

(二)工程量计算规则

(1)普通木门窗工程量按设计门窗洞口面积计算。

(2)装饰木门扇工程量按门扇外围面积计算。

(3)成品木门框安装按设计图示框的外围尺寸以长度计算。

(4)成品木门扇安装按设计图示扇面积计算。

(5)成品套装木门安装按设计图示数量以樘计算。

(6)木质防火门安装按设计图示洞口面积计算。

(7)纱门扇安装按门扇外围面积计算。

(8)弧形门窗工程量按展开面积计算。

(9)铝合金门窗塑钢门窗均按设计图示门、窗洞口面积计算(飘窗除外)。

(10)门连窗按设计图示洞口面积分别计算门、窗面积,设计有明确时按设计明确尺寸分别计算,设计不明确时,门的宽度算至门框线的外边线。

(11)纱门、纱窗扇按设计图示扇外围面积计算。

(12)飘窗按设计图示框型材外边线尺寸以展开面积计算。

(13)钢质防火门、防盗门按设计图示门洞口面积计算。

(14)防盗窗按外围展开面积计算。

(15)彩钢板门窗按设计图示门、窗洞口面积计算。

金属卷帘门按设计门洞口面积计算。电动装置按"套"计算,活动小门按"个"计算。

(16)全玻无框(点夹)门扇按设计图示玻璃外边线尺寸以面积计算。

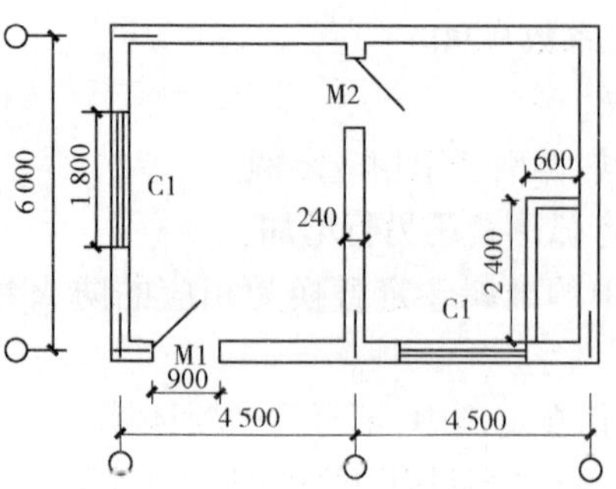

图 2-8-3 (尺寸单位:mm)

【例 2-8-3】 某工程楼面建筑平面如图2-8-3所示,设计门窗为有亮胶合板木门和铝合金推拉窗,计算门窗直接工程费。

解

木门:$S = 0.9 \times 2.4 \times 2 = 4.32\text{m}^2$

查定额8-3,基价=18 041.03元/100m²

铝合金窗:$S = 1.8 \times 1.8 \times 2 = 6.48\text{m}^2$

查定额 8-110，基价 = 50 923.01 元/100m^2

门窗直接工程费：4.32 × 180.410 3 + 6.48 × 509.23 = 4 079.18 元

任务实施

某学院培训楼门窗表见表 2-8-4（假设门窗尺寸同门窗洞口尺寸，门均为平开门，窗为推拉窗）。

某学院培训楼门窗表　　表 2-8-4

名　称		宽度（mm）	高度（mm）	材　质	数　量
M1		2 400	2 700	镶板门（无亮）	1
M2		900	2 400	胶合板门（无亮）	4
M3		900	2 100	胶合板门（无亮）	2
C1		1 500	1 800	塑钢成品窗（推拉窗）	8
C2		1 800	1 800	塑钢成品窗（推拉窗）	2
MC1	门	900	2 700	塑钢成品门连窗	1
	窗	1 500	1 800		

（1）定额工程量

①无亮镶板门（M1）：$S = 2.4 \times 2.7 = 6.48m^2$

②无亮胶合板门（M2）：$S = 0.9 \times 2.4 \times 4 = 8.64m^2$

③无亮胶合板门（M3）：$S = 0.9 \times 2.1 \times 2 = 3.78m^2$

④塑钢成品推拉窗（C1）：$S = 1.5 \times 1.8 \times 8 = 21.6m^2$

⑤塑钢成品推拉窗（C2）：$S = 1.8 \times 1.8 \times 2 = 6.48m^2$

⑥塑钢成品推拉窗（MC1）：$S = 1.5 \times 1.8 + 0.9 \times 2.7 = 5.19m^2$

（2）直接工程费

①套定额 8-4，基价 = 15 505.16 元/100m^2

无亮镶板门（M1）的直接工程费：6.48 × 155.05 = 1 004.72 元

②套定额 8-6，基价 = 16 546.13 元/100m^2

无亮胶合板门（M2）的直接工程费：8.64 × 165.46 = 1429.57 元

③套定额 8-6，基价 = 16 546.13 元/100m^2

无亮胶合板门（M3）的直接工程费：3.78 × 165.46 = 625.44 元

④套定额 8-117，基价 = 30 927.97 元/100m^2

塑钢成品推拉窗（C1）的直接工程费：21.6 × 309.28 = 6 680.45 元

⑤套定额 8-117，基价 = 30 927.97 元/100m^2

塑钢成品推拉窗（C2）的直接工程费：6.48 × 309.28 = 2 004.13 元

⑥套定额 8-45 + 8-117，基价 = 34 847.7 + 30 927.97 元/100m^2

塑钢成品推拉窗（MC1）的直接工程费：5.19 × (348.48 + 309.28) = 3 413.77 元

三 工程量清单及清单计价

清单子目:本单元工程项目按《房屋建筑与装饰工程工程量计算规范》(GB 50854—2013)附录H列项,分10节共55个项目,分别是H.1木门,H.2金属门,H.3金属卷帘(闸)门,H.4厂库房大门、特种门,H.5其他门,H.6木窗,H.7金属窗,H.8门窗套,H.9窗台板,H.10窗帘、窗帘盒、轨。

木门包括:木质门、木质门带套、木质连窗门、木质防火门、木门框、门锁安装6个项目。项目编码分别按010801001×××~010801006×××设置。

金属门包括:金属(塑钢)门、彩板门、钢质防火门、防盗门4个项目。项目编码分别按010802001×××~010802004×××设置。

金属卷帘(闸)门包括:金属卷闸门、防火卷帘门2个项目。项目编码分别按010803001×××~010803002×××设置。

厂库房大门、特种门包括:木板大门、钢木大门、全钢板大门、防护铁丝门、金属格栅门、钢质花饰大门、特种门7个项目。项目编码分别按010804001×××~010804007×××设置。

其他门包括:电子感应门、旋转门、电动对讲门、电动伸缩门、全玻自由门、镜面不锈钢饰面门、复合材料门7个项目。项目编码分别按010805001×××~010508007×××设置。

木窗包括:木质窗、木飘窗、木橱窗、木纱窗4个项目。项目编码分别按010806001×××~010806004×××设置。

金属窗包括:金属(塑钢、断桥)窗,金属防火窗,金属百叶窗,金属纱窗,金属格栅窗,金属(塑钢、断桥)橱窗,金属(塑钢、断桥)飘窗,彩板窗,复合材料窗9个项目。项目编码分别按010807001×××~010807009×××设置。

门窗套包括:木门窗套、木桐子板、饰面夹板筒子板、金属门窗套、石材门窗套、门窗木贴脸、成品木门窗套7个项目。项目编码分别按010808001×××~010808007×××设置。

窗台板包括:木窗台板、铝塑窗台板、金属窗台板、石材窗台板4个项目。项目编码分别按010809001×××~010809004×××设置。

窗帘、窗帘盒、轨包括:窗帘、木窗帘盒、饰面夹板(塑料)窗帘盒、铝合金属窗帘盒、窗帘轨5个项目。项目编码分别按010810001×××~010810005×××设置。

(一)木门

1.工程量清单

(1)适用范围:各类木门。

(2)清单项目列项时应明确描述项目特征,如:门类型,框截面尺寸、单扇面积、骨架材料种类,面层材料品种、规格、品牌、颜色,玻璃品种、厚度,五金材料、品种、规格、防护层材料种类,油漆品种、刷漆遍数。

(3)工程内容:门制作、运输、安装,五金、玻璃安装,刷防护材料、油漆。

(4)工程量计算:计量单位樘,m^2。按设计图示数量计算或设计图示洞口尺寸以面积计算。

【例2-8-4】 有一扇榉木装饰夹板实心平面普通门扇,其尺寸为:0.9m×2.1m,安装执手门锁和门吸(安装在抹灰面上),面层刷聚酯清漆三遍。试编制该工程榉木装饰夹板实心平面普通门扇的工程量清单。

解

清单工程量:1 樘。

工程量清单见表 2-8-5。

分部分项工程量清单 表 2-8-5

工程名称:某工程

序号	项目编码	项目名称	项 目 特 征	计量单位	工程数量
			H.1 木门		
1	010801001001	木质门	0.9m×2.1m 榉木装饰夹板饰面,实心平面普通门扇,安装执手门锁和门吸,门吸安在抹灰面上,面层刷聚酯清漆三遍	樘	1

2. 清单计价(报价)

【例 2-8-5】 试计算例 2-8-4 中榉木装饰夹板实心平面普通门扇的综合单价。

为计算方便,本例中假设人、材、机消耗量以及单价同《浙江省房屋建筑与装饰工程预算定额》(2018 版)的价格,以人工费+机械费为取费基数,管理费取 15%,利润 10%,风险金暂不考虑。

解

计价工程量:

(1)榉木装饰夹板实心平面普通门扇:$S=0.9\times2.1=1.89\text{m}^2$

(2)单开执手门锁安装:1 把。

(3)门吸(安装在抹灰面上):1 副。

(4)木门面层刷聚酯清漆三遍:$S=0.9\times2.1=1.89\text{m}^2$

综合单价计算见表 2-8-6。

工程量清单综合单价计算表 表 2-8-6

单位及专业工程名称:某工程——建筑工程 第 1 页 共 1 页

序号	编号	名称	计量单位	数量	综合单价(元)							合计(元)
					人工费	材料费	机械费	管理费	利润	风险费用	小计	
1	010801001001	木质门	樘	1	226	320.92	1.27	34.09	22.73	0	605.01	605.01
	8-21	普通装饰夹板门平面	m^2	1.89	105	126.03	0.67	15.85	10.57	0	258.12	487.85
	8-165	单开执手门锁安装	把	1	22.54	78.37	0	3.38	2.25	0	106.54	106.54
	8-176	门吸(安装在抹灰面上)	副	1	5.01	4.35	0	0.75	0.5	0	10.61	10.61

(二)金属门

(1)可组合的内容见《房屋建筑与装饰工程工程量计算规范》(GB 50854—2013)。

(2)清单项目列项时应明确描述项目特征,如:门类型,框材质、外围尺寸,扇材质、外围尺寸,玻璃品种、厚度,五金材料、品种、规格,防护层材料种类,油漆品种、刷漆遍数。

(三)金属卷帘门

(1)可组合的内容见《房屋建筑与装饰工程工程量计算规范》(GB 50854—2013)。

(2)清单项目列项时应明确描述项目特征,如:门材质、框外围尺寸,启动装置品种、规格、品牌,五金材料、品种、规格,防护层材料种类,油漆品种、刷漆遍数。

(四)其他门

(1)可组合的内容见《房屋建筑与装饰工程工程量计算规范》(GB 50854—2013)。

(2)清单项目列项时应明确描述项目特征,如:门材质、品牌、框外围尺寸,玻璃品种、厚度、五金材料、品种、规格,电子配件品种、防护层材料种类,油漆品种、刷漆遍数。

(五)木窗

清单项目列项时应明确描述项目特征,如:窗类型,框材质、外围尺寸,扇材质、外围尺寸,玻璃品种、厚度,五金材料品种、规格,防护层材料种类,油漆品种、刷漆遍数。

(六)金属窗

特殊五金项目的计量单位为个或套,工程量按设计图示数量计算。

任务实施

某学院培训楼门窗表见表2-8-4。

管理费按"人工费+机械费"的15%计取,利润按"人工费+机械费"的10%计取,风险金暂定为"人工费+机械费"的2%。

(1)工程量清单

清单工程量:

①镶木板门:(M1)1樘,$S=2.4\times2.7=6.48\text{m}^2$

②胶合板门:(M2)4樘,$S=0.9\times2.4\times4=8.64\text{m}^2$

③胶合板门:(M3)2樘,$S=0.9\times2.1\times2=3.78\text{m}^2$

④塑钢窗:(C1)8樘,$S=1.5\times1.8\times8=21.6\text{m}^2$

⑤塑钢窗:(C2)2樘,$S=1.8\times1.8\times2=6.48\text{m}^2$

⑥塑钢窗:(MC1)1樘,$S=1.5\times1.8+0.9\times2.7=5.19\text{m}^2$

工程量清单见表2-8-7。

分部分项工程量清单 表2-8-7

工程名称:某学院培训楼

序号	项目编码	项目名称	项目特征	计量单位	工程数量
			H.1 木门		
1	010801001001	木质门	镶板平开门M1,2 400mm×2 700mm,无亮	m^2	6.48
2	010801001002	木质门	胶合板平开门M2,900mm×2 400mm,无亮	m^2	8.64
3	010801001003	木质门	胶合板平开门M3,900mm×2 100mm,无亮	m^2	3.78

续上表

序号	项目编码	项目名称	项目特征	计量单位	工程数量
			H.7 金属窗		
4	010807001001	金属(塑钢)窗	塑钢推拉窗 C1,1 500mm×1 800mm	m^2	21.6
5	010807001002	金属(塑钢)窗	塑钢推拉窗 C2,1 800mm×1 800mm	m^2	6.48
6	010807001003	金属(塑钢)窗	塑钢门连窗(MC1),1.5m×1.8m+0.9m×2.7m	m^2	5.19

(2)综合单价

计价工程量:

①无亮镶板门(M1):$S=2.4\times2.7=6.48m^2$

②无亮胶合板门(M2):$S=0.9\times2.4\times4=8.64m^2$

③无亮胶合板门(M3):$S=0.9\times2.1\times2=3.78m^2$

④塑钢推拉窗(C1):$S=1.5\times1.8\times8=21.6m^2$

⑤塑钢推拉窗(C2):$S=1.8\times1.8\times2=6.48m^2$

⑥塑钢推拉窗(MC1):$S=1.5\times1.8+0.9\times2.7=5.19m^2$

综合单价计算见表2-8-8。

工程量清单综合单价计算表　　表2-8-8

单位及专业工程名称:某学院培训楼——建筑工程　　第1页　共1页

序号	编号	名称	计量单位	数量	综合单价(元)							合计(元)
					人工费	材料费	机械费	管理费	利润	风险费用	小计	
1	010801001001	木质门	m^2	6.48	57	97.08	0.97	8.69	5.8	1.16	170.7	1 106.14
	8-4	无亮镶板门(M1)	m^2	6.48	57	97.08	0.97	8.69	5.8	1.16	170.7	1 106.14
2	010801001002	木质门	m^2	8.64	66	98.33	1.13	10.07	6.71	1.34	183.58	1 586.13
	8-6	无亮胶合板门(M2)	m^2	8.64	66	98.33	1.13	10.07	6.71	1.34	183.58	1 586.13
3	010801001003	木质门	m^2	3.78	66	98.33	1.13	10.07	6.71	1.34	183.58	693.93
	8-6	无亮胶合板门(M3)	m^2	3.78	66	98.33	1.13	10.07	6.71	1.34	183.58	693.93
4	010807001001	金属(塑钢)窗	m^2	21.6	17.64	291.62	0	2.65	1.76	0.35	314.02	6 782.83
	8-117	塑钢推拉窗(C1)	m^2	21.6	17.64	291.62	0	2.65	1.76	0.35	314.02	6 782.83

续上表

序号	编号	名称	计量单位	数量	综合单价(元)							合计(元)
					人工费	材料费	机械费	管理费	利润	风险费用	小计	
5	010807001002	金属(塑钢)窗	m^2	6.48	17.64	291.62	0	2.65	1.76	0.35	314.02	2 034.85
	8-117	塑钢推拉窗(C2)	m^2	6.48	17.64	291.62	0	2.65	1.76	0.35	314.02	2 034.85
6	010807001003	金属(塑钢)窗	m^2	5.19	35.45	622.3	0	5.32	3.55	0.71	667.33	3 463.44
	8-45 + 8-117	塑钢推拉窗(MC1)	m^2	5.19	35.45	622.3	0	5.32	3.55	0.71	667.33	3 463.44

(七)门窗套

(1)可组合的内容见清单指引。

(2)清单项目列项时应明确描述项目特征,如:底层厚度、砂浆配合比,立筋材料种类、规格,基层材料种类,面层材料品种、规格、品牌、颜色,防护层材料种类,油漆品种、刷漆遍数。

(3)计量单位:m^2。

(4)工程量计算:按设计图示尺寸以展开面积计算,即按其铺钉面积计算。

(八)窗帘盒、窗帘轨

计量单位为 m。工程量按设计图示尺寸以长度计算。

(九)窗台板

计量单位为 m。工程量按设计图示尺寸长度计算。当为弧形时,其长度以中心线计算。

能力训练项目

宏祥手套厂 2 号厂房门窗工程计量与计价。

项目导入

宏祥手套厂 2 号厂房建筑施工图门窗表见《建筑工程施工图实例图集》。

任务实施

1. 计算宏祥手套厂 2 号厂房门窗工程的分部分项定额工程量。
2. 计算宏祥手套厂 2 号厂房门窗工程的分部分项直接工程费、技术措施费。
3. 编制宏祥手套厂 2 号厂房门窗工程的分部分项工程量清单。
4. 计算宏祥手套厂 2 号厂房门窗工程的分部分项工程综合单价。

学生工作页

一、单项选择题

1. 下列木材中,(　　)属于一、二类木种。

A. 榉木　　B. 枫木　　C. 樱桃木　　D. 椴木

2. 塑钢门窗定额,按(　　)计算工程量。

A. 门窗框外围尺寸　　B. 门窗框中心线尺寸

C. 设计门窗洞口面积　　D. 门窗框净尺寸

3. 以下有关门窗工程量计算错误的是(　　)。

A. 纱窗扇按扇外围面积计算

B. 防盗窗按外围展开面积计算

C. 金属卷闸门按设计门洞口面积计算

D. 无框玻璃门按门框计算

4. 某工程普通有亮镶板门,设计门窗框毛料断面 5.8cm × 12cm,门扇立梃毛料断面 5.5cm × 10cm,其定额基价为(　　)元/100m^2。

A. 19 623　　B. 17 149　　C. 19 436　　D. 18 722

5. 以下关于门窗工程说法准确的是(　　)。

A. 木门窗制作定额按三类木种编制

B. 普通木门窗、金属门窗工程量按设计门窗洞口面积计算

C. 金属卷闸门定额包括活动小门

D. 无框玻璃门按洞口面积计算工程量

6. 装饰木门扇定额已包括(　　)。

A. 门框的制作、安装　　B. 门扇制作,门扇的安装均已包含

C. 每扇门安装 2 只铜合页　　D. 门锁安装

7. 无框玻璃门工程量按(　　)面积计算。

A. 洞口　　B. 框外围　　C. 扇外围　　D. 实际

二、多项选择题

1. 按设计门窗洞口面积计算工程量的有(　　)。

A. 普通木门窗　　B. 铝合金门窗

C. 无框玻璃门　　D. 钢门窗

E. 铝合金卷闸门

2. 铝合金门窗定额中允许调整换算的条件有(　　)。

A. 玻璃品种不同

B. 铝合金型材厂家不同

C. 铝合金型材规格不同

D. 五金配件不同

E. 人工、机械含量不同

3. 木门的小五金包括(　　)。

A. 普通合页　　B. 风钩　　C. 门拉手　　D. 铁插销

三、定额换算题

根据表2-8-9所列信息,完成定额换算。

表2-8-9

序号	定额编号	工 程 名 称	定额计量单位	基价	基价计算式
1		装饰夹板空心门,用五夹板做基层(平面普通)			
2		无亮胶合板门,门扇上做小玻璃口			
3		厂库房木板大门五金铁件平开(带小门)			
4		全玻璃门有框亮子安装			
5		平开木窗(平板玻璃5mm)			
6		有亮镶板门门扇上做小玻璃口			
7		弧形普通铝合金门安装(地弹门)			
8		铝合金地弹门安装(设计为双扇)			
9		门窗单独装饰夹板单面饰面			
10		厂库房平开钢木大门制作安装(每平方米含钢骨架25kg、大门铁件1.2kg)			
11		杉木平开大门,门框断面6cm×14cm			

四、计算题

某招投标工程,采用单扇木质防火门,计有5樘,规格为1.0m×2.0m,安装电子磁卡锁,刷聚酯清漆三遍,本项目管理费、利润、风险费共计300元,若参照《浙江省房屋建筑与装饰工程预算定额》(2018版)投标报价,计算其综合单价。

单元九
屋面及防水工程

【能力目标】

1. 能够计算细石混凝土防水层、水泥砂浆保护层、改性沥青卷材等的定额工程量。

2. 能够准确套用定额并计算细石混凝土防水层、水泥砂浆保护层、改性沥青卷材等的直接工程费。

3. 能够编制屋面卷材防水、屋面檐沟等的分部分项工程量清单。

4. 能够计算屋面卷材防水、屋面檐沟等分部分项工程的综合单价。

5. 能够灵活运用房屋建筑与装饰工程预算定额,进行屋面及防水工程的定额换算。

【知识目标】

1. 熟悉屋顶的功能、组成、分类等基础知识。

2. 熟悉屋面及防水工程的定额套用说明。

3. 掌握细石混凝土防水层、水泥砂浆保护层、改性沥青卷材等的定额工程量的计算规则。

4. 掌握屋面及防水工程两个清单项目:屋面卷材防水、屋面檐沟的清单工程量的计算方法。

5. 熟悉屋面及防水工程两个清单项目:屋面卷材防水、屋面檐沟的分部分项工程量清单编制方法。

6. 掌握屋面及防水工程两个清单项目:屋面卷材防水、屋面檐沟综合单价的确定方法。

项目导入

1. 施工图纸:某学院培训楼建筑、结构施工图见本书附录。

2. 设计说明:某学院培训楼屋面卷材防水。

屋面做法:自下而上,C30 商品泵送混凝土板;1∶2 水泥砂浆找平层;水泥炉渣找坡平均 50mm 厚;1∶10 水泥珍珠岩保温层 100mm 厚;1∶2 水泥砂浆找平层在填充料上;SBS 防水层,上翻250mm;水泥砂浆保护层。

挑檐做法:自下而上,C30 商品泵送混凝土板;水泥炉渣找坡平均 50mm 厚;1∶2 水泥砂浆找平层;SBS 防水层,外上翻 200mm,内上翻 250mm。

采用清单计价时,管理费按“人工费+机械费”的15%计取,利润按“人工费+机械费”的10%计取,风险金暂定为“人工费+机械费”的2%。

项目任务

1. 计算某学院培训楼屋面及防水工程的分部分项定额工程量。
2. 计算某学院培训楼屋面及防水工程的分部分项直接工程费。
3. 编制某学院培训楼屋面及防水工程的分部分项工程量清单。
4 计算某学院培训楼屋面及防水工程的分部分项综合单价。

任务分析

熟悉某学院培训楼施工图纸,收集相关计价依据,拟解决以下问题:

1. 屋面做法有哪几种类型?防水做法有哪几种类型?该培训楼的屋面与防水做法是怎么样的?

2. 屋面与防水工程定额项目有哪些?如何套用?工程量计算规则如何?

3. 屋面与防水工程分部分项工程量清单项目如何设置?工程量如何计算?综合单价如何计算?

一 基础知识

(一)屋面工程

1. 屋面的功能

屋面是房屋最上部起覆盖作用的外围构件,用来抵抗风霜、雪雨、雨水的侵袭并减少日晒、寒冷等自然条件对室内的影响。屋面的首要功能是防水和排水,在寒冷地区还要求具有保温、在炎热地区要求具有隔热的功能。

2. 屋顶的组成

屋顶由结构层、找平层、保温隔热层、防水层、面层等组成。

3. 屋面的分类

(1)按坡度不同分为:

①平屋面(坡度较小,倾斜度一般为2% ~3%),适用于城市住宅、学校、办公楼和医院等类建筑。

②坡屋面(坡度较大)。坡屋面常用木结构、钢筋混凝土结构或钢结构承重,用瓦防水。

(2)按采用材料不同分为:

①刚性屋面。以细石混凝土、防水砂浆等刚性材料作为屋面防水层的屋面。为了防止屋面因受温度变化或房屋不均匀沉陷而引起开裂,在细石混凝土或防水砂浆面层中应设分格缝。主要优点是构造简单、施工方便、造价较低;缺点是易开裂,对气温变化和屋面基层变形的适应性较差。

②卷材屋面(柔性屋面)。以沥青、油毡等柔性材料铺设和黏结或将以高分子合成材料为主体的材料涂抹于屋面形成的防水层。

柔性防水层材料有石油沥青卷材、改性沥青卷材、三元乙丙丁基橡胶卷材、氯丁橡胶卷材、858 焦油聚氨酯、塑料油膏、塑料油膏玻璃纤维布等。

③瓦屋面。常用的瓦有:黏土平瓦、小青瓦、彩色水泥瓦、石棉水泥瓦、玻璃钢瓦、多彩油毡瓦及卡普隆瓦。

④涂膜屋面。

⑤覆土屋面。

⑥膜屋面。膜屋面也称索膜结构,是一种由膜布支撑(柱、网架等)和拉结结构(拉杆、钢丝绳等)组成的屋盖、篷顶结构。

(二)防水、防潮工程

根据所用防水材料不同,可分为刚性防水、柔性防水。

1. 刚性防水

刚性防水是以依靠结构构件自身的密实性或采用刚性材料做防水层以达到建筑物的防水目的。刚性防水的部位可以是平面或立面,其中:屋面刚性防水施工中,为了防止屋面因受温度变化或房屋不均匀沉陷而引起开裂,在细石混凝土或防水砂浆面层中应设分格缝。

刚性防水层有下列特点:

(1)刚性防水所用的材料没有伸缩性。比如常见的刚性防水材料有细石混凝土、防水砂浆及水泥基渗透结晶型防水涂料等。

(2)刚性防水屋面与柔性防水屋面比较,其主要优点是造价低,耐久性好,施工工序少,维修方便。

但是,刚性防水屋面存在的最主要问题是对地基的不均匀沉降造成房屋构件的微小变形、温度变形较敏感,容易产生裂缝和渗漏水。

2. 柔性防水

柔性防水是以沥青、油毡等柔性材料铺设和黏结或将以高分子合成材料为主体的材料涂布于防水面形成的防水层。

柔性防水层按材料不同分为卷材防水和涂膜防水。卷材防水材料常见的有石油沥青卷材、氯化聚乙烯橡胶共混卷材、三元乙丙丁基橡胶卷材、改性沥青卷材、土工膜、铝合金防水卷材等;涂膜防水材料常见的有刷冷底子油、氯偏共聚乳液、铝基反光隔热涂料、JS 涂料、聚氨酯涂料等。

(三)屋面排水工程

屋面的排水系统一般由檐沟、天沟、泛水、落水管等组成。最常见的有铸铁(或 PVC)落水管排水,它由雨水口、弯头雨水斗(又称接水口)、铸铁(或 PVC)落水管等组成。排水的方式还应与檐部做法相互配合。

(四)变形缝

变形缝包括沉降缝、伸缩缝。

沉降缝,即将建筑物或构筑物从基础到顶部分隔成段的竖直缝,或是将建筑物或构筑物的地面或屋面分隔成段的水平缝,借以避免因各段荷载不均匀引起下沉而产生裂缝。它通常设置在荷载或地基承载力差别较大的各部分之间,或在新旧建筑的连接处。

伸缩缝,又称“温度缝”,即在长度较大的建筑物或构筑物中,在基础以上设置直缝,把建筑物或构筑物分隔成段,借以适应温度变化而引起的伸缩,以避免产生裂缝。

变形缝的构造做法有嵌缝、盖缝和贴缝三种。

二 定额的套用和工程量的计算

定额子目:2 节,分别为屋面、防水及其他,共 138 个子目。各小节子目划分情况见表 2-9-1。

定额子目划分　　表 2-9-1

定额节			子目数	定额节			子目数
一	屋面（41）	刚性屋面	9	二	防水及其他（97）	刚性防水、防潮	5
		瓦屋面	17			卷材防水	29
		沥青瓦屋面	1			涂料防水	26
		金属板屋面	1			板材防水	4
		采光屋面	5			屋面排水	7
		膜结构屋面	1			变形缝与止水带	26
		种植屋面	7				

(一)定额说明

(1)刚性屋面。

①细石混凝土防水层定额,已综合考虑了檐口滴水线加厚和伸缩缝翻边加高的工料,但伸缩缝应另列项目计算。细石混凝土内设有钢筋时,按定额第五章相关规定另行计算。

②细石混凝土防水层定额按非泵送商品混混凝土编制,当使用泵送混凝土时,除材料换算外,相应人工乘以系数 0.95。

③水泥砂浆保护层定额已综合了预留伸缩缝的工料,掺防水剂时材料费另加。

(2)瓦屋面。

①本定额瓦规格按以下考虑:水泥瓦 420mm × 330mm、水泥天沟瓦及脊瓦 420mm × 220mm、小青瓦 180mm × (170 ~ 180) mm、黏土平瓦(380 ~ 400) mm × 240mm、黏土脊瓦 460mm × 200mm、西班牙瓦 310mm × 310mm、西班牙脊瓦 285mm × 180mm、西班牙 S 盾瓦 250mm × 90mm、瓷质波形瓦 150mm × 150mm、石棉水泥瓦及玻璃钢瓦 1800mm × 720mm;如设计规格不同,瓦的数量按比例调整,其余不变。

【例 2-9-1】 彩色水泥瓦屋面,杉木条基层。采用 450mm × 380mm 的瓦,单价为 2700 元/千张,试计算基价。

解

套定额 9-10,换算比例:$(420 \times 330)/(450 \times 380) = 0.81$

换算后的定额含量:$0.81 \times 1.113 = 0.902$ 千张/$100m^2$

换算后的基价:$2\,844.92 - 1.113 \times 1\,810 + 0.902 \times 2\,700 = 3\,265.79$ 元/$100m^2$

②瓦的搭接按常规尺寸编制,除小青瓦按 2/3 长度搭接,搭接不同可调整瓦的数量,其余瓦的搭接尺寸均按常规工艺要求综合考虑。

③瓦屋面定额未包括木基层,发生时另按定额第七章相关规定执行;

(3)黏土平瓦若穿铁丝钉圆钉,每 $100m^2$ 增加 11 工日,增加镀锌低碳钢丝($22^{\#}$)3.5kg,圆钉 2.5kg。

(4)采光板屋面如设计为滑动式采光顶,可以按设计增加 U 形滑动盖帽等部件,调整材料,人工乘以系数 1.05。

(5)膜结构屋面的钢支柱、锚固支座混凝土基础等执行其他章节相关项目。膜结构屋面中膜材料可以调整含量。

(6)瓦屋面以坡度≤25%为准,25% <坡度≤45%的,相应项目的人工乘以系数 1.3;坡度 >45%的,人工乘以系数 1.43。

(7)防水工程及其他。

①平(屋)面以坡度≤15%为准,15% <坡度≤25%的,相应项目的人工乘以系数 1.18;25% <坡度≤45%屋面或平面,人工乘以系数 1.3;坡度 >45%的,人工乘以系数 1.43。

②防水卷材、防水涂料及防水砂浆,定额以平面和立面列项,实际施工桩头、地沟时,相应项目的人工乘以系数 1.43。

③胶粘法以满铺为依据编制,点、条铺粘者按其相应项目的人工乘以系数 0.91,胶粘剂乘以系数 0.7。

④防水卷材的接缝、收头(含收头处油膏)、冷底子油、胶粘剂等工料已计入定额内,不另行计算。设计有金属压条时,材料费另计。

⑤卷材部分"每增一层"特指双层卷材叠合,中间无其他构造层。

⑥卷材厚度大于 4mm 时,相应项目的人工乘以系数 1.1。

⑦要求对混凝土基面进行抛丸处理的,套用基面抛丸处理定额,对应的卷材或涂料防水层扣除清理基层人工 0.912 工日/$100m^2$。

(8)变形缝与止水带。

变形缝断面或展开尺寸与定额不同时,材料用量按比例换算。

(二)工程量计算规则

1.屋面工程

(1)各种屋面和型材屋面(包括挑檐部分)均按设计图示尺寸以面积计算(斜屋面按斜面面积计算),不扣除房上烟囱、风帽底座、风道、小气窗、斜沟和脊瓦等所占面积,小气窗的出檐部分也不增加。瓦屋面挑出基层的尺寸,按设计规定计算,当设计无规定时,水泥瓦、黏土平瓦、西班牙瓦、瓷质波形瓦按水平尺寸加 70mm,小青瓦按水平尺寸加 50mm 计算。

(2)西班牙瓦、瓷质波形瓦、水泥瓦屋面的正斜脊瓦、檐口线,按设计图示尺寸以长度计算。

(3)采光板屋面和玻璃采光顶屋面按设计图示尺寸以面积计算;不扣除单个 $0.3m^2$ 以内的孔洞所占面积。

(4)膜结构屋面按设计图示尺寸以需要覆盖的水平投影面积计算。

(5)种植屋面按设计尺寸以铺设范围计算;不扣除房上烟囱、风帽底座、风道、屋面小气窗等所占面积,以及单个 $0.3m^2$ 以内的孔洞所占面积,屋面小气窗的出檐部分也不增加。

2. 防水工程及其他

防水工程常用油毡、高分子卷材、金属卷材、涂膜等。

1)防水

(1)屋面防水,按设计图示尺寸以面积计算(斜屋面按斜面面积计算),天沟、挑檐按展开面积计算并入相应防水工程量,不扣除房上烟囱、风帽底座、风道、屋面小气窗和斜沟等所占面积,上翻部分也不另计算;屋面的女儿墙、伸缩缝和天窗等处的弯起部分,按设计图示尺寸计算;设计无规定时,伸缩缝、女儿墙、天窗的弯起部分按500mm计算,计入屋面工程量内。

【例2-9-2】 计算图2-9-1所示热熔法一层改性沥青卷材防水屋面的工程量。

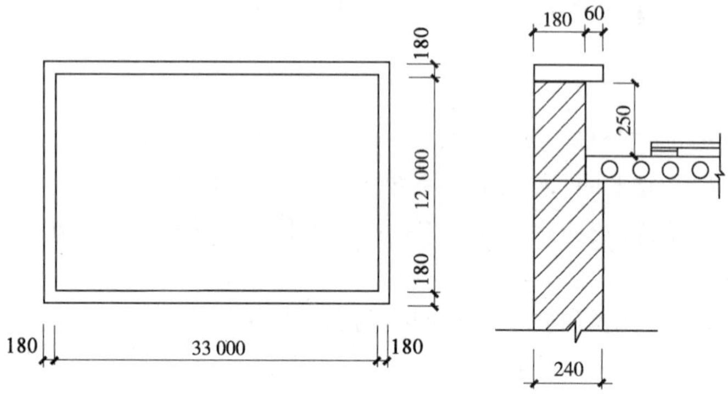

图2-9-1 (尺寸单位:mm)

解

屋面防水工程量 $=(33.00+0.06\times2)\times(12.00+0.06\times2)=401.41m^2$

女儿墙弯起部分工程量 $=(33.12+12.12)\times2\times0.25=22.62m^2$

套定额9-47+9-49,直接工程费 $=401.41\times33.429+22.62\times36.08=14\,234.86$ 元

(2)楼地面防水、防潮层按设计图示尺寸以主墙间净空面积计算,扣除凸出地面的构筑物、设备基础等所占面积,不扣除间壁墙及单个 $0.3m^2$ 以内的柱、垛、烟囱和孔洞所占面积;平面与立面交接处,上翻高度小于300mm时,按展开面积并入平面工程量内计算;高度大于300mm时,上翻高度全部按立面防水层计算。

(3)墙基防水、防潮层,按设计图示尺寸以面积计算。

(4)墙的立面防水、防潮层,不论内墙、外墙,均按设计图示尺寸以面积计算。

(5)基础底板的防水、防潮层按设计图示尺寸以面积计算,不扣除桩头所占面积、桩头处外包防水按桩头投影面积每侧外扩300mm以面积计算,地沟处防水按展开面积计算,均计入平面工程量,执行相应规定。

(6)屋面、楼地面及墙面、基础底板等,其防水搭接、拼缝、压边、留槎用量已综合考虑,不另行计算,卷材防水附加层、加强层按设计铺贴尺寸以面积计算。

【例2-9-3】 计算图2-9-2所示房屋墙基防潮层的工程量。

解

$L_{外}=(10.2+5.4)\times2=31.2m$

$L_{内}=5.4-0.24+0.365\times2=5.89m$

$S_{防潮层} = (31.2 + 5.89) \times 0.24\text{m}^2 = 8.90\text{m}^2$

套定额 9-44，直接工程费 $= 0.089 \times 1183.37 = 105.32$ 元

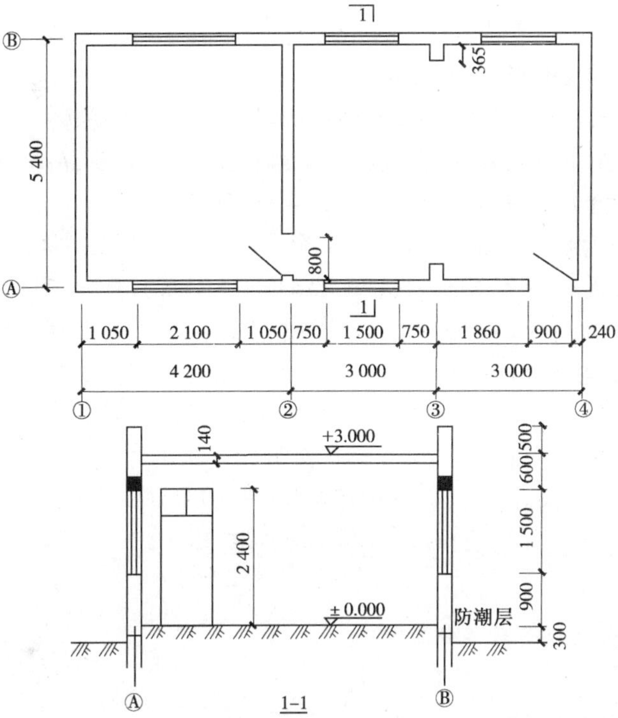

图 2-9-2 (尺寸单位:mm)

【任务实施】

某学院培训楼屋面卷材防水。

屋面做法：自下而上，C30 商品泵送混凝土板；DS M20.0 干混地面砂浆找平层；炉渣混凝土找坡平均 50mm 厚；干铺珍珠岩 100mm 厚；DS M20.0 干混地面砂浆找平层在填充料上；热熔法一层改性沥青卷材，上翻 250mm；DS M15.0 干混地面砂浆保护层。

挑檐做法：自下而上，C30 商品泵送混凝土板；炉渣混凝土找坡平均 50mm 厚；DS M20.0 干混地面砂浆找平层；SBS 防水层，外上翻 200mm，内上翻 250mm。

1）定额工程量

（1）改性沥青卷材防水

①屋面上 SBS 防水上翻 250mm。

$S_{水平} = (11.6 - 0.48) \times (6.5 - 0.48) = 66.94\text{m}^2$

$S_{立面} = (11.1 + 0.02 + 6 + 0.02) \times 2 \times 0.25 = 8.57\text{m}^2$

②挑檐上 SBS 防水层。

$S_{水平} = [(11.6 + 0.6 \times 2) \times 2 + 6.5 \times 2 - 4.56 - 0.06 \times 4] \times (0.6 - 0.06) +$

$(4.56 - 0.06 \times 2) \times (1.2 - 0.06) = 23.31\text{m}^2$

外上翻:$S=[(11.6+0.6\times2+6.5+0.6\times2)\times2+1.2]\times0.2=8.44m^2$

内上翻:$S=(6.5+11.6)\times2\times0.25=9.05m^2$

$S_{水平}=66.94+23.31=90.25m^2$

$S_{立面}=8.57+8.44+9.05=26.06m^2$

(2)DS M20.0干混地面砂浆找平(楼地面工程工程量计算规则)

①屋面上DS M20.0干混地面砂浆找平:$S=(11.6-0.48)\times(6.5-0.48)=66.94m^2$

②挑檐上DS M20.0干混地面砂浆找平:$S=23.31m^2$

合计:$S=66.94+23.31=90.25m^2$

(3)矿渣混凝土找坡,平均厚50mm(保温隔热工程计算规则)

①屋面上水泥矿渣找坡:$V=66.94\times0.05=3.35m^2$

②挑檐上水泥矿渣找坡:$V=23.31\times0.05=1.17m^3$

合计:$V=4.52m^2$

(4)干铺珍珠岩保温层厚100mm(保温隔热工程计算规则)

$V=66.94\times0.1=6.69m^3$

(5)DS M20.0干混地面砂浆找平层(填充料上)

$S=66.94m^2$

(6)DS M15.0干混地面砂浆保护层

$S=66.94m^2$

2)直接工程费

(1)平面套定额9-47,基价=3 342.91元/100m²

热熔法一层改性沥青卷材平面的直接工程费=90.25×33.43=3 017.06元

立面套定额9-48,基价=3 608.03元/100m²

热熔法一层改性沥青卷材立面的直接工程费=26.06×36.08=940.24元

(2)套定额11-1,基价=1 746.27元/100m²

DS M20.0干混地面砂浆找平层的直接工程费=90.25×17.46=1 575.77元

(3)套定额10-40,基价=4 461.19元/10m³

矿渣混凝土找坡层直接工程费=4.52×446.12=2 016.46m³

(4)套定额10-43,基价=2 216.42元/10m³

干铺珍珠岩保温层直接工程费=6.69×200.1=1 338.67m³

(5)套定额11-1,基价=1 746.27元/100m²

DS M20.0干混地面砂浆找平(填充料上)的直接工程费=66.94×17.46=1 168.77元

(6)套定额9-5,基价=2 048.08元/100m²

DS M15.0干混地面砂浆保护层直接工程费=66.94×20.48=1 370.93元

2)屋面排水

金属板排水、泛水按延长米乘以展开宽度计算,其他泛水按延长米计算。

3）变形缝与止水带（条）

变形缝（嵌填缝与盖板）与止水带（条）按设计图示尺寸，以长度计算。

三 工程量清单及清单计价

清单子目：本单元工程项目按《房屋建筑与装饰工程工程量计算规范》（GB 50854—2013）附录 J 列项，分 4 节共 21 个项目，分别是 J.1 瓦、型材及其他屋面，J.2 屋面防水及其他，J.3 墙面防水、防潮，J.4 楼（地）面防水、防潮。

瓦、型材及其他屋面包括：瓦屋面、型材屋面、阳光板屋面、玻璃钢屋面、膜结构屋面 5 个项目。项目编码分别按 010901001 × × × ~010901005 × × × 编列。

屋面防水及其他包括：屋面卷材防水，屋面涂膜防水，屋面刚性层，屋面排水管，屋面排（透气）管，屋面（廊、阳台）泄（吐）水管，屋面天沟檐沟，屋面变形缝 8 个项目。项目编码分别按 010902001 × × × ~010902009 × × × 编列。

墙面防水、防潮包括：墙面卷材防水、墙面涂膜防水、墙面砂浆防水（潮）、墙面变形缝 4 个项目。项目编码分别按 010903001 × × × ~010903004 × × × 编列。

楼（地）面防水、防潮包括：楼（地）面卷材防水、楼（地）面涂膜防水、楼（地）面砂浆防水（潮）、楼（地）面变形缝 4 个项目。项目编码分别按 010904001 × × × ~010904004 × × × 编列。

本章适用于屋面、墙、地面及墙基防水防潮。

（一）瓦、型材及其他屋面

（1）包括瓦屋面、型材屋面、阳光板屋面、玻璃钢屋面、膜结构屋。

（2）瓦屋面、型材屋面计算规则：按设计图示尺寸以斜面积计算。不扣除房上烟囱、风帽底座、风道、小气窗、斜沟等的面积，小气窗的出檐部分不增加。

（3）膜结构屋面计算规则：按设计图示尺寸以需要覆盖的水平面积计算。

（4）适用范围：

①“瓦屋面”项目适用于小青瓦、平瓦、琉璃瓦、石棉水泥瓦、玻璃钢瓦等。

②“型材屋面”项目适用于压型钢板、金属压型夹心板、阳光板等。

③“膜结构屋面”项目适用于膜布屋面。

（5）有关项目说明：

①小青瓦、水泥平瓦、琉璃瓦等应按 J.1 中的瓦屋面项目编码列项。

②钢板应按 J.1 中型材屋面项目编码列项。

③屋面基层包括檩条、椽子、木屋面板、顺水条、挂瓦条等。

④木屋面板应明确企口、错口、平口接缝。

⑤型材屋面的钢檩条或木檩条以及骨架、螺栓、挂钩等应包括在报价内。

⑥膜结构支撑和拉固膜布的钢柱、拉杆、金属网架、钢丝绳、锚固的锚头等应包括在报价内。

⑦支撑柱的钢筋混凝土柱基、锚固的钢筋混凝土基础以及地脚螺栓等按混凝土及钢筋混凝土相关项目编码列项。

【例 2-9-4】 某屋面如图 2-9-3 所示，砖墙上圆棱木 20mm 厚平口杉木屋面板单面刨光、油毡一层、上有 36×8@500 顺水条、25mm×25mm 挂瓦条盖黏土平瓦,屋面坡度为 $B/2A=1/4$,按清单计价规范编制工程量清单。

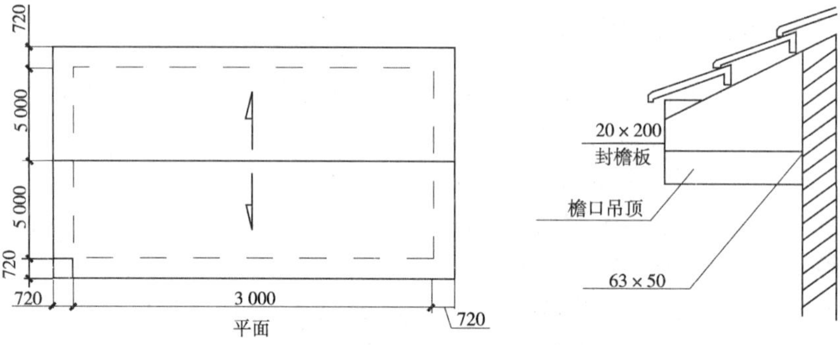

图 2-9-3 (尺寸单位:mm)

解

(1)黏土平瓦屋面工程量计算:

$S=(30+0.72\times2+0.07\times2)\times(10+0.72\times2+0.07\times2)\times1.118=31.58\times11.58\times1.118=408.85\text{m}^2$

式中,1.118 按屋面坡度 $B/2A=1/4$ 查屋面坡度系数表得,也可用三角形的二直角边分别为 0.5 和 1 时,斜边 $=(0.5^2+1^2)^{1/2}=1.118$。

(2)油毡屋面板木基层面积 $=(30+0.72\times2)\times(10+0.72\times2)\times1.118=31.44\times11.44\times1.118=402.12\text{m}^2$。

(3)屋脊长度 $=31.58\text{m}$

瓦屋面分项工程量清单详见表 2-9-2。

分部分项工程量清单 表 2-9-2

序号	项目编码	项目名称	项 目 特 征	计量单位	工程数量
1	010901001001	瓦屋面	黏土平瓦屋面,20mm 厚平口杉木屋面板、油毡一层 36×8@500 顺水条,25mm×25mm 挂瓦条,木基层面积 402.12m²,屋脊 31.58m	m^2	408.85

(二)屋面防水

1. 屋面卷材防水、屋面涂膜防水计算规则

按设计图示尺寸以面积计算。

(1)斜屋顶按斜面积计算,平屋顶按水平投影面积计算。

(2)不扣除房上烟囱、风帽底座、风道、屋面小气窗和斜沟的面积。

(3)屋面的女儿墙、伸缩缝和天窗等处的弯起部分,并入屋面工程量内。

2. 屋面刚性层计算规则

按设计图示尺寸以面积计算。不扣除房上烟囱、风帽底座、风道等的面积。

3. 屋面排水管计算规则

按设计图示尺寸以长度计算。如设计无标注尺寸,以檐口至设计室外散水上表面垂直距

离计算。

4. 屋面天沟、沿沟计算规则

按设计图示尺寸以展开面积计算。

5. 适用范围

(1)“屋面卷材防水”项目适用于利用胶结卷材进行防水的屋面。

(2)“屋面涂膜防水”项目适用于厚质涂料、薄质涂料和有增强材料或无增强材料的涂膜防水屋面。

(3)“屋面刚性防水”项目适用于细石混凝土、补偿收缩混凝土、块体混凝土、预应力混凝土和钢纤维混凝土刚性防水屋面。

(4)“屋面排水管”项目适用于各种排水管材:铸铁管、PVC 管、玻璃钢管等。

(5)“屋面天沟、沿沟”项目适用于水泥砂浆天沟、细石混凝土天沟、预制混凝土天沟、卷材天沟、玻璃钢天沟、镀锌铁皮天沟等;塑料沿沟、镀锌铁皮沿沟、玻璃钢沿沟等。

6. 有关项目说明

(1)抹屋面找平层,基层处理(清理修补、刷基层处理剂等)应包括在报价内。

(2)檐沟、天沟、落水口、泛水收头、变形缝等处的卷材附加层应包括在报价内。

(3)浅色、反射涂料保护层,绿豆砂保护层,细砂、云母及蛭石保护层应包括在报价内。

(4)水泥砂浆保护层、细石混凝土保护层可包括在报价内,也可按相关项目编码列项。

任务实施

某学院培训楼屋面卷材防水。

屋面做法:自下而上,C30 商品泵送混凝土板;DS M20.0 干混地面砂浆找平层;炉渣混凝土找坡平均 50mm 厚;干铺珍珠岩 100mm 厚;DS M20.0 干混地面砂浆找平层在填充料上;热熔法一层改性沥青卷材,上翻 250mm;DS M15.0 干混地面砂浆保护层。

挑檐做法:自下而上,C30 商品泵送混凝土板;炉渣混凝土找坡平均 50mm 厚;DS M20.0 干混地面砂浆找平层;SBS 防水层,外上翻 200mm,内上翻 250mm。

管理费按“人工费 + 机械费”的 15% 计取,利润按“人工费 + 机械费”的 10% 计取,风险金暂定为“人工费 + 机械费”的 2%。

1)工程量清单

屋面卷材防水(屋面):$S = 66.94 + (11.1 + 0.02 + 6 + 0.02) \times 2 \times 0.25 = 75.51\text{m}^2$

屋面卷材防水(挑檐):$S = (34.04 - 0.06 \times 4) \times (0.6 - 0.06) + (4.56 - 0.06 \times 2) \times (1.2 - 0.06) = 23.314\text{m}^2$

外上翻:$S = 42.2 \times 0.2 = 8.44\text{m}^2$

内上翻:$(6.5 + 11.6) \times 2 \times 0.25 = 9.05\text{m}^2$

小计:40.8m^2

分部分项工程量清单见表 2-9-3。

分部分项工程量清单 表 2-9-3

工程名称:某学院培训楼

序号	项目编码	项目名称	项目特征	计量单位	工程数量
J.2 屋面防水及其他					
1	010902001001	屋面卷材防水	不上人屋面:自下而上,C30 商品泵送混凝土板;DS M20.0 干混地面砂浆找平层;炉渣混凝土找坡平均 50mm 厚;干铺珍珠岩 100mm 厚;DS M20.0 干混地面砂浆找平层在填充料上;热熔法一层改性沥青卷材,上翻 250mm;DS M15.0 干混地面砂浆保护层。	m^2	80.26
2	010902007001	屋面天沟檐沟	挑檐自下而上:自下而上,C30 商品泵送混凝土板;炉渣混凝土找坡平均 50mm 厚;DS M20.0 干混地面砂浆找平层;SBS 防水层,外上翻 200mm,内上翻 250mm	m^2	40.8

2)综合单价

(1)屋面卷材防水(屋面)

①热熔法一层改性沥青卷材

$S_{水平}=(11.6-0.48)\times(6.5-0.48)=66.94\text{m}^2$

$S_{立面}=(11.1+0.02+6+0.02)\times2\times0.25=8.57\text{m}^2$

②DS M20.0 干混地面砂浆找平

$S=(11.6-0.48)\times(6.5-0.48)=66.94\text{m}^2$

③水泥矿渣找坡,平均厚 50mm

$V=66.94\times0.05=3.35\text{m}^3$

④干铺珍珠岩 100mm 厚

$V=66.94\times0.1=6.69\text{m}^3$

⑤DS M20.0 干混地面砂浆找平层在填充料上

$S=66.94\text{m}^3$

⑥DS M15.0 干混地面砂浆保护层

$S=66.94\text{m}^2$

(2)屋面卷材防水(挑檐)

①热熔法一层改性沥青卷材

$S_{水平}=66.94+23.31=90.25\text{m}^2$

$S_{立面}=8.57+8.44+9.05=26.06\text{m}^2$

②DS M20.0 干混地面砂浆找平

$S=23.314\text{m}^2$

③矿渣混凝土找坡平均 50mm 厚

$V=3.314\times0.05=1.166\text{m}^3$

工程量清单综合单价计算见表 2-9-4。

工程量清单综合单价计算表

表 2-9-4

单位及专业工程名称:某学院培训楼——建筑工程　　　　第 1 页　共 1 页

序号	编号	名　　称	计量单位	数量	综合单价(元)							合计(元)
					人工费	材料费	机械费	管理费	利润	风险费用	小计	
1	010902001001	屋面卷材防水	m^2	75.51	31.56	89.73	0.98	4.88	3.25	0.65	131.04	9 895.2
	9-47	热熔法一层改性沥青卷材平面	m^2	66.94	2.97	30.46	0	0.45	0.30	0.06	34.24	2 292.03
	9-48	热熔法一层改性沥青卷材立面	m^2	8.57	5.16	30.92	0	0.77	0.52	0.10	37.47	321.12
	11-1	DS M20.0 干混地面砂浆找平	m^2	66.94	8.03	9.23	0.20	1.23	0.82	0.16	19.67	1 316.71
	10-40	矿渣混凝土找坡层	m^3	3.35	69.53	366.42	10.18	11.96	7.97	1.59	467.65	1 566.63
	10-43	干铺珍珠岩 100mm 厚	m^3	6.69	28.2	193.44	0	4.23	2.82	0.56	229.25	1 533.68
	11-1	DS M20.0 干混地面砂浆找平层在填充料上	m^2	66.94	8.03	9.23	0.20	1.23	0.82	0.16	19.67	1 316.71
	9-5	水泥砂浆保护层	m^2	66.94	9.61	10.67	0.2	1.47	0.98	0.2	23.13	1 548.32
2	010902007001	屋面天沟檐沟	m^2	40.8	10.49	46.44	0.41	1.64	1.09	0.22	60.29	2 459.83
	9-47	热熔法一层改性沥青卷材平面	m^2	23.31	2.97	30.46	0	0.45	0.30	0.06	34.24	798.13
	9-48	热熔法一层改性沥青卷材立面	m^2	17.49	5.16	30.92	0	0.77	0.52	0.10	37.47	655.35
	11-1	DS M20.0 干混地面砂浆找平	m^2	23.31	8.03	9.23	0.20	1.23	0.82	0.16	19.67	458.51
	10-40	矿渣混凝土找坡层	m^3	1.17	69.53	366.42	10.18	11.96	7.97	1.59	467.65	547.15

(三)墙、地面防水、防潮

1. 卷材防水、涂膜防水、砂浆防水(潮)计算规则

按设计图示尺寸以面积计算。

(1)地面防水:按主墙间净空面积计算,扣除凸出地面的构筑物、设备基础等的面积,不扣除间壁墙及单个0.3m^2以内的柱、垛、烟囱和孔洞的面积。

(2)墙面砂浆防水:按设计图示尺寸以面积计算。

2. 变形缝计算规则

按设计图示以长度计算。

3. 适用范围

(1)“卷材防水、涂膜防水”项目适用于基础、楼地面、墙面等部位的防水。

(2)“砂浆防水(潮)”项目适用于地下、基础、楼地面、墙面等部位的防水、防潮。

(3)“变形缝”项目适用于基础、墙体、屋面等部位的抗震缝、温度缝(伸缩缝)、沉降缝。

4. 有关项目说明

(1)抹找平层、刷基础处理剂、刷胶粘剂、胶粘防水卷材应包括在报价内。

(2)特殊处理部位的嵌缝材料、附加卷材衬垫等应包括在报价内。

(3)永久保护层应按相关项目编码列项。

(4)防水防潮的外加剂应包括在报价内。

(5)止水带安装,盖板制作、安装应包括在报价内。

小贴士

(1)“瓦屋面”“型材屋面”的木檩条、木椽子、木屋面板需刷防火涂料时,可按相关项目单独编码列项,也可包括在屋面的项目报价内。

(2)“瓦屋面”“型材屋面”“膜结构屋面”的钢檩条、钢支撑(柱、网架等)和拉结结构需刷防护材料时,可按相关项目单独编码列项,也可包括在屋面项目报价内。

(四)工程量清单计价

(1)工程量清单计价即利用消耗量定额确定某清单项目的综合单价。

(2)综合单价由人工费、材料费、机械费、管理费、利润、风险费组成。

(3)确定清单项目综合单价时,首先通过项目特征的描述确定该项目所包含的工程具体内容,再利用《浙江省房屋建筑与装饰工程预算定额》(2018版)进行组合报价。

【例2-9-5】 计算例2-9-4瓦屋面清单的综合单价。

解

清单工程量:010901001001　瓦屋面面积408.85m^2

为方便计算,本例中的人工、材料、机械台班消耗量及单价按《浙江省房屋建筑与装饰工程预算定额》(2018版)计取,管理费按人工费加机械费的15%计取,利润按人工费加机械费的10%计取。风险费用由企业自行确定,本例暂不计取。

计价工程量：

$S_{黏土平瓦屋面}=408.85m^2$

$S_{油毡屋面板木基层}=402.12m^2$

$L_{屋脊}=31.58m$

工程量清单综合单价计算见表2-9-5。

工程量清单综合单价计算表 表2-9-5

单位及专业工程名称：某工程——建筑工程 第1页 共1页

序号	编号	名称	计量单位	数量	综合单价(元)							合计(元)
					人工费	材料费	机械费	管理费	利润	风险费用	小计	
1	010901001001	瓦屋面	m^2	408.85	10.21	89.65	0.02	1.53	1.02	0	102.43	41 878.51
	9-17	屋面木基层上铺盖黏土平瓦	m^2	408.85	4.43	13.71	0	0.66	0.44	0	19.24	7 866.27
	9-19	黏土平瓦屋脊	m	31.58	3.01	12.31	0.21	0.48	0.32	0	16.33	515.70
	7-21	屋面平口板木基层有油毡	m^2	402.12	5.64	76.24	0	0.85	0.56	0	83.29	33 492.57

能力训练项目

宏祥手套厂2号厂房屋面及防水工程计量与价。

项目导入

宏祥手套厂2号厂房建筑施工图见《建筑工程施工图实例图集》。

屋面及防水做法见节点详图，雨篷等防水做法见各层平面图及详图，屋面排水组织见屋面平面图，内排水雨水管见水施图，外排雨水斗、雨水管采用100PVC。

管理费按"人工费+机械费"的20%计取，利润按"人工费+机械费"的15%计取，风险费不计。

项目任务

1. 计算宏祥手套厂2号厂房屋面及防水工程的分部分项定额工程量。
2. 计算宏祥手套厂2号厂房屋面及防水工程的分部分项直接工程费。
3. 编制宏祥手套厂2号厂房屋面及防水工程的分部分项工程量清单。
4. 计算宏祥手套厂2号厂房屋面及防水工程的分部分项综合单价。

学生工作页

一、单项选择题

1. 2018 版预算定额中屋面防水卷材应计入工程量的内容是(　　)。

A. 冷底子油　　B. 女儿墙弯起部分

C. 附加层　　D. 防水卷材接缝

2. 瓦屋面挑出墙外的尺寸当设计无规定时,彩色水泥瓦、黏土平瓦按水平尺寸加(　　)计算。

A. 25mm　　B. 50mm　　C. 70mm　　D. 80mm

3. 瓦屋面挑出墙外的尺寸当设计无规定时,小青瓦按水平尺寸加(　　)计算。

A. 25mm　　B. 50mm　　C. 70mm　　D. 80mm

4. 套用瓦屋面定额时,下列说法不正确的是(　　)。

A. 设计瓦规格不同,瓦的数量不作调整

B. 瓦屋面的木基层,另按木结构工程相应定额执行

C. 小青瓦按 2/3 长度搭接,搭接不同可调整瓦的数量

D. 水泥瓦定额瓦规格按 420mm × 330mm 考虑

5. 两坡瓦屋面工程量按(　　)计算。

A. 实铺面积　　B. 斜面积

C. 水平投影面积 × 延尺系数　　D. 水平投影面积 × 隅延尺系数

6. 下列(　　)工料未包括在防水卷材定额工料中。

A. 冷底子油　　B. 接缝　　C. 收头　　D. 通风口

7. 刚性屋面计算面积时,应扣除(　　)。

A. 房上烟囱　　B. 风帽底座

C. 风道　　D. 上人空洞

8. 屋面防水卷材工程中,伸缩缝、女儿墙弯起部分按图示尺寸计算,当设计无规定时按(　　)计算,并入屋面防水工程量。

A. 200mm　　B. 250mm　　C. 300mm　　D. 500mm

9. 在屋面卷材防水工程项目清单规范中应计入工程量的内容是(　　)。

A. 冷底子油　　B. 女儿墙弯起部分

C. 附加层　　D. 防水卷材接缝

10. 屋面刚性层清单项目中可组合的主要内容未包括(　　)。

A. 细石混凝土防水层　　B. 保护层

C. 隔离层　　D. 盖缝、嵌缝

11. 细石混凝土防水层定额未包括(　　),应另列项目进行计算。

A. 防水层的细石混凝土工料　　B. 伸缩缝翻边

C. 钢筋网　　D. 滴水线

二、多项选择题

1. 2018 版预算定额中瓦屋面挑出基层的尺寸按(　　)。

A. 设计规定　　B. 彩色水泥瓦按水平尺寸加 50mm

C. 小青瓦按水平尺寸加 50mm　　D. 不计入

2. 刚性屋面计算面积时,不扣除(　　)。

A. 房上烟囱　　B. 屋面小气窗

C. 风道　　D. 伸缩缝

E. 斜沟

3. 下列项目工程量按延长米计算的有(　　)。

A. 钢板止水带　　B. 建筑油膏嵌缝

C. 保温层排气管　　D. 墙脚护坡

E. 木制封檐板

4.《建设工程工程量清单计价规范》(GB 50500—2013)中屋面涂膜防水层工程内容包括(　　)。

A. 基层处理　　B. 抹找平层

C. 涂防水层　　D. 铺保护层

E. 屋面排水管

5. 根据《建设工程工程量清单计价规范》(GB 50500—2013),屋面排水管综合单价应包括(　　)。

A. 排水管　　B. 雨水口

C. 沥青麻丝　　D. 水斗

E. 箅子板

三、判断题

1. 细石混凝土防水层定额中已综合了伸缩缝工料。(　　)

2. 水泥砂浆保护层定额已综合了预留伸缩缝的工料。(　　)

3. 防水卷材的附加层、接缝、收头、冷底子油等工料未计入定额内,应另行计算。(　　)

4. 伸缩缝、女儿墙弯起部分防水工程量单独计,不计入屋面防水工程量中。(　　)

5. 防水定额中的涂刷厚度(除注明外)已综合取定。(　　)

6. 屋面及防水工程项目按清单计价规范附录分 4 节 21 个项目。(　　)

7. 屋面刚性层清单项目特征有卷材品种、规格,防水层厚度,嵌缝材料种类,混凝土强度等级。(　　)

8. 防水防潮的外加剂应包括在清单报价内。(　　)

9. 屋面卷材防水中平屋顶按斜面积计算工程量。(　　)

四、定额换算题

根据表 2-9-6 所列信息,完成定额换算。

表 2-9-6

序号	定额编号	项 目 名 称	计量单位	基价(元)	基价计算式
1		改性沥青卷材防水(平面)湿铺法一层			
2		彩色水泥瓦屋脊,设计采用 400mm × 250mm 的脊瓦,单价为 3 600 元/千张			
3		C20 细石混凝土防水层 6cm 厚			
4		刚性屋面水泥砂浆保护层 3cm 厚			
5		在平面上胶粘一层高分子卷材(满铺)			
6		复合铜胎基耐根穿刺改性沥青卷材,卷材厚度 5.0mm			
7		砖基上干混地面砂浆 DS M10.0			
8		展开宽度为 500mm 的紫铜板止水带			
9		伸缩缝,断面尺寸为 40mm × 20mm,嵌建筑油膏			
10		屋面改性沥青卷材预铺反粘法,坡度 18%			
11		水泥砂浆粘贴黏土平瓦屋面,坡度 30%			
12		40mm 厚细石混凝土面层防水层,泵送商品混凝土			
13		水泥砂浆粘贴黏土平瓦,穿铁丝钉圆钉			
14		在地沟上涂抹 2mm 厚改性沥青防水涂料			

五、计算分析题

1. 某房屋工程屋面平面及节点如图 2-9-4 所示,按要求完成以下计算内容。

已知屋面分层构造自下而上为:钢筋混凝土屋面板、20mm 厚 DS M2.0 干混地面砂浆找平层、干铺油毡一层、杉木顺水条、挂瓦条、屋面水泥钢钉挂盖水泥彩瓦,四周设收口滴水瓦,彩瓦屋脊(正脊、斜脊同),屋脊带封头附件共六只。计算屋面工程工程量及直接工程费。

2. 某房屋工程屋面平面、节点及已知条件同上题,按要求完成以下计算内容。

(1)计算该瓦屋面清单工程量并完成项目清单编制,并同时确定计价工程量(设各材料规格均同 2018 版定额)。

(2)要求根据工程量清单确定计价组合子目及各组合子目人工、材料、机械费单价及合价。

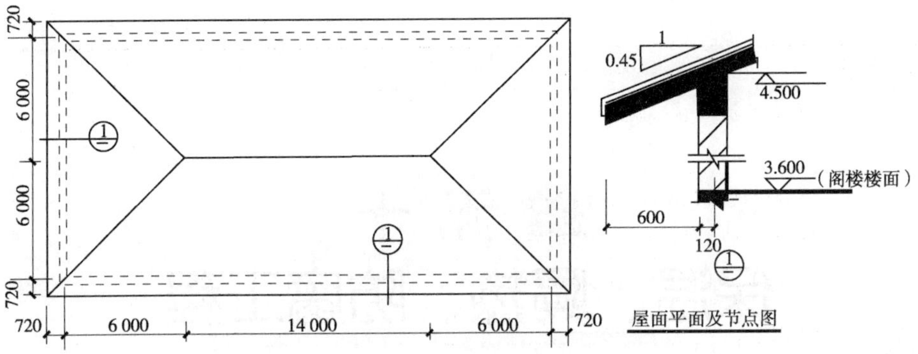

图 2-9-4 （尺寸单位：mm）

(3)设企业管理费为 10%、利润为 5%，按上述价格计算该瓦屋面综合单价。

(4)计算阁楼建筑面积。

单元十
保温、隔热、防腐工程

教学课件

【能力目标】

1. 能够计算耐酸沥青胶泥卷材、水玻璃胶泥铺砌等的定额工程量。
2. 能够准确套用定额并计算耐酸沥青胶泥卷材、水玻璃胶泥铺砌等的直接工程费。
3. 能够编制保温隔热屋面、块料防腐面层等的分部分项工程量清单。
4. 能够计算保温隔热屋面、块料防腐面层等分部分项工程的综合单价。
5. 能够灵活运用房屋建筑与装饰工程预算定额,进行保温隔热、防腐工程的定额换算。

【知识目标】

1. 了解保温、隔热、防腐工程的分类及常用材料、构造。
2. 熟悉保温、隔热、防腐工程的定额套用说明。
3. 掌握耐酸沥青胶泥卷材、水玻璃胶泥铺砌等的定额工程量的计算规则。
4. 掌握保温隔热、耐酸防腐工程两个清单项目:保温隔热屋面、块料防腐面层的清单工程量的计算方法。
5. 熟悉保温隔热、耐酸防腐工程两个清单项目:保温隔热屋面、块料防腐面层的分部分项工程量清单编制方法。
6. 掌握保温隔热、耐酸防腐工程两个清单项目:保温隔热屋面、块料防腐面层综合单价的确定方法。

一 基础知识

(一)保温隔热分类

保温隔热常用的材料有:聚苯颗粒保温砂浆、泡沫玻璃、聚氨酯硬泡、保温板材(XPS、EPS聚苯乙烯泡沫塑料板)、加气混凝土块、软木板、膨胀珍珠岩板、沥青玻璃棉、沥青矿渣棉、微孔硅酸钙、稻壳等。可用于屋面、墙体、柱子、楼地面、天棚等部位。屋面保温层中应设有排气管或排气孔。

1. 保温材料分类

按照保温材料的不同重度、成分、范围、形状和施工方法进行类别划分。

(1)按照不同重度分为：重质(400～600kg/m³)、轻质(150～350kg/m³)和超轻质(小于150kg/m³)三类。

(2)按照不同成分可分为：有机和无机两类。

(3)按照适用温度不同范围可分为：高温用(700℃以上)、中温用(100～700℃)和低温用(小于100℃)三类。

(4)按照不同形状分为：粉末、粒状、纤维状、块状等；又可分为多孔、矿纤维和金属等。

(5)按照不同施工方法分为：湿抹式、填充式、绑扎式、包裹缠绕式等。

2. 平屋面保温隔热层

屋面保温隔热层的作用：减弱室外气温对室内的影响，或保持因采暖、降温措施而形成的室内气温。对保温隔热所用的材料，要求相对密度小、耐腐蚀并有一定的强度。常用的保温隔热材料有石灰炉渣、水泥珍珠岩、加气混凝土和微孔硅酸钙等，还有预制混凝土板架空隔热层。

(二)防腐工程分类

防腐工程分刷油防腐和耐酸防腐两类。

1. 刷油防腐

刷油是一种经济而有效的防腐措施。它对于各种工程建设来说，不仅施工方便，而且具有优良的物理性能和化学性能，因此应用范围很广。刷油除了防腐作用外，还能起到装饰和标志作用。目前常用的防腐材料有：沥青漆、酚树脂漆、酚醛树脂漆、氯磺化聚乙烯漆、聚氨酯漆等。

2. 耐酸防腐

它是运用人工或机械将具有耐腐蚀性能的材料浇筑、涂刷、喷涂、粘贴或铺砌在应防腐的工程构件表面上，以达到防腐蚀的效果。常用的防腐材料有：水玻璃耐酸砂浆、混凝土；耐酸沥青砂浆、混凝土；环氧砂浆、混凝土及各类玻璃钢等。根据工程需要，可用防腐块料或防腐涂料做面层。

二 定额的套用和工程量的计算

定额子目：2节，分别为保温隔热、耐酸防腐，共144个子目。各小节子目划分情况见表2-10-1。

定额子目划分 表2-10-1

<table>
<tr><th colspan="3">定　额　节</th><th>子目数</th><th colspan="3">定　额　节</th><th>子目数</th></tr>
<tr><td rowspan="6">一</td><td rowspan="6">保温、隔热(63)</td><td>墙、柱面保温隔热</td><td>25</td><td rowspan="6">二</td><td rowspan="6">耐酸、防腐(81)</td><td>整体面层</td><td>30</td></tr>
<tr><td>屋面保温隔热</td><td>25</td><td>隔离层</td><td>6</td></tr>
<tr><td rowspan="2">天棚保温隔热、吸音</td><td rowspan="2">8</td><td>瓷砖面层</td><td>18</td></tr>
<tr><td>花岗岩面层</td><td>4</td></tr>
<tr><td rowspan="2">楼地面保温隔热、隔音</td><td rowspan="2">5</td><td>池、沟、槽瓷砖面层</td><td>6</td></tr>
<tr><td>防腐涂料</td><td>17</td></tr>
</table>

(一)定额说明

1. 保温、隔热工程

(1)保温层定额中的保温材料品种、型号、规格和厚度等与设计不同时，应按设计规定进行调整。

(2)墙体保温砂浆子目按外墙外保温考虑,如实际为外墙内保温,人工乘以系数0.75,其余不变。

(3)弧形墙、柱、梁等保温砂浆抹灰、抗裂防护层抹灰、保温板铺贴按相应项目的人工乘以系数1.15,材料乘以系数1.05。

(4)柱面保温根据墙面保温定额项目人工乘以系数1.19、材料乘以系数1.04。

(5)墙面保温板如使用钢骨架,钢骨架按定额"第十二章　墙、柱面装饰与隔断、幕墙工程"相应项目执行。

(6)抗裂保护层中抗裂砂浆厚度设计与定额不同时,抗裂砂浆、灰浆搅拌机定额用量按比例调整,其余不变、增加一层网格布子目已综合了增加抗裂砂浆一遍粉刷的人工、材料及机械。

(7)抗裂防护层网格布(钢丝网)之间的搭接及门窗洞口周边加固,定额中已综合考虑,不另行计算。

(8)屋面泡沫混凝土按泵送70m以内考虑,泵送高度超过70m的,每增加10m,人工增加0.07工,搅拌机械增加0.01台班,水泥发泡机增加0.012台班。

(9)屋面、墙面聚苯乙烯板、挤塑保温板、硬泡聚氨酯防水保温板等保温板材铺贴子目中,厚度不同,板材单价调整,其他不变。

(10)保温层排气管按ϕ50UPVC管及综合管件编制,排气孔:ϕ50UPVC管按180°单出口考虑(2只90°弯头组成),双出口时应增加三通1只;ϕ50钢管、不锈钢管按180°煨制弯考虑,当采用管件拼接时另增加弯头2只,管材用量乘以0.7。管材、管件的规格、材质不同,单价换算,其余不变。

(11)本单元定额中未包含基层界面剂涂刷、找平层、基层抹灰及装饰面层,发生时套用相应子目另行计算。

(12)本单元定额中采用乳化石油沥青作为胶结材料的子目均指适用于有保温、隔热要求的工业建筑及构筑物工程。

2. 耐酸防腐工程

(1)各种胶泥、砂浆、混凝土配合比以及各种整体面层的厚度,当设计与定额不同时,可以换算。定额已综合考虑了各种块料面层的结合层、胶结料厚度及灰缝宽度。

(2)耐酸定额按自然养护考虑,如需特殊养护者,费用另计。

(3)耐酸防腐整体面层、隔离层不分平面、立面,均按材料做法套用同一定额;块料面层以平面铺贴为准,立面铺贴套平面定额,人工乘以系数1.38,踢脚板人工乘以系数1.56,其余不变。

(4)池、沟、槽瓷砖面层定额不分平、立面,适用于小型池、槽、沟(划分标准见定额"第五章　混凝土及钢筋混凝土工程")。

(5)卷材防腐接缝、附加层、收头工料已包括在定额内,不再另行计算。

(6)块料防腐中面层材料的规格、材质与设计不同时,可以换算。

【例2-10-1】　耐酸沥青胶泥铺砌墙面瓷砖,厚度为65mm,求该项目基价。

解

套定额10-110

人工换算:基价 = 16 811.81 + 6 688.58 × 0.38 = 19 353.47 元/100m^2

【例 2-10-2】 踢脚板瓷砖耐酸沥青胶泥铺砌,厚度为 20mm,求该项目基价。

解

套定额 10-111

人工换算:基价 = 14 854.16 + 7 080.08 × 0.56 = 18 819 元/$100m^2$

(二)工程量计算规则

1. 保温、隔热项目计算规则

(1)墙面保温隔热层工程量按设计图示尺寸以面积计算。扣除门窗洞口及单个 $0.3m^2$ 以上梁、孔洞所占面积;门窗洞口侧壁以及与墙相连的柱,并入保温墙体工程量内,门窗洞口侧壁粉刷材料与墙面粉刷材料不同,按定额"第十二章　墙、柱面装饰与隔断、幕墙工程"零星粉刷计算。墙体及混凝土板下铺贴隔热层不扣除木框架及木龙骨的体积。其中外墙按隔热层中心线长度计算,内墙按隔热层净长度计算。

(2)柱、梁保温隔热层工程量按设计图示尺寸以面积计算。柱按设计图示柱断面保温层中心线展开长度乘以高度以面积计算,扣除单个断面 $0.3m^2$ 以上梁所占面积。梁按设计图示梁断面保温层中心线展开长度乘以保温层长度以面积计算。

(3)按立方米计算的隔热层,外墙按围护结构的隔热层中心线、内墙按隔热层净长乘以图示尺寸的高度及厚度以"立方米"计算。应扣除门窗洞口、单个 $0.3m^2$ 以上孔洞所占体积。

(4)单个大于 $0.3m^2$ 孔洞侧壁周围及梁头、连系梁等其他零星工程保温隔热工程量,并入墙面的保温隔热工程量内。

(5)屋面保温砂浆、泡沫玻璃、聚氨酯喷涂、保温板铺贴等按设计图示面积计算,不扣除屋面排烟道、通风孔、伸缩缝、屋面检查洞及单个 $0.3m^2$ 以内孔洞所占面积,洞口翻边也不增加。

屋面其他保温材料定额按设计图示面积乘以厚度以立方米计算,找坡层按平均厚度计算,计算面积时应扣除单个 $0.3m^2$ 以上的孔洞所占面积。

(6)天棚保温隔热层工程量按设计图示尺寸以面积计算。扣除单个 $0.3m^2$ 以上柱、垛、孔洞所占面积,与天棚相连的梁按展开面积计算,其工程量并入天棚内。

(7)柱帽保温隔热层,按设计图示尺寸并入天棚保温隔热层工程量内。

(8)楼地面保温隔热层工程量按设计图示尺寸以面积计算。扣除柱、垛及单个 $0.3m^2$ 以上孔洞所占面积。门洞、空圈、暖气包槽、壁龛的开口部分不增加面积。

(9)其他保温隔热层工程量按设计图示尺寸以展开面积计算。扣除单个 $0.3m^2$ 以上孔洞所占面积。

(10)保温层排气管按设计图示尺寸以长度计算,不扣除管件所占长度,保温层排气孔以数量计算。

(11)保温隔热层的厚度,按隔热材料净厚度(不包括胶结材料厚度)尺寸计算。

(12)池槽保温隔热,池壁并入墙面保温隔热工程量内,池底并入地面保温隔热工程量内。

2. 耐酸防腐项目计算规则

(1)防腐工程面层、隔离层及防腐油漆工程量均按设计图示尺寸以面积计算。

(2)平面防腐工程量应扣除凸出地面的构筑物、设备基础等以及单个 $0.3m^2$ 以上孔洞、柱、垛等所占面积,门洞、空圈、暖气包槽、壁龛的开口部分不增加面积。

(3)立面防腐工程量应扣除门、窗、洞口以及单个0.3m² 以上孔洞、梁所占面积,门、窗、洞口侧壁、垛凸出部分按展开面积并入墙面内。

(4)池、槽块料防腐面层工程量按设计图示尺寸以展开面积计算。

(5)砌筑沥青浸渍砖工程量按设计图示尺寸以面积计算。

(6)踢脚板防腐工程量按设计图示长度乘高度以面积计算,扣除门洞所占面积,并相应增加侧壁展开面积。

(7)混凝土面及抹灰面防腐按设计图示尺寸以面积计算。

(8)平面砌双层耐酸块料时,按单层面积乘以系数2计算。

(9)硫黄砂浆二次灌缝按实体积计算。

(10)花岗岩面层中的胶泥勾缝工程量按设计图示尺寸以延长米计算。

【例2-10-3】 某车间平面如图2-10-1所示,墙厚为240mm,地面构造层次从下至上依次为:素土加碎石夯实70mm厚,耐酸沥青胶泥卷材二毡三油隔离层;C15非泵送商品混凝土垫层;20mm厚水玻璃耐酸胶泥砌耐酸瓷砖面层。车间踢脚线为水玻璃耐酸胶泥砌耐酸瓷砖,高30cm,计算该车间地面工程量,并求出直接工程费。

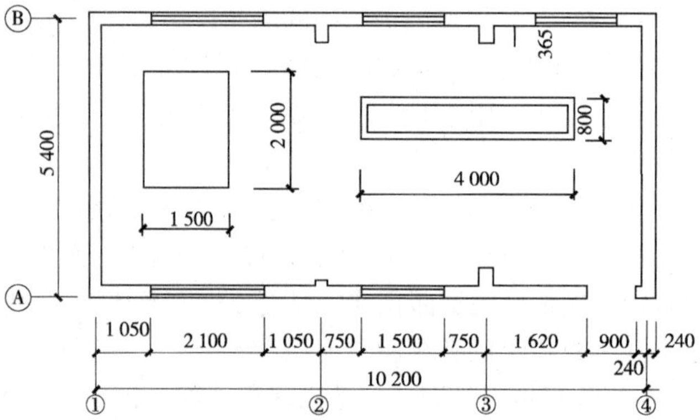

图2-10-1 (尺寸单位:mm)

解

(1)碎石垫层工程量 $=[(10.2-0.24)\times(5.4-0.24)-1.5\times2-4\times0.8]\times0.07$

$=45.19\times0.07=3.163\text{m}^3$

套定额4-87,碎石垫层直接工程费 $=3.163\times235.217=743.99$ 元

(2)C15混凝土垫层工程量 $=45.19\times0.15=6.78\text{m}^3$

套定额5-1,基价 $=4\,503.4$ 元/10m^3

C15混凝土垫层直接工程费 $=6.78\times4\,503.4=1\,540.42$ 元

(3)耐酸沥青胶泥卷材二毡三油隔离层

$S=(10.2-0.24)\times(5.4-0.24)-1.5\times2-4\times0.8=45.19\text{m}^2$

套定额10-94,耐酸沥青胶泥卷材二毡三油隔离层直接工程费 $=45.19\times29.753\,7=1\,344.57$ 元

(4)水玻璃胶泥20mm厚砌耐酸瓷砖工程量 $=45.19\text{m}^2$

套定额10-105,水玻璃胶泥20mm厚砌耐酸瓷砖直接工程费 $=45.19\times153.199\,6=$

6 923.09元

(5)耐酸瓷砖踢脚线工程量 = {[(10.2 − 0.24) + (5.4 − 0.24)] × 2 + 0.365 × 2 × 4 + 0.24 × 2 − 0.9} × 0.3 = 9.82m²

套定额10-105,换算后基价 = 153.20 + 73.38 × 0.56 = 194.29 元/m²

耐酸瓷砖踢脚线直接工程费 = 9.82 × 194.29 = 1 907.93 元

合计直接工程费 = 345.4 + 1 454.67 + 4 540.24 + 1 195.09 + 1 540.42 = 9 075.82 元

三 工程量清单及清单计价

清单子目:本单元工程项目按《房屋建筑与装饰工程工程量计算规范》(GB 50854—2013)附录K列项,分3节共16个项目,分别是K.1保温、隔热,K.2防腐面层,K.3其他防腐。

保温、隔热包括:保温隔热屋面、保温隔热天棚、保温隔热墙面、保温柱梁、保温隔热楼地面、其他保温隔热6个项目。项目编码分别按011001001×××~011001006×××编列。

防腐面层包括:防腐混凝土面层、防腐砂浆面层、防腐胶泥面层、玻璃钢防腐面层、聚氯乙烯板面层、块料防腐面层、池槽块料防腐面层7个项目。项目编码分别按011002001×××~011002007×××编列。

其他防腐包括:隔离层、砌筑沥青浸渍砖、防腐涂料3个项目。项目编码分别按011003001×××~011003003×××编列。

本单元定额适用于屋面、墙、地面及墙基防水防潮。

(一)保温、隔热

1. 保温隔热屋面、保温隔热天棚计算规则

按设计图示尺寸以面积计算。扣除面积大于0.3m²孔洞、柱、垛所占面积,与天棚相连的梁按展开面积计算,并入天棚工程量内。

2. 保温隔热墙面计算规则

按设计图示尺寸以面积计算。扣除门窗洞口所占面积及面积大于0.3m²孔洞、梁所占面积;门窗洞口侧壁需做保温时,并入保温墙体工程量内。

3. 保温柱计算规则

按设计图示以保温层中心线展开长度乘以保温层厚度计算。

4. 隔热楼地面计算规则

按设计图示尺寸以面积计算。扣除面积大于0.3m²孔洞、柱、垛所占面积,门洞、空圈、暖气包槽、壁龛的开口部分不增加面积。

5. 适用范围

(1)"保温隔热屋面"项目适用于各种材料的屋面隔热保温。

(2)"保温隔热天棚"项目适用于各种材料的下帖式或吊顶上搁置式的保温隔热天棚。

(3)"保温隔热墙"项目适用于工业与民用建筑物外墙、内墙保温隔热工程。

6. 有关项目说明

(1)屋面保温隔热层上的防水层应按屋面的防水项目单独列项。

(2)预制隔热板屋面的隔热板按混凝土及钢筋混凝土工程相关项目编码列项。清单应明

确描述砖墩砌筑尺寸。

(3)屋面保温隔热的找坡、找平层应包括在报价内,如果屋面防水层项目包括找平层和找坡,屋面保温隔热不再计算,以免重复。

(4)下帖式如需底层抹灰时,应包括在报价内,清单应明确描述抹灰的具体材料和做法。

(5)保温隔热材料需加药物防虫剂时,应在清单中进行描述。

(6)外墙内保温和外保温的面层应包括在报价内,装饰面层应按附录 B 相关项目编码列项。

(7)外墙内保温的内墙保温踢脚线应包括在报价内。

(8)外墙外保温、内保温、内墙保温基层抹灰或刮腻子应包括在报价内。

(9)柱帽保温隔热应并入天棚保温隔热工程量内。

(10)池槽保温隔热,池壁、池底分别编码列项,池壁应并入墙面保温隔热工程量内,池底应并入地面保温隔热工程量内。

(二)防腐面层

1.包含内容

防腐面层包括防腐混凝土面层、防腐砂浆面层、防腐胶泥面层、玻璃钢防腐面层、聚氯乙烯板面层、块料防腐面层、池槽块料防腐面层 7 个项目。

2.计算规则

(1)防腐混凝土面层、防腐砂浆面层、防腐胶泥面层、玻璃钢防腐面层计算规则:按设计图示尺寸以面积计算。

①平面防腐:扣除凸出地面的构筑物、设备基础等所占面积。

②立面防腐:砖垛等凸出部分按展开面积并入墙面积内。

(2)聚氯乙烯板面层、块料防腐面层计算规则:按设计图示尺寸以面积计算。

①平面防腐:扣除凸出地面的建筑物、设备基础等所占面积。

②立面防腐:砖垛等凸出部分按展开面积并入墙面积内。

③踢脚板防腐:扣除门洞所占面积并相应增加门洞侧壁面积。

3.适用范围

(1)"防腐混凝土面层""防腐砂浆面层""防腐胶泥面层"项目适用于平面或立面的水玻璃混凝土、水玻璃砂浆、水玻璃胶泥、沥青混凝土、沥青砂浆、沥青胶泥、树脂混凝土、树脂砂浆、树脂胶泥及聚合物水泥砂浆等防腐工程。

(2)"玻璃钢防腐面层"项目适用于树脂胶料与增强材料复合塑制而成的玻璃钢防腐。

(3)"聚氯乙烯板面层"项目适用于地面、墙面的软、硬聚氯乙烯板防腐工程。

(4)"块料防腐面层"项目适用于地面、沟槽、基础的各类块料防腐工程。

4.有关项目说明

(1)因防腐材料不同,价格差异较大,清单项目中必须列出混凝土、砂浆、胶泥的材料种类。

(2)如遇池槽防腐,池底和池壁可合并列项,也可分池底面积和池壁面积,分别列项。

(3)玻璃钢项目名称应描述构成玻璃钢、树脂和增强材料名称。

(4)玻璃钢项目应描述防腐部位和立面、平面。

(5)聚氯乙烯板的焊接应包括在报价内。

(6)防腐蚀块料粘贴部位应在清单项目中进行描述。

(7)防腐蚀块料的规格、品种应在清单项目中进行描述。

(8)防腐工程中需酸化处理时应包括在报价内。

(9)防腐工程中的养护应包括在报价内。

【例 2-10-4】 某水池防腐构造如图 2-10-2 所示,按工程量清单计价规范编制工程量清单。

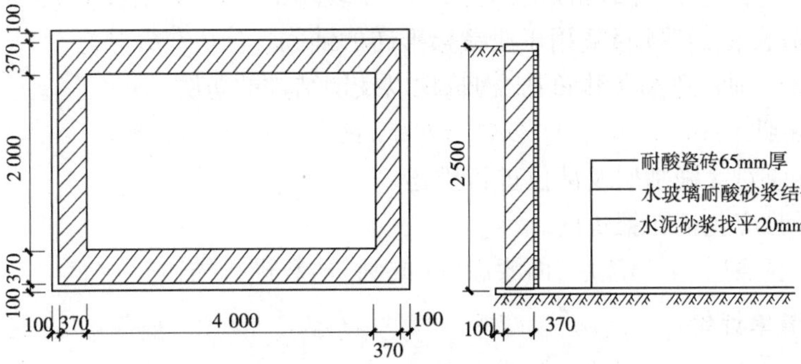

图 2-10-2 (尺寸单位:mm)

解

1)按设计构造内容计算清单工程量

(1)水玻璃耐酸砂浆砌耐酸瓷砖(平面)(池底)

砌瓷砖面积 $=3.915\times1.915=7.50\text{m}^2$

找平层面积 $=4\times2=8\text{m}^2$

(2)水玻璃耐酸砂浆砌耐酸瓷砖(立面)(池壁)

砌瓷砖面积 $=(3.915+1.915)\times2\times2.48=28.92\text{m}^2$

找平层面积 $=(4+2)\times2\times2.5=30\text{m}^2$

2)编制工程量清单

分部分项工程量清单见表 2-10-2。

分部分项工程量清单 表 2-10-2

序号	项目编码	项目名称	项 目 特 征	计量单位	工程数量
1	011002006001	块料防腐面层	池底:65mm 厚耐酸瓷砖(水玻璃耐酸砂浆结合层),20mm 厚 1:3 水泥砂浆找平层	m^2	7.50
2	011002006002	块料防腐面层	池壁:65mm 厚耐酸瓷砖(水玻璃耐酸砂浆结合层),20mm 厚 1:3 水泥砂浆找平层	m^2	28.92

(三)其他防腐

1. 包含内容

其他防腐包括隔离层、砌筑沥青浸渍砖、防腐涂料 3 个项目。

2. 计算规则

(1)隔离层、防腐涂料计算规则:按设计图示尺寸以面积计算。

①平面防腐:扣除凸出地面的构筑物、设备基础等所占面积。

②立面防腐:砖垛等突出部分按展开面积并入墙面积内。

(2)砌筑沥青浸渍砖:按设计图示尺寸以体积计算,立砌按厚度 115mm 计算;平砌按厚度 53mm 计算。

3. 适用范围

(1)“隔离层”项目适用于楼地面的沥青类、树脂玻璃钢类防腐工程隔离层。

(2)“砌筑沥青浸渍砖”项目适用于浸渍标准砖的铺砌。

(3)“防腐涂料”项目适用于建筑物、构筑物以及钢结构的防腐。

4. 有关项目说明

(1)项目名称应对涂刷基层及部位进行描述。

(2)需刮腻子时应包括在报价内。

(3)应对涂料底漆层、中间漆层、面漆涂刷(或刮)遍数进行描述。

(四)工程量清单计价

(1)工程量清单计价即利用消耗量定额确定某清单项目的综合单价。

(2)综合单价由人工费、材料费、机械费、管理费、利润、风险费组成。

(3)确定清单项目综合单价时,首先通过项目特征的描述确定该项目所包含的工程具体内容,再利用《浙江省房屋建筑与装饰工程预算定额》(2018 版)进行组合报价。

【例 2-10-5】 计算例 2-10-4 水池防腐项目清单的综合单价。

清单工程量:011002006001　7.76m^2

011002006002　29.36m^2

为方便计算,人工、材料、机械台班消耗量及单价按《浙江省房屋建筑与装饰工程预算定额》(2018 版)计取,管理费按人工费 + 机械费的 15% 计取,利润按人工费 + 机械费的 10% 计取。风险费用由企业自行确定,本例暂不计取。

工程量清单综合单价计算见表 2-10-3。

工程量清单综合单价计算表　　表 2-10-3

单位及专业工程名称:某工程　　第1页　共1页

序号	编号	名称	计量单位	数量	综合单价(元)							合计(元)
					人工费	材料费	机械费	管理费	利润	风险费用	小计	
1	011002006001	块料防腐面层	m^2	7.50	79.37	113.92	1.11	11.50	7.53	0	213.43	1 600.73
	10-107	水玻璃砂浆铺砌,厚 65mm	m^2	7.50	70.8	104.07	0.9	10.76	7.17	0	193.7	1 452.75
	11-1	干混砂浆找平层,厚 20mm,混凝土或硬基层上	m^2	8.00	8.03	9.23	0.20	0.69	0.34	0	18.49	147.92

续上表

序号	编号	名称	计量单位	数量	综合单价(元)							合计(元)
					人工费	材料费	机械费	管理费	利润	风险费用	小计	
2	011002006002	块料防腐面层	m^2	28.92	79.13	113.64	1.11	12.04	8.02	0	213.94	6 156.5
	10-107	水玻璃砂浆铺砌,厚65mm	m^2	28.92	70.8	104.07	0.9	10.76	7.17	0	193.7	5 601.8
	11-1	干混砂浆找平层,厚20mm,混凝土或硬基层上	m^2	30.00	8.03	9.23	0.20	0.69	0.34	0	18.49	554.7

学生工作页

一、单项选择题

1. 下列描述正确的是(　　)。

A. 所有耐酸面层均包括踢脚线,设计有踢脚线时,不另外计算

B. 所有耐酸面层均未包括踢脚线,设计有踢脚线时,工程量并入地面,直接套相应定额

C. 耐酸块料面层均未包括踢脚线,设计有踢脚线时,应计算踢脚线工程量,套用相应踢脚线定额

D. 耐酸块料面层均未包括踢脚线,设计有踢脚线时,应计算踢脚线工程量,套用相应面层定额,人工乘以系数1.56

2. 天棚保温吸音层定额中的厚度是按(　　)编制的。

A. 50mm　　B. 100mm

C. 不分厚度以立方米　　D. 视不同的材料分别考虑

3. 耐酸防腐块料面层以平面铺砌为准,立面铺砌套平面定额,人工乘以系数(　　),其余不变。

A. 1.05　　B. 1.1　　C. 1.2　　D. 1.38

4. 耐酸防腐块料面层以平面铺砌为准,立面铺砌套平面定额,踢脚板人工乘以系数(　　),其余不变。

A. 1.2　　B. 1.38　　C. 1.5　　D. 1.56

5. 平面砌双层耐酸块料时,按单面面积乘以系数(　　)计算。

A. 1.5　　B. 1.56　　C. 2　　D. 2.5

二、多项选择题

1. 以下内容与定额取定规格不同,材料按比例调整,其余不变的有(　　)。

A. 屋面瓦片　　B. 屋面水泥砂浆保护层砂浆厚度

C. 屋面砂浆找平层厚度　　D. 天棚保温吸音板厚度

E. 混凝土散水混凝土厚度　　F. 镶板门门板厚度

2. 下列(　　)工作内容已包含在隔离层清单项目中。

A. 基层清理　　B. 煮沥青

C. 胶泥调制　　D. 隔离层铺设

3. 在清单工程量计算中,耐酸防腐工程项目按设计实铺面积以平方米计算,平面项目应扣除(　　)所占的面积。

A. 凸出地面的构筑物　　B. 设备基础

C. 柱　　D. 垛

三、判断题

1. 耐酸防腐块料面层以平面铺砌为准,立面铺砌套平面定额,人工乘以系数 1.56,踢脚板人工乘以系数 1.38,其余不变。(　　)

2. 弧形墙、柱、梁等保温砂浆、抗裂防护层抹灰铺贴按相应项目的人工乘以系数 1.05。(　　)

3. 耐酸面层均未包括踢脚线工料,当设计有踢脚线时,套用相应面层定额。(　　)

4. 保温踢脚板按实铺长度乘高以平方米计算,应扣除门洞所占的面积,门洞侧壁不增加。(　　)

5. 防腐、隔热、保温工程项目按清单计价规范附录列项,分 3 节 14 个项目。(　　)

6. 防腐工程中的自然养护应包括在报价内。(　　)

四、定额换算题

根据表 2-10-4 所列信息,完成定额换算。

表 2-10-4

序号	定额编号	工 程 名 称	定额计量单位	基价	基价计算式
1		35mm 厚聚苯颗粒保温砂浆(墙面保温)			
2		45mm 聚氨酯硬泡喷泡(屋面保温)			
3		三毡四油耐酸沥青胶泥卷材隔离层			
4		耐碱玻纤网格布抗裂保护层(弧形墙)			
5		50mm 厚干铺岩棉板(柱面保温)			
6		热镀钢丝网抗裂保护层(厚度 10mm)			
7		聚苯乙烯泡沫保温板外墙内保温			
8		屋面泡沫混凝土保温,泵送高度 75m			
9		耐酸沥青胶泥铺砌(20mm 厚,立面)			

五、计算题

1. 某工程屋顶平面及剖面如图 2-10-3 所示,其屋面工程做法如下:

(1) 水泥砂浆保护层。

(2)冷底子油一道,二毡三油防水层一道。

(3)20mm 厚 1∶3 水泥砂浆找平层。

(4)炉渣混凝土 CL7.5 找 3% 坡,最薄处 30mm 厚。

(5)60mm 厚干铺珍珠岩。

(6)钢筋混凝土结构层。

试对此做法列项,并计算各分项工程量。

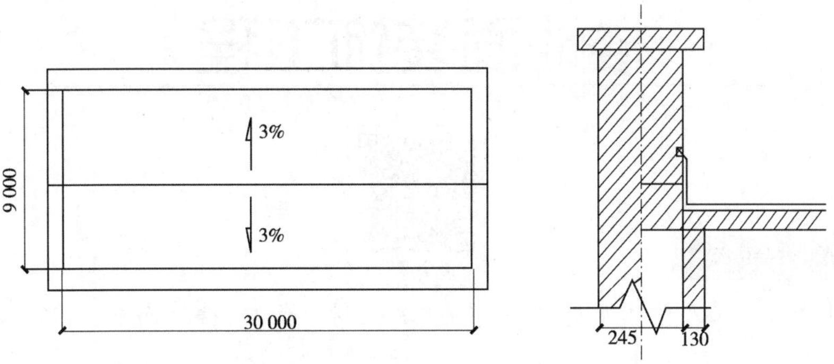

图 2-10-3　屋顶平面及剖面图(尺寸单位:mm)

2. 某工程屋顶平面、剖面及屋面工程做法同上题。

(1)按清单计价规范编列工程量清单。

(2)计算屋面刚性防水清单的综合单价。假设人工、材料、机械台班消耗量及单价按《浙江省房屋建筑与装饰工程预算定额》(2018 版),管理费按人工费 + 机械费的 15% 计取,利润按人工费 + 机械费的 10% 计取,风险费本例暂不计取。

单元十一 楼地面装饰工程

教学课件

【能力目标】

1. 能够计算找平层及整体面层、块料面层、其他材料面层、楼梯面层、台阶、踢脚线等的定额工程量。

2. 能够准确套用定额并计算找平层及整体面层、块料面层、其他材料面层、楼梯面层、台阶、踢脚线等的直接工程费。

3 能够编制找平层及整体面层楼地面、块料楼地面、竹木地板、水泥砂浆踢脚线、石材踢脚线、水泥砂浆楼梯面、水泥砂浆台阶面等的分部分项工程量清单。

4. 能够计算找平层及整体面层楼地面、块料楼地面、竹木地板、水泥砂浆踢脚线、石材踢脚线、水泥砂浆楼梯面、水泥砂浆台阶面等分部分项工程的综合单价。

5. 能够灵活运用建筑工程预算定额,进行楼地面工程的定额换算。

【知识目标】

1. 熟悉楼地面的构造做法、楼地面的常用材料,了解整体面层、块料面层、其他材料面层的分类及施工工艺。

2. 熟悉楼地面工程的定额套用说明。

3. 掌握整体面层、块料面层、其他材料面层、楼梯面层、台阶、踢脚线等的定额工程量的计算规则。

4. 掌握楼地面工程七个清单项目:干混砂浆楼地面、块料楼地面、竹木地板、干混砂浆踢脚线、石材踢脚线、干混砂浆楼梯面、干混砂浆台阶面的清单工程量的计算方法。

5. 熟悉楼地面工程七个清单项目:干混砂浆楼地面、块料楼地面、竹木地板、干混砂浆踢脚线、石材踢脚线、干混砂浆楼梯面、干混砂浆台阶面的分部分项工程量清单编制方法。

6. 掌握楼地面工程七个清单项目:干混砂浆楼地面、块料楼地面、竹木地板、干混砂浆踢脚线、石材踢脚线、干混砂浆楼梯面、干混砂浆台阶面综合单价的确定方法。

项目导入

1. 施工图纸：某学院培训楼建筑施工图见本书附录。

2. 设计说明，某学院培训楼，一层接待室地面、图形培训室地面、钢筋培训室地面、二层会客室地面、清单培训室地面、预算培训室地面、楼梯间地面、踢脚线、楼梯、室外台阶、楼梯装饰等的做法见图纸。

采用清单计价时，管理费按"人工费＋机械费"的15%计取，利润按"人工费＋机械费"的10%计取，风险金暂定为"人工费＋机械费"的2%。

项目任务

1. 计算某学院培训楼楼地面装饰工程的分部分项定额工程量。
2. 计算某学院培训楼楼地面装饰工程的分部分项直接工程费。
3. 编制某学院培训楼楼地面装饰工程的分部分项工程量清单。
4. 计算某学院培训楼楼地面装饰工程的分部分项综合单价。

任务分析

熟悉某学院培训楼施工图纸，收集相关计价依据，拟解决以下问题：

1. 建筑工程常见的装饰装修部位有哪些？分别有哪些装修做法？该培训楼的楼地面装饰装修做法是怎么样的？

2. 楼地面装饰工程定额项目有哪些？如何套用？工程量计算规则如何？

3. 楼地面装饰工程分部分项工程量清单项目如何设置？工程量如何计算？综合单价如何计算？

一 基础知识

楼地面装饰工程是指使用各种面层材料对楼地面进行装饰的工程，包括找平层及整体面层、块料面层、其他材料面层等。

（一）楼地面构造

楼地面装饰工程中地面构造一般为面层、垫层和基层（素土夯实）；楼层地面构造一般为面层、找平层和楼板。当地面和楼层地面的基本构造不能满足使用或构造要求时，可增设结合层、隔离层、填充层等其他构造层，如有保温、隔热、防水要求的楼地面就应加填充层、隔离层、结合层等。具体见图2-11-1。

楼地面基础知识

（二）楼地面常用材料

地面垫层材料常用的有混凝土、砂、炉渣、碎（卵）石等。结合层材料常用的有干混砂浆、黏结剂等。填充层材料有水泥炉渣、加气混凝土块、水泥膨胀珍珠岩块等。找平层常用干混砂浆和混凝土。隔离层材料有防水涂膜、热沥青、油毡等。面层分整体面层、块料面层、橡塑面层、其他面层,其中整体面层常用材料有混凝土、干混砂浆、现浇水磨石、自流平楼地面、环氧地坪;块料面层常用材料有天然石材(大理石、花岗岩等)、陶瓷锦砖、地砖等;橡塑面层常用材料有橡胶地板、塑料地板等;其他面层常用材料有木地板、防静电地板、金属复合地板、地毯等。

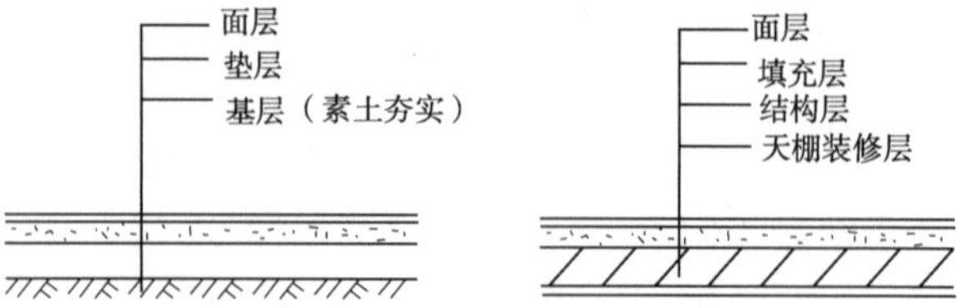

图2-11-1　楼地面构造示意图

(三)找平层及整体面层

找平层及整体面层工程包括:找平层、干混砂浆楼地面、现浇水磨石地面、细石混凝土面层。

1. 找平层

找平层一般设在混凝土或硬基层上或填充材料上,其中,填充材料是指泡沫混凝土块、加气混凝土块、石灰炉渣、珍珠岩等非整体基层构造层材料。找平层用干混砂浆或细石混凝土铺设。

2. 干混砂浆面层

干混砂浆面层是在楼地面上抹厚度一般为20~25mm的干混砂浆构造面层。

3. 现浇水磨石面层

现浇水磨石面层采用水泥与石料的拌和料铺设,面层厚度除有特殊要求外,宜为12~18mm,且按石子粒径确定。水磨石面层的下面常用干混砂浆作结合层,结合层上采用稠膏状干混砂浆粘镶玻璃条或金属条,在嵌条格内抹水泥石子浆,拍平反复压实。待石子浆有适当强度后,用磨石机将表面磨光,普通水磨石面层磨光遍数不应小于3遍,高级水磨石面层的厚度和磨光遍数由设计确定,在水磨石面层磨光后用草酸清洗干净再打蜡。

(四)块料面层

铺贴块料面层的种类有:石材、缸砖、马赛克、地砖、广场砖等。

施工方法:在垫层上或钢筋混凝土楼板上抹干混砂浆找平层,抹平压实,然后用干混砂浆或胶粘剂粘贴。

块料面酸洗打蜡:为使铺贴的大理石、花岗岩等块料面层表面更加明亮,富有光泽,需对其进行抛光打蜡。

抛光打蜡前一般是将草酸溶液浇到面层上,用棉纱头均匀擦洗面层,或用软布卷固定在磨石机上磨研,直到表面光滑,再用水冲洗干净。草酸有化学腐蚀作用,在棉纱或软布卷擦拭下,可把表面的凸出微粒或细微划痕去掉,故常称酸洗。

打蜡可使表面更加光滑,同时对表面有保洁作用。打蜡的方式是在面层上薄涂一层蜡,稍干后,用钉有细帆布(或麻布)的木块代替油石,装在磨石机上进行研磨,直到光滑明亮为止。

(五)其他材料面层

其他材料面层主要有橡胶地板、地毯、木地板、防静电地板、金属复合地板等。

1. 橡塑板、橡塑卷材(塑料、橡胶)

橡塑板、橡塑卷材是以 PVC、UP 等树脂为主,加入其他辅助材料加工而成的预制或现场铺设的地面材料。

橡塑板、橡塑卷材采用的胶粘剂主要有乙烯类(聚醋酸乙烯乳液),氯丁橡胶类,聚氨酯、环氧树脂、合成橡胶溶剂类及沥青类等。

2. 地毯

地毯可分为毛地毯和化纤地毯两大类。

(1)楼地面地毯:分固定式和不固定式两种铺设方式。

固定式又分带垫和不带垫两种铺设方式。固定式是先将地毯截开,再拼缝,黏结成一块整片,然后用胶粘剂或倒刺板条固定在地面基层上的一种铺设方式。

不固定式即为活动式一般摊铺,它是将地毯明摆浮搁在地面基层上,不作任何固定处理。

(2)楼梯地毯:楼梯地毯一般按满铺考虑。满铺是指从梯段最顶端做到梯段最底端,整个楼梯全部铺设地毯,满铺地毯又分带胶垫和不带胶垫两种,有底衬的地毯不用胶垫,无底衬的地毯要铺设胶垫。

3. 木地板

木地板的面层按其构造不同,有实铺和空铺两种。

空铺木地板是由木搁栅(架空)、剪刀撑,毛地板(双层木板面层或拼花木板面层的下层),面层板等组成。

实铺木地板铺在钢筋混凝土楼板或混凝土等垫层上,由木搁栅(不架空)、木地板组成,木搁栅料面呈梯形,宽面在下,其截面尺寸及间距应符合设计要求。

二 定额的套用和工程量的计算

定额子目:10 节,分别为找平层及整体面层,块料面层,橡塑面层,其他材料面层,踢脚线,楼梯面层,台阶装饰,零星装饰项目,分格嵌条、防滑条,酸洗打蜡共 157 个子目。各小节子目划分情况见表 2-11-1。

定额子目划分　　表 2-11-1

<table>
<tr><th colspan="3">定　额　节</th><th>子目数</th><th colspan="2">定　额　节</th><th>子目数</th></tr>
<tr><td>一</td><td colspan="2">找平层及整体面层</td><td>30</td><td>六</td><td>楼梯面层</td><td>19</td></tr>
<tr><td>二</td><td colspan="2">块料面层</td><td>45</td><td>七</td><td>台阶装饰</td><td>9</td></tr>
<tr><td>三</td><td colspan="2">橡塑面层</td><td>4</td><td>八</td><td>零星装饰项目</td><td>7</td></tr>
<tr><td rowspan="2">四</td><td rowspan="2">其他材料面层(15)</td><td>织物地毯铺设</td><td>3</td><td rowspan="2">九</td><td rowspan="2">分割嵌条、防滑条</td><td rowspan="2">8</td></tr>
<tr><td>细木工板、复合地板</td><td>12</td></tr>
<tr><td>五</td><td colspan="2">踢脚线</td><td>17</td><td>十</td><td>酸洗打蜡</td><td>3</td></tr>
</table>

找平层及整体面层包括干混砂浆、细石混凝土楼地面、环氧地坪、水磨石楼地面等内容。

块料面层包括石材楼地面、地砖楼地面、缸砖楼地面、陶瓷锦砖楼地面、广场砖楼地面等内容。

其他材料面层包括楼地面地毯、细木工板、复合地板等内容。

踢脚线包括干混砂浆、石材、块料踢脚线,木基层踢脚板,金属板、塑料板踢脚线等内容。

楼梯装饰包括干混砂浆、石材楼梯饰面,陶瓷地面砖楼梯饰面,木板、地毯楼梯饰面,橡塑板楼梯饰面等内容。

(一)楼地面装饰工程定额说明

楼地面定额例题

(1)砂浆、混凝土等的厚度、种类、配合比及材料的品种、型号、规格、间距等设计与定额不同时可以按设计规定调整。找平层及整体面层设计厚度与定额不同时,根据厚度每增减子目按比例调整。块料面层的黏结层厚度及配合比,设计与定额不同时,按水泥砂浆找平层厚度每增减子目进行调整换算。

【例 2-11-1】 12mm 厚 1∶1.5 水泥白石子浆本色水磨石楼地面(带嵌条),求该项目基价。

解

查定额 11-25,基价 = 8 934.44 元/100m^2

套定额 11-25H,换算后基价 = 8 934.44 + (439.66 − 435.67) × 1.43 = 4 940.15 元/100m^2

(2)整体面层、块料面层楼地面项目均不包括找平层。楼梯面层装饰定额不包括楼梯底面装饰,楼梯底面套天棚工程。砂浆楼梯,台阶面层包括楼梯、台阶侧面抹灰。

(3)除砂浆面层楼梯外,整体面层、块料面层及地板面层等楼地面和楼梯定额子目均不包括踢脚线。

(4)现浇水磨石项目已包括养护和酸洗打蜡等内容。其他块料面层不包括酸洗打蜡,按设计要求的相应定额计算。

水磨石如掺颜料可换算,颜料掺量按石子浆水泥用量 8% 计算。

水磨石嵌铜条应另按水磨石嵌铜条计算,同时扣除定额中玻璃条用量。

【例 2-11-2】 18mm 厚 1∶1.5 白水泥彩色石子浆水磨石楼地面(带图案,嵌铜条),求该项目基价。

解

查定额 11-28H,换算后基价 = 11 705.75 + 2.04 × (728.99 − 697.95) − 15.52 × 5.28 = 11 687.13元/100m^2

铜条数量按实际:套定额 11-147,基价 = 829.70 元/100m

铜条规格为 2 × 12,铜条设计型号、规格与定额不同时,单价换算,其他不变。

(5)块料面层铺贴子目包括块料安装的切割,未包括块料磨边及弧形块的切割,如设计要求磨边者套用磨边相应子目,弧形块料切割另行计算。

(6)木地板铺贴基层如采用毛地板,套用细木工板基层定额,除材料单价换算外,人工含量乘 1.05。木地板安装按成品企口考虑,如采用平口安装,其人工乘系数 0.85。

(7)螺旋形楼梯的装饰,套用相应定额子目,人工与机械乘系数 1.10,块料用量乘系数 1.15,其他材料用量乘系数 1.05。石材螺旋形楼梯,按弧形楼梯项目人工乘系数 1.20。

【例 2-11-3】 螺旋形楼梯 DS M20.0 干混砂浆铺贴陶瓷地面砖面层,求该项目基价。

解

查定额 11-116,基价 = 13 573.02 元/100m^2

套定额 11-116H,换算后基价 = 13 573.02 + (7 150.62 + 26.94) × 0.1 + 144.69 × 0.15 ×

$32.76+(6\ 395.46-144.69\times32.76)\times0.05=15\ 084.55$ 元/$100m^2$

(8)零星项目的适用于块料楼梯侧面、块料台阶的牵边,小便池、蹲台、池槽、检查(工作)井等内空面积 $0.5m^2$ 以内且未列项目的工程及断面内空面积 $0.4m^2$ 以内的地沟、电缆沟。

(9)踢脚线高度超过30cm者,按墙、柱面工程相应定额执行。

(二)工程量计算

1. 整体面层楼地面工程量计算

整体面层楼地面按设计图示尺寸以面积计算,应扣除凸出地面的构筑物、设备基础、室内铁道、地沟等所占面积,不扣除间壁墙(间壁墙是指在地面面层做好后再进行施工的墙体)及 $0.3m^2$ 以内的柱、垛、附墙烟囱及孔洞所占面积,但门洞、空圈(暖气包槽、壁龛)的开口部分也不增加。

任务实施一

某学院培训楼一层楼梯间(地3A):地面面层为干混砂浆面层。

地面做法:150mm厚3:7灰土;50mm厚C15混凝土垫层(非泵送商品混凝土);20mm厚DS M20.0干混砂浆地面。

(1)定额工程量

①20mm干混砂浆地面

$S=(4.5-0.24)\times(2.1-0.24)=7.92m^2$

②50mm厚C10混凝土垫层

$V=7.92\times0.05=0.396m^3$

③150mm厚3:7灰土

$V=7.92\times0.15=1.189m^3$

(2)直接工程费

①套定额11-8,基价 $=2\ 036.90$ 元/$100m^2$

20mm厚DS M20.0干混砂浆地面的直接工程费 $=7.92\times20.369=161.32$ 元

②套定额5-1,基价 $=4\ 503.40$ 元/$10m^3$

50mm厚C15混凝土垫层的直接工程费 $=0.396\times450.34=89.97$ 元

③套定额4-89,基价 $=1\ 723.39$ 元/$10m^3$

150mm厚3:7灰土直接工程费 $=1.189\times172.339=204.91$ 元

任务实施二

某学院培训楼二层清单、预算培训室(楼2D):楼面面层为干混砂浆面层。

楼面做法:20mm厚DS M20.0干混砂浆抹面压实赶光;钢筋混凝土楼板。

(1)定额工程量

20mm厚DS M20.0干混砂浆楼面:$S=(6-0.24)\times(3.3-0.24)\times2=35.25m^2$

(2)直接工程费

套定额11-8,基价 $=2\ 036.90$ 元/$100m^2$

20mm DS M20.0干混砂浆楼面的直接工程费 $=35.35\times20.369=720.04$ 元

2. 块料、橡塑及其他材料等面层楼地面工程量计算

块料、橡塑及其他材料等面层楼地面按设计图示尺寸以平方米计算,门洞、空圈的开口部分工程量并入相应面层内计算,不扣除点缀所占面积,点缀按个计算。

石材拼花按最大外围尺寸以矩形面积计算。有拼花的石材地面,按设计图示尺寸扣除拼花的最大外围矩形面积计算面积。

任务实施三

某学院培训楼一层图形培训室、钢筋培训室(地9):块料面层(地砖600mm×600mm)。

地面做法:素土夯实;150mm厚3:7灰土;50mm厚C15素混凝土垫层(非泵送商品混凝土);20mm厚DS M20.0干混砂浆找平;黏结剂铺贴10mm厚600mm×600mm地砖密缝铺贴。

(1)定额工程量

①地砖地面密缝(黏结剂黏结,周长2400mm以内)

$S=(3.3-0.24)\times(6-0.24)-(0.13\times0.08\times2+0.13\times0.13\times2+0.4\times0.08)$

$=17.63-0.0866=17.54\times2=35.08m^2$

②20mm厚DS M20.0干混砂浆找平层

$S=(3.3-0.24)\times(6-0.24)=35.25m^2$

③50mm厚C15混凝土垫层

$V=35.25\times0.05=1.76m^3$

④150mm厚3:7灰土

$V=35.25\times0.15=5.288m^3$

(2)直接工程费

①套定额11-50,基价=7 880.18元/$100m^2$

地砖地面的直接工程费=35.08×78.801 8=2 764.37元

②套定额11-1,基价=1 746.27元/$100m^2$

20mm厚DS M20.0干混砂浆找平层的直接工程费=35.25×17.462 7=615.56元

③套定额5-1,基价=4 503.40元/$10m^3$

50mm厚C15混凝土垫层的直接工程费=1.76×450.34=792.60元

④套定额4-89,基价=1 723.39元/$10m^3$

150mm厚3:7灰土的直接工程费=5.288×172.339=911.33元

任务实施四

某学院培训楼二层会客室、阳台地面(楼8D):铺地砖楼地面。

楼地面做法:黏结剂铺贴600mm×600mm地砖,密缝铺贴;40mm厚C15细石混凝土找平层(非泵送商品混凝土);钢筋混凝土楼板。

(1)定额工程量

①40mm厚C15细石混凝土找平层

二层会客室：$S=(4.5-0.24)\times(3.9-0.24)=15.59m^2$

阳台地面：$S=(4.56-0.06\times2)\times(1.2-0.06)=5.06m^2$

小计：$S=15.59+5.06=20.65m^2$

②地砖楼地面(10mm 厚铺 600mm×600mm 地砖，黏结剂铺贴)

二层会客室：$S=15.59+0.24\times0.9\times2+0.37\times0.9-0.13\times0.08\times2-0.08\times0.08\times2=16.321m^2$

阳台地面：$S=(4.56-0.06\times2)\times(1.2-0.06)=5.06m^2$

小计：$S=16.321+5.06=21.38m^2$

(2)直接工程费

①套定额 11-5H，基价 =2647.82 +47.39 ×10 =3 121.72 元/100m²

40mm 厚 C15 细石混凝土的直接工程费 =20.65 ×31.217 2 =644.64 元

②套定额 11-50，基价 =7 880.18 元/100m²

地砖楼面的直接工程费 =21.38 ×78.801 8 =1 684.78 元

任务实施五

某学院培训楼一层接待室(地 25A)：其他材料面层(复合木地板)。

地面做法：素土夯实；150mm 厚 3:7 灰土；50mm 厚 C15 混凝土垫层；1.2mm 厚 JS 防水涂料；40mm 厚 C20 细石混凝土(非泵送商品混凝土)随捣随抹平；复合木地板，榫槽、榫舌及尾部满涂胶液后铺贴。

(1)定额工程量

①复合木地板：

$S=(3.9-0.24)\times(4.5-0.24)+0.9\times0.24\times3-(0.08\times0.13\times2+0.08\times0.08\times2)$
$=15.592+0.648-0.0336=16.21m^2$

②40mm 厚 C20 细石混凝土：$S=15.592m^2$

③水泥砂浆随捣随抹平：$S=15.592m^2$

④1.2mm 厚 JS 防水涂料：$S=15.592m^2$

⑤50mm 厚 C15 混凝土垫层：$S=15.592\times0.05=0.78m^3$

⑥150mm 厚 3:7 灰土：$V=15.592\times0.15=2.34m^3$

(2)直接工程费

①套定额 11-86，基价 =17 931.35 元/100m²

复合木地板的直接工程费 =16.21 ×179.313 5 =2 906.67 元

②套定额 11-5H，基价 =2 647.82 +47.39 ×10 =3 121.72 元/100m²

40mm 厚 C20 细石混凝土的直接工程费 =20.65 ×31.217 2 =644.64 元

③套定额 11-7，基价 =501.95 元/100m²

水泥砂浆随捣随抹平的直接工程费 =15.592 ×5.019 5 =78.26 元

④套定额 9-80，基价 =2 536.88 元/100m²

1.2mm 厚 JS 防水涂料的直接工程费 = 15.592 × 25.368 8 = 395.55 元

⑤套定额 5-1H,基价 = 4 503.40 元/10m^3

50mm 厚 C15 混凝土垫层的直接工程费 = 0.78 × 450.34 = 351.27 元

⑥套定额 4-89,基价 = 1 723.39 元/10m^3

150mm 厚 3:7 灰土的直接工程费 = 5.288 × 172.339 = 911.33 元

3. 楼面铺地毯工程量计算

楼面铺地毯不满铺时,工程量按实铺投影面积计算。

4. 踢脚线工程量计算

踢脚线按设计图示长度乘高度以面积计算。楼梯靠墙踢脚线(含锯齿形部分)贴块料按设计图示面积计算。

任务实施六

某学院培训楼一层楼梯间、二层清单(预算)培训室的踢脚线(踢 2A)做法:8mm 厚 DS M20.0干混砂浆抹面压实赶光;10mm 厚 DS M15.0 干混砂浆打底。

一层图形培训室、钢筋培训室、二层会客室踢脚线(踢 10A)做法:10mm 厚大理石踢脚板,稀水泥浆擦缝;干混砂浆铺贴。门的安装位置与开启方向墙边平齐,门框厚度 90mm。

(1)定额工程量

①1:2 水泥砂浆踢脚线

a. 一层:楼梯间。

$S = [4.5 - 0.24 + (2.1 - 0.24) \times 2 + 4.5 - 0.24 - 0.9] \times 0.12 = 1.36m^2$

b. 二层:清单、预算培训室。

$S = [(6 - 0.24) \times 2 + (3.3 - 0.24) \times 2 - 0.9] \times 0.12 \times 2 = 4.02m^2$

小计:$S = 1.36 + 4.02 = 5.38m^2$

②大理石踢脚

a. 一层:图形、钢筋培训室。

$S = [(3.3 - 0.24 + 6 - 0.24) \times 2 - 0.9 + 0.08 \times 2] \times 0.12 = 16.9 \times 0.12 = 2.0 \times 2 = 4.06m^2$

b. 二层:会客室。

$S = [(4.5 - 0.24) \times 2 + (3.9 - 0.24) \times 2 - 0.9 \times 3 + (0.24 - 0.09) \times 4 + (0.37 - 0.09) \times 2] \times 0.12 = 1.72m^2$

小计:$S = 4.06 + 1.72 = 5.78m^2$

(2)直接工程费

①套定额 11-95,基价 = 4 684.29 元/100m^2

干混砂浆踢脚线直接工程费 = 5.38 × 46.842 9 = 252.01 元

②套定额 11-96,基价 = 22 131.70 元/100m^2

大理石踢脚直接工程费 = 5.78 × 221.317 0 = 1 279.21 元

培训楼踢脚线定额

5. 楼梯装饰的工程量计算

楼梯装饰的工程量按设计图示尺寸以楼梯(包括踏步、休息平台以及500mm以内的楼梯井)水平投影面积计算;楼梯与楼面相连时,算至梯口梁外侧边沿,无梯口梁者,算至最上一级踏步边沿300mm。

任务实施七

某学院培训楼楼梯装饰做法:20mm厚DS M20.0干混砂浆抹面压实赶光;钢筋混凝土楼梯。

(1)定额工程量

干混砂浆楼梯面:$S=(2.43+1.02-0.12+0.24)\times(2.1-0.24)=6.64m^2$

(2)直接工程费

套定额11-112,基价=7 545.41元/100m^2

水泥砂浆楼梯面的直接工程费=6.64×75.454 1=501.02元

6. 块料面层台阶工程量计算

块料面层台阶工程量按设计图示尺寸以展开面积计算,整体面层台阶、看台按水平投影面积计算。

任务实施八

某学院培训楼台阶装饰做法:台阶面层为DS M20.0干混砂浆;100mm厚C15混凝土垫层;素土夯实。

(1)定额工程量

DS M20.0干混砂浆台阶面:$S=1.6\times3.9=6.24m^2$

(2)直接工程费

套定额11-131,基价=4 747.20元/100m^2

DS M20.0干混砂浆台阶面的直接工程费=6.24×47.4720 = 296.23元

三 工程量清单及清单计价

清单子目:本单元工程项目按《房屋建筑与装饰工程工程量计算规范》(GB 50854—2013)附录L列项,分8节共43个项目,分别是L.1整体面层及找平层,L.2块料面层,L.3橡塑面层,L.4其他材料面层,L.5踢脚线,L.6楼梯面层,L.7台阶装饰,L.8零星装饰项目等。

整体面层及找平层包括:水泥砂浆楼地面、现浇水磨石楼地面、细石混凝土楼地面、菱苦土楼地面、自流坪楼地面、平面砂浆找平层6个项目。项目编号分别按011101001×××~011101006×××编列。

块料面层包括:石材楼地面、碎石材楼地面、块料楼地面3个项目。项目编码分别按011102001×××~011102003×××编列。

橡塑面层包括:橡胶板楼地面、橡胶板卷材楼地面、塑料板楼地面、塑料卷材楼地面4个项目。项目编码分别按011103001×××~011103004×××编列。

其他材料面层包括:地毯楼地面、竹木地板、金属复合地板、防静电活动地板4个项目。项目编号分别按011104001×××~011104004×××编列。

踢脚线包括:水泥砂浆踢脚线、石材踢脚线、块料踢脚线、塑料板踢脚线、木质踢脚线、金属踢脚线、防静电踢脚线7个项目。项目编号分别按011105001×××~011105007×××编列。

楼梯面层包括:石材楼梯面层、块料楼梯面层、碎拼块料楼梯面层、水泥砂浆楼梯面层、现浇水磨石楼梯面层、地毯楼梯面层、木板楼梯面层、橡胶板楼梯面层、塑料板楼梯面层9个项目。项目编号分别按011106001×××~011106009×××编列。

台阶装饰包括:石材台阶面、块料台阶面、碎拼块料台阶面、水泥砂浆台阶面、现浇水磨石台阶面、剁假石台阶面6个项目。项目编号分别按011107001×××~011107006×××编列。

零星装饰项目包括:石材零星项目、碎拼石材零星项目、块料零星项目、水泥砂浆零星项目4个项目。项目编号分别按011108001×××~011108004×××编列。

国标清单附录L介绍

(一)整体面层

整体面层适用于建筑工程楼地面的水泥砂浆面层、现浇水磨石面层、细石混凝土面层等。

工程量计算规则:按设计图示尺寸以面积计算。扣除凸出地面构筑物,设备基础,室内铁道、地沟所占面积,不扣除间壁墙和0.3m^2以内的柱、垛、附墙烟囱及孔洞所占面积。门洞、空圈,暖气包槽、壁龛的开口部分不增加面积。

计量单位:m^2

1.水泥砂浆楼地面(011101001)

1)工程量清单

整体地面清单

(1)适用于建筑工程楼地面水泥砂浆面层、水泥砂浆随捣随抹面层、金刚砂耐磨地坪。

(2)项目特征:应描述垫层材料种类、厚度,找平层厚度、砂浆配合比,防水层、面层的材料种类、厚度、配合比等。

(3)工程内容:一般包括清理基层,垫层铺设,抹找平层,防水层铺设,抹面层等。

2)工程量清单计价(表2-11-2)

对楼地面工程清单进行计价,应看清清单的特征描述并作仔细分析,根据图纸和清单指引结合施工组织设计来确定可组合的定额内容。

水泥砂浆面层清单计价可组合的内容 表2-11-2

项目编码	项目名称	可组合的主要内容		对应的定额子目
011101001	水泥砂浆楼地面	1.面层	楼地面水泥砂浆	11-8、11-9
			水泥砂浆随捣随抹	11-7
		2.找平层	水泥砂浆	11-1、11-2
			细石混凝土	11-5、11-6
		3.垫层		4-80、4-90、5-1
		4.防水层		9-47、9-93

2. 现浇水磨石楼地面(011101002)

1) 工程量清单

(1) 项目特征:应描述垫层材料种类、厚度,找平层厚度、砂浆配合比,防水层、面层的材料种类、厚度、水泥石子浆配合比,嵌条材料种类、规格,石子种类、规格、颜色,颜料种类、颜色,图案要求,磨光、酸洗打蜡要求。

(2) 工程内容一般包括:基层清理、垫层铺设,抹找平层,防水层铺设,嵌条安装,面层铺设,磨光、酸洗打蜡等。

2) 工程量清单计价(表2-11-3)

水磨石面层清单计价可组合的内容 表2-11-3

项目编码	项目名称	可组合的主要内容		对应的定额子目
011101002	水磨石楼地面	1. 水磨石楼地面面层		11-25 ~ 11-30
		2. 找平层	水泥砂浆	11-1、11-2
			细石混凝土	11-5、11-6
		3. 垫层		4-80 ~ 4-90、5-1
		4. 防水层		9-47 ~ 9-93
		5. 嵌金属条		11-147

3. 细石混凝土楼地面(011101003)

1) 工程量清单

(1) 项目特征:应描述垫层材料种类、厚度,找平层厚度、砂浆配合比,防水层厚度、材料种类,面层厚度、混凝土强度等。

(2) 工程内容:一般包括基层清理、垫层铺设,抹找平层,防水层铺设,面层铺设。

2) 工程量清单计价(表2-11-4)

细石混凝土楼地面清单计价可组合的内容 表2-11-4

项目编码	项目名称	可组合的主要内容		对应的定额子目
011101003	细石混凝土楼地面	1. 面层	细石混凝土找平层	11-1 ~ 11-3
			水泥砂浆随捣随抹	11-7
		2. 垫层		4-80 ~ 4-90、5-1
		3. 防水层		9-47 ~ 9-93

任务实施一

某学院培训楼一层楼梯间(地3A):地面面层为水泥砂浆面层。

地面做法:150mm厚3:7灰土;50mm厚C15非泵送商品混凝土垫层;20mm厚DS M20.0干混砂浆地面。

管理费按"人工费+机械费"的15%计取,利润按"人工费+机械费"的10%计取,风险金暂定为"人工费+机械费"的2%。

(1)工程量清单

清单工程量:

水泥砂浆楼地面:$S=(4.5-0.24)\times(2.1-0.24)=7.92m^2$

工程量清单见表2-11-5。

分部分项工程量清单 表2-11-5

工程名称:某学院培训楼

序号	项目编码	项目名称	项目特征	计量单位	工程数量
			L.1 整体面层及找平层		
1	011101001001	水泥砂浆楼地面	一层楼梯间地面做法:150mm厚3:7灰土;50mm厚C15非泵送商品混凝土垫层;20mm厚DS M20.0干混砂浆地面	m^2	7.92

(2)综合单价

计价工程量:

①20mm DS M20.0干混砂浆地面:$S=(4.5-0.24)\times(2.1-0.24)=7.92m^2$

②50mm厚C15混凝土垫层:$V=7.92\times0.05=0.396m^3$

③150mm厚3:7灰土:$V=7.92\times0.15=1.189m^3$

综合单价见表2-11-6。

工程量清单综合单价计算表 表2-11-6

单位及专业工程名称:某学院培训楼——建筑工程 第1页 共1页

序号	编号	名称	计量单位	数量	综合单价(元)							合计(元)
					人工费	材料费	机械费	管理费	利润	风险费用	小计	
1	011101001001	水泥砂浆楼地面	m^2	7.92	21.76	46.58	0.42	3.33	2.22	0.44	74.75	592.02
	11-8	20mm DS M20.0干混砂浆地面	m^2	7.92	10.80	9.37	0.20	1.65	1.1	0.22	23.34	184.85
	5-1	50mm厚C15混凝土垫层	m^3	0.396	40.88	408.79	0.68	6.23	4.16	0.83	461.57	182.78
	4-89	150mm厚3:7灰土	m^3	1.189	59.4	111.71	1.23	9.09	6.06	1.21	188.7	224.36

任务实施二

某学院培训楼二层清单、预算培训室(楼2D):楼面面层为水泥砂浆面层。

楼面做法:20mm厚DS M20.0干混砂浆抹面压实赶光;钢筋混凝土楼板。

管理费按“人工费+机械费”的15%计取,利润按“人工费+机械费”的10%计取,风险金暂定为“人工费+机械费”的2%。

(1)工程量清单

清单工程量:

水泥砂浆楼地面:$S = (6 - 0.24) \times (3.3 - 0.24) \times 2 = 35.25\text{m}^2$

工程量清单见表2-11-7。

分部分项工程量清单 表2-11-7

工程名称:某学院培训楼

序号	项目编码	项目名称	项目特征	计量单位	工程数量
			L.1 整体面层及找平层		
1	011101001002	水泥砂浆楼地面	二层清单、预算培训室楼面做法:20mm厚DS M20.0干混砂浆抹面压实赶光;素水泥结合层一道(内掺建筑胶);钢筋混凝土楼板	m^2	35.25

(2)综合单价

计价工程量:

20mm厚DS M20.0干混砂浆楼面:$S = (6 - 0.24) \times (3.3 - 0.24) \times 2 = 35.25\text{m}^2$

综合单价见表2-11-8。

工程量清单综合单价计算表 表2-11-8

单位及专业工程名称:某学院培训楼——建筑工程 第1页 共1页

序号	编号	名称	计量单位	数量	综合单价(元)							合计(元)
					人工费	材料费	机械费	管理费	利润	风险费用	小计	
1	011101001002	水泥砂浆楼地面	m^2	35.25	10.80	9.37	0.20	1.65	1.1	0.22	23.34	822.74
	11-8	20mm DS M20.0干混砂浆地面	m^2	35.25	10.80	9.37	0.20	1.65	1.1	0.22	23.34	822.74

(二)块料面层

工程量计算规则:按设计图示尺寸以面积计算。门洞、空圈,暖气包槽、壁龛的开口部分并入相应的工程量内。

计量单位:m^2。

1.石材楼地面(011102001)

1)工程量清单

适用于建筑工程楼地面的大理石面层、花岗岩面层。

块料地面清单

(1)项目特征:应描述垫层、找平层、防水层、填充层、结合层、面层、嵌条的材料种类、厚度、防护层材料种类及酸洗、打蜡要求等。

(2)工程内容:基层清理,铺设垫层,抹找平层,防水层、填充层、面层铺设,嵌缝,刷防护涂料,酸洗打蜡,材料运输。

2)工程量清单计价

可根据图纸和清单指引结合施工组织设计来确定可组合的定额内容。

清单计价时可组合的主要内容:面层,找平层,垫层,防水层,嵌铜条,酸洗打蜡。具体见表2-11-9。

石材楼地面层清单可组合的内容 表2-11-9

项目编码	项目名称	可组合的主要内容	对应的定额子目
011102001	石材楼地面	1. 面层	11-31 ~ 11-40
		2. 找平层	11-1 ~ 11-2、11-5 ~ 11-6
		3. 垫层	4-80 ~ 4-90、5-1
		4. 防水层	9-47 ~ 9-93
		5. 嵌铜条	11-148
		6. 酸洗打蜡	11-155

2. 块料楼地面(011102003)

1)工程量清单

适用于建筑工程楼地面的马赛克、缸砖面层、地砖、广场砖、钢化玻璃面层等。

(1)项目特征:应描述垫层、找平层、防水层、填充层、结合层厚度、砂浆配合比,面层、嵌条的材料种类、厚度、防护层材料种类及酸洗、打蜡要求等。

(2)工程内容:基层清理,铺设垫层,抹找平层,防水层、填充层、面层铺设,嵌缝,刷防护涂料,酸洗打蜡。

2)工程量清单计价

按清单项目的工作内容,根据设计图纸和施工方案,将面层铺设、砂浆找平、块料面层等予以组合,作为清单项目的计价组合子目。清单计价时可组合的主要内容:面层,找平层,垫层,防水层,嵌铜条,酸洗打蜡。具体见表2-11-10。

块料楼地面层清单可组合的内容 表2-11-10

011102003	块料楼地面	1. 面层	缸砖	11-62 ~ 11-63
			马赛克	11-64 ~ 11-65
			地砖	11-44 ~ 11-59
			广场砖	11-71 ~ 11-72
			玻璃砖	11-60 ~ 11-61
		2. 找平层	水泥砂浆	11-1 ~ 11-2
			细石混凝土	11-5 ~ 11-6
		3. 垫层		4-80 ~ 4-90、5-1
		4. 防水层		9-47 ~ 9-93
		5. 嵌铜条		11-148
		6. 酸洗打蜡		11-155

任务实施三

某学院培训楼一层图形培训室、钢筋培训室(地9):块料面层(地砖600mm×600mm)。

地面做法:素土夯实;150mm厚3:7灰土;50mm厚C15非泵送商品混凝土垫层;20mm厚DS M20.0干混砂浆找平;黏结剂铺贴10mm厚600mm×600mm地砖,稀水泥浆擦缝。

管理费按"人工费+机械费"的15%计取,利润按"人工费+机械费"的10%计取,风险金暂定为"人工费+机械费"的2%。

(1)工程量清单

清单工程量:

块料楼地面:$S=(3.3-0.24)\times(6-0.24)-(0.13\times0.08\times2+0.13\times0.13\times2+0.4\times0.08)$

$=17.63-0.0866=17.54\times2=35.08\text{m}^2$

工程量清单见表2-11-11。

分部分项工程量清单 表2-11-11

工程名称:某学院培训楼

序号	项目编码	项目名称	项目特征	计量单位	工程数量
L.2 块料面层					
1	011102003001	块料楼地面	一层图形培训室、钢筋培训室地面做法:素土夯实;150mm厚3:7灰土;50mm厚C15素混凝土垫层;20mm厚DS M20.0干混砂浆找平;素水泥浆结合层一道(内掺建筑胶);黏结剂铺贴10mm厚600mm×600mm地砖,稀水泥浆擦缝	m^2	35.08

(2)综合单价

计价工程量:

①地砖地面密缝(黏结剂黏结,周长2400mm以内):$S=35.08\text{m}^2$

②20mm厚DS M20.0干混砂浆找平层:$S=(3.3-0.24)\times(6-0.24)=35.25\text{m}^2$

③50mm厚C15非泵送商品混凝土垫层:$V=35.25\times0.05=1.76\text{m}^3$

④150mm厚3:7灰土:$V=35.25\times0.15=5.288\text{m}^3$

综合单价见表2-11-12。

工程量清单综合单价计算表 表2-11-12

单位及专业工程名称:某学院培训楼——建筑工程 第1页 共1页

序号	编号	名称	计量单位	数量	综合单价(元)							合计(元)
					人工费	材料费	机械费	管理费	利润	风险费用	小计	
1	011102003001	块料楼地面	m^2	35.08	22.98	107.43	0.97	3.59	2.4	0.48	137.85	4 859.21
	11-50	地砖地面(黏结剂黏结,周长2400mm以内,密缝)	m^2	35.08	21.16	57.64	0	3.17	2.12	0.42	84.51	2 964.61

续上表

序号	编号	名　称	计量单位	数量	综合单价(元)							合计(元)
					人工费	材料费	机械费	管理费	利润	风险费用	小计	
	11-1	20mm 厚 DS M20.0 干混砂浆找平层	m^2	35.25	8.03	9.23	0.20	1.23	0.82	0.17	19.68	693.72
	5-1	50mm 厚 C15 非泵送商品混凝土垫层	m^3	1.76	40.88	408.79	0.68	6.23	4.16	0.83	461.57	812.36
	4-89	150mm 厚 3∶7 灰土	m^3	5.288	59.4	111.71	1.23	9.09	6.06	1.21	188.7	997.85

任务实施四

某学院培训楼二层会客室、阳台地面(楼 8D):铺地砖楼地面。

楼地面做法:黏结剂铺贴 600mm×600mm 地砖,稀水泥浆擦缝;素水泥浆结合层一道(内掺建筑胶);30mm 厚 C20 非泵送商品细石混凝土找平层;钢筋混凝土楼板。

管理费按“人工费+机械费”的 15% 计取,利润按“人工费+机械费”的 10% 计取,风险金暂定为“人工费+机械费”的 2%。

(1)工程量清单

清单工程量:

块料楼地面(二层会客室):$S=(4.5-0.24)\times(3.9-0.24)=15.59\text{m}^2$

块料楼地面(阳台地面):$S=(4.56-0.06\times2)\times(1.2-0.06)=5.06\text{m}^2$

小计:$S=15.59+5.06=20.65\text{m}^2$

工程量清单见表 2-11-13。

分部分项工程量清单　　表 2-11-13

工程名称:某学院培训楼

序号	项目编码	项目名称	项目特征	计量单位	工程数量
			L.2　块料面层		
1	011102003002	块料楼地面	二层会客室、阳台楼面做法:黏结剂铺贴600mm×600mm 地砖,稀水泥浆擦缝;素水泥浆结合层一道(内掺建筑胶);30mm 厚 C20 非泵送商品细石混凝土找平层;素水泥浆结合层一道(内掺建筑胶);钢筋混凝土楼板	m^2	20.65

(2)综合单价

计价工程量:

①30mm 厚 C20 细石混凝土找平层

二层会客室:$S=(4.5-0.24)\times(3.9-0.24)=15.59\text{m}^2$

阳台地面：$S=(4.56-0.06\times2)\times(1.2-0.06)=5.06\text{m}^2$

小计：$S=15.59+5.06=20.65\text{m}^2$

②地砖楼地面（10mm 厚铺 600mm×600mm 地砖，黏结剂铺贴）

二层会客室：$S=15.59+0.24\times0.9\times2+0.37\times0.9-0.13\times0.08\times2-0.08\times0.08\times2=16.321\text{m}^2$

阳台地面：$S=(4.56-0.06\times2)\times(1.2-0.06)=5.06\text{m}^2$

小计：$S=16.321+5.06=21.38\text{m}^2$

综合单价见表 2-11-14。

工程量清单综合单价计算表 表 2-11-14

单位及专业工程名称：某学院培训楼——建筑工程 第1页 共1页

序号	编号	名 称	计量单位	数量	综合单价（元）							合计（元）
					人工费	材料费	机械费	管理费	利润	风险费用	小计	
1	011102003002	块料楼地面	m^2	21.38	32.64	69.96	0.03	4.9	3.27	0.65	111.45	2 382.8
	11-50	地砖地面（黏结剂黏结，周长 2 400mm 以内，密缝）	m^2	21.38	21.16	57.64	0	3.17	2.12	0.42	84.51	1 788.23
	11-5	30mm 厚 C20 非泵送商品细石混凝土找平层	m^2	20.65	11.89	12.76	0.03	1.79	1.19	0.24	27.9	576.14

（三）橡塑面层、其他材料面层

1. 工程量清单

（1）项目特征：应描述找平层厚度、砂浆配合比，填充材料种类、厚度，黏结厚度、材料种类，面层材料品种、规格、品牌颜色，防护材料、黏结材料、压线条种类等。

（2）工程量计算：按设计图示尺寸以面积计算，门洞、空圈、暖气包槽、壁龛的开口部分并入相应的工程量内。

（3）计量单位：m^2。

橡塑和其他地面清单

2. 工程量清单计价

可组合的主要内容：面层，找平层，木地板油漆，地毯配件安装。

任务实施五

某学院培训楼一层接待室（地 25A）：其他材料面层（复合木地板）。

地面做法：素土夯实；150mm 厚 3∶7 灰土；50mm 厚 C15 非泵送商品混凝土垫层；1.5mm 厚 JS 防水涂料；40mm 厚 C20 细石混凝土随捣随抹平；复合木地板面层，榫槽、榫舌及尾部满涂胶液后铺贴。

管理费按"人工费+机械费"的15%计取,利润按"人工费+机械费"的10%计取,风险金暂定为"人工费+机械费"的2%。

(1)工程量清单

清单工程量:

竹木地板:$S=16.21\text{m}^2$

工程量清单见表2-11-15。

分部分项工程量清单 表2-11-15

工程名称:某学院培训楼

序号	项目编码	项目名称	项目特征	计量单位	工程数量
L.4 其他材料面层					
1	011104002001	竹木地板	一层接待室地面做法:素土夯实;150mm厚3:7灰土;50mm厚C15商品混凝土非泵送垫层;1.5mm厚JS防水涂料;40mm厚C20细石混凝土随捣随抹平;复合木地板,榫槽、榫舌及尾部满涂胶液后铺贴	m^2	16.21

(2)综合单价

计价工程量:

①复合木地板:$S=16.21\text{m}^2$

②40mm厚C20细石混凝土:$S=15.592\text{m}^2$

③水泥砂浆随捣随抹平:$S=15.592\text{m}^2$

④1.5mm厚JS防水涂料:$S=15.592\text{m}^2$

⑤50mm厚C15混凝土垫层:$V=0.780\text{m}^3$

⑥150mm厚3:7灰土:$V=15.592\times0.15=2.34\text{m}^3$

综合单价见表2-11-16。

工程量清单综合单价计算表 表2-11-16

单位及专业工程名称:某学院培训楼——建筑工程 第1页 共1页

序号	编号	名称	计量单位	数量	综合单价(元)							合计(元)
					人工费	材料费	机械费	管理费	利润	风险费用	小计	
1	011104002001	竹木地板	m^2	16.21	37.40	245.73	4.17	6.24	4.16	0.83	298.53	4 839.17
	11-86	复合木地板	m^2	16.21	9.08	170.24	0	1.36	0.91	0.18	181.77	1 650.47
	11-5H	40mm厚C20细石混凝土找平	m^2	15.592	12.37	17.01	0.04	1.86	1.24	0.25	32.77	510.95
	11-7	水泥砂浆随捣随抹平	m^2	15.592	3.15	1.85	0.02	0.48	0.32	0.01	5.92	92.3
	9-80	1.2mm厚JS防水涂料	m^2	15.592	2.96	22.41	0	0.44	0.3	0.06	26.17	408.04

续上表

序号	编号	名　　称	计量单位	数量	综合单价(元)							合计(元)
					人工费	材料费	机械费	管理费	利润	风险费用	小计	
	5-1	50mm 厚 C15 细石混凝土垫层	m^3	0.780	40.88	408.79	0.68	6.23	4.16	0.83	461.57	36.02
	8-49	150mm 厚 3:7 灰土	m^3	2.34	59.4	111.71	1.23	9.09	6.06	1.21	188.7	441.56

(四)踢脚线

1. 工程量清单

(1)项目特征:应描述踢脚的高度,底层厚度、砂浆配合比,面层厚度、砂浆配合比。黏结层厚度、材料种类,面层材料品种、规格、品牌、颜色,勾缝材料种类,防护材料种类,磨光、酸洗打蜡要求、油漆品种、刷漆遍数等。

(2)工程量计算规则:按设计图示长度乘以高度计算。

(3)计量单位:m^2。

2. 工程量清单计价

可组合的主要内容:面层,底层抹灰,酸洗打蜡等。

任务实施六

某学院培训楼一层楼梯间、二层清单(预算)培训室、楼梯间的踢脚线(踢 2A)做法:8mm 厚 1:2 水泥砂浆抹面压实赶光;10mm 厚 1:3 水泥砂浆打底。

一层图形培训室、钢筋培训室、二层会客室踢脚线(踢 10A)做法:10mm 厚大理石踢脚板,稀水泥浆擦缝;15mm 厚 1:2 水泥砂浆铺贴。

管理费按“人工费 + 机械费”的 15% 计取,利润按“人工费 + 机械费”的 10% 计取,风险金暂定为“人工费 + 机械费”的 2%。

(1)工程量清单

清单工程量:

①水泥砂浆踢脚线

a. 一层:楼梯间

$S=[(4.5-0.24)\times2+(2.1-0.24)\times2-0.9]\times0.12=1.36m^2$

b. 二层:清单、预算培训室

$S=[(6-0.24)\times2-0.9+(3.3-0.24)\times2]\times0.12\times2=4.02m^2$

c. 二层:楼梯间

$S=[(2.1-0.24)+(1.05-0.12)]\times0.12=0.33m^2$

小计:$S=1.36+4.02+0.33=5.71m^2$

②石材踢脚线

a. 一层:图形、钢筋培训室

$S=[(3.3-0.24+6-0.24)\times 2-0.9+0.08\times 2]\times 0.12=16.9\times 0.12=2.03\times 2=4.06\text{m}^2$

b. 二层:会客室

$S=[(4.5-0.24)\times 2+(3.9-0.24-0.9)\times 2-0.9\times 2+0.24\times 4+0.37\times 2]\times 0.12$
$=1.67\text{m}^2$

小计:$S=4.06+1.67=5.73\text{m}^2$

工程量清单见表 2-11-17。

分部分项工程量清单 表 2-11-17

工程名称:某学院培训楼

序号	项目编码	项目名称	项目特征	计量单位	工程数量
			B.1 楼地面工程		
1	011105001001	水泥砂浆踢脚线	一层楼梯间、二层清单(预算)培训室、楼梯间的踢脚线(踢 2A)做法:8mm 厚 DS M20.0 干混砂浆抹面压实赶光;素水泥结合层一道;10mm 厚 DS M15.0 干混砂浆打底,高 120mm	m^2	5.71
2	011105002001	石材踢脚线	一层图形培训室、钢筋培训室、二层会客室踢脚线(踢 10A)做法:10mm 厚大理石踢脚板,稀水泥浆擦缝;干混砂浆铺贴,高 120mm	m^2	5.73

(2)综合单价

计价工程量:

①DS M20.0 干混砂浆踢脚线

a. 一层:楼梯间

$S=[4.5-0.24+(2.1-0.24)\times 2+4.5-0.24]\times 0.12=1.47\text{m}^2$

b. 二层:清单(预算)培训室

$S=[(6-0.24)\times 2+(3.3-0.24)\times 2]\times 0.12\times 2=4.24\text{m}^2$

c. 二层:楼梯间

$S=[(2.1-0.24)+(1.05-0.12)]\times 0.12=0.33\text{m}^2$

小计:$S=1.47+4.24+0.33=5.71\text{m}^2$

②大理石踢脚:

a. 一层:图形、钢筋培训室

$S=[(3.3-0.24+6-0.24)\times 2-0.9+0.08\times 2]\times 0.12=16.9\times 0.12=2.03\times 2=4.06\text{m}^2$

b. 二层:会客室

$S=[(4.5-0.24)\times 2+(3.9-0.24-0.9)\times 2-0.9\times 2+0.24\times 4+0.37\times 2]\times 0.12$
$=1.67\text{m}^2$

小计：$S=4.06+1.67=5.73\text{m}^2$

综合单价见表2-11-18。

工程量清单综合单价计算表 表2-11-18

单位及专业工程名称：某学院培训楼——建筑工程 第1页 共1页

序号	编号	名称	计量单位	数量	综合单价(元)							合计(元)
					人工费	材料费	机械费	管理费	利润	风险费用	小计	
1	011105001001	水泥砂浆踢脚线	m^2	5.71	34.50	12.10	0.25	5.21	3.48	0.70	56.24	332.94
	11-95	干混砂浆踢脚线	m^2	5.71	34.50	12.10	0.25	5.21	3.48	0.70	56.24	332.94
2	011105002001	石材踢脚线	m^2	5.73	44.45	173.77	0.10	6.68	4.46	0.89	230.35	1 319.91
	11-96	石材踢脚线	m^2	5.73	44.45	173.77	0.10	6.68	4.46	0.89	230.35	1 319.91

(五)楼梯面层

1.工程量清单

(1)项目特征：应描述找平层、黏结层厚度、材料种类，面层材料品种、规格、品牌、颜色，防滑条材料种类、规格、长度，防护层材料种类，酸洗打蜡要求，石子种类、规格、颜色，颜料种类、颜色等。

(2)工程量计算：按设计图示尺寸以楼梯(包括踏步，休息平台及500mm以内的楼梯井)水平投影面积计算。楼梯与楼面相连时，算至梯口梁内侧边沿，无梯口梁者，算至最上一级踏步边沿加300mm。

(3)计量单位：m^2。

2.工程量清单计价

楼梯和台阶清单

可组合的主要内容：

(1)石材(块料)楼梯面层：面层、梯底粉刷、楼梯嵌条、酸洗打蜡。

(2)水泥砂浆楼梯面层：水泥砂浆楼梯抹面、梯底粉刷、楼梯防滑条。

(3)现浇水磨石楼梯面层：现浇水磨石楼梯面、楼梯嵌条、梯底粉刷。

(4)地毯楼梯面层：水泥砂浆楼梯粉刷、梯底粉刷、楼梯地毯饰面。

(5)木板楼梯面层：水泥砂浆楼梯粉刷、梯底粉刷、木地板楼梯饰面、油漆。

任务实施七

某学院培训楼楼梯装饰做法：20mm厚DS M20.0干混砂浆抹面压实赶光；钢筋混凝土楼梯。

管理费按“人工费+机械费”的15%计取，利润按“人工费+机械费”的10%计取，风险金暂定为“人工费+机械费”的2%。

(1)工程量清单

清单工程量:

水泥砂浆楼梯面:$S=(2.43+1.02-0.12+0.24)\times(2.1-0.24)=6.64m^2$

工程量清单见表2-11-19。

分部分项工程量清单 表2-11-19

工程名称:某学院培训楼

序号	项目编码	项目名称	项目特征	计量单位	工程数量
			B.1 楼地面工程		
1	011106004001	水泥砂浆楼梯面层	楼梯装饰做法:20mm厚DS M20.0干混砂浆抹面压实赶光;钢筋混凝土楼梯	m^2	6.64

(2)综合单价

计价工程量:

水泥砂浆楼梯面:$S=(2.43+1.02-0.12+0.24)\times(2.1-0.24)=6.64m^2$

综合单价见表2-11-20。

工程量清单综合单价计算表 表2-11-20

单位及专业工程名称:某学院培训楼——建筑工程 第1页 共1页

序号	编号	名称	计量单位	数量	综合单价(元)							合计(元)
					人工费	材料费	机械费	管理费	利润	风险费用	小计	
1	011106004001	水泥砂浆楼梯面层	m^2	6.64	58.79	16.35	0.32	8.87	5.91	1.18	91.42	607.03
	11-112	干混砂浆楼梯面	m^2	6.64	58.79	16.35	0.32	8.87	5.91	1.18	91.42	607.03

(六)台阶装饰

1.工程量清单

(1)项目特征:垫层材料种类、厚度,找平层厚度、砂浆配合比,黏结层材料种类,面层材料品种、规格、品牌颜色,勾线材料种类,防滑条材料种类、规格,防护材料种类。

(2)工程量计算:按设计图示尺寸以台阶(包括最上层踏步边沿加300mm)水平投影面积计算。

(3)计量单位:m^2。

【例2-11-4】 图2-11-2为某综合楼入口处台阶平面图,台阶做法为水泥砂浆铺贴花岗岩,试编制该清单项目并计算其工程量。

解

花岗岩台阶面的清单项目:011107001001 石材台阶面

花岗岩台阶面工程量$=(6.24+0.3\times4)\times0.3\times3+(3-0.3)\times0.3\times3\times2=11.56m^2$

2.工程量清单计价

可组合的主要内容:面层、找平层、各种垫层、防滑条铺设。

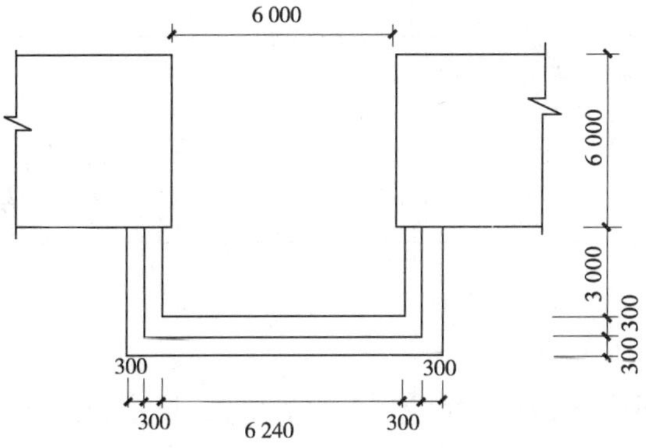

图 2-11-2　台阶平面图(尺寸单位:mm)

任务实施八

某学院培训楼台阶装饰做法:台阶面层,20mm 厚 DS M20.0 干混砂浆;100mm 厚 C15 混凝土垫层;素土夯实。

管理费按"人工费 + 机械费"的 15% 计取,利润按"人工费 + 机械费"的 10% 计取,风险金暂定为"人工费 + 机械费"的 2%。

(1)工程量清单

清单工程量:

水泥砂浆台阶面:$S = 3.9 \times 1.6 = 6.24\text{m}^2$

工程量清单见表 2-11-21。

分部分项工程量清单　　表 2-11-21

工程名称:某学院培训楼

序号	项目编码	项目名称	项目特征	计量单位	工程数量
			B.1　楼地面工程		
1	011107004001	水泥砂浆台阶面	台阶装饰做法:面层,20mm 厚 DS M20.0 干混砂浆;台阶面,100mm 厚 C15 混凝土垫层;素土夯实	m^2	6.24

(2)综合单价

计价工程量:

水泥砂浆台阶面:$S = 3.9 \times 1.6 = 6.24\text{m}^2$

综合单价见表 2-11-22。

工程量清单综合单价计算表　　表 2-11-22

单位及专业工程名称:某学院培训楼——建筑工程　　第 1 页　共 1 页

序号	编号	名称	计量单位	数量	综合单价(元)							合计(元)
					人工费	材料费	机械费	管理费	利润	风险费用	小计	
1	011107004001	水泥砂浆台阶面	m^2	6.24	33.44	13.74	0.29	5.06	3.37	0.68	56.58	353.06

续上表

序号	编号	名　称	计量单位	数量	综合单价(元)							合计(元)
					人工费	材料费	机械费	管理费	利润	风险费用	小计	
	11-131	干混砂浆台阶面	m^2	6.24	33.44	13.74	0.29	5.06	3.37	0.68	56.58	353.06

(七)零星装饰项目

1. 工程量清单

(1)项目特征:工程部位,找平层、结合层的材料种类、厚度、配合比等。

(2)工程量计算:按设计图示尺寸以面积计算。

(3)计量单位:m^2。

2. 工程量清单计价

可组合的主要内容:面层、找平层、酸洗打蜡。

小贴士

(1)整体面层的厚度及砂浆、混凝土的配合比,设计与定额不同时,按设计调整。

(2)《浙江省房屋建筑与装饰工程预算定额》(2018版)砂浆面层的楼梯包括踢脚线、楼梯侧面抹灰。

(3)台阶装饰,清单工程量计价规则按设计图示尺寸的台阶(包括最上层踏步边沿加300mm)水平投影面积计算,而预算定额块料面层按设计图纸尺寸以展开面积计算,在计价时要考虑工程量差异。

能力训练项目

宏祥手套厂2号厂房楼地面工程计量与计价。

项目导入

宏祥手套厂2号厂房建筑施工图见《建筑工程施工图实例图集》。

背景资料

(1)一层地面做法如下:

车间、楼梯间的地面做法为磨光花岗岩地面,自上而下依次为:20mm厚花岗岩石材面层;15mm厚1:3干硬性水泥砂浆结合层;70mm厚C15混凝土垫层(非泵送商品混凝土);80mm厚碎石压实;素土夯实。

卫生间地面做法为地砖地面,自上而下依次为:10mm厚地砖(规格:300mm×300mm)面层,密缝;20mm厚1:2水泥砂浆结合层;70mm厚C15混凝土垫层;80mm厚碎石压实;素土夯实。

(2)二层楼面做法如下：

车间、楼梯间的楼面做法为磨光花岗岩楼面：由下向上施工，依次为钢筋混凝土楼板；纯水泥浆一道；15mm 厚 1∶3 干硬性水泥砂浆结合层；20mm 厚花岗岩石材面层。

卫生间楼面做法为地砖地面：由下向上施工，依次为钢筋混凝土楼板；20mm 厚 DS M20.0 干混砂浆结合层；10mm 厚地砖（规格 300mm×300mm）面层，密缝。

其他楼层地面、踢脚线、楼梯饰面、台阶饰面等做法见《建筑工程施工图实例图集》。

管理费按“人工费＋机械费”的 15% 计取，利润按“人工费＋机械费”的 10% 计取，风险费不计。

项目任务

1. 计算宏祥手套厂 2 号厂房楼地面装饰工程的分部分项定额工程量。
2. 计算宏祥手套厂 2 号厂房楼地面装饰工程的分部分项直接工程费、技术措施费。
3. 编制宏祥手套厂 2 号厂房楼地面装饰工程的分部分项工程量清单。
4. 计算宏祥手套厂 2 号厂房楼地面装饰工程的分部分项综合单价。

学生工作页

一、单项选择题

1. 螺旋形楼梯的装饰，定额按(　　)。

A. 相应定额子目的人工、机械系数×1.0
B. 相应定额子目的人工、机械系数×1.1
C. 相应定额子目的人工、机械系数×1.2
D. 相应定额子目的人工、机械系数×1.5

2. 砂浆面层的楼梯定额不包括(　　)。

A. 砂浆面层　　B. 楼梯底面抹灰
C. 楼梯侧面抹灰　　D. 楼梯踢脚线

3. 螺旋楼梯的装饰，定额人工乘系数 1.1，块料用量乘系数______，机械乘系数______，其他材料用量乘系数 1.05。(　　)

A. 1.1；1.1　　B. 1.15；1.1　　C. 1.2；1.1　　D. 1.2；1.05

4. 铺设平口木地板时，套用企口板定额，人工乘系数(　　)。

A. 0.75　　B. 1.1　　C. 0.9　　D. 0.85

5. 镶嵌规格在(　　)以内的石材执行点缀项目。

A. 50mm×50mm　　B. 80mm×80mm　　C. 100mm×100mm　　D. 150mm×150mm

6. 整体面层、找平层的工程量，应扣除地面上(　　)所占面积。

A. 间壁墙　　B. 附墙烟囱

C. 突出地面的设备基础　　D. $0.3m^2$ 以内的孔洞

7. 楼地面工程中,地面垫层工程量,按底层(　　)乘设计垫层厚度以立方米计算。

A. 主墙中心线间净面积　　B. 建筑面积

C. 主墙间净面积　　D. 主墙外边线间面积

8. 在计算楼梯工程量时,不扣除宽度小于(　　)的楼梯井面积。

A. 300mm　　B. 400mm　　C. 500mm　　D. 600mm

9. 以下有关楼地面工程的说明,正确的是(　　)。

A. 整体面层砂浆厚度与定额不同时,不允许调整

B. 整体面层砂浆配合比设计与定额不同时,不允许调整

C. 整体面层、块料面层中的楼地面项目,均不包括找平层

D. 整体面层、块料面层中的楼地面项目,包括踢脚线

10. 计算整体面层楼地面工程量时,不应扣除(　　)所占的面积。

A. 设备基础　　B. 间壁墙

C. 凸出地面的构筑物　　D. 地沟

11. 楼地面工程中踢脚线高度超过(　　)者,按墙柱面相应定额执行。

A. 12cm　　B. 15cm　　C. 20cm　　D. 30cm

12. 在清单规范中门洞开口部分不增加面积的是(　　)。

A. 地毯铺设　　B. 花岗岩楼面　　C. 实木地板　　D. 水泥砂浆地面

13. 工程清单计价规范中,台阶装饰的工程量计价规则为(　　)。

A. 按设计图示尺寸的台阶水平投影面积计算

B. 按设计图纸尺寸以展开面积计算

C. 同楼梯装饰规则计算

D. 按外围水平面积计算

二、多项选择题

1. 以下关于楼地面工程量计算规则说法错误的是(　　)。

A. 块料面层楼地面按主墙间净面积计算

B. 楼梯装饰工程量要扣除 500mm 以内的楼梯井

C. 看台装饰工程量按展开面积计算

D. 踢脚线工程量按实铺面积计算

2. 楼地面零星项目适用于(　　)项目。

A. 楼梯

B. 单独分隔在 $3m^2$ 以内的楼地面

C. 块料台阶牵边

D. 块料楼梯的侧面

E. 挑檐

3. 楼地面现浇水磨石面层按设计图示尺寸以面积计算,应扣除下列(　　)项目。

A. 设备基础　　B. 柱

C. 半砖墙　　　　　　　　　　　　D. 地沟

E. $0.36m^2$ 的孔洞

4. 楼地面工程中，有关清单项目的工程量计算规则正确的是(　　)。

A. 踢脚线(板)工程量，按 m^2 计算

B. 台阶工程量，按 m^2 计算

C. 金属栏杆工程量，按延长米计算

D. 点缀按个计算

5. 地面垫层工程量的计算中，应扣除(　　)所占体积。

A. 凸出地面构筑物　　　　　　　　B. 间壁墙

C. 室内地沟　　　　　　　　　　　D. 凸出地面设备基础

6. 关于楼梯面层定额工程量计算规则，以下说法正确的是(　　)。

A. 楼梯装饰工程量包括休息平台

B. 楼梯工程量不扣除楼梯井所占的面积

C. 砂浆楼梯面层已包括楼梯侧面的抹灰

D. 螺旋形楼梯花岗岩面层的工程量按实铺面积计算

E. 水泥砂浆楼梯的踢脚线应另行计算

7. 楼地面工程中，(　　)定额面层不包括踢脚线。

A. 水泥砂浆楼地面　　　　　　　　B. 水泥砂浆随捣随抹

C. 水泥砂浆楼梯　　　　　　　　　D. 水磨石楼梯

三、判断题

1. 彩色水磨石楼地面定额包括了嵌铜条的工料。　(　　)
2. 台阶装饰工程量按体积计算。　(　　)
3. 楼地面面层按墙与墙间的净面积计算，不扣除柱、垛等所占面积。　(　　)
4. 水泥砂浆踢脚线按延长米计算工程量。　(　　)
5. 水泥砂浆及块料面层的楼梯均包括底面及侧面抹灰。　(　　)
6. 整体面层楼地面工程量计算时应扣除120砖墙所占的面积。　(　　)
7. 楼梯底面的抹灰按水平投影面积乘以系数1.3计算工程量。　(　　)
8. 水泥砂浆楼地面的砂浆配合比设计与定额不同时，不能调整。　(　　)
9. 块料楼地面工程量计算时要扣除点缀所占面积。　(　　)

四、定额换算题

根据表2-11-23所列信息，完成定额换算。

表2-11-23

序号	定额编号	工程名称	定额计量单位	基价	基价计算式
1		20mm厚DS M20.0干混砂浆找平层(硬基层上)			
2		25mm厚DS M20.0干混砂浆找平层(硬基层上)			
3		25mm厚DS M25.0干混砂浆找平层(硬基层上)			

续上表

序号	定额编号	工程名称	定额计量单位	基价	基价计算式
4		20mm 厚 1∶3 干硬性水泥砂浆铺贴石材楼地面			
5		陶瓷地砖螺旋形楼梯 DS M20.0 干混砂浆铺贴			
6		12mm 厚 1∶1.5 水泥白石子浆本色水磨石楼地面,带嵌条			
7		干混砂浆铺贴广场砖(不拼图案)			
8		4mm×6mm 石材楼梯防滑条			

五、计算分析题

1. 计算图 2-11-3 所示房间地面现浇水磨石面层和踢脚线(高 12cm)的定额工程量及直接工程费(设 12mm 厚本色水磨石带玻璃条,内外墙厚均为 240mm)。

2. 某工程楼面建筑平面如图 2-11-3 所示,设计楼面做法为 30mm 厚细石混凝土找平,干混砂浆铺贴 300mm×300mm 地砖面层,踢脚为 150mm 高地砖。花岗岩板窗台。求楼面装饰的费用(M1:900mm×2 400mm;M2:900mm×2 400mm;C1:1 800mm×1 800mm)。

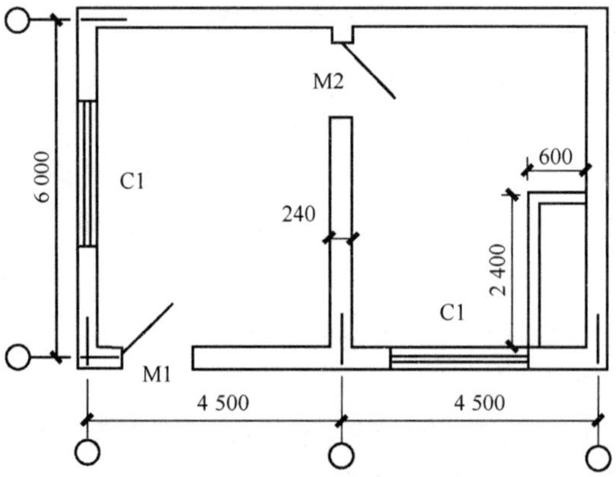

图 2-11-3 (尺寸单位:mm)

3. 本色现浇水磨石地面(S=20 000mm×20 000mm),厚 12mm,双向嵌铜条@500,嵌铜条工程量 L=39×2×20=1 560m;20mm 厚干混砂浆找平,200mm 厚 C20 混凝土垫层,300mm 碎石压实,以"人工费+机械费"为计价基础计算该地面的综合单价(企业管理费率 20%,利润 15%,不考虑风险因素)。

综合单价计算见表 2-11-24。

工程量清单综合单价计算表 表 2-11-24

单位及专业工程名称:某建筑工程 第 1 页 共 1 页

序号	编号	名称	计量单位	数量	综合单价(元)							合计(元)
					人工费	材料费	机械费	管理费	利润	风险费用	小计	

4. 某传达室如图 2-11-4 所示，地面采用 20mm 厚 DS M20.0 干混砂浆找平，砂浆铺贴 600mm×600mm 地砖面层；踢脚线采用同地面相同品质地砖，踢脚线高 150mm，采用砂浆粘贴。编制面砖地面和踢脚线的工程量清单并计算该工程清单综合单价。假设当时当地人工市场价 45 元/工日，灰浆搅拌机 200L 市场价 64.69 元/台班，企业管理费按人工费及机械费之和的 20%，利润按人工费及机械费之和的 12%，风险费暂不考虑计算。不考虑门框厚。

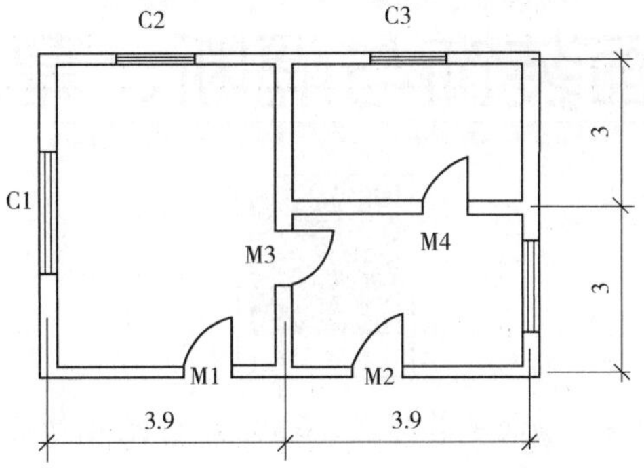

图 2-11-4　传达室平面图(尺寸单位:m)

注:M1 宽 1m;M2 宽 1.2m;M3 宽 0.9m;M4 宽 1m。

单元十二
墙、柱面装饰与隔断、幕墙工程

教学课件

【能力目标】

1. 能够计算墙面一般抹灰、墙面装饰抹灰、石材墙面、瓷砖外墙面砖、墙饰面基层、墙饰面面层等的定额工程量。

2. 能够准确套用定额并计算墙面一般抹灰、墙面装饰抹灰、石材墙面、瓷砖外墙面砖、墙饰面基层、墙饰面面层等的直接工程费。

3. 能够编制墙面一般抹灰、块料墙面、石材柱面、墙面装饰板等的分部分项工程量清单。

4. 能够计算墙面一般抹灰、块料墙面、石材柱面、墙面装饰板等分部分项工程的综合单价。

5. 能够灵活运用房屋建筑与装饰工程预算定额,进行墙柱面工程的定额换算。

【知识目标】

1. 熟悉墙、柱面的构造做法,墙柱面的常用材料,了解墙柱面的施工工艺。

2. 熟悉墙柱面工程的定额套用说明。

3. 掌握墙面一般抹灰、墙面装饰抹灰、块料墙面、墙饰面基层、墙饰面面层等的定额工程量的计算规则。

4. 掌握墙柱面工程四个清单项目:墙面一般抹灰、块料墙面、石材柱面、墙面装饰板的清单工程量的计算方法。

5. 熟悉墙柱面工程四个清单项目:墙面一般抹灰、块料墙面、石材柱面、墙面装饰板的分部分项工程量清单编制方法。

6. 掌握墙柱面工程四个清单项目:墙面一般抹灰、块料墙面、石材柱面、墙面装饰板综合单价的确定方法。

项目导入

1. 施工图纸:某学院培训楼建筑施工图见本书附录。

2. 设计说明:某学院培训楼:一层接待室内墙面、图形培训室内墙面、钢筋培训室内墙面、二层会客室内墙面、清单培训室内墙面、预算培训室内墙面、楼梯间内墙面、阳台栏板内外墙装修、挑檐栏板内外墙装修、女儿墙面内外装修、外墙、外墙裙等的做法见图纸。

采用清单计价时,管理费按“人工费 + 机械费”的15%计取,利润按“人工费 + 机械费”的10%计取,风险金暂定为“人工费 + 机械费”的2%。

项目任务

1. 计算某学院培训楼墙、柱面装饰与隔断、幕墙工程的分部分项定额工程量。
2. 计算某学院培训楼墙、柱面装饰与隔断、幕墙工程的分部分项直接工程费。
3. 编制某学院培训楼墙、柱面装饰与隔断、幕墙工程的分部分项工程量清单。
4. 计算某学院培训楼墙、柱面装饰与隔断、幕墙工程的分部分项综合单价。

任务分析

熟悉某学院培训楼施工图纸,收集相关计价依据,拟解决以下问题:

1. 你所知道建筑工程常见的墙面做法和构造层次有哪些类型?该培训楼的墙柱面装饰装修做法是怎么样的?

2. 墙、柱面装饰与隔断、幕墙工程定额项目有哪些?如何套用?工程量计算规则如何?

3. 墙、柱面装饰与隔断、幕墙工程分部分项工程量清单项目如何设置?工程量如何计算?综合单价如何计算?

一 基础知识

(一)墙、柱面构造

墙面装饰的基本构造包括底层、中间层、面层三部分。底层是经过对墙体表面做抹灰处理,将墙体找平并保证与面层连接牢固。中间层是底层与面层连接的中介,除使连接牢固可靠外,经过适当处理还可起防潮、防腐、保温隔热以及通风等作用。面层是墙体的装饰层。

(二)墙柱面常用材料

常用的饰面材料有墙纸、墙布、木质板材、石材、金属板、瓷砖、镜面玻璃、织物或皮革及各类抹灰砂浆和涂料等。抹灰有一般抹灰和装饰抹灰之分,一般抹灰有:外墙干混砂浆抹灰和内墙干混砂浆抹灰,可以分别在普通砖墙、钢板网墙、毛石墙、轻质墙上抹干混砂浆。装饰抹灰有:水刷石、干粘白石子、斩假石、拉条、甩毛等。墙面装饰在多数情况下是两种以上的材料混合使用。

墙柱面装饰
基础知识

(三)墙、柱面装饰施工

墙面的做法也因面层材料而异。墙纸(布)采用直接粘贴法。木质板材和软包面层是通过竖向木龙骨与墙体连接的。木龙骨截面应为(20~35)mm×(30~45)mm,间距应为400~600mm。木质构造应采取防潮与防火措施,即在墙面上先用防潮砂浆粉刷,后刷冷底子油,再贴上防潮油毡,同时在木龙骨和木饰面板上刷防火涂料。石材和瓷砖饰面的构造做法基本是用加胶的水泥砂浆与墙体连接。石材由于其重量较大,常需要另外一些办法,如干挂和灌挂固定法等。镜面玻璃饰面的构造做法是在墙体防潮层上设木龙骨,于木龙骨上铺胶合板或纤维板并做一层防潮处理,然后在其上固定镜面玻璃。

二 定额的套用和工程量的计算

定额子目:10节,分别为墙面抹灰,柱(梁)面抹灰,零星抹灰及其他,墙面块料面层,柱(梁)面块料面层,零星块料面层,墙饰面,柱(梁)饰面,幕墙工程,隔断,隔墙,共218个子目。各小节子目划分情况见表2-12-1。

定额子目划分 表2-12-1

定额节			子目数
一	墙面抹灰(20)	一般抹灰	9
		装饰抹灰	11
二	柱(梁)面抹灰(5)	一般抹灰	2
		装饰抹灰	3
三	零星抹灰及其他(12)	一般抹灰	1
		装饰抹灰	3
		特殊砂浆	6
		其他	2
四	墙面块料面层(31)	石材墙面	9
		瓷砖、外墙面砖墙面	13
		其他块料墙面	6
		块料饰面骨架	3
五	柱(梁)面块料面层(25)	石材柱面	6
		瓷砖、外墙面砖柱面	13
		其他块料柱面	6
六	零星块料面层(17)	石材零星项目	4
		瓷砖、外墙面砖零星项目	4
		其他块料零星项目	6
		石材饰块及其他	3
七	墙饰面(40)	附墙龙骨基层	12
		夹板基层	3
		面层	21
		成品面层安装	4
八	柱(梁)饰面(25)	龙骨基层	6
		夹板基层	4
		面层	15
九	幕墙工程(21)	带骨架幕墙	16
		全玻幕墙	4
		防火隔离带	1
十	隔断、隔墙(22)	隔断	19
		隔墙龙骨	3

(一)定额说明

(1)定额中凡砂浆的厚度、种类、配合比及装饰材料的品种、型号、规格、间距等设计与定额不同时,可按设计规定调整。

(2)墙柱面一般抹灰定额子目,除定额另有说明外均按厚度20mm、三遍抹灰取定考虑。

设计抹灰厚度、遍数与定额取定不同时按以下规则调整：

①抹灰厚度设计与定额不同时，按每增减 1mm 相应定额进行调整；

②当抹灰遍数增加（或减少）一遍时，每 100m^2 另增加（或减少）2.94 工日。

定额说明与套用

【例 2-12-1】 某 1:1.5 水泥白石屑浆斩假石柱面，求基价。

解

查定额 12-25，基价 = 7 535 元/100m^2

换算后基价(12-25H) = 7 535 + (280.15 − 258.85) × 1.15 = 7 559.50 元/100m^2

式中，280.15 为 1:1.5 水泥白石屑浆配合比预算价格，1.15 为水泥白石屑浆的定额含量。

【例 2-12-2】 外墙面 16mm 厚干混抹灰砂浆 DP M15.0 底，6mm 厚干混抹灰砂浆 DP M15.0 面三遍抹灰。

解

查定额 12-2，基价 = 3 216.87 元/100m^2

换算后基价(12-2 + 12-3H) = 3216.87 + 52.99 × 2 = 3 322.85 元/100m^2

【例 2-12-3】 内墙面 9mm 厚 DP M20.0 底，6mm 厚 DP M20.0 面二遍抹灰。

解

查定额 12-1，基价 = 2 563.39 元/100m^2

换算后基价(12-2H + 12-3H) = 2563.39 + 2.32 × (446.95 − 446.85) − [52.99 + 0.116 × (446.95 − 446.85)] × 5 − 2.94 × 155 = 2054.87 元/100m^2

(3)凸出柱、梁、墙、阳台、雨篷等的混凝土线条，按其凸出线条的棱线道数不同套用相应的定额，但单独窗台板栏板扶手、女儿墙压顶上的单阶凸出不计线条抹灰增加费。线条断面为外凸弧形的，一个曲面按一道考虑。

(4)零星抹灰适用丁各种壁柜、碗柜、飘窗板、空调搁板、暖气罩、池槽、花台、高度 250mm 以内的栏板、内空截面面积 0.4m^2 以内的地沟以及 0.5m^2 以内的其他各种零星抹灰高度超过 250mm 的栏板套用墙面抹灰定额。

(5)高度超过 250mm 的栏板套用墙面抹灰定额。

(6)“打底找平”定额子目适用于墙面饰面需单独做找平的基层抹灰，定额按二遍考虑。

(7)弧形的墙、柱、梁等抹灰、块料面层按相应项目人工费乘系数 1.10，材料费乘系数 1.02。

【例 2-12-4】 弧形内墙面干挂花岗岩，密缝（基层为钢骨架），求基价。

解

(1)基层

查定额 12-67，基价 = 7 686.62 元/t

换算后基价 = 7 686.62 + 3 276.39 × 0.1 + 4 223.62 × 0.02 = 8 098.73 元/t

(2)面层

查定额 12-43，基价 = 22 853.19 元/100m^2

换算后基价 = 22 169 + 6 169 × 0.1 + 16 684.19 × 0.02 = 23 119.58 元/100m^2

(8)女儿墙和阳台栏板的内外侧抹灰套用外墙抹灰定额。女儿墙无泛水挑砖者，人工及机械乘系数 1.10，女儿墙带泛水挑砖者，人工及机械乘系数 1.30。

(9)块料面层中，干粉黏结剂粘贴块料定额中黏结剂的厚度，除石材为 6mm 外，其余均为 4mm。黏结剂厚度设计与定额不同时，应按比例调整。

(10)块料面层中,外墙面砖灰缝均按 8mm 计算,设计面砖规格及灰缝大小与定额不同时,面砖及勾缝材料做相应调整。

(11)块料面层的“零星项目”适用于天沟、窗台板、遮阳板、过人洞、暖气壁龛,池槽、花台、门窗套、挑檐、腰线、竖横线条以及 0.5m^2 以内的其他各种零星项目。其中石材门窗套应按门窗工程相应定额子目执行;“石材饰块”定额子目仅适用于内墙面的饰块饰面。

(12)隔断、隔墙中附墙龙骨基层定额中的木龙骨按双向考虑,如设计采用单向时,人工乘系数 0.55,木龙骨用量做相应调整;设计断面面积与定额不同时,木龙骨用量做相应调整

(13)弧形墙饰面层按相应项目人工乘系数 1.15,材料乘系数 1.05。

(14)幕墙定额按骨架基层、面层分别编列子目。玻璃幕墙中的玻璃按成品玻璃考虑;幕墙需设置的避雷装置其工料机定额已综合;幕墙的封边、封顶、防火隔离层的费用另行计算。

(二)工程量计算

(1)内墙面、墙裙抹灰面积按设计图示主墙间净长乘高度以面积计算,应扣除墙裙、门窗洞口及单个 0.3m^2 以外的孔洞所占面积,不扣除踢脚线、装饰线以及墙与构件交接处的面积。且门窗洞口和孔洞的侧壁面积亦不增加,附墙柱、梁、垛的侧面并入相应的墙面面积内。抹灰高度按室内楼地面至天棚底面净高计算。墙面抹灰面积应扣除墙裙抹灰面积,如墙面和墙裙抹灰种类相同者,工程量合并计算。

(2)外墙抹灰面积按设计图示尺寸以面积计算,应扣除门窗洞口、外墙裙(墙面和墙裙抹灰种类相同者应合并计算)和单个 0.3m^2 以外的孔洞所占面积,不扣除装饰线以及墙与构件交接处的面积。且门窗洞口和孔洞侧壁面积亦不增加。附墙柱梁、垛侧面抹灰面积应并入外墙面抹灰工程量内计算

任务实施一

某学院培训楼一、二层房间内墙(内墙5A):水泥砂浆墙面。

内墙面做法:刷乳胶漆三遍;干混抹灰砂浆 DP M15.0, 20mm 厚分三遍抹平。

(1)定额工程量

水泥砂浆墙面一般抹灰:

①图形、钢筋培训室

$S=[(6-0.24)\times2+(3.3-0.24)\times2]\times3.5-(0.9\times2.4+1.5\times1.8\times2)+0.08\times3.5\times2=54.74\times2=109.48m^2$

②接待室

$S=[(3.9-0.24)\times2+(4.5-0.24)\times2]\times1.8-(0.9\times1.2\times2+0.9\times0.9+2.4\times1.5)=21.94m^2$

③楼梯间

$H=3.6-0.1=3.5m$

$S=\{[(2.1-0.24)\times2+(4.5-0.24)\times2]\times3.5-(1.8\times1.8+0.9\times2.1)\}\times2=37.71\times2=75.42m^2$

④清单、预算培训室

$S=109.48m^2$

⑤会客厅

$H=3.6-0.1=3.5\text{m}$

$S_{二层}=[(3.9-0.24)\times2+(4.5-0.24)\times2]\times3.5-(0.9\times2.1+0.9\times2.4\times2+1.5\times1.8+0.9\times2.7)=44.11\text{m}^2$

小计：$S=109.48\times2+21.94+44.11+75.42=360.43\text{m}^2$

(2)直接工程费

套定额12-1，基价=2 563.39元/100m^2

水泥砂浆墙面一般抹灰的直接工程费：360.43×25.633 9=9 239.22元

(3)女儿墙(包括泛水、挑砖)内侧与外侧、阳台栏板(不扣除花格所占孔洞面积)内侧与外侧抹灰工程量按设计图示尺寸以面积计算。

任务实施二

某学院培训楼女儿墙内侧(外墙5A)：水泥砂浆墙面。

外墙面做法：干混抹灰砂浆DP M15.0，20mm厚分三遍抹平。

(1)定额工程量

女儿墙内侧墙面一般抹灰：

$S=0.54\times(6+0.01\times2+11.1+0.01\times2)\times2=18.51\text{m}^2$

(2)直接工程费

套定额12-2H，基价=3216.87+(2151.71+1042.68)×0.1=3536.31元/100m^2

女儿墙墙面一般抹灰的直接工程费：18.51×35.36=654.51元

(4)阳台、雨篷、檐沟等抹灰按工作内容分别套用相应章节定额子目。外墙抹灰与天棚抹灰以梁下滴水线为分界，滴水线计入墙面抹灰内。

任务实施三

某学院培训楼阳台栏板内外装修。

阳台栏板内装修为：干混抹灰砂浆DP M15.0，20mm厚分三遍抹平；外墙弹性涂料面。

阳台栏板外装修为：干混抹灰砂浆DP M15.0，20mm厚分三遍抹平；绿色仿石涂料层。

(1)定额工程量

①阳台栏板内侧

$S=[(4.56-0.06\times2)+(1.2-0.06)\times2]\times0.9=6.05\text{m}^2$

②外墙弹性涂料面

$S=6.05\text{m}^2$

③阳台栏板外侧

$S=(1.2\times2+4.56)\times1=6.96\text{m}^2$

④绿色仿石涂料层

$S=6.96m^2$

(2)直接工程费

①套定额12-2,基价=3 216.87元/100m^2

阳台栏板内侧的直接工程费:6.048×32.168 7=194.56元

②套定额14-147,基价=2 663.07元/100m^2

外墙弹性涂料面的直接工程费:4.104×26.630 7=109.29元

③套定额12-2,基价=3 216.87元/100m^2

阳台栏板外侧的直接工程费:6.96×12.02=83.66元

④套定额14-148,基价=7 260.73元/100m^2

绿色仿石涂料层的直接工程费:6.96×72.607 3=505.35元

任务实施四

某学院培训楼挑檐栏板内外装修。

挑檐栏板内装修为:20mm厚干混抹灰砂浆DP M15.0,分三遍抹平

挑檐栏板外装修为:20mm厚干混抹灰砂浆DP M15.0,分三遍抹平;绿色仿石涂料层。

(1)定额工程量

①挑檐栏板内装修

$S=[(11.6+0.6\times2-0.06\times2)\times2+(6.5+0.6\times2-0.06\times2)\times2+0.6\times2]\times0.2$
$=8.34m^2$

②挑檐栏板外装修

$S=[(11.6+0.6\times2+6.5+0.6\times2)\times2+0.6\times2]\times0.3=12.66m^2$

③绿色仿石涂料层

$S=12.66m^2$

(2)直接工程费

①套定额12-26,基价=4 312.17元/100m^2

挑檐栏板内侧的直接工程费:8.34×43.121 7=359.63元

②套定额12-2,基价=3 216.87元/100m^2

挑檐栏板外侧的直接工程费:12.66×32.168 7=407.26元

③套定额14-148,基价=7 260.73元/100m^2

绿色仿石涂料层的直接工程费:12.66×72.6073=919.21元

(5)凸出的线条抹灰增加费以凸出棱线的道数不同分别按“延长米”计算。两条及多条线条相互之间净距100mm以内的,每两条线条按一条计算工程量。

(6)柱面抹灰按设计图示尺寸柱断面周长乘抹灰高度以面积计算。牛腿、柱帽、柱墩工程量并入相应柱工程量内。梁面抹灰按设计图示梁断面周长乘长度以面积计算。

(7)墙面勾缝按设计图示尺寸以面积计算,扣除墙裙、门窗洞口及单个0.3m^2以外的孔洞所占面积。附墙柱、梁、垛侧面勾缝面积应并入墙面勾缝工程量内计算。

(8)墙、柱(梁)面镶贴块料按设计图示饰面面积计算。柱面带牛腿者,牛腿工程量展开并

入柱工程量内；女儿墙与阳台栏板的镶贴块料工程量以展开面积计算。

任务实施五

某学院培训楼外墙（外墙 27A）：瓷质外墙面砖。

外墙裙（红色）：高 900mm，干混砂浆粘贴瓷质外墙面砖；15mm 厚干混抹灰砂浆 DP M15.0 打底找平。

外墙面（白色）：干混砂浆粘贴瓷质外墙面砖；15mm 厚干混抹灰砂浆 DP M15.0 打底找平。

(1)定额工程量

外墙 27A，瓷质外墙面砖墙裙（红色）：

①干混砂浆粘贴瓷质外墙面砖

$S=(6.5\times2+11.6\times2)\times0.9-[(2.7+3.3+3.9)\times0.15+2.4\times0.45]+0.45\times2\times0.14=30.15\text{m}^2$

②干混抹灰砂浆 DP M15.0 打底找平

$S=(6.5\times2+11.6\times2)\times0.9-[(2.7+3.3+3.9)\times0.15+2.4\times0.45]=30.02\text{m}^2$

外墙 27A，瓷质外墙面砖（白色）：

③干混砂浆粘贴瓷质外墙面砖

$H=7.1-0.9+0.45=6.65\text{m}$

$S=(6.5\times2+11.6\times2)\times6.65-(2.4\times2.25+1.5\times1.8\times8+1.8\times1.8\times2+0.9\times2.7+1.5\times1.8)=212.92\text{m}^2$

$S_{女儿墙外侧}=(11.6+6.5)\times2\times0.54=19.55\text{m}^2$

假设门窗宽 90mm，不考虑框厚，居中布置

$S_{门窗侧壁}(1.5+1.8)\times2\times9+(1.8+1.8)\times2\times2+0.9+2.7\times2+2.4+(2.7-0.45)\times2\times0.14=12.18\text{m}^2$

$S=212.92+19.55+12.18=244.65\text{m}^2$

④干混抹灰砂浆 DP M15.0 打底找平

$H=7.1-0.9+0.45=6.65\text{m}$

$S=(6.5\times2+11.6\times2)\times6.65-(2.4\times2.25+1.5\times1.8\times8+1.8\times1.8\times2+0.9\times2.7+1.5\times1.8)=212.92\text{m}^2$

$S_{女儿墙外侧}=(11.6+6.5)\times2\times0.54=19.55\text{m}^2$

$S_{砂浆}=212.92+19.55=232.47\text{m}^2$

(2)直接工程费

①外墙 27A，瓷质外墙面砖墙裙 900mm。

套定额 12-54，基价 = 8 288.94 元/100m²

直接工程费：30.15 × 82.8894 = 2 499.12 元

②干混抹灰砂浆 DP M20.0 打底找平

套定额 12-16,基价 = 1 741.42 元/100m²

直接工程费:30.15 × 17.414 2 = 522.77 元

③外墙 27A,瓷质外墙面砖(白色)

套定额 12-54,基价 = 8 288.94 元/100m²

直接工程费:244.65 × 82.889 4 = 2 0278.89 元

④干混抹灰砂浆 DP M20.0 打底找平

套定额 12-16,基价 = 1 741.42 元/100m²

直接工程费:232.47 × 17.414 2 = 4 048.28 元

(9)镶贴块料柱墩、柱帽(弧形石材除外)其工程量并入相应柱内计算。圆弧形成品石材柱帽、柱墩,按其圆弧的最大外径以周长计算。

(10)墙饰面的龙骨、基层、面层均按设计图示饰面尺寸以面积计算,扣除门窗洞及单个 0.3m² 以外的孔洞所占的面积,不扣除单个 0.3m² 以内的孔洞所占的面积。

任务实施六

某学院培训楼一层接待室(裙 10A):墙裙高 1200mm,为红榉板墙裙。

墙裙做法:聚酯清漆三遍;红榉板面层(普通);附墙木龙骨(断面 7.5cm² 以内,中距 40cm),15mm 厚细木工板基层;1.2mm 厚 JS 防水涂料;干混抹灰砂浆 DP M15.0 打底找平。

(1)定额工程量

①红榉夹板面层(普通)

$S = [(4.5 - 0.24) \times 2 - 0.9 - 2.4 + (3.9 - 0.24 - 0.9) \times 2 + 0.24 \times 6] \times 1.2 = 14.62\text{m}^2$

②木龙骨基层

$S = 14.62\text{m}^2$

③15mm 厚细木工板基层

$S = 14.62\text{m}^2$

④聚酯清漆三遍

$S = 14.62 \times 1.07 = 15.64\text{m}^2$

⑤JS 防水涂料

$S = 14.62\text{m}^2$

⑥干混抹灰砂浆 DP M20.0 打底找平

$S = 14.62\text{m}^2$

(2)直接工程费

①红榉夹板面层(普通)

套定额,12-126,基价 = 3 555.58 元/100m²

直接工程费:14.62 × 35.555 8 = 519.83 元

②木龙骨基层

套定额 12-112,基价 = 1 944.85 元/100m²

直接工程费：14.62×19.448 5 =284.34 元

③15mm 厚细木工板基层

套定额 12-123，基价 =3 077.60 元/100m^2

直接工程费：14.62×30.776 =449.95 元

④聚酯清漆三遍

套定额 14-60，基价 =2 868.11/100m^2

直接工程费：15.64×28.681 1 =448.57 元

⑤JS 防水涂料

套定额 9-80，基价 =2 536.88 元/100m^2

直接工程费：14.62×25.368 8 =370.89 元

⑥干混抹灰砂浆

套定额 12-16，基价 =1 741.42 元/100m^2

直接工程费：14.62×17.414 2 =254.60 元

(11)柱(梁)饰面的龙骨、基层、面层，按设计图示饰面尺寸以面积计算。

(12)玻璃幕墙、铝板幕墙，按设计图示尺寸以外围(或框外围)面积计算。玻璃幕墙中与幕墙同种材质的工程量并入相应幕墙内。全玻璃幕墙带肋部分并入幕墙面积内计算。

(13)石材幕墙按设计图示饰面面积计算，开放式石材幕墙的离缝面积不扣除。

三 工程量清单及清单计价

清单子目：本单元工程项目按《房屋建筑与装饰工程工程量计算规范》(GB 50854—2013)附录 M 列项，分 10 节共 35 个项目，分别是 M.1 墙面抹灰，M.2 柱(梁)面抹灰，M.3 零星抹灰，M.4 墙面块料面层，M.5 柱(梁)面镶贴块料，M.6 镶贴零星块料，M.7 墙饰面，M.8 柱(梁)饰面，M.9 幕墙工程，M.10 隔断。

墙面抹灰包括：墙面一般抹灰、墙面装饰抹灰、墙面勾缝、立面砂浆找平层 4 个项目。项目编号分别按 011201001 ××× ~011201004 ×××编列。

柱(梁)面抹灰包括：柱(梁)面一般抹灰、柱(梁)面装饰抹灰、柱(梁)面砂浆找平、柱面勾缝 4 个项目。项目编码分别按 011202001 ××× ~011202004 ×××编列。

零星抹灰包括：零星项目一般抹灰、零星项目装饰抹灰、零星项目砂浆找平 3 个项目。项目编码分别按 011203001 ××× ~011203003 ×××编列。

墙面块料面层包括：石材墙面、碎拼石材墙面、块料墙面、干挂石材钢骨架 4 个项目。项目编号分别按 011204001 ××× ~011204004004 ×××编列。

柱(梁)面镶贴块料包括：石材柱面、块料柱面、碎拼石材柱面、石材梁面、块料梁面 5 个项目。项目编号分别按 011205001 ××× ~011205005 ×××编列。

镶贴零星块料包括：石材零星项目、块料零星项目、碎拼石材零星项目 3 个项目。项目编号分别按 011206001 ××× ~011206003 ×××编列。

墙饰面包括：墙面装饰板、墙面装饰浮雕 2 个项目。项目编号按 011207001 ××× ~011207002 ×××编列。

柱(梁)饰面包括:柱(梁)面装饰、成品装饰柱2个项目。项目编号按011208001×××~011208002×××编列。

幕墙工程包括:带骨架幕墙、全玻(无框玻璃)幕墙2个项目。项目编码分别按011209001×××~011209002×××编列。

隔断包括:木隔断、金属隔断、玻璃隔断、塑料隔断、成品隔断、其他隔断6个项目。项目编号按011210001×××~011210006×××编列。

(一)墙面抹灰

1. 工程量清单

1)项目特征

墙面一半抹灰、墙面装饰抹灰:清单项目列项时,应明确描述项目特征,如墙体类型,底层、面层抹灰厚度,砂浆配合比,装饰面的材料种类,分格线宽度等。工程内容包括:基层清理,砂浆制作、运输,底层、面层抹灰,勾分格线等。墙面抹石灰砂浆、水泥砂浆、混合砂浆、聚合物水泥砂浆、麻刀石灰浆、石膏灰浆等按墙面一半抹灰立项;墙面水刷石、斩假石、干黏石、假面砖等按墙面装饰抹灰立项。

墙面勾缝:清单项目列项时,应明确描述项目特征,如墙体类型、勾缝类型、勾缝材料种类。墙面勾缝工程内容包括:基层清单,砂浆制作、运输,勾缝。

立面砂浆找平层:清单项目列项时,应明确描述项目特征,如基层类型,找平层砂浆厚度、配合比。立面砂浆找平层工程内容包括:基层清单,砂浆制作、运输,抹灰找平。立面砂浆找平层项目适用于仅做找平层的立面抹灰。

2)计量单位

计量单位:m^2。

3)工程量计算

按设计尺寸以面积计算,扣除墙裙、门窗洞口及0.3m^2以外的孔洞面积,不扣除踢脚线、装饰线和墙与构件交接处的面积,门窗洞口和孔洞的侧壁及顶面不增加面积。附墙柱、梁、垛、烟囱侧壁并入相应的面积内。

(1)外墙面积按外墙垂直投影面积计算。

(2)外墙裙抹灰面积按其长度乘高度计算。

(3)内墙抹灰面积按主墙间的净长度乘高度计算。

①无墙裙的,高度按室内楼地面至天棚底面计算。

②有墙裙的,高度按墙裙顶至天棚底面计算。

(4)内墙裙抹灰按内墙净长乘高度计算。

(5)注意事项:墙面抹灰不扣除与构件交接处的面积,是指墙与梁的交接处所占面积,不包括墙与楼板的交接。

墙面一般抹灰
清单编制

2. 工程量清单计价

工程量清单计价时,首先应对清单项目特征的描述作出仔细分析,根据设计图纸,结合施工组织设计,确定本清单项目可组合的主要内容。根据组合的内容,可按照定额的工程量计算规则计算各主要内容的工程数量,参考或套用定额相应子目,计算工程量清单项目的综合单价。

墙面抹灰清单计价可组合的内容见表 2-12-2。

墙面抹灰可组合内容 表 2-12-2

项目编码	项目名称	可组合的主要内容		对应的定额子目
011201001	墙面一般抹灰	一般抹灰	干混砂浆	12-1 ~ 12-9
			网格布、钢丝网、水泥浆、基层界面处理等	12-7 ~ 12-9、12-17 ~ 12-20
011201002	墙面装饰抹灰	1. 装饰抹灰	斩假石、水刷石、干粘白石子	12-10 ~ 12-14
		2. 拉条灰、甩灰毛	网格布、钢丝网、水泥浆、基层界面处理等	12-7 ~ 12-9、12-17 ~ 12-20
011201003	墙面勾缝	勾缝		12-5
011201004	立面砂浆找平层	1. 抹灰砂浆层调整	抹灰层每增减一遍	12-3
		2. 其他	网格布、钢丝网、水泥浆、基层界面处理等	12-7 ~ 12-9、12-17 ~ 12-20

任务实施一

某学院培训楼一、二层房间内墙(内墙 5A):墙面一般抹灰。

内墙面做法:刷乳胶漆三遍;干混抹灰砂浆 DP M15.0, 20mm 厚分三遍抹平。

管理费按"人工费 + 机械费"的 15% 计取,利润按"人工费 + 机械费"的 10% 计取,风险金暂定为"人工费 + 机械费"的 2%。

(1) 工程量清单

墙面一般抹灰清单工程量:

①图形、钢筋培训室

$S = [(6-0.24)\times 2+(3.3-0.24)\times 2]\times 3.5-(0.9\times 2.4+1.5\times 1.8\times 2)+0.08\times 3.5\times 2=54.74\times 2=109.48\text{m}^2$

②接待室

$S = [(3.9-0.24)\times 2+(4.5-0.24)\times 2]\times 1.8-(0.9\times 1.2\times 2+0.9\times 0.9+2.4\times 1.5)=21.94\text{m}^2$

③楼梯间

$H=3.6-0.1=3.5\text{m}$

$S=\{[(2.1-0.24)\times 2+(4.5-0.24)\times 2]\times 3.5-(1.8\times 1.8+0.9\times 2.1)\}\times 2=37.71\times 2=75.42\text{m}^2$

④清单、预算培训室

$S=109.48\text{m}^2$

⑤会客厅

$H=3.6-0.1=3.5\text{m}$

$S=[(3.9-0.24)\times2+(4.5-0.24)\times2]\times3.5-(0.9\times2.1+0.9\times2.4\times2+1.5\times1.8+0.9\times2.7)=44.109\text{m}^2$

小计：$S=109.48\times2+21.94+44.11+75.42=360.43\text{m}^2$

工程量清单见表2-12-3。

分部分项工程量清单　　表2-12-3

工程名称：某学院培训楼

序号	项目编码	项目名称	项 目 特 征	计量单位	工程数量
			M.1　墙面抹灰		
1	011201001001	墙面一般抹灰	内墙砖墙抹灰做法为：干混抹灰砂浆DP M15.0，20mm厚分三遍抹平	m^2	360.43

(2)综合单价

干混抹灰砂浆DP M15.0,20mm厚分三遍抹平计价工程量：

$S=109.48\times2+21.94+44.11+75.42=360.43\text{m}^2$

综合单价计算见表2-12-4。

工程量清单综合单价计算表　　表2-12-4

单位及专业工程名称：某学院培训楼——建筑工程　　第1页　共1页

序号	编号	名称	计量单位	数量	综合单价(元)							合计(元)
					人工费	材料费	机械费	管理费	利润	风险费用	小计	
1	011201001001	墙面一般抹灰	m^2	360.43	14.98	10.43	0.22	2.28	1.52	0.3	29.74	10719.19
	12-1	内墙一般抹灰	m^2	360.43	14.98	10.43	0.22	2.28	1.52	0.3	29.74	10719.19

任务实施二

某学院培训楼女儿墙内侧(内墙5A)：墙面一般抹灰。

内墙面做法：刷乳胶漆三遍；干混抹灰砂浆DP M15.0,20mm厚分三遍抹平。

管理费按“人工费+机械费”的15%计取，利润按“人工费+机械费”的10%计取，风险金暂定为“人工费+机械费”的2%。

(1)工程量清单

墙面一般抹灰清单工程量：

$S=0.54\times(6+0.01\times2+11.1+0.01\times2)\times2=18.51\text{m}^2$

工程量清单见表2-12-5。

分部分项工程量清单　　表 2-12-5

工程名称：某学院培训楼

序号	项目编码	项目名称	项 目 特 征	计量单位	工程数量
M.1 墙面抹灰					
1	011201001002	墙面一般抹灰	女儿墙内侧干混抹灰砂浆 DP M15.0，20mm 厚分三遍抹平	m^2	18.51

(2)综合单价

干混抹灰砂浆 DP M15.0,20mm 厚分三遍抹平计价工程量：

$S=24.06m^2$

综合单价计算见表 2-12-6。

工程量清单综合单价计算表　　表 2-12-6

单位及专业工程名称：某学院培训楼——建筑工程　　第 1 页　共 1 页

序号	编号	名称	计量单位	数量	综合单价(元)							合计(元)
					人工费	材料费	机械费	管理费	利润	风险费用	小计	
1	011201001002	墙面一般抹灰	m^2	18.51	23.67	10.43	0.25	3.59	2.39	0.48	40.81	755.39
	12-2	外墙一般抹灰	m^2	18.51	23.67	10.43	0.25	3.59	2.39	0.48	40.81	755.39

任务实施三

某学院培训楼阳台栏板内外装修。

阳台栏板内装修为：干混抹灰砂浆 DP M15.0,20mm 厚分三遍抹平；外墙弹性涂料面。

阳台栏板外装修为：干混抹灰砂浆 DP M15.0,20mm 厚分三遍抹平；绿色仿石涂料层。

管理费按“人工费 + 机械费”的 15% 计取，利润按“人工费 + 机械费”的 10% 计取，风险金暂定为“人工费 + 机械费”的 2%。

(1)工程量清单

清单工程量：

①墙面一般抹灰(内装修)

$S=[(4.56-0.06\times2)+(1.2-0.06)\times2]\times0.9=6.05m^2$

②墙面一般抹灰(外装修)

$S=(1.2\times2+4.56)\times1=6.96m^2$

工程量清单见表 2-12-7。

分部分项工程量清单 表 2-12-7

工程名称:某学院培训楼

序号	项目编码	项目名称	项 目 特 征	计量单位	工程数量
M.1 墙面抹灰					
1	011201001003	墙面一般抹灰	阳台栏板内侧:干混抹灰砂浆 DP M15.0,20mm 厚分三遍抹平;外墙弹性涂料面	m^2	6.05
2	011201001004	墙面一般抹灰	阳台栏板外侧:干混抹灰砂浆 DP M15.0,20mm 厚分三遍抹平;绿色仿石涂料层	m^2	6.96

(2)综合单价

计价工程量:

①1:3 水泥砂浆底(内装饰)

$S=4.104m^2$

②1:3 水泥砂浆底(外装饰)

$S=6.96m^2$

综合单价计算见表 2-12-8。

工程量清单综合单价计算表 表 2-12-8

单位及专业工程名称:某学院培训楼——建筑工程 第1页 共1页

序号	编号	名称	计量单位	数量	综合单价(元)							合计(元)
					人工费	材料费	机械费	管理费	利润	风险费用	小计	
1	011201001003	墙面一般抹灰	m^2	6.05	21.52	10.43	0.23	3.26	2.18	0.44	38.06	156.05
	12-2	外墙一般抹灰	m^2	6.05	21.52	10.43	0.23	3.26	2.18	0.44	38.06	156.05
2	011201001004	墙面一般抹灰	m^2	6.96	21.52	10.43	0.23	3.26	2.18	0.44	38.06	264.90
	12-2	外墙一般抹灰	m^2	6.96	21.52	10.43	0.23	3.26	2.18	0.44	38.06	264.90

任务实施四

某学院培训楼挑檐栏板内外装修。

挑檐栏板内装修为:20mm 厚干混抹灰砂浆 DP M15.0,分三遍抹平。

挑檐栏板外装修为:20mm 厚干混抹灰砂浆 DP M15.0,分三遍抹平;绿色仿石涂料层。

管理费按“人工费+机械费”的15%计取,利润按“人工费+机械费”的10%计取,风险金暂定为“人工费+机械费”的2%。

(1)工程量清单

清单工程量:

①墙面一般抹灰(内装修)

$S=[(11.6+0.6\times2-0.06\times2)\times2+(6.5+0.6\times2-0.06\times2)\times2+0.6\times2]\times0.2=8.34m^2$

②墙面一般抹灰(外装修)

$S=[(11.6+0.6\times2+6.5+0.6\times2)\times2+0.6\times2]\times0.3=12.66m^2$

工程量清单见表 2-12-9。

分部分项工程量清单 表 2-12-9

工程名称:某学院培训楼

序号	项目编码	项目名称	项 目 特 征	计量单位	工程数量
			M.1 墙面抹灰		
1	011201001005	墙面一般抹灰	挑檐栏板内侧;20mm 厚干混抹灰砂浆 DP M15.0,分三遍抹平	m^2	8.34
2	011201001006	墙面一般抹灰	挑檐栏板外侧;20mm 厚干混抹灰砂浆 DP M15.0,分三遍抹平;绿色仿石涂料层	m^2	12.66

(2)综合单价

计价工程量:

①20mm 厚干混抹灰砂浆 DP M15.0

$S=8.34m^2$

②20mm 厚干混抹灰砂浆 DP M15.0

$S=12.66m^2$

综合单价计算见表 2-12-10。

工程量清单综合单价计算表 表 2-12-10

单位及专业工程名称:某学院培训楼——建筑工程 第 1 页 共 1 页

序号	编号	名称	计量单位	数量	综合单价(元)							合计(元)
					人工费	材料费	机械费	管理费	利润	风险费用	小计	
1	011201001005	墙面一般抹灰	m^2	8.34	32.45	10.45	0.23	4.9	3.3	0.65	51.98	433.51
	12-26	外墙一般抹灰	m^2	8.34	32.45	10.45	0.23	4.9	3.3	0.65	38.06	433.51
2	011201001006	墙面一般抹灰	m^2	12.66	21.52	10.43	0.23	3.26	2.18	0.44	38.06	317.42
	12-2	外墙一般抹灰	m^2	12.66	21.52	10.43	0.23	3.26	2.18	0.44	38.06	317.42

(二)柱(梁)面抹灰

1. 工程量清单

1)项目特征

(1)柱面抹灰:清单项目列项时,应明确描述,如柱体类型,底层厚度、砂浆配合比,面层厚度、材料种类、分格线宽度等。工程内容一般包括:基层清理,砂浆制作、运输,面层抹灰,抹装饰面,勾分格线等。

(2)柱面勾缝:清单项目列项时,应明确描述项目特征,如柱体类型,勾缝类型,勾缝材料种类。工程内容包括:清单基层,砂浆制作、运输,勾缝。

2)计量单位

计量单位:m^2。

3)工程量计算

按设计的图示尺寸以面积计算。

2. 工程量清单计价

计价可组合的主要内容:一般抹灰,抹灰砂浆层调整,其他。

(三)零星抹灰

1. 工程量清单

1)项目特征

零星抹灰清单项目列项时,应明确描述项目特征,如墙体类型,底层、面层砂浆厚度、配合比,材料种类,分格线宽度等。工程内容一般包括:清理基层,砂浆制作、运输,底层、面层抹灰,勾分格线等。

2)计量单位

计量单位:m^2。

3)工程量计算

按设计的图示尺寸以面积计算。

2. 工程量清单计价

可组合的内容:零星项目一般抹灰、零星项目装饰抹灰。

(四)墙面块料面层

1. 石材墙面、碎拼石材墙面、块料墙面

1)工程量清单

(1)清单项目列项时,应明确描述项目特征,如:墙体类型,底层砂浆厚度、砂浆配合比,贴结层厚度、材料的种类,挂、贴方式,面层材料品种、规格、品牌、颜色,缝宽、嵌缝材料种类,防护材料种类,磨光、酸洗、打蜡等要求。

(2)工程内容一般包括:基层清理,砂浆制作、运输,底层抹灰,结合层铺贴,面层铺贴,面层挂贴,面层干挂,嵌缝,刷防护材料,磨光、酸洗、打蜡。

(3)计量单位:m^2。

(4)工程量计算:按设计的图示尺寸以镶贴表面积计算。

2)工程量清单计价

(1)清单计价组合内容见表 2-12-11。

墙面镶贴块料可组合的内容 表 2-12-11

项目编码	项目名称	可组合的主要内容		对应的定额子目
011204003	块料墙面	块料面层	石材墙面	12-38 ~ 12-46
			瓷砖、外墙面砖	12-47 ~ 12-59
			其他块料墙面	12-60 ~ 12-65
			块料饰面骨架	12-66 ~ 12-68
		打底找平	干混抹灰砂浆	12-16
			抹灰层每增减一遍	12-3

(2)块料面层按照工程量清单项目工程内容,将石材面层、底层抹灰作为清单项目的计价组合子目。

任务实施五

某学院培训楼外墙(外墙 27A):贴彩釉面砖。

外墙裙(红色)做法:高 900mm,干混砂浆粘贴瓷质外墙面砖;15mm 厚干混抹灰砂浆 DP M15.0 打底找平。

外墙面(白色)做法:干混砂浆粘贴瓷质外墙面砖;15mm 厚干混抹灰砂浆 DP M15.0 打底找平。

管理费按"人工费 + 机械费"的 15% 计取,利润按"人工费 + 机械费"的 10% 计取,风险金暂定为"人工费 + 机械费"的 2%。

(1)工程量清单

清单工程量:

①块料墙面(外墙墙裙高 900mm,红色瓷质面砖)

$S = 30.15\text{m}^2$

②块料墙面(外墙面白色瓷质面砖)

$S = 244.65\text{m}^2$

工程量清单见表 2-12-12。

分部分项工程量清单 表 2-12-12

工程名称:某学院培训楼

序号	项目编码	项目名称	项 目 特 征	计量单位	工程数量
			M.2 墙面块料工程		
1	011204003001	块料墙面	外墙裙:高 900mm,外墙 27A,瓷质外墙面砖墙裙(红色)	m^2	30.15
2	011204003002	块料墙面	外墙面:外墙 27A,瓷质外墙面砖墙裙(白色)	m^2	244.65

(2)综合单价

计价工程量:

①块料墙面(外墙墙裙)

a. 瓷质外墙面砖:$S=30.15m^2$

b. 15mm 厚干混抹灰砂浆找平:$S=30.02m^2$

②块料墙面(外墙面)

a. 瓷质外墙面砖:$S=244.65m^2$

b. 15mm 厚干混抹灰砂浆找平:$S=232.47m^2$

综合单位计算见表 2-12-13。

工程量清单综合单价计算表 表 2-12-13

单位及专业工程名称:某学院培训楼——建筑工程 第 1 页 共 1 页

序号	编号	名称	计量单位	数量	综合单价(元)							合计(元)
					人工费	材料费	机械费	管理费	利润	风险费用	小计	
1	011204003001	块料墙面	m^2	30.15	59.61	40.47	0.23	8.98	5.99	1.20	116.39	3 509.16
	12-54	外墙面砖	m^2	30.15	49.52	33.30	0.07	7.44	4.96	0.99	96.28	2 902.84
	12-16	打底找平	m^2	30.02	10.09	7.17	0.16	1.54	1.03	0.21	20.20	606.40
2	011204003002	块料墙面	m^2	244.65	59.11	40.11	0.22	8.90	5.94	1.19	115.47	28 249.74
	12-54	外墙面砖	m^2	244.65	49.52	33.30	0.07	7.44	4.96	0.99	96.28	23 554.90
	12-16	打底找平	m^2	232.47	10.09	7.17	0.16	1.54	1.03	0.21	20.20	4 695.89

2. 干挂石材钢骨架

1)工程量清单

(1)清单项目列项时,应明确描述项目特征,如骨架种类、规格,油漆品种、刷油遍数。工程内容一般包括:骨架制作、运输,安装,骨架油漆。

(2)计量单位:t。

(3)工程量计算:按设计的图示尺寸以质量计算。

2)工程量清单计价

可组合的主要内容:骨架制作、安装,骨架油漆。

(五)柱、梁面镶贴块料

柱、梁面镶贴块料包括:石材柱面、拼碎石材柱面、块料柱面,石材梁面、块料梁面 5 个项目。项目编码分别按 011205001 × × × ~011205005 × × ×设置。

1. 工程量清单

(1)清单项目列项时,应明确描述项目特征,如柱体材料,柱截面类型、尺寸,底层厚度、砂浆配合比,黏结层厚度、材料种类,挂贴方式,面层材料品种、规格、品牌、颜色,缝宽及嵌缝材料种类,防护材料种类,磨光、酸洗、打蜡要求。工程内容包括:基层清理,砂浆制作、运输,底层抹灰，结合层铺设，面层铺贴，面层干挂，嵌缝，刷防护材料，磨光、酸洗、打蜡。

(2)计量单位：m^2。

(3)工程量计算：按设计的图示尺寸以镶贴表面积计算。

【例 2-12-5】 某营业房钢筋混凝土独立柱共 10 根，构造如图 2-12-1 所示：柱面湿挂 600mm×600mm 四川红花岗岩面层，30mm 厚 1∶2 水泥砂浆灌浆，花岗岩面清洗打蜡，试编制该工程量清单。

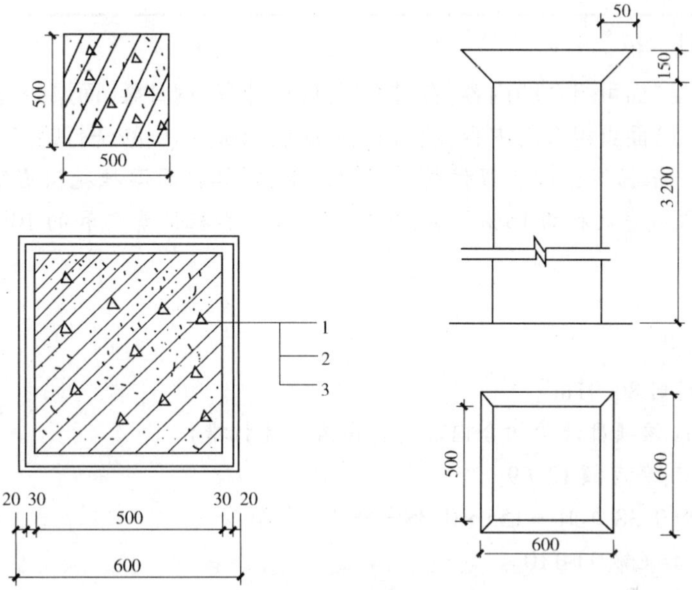

图 2-12-1 钢筋混凝土柱构造图(尺寸单位：mm)

1-混凝土柱体；2-30mm 厚 1∶2 水泥砂浆灌浆；3-20mm 厚花岗岩板

解

(1)清单项目设置

根据清单项目设置规则设置：011205001001，石材柱面，钢筋混凝土柱挂贴 600mm×600mm 四川红花岗岩面，30mm 厚 1∶2 水泥砂浆灌浆。

(2)工程量计算

①柱身挂贴花岗岩

$0.6\times4\times3.2\times10=76.8m^2$

②花岗岩柱帽

工程量按图示尺寸展开面积，本例柱帽为倒置的棱台。

$$表面积=\frac{1}{2}\times 斜高\times(上面的周边长+下面的周边长)$$

$$=\frac{1}{2}(0.05^2+0.15^2)^{1/2}\times(0.6+0.7)\times4\times10=4.11m^2$$

合计工程量 $=76.8+4.11=80.91m^2$

(3)工程量清单

根据工程量清单格式，编制该项目的工程量清单如表 2-12-14 所示。

分部分项工程量清单 表2-12-14

工程名称:某营业房

序号	项目编码	项目名称	项 目 特 征	计量单位	工程数量
M.5 柱(梁)面镶贴块料					
1	011205001001	石材柱面	钢筋混凝土柱面,30mm厚1:2水泥砂浆灌浆,挂贴600mm×600mm四川红花岗岩面,花岗岩面清洗打蜡	m^2	80.91

2. 工程量清单计价

(1)石材柱(梁)面可组合的内容:石材面层,底层抹灰,钢骨架,面层酸洗打蜡。

(2)块料柱(梁)面可组合的内容:块料面层,底层抹灰,面层酸洗打蜡。

【例2-12-6】 根据例2-12-5提供的工程量清单,计算柱面湿挂花岗岩综合单价(企业管理费按人工费和机械费之和的15%计取,利润按人工费和机械费之和的10%计取,企业风险费暂不考虑)。

解

(1)清单工程量

柱面湿挂花岗岩80.91m^2。

(2)定额套用(该项目计价组合内容有花岗岩清洗打蜡)

①挂贴花岗岩,套定额12-69。

块料柱帽增加0.38工日=155×0.38=58.9元/个

②清洗打蜡,套定额11-110。

综合单价计算,见表2-12-15。

工程量清单综合单价计算表 表2-12-15

单位及专业工程名称:某营业房——建筑工程 第1页 共1页

序号	编号	名称	计量单位	数量	综合单价(元)							合计(元)
					人工费	材料费	机械费	管理费	利润	风险费用	小计	
1	011205001001	石材柱面	m^2	80.91	92.14	166.02	0.35	13.87	2.44	0	265.73	22 236.51
	12-69	挂贴石材	m^2	80.91	79.11	165.45	0.35	11.92	1.59	0	258.42	20 908.76
	—	柱帽人工增加费	个	10	58.9	0	0	8.84	5.89	0	73.63	736.3
	11-155	打蜡	m^2	80.91	5.76	0.57	0	0.86	0.12	0	7.31	591.45

(六)零星镶贴块料

零星镶贴块料包括石材零星项目、拼碎零星项目、块料零星项目3个项目,项目编号分别按011206001×××~01120603×××设置。

1. 工程量清单

(1)清单项目列项时,应明确描述项目特征,如:柱、墙体类型,底层厚度、砂浆配合比,黏结层厚度、材料种类、挂贴方式,面层材料品种、规格、品牌、颜色,缝宽及嵌缝材料种类,磨光、酸洗、打蜡。工程内容一般包括:基层清理,砂浆制作、运输,底层抹灰,结合层铺设,面层挂贴,嵌缝,刷防护材料,磨光、酸洗、打蜡。

(2)工程量计算:按设计图示尺寸以镶贴表面积计算。

2. 工程量清单计价

(1)石材零星项目、拼碎零星项目可组合的主要内容为:石材面层,底层抹灰,饰块及其他,面层酸洗打蜡。

(2)块料零星项目可组合的主要内容:块料面层,底层抹灰,面层酸洗打蜡。

(七)墙饰面

装饰板墙面项目编号按011207001×××设置。

1. 工程量清单

(1)清单项目列项时,应明确描述项目特征,如:墙体类型,底层厚度、砂浆配合比,龙骨材料种类、规格、中距,隔离层材料种类(油毡隔离层,玻璃棉毡隔离层)、规格,基层材料种类、规格(如胶合板基层、石膏饰面板基层、细木工板基层等),压条材料种类、规格,防护材料种类,油漆品种、刷漆遍数。工程内容包括:基层清理,砂浆制作、运输,底层抹灰,龙骨制作、运输、安装,钉隔离层,基层铺钉,面层铺贴,刷防护材料,油漆。

(2)计量单位:m^2。

(3)工程量计算:按设计图示墙净长乘以净高以面积计算,扣除门窗洞口及0.3m^2以上的孔洞所占面积。

2. 工程量清单计价

装饰板墙面可组合的主要内容:基层,面层,腰线,隔离层,油漆,底层抹灰,压条、装饰线。

任务实施六

某学院培训楼一层接待室(裙10A):墙裙高1200mm,为红榉板墙裙。

墙裙做法:聚酯清漆三遍;红榉板面层(普通);附墙木龙骨(断面7.5cm^2以内,中距40cm),15mm厚细木工板基层;1.2mm厚JS防水涂料;干混抹灰砂浆DP M15.0打底找平。

管理费按"人工费+机械费"的15%计取,利润按"人工费+机械费"的10%计取,风险金暂定为"人工费+机械费"的2%。

(1)工程量清单

装饰板墙面(普通红榉夹板面层)清单工程量:

$S=14.62m^2$

工程量清单见表2-12-16。

分部分项工程量清单 表2-12-16

工程名称:某学院培训楼

序号	项目编码	项目名称	项 目 特 征	计量单位	工程数量
			M.7 墙饰面		
1	011207001001	墙面装饰板	墙裙做法:聚酯清漆三遍;红榉板面层(普通);附墙木龙骨(断面7.5cm^2以内,中距40cm),15mm厚细木工板基层;JS防水涂料;干混抹灰砂浆DP M15.0打底找平	m^2	14.62

(2)综合单价

计价工程量:

①红榉夹板面层(普通)

$S=[(4.5-0.24)\times2-0.9-2.4+(3.9-0.24-0.9)\times2+0.24\times6]\times1.2=14.62m^2$

②附墙木龙骨基层

$S=14.62m^2$

③细木工板平面基层

$S=14.62m^2$

④JS 防水涂料

$S=14.62m^2$

⑤干混抹灰砂浆 DP M15.0 打底

$S=14.62m^2$

综合单价计算见表 2-12-17。

工程量清单综合单价计算表 表 2-12-17

单位及专业工程名称:某学院培训楼——建筑工程 第1页 共1页

序号	编号	名称	计量单位	数量	综合单价(元)							合计(元)
					人工费	材料费	机械费	管理费	利润	风险费用	小计	
1	011207001001	装饰板墙面	m^2	14.62	38.99	89.42	0.16	5.86	3.926	0.79	139.15	2 034.37
	12-126	红榉夹板面层(普通)	m^2	14.62	7.88	27.67	0	1.18	0.79	0.16	37.68	550.88
	11-112	木龙骨基层	m^2	14.62	9.90	9.55	0	1.48	0.99	0.20	22.12	323.39
	12-123	夹板基层	m^2	14.62	8.16	22.62	0	1.22	0.816	0.16	32.98	482.17
	9-80	1.2mm 厚 JS 防水涂料	m^2	14.62	2.96	22.41	0	0.44	0.3	0.06	26.17	382.61
	11-19	打底抹平	m^2	14.62	10.09	7.17	0.16	1.54	1.03	0.21	20.2	295.32

(八)柱(梁)饰面

柱(梁)饰面项目编号按 011208001×××设置。

1. 工程量清单

(1)清单项目列项时,应明确描述项目特征,如:柱(梁)体类型,龙骨、隔离层、基层材料种类及规格,面层材料品种、规格、颜色,压条材料种类、规格,防护材料种类,油漆品种、刷漆遍数。工程内容一般包括:基层清理,砂浆制作、运输,底层抹灰,龙骨制作、运输、安装,钉隔离层,基层铺钉,面层铺贴,刷防护材料,油漆。

(2)计量单位:m^2。

(3)工程量计算:按设计图示饰面外围尺寸以面积计算,柱帽、柱墩并入相应柱饰面工程量内。

(4)注意事项:柱(梁)面装饰板按设计图示外围饰面尺寸乘以高度(长度)以面积计算,外围饰面尺寸是饰面的表面尺寸。

2. 工程量清单计价

柱(梁)面装饰可组合的主要内容:基层、面层、腰线、隔离层、油漆、底层抹灰、压条、装饰线。

(九)幕墙

幕墙包括带骨架幕墙、全玻璃幕墙两个项目。项目编号分别按 011209001 × × × ~ 011209002 × × ×设置。

1. 带骨架幕墙

1)工程量清单

(1)清单项目列项时,应明确描述项目特征,如:骨架材料种类、规格、中距,面层材料品种、规格、颜色,面层固定方式,嵌缝、塞口材料种类。工程内容一般包括:骨架制作、运输、安装,嵌缝,塞口,清洗。

(2)计量单位:m^2。

(3)工程量计算:按设计图示框外围尺寸以面积计算,与幕墙同种材质的窗所占面积不扣除。

2)工程量清单计价

可组合的主要内容:面层,骨架,其他金属面油漆。

2. 全玻璃幕墙

1)工程量清单

(1)清单项目列项时,应明确描述项目特征,如:玻璃品种、规格、颜色,黏结、塞口材料种类,固定方式。工程内容一般包括:幕墙安装,嵌缝,塞口,清洗。

(2)计量单位:m^2。

(3)工程量计算:按设计图示外围尺寸面积要求,带肋全玻璃幕墙按展开面积计算。

(4)工程量计算注意事项:带肋全玻璃是玻璃幕墙的玻璃肋,玻璃肋的工程量应合并在玻璃幕墙工程量内计算。

2)工程量清单计价

可组合的主要内容:吊挂式,点支式。

(十)隔断

隔断项目编号按 011210001 × × × ~011210006 × × ×设置。

1. 工程量清单

(1)清单项目列项时,应分别明确描述隔断骨架、面层等项目特征。骨架一般分为金属骨架和木骨架,按照边框材料种类、规格予以描述,并按隔板材料品种说明隔断内容,如:木骨架玻璃隔断,全玻璃隔断(金属、木骨架),不锈钢柱嵌防弹玻璃,铝合金板条隔断,花式木隔断,玻璃砖隔断,塑钢隔断,浴厕隔断等。除此以外,还应明确基层材料种类、规格,面层材料品种、规格、颜色,压条材料种类、规格,防护材料种类、油漆品种、刷漆遍数等特征。工程内容一般包括:骨架及边框制作、运输、安装,隔板制作、运输、安装,嵌缝,塞口,装饰压条,刷防护材料,油漆。

(2)计量单位:m^2。

(3)工程量计算:按设计图示框外围尺寸以面积计算。扣除单位 $0.3m^2$ 以上的孔洞所占面积;浴厕的材质与隔断相同时,门的面积并入隔断面积内。

2. 工程量清单计价

可组合的主要内容:隔墙、隔断骨架及面层,沥青玻璃棉隔离层,木材面、金属面油漆、压条、装饰线。

能力训练项目

宏祥手套厂 2 号厂房墙柱面工程计量与计价。

项目导入

宏祥手套厂 2 号厂房建筑施工图见《建筑工程施工图实例图集》。

背景资料:

一 ~ 五层车间、卫生间、楼梯间内墙做法(浙 85J801-Y7):

12 ~ 19mm 厚 1:3 水泥砂浆分层抹平;6mm 厚 1:2 水泥砂浆光面。

管理费按"人工费 + 机械费"的 15% 计取,利润按"人工费 + 机械费"的 10% 计取,风险费不计。

项目任务

1. 计算宏祥手套厂 2 号厂房墙柱面工程的分部分项定额工程量。
2. 计算宏祥手套厂 2 号厂房墙柱面工程的分部分项直接工程费、技术措施费。
3. 编制宏祥手套厂 2 号厂房墙柱面工程的分部分项工程量清单。
4. 计算宏祥手套厂 2 号厂房墙柱面工程的分部分项综合单价。

学生工作页

一、单项选择题

1. 墙柱面工程的定额中,墙的抹灰按(　　)遍考虑。

A. 一　　B. 二　　C. 三　　D. 四

2. 高度超过(　　)mm 的栏板套用墙面抹灰定额。

A. 100　　B. 150　　C. 250　　D. 200

3. 随砌随抹套用"打底找平"定额子目,人工乘系数(　　)。

A. 1.02　　B. 1.2　　C. 0.75　　D. 0.7

4. 梁面镶贴块料套(　　)定额进行计算费用。

A. 墙面抹灰　　B. 柱面抹灰　　C. 柱面镶贴块料　　D. 墙面镶贴块料

5. 木龙骨基层定额中的龙骨按双向考虑的，如设计单向时，人工乘系数(　　)，木龙骨用量作相应调整。

A. 1.0　　B. 1.25　　C. 1.15　　D. 0.55

6. 曲面、异形或斜面的幕墙按相应定额子目人工乘系数(　　)，面板单价调整，骨架弯弧费另计。

A. 0.95　　B. 1.0　　C. 1.25　　D. 1.15

7. 女儿墙的内测与外侧、阳台栏板内侧与外侧抹灰工程量按(　　)计算。

A. 设计图示尺寸以面积　　B. 设计图示尺寸以体积

C. 水平投影面积　　D. 展开面积

8. 柱面抹灰按设计图示尺寸以(　　)计算。

A. 水平投影面积　　B. 柱断面周长乘高度

C. 侧面投影　　D. 个

9. 镶贴块料的柱墩、柱帽其工程量(　　)。

A. 并入相应柱内计算　　B. 按体积计算

C. 按水平投影面积计算　　D. 单独计算

10. 某房间层高 3.6m，吊顶高 3.0m，楼板厚 0.15m，则其内墙抹灰高度按(　　)m 计算。

A. 3.15　　B. 3.00　　C. 3.60　　D. 3.45

11. 下列(　　)不属于零星抹灰项目。

A. 碗柜　　B. 壁橱　　C. 花台　　D. 挑檐

12. 圆弧形成品石材柱墩、柱帽的工程量按(　　)计算。

A. 圆弧的最大外径以周长计算　　B. 圆弧的最小外径以周长计算

C. 圆弧的平均外径以周长计算　　D. 按个数计算

二、多项选择题

1. 零星装饰抹灰定额适用于(　　)。

A. 挑檐　　B. 空调隔板　　C. 墙面　　D. 暖气罩

E. 压顶　　F. 飘窗板

2. 墙面勾缝按设计图示尺寸以面积计算，扣除(　　)所占面积。

A. 墙裙　　B. 门窗洞口

C. 单个 $0.3m^2$ 以外的孔洞　　D. 单个 $0.3m^2$ 以内的孔洞

3. 国标清单中的墙面勾缝类型包括(　　)。

A. 清水砖墙的加浆勾缝　　B. 瓷砖面的勾缝

C. 砖柱的加浆勾缝　　D. 花岗岩面的勾缝

E. 石墙的勾缝

三、是非判断题

1. 抹灰定额中，雨篷侧板高度超过 1 200mm 时，定额综合高度以上部分套墙面相应定额。

(　　)

2. 木龙骨定额中龙骨按单向考虑,如设计为双向时,材料费乘系数1.15。 ( )
3. 柱(梁)饰面的龙骨、基层、面层按设计图示饰面尺寸以面积计算。 ( )
4. 幕墙面积按设计图示尺寸以外围面积计算。全玻璃幕墙带了肋部分并入幕墙面积内计算。 ( )
5. 墙面、墙裙抹灰面积按实际图示尺寸计算,不增加附墙柱、梁、垛等侧壁面积。 ( )
6. 弧形幕墙套幕墙定额,面板单价不用调整,人工乘系数1.15,骨架弯弧费另计。( )
7. 零星抹灰定额适用于雨篷周边及每个面积在$0.3m^2$以内的其他各种零星项目。 ( )
8. 防火隔离带按设计图示尺寸以“m”计算。 ( )
9. 女儿墙内侧抹灰按立面投影面积乘系数。 ( )

四、定额换算题

根据表2-12-18所列信息,完成定额换算。

表2-12-18

序号	定额编号	工程名称	定额计量单位	基价	基价计算式
1		20mm厚弧形砖墙(内墙)抹干混抹灰砂浆DP M15.0,抹三遍			
2		20mm厚干混抹灰砂浆DP M20.0砖墙(外墙),抹三遍			
3		圆弧形拼花装饰夹板面层(在木基层上)			
4		石材柱面铝合金龙骨骨架			
5		矩形柱木夹板基层(细木工板厚18mm)			
6		内墙面干混抹灰砂浆DP M15.0,抹两遍			

五、计算分析题

1. 计算单元十一学生工作页图2-11-3所示的内墙面抹灰工程量。外墙面采用干粉型黏结剂粘贴50mm×230mm墙面砖,计算其工程量,并套用定额求出墙面装饰工程直接工程费。(设外门内平,窗框居中,门窗框厚100mm)

2. 某工程楼面建筑平面见单元十一学生工作页图2-11-4。该建筑内墙净高为3.3m,窗台高900mm。设计内墙裙为干混抹灰砂浆DP M20.0浆贴152mm×152mm瓷砖,15mm厚干混抹灰砂浆DP M15.0打底,墙裙高度为1.8m,其余部分墙面为20mm厚干混抹灰砂浆DP M15.0,计算墙裙面砖、墙面抹灰工程量,并套定额计算墙面装饰工程直接工程费(假设窗台板为花岗岩窗台板,不考虑门窗框厚度)。

3. 根据单元十一学生工作页图2-11-3,外墙面干混抹灰砂浆DP M15.0打底,厚15mm,50mm×230mm外墙砖干混抹灰砂浆DP M15.0粘贴。试编制该项目外墙装饰的工程量清单(完成表2-12-19和表2-12-20)。

提示:窗居墙中心线安装,外门内平,门窗框厚100mm,计算外墙贴面砖综合单价。假设当时当地人工市场价160元/工日,干混砂浆罐式搅拌机193.83元/(台·班),其他单价同定额取定价格,企业管理费按人工费和机械费之和的15%计取,利润按人工费和机械费之和的

10%计取,企业风险费暂为零。

分部分项工程量清单　　表2-12-19

工程名称:某工程

序号	项目编码	项目名称	项目特征	计量单位	工程数量
M.1　墙、柱面装饰与隔断、幕墙工程					

工程量清单综合单价计算表　　表2-12-20

单位及专业工程名称:某工程——建筑工程　　第1页　共1页

序号	编号	名称	计量单位	数量	综合单价(元)							合计(元)
					人工费	材料费	机械费	管理费	利润	风险费用	小计	

单元十三 天棚工程

教学课件

【能力目标】

1. 能够计算混凝土面天棚抹灰、天棚吊顶、天棚其他装饰等的定额工程量。
2. 能够准确套用定额并计算混凝土面天棚抹灰、天棚吊顶、天棚其他装饰等的直接工程费。
3. 能够编制天棚抹灰、天棚吊顶等的分部分项工程量清单。
4. 能够计算天棚抹灰、天棚吊顶等分部分项工程的综合单价。
5. 能够灵活运用房屋建筑与装饰工程预算定额,进行天棚工程的定额换算。

【知识目标】

1. 熟悉天棚的种类、做法和构造层次。
2. 熟悉天棚工程的定额套用说明。
3. 掌握混凝土面天棚抹灰、天棚吊顶、天棚其他装饰等的定额工程量的计算规则。
4. 掌握天棚工程两个清单项目:天棚抹灰、天棚吊顶的清单工程量的计算方法。
5. 熟悉天棚工程两个清单项目:天棚抹灰、天棚吊顶的分部分项工程量清单编制方法。
6. 掌握天棚工程两个清单项目:天棚抹灰、天棚吊顶综合单价的确定方法。

项目导入

1. 施工图纸:某学院培训楼建筑施工图见本书附录。

2. 设计说明:某学院培训楼,一层接待室内吊顶,图形培训室、钢筋培训室、二层会客室、清单培训室、预算培训室天棚,楼梯底板、阳台、栏板底板抹灰等,做法见图纸。

采用清单计价时,管理费按“人工费 + 机械费”的15%计取,利润按“人工费 + 机械费”的10%计取,风险金暂定为“人工费 + 机械费”的2%。

项目任务

1. 计算某学院培训楼天棚工程的分部分项定额工程量。

2. 计算某学院培训楼天棚工程的分部分项直接工程费。

3. 编制某学院培训楼天棚工程的分部分项工程量清单。

4. 计算某学院培训楼天棚工程的分部分项工程综合单价。

任务分析

熟悉某学院培训楼施工图纸,收集相关计价依据,拟解决以下问题:

1. 你所知道建筑工程常见的天棚和吊顶的做法和构造层次有哪些类型? 该培训楼的天棚和吊顶装饰装修做法是怎么样的?

2. 天棚工程定额项目有哪些? 如何套用? 工程量计算规则如何?

3. 天棚工程分部分项工程量清单项目如何设置? 工程量如何计算? 综合单价如何计算?

一 基础知识

天棚工程包括天棚抹灰、天棚吊顶装饰和天棚其他装饰。

天棚工程基础知识

(一)天棚抹灰工程

(1)天棚抹灰按抹灰等级和技术要求分为普通抹灰、高级抹灰两个等级。

(2)按抹灰材料分为石灰砂浆(纸筋灰浆面)、混合砂浆、水泥砂浆抹灰。

(3)按天棚基层分为混凝土、钢板网、板条及其他板面天棚抹灰。

(二)天棚吊顶装饰

吊顶具有保温、隔热、隔声和吸声的作用,也是隐蔽电气、暖卫、通风空调、通信和防火、报警管线设备等工程的隐蔽层。按施工工艺的不同,分为暗龙骨吊顶(又称隐蔽式吊顶)和明龙骨吊顶(又称活动式吊顶)。

天棚吊顶由天棚龙骨、天棚基层、天棚面层组成。

1. 天棚吊顶龙骨

常用的吊顶龙骨按材质分为木龙骨和金属龙骨两大类。

(1)木龙骨由大、中龙骨和吊木等组成,按构成分单层和双层两种。

(2)金属龙骨。

①轻钢龙骨一般是采用冷轧薄钢板或镀锌钢板,经剪裁冷弯辊轧成型。按载重能力分为上人型轻钢龙骨和不上人型轻钢龙骨,按其型材断面分为U形和T形龙骨。轻钢龙骨由大龙骨、主龙骨、次龙骨、横撑龙骨和各种连接件组成。主龙骨间距为900~1 200mm,一般取1 000mm。次龙骨间距宜为300~600mm。

②铝合金龙骨是使用较多的一种吊顶龙骨,常用的龙骨断面分为T形、U形等几种形式,

由大龙骨、主龙骨、次龙骨、边龙骨及各种连接件组成。图2-13-1为T形龙骨天棚。

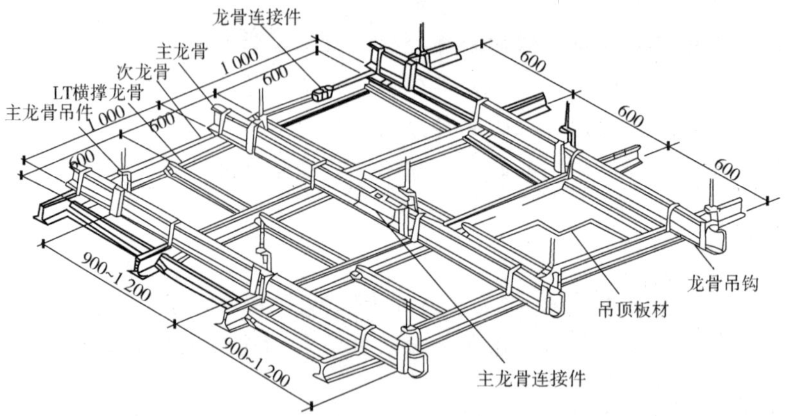

图2-13-1　T形龙骨天棚(尺寸单位:mm)

2. 吊顶面层(基层)

(1)一般吊顶面层材料有:普通胶合板、硬质纤维板、石膏板、塑料板等。

(2)有特殊要求的天棚面层有:矿棉板、吸音板、防火板等。

(3)装饰性要求较高的吊顶面层材料有:铝塑板、铝合金扣板、条板、镜面胶板、镜面不锈钢板等。

(三)天棚其他装饰及其他吊顶

天棚其他装饰包括灯带、送风口、回风口等项目。

(1)灯带、灯槽按设计构造形式分,有悬挑式灯槽、灯带和嵌入式灯槽、灯带。

(2)送风、回风口,按材料分为实木、塑料、铝合金送(回)风口。

有的天棚格栅式装饰是由单体构件组合而成,有木格栅、铝合金栅等,形成送风口、回风口或灯槽、灯带,其成品按材质分有实木、铝合金等。

天棚吊顶按照装饰要求可以做成不同的装饰形式,如:格栅吊顶、吊筒吊顶、藤条造型、悬挂吊顶、网架(装饰)吊顶等。

根据采用的材料、工艺不同,有的吊顶在装饰面板和吊顶龙骨之间采用细木工板、夹板作基层板。

二 定额的套用和工程量的计算

定额子目:4节,分别为混凝土面天棚抹灰、天棚吊顶、装配式成品天棚安装、天棚其他装饰,共82个子目。各小节子目划分情况见表2-13-1。

定额子目划分 表 2-13-1

<table>
<tr><th colspan="3">定 额 节</th><th>子目数</th><th colspan="3">定 额 节</th><th>子目数</th></tr>
<tr><td>一</td><td colspan="2">混凝土面天棚抹灰</td><td>3</td><td rowspan="2">三</td><td rowspan="2">装配式成品天棚安装(22)</td><td>金属板天棚</td><td>16</td></tr>
<tr><td rowspan="3">二</td><td rowspan="3">天棚吊顶(49)</td><td>天棚龙骨</td><td>11</td><td>成品格栅天棚</td><td>6</td></tr>
<tr><td>天棚基层</td><td>12</td><td rowspan="2">四</td><td colspan="2" rowspan="2">天棚其他装饰</td><td rowspan="2">8</td></tr>
<tr><td>天棚面层</td><td>26</td></tr>
</table>

(一)定额说明

(1)混凝土面天棚抹灰。

①设计抹灰砂浆种类、配合比与定额不同时可以调整,砂浆厚度、抹灰遍数不同定额不调整。

②基层需涂刷水泥浆或界面剂的,套用定额“第十二章 墙、柱面装饰与隔断、幕墙工程”相应定额,人工乘系数 1.10。

③楼梯底面抹灰,套用天棚抹灰定额;其中楼梯底面为锯齿形时相应定额子目人工乘系数 1.35。

【例 2-13-1】 某梁式楼梯(底面为锯齿形)底板干混抹灰砂浆 DP M20.0 抹灰,求基价。

解

查定额 13-1,基价 = 2 023.19 元/$100m^2$

换算后基价(13-1H) $= 2\,023.19 + (446.95 - 446.85) \times 1.695 + 1249.3 \times 0.35$

$= 2\,023.19 + 0.169\,5 + 437.255 = 2\,460.61$ 元/$100m^2$

式中,446.95 为干混抹灰砂浆 DP M20.0 预算价格,1.695 为干混抹灰砂浆的定额含量。

④阳台、雨篷、水平遮阳板、沿沟底面抹灰,套用天棚抹灰定额;阳台、雨篷台口梁抹灰按展开面积并入板底面积;沿沟及面积 $1m^2$ 以内板的底面抹灰人工乘系数 1.20。

⑤梁与天棚板底抹灰材料不同时应分别计算,梁抹灰另套用定额“第十二章 墙、柱面装饰与隔断、幕墙工程”中的柱(梁)面抹灰定额。

⑥天棚混凝土板底批腻子套用定额“第十四章 油漆、涂料、裱糊工程”相应定额子目。

(2)天棚吊顶。

①天棚龙骨、基层、面层除装配式成品天棚安装外,其余均按龙骨、基层、面层分别列项套用相应定额子目。

②天棚龙骨、基层、面层材料如设计与定额不同时,按设计要求做相应调整。

③天棚面层在同一标高者为平面天棚,存在一个以上标高者为跌级天棚。跌级天棚按平面、侧面分别列项套用相应定额子目。

④在夹板基层上贴石膏板,套用每增加一层石膏板定额。

⑤天棚不锈钢板等金属板嵌条、镶块等小块料套用零星、异形贴面定额。

⑥定额中玻璃均按成品玻璃考虑。

⑦木质龙骨、基层、面层等涂刷防火涂料或防腐油时,套用定额“第十四章 油漆、涂料、裱糊工程”相应定额子目。

⑧天棚基层及面层如为拱形、圆弧形等曲面时,按相应定额人工乘系数 1.15。

⑨天棚面层板缝贴胶带、点锈,天棚饰面涂料、油漆等套用定额“第十四章　油漆、涂料、裱糊工程”相应定额子目。

(3)装配式成品天棚安装定额包括了龙骨、面层安装。

(4)定额中吊筋均按后施工打膨胀螺栓考虑,如设计为预埋铁件时,扣除定额中的合金钢钻头、金属膨胀螺栓用量,每 $100m^2$ 扣除人工 1.0 工日,预埋铁件另套用定额“第五章　混凝土及钢筋混凝土工程”相关定额子目计算。

吊筋高度按 1.5m 以内综合考虑。如设计需做二次支撑时,应另按定额“第六章　金属结构工程”相关定额子目计算。

(5)定额已综合考虑石膏板、木板面层上开灯孔、检修孔等孔洞的费用,如在金属板、玻璃、石材面板上开孔时,费用另行计算。检修孔、风口等洞口加固的费用已包含在天棚定额中。

(6)灯槽内侧板高度在 150mm 以内的套用灯槽子目,高度大于 150mm 的套用天棚侧板子目;宽度 500mm 以上或面积 $1m^2$ 以上的嵌入式灯槽按跌级天棚计算。

(7)送风口和回风口按成品安装考虑。

(二)定额工程量的计算

天棚抹灰
工程量计算

1. 天棚抹灰

天棚抹灰面积按设计结构尺寸以展开面积计算。不扣除间壁墙、垛、柱、附墙烟囱、检查口和管道所占的面积,带梁天棚梁两侧抹灰面积并入天棚面积内。

板式楼梯底面抹灰面积按水平投影面积乘系数 1.15 计算,锯齿形楼梯底板抹灰面积按水平投影面积乘系数 1.37 计算。楼梯底面积包括梯段、休息平台、平台梁、楼梯与楼面板连接梁(无连接梁时算至最上一级踏步边沿加 300mm)、宽度 500mm 以内的楼梯井、单跑楼梯上下平台与楼梯段等宽部分。

【例 2-13-2】 如图 2-13-2 所示,天棚构造:现浇混凝土面,干混抹灰砂浆 DP M15.0,批刮腻子两遍,乳胶漆三遍,求天棚抹灰和油漆工程量,并套用定额,求直接工程费。

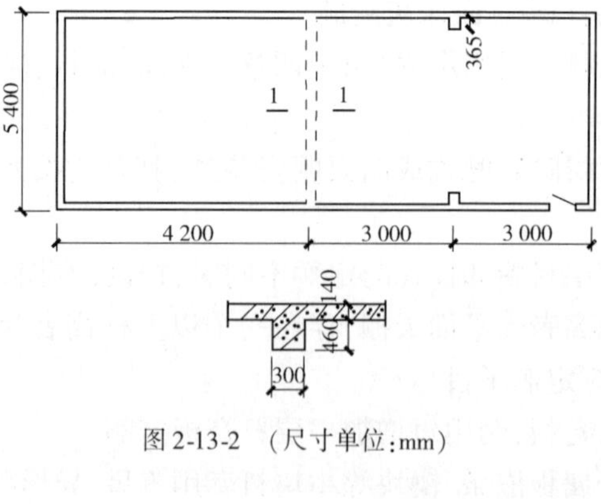

图 2-13-2　(尺寸单位:mm)

解

$S_{抹灰砂浆} = (10.2-0.24)\times(5.4-0.24)+0.46\times(5.4-0.24)\times2=51.394+4.747$

$=56.14m^2$

套定额 13-1,基价 = 2 023.19 元/$100m^2$

直接工程费 = 56.14 × 20.231 9 = 1 135.82 元

$S_{腻子}=56.14m^2$

套定额 14-141，基价 = 1 170.71 元/100m²

直接工程费 = 56.14 × 11.707 1 = 657.24 元

$S_{乳胶漆}=56.14m^2$

套定额 14-128 + 14-129，基价 = 1 108.92 + 548.44 = 1 657.36 元/100m²

直接工程费 = 56.14 × 16.573 6 = 930.44 元

总直接工程费 = 1 135.82 + 657.24 + 930.44 = 2 723.5 元

2. 天棚吊顶

平面天棚及跌级天棚的平面部分，龙骨、基层和饰面板工程量均按设计图示尺寸以面积计算，不扣除间壁墙、柱、垛、附墙烟囱、检查口和管道所占面积，扣除单个面积 0.30m² 以外的独立柱、孔洞（灯孔、检查孔面积不扣除）及与天棚相连的窗帘盒所占的面积。

跌级天棚的侧面部分龙骨、基层、面层工程量按跌级高度乘相应的长度以面积计算。

拱形及弧形天棚在起拱或下弧起止范围，按展开面积计算。

不锈钢板等金属板零星、异型贴面面积按外接矩形面积计算。

【例 2-13-3】 求图 2-13-3 所示天棚装饰工程量，并套用定额，求直接工程费。已知房间净长 9m，净宽为 7.2m。

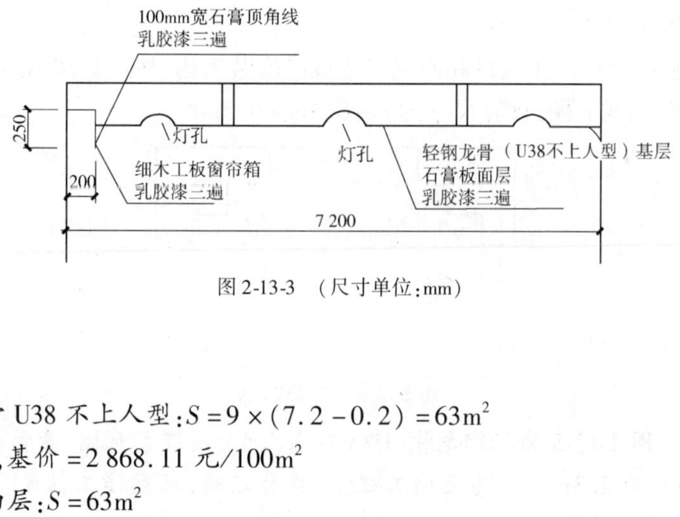

图 2-13-3 （尺寸单位：mm）

天棚吊顶工程量计算

解

工程量计算：

(1) 轻钢龙骨 U38 不上人型：$S=9\times(7.2-0.2)=63m^2$

套定额 13-8，基价 = 2 868.11 元/100m²

(2) 石膏板面层：$S=63m^2$

套定额 13-22，基价 = 2 125.82 元/100m²

(3) 板缝贴胶带，点锈：$S=63m^2$

套定额 14-100，基价 = 431.30 元/100m²

(4) 乳胶漆三遍：$S=63m^2$

套定额 14-128 + 14-129，基价 = 1 657.36 元/100m²

(5) 细木工板窗帘箱：$S=(0.2+0.25)\times9=4.05m^2$

套定额 8-152，基价 = 759.97 元/10m²

(6) 窗帘箱乳胶漆三遍：$S=(0.45+0.15)\times9\times1.1=5.94m^2$

套定额 14-128 + 14-129，基价 = 1 657.36 元/100m²

(7)石膏顶角线：$L=[9+(7.2-0.2)]\times 2=32\text{m}$

套定额 15-74,基价 = 1 627.66 元/100m

(8)石膏顶角线乳胶漆：$L=32\text{m}$

套定额 14-135,基价 = 193.58 元/100m

工程预算见表 2-13-2。

工程预算书 表 2-13-2

定额编号	工程名称	定额计量单位	工程数量	单价(元)	合价(元)
	直接工程费				
13-8	轻钢龙骨 U38 不上人型	100m^2	0.63	2 868.11	1 806.91
13-22	石膏板面层	100m^2	0.63	2 125.82	1 339.27
14-100	板缝贴胶带,点锈	100m^2	0.63	431.30	271.72
8-152	细木工板窗帘箱	10m^2	0.405	759.97	307.79
14-128	乳胶漆两遍	100m^2	0.689 4	1 108.92	764.49
14-129	乳胶漆增加一遍	100m^2	0.689 4	548.44	378.09
15-74	石膏顶角线	100m	0.32	1 627.66	520.85
14-135	线条 10cm 宽乳胶漆	100m	0.32	193.58	61.95
	小计				5 451.07

3. 天棚其他装饰

灯槽按展开面积计算。送风口和回风口按成品安装考虑,按设计图示数量计算。

图 2-13-4 为跌级式天棚,计算尺寸为 $a+0.3\text{m}+0.3\text{m}$。

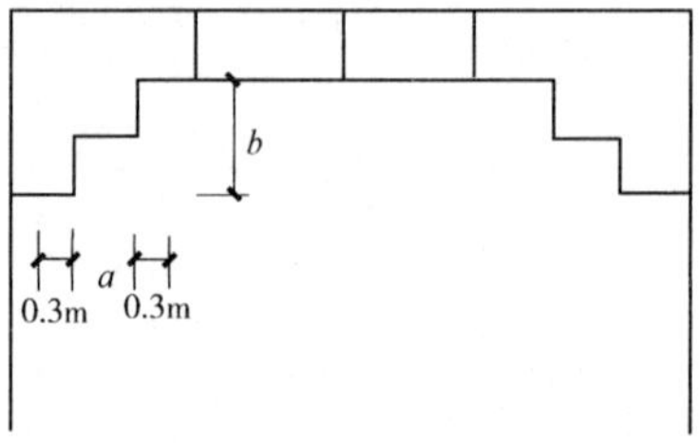

图 2-13-4 跌级式天棚

【例 2-13-4】 图 2-13-5 为轻钢龙骨(U38 不上人型)跌级式天棚,石膏板饰面,乳胶漆三遍,龙骨中心线周长为 2.3m。求其天棚工程量,并套定额,求直接工程费。已知房间净长为 9m,净宽为 7.2m,跌级式天棚 a 为 0.7m,b 为 0.45m。

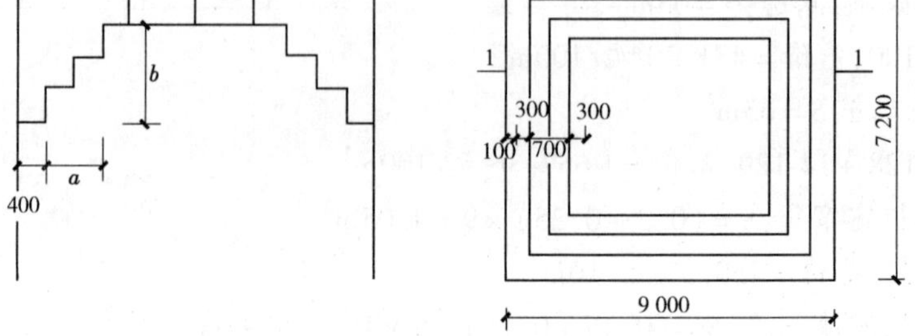

图 2-13-5 (尺寸单位:mm)

解

工程量计算：

(1)轻钢龙骨 U38 不上人型

$S_{平面}=9\times7.2=64.8m^2$

套定额 13-8，基价 = 2 868.11 元/100m²

$S_{侧面}=[(9-2.2+7.2-2.2)\times2+(9-1.5+7.2-1.5)\times2+(9-0.8+7.2-0.8)\times2]\times0.15$
$=11.88m^2$

套定额 13-9，基价 = 2 891.95 元/100m²

(2)石膏板面层：

$S_{平面}=64.8m^2$

套定额 13-22，基价 = 2 125.82 元/100m²

$S_{侧面}=11.88m^2$

套定额 13-23，基价 = 2 364.78 元/100m²

(3)板缝贴胶带，点锈

$S=64.8+11.88=76.68m^2$

套 14-100，基价 = 431.30 元/100m²

(4)乳胶漆三遍

$S=76.68m^2$

套 14-128 + 14-129，基价 = 1 657.36 元/100m²

工程预算见表 2-13-3。

工 程 预 算 书　　表 2-13-3

定额编号	工 程 名 称	定额计量单位	工 程 数 量	单价(元)	合价(元)
	直接工程费				
13-8	轻钢龙骨 U38 不上人型	100m²	0.648	2 868.11	1 858.54
13-9	轻钢龙骨 U38 不上人型	100m²	0.118 8	2 891.95	343.51
13-22	石膏板面层	100m²	0.648	2 125.82	1 377.53
13-23	石膏板面层	100m²	0.118 8	2 364.78	280.94
14-100	板缝贴胶带，点锈	100m²	0.766 8	431.30	330.72
14-128	乳胶漆两遍	100m²	0.766 8	1 108.92	850.32
14-129	乳胶漆增加一遍	100m²	0.766 8	548.44	420.54
	小计				5 462.10

任务实施一

某学院培训楼天棚做法：

图形、钢筋培训室、会客室，清单、预算培训室天棚，楼梯、阳台、挑檐底板(棚 2B)，板底刮腻子喷涂顶棚：①刷乳胶漆三遍；②满刮二遍面层耐水腻子找平；③板底满刮 3mm 厚底基防裂腻子分遍找平；④素水泥浆一道甩毛(内掺建筑胶)。

(1)定额工程量

板底素水泥浆一道甩毛(内掺建筑胶),刮腻子喷涂顶棚,涂乳胶漆三遍(棚2B)。

①一层:钢筋、图形培训室

$S=[(3.3-0.24)\times(6-0.24)-(0.13\times0.13\times2+0.13\times0.08\times2+0.4\times0.08)]\times2$
$=35.08\text{m}^2$

②二层

a. 清单、预算培训室

$S=35.08\text{m}^2$

b. 会客厅

$S=(3.9-0.24)\times(4.5-0.24)-0.08\times0.08\times2-0.13\times0.13\times2=15.55\text{m}^2$

③楼梯间

$S=(2.1-0.24)\times(4.5-0.24)-0.13\times0.08\times2-0.08\times0.08\times2=7.89\text{m}^2$

④挑檐底板

$S=6.5\times0.6\times2+(11.6+0.6\times2)\times0.6\times2+4.56\times0.6=25.90\text{m}^2$

⑤阳台底板

$S=1.2\times4.56=5.47\text{m}^2$

⑥楼梯底板

$S=(2.43+1.02-0.12+0.24)\times(2.1-0.24)\times1.15=7.636\text{m}^2$

工程量小计:$35.08\times2+15.55+7.89+25.90+5.47+7.64=132.61\text{m}^2$

(2)直接工程费

①$S_{素水泥浆(内掺建筑胶)}=132.61\text{m}^2$

套定额12-18H,基价$=181.74+124.78\times0.1=194.22$元/100m²

直接工程费$=132.61\times1.9422=257.56$元

②$S_{腻子}=132.61\text{m}^2$

套定额14-140,基价$=1288.27$元/100m²

直接工程费$=132.61\times12.8827=1708.37$元

③$S_{乳胶漆}=132.61\text{m}^2$

套定额14-128+14-129,基价$=1108.92+548.44=1657.36$元/100m²

直接工程费$=132.61\times16.5736=2197.83$元

总直接工程费$=257.56+1708.37+2197.83=4163.76$元

天棚工程量计算小结

任务实施二

某学院培训楼天棚做法:

接待室(棚26):纸面石膏吊顶。

①刷乳胶漆三遍(板缝贴胶带、点锈)。

②满刮两遍面层耐水腻子找平。

③普通803涂料三遍。

④9.5mm厚纸面石膏板，用自攻螺钉与龙骨固定。

⑤U38型(不上人)轻钢龙骨，中距600mm，龙骨吸顶吊件用膨胀螺栓与钢筋混凝土固定。

(1)定额工程量

纸面石膏吊顶(棚26)：

①轻钢龙骨U38不上人型：$S=(4.5-0.24)\times(3.9-0.24)=15.59\text{m}^2$

②9.5mm厚纸面石膏板：$S=15.59\text{m}^2$

③防潮涂料：$S=(4.5-0.24)\times(3.9-0.24)=15.59\text{m}^2$

④乳胶漆三遍：$S=15.59-0.08\times0.08\times2-0.13\times0.08\times2=15.556\text{m}^2$

⑤板缝贴胶带、点锈：$S=(4.5-0.24)\times(3.9-0.24)=15.59\text{m}^2$

(2)直接工程费

①套定额13-8，基价=2 868.11元/100m^2

轻钢龙骨直接工程费=15.59×28.68=447.12元

②套定额13-22，基价=2 125.82元/100m^2

石膏板直接工程费=15.59×21.26=331.44元

③套定额14-130+14-131，基价=859.72元/100m^2

803涂料三遍直接工程费=8.60×15.59=134.07元

④套定额：14-128+14-129，基价=1 657.36元/100m^2

乳胶漆直接工程费=16.57×15.556=257.76元

⑤套定额：14-100，基价=431.30元/100m^2

板缝贴胶带、点锈直接工程费=4.31×15.59=67.19元

三 工程量清单及清单计价

清单子目：本单元工程项目按《房屋建筑与装饰工程工程量计算规范》(GB 50854—2013)附录N列项，分4节共10个项目，分别是N.1天棚抹灰，N.2天棚吊顶，N.3采光天棚，N.4天棚其他装饰。

天棚抹灰列有1个工程量清单项目，项目编号按011301001×××编列。

天棚吊顶包括：吊顶天棚、格栅吊顶、吊筒吊顶、藤条造型悬挂吊顶、织物软雕吊顶、装饰网架吊顶6个项目。项目编码分别按011302001×××~011302006×××编列。

采光天棚列有1个工程量清单项目，项目编号按011303001×××编列。

天棚其他装饰包括：灯带、送风口回风口2个项目。项目编码分别按011304001×××~011304002×××编列。

(一)天棚抹灰

1.工程量清单

天棚抹灰和吊顶清单编制

(1)天棚抹灰在项目列项时应明确描述项目特征，如：抹灰厚度、材料种类(水泥砂浆、混合砂浆、石灰砂浆等)，砂浆配合比等，工程内容一般包括基层湿润、

底层抹灰、面层抹灰。

(2)计量单位:m^2。

(3)工程量计算:按设计的图示尺寸以水平投影面积计算。不扣除间壁墙、垛、柱、附墙烟囱、检查口和管道所占的面积,带梁天棚,梁两侧抹灰面积并入天棚面积内,板式楼梯底面抹灰按斜面积计算,锯齿形楼梯底板抹灰按展开面积计算。

2. 工程量清单计价

天棚抹灰清单计价组价内容可按照《浙江省建设工程清单计价指引》第二篇B3.1天棚抹灰进行组合。该"指引"天棚抹灰可组合的内容见表2-13-4。

天棚抹灰可组合的内容分部分项工程量清单 表2-13-4

项目编码	项目名称	计量单位	可组合的主要内容		对应的定额子目
011301001	天棚抹灰	m^2	混凝土面天棚抹灰	一般抹灰	13-1
				石膏浆抹灰	13-2、13-3

(二)天棚吊顶

1. 工程量清单

(1)吊顶天棚清单项目列项时,应明确描述的项目特征,如:吊顶形式、吊杆规格高度,龙骨类型(木龙骨、轻钢龙骨、铝合金龙骨)、材料种类、规格、中距,基层面层材料品种、规格、品牌、颜色,防护材料种类,压条材料种类、规格,嵌缝材料种类,油漆品牌、刷漆遍数。

工程内容一般包括:清理基层、吊杆安装、龙骨安装、基层板铺贴、面层铺贴,嵌缝,刷防护材料、油漆。

(2)计量单位:m^2。

(3)工程量计算:按设计图示尺寸以水平投影面积计算。天棚中的灯槽及跌级、锯齿形、吊挂式、藻井式天棚面积不展开计算。不扣除间壁墙、检查口、附墙烟囱,柱垛和管道所占面积,扣除单个0.3m^2以外的孔洞、独立柱及与天棚相连的窗帘盒所占的面积。

2. 工程量清单计价

天棚吊顶可组合的内容见表2-13-5。

天棚吊顶可组合的内容 表2-13-5

项目编码	项目名称	计量单位	可组合的主要内容		对应的定额子目
011302001	吊顶天棚	m^2	1. 天棚骨架	木龙骨	13-4~13-7
				轻钢龙骨	13-8~13-12
				铝合金龙骨	13-13~13-14
			2. 天棚基层	细木工板	13-15~13-19
				胶合板	13-20~13-21
				石膏板	13-22~13-26
			3. 天棚面层	装饰夹板	13-27~13-30
				铝塑板、防火板	13-31~13-33,13-34~13-36
				不锈钢板、矿棉板、硅酸钙板、空腹PVC板	13-37~13-38,13-39,13-40~13-41,13-42

续上表

项目编码	项目名称	计量单位	可组合的主要内容		对应的定额子目
011302001	吊顶天棚	m^2	3. 天棚面层	铝合金方板面层	13-43～13-44
				钢化玻璃面层	13-45～13-46
				天棚灯片、软膜吊顶	13-47～13-49,13-50～13-52

按照清单项目工程内容,可根据施工图和施工方案将天棚吊顶龙骨安装、基层板铺贴、面层铺贴、装饰线条、压条、嵌缝、刷防护材料、油漆等予以组合,作为清单项目计价组合子目。

3. 格栅、吊筒、藤条造型悬挂、织物软雕及网架(装饰)吊顶

(1)格栅吊顶清单项目列项时应描述项目特征,如:龙骨的类型、材料种类、规格中距,基层材料种类、规格,面层材料品种、规格、品牌、颜色,防护材料种类、油漆品种、刷漆遍数。

工程内容一般包括:基层清理,底层抹灰,安装龙骨,基层板及面层铺贴,刷防护材料、油漆等。

(2)吊筒吊顶清单项目列项时应描述项目特征,如:底层厚度、砂浆配合比,吊筒形状、规格、颜色、材料品种,刷防护材料种类,油漆品种、刷漆遍数。

工程内容一般包括:基层清理,底层抹灰,吊筒安装,刷防护材料、油漆。

(3)藤条造型悬挂吊顶、织物软雕吊顶清单项目列项时应描述项目特征,如:底层厚度、砂浆配合比,骨架材料种类、规格,面层材料品种、规格、颜色,防护材料种类,油漆品种、刷漆遍数。

工程内容一般包括:基层清理,底层抹灰,龙骨安装,铺贴面层,刷防护材料、油漆。

(4)网架(装饰)吊顶清单项目列项时应明确描述项目特征,如:底层厚度、砂浆配合比,面层材料品种、规格、颜色,刷防材料品种,油漆品种、刷漆遍数。

工程内容一般包括:基层清理,底层抹灰,面层安装,刷防护材料、油漆。

(5)计量单位:m^2。

(6)工程量计算:按设计图示尺寸以水平投影面积计算。

(三)天棚其他装饰

1. 清单项目列项时,主要应描述的项目特征

(1)灯带的形式、尺寸,格栅片材料品种、规格、品牌、颜色,安装固定方式等。

(2)风口材料的品种、规格、品牌、颜色,安装固定方式,防护材料种类等。

工程内容一般包括安装、固定,刷防护材料。

2. 计量单位及工程量计算

(1)灯带:计量单位"m^2",工程量按设计图示尺寸以框外围面积计算。

(2)风口:计量单位"个",工程量按设计图示数量计算。

小贴士

(1)天棚装饰工程量清单必须按设计图纸描述:装饰的部位、结构层材料名称、龙骨设置方式、构造尺寸做法、面层材料名称、规格及材质、装饰造型要求、特殊工艺及材料处理要求等。

天棚吊顶形式如平面、跌级(阶梯),锯齿形、吊挂式、藻井式及矩形、弧形、拱形等应在清单项目中进行描述。

(2)采光天棚和天棚设保温、隔热、吸音层时,应按《房屋建筑与装饰工程工程量计算规范》(GB 50854—2013)附录N.3中相关项目编码列项。

(3)"天棚抹灰"项目基层类型是指现浇混凝土板、预制混凝土板、木板、钢板网天棚等。

(4)基层材料:指底板或面层背的加强材料。

(5)龙骨中距:指相邻龙骨中线之间的距离。

(6)格栅吊顶适用于木格栅、金属格栅、塑料格栅等。

(7)吊筒吊顶适用于木(竹)质吊筒、金属吊筒、塑料吊筒等,形状包括圆形、矩形、弧形吊筒等。

(8)灯带格栅有不锈钢格栅、铝合金格栅、玻璃类格栅等。送风口、回风口,按形状划分有直形、弧形;按材料划分有金属、塑料、木质等。

(9)天棚抹灰面积,按设计图示尺寸以水平投影面积计算,不扣除间壁墙(包括半砖墙)、垛、柱、附墙烟囱、检查口和管道所占的面积。板式楼梯梯底抹灰按斜面积计算。整体楼梯抹灰包括梯底抹灰。

(10)吊顶定额按打眼安装吊杆考虑,如设计为预埋铁件时另行换算。

(11)天棚吊顶骨架工程量按设计图纸尺寸以水平投影面积计算,不扣除间壁墙、检查口、附墙烟囱、柱、垛和管道所占面积,但应扣除天棚相连的窗帘箱所占的面积。

(12)梯式(跌级式)天棚的计算范围以阶梯式(跌级式)最上(下)一级边沿加30cm计算。而计价规范工程量计算规则按设计图示尺寸以水平投影面积计算,报价时考虑跌级构造工程量差异。

(13)天棚饰面工程量按展开面积计算,不扣除$0.3m^2$以内孔洞所占面积。

(14)天棚的检查孔、天棚内的检修走道、灯槽等应包括在报价内。

【例2-13-5】 已知某房间尺寸净面积为$9m \times 7.2m$,天棚吊顶构造见图2-13-3,试计算天棚吊顶及窗帘箱的清单工程量,编制分部分项工程量清单。管理费,利润分别按"人工费+机械费"的15%和10%计取,不考虑风险金,试用综合单价进行报价。

解

1)清单工程量

(1)吊顶天棚:$S = 9 \times (7.2 - 0.2) = 63m^2$

(2)饰面夹板窗帘盒:$L = 9m$

工程量清单见表2-13-6。

分部分项工程量清单 表2-13-6

工程名称:某工程

序号	项目编码	项目名称	项 目 特 征	计量单位	工程数量
			N.1 天棚抹灰		
1	011302001001	吊顶天棚	600mm×600mm 轻钢龙骨 U38 不上人,石膏板面层,乳胶漆三遍(板缝贴胶带点锈),天棚四周100mm 宽石膏顶角线,乳胶漆三遍	m^2	63
2	010810003001	饰面夹板窗帘盒	细木工板窗帘箱,乳胶漆三遍	m	9

2)计价工程量

(1)天棚吊顶

①轻钢龙骨 U38 不上人型:$S=9\times(7.2-0.2)=63m^2$ (套定额13-8)

②石膏板面层:$S=63m^2$ (套定额13-22)

③板缝贴胶带,点锈:$S=63m^2$ (套定额14-100)

④乳胶漆三遍:$S=63m^2$ (套定额14-128+14-129)

⑤石膏顶角线:$L=[9+(7.2-0.2)]\times2=32m$ (套定额15-74)

⑥石膏顶角线乳胶漆:$L=32m$ (套定额15-135)

(2)窗帘箱

①细木工板窗帘箱:$S=(0.2+0.25)\times9=4.05m^2$ (套定额8-152)

②窗帘箱乳胶漆3遍:$S=(0.45+0.15)\times9\times1.1=5.94m^2$ (套定额14-128+14-129)

综合单价计算见表2-13-7。

工程量清单综合单价计算表 表2-13-7

单位及专业工程名称:某工程——建筑工程 第1页 共1页

序号	编号	名称	计量单位	数量	综合单价(元)							合计(元)
					人工费	材料费	机械费	管理费	利润	风险费用	小计	
1	011302001001	吊顶天棚	m^2	63	42.06	38.03	0	6.32	4.20	0	90.61	5 708.43
	13-8	轻钢龙骨吊顶平面(U38不上人型)周长2.5m内	m^2	63	17.64	11.04	0	2.65	1.76	0	33.09	2 084.67
	13-22	U形轻钢龙骨上平面石膏板天棚饰面	m^2	63	10.00	11.26	0	1.50	1.00	0	23.76	1 496.88
	14-100	板缝贴胶带、点锈	m^2	63	2.07	2.25	0	0.31	0.21	0	4.84	304.92
	14-128	刷乳胶漆两遍	m^2	63	6.39	4.70	0	0.96	0.64	0	12.69	799.47
	14-129	刷乳胶漆每增减一遍	m^2	63	3.19	2.29	0	0.48	0.32	0	6.28	395.64

续上表

序号	编号	名称	计量单位	数量	综合单价(元)							合计(元)
					人工费	材料费	机械费	管理费	利润	风险费用	小计	
	14-135	线条刷乳胶漆(宽 12cm 以内)	m	32	1.11	0.83	0	0.17	0.11	0	2.22	71.04
	15-74	粘贴石膏顶角线(100mm 以内)	m	32	4.34	11.94	0	0.65	0.43	0	17.36	555.52
2	010810003001	饰面夹板窗帘盒	m	9	24.32	20.80	0.01	3.65	2.43	0	51.21	460.89
	8-152	细木工板窗帘盒基层(直形悬挂式)	m^2	4.05	40.00	35.96	0.03	6.00	4.00	0	85.99	348.26
	14-128	刷乳胶漆两遍	m^2	5.94	6.39	4.70	0	0.96	0.64	0	12.69	75.38
	14-129	刷乳胶漆每增减一遍	m^2	5.94	3.19	2.29	0	0.48	0.32	0	6.28	37.30

任务实施

某学院培训楼天棚做法:

接待室(棚 26),纸面石膏吊顶。

①刷乳胶漆三遍(板缝贴胶带、点锈)。

②满刮两遍面层耐水腻子找平。

③普通 803 涂料三遍。

④9.5mm 厚纸面石膏板,用自攻螺钉与龙骨固定。

⑤U38 型(不上人)轻钢龙骨,中距 600mm,龙骨吸顶吊件用膨胀螺栓与钢筋混凝土固定。

管理费按“人工费 + 机械费”的 15% 计取,利润按“人工费 + 机械费”的 10% 计取,风险金暂定为“人工费 + 机械费”的 2%。

(1)工程量清单

吊顶天棚清单工程量:

$S=(4.5-0.24)\times(3.9-0.24)=15.59m^2$

工程量清单见表 2-13-8。

分部分项工程量清单　　表 2-13-8

工程名称:某学院培训楼

序号	项目编码	项目名称	项 目 特 征	计量单位	工程数量
			B.3　天棚工程		
1	011302001001	吊顶天棚	1. 刷乳胶漆三遍(板缝贴胶带、点锈)。 2. 满刮两遍面层耐水腻子找平。 3. 满刮氯偏共聚乳液,耐水防霉涂料四遍。 4. 9.5mm 厚纸面石膏板,用自攻螺钉与龙骨固定。 5. U38 型(不上人)轻钢龙骨。 6. U38 型(不上人),中距 600mm,龙骨吸顶吊件用膨胀螺栓与钢筋混凝土固定	m^2	15.59

(2)综合单价

计价工程量:

①轻钢龙骨不上人型 U38:$S=(4.5-0.24)\times(3.9-0.24)=15.59m^2$

②9.5mm 厚纸面石膏板:$S=15.59m^2$

③防潮涂料:$S=15.59m^2$

综合单价计算见表 2-13-9。

工程量清单综合单价计算表　　表 2-13-9

单位及专业工程名称:某学院培训楼——建筑工程　　第 1 页　共 1 页

序号	编号	名称	计量单位	数量	综合单价(元)							合计(元)
					人工费	材料费	机械费	管理费	利润	风险费用	小计	
1	011302001001	吊顶天棚	m^2	15.59	35.47	23.07	0	5.32	3.54	0.71	68.11	1 061.83
	13-8	轻钢龙骨不上人型 U38	m^2	15.59	17.64	11.04	0	2.65	1.76	0.35	33.44	521.33
	13-22	9.5mm 厚纸面石膏板	m^2	15.59	10.00	11.26	0	1.50	1.00	0.2	23.96	373.54
	14-130 + 14-131	803 涂料三遍	m^2	15.59	7.83	0.77	0	1.17	0.78	0.16	10.71	166.97

能力训练项目

宏祥手套厂 2 号厂房天棚工程计量与计价。

项目导入

宏祥手套厂2号厂房建筑施工图见《建筑工程施工图实例图集》。

背景资料:

①一~五层车间、卫生间、楼梯间天棚做法(浙85J801-T3)。

②板底基层处理。

③3mm厚1:0.5水泥纸筋灰抹平。

④10mm厚1:1:4水泥玻璃纤维灰砂分层抹平。

⑤2mm厚玻璃纤维灰抹面。

管理费按“人工费+机械费”的15%计取,利润按“人工费+机械费”的10%计取,风险费不计。

项目任务

1. 计算宏祥手套厂2号厂房天棚工程的分部分项定额工程量。
2. 计算宏祥手套厂2号厂房天棚工程的分部分项直接工程费。
3. 编制宏祥手套厂2号厂房天棚工程的分部分项工程量清单。
4. 计算宏祥手套厂2号厂房天棚工程的分部分项综合单价。

学生工作页

一、单项选择题

1. 天棚抹灰面积,按设计图示尺寸以(　　)计算。

A. 平面面积　　B. 水平投影面积

C. 体积　　D. 展开面积

2. 带梁天棚,梁两侧的抹灰(　　)计算。

A. 不计算面积　　B. 并入天棚抹灰内

C. 按体积计算　　D. 按断面积

3. 天棚吊顶骨架工程量按设计图示尺寸以(　　)计算。

A. 平面积　　B. 水平投影面积

C. 体积　　D. 展开面积

4. 天棚饰面工程量按展开面积计算,不扣除(　　)以内孔洞所占面积。

A. $0.25m^2$　　B. $0.3m^2$

C. $0.35m^2$　　D. $0.4m^2$

5. 板式楼梯底面单独抹灰,套(　　)定额。

A. 墙面抹灰　　B. 天棚抹灰

C. 梁抹灰　　　　D. 板抹灰

二、多项选择题

1. 天棚抹灰面积,不扣除(　　)所占面积。

A. 间壁墙　　B. 垛、柱　　C. $0.35m^2$ 空洞

D. 附墙烟囱　　E. 检查口　　F. 管道所占的面积

2. 下列说法正确的是(　　)。

A. 带梁天棚,梁两侧的抹灰并入天棚抹灰内计算

B. 天棚吊顶骨架工程量按设计图示尺寸以水平投影面积计算,不扣除间壁墙、检查口、附墙烟囱、柱、垛和管道所占面积,应扣除与天棚相连的窗帘箱等所占的面积

C. 天棚饰面工程量按投影面积计算,不扣除 $0.3m^2$ 以内孔洞所占面积

D. 天棚面层在同一标高者为平面天棚

E. 送风口和回风口以成品安装考虑

三、定额换算题

根据表 2-13-10 所列信息,完成定额换算。

表 2-13-10

序号	定额编号	工程名称	定额计量单位	基价	基价计算式
1		混凝土面天棚抹灰(干混抹灰砂浆 DP M20.0)			
2		混凝土面天棚抹灰(石膏浆厚 7mm)			
3		天棚基层细木工板(18mm 厚,钉在木龙骨上,平面)			
4		檐沟底面抹灰(干混抹灰砂浆 DP M15.0)			
5		石膏板天棚基层(拱形,钉在木龙骨上)			
6		不锈钢板天棚饰面粘在夹板基层上(平面),不锈钢单价 150 元/m^2			
7		天棚基层刷干粉型界面剂			

四、计算分析题

1. 如图 2-13-6 所示,天棚构造为现浇混凝土面,水泥石灰纸筋砂浆底,纸筋灰面,乳胶漆三遍。试计算下列工程量。

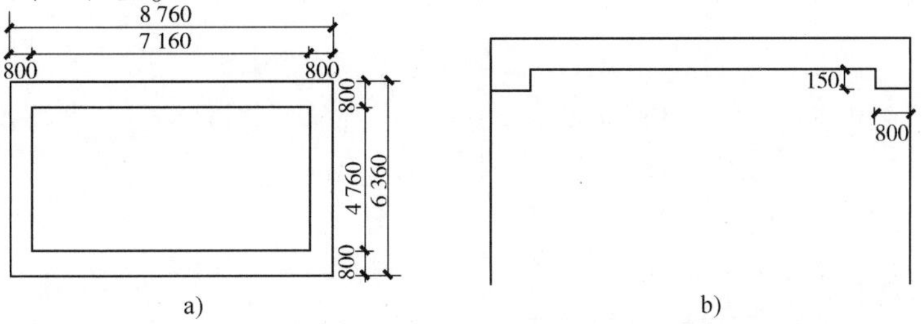

图 2-13-6 (尺寸单位:mm)

(1)计算清单工程量,编制天棚工程分部分项工程量清单。

(2)设人、材、机市场价同定额取定价,管理费,利润分别按“人工费+机械费”的20%和15%计取,不考虑风险费用,试计算天棚工程分部分项工程的综合单价。

2.如图2-13-6所示,某客厅吊顶为U38型不上人轻钢龙骨石膏板,龙骨间距450mm×450mm,乳胶漆三遍。试编制该项目清单并计算综合单价。(设人工费、材料费、机械费市场价同定额取定价,管理费、利润分别按“人工费+机械费”的15%、10%计取,不考虑风险金)

单元十四 油漆、涂料、裱糊工程

教学课件

【能力目标】

1. 能够计算木门油漆、木扶手油漆、板缝贴胶带点锈、乳胶漆等的定额工程量。

2. 能够准确套用定额并计算木门油漆、木扶手油漆、板缝贴胶带点锈、乳胶漆等的直接工程费。

3. 能够编制木门油漆、木墙裙油漆、墙面喷刷涂料、天棚喷刷涂料等的分部分项工程量清单。

4. 能够计算木门油漆、木墙裙油漆、墙面喷刷涂料、天棚喷刷涂料等分部分项工程的综合单价。

5. 能够灵活运用房屋建筑与装饰工程预算定额，进行油漆涂料裱糊工程的定额换算。

【知识目标】

1. 熟悉油漆、涂料、裱糊的常用材料、构造做法及施工工艺。

2. 熟悉油漆、涂料、裱糊工程的定额套用说明。

3. 掌握木门油漆、木扶手油漆、板缝贴胶带点锈、乳胶漆等的定额工程量的计算规则。

4. 掌握油漆、涂料、裱糊工程四个清单项目：木门油漆、木墙裙油漆、墙面喷刷涂料、天棚喷刷涂料的清单工程量的计算方法。

5. 熟悉油漆、涂料、裱糊工程四个清单项目：木门油漆、木墙裙油漆、墙面喷刷涂料、天棚喷刷涂料的分部分项工程量清单编制方法。

6. 掌握油漆、涂料、裱糊工程四个清单项目：木门油漆、木墙裙油漆、墙面喷刷涂料、天棚喷刷涂料综合单价的确定方法。

项目导入

1. 施工图纸：某学院培训楼建筑施工图见本书附录。

2. 设计说明：某学院培训楼油漆、涂料做法见设计总说明。

采用清单计价时，管理费按“人工费＋机械费”的15%计取，利润按“人工费＋机械费”

的10%计取,风险金暂定为"人工费+机械费"的2%。

项目任务

1. 计算某学院培训楼油漆、涂料、裱糊工程的分部分项定额工程量。
2. 计算某学院培训楼油漆、涂料、裱糊工程的分部分项直接工程费。
3. 编制某学院培训楼油漆、涂料、裱糊工程的分部分项工程量清单。
4. 计算某学院培训楼油漆、涂料、裱糊工程的分部分项综合单价。

任务分析

熟悉某学院培训楼施工图纸,收集相关计价依据,拟解决以下问题:

1. 你所知道建筑工程常见的门、窗、墙面、天棚的油漆涂料做法有哪些类型?该培训楼的油漆涂料做法是怎么样的?

2. 油漆、涂料、裱糊工程定额项目有哪些?如何套用?工程量计算规则如何?

3. 油漆、涂料、裱糊工程分部分项工程量清单项目如何设置?工程量如何计算?综合单价如何计算?

一 基础知识

(一)油漆、涂料的概念

涂敷于物体表面能与基体材料很好地黏结并形成完整而坚韧保护膜的物料称为涂料。

涂料最早是以天然植物油脂、天然树脂(如亚麻子油、桐油、松香、生漆等)为主要原料,故称油漆。随着科学技术发展,合成树脂在很大范围内已经或正在取代天然树脂,所以我国已正式命名为涂料,而油漆属于涂料中的油性涂料。

基础知识

(二)油漆

油漆分为木材面油漆、金属面油漆、抹灰面油漆三类。

(1)木材面油漆:主要指各种木门窗、木屋架、屋面板、各种木间壁墙、木隔断墙、封檐板、清水板条天棚以及木栏杆、木扶手、窗帘盒等木装修。

(2)金属面油漆:主要指各种钢门窗、钢屋架、钢支撑及铁栏杆、楼梯踏步、白铁皮等金属制品的刷漆。

金属面油漆分为底漆和面漆。底漆为防锈漆,按定额"红丹防锈漆"项目套用;面漆按油漆类别分别套用相应定额。

(3)抹灰面油漆:按照使用的油漆材料划分为刷调和漆和耐磨漆。

(三)涂料

建筑涂料是一种色彩丰富、质感强、施工简便的装饰材料,目前发展十分迅速、品种不断增多。建筑涂料按使用部位,分内墙涂料、外墙涂料、地面涂料等;按化学组成分无机高分子涂料和有机高分子涂料,其中有机高分子涂料又分为水溶性涂料和水乳性涂料、溶剂涂料等。

涂料墙面的构造分为底层、中层和面层三部分。

底层就是底漆，直接在腻子上刷涂，通过刷底漆可有效防止木脂、可溶性盐等物质渗出，增加涂料与腻子间的牢固性。中层涂料施工是工程质量的关键工序，通过施工形成一定的厚度，既有效保护基层，又形成某种装饰效果。面层直接体现装饰效果质感等，除了美观，面层具有坚固耐磨，耐腐蚀等特点。

（四）裱糊

裱糊是将壁纸、锦缎织物贴于墙面的一种装饰方法。

1. 壁纸

是室内装饰中常用的一种薄形饰面材料，分为普通壁纸、金属壁纸两大类。

2. 锦缎织物

锦缎织物色彩华丽、质感温暖、格调高雅，常用于高级建筑装饰。

二 定额的套用和工程量的计算

定额子目：10 节，分别为木门油漆，木扶手、木线条、木板条油漆，其他木材面油漆，木地板油漆，木材面防火涂料，板面封油、刮腻子，金属面油漆，抹灰面油漆，涂料，裱糊，共 162 个子目。各小节子目划分情况见表 2-14-1。

定额子目划分 表 2-14-1

<table>
<tr><th colspan="3">定　额　节</th><th>子目数</th><th colspan="2">定　额　节</th><th>子目数</th></tr>
<tr><td rowspan="3">一</td><td rowspan="3">木门油漆
（20）</td><td>聚酯漆</td><td>8</td><td>四</td><td>木地板油漆</td><td>7</td></tr>
<tr><td>硝基漆</td><td>8</td><td>五</td><td>木材面防火涂料</td><td>12</td></tr>
<tr><td>调和漆、其他油漆</td><td>4</td><td>六</td><td>板面封油、刮腻子</td><td>4</td></tr>
<tr><td rowspan="2">二</td><td rowspan="2">木扶手、木线条、
木板条油漆（39）</td><td>木扶手油漆</td><td>19</td><td>七</td><td>金属面油漆</td><td>19</td></tr>
<tr><td>木线条、木板条油漆</td><td>20</td><td>八</td><td>抹灰面油漆</td><td>6</td></tr>
<tr><td rowspan="3">三</td><td rowspan="3">其他木材面油漆
（20）</td><td>聚酯漆</td><td>8</td><td>九</td><td>涂料</td><td>23</td></tr>
<tr><td>硝基漆</td><td>8</td><td rowspan="2">十</td><td rowspan="2">裱糊</td><td rowspan="2">12</td></tr>
<tr><td>调和漆、其他油漆</td><td>4</td></tr>
</table>

木门油漆包括：聚酯漆，硝基漆，调和漆、其他油漆 3 个小节。

木窗油漆包括：聚酯漆，硝基漆，调和漆、其他油漆 3 个小节。

木扶手、木线条、木板条油漆包括：木扶手油漆，木线条、木板条油漆 2 个小节。

其他木材面油漆包括：聚酯漆，硝基漆，调和漆、其他油漆 3 个小节。

（一）门、窗油漆

定额套用

（1）木门窗形状与做法不同，如有的门镶玻璃，有的门不镶玻璃，有的门是凹凸的而有的是平板的。同样大小的门因为其形状的不同，油漆的涂刷面积会发生变化。为了使计算方便，定额采取系数的形式来调整。

（2）油漆不分高光、半哑光、哑光，定额综合考虑。

（3）调和漆定额按二遍考虑，聚酯清漆、聚酯混漆定额按三遍考虑，磨退定额按五遍考虑。硝基清漆，硝基混漆按五遍考虑，磨退定额按十遍考虑。设计遍数与定额取定不同时，按每增减一遍定额调整计算。

(4)套用单层木门定额,其工程量乘表2-14-2所列系数。

单层木门定额工程量系数　表2-14-2

定额项目	项目名称	系数	工程量计算规则
单层木门	单层木门	1.00	按门洞口面积
	双层(一板一纱)木门	1.36	
	全玻自由门	0.83	
	半截玻璃门	0.93	
	带通风百叶门	1.30	
	厂库大门	1.10	
	带框装饰门(凹凸、带线条)	1.10	
	无框装饰门、成品门	1.10	按门扇面积

(5)套用单层木窗定额,其工程量乘表2-14-3所列系数。

单层木窗定额工程量系数　表2-14-3

定额项目	项目名称	系数	工程量计算规则
单层木窗	木平开窗、木推拉窗、木翻窗	0.70	按窗洞口面积
	木百叶窗	1.05	
	半圆形玻璃窗	0.75	

(二)木扶手、木线条、木板条油漆

(1)油漆遍数的套用方法同门窗工程的油漆。

(2)木线条、木板条适用于单独木线条、木板条油漆或分色油漆。

(3)楼梯木扶手油漆工程量按扶手中心线斜长计算,弯头长度应计算在扶手长度内。

(4)套用木扶手、木线条、木板条定额,其工程量乘表2-14-4所列系数。

木扶手、木线条、木板条定额工程量系数　表2-14-4

定额项目	项目名称	系数	工程量计算规则
木扶手	木扶手(不带栏杆)	1.00	按延长米计算
	木扶手(带托板)	2.50	
木板条	封檐板、顺水板	1.70	
木线条	宽度60mm以内	1.00	按延长米计算
	宽度100mm以内	1.30	

(三)其他木材面油漆

套用其他木材面定额,其工程量乘表2-14-5所列系数。

其他木材面定额工程量系数　表2-14-5

定额项目	项目名称	系数	工程量计算规则
其他木材面	木板、纤维板、胶合板、吸音板、天棚	1.00	按相应装饰饰面工程量
	带木线的板饰面,墙裙、柱面	1.07	

续上表

定额项目	项目名称	系　数	工程量计算规则
其他木材面	窗台板、窗帘箱、门窗套、踢脚板	1.10	按相应装饰饰面工程量
	木方格吊顶天棚	1.30	
	清水板条天棚、檐口	1.20	
	木间壁、木隔断	1.90	
	玻璃间壁露明墙筋	1.65	
	木栅栏、木栏杆(带扶手)	1.82	按单面外围面积计算
	衣柜、壁柜	1.05	按展开面积计算
	零星木装修	1.15	
	屋面板(带檩条)	1.11	斜长×宽
	木屋架	1.79	跨度(长)×中高×1/2

(四)木地板定额油漆

套用木地板定额,其工程量乘表2-14-6所列系数。

木地板定额工程量系数　　表2-14-6

定额项目	项目名称	系　数	工程量计算规则
木地板	木地板	1.00	按地板工程量
	木地板打蜡	1.00	
	木楼梯(不包括底面)	2.30	按水平投影面积计算

(五)金属面油漆

(1)定额中镀锌的工艺是按热镀考虑的。

(2)定额氟碳漆子目仅适用于现场涂刷。

(3)金属面油漆、涂料应按其展开面积以"m^2"为计量单位套用金属面油漆相应定额。其余构件按以下各表方法计算。

(4)质量在500kg以内的单个小型构件(钢栅栏门、栏杆、窗栅、钢爬梯、踏步式钢扶梯、轻型屋架、零星铁件),套用相应金属面油漆子目定额人工乘系数1.15。

(5)套用单层钢门窗定额,其工程量乘表2-14-7所列系数。

单层钢门窗定额工程量系数　　表2-14-7

定额项目	项目名称	系　数	工程量计算规则
钢门窗	单层钢门窗	1.00	按门窗洞口面积
	双层(一玻一纱)钢门窗	1.48	
	钢百叶门	2.74	
	半截钢百叶门	2.22	
	满钢门或包铁皮门	1.63	
	钢折门	2.30	
	半玻钢板门或有亮钢板门	1.00	

续上表

定额项目	项目名称	系数	工程量计算规则
钢门窗	单层钢门窗带铁栅	1.94	按门窗洞口面积
	钢栅栏门	1.10	
	射线防护门	2.96	框(扇)外围面积
	厂库平开、推拉门	1.70	
	铁丝网大门	0.81	
	间壁	1.85	按面积计算
	平板屋面	0.74	斜长×宽
	瓦垄板屋面	0.89	
	排水、伸缩缝盖板	0.78	展开面积
	窗栅	1.00	

(6)金属面油漆、涂装项目,其工程量按设计图示尺寸以展开面积计算,以构件,可参考表2-14-8中相应的系数,将质量(t)折算为面积(m^2)。

金属面定额工程量系数　　表2-14-8

序号	项目	系数	序号	项目	系数
1	栏杆	64.98	4	踏步式钢扶梯	39.90
2	钢平台、钢走道	35.60	5	现场制作钢构件	56.60
3	钢爬梯、钢楼梯	44.84	6	零星铁件	58.00

(六)抹灰面油漆

(1)楼地面、墙柱面、天棚的喷(刷)涂料及抹灰面油漆、刮腻子、板缝贴胶带点锈,其工程量的计算,除本单元定额另有规定外,按设计图示尺寸以面积计算。

(2)混凝土栏杆、花格窗按单面垂直投影面积计算;套用抹灰面油漆时,工程量乘系数2.5。

(七)涂料、裱糊

抹灰面油漆、涂料、裱糊都不包括刮腻子,发生时单独套用相应定额。乳胶漆、涂料、批刮腻子定额不分防水、防霉,均套用相应定额子目,材料不同时进行换算,人工不变。木门、木扶手、木线条、其他木材面、木地板油漆定额已包括满刮腻子。

三 工程量清单及清单计价

清单子目:本单元工程项目按《房屋建筑与装饰工程工程量计算规范》(GB 50854—2013)附录P列项,分8节共36个项目,分别是P.1门油漆;P.2窗油漆;P.3木扶手及其他板线条油漆;P.4木材面油漆;P.5金属面油漆;P.6抹灰面油漆;P.7喷刷涂料;P.8裱糊。

门油漆包括:木门油漆、金属门油漆2个项目。项目编码分别按011401001×××~011401002×××设置。

窗油漆包括:木窗油漆、金属窗油漆2个项目。项目编码分别按011402001×××~

011402002×××设置。

木扶手及其他板线条油漆包括：木扶手油漆、窗帘盒油漆、封檐板顺水板油漆、挂衣板黑板框油漆、挂镜线窗帘棍单独木线油漆5个项目。项目编码分别按011403001×××~011403005×××设置。

木材面油漆包括：木护墙、木墙裙油漆；窗台板、筒子板、盖板、门窗套、踢脚线油漆；清水板条天棚、檐口油漆；木方格吊顶天棚油漆；吸音板墙面、天棚面油漆；暖气罩油漆；其他木材面；木间壁、木隔断油漆；玻璃间壁露明墙筋油漆；木栅栏、木栏杆（带扶手）油漆；衣柜、壁柜油漆；梁柱饰面油漆；零星木装修油漆；木地板油漆；木地板烫硬蜡面15个项目。项目编码分别按011404001×××~011404015×××设置。

抹灰面油漆包括：抹灰面油漆、抹灰线条油漆、满刮腻子3个项目。项目编码分别按011406001×××~011406003×××设置。

喷刷涂料包括：墙面喷刷涂料、天棚喷刷涂料、空花格栏杆刷涂料、线条刷涂料、金属构件刷防火涂料、木材构件喷刷防火涂料6个项目。项目编码分别按011407001×××~011407006×××设置。

裱糊包括：墙纸裱糊、织锦缎裱糊2个项目。项目编码分别按011408001×××~011408002×××设置。

（一）门窗油漆（011401001~011402002）

1.工程量清单

工程量清单及清单计价

门窗油漆工程量清单项目包括：木门油漆、木窗油漆、金属门油漆、金属窗油漆，门窗油漆项目设置时按油漆品种不同，分为聚酯漆、硝基漆、调和漆和其他油漆列项。

（1）清单项目列项时，应明确描述项目特征，如：门窗种类、门窗代号及洞口尺寸、腻子种类、刮腻子要求、防护材料种类、油漆品种、刷漆遍数。工程内容包括：基础清理、刮腻子、刷防护材料、油漆。

（2）计量单位：樘/m^2

（3）工程量计算：按设计图示数量或设计图示洞口尺寸以面积计算。

【例2-14-1】 某工程有1樘单层平板普通门扇M1，其尺寸为900mm×2 100mm；1樘带通风百叶门M2，其尺寸为700mm×2 000mm；1樘全玻自由门（带框）M3，其尺寸为950mm×2 200mm；木门的油漆均为硝基漆五遍。试编制该油漆工程的工程量清单。

解

（1）清单项目设置。

本例木门油漆工程按木门的规格和类型不同可分为3个清单项目。

清单工程量：

M1：$S=0.9\times2.1=1.89m^2$

M2：$S=0.7\times2\times1.3=1.82m^2$

M3：$S=0.95\times2.2\times0.83\times1.1=1.73m^2$

（2）工程量清单编制。

工程量清单见表2-14-9。

分部分项工程量清单 表 2-14-9

工程名称:某工程

序号	项目编码	项目名称	项目特征	计量单位	工程数量
			P.1 门油漆		
1	011401001001	木门油漆	M1:900mm×2 100mm 单层平板普通门扇,硝基漆五遍	m^2	1.89
2	011401001002	木门油漆	M2:700mm×2 000mm 木百叶门,硝基漆五遍	m^2	1.82
3	011401001003	木门油漆	M3:950mm×2200mm 全玻自由门(带框),硝基漆五遍	m^2	1.73

2. 工程量清单计价

(1)木门油漆工程量清单项目可组合的主要内容,见表 2-14-10

木门油漆项目可组合的内容 表 2-14-10

项目编码	项目名称	可组合的主要内容		对应的定额子目编码
011401001	木门油漆	1	聚酯漆	14-1~14-8
		2	硝基漆	14-9~14-16
		3	调和漆,其他油漆	14-17~14-20

(2)计价规范中的门窗油漆工程,其计量单位可以为"樘",在清单计价时可按每"樘"门窗的面积套用定额计价,最后折算为以"樘"为单位的每樘门窗油漆的综合单价。

(3)每一油漆清单项目,根据项目特征,一般均只对应一个定额子目,不需进行组合计价。如木门油漆,其项目特征为:单层有亮镶板门聚酯漆三遍,即套用定额 14-1。

(二)木扶手及其他板条线条油漆(011403001~011403005)

1. 工程量清单

(1)清单项目列项时,应明确描述项目特征,如:刮腻子种类、刮腻子要求,油漆体单位展开面积、长度,防护材料种类,油漆品种、刷漆遍数。工程内容包括:基础清理、刮腻子、刷防护材料、油漆。

(2)计量单位:m。

(3)工程量计算:按设计图示尺寸以长度计算。

2. 工程量清单计价

(1)木扶手油漆可组合的主要内容见表 2-14-11。

木扶手油漆项目可组合内容 表 2-14-11

项目编码	项目名称	可组合的主要内容		对应的定额子目编码
011403001	木扶手油漆	1	聚酯漆	14-21~14-28
		2	硝基漆	14-29~14-36
		3	调和漆,其他油漆	14-37~14-39

(2)此节清单项目中，清单计价规范的木扶手及其他板条油漆，其计量单位为"m"，窗帘盒(箱)油漆清单中的计量单位为"m"，但定额中的计量单位是"m^2"，在清单计价中要注意单位的转换。

(三)木材面油漆(011404001～011404015)

1. 工程量清单

(1)清单项目列项时，应明确描述项目特征，如：腻子种类、刮腻子遍数、防护材料种类、油漆品种、刷漆遍数。油漆的工程内容包括：基础清理、刮腻子、刷防护材料、油漆。木地板烫硬蜡面的工程内容包括基层处理、烫蜡。

(2)计量单位：m^2。

(3)工程量计算：

①木板、纤维板、胶合板油漆，木护墙、木墙裙油漆，窗台板、筒子板、盖板、门窗套、踢脚线油漆，清千板条天棚、檐口油漆，木方格吊顶天棚油漆，吸音板墙面、天棚面油漆，暖气罩油漆，其工程量按设计图示尺寸以面积计算。

②木间壁、木隔断油漆，玻璃间壁露明墙筋油漆，木栅栏、木栏杆(带扶手)油漆，其工程量按设计图示尺寸以单面外围面积计算。

③衣柜、壁柜油漆、梁柱饰面油漆、零星装修油漆，其工程按设计图示尺寸以油漆部分展开面积计算。

④木地板油漆，木地板烫硬蜡面，其工程量按设计图示尺寸以面积计算。空洞、空圈、暖气包槽、壁龛的开口部分并入相应的工程量内。

2. 工程量清单计价

木护墙、木墙裙油漆项目可组合的主要内容见表2-14-12。

木护墙、木墙裙油漆项目组合内容 表2-14-12

项目编码	项目名称	可组合的主要内容			对应的定额子目编码
011404001	木护墙、木墙裙油漆	1	板面封油刮腻子		14-99～14-102
		2	木材面防火涂料		14-91～14-94
		3	油漆面层	聚酯漆	14-60～14-67
				硝基漆	14-68～14-75
				调和漆，其他油漆	14-76～14-79

(四)金属面油漆(011405001)

1. 工程量清单

(1)清单项目列项时，应明确描述项目特征，如：构件名称、腻子种类、刮腻子要求、防护材料种类、油漆品种、刷漆遍数。工程内容包括：基础清理、刮腻子、刷防护材料、油漆。

(2)计量单位：t、m^2。

(3)工程量计算：按设计图示尺寸以质量计算。

2. 工程量清单计价

(1)金属面油漆项目可组合的主要内容见表2-14-13。

金属面油漆项目可组合内容 表 2-14-13

项目编码	项目名称	可组合的主要内容		对应的定额子目编码
011405001	金属面油漆	1	防锈漆	14-103、14-111、14-118
		2	醇酸漆	14-104 ~ 14-105、14-112 ~ 14-113
		3	银粉漆	14-106 ~ 14-107、14-114 ~ 14-115
		4	氟碳漆	14-108 ~ 14-109、14-116 ~ 14-117
		5	镀锌	14-121
		6	防火涂料	14-110、14-119 ~ 14-120

(2)清单计价规范中的金属面油漆,其计量单位以重量"t"或"m^2"为单位,定额中金属构件油漆或涂料计量单位是面积"m^2",在清单计价时要注意计量单位的转换。

(五)抹灰面油漆(011406001 ~011406003)

1. 工程量清单

(1)清单项目列项时,应明确描述项目特征,如:基层类型,线条宽度、道数,腻子种类、刮腻子要求,防护材料种类,油漆品种、刷漆遍数。工程内容包括:基础清理、刮腻子、刷防护材料、油漆。

(2)计量单位及工程量计算:

①抹灰面油漆的计量单位为"m^2",工程量按设计图示尺寸以面积计算。

②抹灰线条油漆的计量单位为"m",工程量按设计图示尺寸以长度计算。

2. 工程量清单计价

(1)抹灰面油漆项目可组合的主要内容见表 2-14-14。

抹灰面油漆项目可组合内容 表 2-14-14

项目编码	项目名称	可组合的主要内容			对应的定额子目编码
011406001	抹灰面油漆	1	满批腻子		14-159、14-164
		2	油漆面层	调和漆	14-149、14-150
				耐磨漆	14-151 ~ 14-154

(2)清单的工程量计算规则与定额的工程量计算规则一致,按设计图示尺寸以面积计算。

(六)喷刷涂料(011407001 ~011407006)

1. 工程量清单

(1)清单项目列项时,应明确描述项目特征,如:基层类型、腻子种类、刮腻子要求、涂料品种、喷刷遍数。工程内容包括:基础清理、刮腻子、喷刷涂料。

(2)计量单位:m^2。

(3)工程量计算:按设计图示尺寸以面积计算。

2. 工程量清单计价

(1)喷刷涂料项目可组合的主要内容见表 2-14-15。

喷刷涂料项目可组合内容 表 2-14-15

项目编码	项目名称	可组合的主要内容			对应的定额子目编码
011407001	墙面喷刷涂料	1	满批腻子		14-140 ~ 14-144
		2	油漆面层	乳胶漆	14-128 ~ 14-129 14-134 ~ 14-136
				涂料	14-130 ~ 14-131 14-137 ~ 14-139
				金属漆	14-150
				外墙涂料	14-146 ~ 14-149
				硅藻泥涂料	14-132 ~ 14-133

(2)抹龙面油漆定额中,乳胶漆基层是按满刮腻子二遍、复补一遍考虑的,设计与定额不同时按设计规定调整。

任务实施

某学院培训楼装饰装修工程油漆涂料做法:

(1)胶合板门、镶板门的表面均刷聚酯清漆三遍。

(2)红榉板墙裙面刷聚酯清漆三遍(10A)。

(3)一、二层房间内墙面刷乳胶漆三遍(5A)。

(4)女儿墙内侧刷乳胶漆三遍(5A)。

(5)阳台栏板内外装修乳胶漆三遍(5A)。

(6)挑檐栏板内外装修乳胶漆三遍(5A)。

(7)天棚底面满刮 3mm 厚底基防裂腻子,满刮两遍面层耐水腻子,刷乳胶漆三遍(棚 26)。

(8)吊顶面满刮两遍耐水腻子,刷乳胶漆三遍(板缝贴胶带、点锈)(棚 2B)。

管理费按"人工费 + 机械费"的 15% 计取,利润按"人工费 + 机械费"的 10% 计取,风险金暂定为"人工费 + 机械费"的 2%。

1)工程量清单

清单工程量:

(1)门油漆:$S = 2.4 \times 2.7 + 0.9 \times 2.4 \times 4 = 15.12\text{m}^2$

(2)木墙裙油漆(M2):$S = [(4.5 - 0.24) \times 2 - 0.9 - 2.4 + (3.9 - 0.24 - 0.9) \times 2 + 0.24 \times 6] \times 1.2 \times 1.07 = 15.64\text{m}^2$

(3)刷喷涂料,一、二层房间内墙(内墙 5A):$S = 109.48 \times 2 + 24.32 + 44.11 + 75.42 = 356.69\text{m}^2$

(4)刷喷涂料,女儿墙内侧(内墙 5A):$S = 0.54 \times (6 + 0.01 \times 2 + 11.1 + 0.01 \times 2) \times 2 \times 1.3 = 24.06\text{m}^2$

(5)刷喷涂料,阳台栏板内外装修:$S = 4.10 + 6.96 = 11.06\text{m}^2$

(6)刷喷涂料,挑檐栏板内外装修:$S = 8.34 + 12.66 = 21.00\text{m}^2$

(7)刷喷涂料,天棚底面:$S=35.08\times2+15.55+7.89+25.90+5.47+9.01=133.98m^2$

(8)刷喷涂料,天棚吊顶面:$S=15.59-0.08\times0.08\times2-0.13\times0.08\times2=15.56m^2$

工程量清单见表2-14-16。

分部分项工程量清单 表2-14-16

工程名称:某学院培训楼

序号	项目编码	项 目 名 称	项 目 特 征	计量单位	工程数量
			P.1 门油漆		
1	011401001001	木门油漆	胶合板门、镶板门的表面均刷聚酯漆三遍	m^2	15.12
			P.4 木材面油漆		
2	011404001001	木墙裙油漆	红榉板墙裙面刷聚酯漆三遍(10A)	m^2	15.64
			P.7 喷刷涂料		
3	011407001001	墙面刷喷涂料	一、二层房间内墙面刷乳胶漆三遍(5A)	m^2	356.69
4	011407001002	墙面刷喷涂料	女儿墙内侧刷乳胶漆三遍(5A)	m^2	24.06
5	011407001003	墙面刷喷涂料	阳台栏板内外装修乳胶漆三遍(5A)	m^2	11.06
6	011407001004	墙面刷喷涂料	挑檐栏板内外装修乳胶漆三遍(5A)	m^2	21.00
7	011407002001	天棚刷喷涂料	天棚底面满刮3mm厚底基防裂腻子,满刮两遍面层耐水腻子,刷乳胶漆三遍(棚26)	m^2	133.98
8	011407002002	天棚刷喷涂料	吊顶面满刮两遍耐水腻子,刷乳胶漆三遍(板缝贴胶带、点锈)(棚2B)	m^2	15.59

2)综合单价

计价工程量:

(1)木门聚酯漆三遍:$S=15.12m^2$

(2)红榉板聚酯漆三遍:$S=14.62m^2$

(3)一、二层房间内墙面刷乳胶漆三遍(5A):$S=356.69m^2$

(4)女儿墙内侧刷乳胶漆三遍(5A):$S=24.06m^2$

(5)阳台栏板内外装修乳胶漆三遍(5A):$S=11.06m^2$

(6)挑檐栏板内外装修乳胶漆三遍(5A):$S=21.00m^2$

(7)天棚底面刷乳胶漆三遍(棚26):$S=133.98m^2$

(8)天棚吊顶面刷乳胶漆三遍(棚2B):

①$S=15.59-0.08\times0.08\times2-0.13\times0.08\times2=15.56m^2$

②板缝贴胶带、点锈:$S=15.56m^2$

综合单价计算见表2-14-17。

工程量清单综合单价计算表

表 2-14-17

单位及专业工程名称:某学院培训楼——建筑工程　　　　第 1 页共 1 页

序号	编号	名称	计量单位	数量	综合单价(元)							合计(元)
					人工费	材料费	机械费	管理费	利润	风险费用	小计	
1	011401001001	木门油漆	m^2	15.12	30.44	13.73	0	4.57	3.04	0.61	52.39	792.14
	14-1	木门聚酯清漆三遍	m^2	15.12	30.44	13.73	0	4.57	3.04	0.61	52.39	792.14
2	011404001001	木墙裙油漆	m^2	15.64	22.07	6.61	0	3.31	2.21	0.44	34.64	541.77
	14-60	红榉板聚酯清漆三遍	m^2	15.64	22.07	6.61	0	3.31	2.21	0.44	34.64	541.77
3	011407001001	墙面刷喷涂料	m^2	356.69	356.69	9.58	6.99	0	1.44	0.96	0.19	19.16
	14-128H	一、二层房间内墙面刷乳胶漆三遍	m^2	356.69	9.58	6.99	0	1.44	0.96	0.19	19.16	6 834.18
4	011407001002	墙面刷喷涂料	m^2	24.06	9.58	6.99	0	1.44	0.96	0.19	19.16	460.99
	14-128H	女儿墙内侧刷乳胶漆三遍	m^2	24.06	9.58	6.99	0	1.44	0.96	0.19	19.16	460.99
5	011407001003	墙面刷喷涂料	m^2	11.06	9.58	6.99	0	1.44	0.96	0.19	19.16	211.91
	14-128H	阳台栏板内外装修乳胶漆三遍	m^2	11.06	9.58	6.99	0	1.44	0.96	0.19	19.16	211.91
6	011407001004	墙面刷喷涂料	m^2	21.00	9.58	6.99	0	1.44	0.96	0.19	19.16	402.36
	14-128H	挑檐栏板内外装修乳胶漆三遍	m^2	21.00	9.58	6.99	0	1.44	0.96	0.19	19.16	402.36
7	011407002001	天棚刷喷涂料	m^2	133.98	9.58	6.99	0	1.44	0.96	0.19	19.16	2 567.06
	14-128H	天棚底面刷乳胶漆三遍	m^2	133.98	9.58	6.99	0	1.44	0.96	0.19	19.16	2 567.06

续上表

序号	编号	名称	计量单位	数量	综合单价(元)							合计(元)
					人工费	材料费	机械费	管理费	利润	风险费用	小计	
8	011407002002	天棚刷喷涂料	m^2	15.56	11.65	9.24	0	1.75	1.17	0.23	24.04	374.06
	14-128H	乳胶漆三遍	m^2	15.56	9.58	6.99	0	1.44	0.96	0.19	19.16	298.13
	14-100	板缝贴胶带、点锈	m^2	15.56	2.07	2.25	0	0.31	0.21	0.04	4.88	75.93

(七)空花格栏杆刷涂料、线条刷涂料(011407003 ~011407004)

(1)清单项目列项时,应明确描述项目特征,如:腻子类型、线条宽度、刮腻子要求、涂料品种、喷刷遍数。工程内容包括:基础清理,刮腻子,刷、喷涂料。

(2)计量单位及工程量计算:

①空花格、栏杆刷涂料的计量单位为“m^2”,工程量按设计图示尺寸以单面外围面积计算。

②线条刷涂料的计量单位为“m”,工程量按设计图示尺寸以长度计算。

(八)裱糊(011408001 ~011408002)

(1)清单项目列项时,应明确描述项目特征,如:基层类型、裱糊构件部位、腻子种类,黏结材料、防护材料种类,面层材料品种、规格、品牌、颜色等。工程内容包括:基础清理、刮腻子、面层铺贴。

(2)计量单位:m^2。

(3)工程量计算:按设计图示尺寸以面积计算。

知识拓展

(1)有关项目中已包括油漆、涂料的不再单独按本单元列项。

(2)连窗门可按门的油漆项目编码列项。各种木门窗类型不同,如:单层木门、双层木门、全玻自由门等应分别编码列项。

(3)木扶手区别带托板与不带托板,分别编码列项。楼梯木扶手工程量按中心线斜长计算,弯头长度应计算在扶手长度内。

(4)抹灰面的油漆、涂料,应注意基层的类型,如:一般抹灰墙柱面的消耗量与拉条灰、拉毛灰、甩毛灰等油漆、涂料的消耗量不同。刮腻子时应区分遍数、满刮、找补腻子等不同要求。

(5)墙纸和织锦缎的裱糊,清单项目编制应注意是对花还是不对花。

能力训练项目

宏祥手套厂2号厂房门窗工程计量与计价。

项目导入

宏祥手套厂2号厂房建筑施工图见《建筑工程施工图实例图集》。

背景资料:室内装修所采用的油漆涂料见室内装修做法表。外木(钢)门窗、内木门窗、木扶手油漆采用本色醇酸磁漆三遍,楼梯平台护窗栏杆采用银白色醇酸磁漆三遍,室内外露明金属件油漆采用防锈漆两遍,调和漆三遍。

采用清单计价时,管理费按"人工费+机械费"的20%计取,利润按"人工费+机械费"的12.5%计取,风险金暂定为"人工费+机械费"的2%。

项目任务

1. 计算宏祥手套厂2号厂房油漆、涂料、裱糊工程的分部分项定额工程量。
2. 计算宏祥手套厂2号厂房油漆、涂料、裱糊工程的分部分项直接工程费。
3. 编制宏祥手套厂2号厂房油漆、涂料、裱糊工程的分部分项工程量清单。
4. 计算宏祥手套厂2号厂房油漆、涂料、裱糊工程的分部分项工程综合单价。

学生工作页

一、单项选择题

1. 木线条适用于(　　)油漆。

A. 木板条　　B. 单独木线条　　C. 木扶手　　D. 其他木材面

2. 钢平台、钢楼梯、栏杆等金属构件油漆套(　　)油漆定额。

A. 金属面　　B. 其他金属面　　C. 钢门窗　　D. 零星金属

3. 混凝土栏杆、花格窗抹灰面油漆按(　　)计算。

A. 平面积　　B. 水平投影面积

C. 单面垂直投影面积　　D. 展开面积

4. 楼梯木扶手油漆工程量按扶手延长米计算,带栏杆木扶手乘系数(　　)。

A. 0.9　　B. 1.0　　C. 1.7　　D. 2.5

5. 木材踢脚板油漆按相应装饰面工程量乘系数(　　)。

A. 1.0　　B. 1.1　　C. 1.2　　D. 1.3

6. 金属面油漆工程量按(　　)计算。

A. 重量　　B. 体积　　C. 展开面积　　D. 厚度

7. 木楼梯(不包括底面)油漆工程量按水平投影面积计算乘系数(　　)。

A. 2.1　　B. 2.2　　C. 2.3　　D. 2.4

8. 以下关于油漆涂料工程定额说法错误的是(　　)。

A. 定额油漆不分高光、半哑光、哑光,定额已综合考虑

B. 调和漆定额按二遍考虑,实际遍数不同可作调整

C. 钢柱油漆工程量按重量以(t)计算

D. 单层木门油漆工程量按门洞口面积乘系数计算

二、多项选择题

1. 定额项目中的单层木门适用的项目名称包括(　　)。

A. 单层木门　　B. 带通风百叶门　　C. 成品门　　D. 厂库大门

2. 定额项目中的其他木材面适用的项目名称包括(　　)。

A. 木扶手　　B. 门窗套　　C. 墙裙　　D. 木屋架

E. 木线条

3. 以下项目中套用相应金属面油漆子目定额人工乘 1.15 的项目包括(　　)。

A. 钢百叶窗　　B. 500kg 以内的钢爬梯

C. 钢窗架　　D. 500kg 以内零星铁件

E. 钢梁

4. 以下说法正确的是(　　)。

A. 调和漆定额按二遍考虑　　B. 磨退定额按五遍考虑

C. 磨退定额按十遍考虑　　D. 聚酯漆、聚酯混漆定额按三遍考虑

单元十五
其他装饰工程

【能力目标】

1. 能够计算货架、压条、装饰线、灯箱等的定额工程量。
2. 能够准确套用定额并计算货架、压条、装饰线、灯箱等的直接工程费。
3. 能够编制衣柜、压条、装饰线等的分部分项工程量清单。
4. 能够计算衣柜、压条、装饰线等分部分项工程的综合单价。
5. 能够灵活运用建筑工程预算定额,进行其他工程的定额换算。

【知识目标】

1. 熟悉柜类、货架的类型、用途,其他工程中的常见材料、施工方法。
2. 熟悉其他工程的定额套用说明。
3. 掌握货架、压条、装饰线、灯箱等的定额工程量的计算规则。
4. 掌握其他工程三个清单项目:衣柜、压条、装饰线的清单工程量的计算方法。
5. 熟悉其他工程三个清单项目:衣柜、压条、装饰线的分部分项工程量清单编制方法。
6. 掌握其他工程三个清单项目:衣柜、压条、装饰线综合单价的确定方法。

一 基础知识

柜类、货架按类型和用途划分,包括公共、民用、工业等各类建筑工程中的酒柜、衣柜、书柜、书架、壁柜、厨房柜、鞋柜、吊柜、吧台、展台、收银台等。

家具内外饰面板一般为保丽板、榉木胶合板、防火板等。

石材洗漱台放置洗面盆的地方必须挖洞,根据洗漱台摆放的位置有些还需挖弯,削角。挡板指洗漱台面上的竖挡板(一般挡板与台面使用相同材料,但也有用他同材料的);吊沿板指台面外边沿下的竖挡板。

美术字的固定方式有:粘贴、焊接以及铁钉、螺栓固定等。

二 定额的套用和工程量的计算

定额子目:8 节,分别为柜台、货架;压条、装饰线;扶手、栏杆、栏板装饰;浴厕配件;雨篷、旗杆;招牌、灯箱;美术字;石材、瓷砖加工等,共 199 个子目。各小节子目划分情况见表 2-15-1。

定额子目划分

表 2-15-1

定额节		子目数	定额节		子目数
一	柜类	24	五	雨篷、旗杆	10
二	压条、装饰线	57	六	招牌、灯箱	20
三	扶手、栏杆、栏板装饰	18	七	美术字	34
四	浴厕配件	14	八	石材、瓷砖加工	22

(一)柜类、货架

(1)柜台、货架以现场加工、制作为主,按常用规格编制。设计与定额不同时,应按实际进行调整换算。

(2)柜台、货架项目包括五金配件(设计有特殊要求者除外),未考虑压板拼花及饰面板上贴其他材料的花饰、造型艺术品。

(3)木质柜台货架中板材按胶合板考虑,如设计为生态板(三聚氰胺板)等其他板材时,可以换算材料。

(二)压条、装饰线

(1)压条、装饰线均按成品安装考虑。

(2)装饰线条(顶角装饰线除外)按直线形在墙面安装考虑。墙面安装圆弧形装饰线条、天棚面安装直线形、圆弧形装饰线条,按相应项目乘系数执行。

(3)墙面安装圆弧形装饰线条,人工乘系数1.20、材料乘系数1.10。

(4)天棚面安装直线形装饰线条,人工乘系数1.34。

(5)天棚面安装圆弧形装饰线条,人工乘系数1.60、材料乘系数1.10。

(6)装饰线条直接安装在金属龙骨上,人工乘系数1.68。

(三)招牌、灯箱

(1)招牌、灯箱项目,当设计与定额考虑的材料品种、规格不同时,材料可以换算。

(2)一般平面广告牌是指正立面平整无凹凸面,复杂平面广告牌是指正立面有凹凸面造型的,箱(竖)式广告牌是指具有多面体的广告牌。

(3)广告牌基层以附墙方式考虑,当设计为独立式的,按相应项目执行,人工乘系数1.10。

(4)招牌、灯箱项目均不包括广告牌喷绘、灯饰、灯光、店徽、其他艺术装饰及配套机械。

三 工程量清单及清单计价

清单子目:本单元工程项目按《房屋建筑与装饰工程工程量计算规范》(GB 50854—2013)附录Q其他装饰工程,分8节共62个项目,分别是Q.1柜类、货架;Q.2压条、装饰线;Q.3扶手、栏杆、栏板装饰;Q.4暖气罩;Q.5浴厕配件;Q.6雨篷、旗杆;Q.7招牌、灯箱;Q.8美术字。

(一)柜类、货架

(1)项目设置:包括柜台、酒柜、衣柜、存包柜、鞋柜、书柜、厨房壁柜、木壁柜、厨房低柜、厨房吊柜、矮柜、吧台背柜、酒吧吊柜、酒吧台、展台、收银台、试衣间、货架、书架、服务台20个项目。清单项目编码为011501001×××~011501020×××。

(2)工作内容包括:台柜制作、运输、安装(安放),刷防护材料、油漆、五金件安装。

(3)项目特征:台柜规格,材料种类、规格,五金种类、规格,防护材料种类,油漆品种、刷漆遍数。

(4)清单项目工程量的计算:可以"个""m""m^3"为计量单位。在以"个"为计量单位时,按设计图示数量计算,但清单描述必须明确长、宽、高的尺寸;在以"m"为计量单位时,按设计图示尺寸以延长米计算,但清单描述必须明确宽、高的尺寸;在以"m^2"为计量单位时,按图示尺寸以体积计算。

(5)应注意的问题:柜台的规格以能分离的成品单体长、宽、高来表示。

【例 2-15-1】 有一个衣柜,其尺寸为高 2 400mm、宽 1 800mm、柜深 600mm,设计要求:柜的开间主板、水平隔层板、上下封面板采用 15mm 厚胶合板,柜门骨架以 25mm × 5mm 实木作外沿框,中以 9mm × 60mm 胶合板条作 250mm × 250mm 双向间隔骨架,柜背板、柜门结构面板采用 5mm 厚胶合板;柜内饰面为保丽板,外饰面采用棒木胶合板,外部可见部位的油漆采用聚酯清漆五遍,柜内不可见部位采用聚酯清漆二遍。五金:钗链 10 对,内设通长 ϕ22 不锈钢挂衣杆。试编制该项目的清单内容。

解

(1)工程量计算:根据设计图纸计算衣柜 1 个。

(2)工程量清单编制根据《房屋建筑与装饰工程工程量计算规范》(GB 50854—2013)要求,结合本例条件编制工程量清单,见表 2-15-2。

分部分项工程量清单 表 2-15-2

序号	项目编码	项目名称	项目特征	计量单位	数量
1	011501003001	衣柜	高衣柜,高 2 400mm,宽 1 800mm,柜深 600mm 的开间主板、水平隔层板、上下封板均为 15mm 厚胶合板,柜门骨架以 25mm × 5mm 实木作外沿框,中以 9mm × 60mm 胶合板条作 250mm × 250mm 双向间隔骨架,柜背板、柜门结构面板采用 5mm 厚胶合板,柜内饰面板为保丽板,外饰面采用棒木胶合板;外部可见部位的油漆采用聚酯清漆五遍,柜内不可见部位采用聚酯清漆二遍;五金:铜钗链 10 对、ϕ22 通长不锈钢挂衣杆	个	1

(二)压条、装饰线

(1)项目设置:包括金属装饰线、木质装饰线、石材装饰线、石膏装饰线、镜面玻璃线、铝塑装饰线、塑料装饰线、GRC 装饰线条 8 个项目。清单项目编码为 011502001 × × × ~ 011502008 × × ×。

(2)工作内容包括:线条制作、安装,刷防护材料。

(3)项目特征:基层类型,线条材料品种、规格、颜色,刷防护材料种类,线条安装部位,填充材料种类。

(4)工程量计算:线条均以"m"为计量单位,按设计图示尺寸以长度计算。

(5)清单项目编制时应注意:其他装饰项目中已包括压条、装饰线的,不再单独列项。

【例2-15-2】 某室内装饰工程墙面砖收口采用金属装饰线进行处理,装饰线条材料为:40mm×35mm MT-02钛金条,基层为细木工板,细木工板基层上刷三遍防火涂料。计算得线条总长度为13.58m,试编制该项目国标工程量清单。

解

根据《房屋建筑与装饰工程工程量计算规范》(GB 50854—2013)要求,结合本例条件,工程量清单见表2-15-3。

分部分项工程量清单 表2-15-3

序号	项目编码	项目名称	项目特征	计量单位	数量
1	011502001001	金属装饰线	细木工板基层上,L形MT-02钛金条40mm×35mm	m	13.58

(三)扶手、栏杆、栏板装饰

(1)项目设置:包括金属扶手、栏杆、栏板,硬木扶手、栏杆、栏板,塑料扶手、栏杆、栏板,GRC栏杆、扶手,金属靠墙扶手,硬木靠墙扶手,塑料靠墙扶手,玻璃栏板8个项目。清单项目编码为011503001×××~011503008×××。

(2)工作内容包括:制作、运输、安装、刷防护涂料。

(3)项目特征:扶手材料种类、规格,栏杆材料种类规格,栏板材料种类、规格、颜色,固定配件种类,防护材料种类,安装间距,填充材料种类。

(4)工程量计算:栏杆、扶手、栏板均以"m"为计量单位,按设计图示以扶手中心线长度(包括弯头长度)计算。

【例2-15-3】 某工程室内楼梯,靠墙一侧采用成品木质靠墙扶手,不锈钢管DN32、扁钢,带法兰,聚酯清漆三遍,总长度为298.92m,试编制该项目清单。

解

根据《房屋建筑与装饰工程工程量计算规范》要求,结合本例条件编制工程量清单,见表2-15-4。

分部分项工程量清单 表2-15-4

工程名称:××木质靠墙扶手

序号	项目编码	项目名称	项目特征	计量单位	数量
1	011503006001	硬木靠墙扶手	成品木扶手宽65mm;不锈钢管DN32;扁钢;不锈钢法兰底座;聚酯清漆三遍	m	298.92

(四)招牌、灯箱

(1)项目设置:包括平面、箱式招牌,竖式标箱,灯箱,信报箱4个项目。清单项目编码为011507001×××~011507004×××。

(2)工作内容和项目特征:工作内容包括:基层安装,箱体及支架制作、运输、安装,面层制作、安装,刷防护材料、油漆。项目特征应描述:箱体规格,基层、面层材料种类及规格,防护材料种类,油漆品种、刷漆遍数。

(3)工程量计算:平面、箱式招牌按设计图示以正立面边框外围面积计算,复杂形的凹凸造型部分不增加面积。竖式标箱、灯箱、信报箱按设计图示数量以"个"计算。

【例 2-15-4】 某商店需做一个竖式灯箱,采用 L50 ×5 角钢骨架(已知 500kg),喷红丹漆底漆一遍,喷银粉漆面漆二遍;木龙骨单面九夹板基层,面层粘贴铝塑板;竖式标箱的外围设计尺寸为 3m 高、1.2m 宽、0.4m 厚,试编制该招牌的清单项目。

解

本例的工程量清单项目为:竖式标箱(011507002001);工作内容:L50 ×5 角钢骨架,红丹漆底漆一遍,银粉漆面漆两遍;木龙骨单面九夹板基层外围设计尺寸为 3m 高、1.2m 宽、0.4m 厚;面层粘贴铝塑板。

工程量计算:1 个。

工程量清单见表 2-15-5。

分部分项工程量清单 表 2-15-5

工程名称:× ×竖式灯箱

序号	项目编码	项目名称	项目特征	计量单位	工程数量
1	011507002001	竖式灯箱	L50 ×5 角钢骨架(已知 500kg),喷红丹漆底漆一遍,喷银粉漆面漆二遍;木龙骨单面九夹板基层,外围设计尺寸为 3m 高、1.2m 宽、0.4m 厚;面层粘贴铝塑板	个	1

四 工程量清单项目综合单价的确定

【例 2-15-5】 利用例 2-15-2 的工程量清单并按《浙江省房屋建筑与装饰工程预算定额》(2018 版)计算该金属装饰线清单的综合单价及合价。假设当时当地人工、材料、机械市场信息价与定额取定价格相同,企业管理费、利润以人工费与机械费之和为取费基数,费率按中值分别为 16.57%、8.10%(MT-02 钛金条,40mm ×35mm,单价为 20 元/m)。

解

(1)根据《浙江省房屋建筑与装饰工程预算定额》(2018 版),组合项目中有两项需要进行定额的调整和换算:

①查定额 15-38H,需调整主要材料。

换算后材料费 $=6.0642+(20-4.74)\times1.06=22.2398$ 元/m

②查定额 14-91H,防火涂料三遍,应增加 14-92 一遍。

换算后人工费 $=4.4501+1.9561=6.4062$ 元/m^2

换算后材料费 $=2.6115+1.3616=3.9731$ 元/m^2

(2)根据国标工程量清单及定额工程量清单,该项目综合单价计算见表 2-15-6。

分部分项工程量清单综合单价计算表 表 2-15-6

序号	编号	项目名称	计量单位	数量	综合单价(元)						合计(元)
					人工费	材料费	机械费	管理费	利润	小计	
1	011502001002	金属装饰线	m	13.58	5.35	23.3	0.00	0.89	0.43	29.97	407
	16-46	金属装饰压条安装:L 型 MT-02 钛金条 40mm ×35mm	m	13.58	4.77	22.24	0.00	0.79	0.39	28.19	383

学生工作页

单项选择题

1. 吊挂雨篷饰面按设计图示尺寸的(　　)计算。
   A. 平面积　　B. 水平投影面积
   C. 单面垂直投影面积　　D. 展开面积
2. 收银台以(　　)的面积计算。
   A. 侧立面　　B. 正立面　　C. 水平面　　D. 展开面积
3. 压条、装饰线按(　　)计算。
   A. 平面积　　B. 水平投影面积　　C. 延长米　　D. 成品
4. 招牌基层按(　　)面积计算,复杂形的凹凸造型部分不增减。
   A. 正立面　　B. 侧立面　　C. 水平面　　D. 展开面
5. 墙面安装圆弧形装饰线条,人工乘系数(　　),材料乘系数 1.1。
   A. 1.0　　B. 1.1　　C. 1.2　　D. 1.3

单元十六
拆除工程

教学课件

【能力目标】

1. 能够计算基础拆除、砌体拆除、现浇钢筋混凝土构件拆除、饰面拆除等的定额工程量。

2. 能够准确套用定额并计算基础拆除、砌体拆除、现浇钢筋混凝土构件拆除、饰面拆除等的直接工程费。

3. 能够编制砖砌体拆除、钢筋混凝土构件拆除、龙骨及饰面拆除、块料面层拆除等的分部分项工程量清单。

4. 能够计算砖砌体拆除、钢筋混凝土构件拆除、龙骨及饰面拆除、块料面层拆除等分部分项工程的综合单价。

5. 能够灵活运用房屋建筑与装饰工程预算定额，进行拆除工程的定额换算。

【知识目标】

1. 熟悉拆除常见施工方法和特点。

2. 熟悉拆除工程的定额套用说明。

3. 掌握基础拆除、砌体拆除、现浇钢筋混凝土构件拆除、饰面拆除等的定额工程量的计算规则。

4. 掌握拆除工程四个清单项目：砖砌体拆除、钢筋混凝土构件拆除、龙骨及饰面拆除、块料面层拆除清单工程量的计算方法。

5. 熟悉拆除工程四个清单项目：砖砌体拆除、钢筋混凝土构件拆除、楼地面龙骨及饰面拆除、平面块料拆除的分部分项工程量清单编制方法。

6. 掌握拆除工程四个清单项目：砖砌体拆除、钢筋混凝土构件拆除、楼地面龙骨及饰面拆除、平面块料拆除的综合单价确定方法。

一 基础知识

拆除工程是指对已经建成或部分建成的建筑物进行拆除的工程。随着我国城市现代化建设的加快，旧建筑拆除工程也日益增多。拆除物的结构也从砖木结构发展到了混合结构、框架结构、板式结构等，因而建(构)筑物的拆除施工近年来已形成一种行业趋势。

常见的拆除方法有:人工拆除、机械拆除、爆破拆除、静力破碎。

拆除工程的特点有:作业流动性大;作业人员素质要求低;潜在危险大;对周围环境的污染;露天作业。

二 定额的套用和工程量的计算

定额子目:3 节,分别是砖石、混凝土、钢筋混凝土基础拆除;结构拆除;饰面拆除,共 63 个子目。各小节子目划分情况见表 2-16-1。

定额子目划分 表 2-16-1

<table>
<tr><th colspan="3">定　额　节</th><th>子目数</th><th colspan="3">定　额　节</th><th>子目数</th></tr>
<tr><td rowspan="3">一</td><td rowspan="3" colspan="2">基础拆除</td><td rowspan="3">4</td><td rowspan="6">三</td><td rowspan="6">饰面拆除
(38)</td><td>地面拆除</td><td>8</td></tr>
<tr><td>墙面拆除</td><td>10</td></tr>
<tr><td>天棚拆除</td><td>5</td></tr>
<tr><td rowspan="3">二</td><td rowspan="3">结构拆除
(21)</td><td>砌体拆除</td><td>6</td><td>门窗拆除</td><td>6</td></tr>
<tr><td>预制钢筋混凝土构件拆除</td><td>4</td><td>栏杆拆除</td><td>5</td></tr>
<tr><td>现浇钢筋混凝土构件拆除</td><td>11</td><td>铲除油漆裱糊面</td><td>4</td></tr>
</table>

(一)定额使用说明

(1)定额包括砖石、混凝土、钢筋混凝土基础拆除、结构拆除以及饰面拆除等。

(2)定额仅适用于建筑工程施工过程以及二次装修前的拆除工程。采用控制爆破拆除、机械整体性拆除及拆除材料重新利用的保护性拆除,不适用本单元定额。

(3)定额子目未考虑钢筋、铁件等拆除材料残值利用。

(4)定额除说明有标注外,拆除人工、机械操作综合考虑,执行同一定额。

(5)现浇混凝土构件拆除机械按手持式风动凿岩机考虑。如采用切割机械无损拆除局部混凝土构。

(6)墙体凿门窗洞口套用相应墙体拆除子目,洞口面积在 $0.5m^2$ 以内,相应定额的人工乘系数件,另按无损切割子目执行 3.00;洞口面积在 $1.0m^2$ 以内,相应定额的人工乘系数 2.40。

(7)地面抹灰层与块料面层铲除不包括找平层,如需铲除找平层者,每 $10m^2$ 增加人工 0.20工日带支架防静电地板按带龙骨木地板项目人工乘系数 1.30。

【例 2-16-1】 某地砖面层拆除施工,需同时铲除找平层,试计算地砖面层铲除的基价。

解

查定额 16-28H,基价 = 132.57 元/$10m^2$

调整后人工费 = 132.57 + 0.2 × 135 = 159.57 元/$10m^2$

(8)抹灰层铲除定额已包含了抹灰层表面腻子和涂料(涂漆)的一并铲除,不再另套定额。

(9)腻子铲除已包含了涂料(油漆)的一并铲除,不再另套定额。

(10)门窗套拆除包括与其相连的木线条拆除。

(二)工程量计算规则

(1)基础拆除:按实拆基础体积以“m^3”计算。

(2)砌体拆除:按实拆墙体体积以“m^3”计算,不扣除0.30m^2以内孔洞和构件所占的体积。轻质隔墙及隔断拆除按实际拆除面积以“m^2”计算。

(3)预制和现浇混凝土及钢筋混凝土拆除:按实际拆除体积以“m^3”计算,楼梯拆除按水平投影面积以“m^2”计算。无损切割按切割构件断面以“m^2”计算,钻芯按实钻孔数以孔计算。

(4)地面面层拆除:抹灰层块料面层、龙骨及饰面拆除均按实拆面积以“m^2”计算;踢脚线铲除并墙面不另计算。

(5)墙、柱面面层拆除:抹灰层、块料面层、龙骨及饰面拆除均按实拆面积以“m^2”计算;干挂石材骨架拆除按拆除构件质量以“m^2”计算。如饰面与墙体整体拆除,饰面工程量并入墙体按体积计算,饰面拆除不再单独计算费用。

(6)天棚面层拆除:抹灰层铲除按实铲面积以“m^2”计算,龙骨及饰面拆除按水平投影面积以“m^2”计算。

(7)门窗拆除:门窗拆除按门窗洞口面积以“m^3”计算,门窗扇拆除以“扇”计。

(8)栏杆扶手拆除:均按实拆长度以“m”计算。

(9)油漆涂料裱糊面层铲除:均按实际铲除面积以“m^2”计算

三 工程量清单及清单计价

清单子目:本单元工程项目按《房屋建筑与装饰工程工程量计算规范》(GB 50854—2013)附录R拆除工程列项,其中R.1砖砌体拆除;R.2混凝土及钢筋混凝土构件拆除;R.3木构件拆除;R.4抹灰层拆除;R.5块料面层拆除;R.6龙骨及饰面拆除;R.7屋面拆除;R.8铲除油漆涂料裱糊面;R.9栏杆栏板、轻质隔断隔墙拆除;R.10门窗拆除;R.11金属构件拆除;R.12管道及卫生洁具拆除;R.13灯具、玻璃拆除;R.14其他构件拆除;R.15开孔(打洞)。

砖砌体拆除包括:砖砌体拆除1个项目。项目编码按011601001×××设置。

混凝土及钢筋混凝土构件拆除包括:混凝土构件拆除、钢筋混凝土构件拆除两个项目。项目编码分别按011602001×××~011602002×××设置。

木构件拆除包括:木构件拆除1个项目。项目编码按011603001×××设置。

抹灰层拆除包括:平面抹灰层拆除、立面抹灰层拆除、天棚抹灰层拆除3个项目。项目编码分别按011604001×××~011604003×××设置。

块料面层拆除包括:平面块料拆除、立面块料拆除2个项目。项目编码分别按011605001×××~011605002×××设置。

龙骨及饰面拆除包括:楼地面龙骨及饰面拆除、墙柱面龙骨及饰面拆除、天棚龙骨及饰面拆除3个项目。项目编码分别按011606001×××~011606003×××设置。

屋面拆除包括:刚性层拆除、防水层料拆除两个项目。项目编码分别按011607001×××~011607002×××设置。

铲除油漆涂料裱糊面包括:铲除油漆面、铲除涂料面、铲除裱糊面3个项目。项目编码分别按011608001×××~011608003×××设置。

栏杆栏板、轻质隔断隔墙拆除包括:栏杆栏板拆除、轻质隔断隔墙拆除2个项目。项目编码分别按011609001×××~011609002×××设置。

门窗拆除包括:木门窗拆除、金属门窗拆除2个项目。项目编码分别按011610001×××~011610002×××设置。

金属构件拆除包括:钢梁拆除、钢柱拆除、钢网架拆除、钢支撑钢墙架拆除、其他金属构件拆除5个项目。项目编码分别按011611001×××~011611005×××设置。

管道及卫生洁具拆除包括:管道拆除、卫生洁具拆除2个项目。项目编码分别按011612001×××~011612002×××设置。

灯具、玻璃拆除包括:灯具拆除、玻璃拆除2个项目。项目编码分别按011613001×××~011613002×××设置。

其他构件拆除包括:暖气罩拆除、柜体拆除、窗台板拆除、筒子板拆除、窗帘盒拆除、窗帘轨拆除6个项目。项目编码分别按011614001×××~011614006×××设置。

开孔(打洞)包括:开孔(打洞)1个项目。项目编码按011615001×××设置。

(一)砖砌体拆除

(1)项目设置:包括砖砌体拆除1个项目,清单项目编码为011601001×××。

(2)工作内容包括:拆除,控制扬尘,清理,建渣场内、场外运输。

(3)项目特征:砌体名称,砌体材质,拆除高度,拆除砌体的截面尺寸,砌体表面的附着物种类。

(4)清单项目工程量的计算:砖砌体拆除可以"m"为计量单位,也可以"m^3"为计量单位。以"m^3"为计量单位时,可不描述砌体的规格尺寸;以"m"为计量单位时,则应描述砌体的规格尺寸或每米体积。

(二)混凝土构件拆除及钢筋混凝土构件拆除

(1)项目设置:包括混凝土构件拆除、钢筋混凝土构件拆除1个项目,清单项目编码为011602001×××~011602002×××。

(2)工作内容包括:拆除,控制扬尘,清理,建渣场内、场外运输。

(3)项目特征:构件名称,拆除构件的厚度或规格尺寸,构件表面的附着物种类。

(4)清单项目工程量的计算:混凝土及钢筋混凝土构件可以"m"为计量单位,也可以"m^2"或"m^3"为计量单位。以"m^3"为计量单位时,可不描述构件的规格尺寸;以"m^2"为计量单位时,则应描述构件的厚度;以"m"为计量单位时,则应描述构件的规格尺寸。

(三)块料面层拆除

(1)项目设置:包括平面块料拆除、立面块料拆除2个项目。清单项目编码为0105001×××~011605002×××。

(2)工作内容包括:拆除,控制扬尘,清理,建渣场内、场外运输。

(3)项目特征:拆除的基层类型,饰面材料种类。

(4)清单项目工程量的计算:按拆除面积以"m^2"计算。

(四)龙骨及饰面拆除

(1)项目设置:包括楼地面龙骨及饰面拆除、墙柱面龙骨及饰面拆除、天棚面龙骨及饰面拆除3个项目。清单项目编码为011606001×××~011606003×××。

(2)工作内容包括:拆除,控制扬尘,清理,建渣场内外运输。

(3)项目特征:拆除的基层类型,龙骨及饰面材料种类多。

(4)清单项目工程量的计算:按拆除面积以“m^2”计算。

【例 2-16-2】 某工程拆除石膏板天棚,基层为木龙骨,拆除面积为 26 846m^2,试完成该项目国标清单列项。已知该地区规定“垃圾清运”由合同双方按实际发生另行计费,故可不考虑于拆除项目综合单价中,假设当时当地人工、材料机械市场信息价与定额取定价格相同,该工程为一般计税工程,企业管理费费率为 16.57%,利润费率为 8.1%。

解

工程量清单见表 2-16-2。

分部分项工程量清单 表 2-16-2

序号	项目编码	项目名称	项目特征	计量单位	工程数量
1	011606003001	天棚龙骨及饰面拆除	木龙骨石膏板天棚	m^2	268.46

综合单价计算见表 2-16-3。

工程量清单综合单价计算表 表 2-16-3

单位及专业工程名称:××工程——建筑工程 第 1 页 共 1 页

序号	编号	项目名称	计量单位	数量	综合单价(元)							合计(元)
					人工费	材料费	机械费	管理费	利润	风险费用	小计	
1	011606003001	天棚龙骨及饰面拆除	m^2	268.46	6.32	0	0	1.05	0.51	0	7.88	2 115
	16-46	木龙骨石膏板天棚拆除	m^2	268.46	6.32	0	0	1.05	0.51	0	7.88	2 115

学生工作页

单项选择题

1. 地面抹灰层铲除不包括找平层,如需铲除找平层,每 10m^2 增加人工(　　)工日。

　A. 0.25　　B. 0.3　　C. 0.2　　D. 0.15

2. 墙体凿门洞套用相应墙体拆除子目,洞口面积在 0.5m^2 以内,相应定额人工乘系数(　　)的面积计算。

　A. 2.4　　B. 2　　C. 3　　D. 3.15

3. 门窗拆除按(　　)计算。

　A. 门窗洞口面积　　B. 门扇面积

　C. 门框面积　　D. 体积

4. 油漆涂料裱糊面层铲除,按(　　)计算。

　A. 铲除面积　　B. 重量　　C. 延长米　　D. 自然计量单位

单元十七
构筑物、附属工程

【能力目标】

1. 能够计算烟囱、贮水池等砌筑构筑物工程量并能准确套用定额计算直接工程费。
2. 能够计算水塔、贮水池、烟囱等混凝土构筑物工程量并能准确套用定额计算直接工程费。
3. 能够计算构筑物模板工程量并能准确套用定额计算直接工程费。
4. 能够计算墙角护坡、台阶等的定额工程量并能够准确套用定额计算直接工程费。
5. 能够编制砌筑工程零星项目砌砖、现浇混凝土台阶等的分部分项工程量清单。
6. 能够计算砌筑工程零星项目砌砖、现浇混凝土台阶等分部分项工程的综合单价。
7. 能够灵活运用房屋建筑与装饰工程预算定额,进行附属工程的定额换算。

【知识目标】

1. 了解常见构筑物、散水、坡道、台阶、明沟、附属工程的定义及常见做法。
2. 熟悉构筑物、附属工程的定额套用说明。
3. 掌握墙角护坡、台阶等的定额工程量的计算规则。
4. 掌握附属工程两个清单项目:零星项目砌砖、现浇混凝土台阶的清单工程量的计算方法。
5. 熟悉附属工程两个清单项目:零星项目砌砖、现浇混凝土台阶的分部分项工程量清单编制方法。
6. 掌握附属工程两个清单项目:零星项目砌砖、现浇混凝土台阶综合单价的确定方法。

一 基础知识

构筑物就是不具备、不包含或不提供人类居住功能的人工建筑物,比如水塔、水池、烟囱、地沟、沉井等。

附属工程是为主体工程做辅助性的配套工程。通常包括:建筑物或构筑物周围的附属道路、围墙;室外排水(有排水管、窨井、化粪池、隔油池、池、槽等);墙脚护坡、明沟、翼墙、台阶、坡道等。

(1)地坪块:是以水泥、砂、碎石为主要材料,按一定的配合比例混合现场预制或机械模压而成的实心块体。通常形状有矩形、六边形等。

(2)草皮砖:是以水泥、砂、碎石为主要材料,按一定的配合比例混合现场预制或机械模压而成的带孔实心块体。通常形状有“8”字形、“L”形等。

(3)墙脚护坡:通常称为散水。指的是建筑物周围室外地面部分用砖、石或混凝土铺成,用以排除雨水,保护墙基免受雨水侵蚀。宽度一般为600 ~ 1 000mm。

(4)坡道:指防滑坡道。因为室内地面均高出室外地面,为了便于车辆出入,用砖、石或混凝土做成斜坡,坡度一般为1:8 ~ 1:12,面层上做成锯齿形用以防滑。

(5)台阶:在房屋的入口处,如果不做坡道,可做台阶,一般台阶宽度不小于300mm,高度不大于150mm。

(6)明沟:又叫阳沟。指通过雨水管或屋面檐口流下的雨水有组织地导向地下排水集井(又称集口),排水集井即明沟。一般为素混凝土抹水泥砂浆面层或用砖砌抹水泥砂浆面层,如图2-17-1所示。

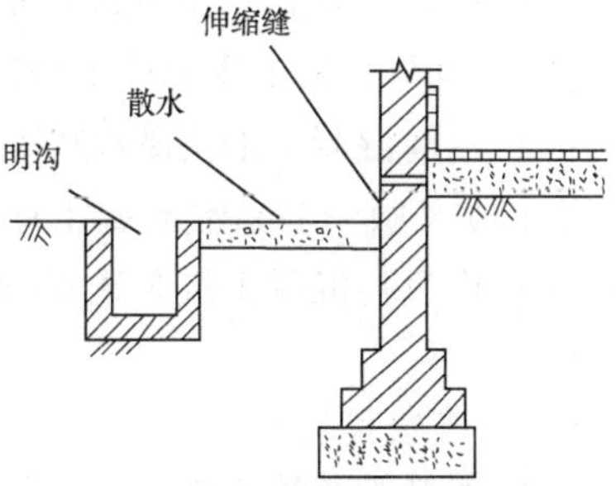

图2-17-1　明沟示意图

思考:散水与墙体之间是否应设伸缩缝?伸缩缝是否已包括在散水项目内?查看定额17-179。

二 定额的套用和工程量的计算

定额子目:7节,分别为构筑物砌筑,构筑物混凝土,构筑物模板、室外地坪、围墙,室外排水,墙角护坡(明沟、翼墙、台阶),盖板安装,共196个子目。各小节子目划分情况见表2-17-1。

定额子目划分　　表2-17-1

定额节			子目数	定额节			子目数
一	构筑物砌筑(32)	砖烟囱及砖加工	10	四	室外地坪、围墙(4)	铺贴地坪快、草皮砖	3
		砖砌烟囱内衬、烟道及烟道内衬	11			铸铁围墙	1
		烟囱、烟道内涂刷隔绝层	5	五	室外排水(45)	室外排水管道铺设	3
		砖(石)贮水池	4			砖砌窨井	8
		砖砌圆形仓	2			化粪池	16
二	构筑物混凝土(40)	水塔	5			隔油池	4
		贮水(油)池、贮仓、筒仓	10				
		烟囱	3			大、小便槽	9
		地沟及沉井	2			成品井、池安装	5
		烟囱模板					
三	构筑物模板(57)	水塔模板	20	六	墙脚护坡、明沟、翼墙、台阶		11
		贮水(油)池模板	13	七	盖板安装(7)	铸铁盖板	5
		贮仓模板	10				
		地沟模板	4			复合盖板	2
		沉井壁模板	3				

(一)定额使用说明

1. 构筑物砌筑

构筑物砌筑包括砖砌烟囱、烟道、贮水池、贮仓等。

2. 构筑物混凝土

(1)构筑物基础套用建筑物基础相应定额,外形尺寸体积$1m^3$以上的独立池槽套用《浙江省房屋建筑与装饰工程预算定额》(2018 版)构筑物、附属工程定额。

(2)钢筋混凝土地沟断面内空面积大于$0.4m^2$时套用《浙江省房屋建筑与装饰工程预算定额》(2018 版)构筑物、附属工程地沟定额。

(3)构筑物混凝土按泵送混凝土编制,实际采用非泵送混凝土的每立方混凝土增加 0.11 工日。

3. 构筑物模板

(1)滑升钢模板定额内已包括提升支撑杆用量,并按不拔出考虑,如需拔出,收回率及拔杆费另行计算;设计利用提升支撑杆作结构钢筋时,不得重复计算。

(2)用滑升钢模施工的构筑物按无井架施工考虑,并已综合了操作平台,不另计算脚手架及竖井架。

(3)倒锥形水塔塔身滑升钢模定额,也适用于一般水塔塔身滑升钢模工程。

(4)烟囱滑升钢模定额均已包括筒身、牛腿、烟道口,水塔滑升钢模已包括直筒、门窗洞口等模板用量。

(5)列有滑模定额的构筑物子目,采用翻模施工时,可按《浙江省房屋建筑与装饰工程预算定额》(2018 版)混凝土及钢筋混凝土工程相近构件模板定额执行。

4. 室外地坪铺设、室外排水、墙脚护坡、明沟、翼墙、台阶、盖板安装等

(1)定额适用于一般工业与民用建筑的厂区、小区及房屋附属工程,超出定额范围的项目套用市政工程定额相应子目。

(2)定额所列排水管、窨井等室外排水定额仅为化粪池配套设施用,不包括土方及排水管垫层,如发生应按有关章节定额另列项目计算。

(3)砖砌窨井按 2004 浙 S1、S2 标准图集编制,设计不同时,可参照相应定额执行。

(4)砖砌窨井按内径周长套用定额,井深按 1m 编制,实际深度不同时,套用“每增减20cm”定额按比例进行调整。

【例 2-17-1】 某砖砌窨井内径周长 2m,井深 1.2m,求该项目基价。

解

套定额 17-139 + 17-143,基价 = 1 139.76 + 171.85 = 1 311.61 元/只

【例 2-17-2】 某砖砌窨井内径周长 2m,井深 1.3m,求该项目基价。

解

套定额 17-139 + 17-143H,基价 = 1 139.76 + 171.85 × (0.3/0.2) = 1 397.54 元/只

(5)化粪池按 2004 浙 S1、S2 标准图集编制,设计采用的标准图不同时,可参照容积套用相应定额。隔油池按 93s217 图集编制。隔油池顶按不覆土考虑。

(6)成品塑料检查井、成品塑料池(隔油池、化粪池等)按无防护盖座编制,防护盖座按相

应定额子目执行，发生土方、基础垫层等按有关章节定额另列项目计算。

(7)小便槽不包括端部侧墙，侧墙砌筑及面层按设计内容另列项目计算，套用有关章节相应定额。

(8)台阶、坡道及明沟定额均未包括面层，如发生，应按设计面层做法，另行套用定额"第十一章楼地面装饰工程"相应定额。明沟适用于与墙脚护坡相连的排水沟。

(9)室外排水及墙角护坡明沟、翼墙、台阶中混凝土按非泵送商品混凝土考虑，如采用泵送商品混凝土，每立方混凝土扣除人工0.11工日。

(二)工程量计算规则

1. 构筑物砌筑

构筑物砌筑包括砖砌烟囱、烟道、贮水池、贮仓等。

(1)砖烟囱、烟道

①砖基础与砖筒身以设计室外地坪为分界，以下为基础，以上为筒身。

②砖烟囱筒身、烟囱内衬、烟道及烟道内衬均以实体积计算。

③砖烟囱筒身原浆勾缝和烟囱帽抹灰，已包括在定额内，不另计算。如设计规定加浆勾缝者，按抹灰工程相应定额计算，不扣除原浆勾缝的工料。

④如设计采用楔形砖时，其加工数量按设计规定的数量另列项目计算，套用砖加工定额。

⑤烟囱内衬深入筒身的防沉带(连接横砖)、在内衬上抹水泥排水坡的工料及填充隔热材料所需人工均已包括在内衬定额内，不另计算，设计不同时不做调整。填充隔热材料按烟囱筒身(或烟道)与内衬之间的体积另行计算，应扣除每个面积在0.3m^2以上的孔洞所占的体积，不扣除防沉带所占的体积。

⑥烟囱、烟道内表面涂抹隔绝层，按内壁面积计算，应扣除每个面积在0.3m^2以上的孔洞面积。

⑦烟道与炉体的划分以第一道闸门为界，在炉体内的烟道应并入炉体工程量内炉体执行安装工程炉窑砌筑相应定额。

(2)砖(石)贮水池

①砖(石)池底、池壁均以实体积计算。

②砖(石)池的砖(石)独立柱，套用构筑物、附属工程相应定额。如砖(石)独立柱带有混凝土或钢筋混凝土结构者，其体积分别并入池底及池盖中，不另列项目计算。

(3)砖砌圆形仓筒

壁高度自基础板顶面算至顶板底面，以实体积计算。

2. 构筑物混凝土

除定额另有规定以外，构筑物工程量同建筑物计算规则。

(1)水塔

①塔身与槽底以与槽底相连的圈梁为分界，圈梁底以上为槽底，以下为塔身。

②依附于水箱壁上的柱、梁等构件并入相应水箱壁计算。

③水箱槽底、塔顶分别计算，工程量包括所依附的圈梁及挑檐、挑斜壁等。

④倒锥形水塔水箱模板按水箱混凝土体积计算，提升按容积以"座"计算。

(2)水(油)池、地沟

①池、沟的底、壁、盖分别计算工程量。

②依附于池壁上的柱、梁等附件并入池壁计算,依附于池壁上的沉淀池槽另行列计算。

③肋形盖梁与板工程量合并计算;无梁池盖柱的柱高自池底表面算至池盖的下表面,工程量包括柱墩、柱帽的体积。

④贮仓:贮仓立壁、斜壁混凝土浇捣合并计算,基础、底板、顶板、柱浇捣套用建筑物现浇混凝土相应定额。圆形仓模板按基础、底板、顶板、仓壁分别计算,隔层板、顶板梁与板合并计算。

3. 室外地坪、围墙

地坪铺设按图示尺寸以"m^2"计算,不扣除 $0.5m^2$ 以内各类检查井所占面积;铸铁花饰围墙按图示长度乘高度计算。

4. 墙脚护坡、明沟、翼墙、台阶

(1)墙脚护坡边明沟长度按外墙中心线计算,墙脚护坡按外墙中心线乘以宽度计算,不扣除每个长度在5m以内的踏步或斜坡。

(2)台阶及防滑坡道按水平投影面积计算,如台阶与平台相连时,平台面积 $10m^2$ 以内时按台阶计算,平台面积在 $10m^2$ 以上时,平台按楼地面工程计算套用相应定额,工程量以最上一级300mm处为分界。

(3)砖砌翼墙,单侧为一座,双侧按两座计算。

【例2-17-3】 某房屋平面图如图2-17-2所示:墙体厚均为240mm,墙脚护坡采用混凝土护坡,厚度为80mm,宽度为500mm。求:

(1)墙脚护坡工程量,并套定额计算直接工程费。

(2)沥青砂浆伸缩缝工程量,并套定额计算直接工程费。

(3)台阶工程量,并套定额计算直接工程费(设砖砌台阶干混地面砂浆面DS M20.0、踏步高150mm,踏面宽300mm)。

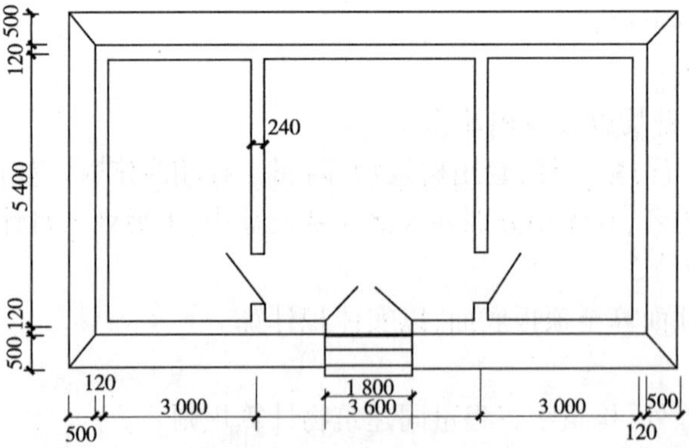

图2-17-2 房屋平面图(尺寸单位:mm)

解

外墙中心线长度 $=(3.6+3\times2+5.4)\times2=30$m

台阶长度 $=1.8$m <5m,不扣台阶长度。

(1)混凝土墙脚护坡工程量 $=30\times0.5=15\text{m}^2$

套定额17-179,基价 $=7\ 884.77$ 元/100m²

直接工程费 $=15\times78.85=1\ 182.75$ 元

(2)沥青砂浆工程量 $=(9.84+5.64)\times2+0.5\times2+0.5\times\sqrt{2}\times4=34.97\text{m}$

套定额9-115,基价 $=1\ 303.27$ 元/100m

直接工程费 $=34.97\times13.03=455.66$ 元

(3)台阶工程量 $=1.8\times0.9=1.62\text{m}^2$

套定额17-186,基价 $=2\ 518.38$ 元/10m²

直接工程费 $=2.97\times251.8=747.85$ 元

台阶水泥砂浆工程量 $=1.8\times0.9+1.8\times0.15\times3+0.3\times4\times0.45=2.97\text{m}^2$

套定额11-131,基价 $=4\ 747.20$ 元/100m²

直接工程费 $=2.97\times47.47=140.99$ 元

三 工程量清单及清单计价

附属工程在《房屋建筑与装饰工程工程量计算规范》(GB 50854—2013)附录中没有单独的章节,而是穿插在“附录D　砌筑工程”和“附录E　混凝土及钢筋混凝土”中,构筑物工程在《构筑物工程工程量计算规范》(GB 50860—2013)中。

(一)砖砌的附属工程

1. 砖砌的附属工程在010401012中编码列项

根据《房屋建筑与装饰工程工程量计算规范》(GB 50854—2008)附录D零星项目在010401012中编码列项。

1)工程量清单编制

台阶、台阶挡墙、梯带、锅台、炉灶、蹲台、池槽、池槽腿、花台、花池、楼梯栏板、阳台栏板、地垄墙、屋面隔热板下的砖墩、0.3m^2 以内孔洞填塞等,应按零星砌砖项目编码列项。砖砌锅台与炉灶可按外形尺寸以“个”计算,砖砌台阶可按水平投影面积(m^2)计算,小便槽、地垄墙可按长度(m)计算,其他工程量按体积(m^3)计算。

部分项目名称、工程量计算规则见表2-17-2。

部分项目名称、工程量计算规则　　表2-17-2

项目编码	项目名称	项目特征	计量单位	工程量计算规则
010401012×××	(砖砌台阶) 零星砌砖	1. 砖砌台阶名称、部位 2. 砖品种、规格、强度等级 3. 砂浆强度等级、配合比	m²	按水平投影尺寸以面积计算
010401012×××	(小便槽) 零星砌砖	1. 小便槽名称、部位 2. 砖品种、规格、强度等级 3. 砂浆强度等级、配合比	m	按设计图示尺寸以长度计算
010401012×××	(池槽、池槽腿) 零星砌砖	1. 池槽名称、部位 2. 砖品种、规格、强度等级 3. 砂浆强度等级、配合比	m²	按设计图示尺寸以体积计算

2)工程量清单计价(报价)

(1)组合内容参照D.1砖砌体中的零星砌砖。

(2)砖砌台阶计价规则:

根据设计图纸按水平投影面积计算,如台阶与平台相连时,平台面积在10m^2以内时按台阶计算,平台面积在10m^2以上时平台按楼地面工程计算套用相应定额,工程量以最上一级30cm处为分界。台阶在四步以上时,应按土方、垫层、抹灰等相应定额分别计算。

2. 砖检查井在010401011中编码列项

1)工程量清单编制

(1)项目特征描述的内容一般有:井(池)截面,砖品种、规格、强度等级,垫层材料种类、厚度,底板厚度,勾缝要求,混凝土强度等级,砂浆强度等级,配合比,防潮层材料种类等。

(2)计量单位:座。

(3)工程量计算规则:按设计图示数量计算。

2)工程量清单计价(报价)

砖检查井的工程内容一般包括:土方挖运,砂浆制作、运输,铺设垫层,底板混凝土制作、运输、浇筑、振捣、养护,砌砖、勾缝,井池底、壁抹灰,抹防潮层,回填,材料运输等。

3. 砖散水、地坪在010401013中编码列项

1)工程量清单编制

(1)项目特征描述的内容一般有:垫层材料种类、厚度,散水、地坪厚度,面层种类、厚度,砂浆强度等级、配合比。

(2)计量单位:m^2。

(3)工程量计算规则:按设计图示尺寸以面积计算。

2)工程量清单计价(报价)

砖散水、地坪的工程内容一般包括:地基找平、夯实、铺设垫层、砌砖散水、地坪、抹砂浆面层。

4. 砖地沟、明沟在010401004中编码列项

1)工程量清单编制

(1)砖地沟、明沟的项目特征描述一般有:沟截面尺寸,垫层材料种类、厚度,混凝土强度等级、砂浆强度等级、配合比等。

(2)计量单位:m。

(3)工程量计算规则:按设计图示尺寸以中心线长度计算。

2)工程量清单计价(报价)

砖地沟、明沟的工程内容一般包括:挖运土石,铺设垫层,底板混凝土制作、运输、浇筑、振捣、养护,砌砖、勾缝、抹灰,材料运输等。

(二)混凝土的附属工程

(1)根据《房屋建筑与装饰工程工程量计算规范》(GB 50854—2013)附录E散水、坡道在010507001中编码列项。

(2)室外地坪在010507002中编码列项。

(3)台阶在010507004中编码列项。

(4)化粪池、检查井在010507006中编码列项。

学生工作页

一、单项选择题

墙脚护坡工程量计算规则正确的是(　　)。

A. 按外墙中心线长度计算

B. 按外墙中心线乘宽度计算,不扣除每个长度在5m以内的踏步和斜坡

C. 按外墙中心线乘宽度计算,不扣除踏步和斜坡

D. 按设计图示尺寸以面积计算

二、多项选择题

1. 台阶和防滑坡道计算规则正确的是(　　)。

A. 按水平投影面积计算

B. 台阶与平台相连时,平台工程量并入台阶计算

C. 台阶与平台相连时,台阶工程量并入平台套楼地面工程

D. 台阶与平台相连时,平台面积在$10m^2$以内按台阶计算

E. 平台面积在$10m^2$以上时,平台按楼地面工程计算套用相应定额,工程量以最上一级30cm处为分界

2. 排水管道计算规则正确的是(　　)。

A. 按图示尺寸以延长米计算

B. 扣除窨井所占长度

C. 管道铺设方向窨井内空尺寸小于50cm时不扣窨井所占长度

D. 大于50cm时,按井壁内空尺寸扣除窨井所占长度

E. 按设计图示尺寸以面积计算

3. 本单元定额所列的(　　)等室外排水定额仅仅为化粪池配套设施。

A. 地坑的土方开挖　　B. 排水管　　C. 土方回填　　D. 抹灰

E. 窨井

4. 隔油池的(　　)材料及安装费未计入隔油池定额内。

A. 透气孔　　B. 进出排水管

C. 预制混凝土井盖　　D. 铸铁盖

E. 排水管的安装费

三、判断题

1. 超出本单元定额范围的项目,应套用市政定额。(　　)

2. 室外管道排水定额已包括土方及垫层。(　　)

3. 台阶面层应套楼地面工程定额。(　　)

4. 墙脚护坡边明沟长度按外墙中心线计算。(　　)

5. 墙脚护坡长度按外墙中心线计算。 (　　)

6. 台阶按零星项目计算工程量。 (　　)

7. 铺草皮砖定额不包括基层。 (　　)

8. 砖砌窨井壁均按一砖厚为准。 (　　)

9. 砖砌窨井深以混凝土底板面至窨井盖面为准。 (　　)

四、定额换算题

根据表 2-17-3 所列信息,完成定额转换。

表 2-17-3

序号	定额编号	工程名称	定额计量单位	基价	基价计算式
1		铺贴地坪块(砂基层)80mm 厚			
2		铺贴地坪块(水泥砂浆基层)30mm 厚			
3		砖砌窨井,内径尺寸 500mm × 600mm,井深 0.9m 使用铸铁井盖			
4		砖砌窨井,内径周长 1.8m,井深 1.35m			

单元十八 脚手架工程

教学课件

【能力目标】

1. 能够计算综合脚手架、天棚饰面脚手架、基础混凝土运输脚手架、内墙饰面脚手架等的定额工程量。

2. 能够准确套用定额并计算综合脚手架、天棚饰面脚手架、基础混凝土运输脚手架、内墙饰面脚手架等的直接工程费。

3. 能够灵活运用建筑工程预算定额,进行脚手架工程的定额换算。

【知识目标】

1. 熟悉脚手架的用途、作用及种类。

2. 熟悉脚手架工程的定额套用说明。

3. 掌握综合脚手架、天棚饰面脚手架、基础混凝土运输脚手架、内墙饰面脚手架等的定额工程量的计算规则。

一 基础知识

(一)名词解释

1. 脚手架

专为高空施工操作,堆放和运送材料,并保证施工安全而设置的架设工具或操作平台,通常包括脚手架的搭设与拆除,安全网铺设,铺、拆、翻脚手片等全部内容。当建筑物超过规范允许搭设脚手架高度(不宜超过 50m)时,应采用钢挑架,钢挑架上下间距通常不超过 18m。

2. 阻燃密目安全网

用来防止人、物坠落,或用来避免、减轻坠落及物击伤害,有阻燃功能的网具。安全网一般由网体、边绳、系绳等构件组成。

基础知识及定额套用

(二)脚手架种类

木脚手架、毛竹脚手架和金属脚手架,金属脚手架常见有钢管脚手架、碗扣式脚手架和移动脚手架。

二 定额的套用和工程量的计算

定额子目:3 节,分别是综合脚手架,单项脚手架,烟囱、水塔脚手架,共 70 个子目。各小节子目划分情况见表 2-18-1。

定额子目划分 表 2-18-1

定额节			子目数
一	综合脚手架(33)	混凝土结构	17
		钢结构	13
		地下室	3
二	单项脚手架		33
三	烟囱、水塔脚手架		4

(一)综合脚手架

1. 定额说明

1)适用条件

适用于房屋工程及地下室,不适用于房屋加层、构筑物及附属工程脚手架,以上可套用单项脚手架相应定额。

2)综合包括内容

(1)内、外墙砌筑脚手架。

(2)外墙饰面脚手架。

(3)斜道和上料平台。

(4)高度在 3.6m 以内的内墙及天棚装饰。

(5)基础深度(自设计室外地坪起)2m 以内的脚手架。地下室脚手架定额已综合了基础脚手架。

3)未包括内容

(1)高度在 3.6m 以上的内墙和天棚饰面或吊顶安装脚手架。

(2)建筑物屋顶上或楼层外围的混凝土构架高度在 3.6m 以上的装饰脚手架。

(3)深度超过 2m(自交付施工场地标高或设计室外地面标高起)的无地下室基础采用非泵送混凝土时的脚手架。

(4)电梯安装井道脚手架、人行过道防护脚手架、网架安装脚手架。

以上项目发生时,按单项脚手架规定另列项目计算。

4)装配整体式混凝土结构定额

执行混凝土结构综合脚手架,根据不同的预制率,选择不同的乘系数换算综合脚手架定额。

5)厂(库)房钢结构综合脚手架定额

单层按檐高 7m 以内编制,多层按檐高 20m 以内编制,若檐高超过编制标准,按相应每增加 1m 定额计算,层高不同不做调整。单层厂(库)房檐高超过 16m,多层厂(库)房檐高超过 30m,应根据施工方案计算。

6)住宅钢结构综合脚手架定额

适用于结构体系为钢结构、钢—混凝土混合结构的工程，层高以6m以内为准，层高超过6m，另按混凝土结构每增加1m以内定额计算。

2. 工程量计算

综合脚手架工程量为建筑面积与增加面积之和。

1)建筑面积

建筑面积工程量按《建筑工程建筑面积计算规范》(GB/T 50353—2013)计算，有地下室时，地下室与上部建筑面积分别计算，套用相应定额。半地下室并入上部建筑物计算。

2)增加面积

(1)骑楼、过街楼底层的开放公共空间和建筑物通道，层高在2.2m及以上者按墙(柱)外围水平面积计算；层高不足2.2m者计算1/2面积。

(2)建筑物屋顶上或楼层外围的混凝土构架，高度在2.2m及以上者按构架外围水平投影面积的1/2计算。

(3)凸(飘)窗按其围护结构外围水平面积计算，扣除已计入《建筑工程建筑面积计算规范》(GB/T 50353—2013)第3.0.13条的面积。

(4)建筑物门廊按其混凝土结构顶板水平面积计算，扣除已计入《建筑工程建筑面积计算规范》(GB/T 50353—2013)第3.0.16条的面积。

(5)建筑物阳台按其结构板底水平面积计算，扣除已计入《建筑工程建筑面积计算规范》(GB/T 50353—2013)第3.0.21条的面积。

(6)建筑物外与阳台相连有围护设施的设备平台，按其结构板底水平投影面积计算。

以上涉及面积计算的内容，仅适用于计取综合脚手架、垂直运输费和建筑物超高加压水泵台班及其他费用。

(二)单项脚手架

1. 定额说明

不适用综合脚手架时，以及综合脚手架有说明可另行计算的情形，执行单项脚手架。

2. 包含内容

定额分为：外墙脚手架，内墙脚手架，满堂脚手架，砖柱脚手架，电梯安装井道脚手架，斜道，起重平台、进料平台及防护脚手架。

1)满堂脚手架

高度在3.6～5.2m的天棚饰面脚手架，按满堂脚手架基本层计算。高度超过5.2m另按增加层定额计算，当仅勾缝，刷浆时，按满堂脚手架定额人工乘系数0.4，材料乘系数0.1；满堂脚手架在同一操作地点进行多种操作时(不另行搭设)，只能计算一次脚手架费用。

工程量：按天棚水平投影面积计算，工作面高度为房屋层高；斜天棚(屋面)按房屋平均高度计算；局部高度超过3.6m以上的天棚，按超过部分面积计算。

2)砌筑脚手架

工程量按内、外墙面积计算(不扣除门窗洞口、空洞等面积)，外墙乘系数1.15，内墙乘系数1.10。

(1)外墙外侧饰面应利用外墙砌筑脚手架;当不能利用须另行搭设时,按外墙脚手架定额人工乘系数0.8,材料乘系数0.3;当仅勾缝、刷浆、刮腻子或油漆时,定额人工乘系数0.4,材料乘系数0.1。

(2)高度在3.6m以上的墙、柱饰面或相应油漆涂料脚手架;当不能利用满堂脚手架,须另行搭设时,按内墙脚手架定额人工乘系数0.6,材料乘系数0.3;当仅勾缝、刷浆或油漆时定额人工乘系数0.4,材料乘系数0.1。

(3)砖墙厚度在一砖半以上,石墙厚度在40cm以上,应计算双面脚手架,外面套外墙脚手架,内套内墙脚手架定额。

3)基础脚手架

基础深度超过2m(自交付施工现场标高或设计室外地面标高起)的无地下室基础采用非泵送混凝土时,应计算混凝土运输脚手架(使用泵送混凝土除外),按满堂脚手架基本层定额乘系数0.6,深度超过3.6m时,另按增加层定额乘系数0.6。

工程量:按底层外围面积;局部加深时,按加深部分基础深度每边各增加50cm计算。

4)围墙脚手架

围墙高度在2m以上者,套用内墙脚手架定额,如另一面需装饰时脚手架另套用内墙脚手架定额并对人工乘系数0.8,材料乘系数0.3。

工程量:围墙高度×围墙中心线[洞口面积不扣,砖垛(柱)也不折加长度]。

高度:自设计室外地坪算至围墙顶。

5)防护脚手架

定额按双层考虑,基本使用期为六个月,不足或超过六个月按相应定额调整,不足一个月按一个月计。

工程量:按水平投影面积计算。

(三)计算示例

【例2-18-1】 某工程如图2-18-1所示,钢筋混凝土基础深度$H=5.2$m,每层建筑面积800m^2,天棚面积720m^2,楼板厚100mm,一层3.6m以内内墙抹灰面积4 000m^2,二层内墙抹灰面积2 100m^2,三层3.6m以内内墙抹灰面积1 100m^2,四层、五层内墙抹灰面积均为1 600m^2。混凝土楼板厚度100mm。求:

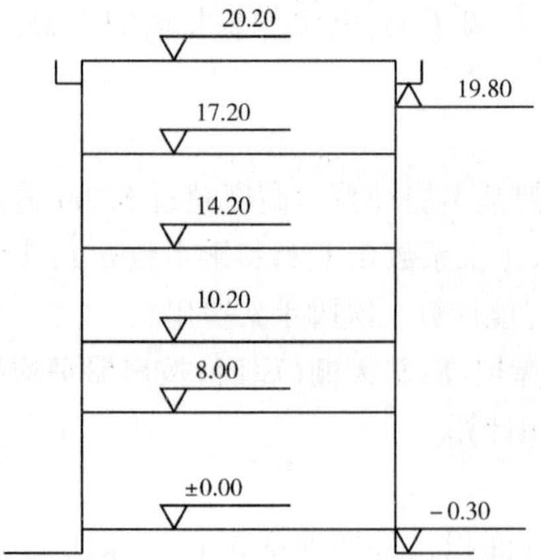

图2-18-1 (标高单位:m)

(1)综合脚手架费用。

(2)天棚抹灰脚手架费用。

(3)基础混凝土运输脚手架费用。

解

(1)综合脚手架费用

底层层高$H=8\text{m}>6\text{m}$,工程量$S_1=800\text{m}^2$,二~五层层高$H<6$m,中间有一技术层层高2.2m,按全面积计算脚手架工程量$S_2=800\times4=3\,200\text{m}^2$,檐高$H=19.8+0.3=20.1\text{m}>20\text{m}$,套30m以内定额。

①底层：套定额 18-7 + 18-8 × 2，基价 = 2 841.15 + 253 × 2 = 3 347.15 元/100m²

②二～五层：套定额编 18-7，基价 = 2 841.15 元/m²

综合脚手架费用 = 800 × 33.471 5 + 3 200 × 28.411 5 = 11 7694 元

(2) 天棚抹灰脚手架费用

底层高度为 8m，第三层高度为 4m，有两层高度大于 3.6m。

①底层：套定额 18-47 + 18-48 × 3，基价 = 987.36 + 198 × 3 = 1 581.36 元/100m²

②第三层：套定额 18-47，基价 = 987.36 元/100m²

③第二、四、五层：高度分别为 2.2m、3m、3m，抹灰脚手架已经包含在综合脚手架定额内。

天棚饰面脚手架费用 = 15.81 × 720 + 9.87 × 720 = 18 489.6 元

(3) 基础混凝土运输脚手架费用

基础 $H = 5.2 > 2$m，应计算脚手架费用。

套定额(18-47 + 18-48 × 2) × 0.6，$\Delta H = 5.2 - 3.6 = 1.6$m

基价 = (987.36 + 198 × 2) × 0.6 = 830.02 元/100m²

基础混凝土运输脚手架费用 = 8.30 × 800 = 6 640 元

【例 2-18-2】 设某单层高低跨工业厂房(图 2-18-2)，中间高跨檐高 21m，层高 20.6m，两边低跨檐高 15m，层高 14.6m，屋面采用现浇混凝土结构，板底勾缝刷浆，屋面板厚 12cm，柱 600mm × 400mm，墙厚 240mm，设 3.6m 以内内墙抹灰面积为 450m²(设天棚梁侧抹灰共计 68m²，不考虑施工技术方案)。求：

(1) 综合脚手架费用。

(2) 天棚饰面脚手架费用。

解

(1) 综合脚手架费用

①高跨：$S_{建} = 30.48 \times (12 + 0.3 \times 2) = 384.05\text{m}^2$

套定额 18-7 + 18-8 × 15，基价 = 2 841.15 + 253 × 15 = 6 636.15 元/100m²

高跨综合脚手架费用 = 384.05 × 66.361 5 = 25 486.13 元

②低跨：$S_{建} = 30.48 \times (12 - 0.3 + 0.24) \times 2 = 727.86\text{m}^2$

套定额 18-5 + 18-6 × 9，基价 = 2 255.2 + 224.27 × 9 = 4 273.63 元/100m²

低跨综合脚手架费用 = 727.86 × 42.736 3 = 31 106.04 元

(2) 天棚饰面脚手架费用

①高跨：$V_{天棚} = \{(30 + 4) \times [(12.6 - 0.24 \times 2) + 4]\} \times 20.6 = 1\,1290.448\text{m}^3$

套定额 5-190H，基价 = 1 300.15 × 0.2 = 260.03 元/100m³

高跨满堂脚手架费用 = 11 290.448 × 2.600 3 = 29 358.55 元

②低跨：$S_{天棚} = (30 + 4) \times (12 + 4) \times 2 \times 14.6 = 15\,884.8\text{m}^3$

套定额 5-190H，基价 = 1 300.15 × 0.2 = 260.03 元/100m³

低跨满堂脚手架费用 = 15 884.8m³ × 2.600 3 = 41 305.25 元

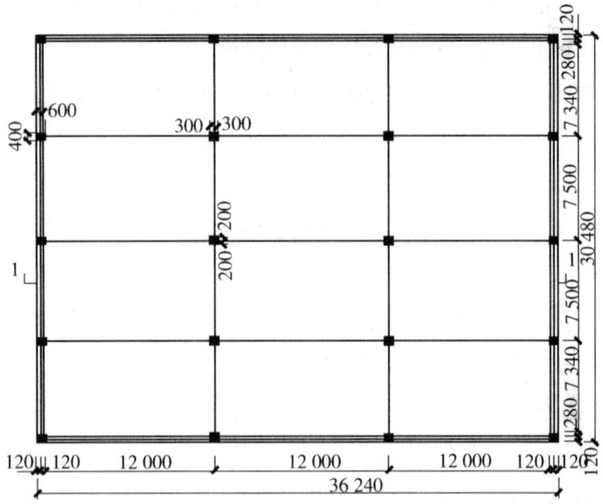

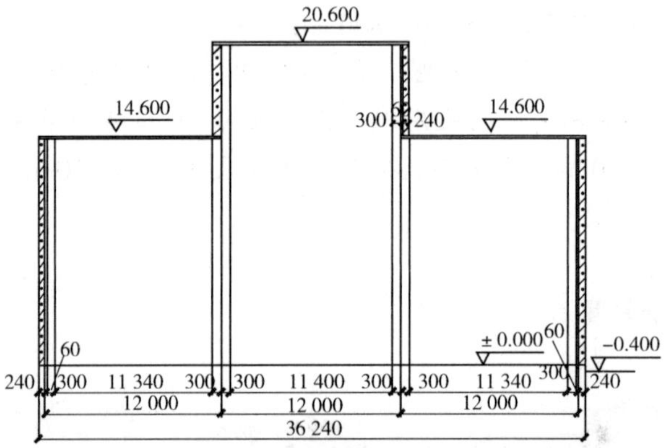

1—1剖面图

图 2-18-2 (尺寸单位:mm)

任务实施

某学院培训楼檐高 7.1 +0.45 =7.55m,建筑施工图见附录。

(1)定额工程量

综合脚手架(建筑面积):

$S_{一层}$:11.6 ×6.5 =75.4m^2

$S_{二层}$:11.6 ×6.5 +4.56 ×1.2 =80.872m^2

S =75.4 +80.872 =156.27m^2

(2)技术措施费

套定额 18-3,基价 =1 922.92 元/100m^2

综合脚手架的技术措施费 =156.27 ×19.229 2 =3 004.99 元

学生工作页

一、单项选择题

1. 当基础应计算混凝土运输脚手架时，按满堂脚手架基本层定额乘系数（　　）。

A. 0.5　　B. 0.6　　C. 0.7　　D. 0.8

2. 以下有关脚手架说法正确的是（　　）。

A. 高度在 3.6~5.2m 内的天棚饰面或油漆涂料脚手架，按满堂脚手架基本层计算

B. 外墙抹灰应利用外墙砌筑脚手架，当不能利用须另行搭设时，按外墙脚手架定额乘系数 0.3

C. 高度在 3.6m 以上的内墙抹灰脚手架，当不能利用满堂脚手架，须另行搭设时，按内墙脚手架定额人工乘系数 0.4，材料乘系数 0.1

D. 外墙脚手架定额已综合斜道和上料平台

3. 以下关于脚手架工程量计算规则描述错误的是（　　）。

A. 基础深度超过 2m 的无地下室基础采用非泵送混凝土时的满堂脚手架工程量，按底层外围面积计算

B. 烟囱、水塔脚手架分别高度，按座计算

C. 综合脚手架工程量按房屋建筑面积计算，有地下室时，地下室（包括半地下室）与上部建筑面积分别计算，套用相应定额

D. 设备管道夹层层高在 2.2m 及以上者按墙外围水平面积计算；层高不足 2.2m 者计算 1/2 面积

4. 某大厅层高为 8m，吊顶高度为 7m，应计算（　　）层满堂脚手架增加层。

A. 2　　B. 3　　C. 4　　D. 5

二、多项选择题

1. 以下属于综合脚手架定额综合内容的是（　　）。

A. 内墙砌筑脚手架　　B. 外墙砌筑脚手架

C. 内墙抹灰脚手架　　D. 外墙抹灰脚手架

E. 高度在 3.6m 以内的天棚抹灰脚手架

2. 实际工程中当发生（　　）情况下需套用单项脚手架。

A. 高度 3.6m 以上的天棚抹灰

B. 基础深度超过 2m，无地下室基础，采用非泵送混凝土

C. 电梯井道安装

D. 人行过道防护

3. 以下说法正确的有（　　）。

A. 综合脚手架面积等于建筑面积

B. 穿过建筑物的市政公共通道，可计算综合脚手架

C. 综合脚手架适用于房屋及房屋加层脚手架

D. 综合脚手架未包括上料平台及斜道

E. 建筑物外与阳台相连有围护设施的设备平台,可计算综合脚手架

4. 以下有关脚手架工程说法正确的是(　　)。

A. 防护脚手架定额按双层考虑,基本使用期为六个月,不足或超过六个月按相应定额调整,不足一个月按一个月计

B. 砖柱脚手架适用于高度大于2m的独立砖柱;房上烟囱高度超出屋面2m者,套砖柱脚手架定额

C. 围墙高度在2m以上者,套内墙脚手架定额

D. 电梯井高度按井坑底面至井道顶板净空高度再减去1.5m定额计算

E. 钢筋混凝土倒锥形水塔的脚手架,按水塔脚手架的相应定额计算

5. 计算综合脚手架工程量时,除房屋建筑面积外,还应增加定额规定的部分内容的面积,以下(　　)的面积不属于增加的面积范围。

A. 过街楼下的人行通道　　B. 建筑物通道

C. 设备管道层　　D. 建筑物门廊

三、定额换算题

根据表2-18-2所列信息,完成定额换算。

表2-18-2

序号	定额编号	工 程 名 称	定额计量单位	基价	基价计算式
1		深度3.9m基础混凝土运输脚手架			
2		用于油漆天棚的满堂脚手架,天棚高度6.5m			
3		单层厂房天棚抹灰脚手架(檐高16.8m,工作面15.45m)			
4		10m高钢筋混凝土倒锥形水塔脚手架			
5		某房屋檐高75m,层高3.6m,其综合脚手架			
6		某房屋檐高28m,层高7m,其综合脚手架			
7		某房屋檐高36m,层高7m,其综合脚手架			
8		基础深度3m(至设计室外地坪),混凝土运输脚手架			
9		基础深度4.2m(至设计室外地坪),混凝土运输脚手架			

续上表

序号	定额编号	工 程 名 称	定额计量单位	基价	基价计算式
10		天棚抹灰高度4.2m,其满堂脚手架			
11		天棚抹灰高度6m,其满堂脚手架			
12		房屋综合脚手架,檐高16m,层高15.5m			
13		围墙砌筑脚手架,高度2.4m			

四、计算题

某综合楼A、B单元各层层高、檐高建筑面积如表2-18-3所示。按《浙江省房屋建筑与装饰工程预算定额》(2018版)计算综合脚手架费用。(室外地坪标高为-0.3m)

表2-18-3

层次	A 单 元			B 单 元		
	层数	层高(m)	建筑面积(m^2)	层数	层高(m)	建筑面积(m^2)
地下	1	3.2	1 000	1	3.2	800
首层	1	6	1 000	1	6	800
标准层	2	3.6	1 000	7	3.6	5 600
顶层	1	4	1 000	1	5	800
合计	4		5 000	9		8 000

单元十九
垂直运输工程

教学课件

【能力目标】

1. 能够计算地下室垂直运输、上部建筑物垂直运输等的定额工程量。

2. 能够准确套用定额并计算地下室垂直运输、上部建筑物垂直运输等的直接工程费。

3. 能够灵活运用房屋建筑与装饰工程预算定额,进行垂直运输工程的定额换算。

【知识目标】

1. 了解垂直运输工具类型,熟悉垂直运输费用的使用范围。

2. 熟悉垂直运输工程的定额套用说明。

3. 掌握地下室垂直运输、上部建筑物垂直运输的定额工程量的计算规则。

一 基础知识

1. 垂直运输工具

建筑工程中垂直运输工具常为电动卷扬机、自升塔式起重机和施工电梯。地下室施工,按自升塔式起重机配置;檐高30m以下按卷扬机及起重机配置;檐高30m以上按塔式起重机和施工电梯配置。

2. 垂直运输费用的使用范围

因为采用上面描述的运输工具而发生的垂直运输的有关费用,在计算时要根据建筑物的类别、高度、层高而区别对待。

二 定额的套用和工程量的计算

定额子目:2节,分别是建筑物垂直运输,构筑物垂直运输,共54个子目。各小节子目划分情况见表2-19-1。

定额子目划分　　表 2-19-1

定额节			子目数
一	建筑物(36)	地下室	3
		混凝土结构	11
		钢结构	13
		建筑物层高超过 3.6m,每增加 1m	9
二	构筑物(18)	构筑物	8
		(滑升模板)构筑物垂直运输及相应设备	10

(一)定额说明

(1)本单元定额适用于房屋建筑工程、构筑物工程的垂直运输,不适用于专业发包工程。

(2)定额包括单位工程在合理工程期内完成全部工作所需的垂直运输机械台班,但未包括大型机械的场外运输费、安装拆卸费及路基铺垫、轨道铺拆和基础等费用,发生时另按相应定额计算。

(3)檐高 30m 以下建筑物垂直运输不采用塔式起重机时,应扣除相应定额子目中塔式起重机机械台班消耗量,卷扬机井架和电动卷扬机台班消耗量分别乘系数 1.5。

(4)檐高 3.6m 下的单层建筑不计垂直运输机械费用。

(5)同一建筑物檐高不同时,应根据不同高度的垂直界面分别计算建筑面积,套用相应定额;同一建筑物结构类型不同时,应分别计算建筑面积套用相应定额,同一檐高下的不同结构类型应根据水平分界面分别计算建筑面积,套用同一檐高相应定额。

(6)本单元按主体结构混凝土泵送考虑,当采用非泵送时,垂直运输费按相应定额乘系数 1.05。

(7)装配整体式混凝土结构垂直运输套用混凝土结构相应定额乘系数 1.40。

(8)滑模施工的贮仓定额只适用于圆形仓壁,其底板及顶板套用普通贮仓定额。

【例 2-19-1】 某房屋檐高 16.5m,垂直运输机械不采用塔式起重机,求基价。

解

套定额 19-4H,基价 = 157.6 × 3.88 × 1.5 + 12.31 × 3.88 × 1.5 = 988.88 元/100m^2

(二)计算规则

地下室垂直运输以首层室内地坪以下全部地下室建筑面积计算,半地下室并入上部建筑物计算。

上部建筑物垂直运输以首层室内地坪以上的全部面积计算,面积计算规则按定额"十八章 脚手架工程"综合脚手架工程量的计算规则。

非滑模施工的烟囱、水塔,根据高度按"座"计算;钢筋混凝土水(油)池及贮仓按基础底板按上体积以"m^3"计算。滑模施工的烟囱、水塔、筒仓或基础底板上表面以上的筒身实体积按"m^3"计算,水塔根据高度按"座"计算,定额已包括水箱及所有依附构件。

【例 2-19-2】 某建筑物(混凝土结构)如图 2-19-1 所示。20 层部分檐口高度为 63m;18 层部分檐口高度为 50m;15 层部分檐口高度为 36m。建筑面积分别为:1 ~ 15 层每层 1000m^2;16 ~ 18 层每层 800m^2;19 ~ 20 层每层 300m^2。试计算该工程垂直运输费。假设 1 ~ 15 层层高均在3.6m以下;16~18层层高分别为5m、5m、4m;19~20层层高为6.5m。试计算该工程垂直运输费。

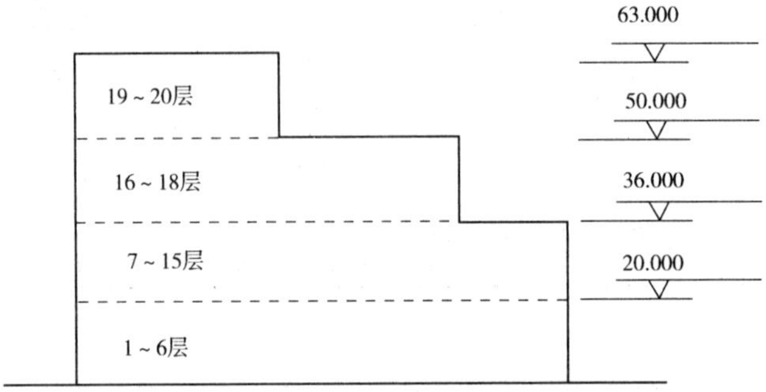

图2-19-1 (标高单位:mm)

解

确定建筑物三个不同标高的建筑面积应垂直分割计算

(1)檐口高度70m以内

$S=20\times300=6\ 000\text{m}^2$

套定额19-7,基价=4 211.48元/100m^2

19~20层,设层高为6.5m,6.5-3.6=2.9m

$S=300\times2=600\text{m}^2$

套定额19-30H,基价=534.67×2.9=1 550.54元/100m^2

(2)檐口高度50m以内

$S=18\times500=9\ 000\text{m}^2$

套定额19-6,基价=3 531.3元/100m^2

16~18层,设层高为5m、5m、4m,则

①层高为5m,5-3.6=1.4m

$S=800\times2=1\ 600\text{m}^2$

套定额19-29H,基价=382.86×1.4=536.0元/100m^2

②层高为4m,4-3.6=0.4m

$S=800\text{m}^2$

套定额19-29H,基价=382.86×0.4=153.14元/m^2

(3)檐口高度50m以内

$S=15\times200=3\ 000\text{m}^2$

套定额19-6,基价=3 531.3元/100m^2

垂直运输费=6 000×42.114 8+600×15.505 4+9 000×35.313+1 600×5.36+800×1.531 4+3 000×35.313=695 549.16元

【例2-19-3】 某工程如图2-19-2所示,钢筋混凝土基础深度$H=5.2$m,每层建筑面积800m^2,天棚面积720m^2,楼板厚100mm,一层3.6m以下内墙抹灰面积4 000m^2,二层内墙抹灰面积1 100m^2,三层3.6m以下内墙抹灰面积1 100m^2,四层、五层内墙抹灰面积均为1 600m^2。采用塔式起重机施工,混凝土商品泵送,试计算该工程垂直运输费。

解

檐高 $H=19.8+0.3=20.1\text{m}$，套檐高30m以内定额（无地下室）。

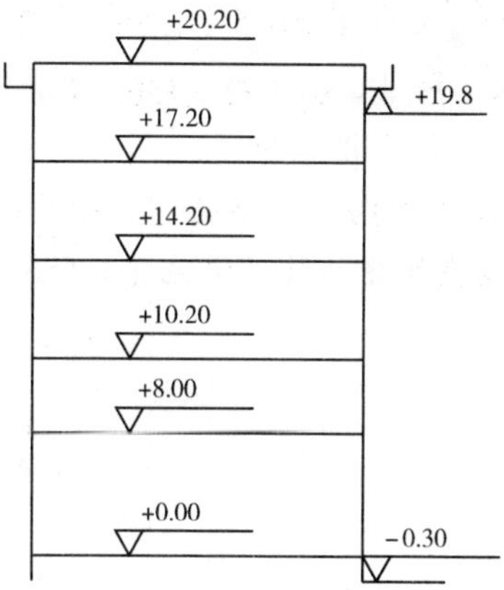

图 2-19-2

$S=800\times5=4\,000\text{m}^2$

套定额19-5，基价=2 437.22 元/100m^2

底层层高 $8\text{m}>3.6\text{m}$，$8-3.6=4.4\text{m}$

$S=800\text{m}^2$

套定额19-29×4.4，基价=382.86×4.4=1 684.58 元/100m^2

三层层高 $4\text{m}>3.6\text{m}$，$4-3.6=0.4\text{m}$

$S=800\text{m}^2$

套定额17-29×0.4，基价=382.86×0.4=153.14 元/m^2

垂直运输费 =4 000×24.372 2+800×16.845 8+800×1.531 4=112 190.56 元

【例2-19-4】 题如例2-19-2，设采用塔式起重机施工，预制混凝土柱、现浇钢筋混凝土屋面板，试计算该工程垂直运输费。

解

(1)高跨

檐高 $H=20.6+0.4=21\text{m}$，套檐高30m以内定额。

$S=30.48\times(12+0.3\times2)=384.05\text{m}^2$

套定额19-5，基价=2 437.22 元/100m^2

层高 $20.6\text{m}>3.6\text{m}$，$20.6-3.6=17\text{m}$

套定额19-29×17，基价=382.86×17=6 508.62 元/100m^2

(2)底跨

檐高 $H=15\text{m}$，套檐高20m以内定额。

$S=30.48\times(12-0.3+0.24)\times2=727.86\text{m}^2$

套定额19-4，基价=1 620.33 元/100m^2

层高 $14.6\text{m}>3.6\text{m}$，$14.6-3.6=11\text{m}$

套定额19-28×11，基价=246.97×11=2 716.67 元/100m^2

$S=727.86\text{m}^2$

垂直运输费 =384.05×(24.372 2+65.086 2)+727.86×(16.203 3+27.166 7)
=34356.5+31567.29
=65 923.79 元

任务实施

某学院培训楼檐高 $7.1+0.45=7.55\text{m}$，建筑施工图见本书附录。

(1)定额工程量

垂直运输不使用塔式起重机(建筑面积)。

$S_{一层}=11.6\times6.5=75.4\text{m}^2$

$S_{二层}=11.6\times6.5+4.56\times1.2=80.872m^2$

$S=75.4+80.872=156.27m^2$

(2)技术措施费

套定额19-4H,基价 $=3.88\times1.5\times157.6+3.88\times1.5\times12.31=988.88$ 元/100m²

垂直运输的技术措施费 $=156.27\times9.8888=1545.32$ 元

学生工作页

一、单项选择题

1.2018垂直运输工程定额适用于(　　)工程的定额。

A.路桥工程　B.水利工程　C.构筑物工程　D.设备基础工程

2.2018垂直运输工程定额包括(　　)费用。

A.单位工程在合理工期内完成全部工作所需的垂直运输机械台班费

B.大型机械的场外运输

C.大型机械的安装拆卸

D.轨道铺拆和基础等费用

3.垂直运输机械不采用塔式起重机时,定额中电动卷扬机台班数量乘系数(　　)。

A.1.0　B.1.5　C.1.2　D.1.54

4.檐高(　　)m以内的单层建筑不计算垂直运输机械台班。

A.4.5　B.2.2　C.2.1　D.3.6

5.当采用非泵送混凝土施工时,垂直运输费按相应定额乘系数(　　)。

A.1.05　B.0.5　C.0.98　D.1.2

6.钢筋混凝土水(油)池套用(　　)乘系数0.35计算。

A.筒仓定额　B.水塔定额　C.烟囱定额　D.贮仓定额

7.某房屋工程,檐高18m,无地下室,采用卷扬机及卷扬机井架的垂直运输机械,则定额编号和基价分别为(　　)。

A.19-4H,988.88元/100m²　B.19-4,1620.33元/100m²

C.19-5,2437.22元/100m²　D.19-5H,2865.56元/100m²

二、多项选择题

以下关于垂直运输定额使用及工程量计算有误的是(　　)。

A.垂直运输采用卷扬机带井架时,定额中的塔式起重机台班数量乘1.5,其余不变

B.有地下室的工程,地下室与上部建筑面积合并计算

C.同一建筑物檐高不同但相差10m内时,高低面积合并计算

D.采用非泵送混凝土的工程,定额内的塔式起重机台班数量应乘0.5

E.房屋工程设有层高<2.2m的设备管道层时,应按其外围水平面积的1/2合并计算垂直运输

三、定额换算题

根据表 2-19-2 所列信息，完成定额换算。

表 2-19-2

序号	定额编号	工 程 名 称	定额计量单位	基价	基价计算式
1		某房屋檐高 19.8m，层高 3.6m，其垂直运输费			
2		建筑物上部结构垂直运输，檐高 19.5m，采用卷扬机带井架			
3		采用卷扬机带井架的建筑物（檐高 30m）垂直运输			
4		某房屋檐高 26m，层高 5m，其垂直运输费			
5		某房屋建筑物檐高 15m，主体结构混凝土非泵送，层高 3.6m，其垂直运输费			
6		某房屋建筑物檐高 15m，装配式混凝土结构，其垂直运输费			

四、计算题

1. 某钢筋混凝土结构综合楼各层檐高，以及 A、B 单元各层建筑面积如表 2-19-3 所示。试按《浙江省房屋建筑与装饰工程预算定额》（2018 版）计算垂直运输工程量。

表 2-19-3

层次	A 单元			B 单元		
	层数	层高（m）	建筑面积（m^2）	层数	层高（m）	建筑面积（m^2）
地下	1	3.2	1 000	1	3.2	800
首层	1	6	1 000	1	6	800
标准层	2	3.6	1 000	7	3.6	5 600
顶层	1	4	1 000	1	5	800
合计	4	—	5 000	9	—	8 000

2. 某工程，钢筋混凝土基础深度 $H = 4.8m$（自设计室外地坪到基底的深度），檐口底标高 18m，室外地坪标高 −0.3m，底层层高 7m，二层层高 3.2m，三层、五层层高均为 3m，四层为设备管道，层高为 2m。每层建筑面积为 1 200m^2，天棚面积为 1 040m^2。计算脚手架费用。设塔式起重机为垂直运输机械，计算垂直运输费。

单元二十
建筑物超高施工增加费

教学课件

【能力目标】

1. 能够计算建筑物超高人工降效增加、建筑物超高机械降效增加、建筑物超高加压水泵台班等的定额工程量。

2. 能够准确套用定额并计算建筑物超高人工降效增加、建筑物超高机械降效增加、建筑物超高加压水泵台班及其他费用。

3. 能够灵活运用房屋建筑与装饰工程预算定额,进行建筑物超高施工增加的定额换算。

【知识目标】

1. 了解建筑物超高施工降效的含义及费用包含的内容。

2. 熟悉建筑物超高施工增加的定额套用说明。

3. 掌握建筑物超高人工降效增加、建筑物超高机械降效增加、建筑物超高加压水泵台班及其他费用的定额工程量的计算规则。

一 基础知识

建筑物的高度超过一定范围,施工过程中人工、机械的效率会有所降低,即人工、机械的消耗量会增加,且随着工程施工高度不断增加,还需要增加加压水泵才能保证工作面上正常的施工供水,而高层施工工作面上材料供应、清理以及上下联系、辅助工作等都会受到一定影响。以上这些因素都会引起建筑物由于超高而增加费用。

超高施工增加费包含的内容:垂直运输机械降效、上人电梯费用、人工降效、自来水加压及附属设施、上下通信器材的摊销、白天施工照明和夜间高空安全信号增加费、临时卫生设施、其他。

二 定额的套用和工程量的计算

定额子目:4 节,分别是建筑物超高人工降效增加费,建筑物超高机械降效增加费,建筑物超高加压水泵台班及其他费用,建筑物层高超过 3.6m 增加压水泵台班,共 34 个子目。各小节子目划分情况见表2-20-1。

定额子目划分 表2-20-1

定额节		子目数
一	建筑物超高人工降效增加费	10
二	建筑物超高机械降效增加费	10
三	建筑物超高加压水泵台班及其他费用	10
四	建筑物层高超过3.6m增加压水泵台班	4

(一)定额说明

(1)本单元定额适用于建筑物檐高20m以上的建筑工程。

(2)同一建筑物檐高不同时,应分别计算套用相应定额。

(3)建筑物超高人工及机械降效增加费包括的内容指首层室内地坪以上的全部工程项目,未包括大型机械的基础、输费、安拆费、垂直运输、各类构件单独水平运输、各项脚手架、预制混凝土及金属构件制作。

(4)建筑物超高加压水泵台班及其他费用按钢筋混凝土结构编制,装配整体式混凝土结构、钢—混凝土混合结构工程仍执行此定额;遇层高超过3.6m时,按每增加1m相应定额计算;超高不足1m时,按每增加1m相应定额乘比例系数。当为钢结构工程时相应定额乘0.80。

(二)工程量计算规则

(1)人工或机械降效均按规定内容中的全部人工费或机械费乘相应子目系数计算。

(2)同一建筑物有高低层时,应按首层室内地坪以上不同檐高建筑面积的比例分别计算不同高度超高人工费和超高机械费。

(3)建筑物施工用水加压增加的水泵台班及其费用,工程量同首层室内地坪以上综合脚手架工程量。

(三)计算示例

【例2-20-1】 某施工企业承担某建筑物的施工,已知某檐口总高度为28.6m,层高均小于3.6m,建筑面积3 306m^2,算出其总的定额直接工程费为4 401 698.86元,其中人工费为544 670.82元,材料费为3 801 555.23元,机械费为55 472.81元(其中垂直运输费为4 260元),试计算其超高费。

解

(1)建筑物超高人工降效增加费

檐高$H = 28.6$m

套定额20-1,基价=200元/万元

增加费用=544 670.82×0.02=10 893.42元

(2)建筑物超高机械降效增加费

套定额20-11,基价=200元/万元

增加费用=(55 472.81-4 260)×0.02=1 024.26元

(3)建筑物超高加压水泵台班及其他费用

套定额20-21,基价=192.32元/100m^2

增加费用=3 306×1.923 2=6 358.10元

学生工作页

一、单项选择题

1. 建筑物超高施工增加费适用于建筑物檐高(　　)以上的工程。
   A. 20m　　B. 25m　　C. 30m　　D. 35m
2. 定额中的建筑物檐高是指(　　)至建筑物沿口底的高度。
   A. 自然地面　　B. 设计室内地坪　　C. 设计室外地坪　　D. 原地面
3. 某项目檐高30m,属于超高施工降效计算基数内容的是(　　)。
   A. 综合脚手架　　B. 桩承台　　C. 塔式起重机基础　　D. 水泥砂浆墙面抹灰
4. 建筑物施工用水加压增加的水泵台班,按(　　)计算。
   A. 建筑物建筑面积
   B. 规定内容的全部人工费
   C. 规定内容的全部机械费
   D. 首层室内地坪以上综合脚手架工程量
5. 计算建筑物超高施工增加费时包括(　　)项目。
   A. 综合脚手架　　B. 预制构件制作　　C. 钢构件制作　　D. 门窗制作
6. 定额20-1的计量单位是"万元",定额消耗量表内200元的含义是每万元计算基数增加200元,则该子目系数即为(　　)。
   A. 0.2　　B. 0.02　　C. 0.002　　D. 2.0
7. 清单中(　　)按计算范围的建筑面积计算,不同檐高和层高应在清单项目特征中描述。
   A. 超高施工降效　　B. 超高施工加压水泵
   C. 超高机械降效　　D. 其他费用

二、多项选择题

1. 计算建筑物超高施工增加费时(　　)不计入降效系数。
   A. 垂直运输　　B. 预制混凝土构件制作
   C. 现浇混凝土模板　　D. 脚手架
   E. 挖土方
2. 建筑物超高施工增加费计算时,作为降效系数计算基数的人工费及机械费包括建筑物首层室内地坪以上的全部工程项目,不包括(　　)。
   A. 垂直运输　　B. 满堂脚手架
   C. 预制过梁制作　　D. 预应力屋面板安装

3. 以下说法正确的是(　　)。

A. 人工降效按规定内容中的全部人工费乘相应子目系数计算

B. 机械降效按规定内容中的全部机械台班费乘相应子目系数计算

C. 建筑物有高低层时可以直接计算不同高度的人工费及机械费

D. 超高加压水泵和其他费用按层高 3.6m 以下考虑

4. 建筑物超高施工增加费包括的费用有(　　)。

A. 人工降效增加费　　B. 机械降效增加费

C. 超高施工用水加压增加的水泵台班　　D. 临时卫生设施

5. 建筑物施工用水泵台班,按首层室内地坪以上建筑面积计算,以下说法错误的是(　)。

A. 骑楼下的人行通道和建筑物通道按 1/2 计算面积

B. 过街楼下的人行通道和建筑物通道按 1/2 计算面积

C. 设备管道夹层按 1/2 计算面积

D. 层高 2.2m 及以上者按墙外围水平面积计算

三、定额换算题

根据表 2-20-2 所列信息,完成定额换算。

表 2-20-2

序号	定额编号	工 程 名 称	定额计量单位	基价	基价计算式
1		钢筋混凝土结构建筑物檐高 50m,层高 4.5m 时,超高加压水泵台班及其他			
2		钢结构建筑物檐高 120m,层高 3.6m 时,超高加压水泵台班及其他			

四、计算题

某综合楼各层及檐高,以及 A、B 单元各层建筑面积见表 2-20-3。试按照市场定价的原则,假设人工、材料、机械的市场信息价格与定额取定价格相同;经分析计算该单位工程(包括地下室)扣除垂直运输、各类构件单独水平运输、各项脚手架、预制混凝土及金属构件制作后的人工费为 200 万元,机械费为 240 万元;试计算超高施工增加费用。

表 2-20-3

层次	A 单 元			B 单 元		
	层数	层高(m)	建筑面积(m^2)	层数	层高(m)	建筑面积(m^2)
地下	1	3.2	1 000	1	3.2	800
首层	1	6	1 000	1	6	800
标准层	2	3.6	1 000	7	3.6	5 600
顶层	1	4	1 000	1	5	800
合计	4	—	5 000	9	—	8 000

单元二十一 措施清单项目及其他

【能力目标】

1. 能够编制措施项目清单、其他项目清单。
2. 能够计算措施项目清单、其他项目清单的综合单价。

【知识目标】

1. 熟悉模板、脚手架、施工降排水、基坑支护等工程的含义、作用、施工工艺,了解大型机械设备的种类。

2. 掌握综合脚手架,满堂脚手架,(混凝土)基础(模板),垂直运输,超高施工增加,大型机械设备进出场及安拆,排水、降水等的清单工程量的计算方法。

3. 熟悉掌握综合脚手架,满堂脚手架,(混凝土)基础(模板),垂直运输,超高施工增加,大型机械设备进出场及安拆,排水、降水等的措施项目清单编制方法。

4. 掌握综合脚手架,满堂脚手架,(混凝土)基础(模板),垂直运输,超高施工增加,大型机械设备进出场及安拆,排水、降水等的措施项目综合单价的确定方法。

一 基础知识

(一)模板工程

模板工程是指支承现浇混凝土的整个系统,由模板、支撑支架及紧固件等组成。模板是使混凝土构件按几何尺寸成型的模型板;支撑是保证形状和位置并承受模板、钢筋、现浇混凝土的自重以及施工荷载的系统;支架是指大型、超高或超跨度的构件在施工时,为符合相关规范和确保工程质量、安全必须搭设的支架。

模板的种类较多,按其所用的材料不同,可分为木模板、竹模板、钢模板、大钢模板、复合模板、塑料模板、铝合金模板、玻璃模板、地(胎)模等。常用的模板有木模板、钢模板、复合模板。

(二)脚手架工程

脚手架是专为高空施工操作、堆放和运送材料,并保证施工安全而设置的架设工具或操作平台。通常包括脚手架的搭设与拆除,安全网铺设,铺、拆、翻脚手片等内容。当建筑物超过规范允许搭设脚手架高度(不宜超过50m)时,应采用钢挑架,钢挑架上下间距通常不超过18m。

(三)施工排水、降水工程

施工排水、降水工程是指为了确保工程在正常条件下施工,采取各种排水、降水措施所发生的工作。

施工排水、降水可分为明排水和人工降低地下水位法两种。

1. 明排水法

明排水是采用截、疏、抽的方法。截是截住水流;疏是疏干积水;抽是在基坑开挖过程中,在坑底设置集水井,并沿坑底的周围开挖排水沟,使水流入集水井中,然后用水泵抽走。

2. 人工降低地下水位法

人工降低地下水位法就是在基坑开挖前,先在基坑周围设一定数量的滤水管(井),利用抽水设备从中抽水,使地下水降至坑底以下,直至基础工程施工完毕。但降水前应充分考虑降水对周围建筑可能产生沉降、位移从而引起破坏性影响。必要时应事先采取有效的基坑防护措施。

人工降低水位法一般有轻型井点、喷射井点、电渗井点、管井井点及深井泵井点等。

(四)基坑支护工程

基坑支护工程是指开挖深基坑而采取的边坡处理及四周的维护、支护、支撑、土钉、锚杆及支护变形监测等。为防止因深基坑开挖导致原有土体失去平衡造成塌方并危及周边附近建筑,一般采取相应的支护方法。

基坑的支护方法与种类很多,除去自然的放足边坡方案,大多采用设置各类支护以期原土平衡。

一般沟槽的支撑方法有:间断式水平支撑、断续式水平支撑、连续式水平支撑、连续或间断式垂直支撑、水平垂直混合支撑。

一般基坑的支撑方法有斜柱支撑、锚拉支撑、短柱横隔支撑、临时挡土墙支撑。

浅基坑的支护(撑)方法有斜柱支撑、锚拉支撑、短柱横隔支撑、临时挡土墙支撑。

深基坑的支护(撑)方法有型钢桩横挡板支撑,钢板桩支撑,钢板桩与钢构架结合支撑,挡土灌注桩支撑(还可结合土层锚杆、钢筋混凝土支撑梁、型钢梁等形成组合支撑体系),地下连续墙支护,土层锚杆支护,地下连续墙支护与土层锚杆结合支护等。

(五)大型机械设备的种类

大型机械设备包括起重机、打桩机、混凝土搅拌站、挖土机、施工电梯等。

二 措施项目

清单子目:本单元工程项目按《房屋建筑与装饰工程工程量计算规范》(GB 50854—2013)附录S措施项目列项,分7节共52个项目,分别是S.1脚手架工程,S.2混凝土模板及支架(撑),S.3垂直运输,S.4超高施工增加,S.5大型机械设备进出场及安拆,S.6施工排水、降水,S.7安全文明施工及其他措施项目。

(1)脚手架工程包括:综合脚手架、外脚手架、里脚手架、悬空脚手架、挑脚手架、满堂脚手架、整体提升架、外装饰吊篮8个项目。项目编码分别按011701001×××~011701008×××设置。

混凝土模板及支架(撑)包括:基础、矩形柱、构造柱、异形柱、基础梁、矩形梁、异形梁、圈梁、过梁、弧形拱形梁、直形墙、弧形墙、短肢剪力墙电梯井壁、有梁板、无梁板、平板、拱板、薄壳板、空心板、其他板、栏板、天沟檐沟、雨篷悬挑板阳台板、楼梯、其他现浇构件、电缆沟地沟、台阶、扶手、散水、后浇带、化粪池、检查井 32 个项目。项目编码分别按 011702001 × × × ~ 011702032 × × ×设置。

(2)垂直运输包括:垂直运输 1 个项目。项目编码按 011703001 × × ×设置。

(3)超高施工增加包括:超高施工增加 1 个项目。项目编码按 011704001 × × ×设置。

(4)大型机械设备进出场及安拆包括:大型机械设备进出场及安拆 1 个项目。项目编码按 011705001 × × ×设置。

(5)施工排水、降水包括:成井、排水降水 2 个项目。项目编码分别按 011706001 × × × ~ 011706002 × × ×设置。

(6)安全文明施工及其他措施项目包括:安全文明施工、夜间施工、非夜间施工照明、二次搬运、冬雨季施工、地上地下设施建筑物的临时保护设施、已完工程及设备保护 7 个项目。项目编码分别按 011707001 × × × ~011707007 × × ×设置。

(一)脚手架工程清单项目设置

脚手架工程清单见表 2-21-1。

S.1 脚手架工程 表 2-21-1

<table>
<tr><th>项目编码</th><th>项目名称</th><th>项 目 特 征</th><th>计量单位</th><th>工程量计算规则</th><th>工 程 内 容</th></tr>
<tr><td>011701001</td><td>综合脚手架</td><td>1. 建筑结构形式;
2. 檐口高度</td><td rowspan="3">m²</td><td>按建筑面积计算</td><td>1. 场内、场外材料搬运;
2. 搭、拆脚手架、斜道、上料平台;
3. 安全网的铺设;
4. 选择附墙点与主体连接;
5. 测试电动装置、安全锁等;
6. 拆除脚手架后材料的堆放</td></tr>
<tr><td>011701002</td><td>外脚手架</td><td rowspan="2">1. 搭设方式;
2. 搭设高度;
3. 脚手架材质</td><td>按所服务对象的垂直投影面积计算</td><td rowspan="2">1. 场内、场外材料搬运;
2. 搭、拆脚手架、斜道、上料平台;
3. 安全网的铺设;
4. 拆除脚手架后材料的堆放</td></tr>
<tr><td>011701006</td><td>满堂脚手架</td><td>按搭设的水平投影面积计算</td></tr>
</table>

小贴士

其他相关问题应按下列规定处理:

(1)计算建筑物综合脚手架(包括建筑物垂直运输、建筑物超高加压水泵台班及其他费用)的规定面积按房屋建筑面积另加以下内容计算。

①骑楼、过街楼下的人行通道和建筑物通道，层高在2.2m及以上者按墙(柱)外围水平面积计算；

②层高不足2.2m者计算1/2面积。

(2)满堂脚手架适用于工作面高度超过3.6m的天棚抹灰或吊顶安装及基础深度超过2m的混凝土运输脚手架(地下室及使用泵送混凝土的除外)。工作面高度为房屋层高。基础深度自设计室外地坪起算。

(3)电梯井电梯安装高度按井坑底面至井道顶板底的净空高度再减1.5m计算。

(4)网架安装脚手架高度为网架最低支点的高度。

(5)无天棚抹灰及吊顶的工程，墙面抹灰高度超过3.6m时，应计算内墙抹灰单项脚手架。

(二)混凝土模板及支架(撑)工程清单项目设置

混凝土模板及支架(撑)工程清单见表2-21-2。

S.2 混凝土模板及支架(撑) 表2-21-2

项目编码	项目名称	项 目 特 征	计量单位	工程量计算规则	工 程 内 容
011702001	基础	基础类型	m^2	按混凝土与模板接触面的面积计算	1. 模板制作； 2. 模板安装、拆除、维护、整理、堆放及场内外运输； 3. 清理模板黏结物及模内杂物、刷隔离剂
011702002	矩形柱	1. 柱类型； 2. 柱支模高度			
011702006	矩形梁	1. 梁类型； 2. 梁支模高度			
011702011	直形墙	1. 墙类型； 2. 墙支模高度			
011702016	平板	1. 板类型； 2. 斜板坡度； 3. 板支模高度； 4. 弧形板长度			
011702021	栏板	构件类型			
011702022	天沟、檐沟			按模板与现浇混凝土构件接触面积计算	
011702024	楼梯	楼梯类型		按设计图示尺寸以水平投影面积计算。不扣除宽度小于500mm楼梯井，伸入墙内部分不增加	
011702025	其他构件	构件类型		按模板与现浇混凝土构件的接触面积计算	

小贴士

其他相关问题应按下列规定处理：

(1)当现浇混凝土构件支模高度大于3.6m时，按层高以“m”为单位进行描述。

(2)半悬挑及非悬挑的阳台、雨篷,按梁、板有关规定编码列项。

(3)墙、梁、板以及地下室底板设后浇带时,模板工程量一般不单独计算,如后浇带模板或支承须重新搭设的,应按设计要求并结合施工组织设计方案予以增加,费用列入施工技术措施项目中。

(4)按实际接触面积计算模板时,需注意区别结构层高是否大于3.6m,是否存在密肋板、井字板、上翻梁板,密肋板、井字板、上翻梁的模板梁与板工程量合并计算,其余梁与板的模板工程量均分别列项。

【例2-21-1】 某工程二层楼面结构布置见图2-21-1,已知楼层标高为4.5m,①~③轴楼板厚120mm,③~④轴楼板厚90mm。该工程按复合木模板考虑,假设工料机市场信息价格同定额取定价格,管理费、利润、风险按人工费、机械费之和为基础,分别以20%、15%、5%计算。试按模板实际接触面展开计算各梁板的模板工程量,编制梁、板模板工程量清单,并计算综合单价。

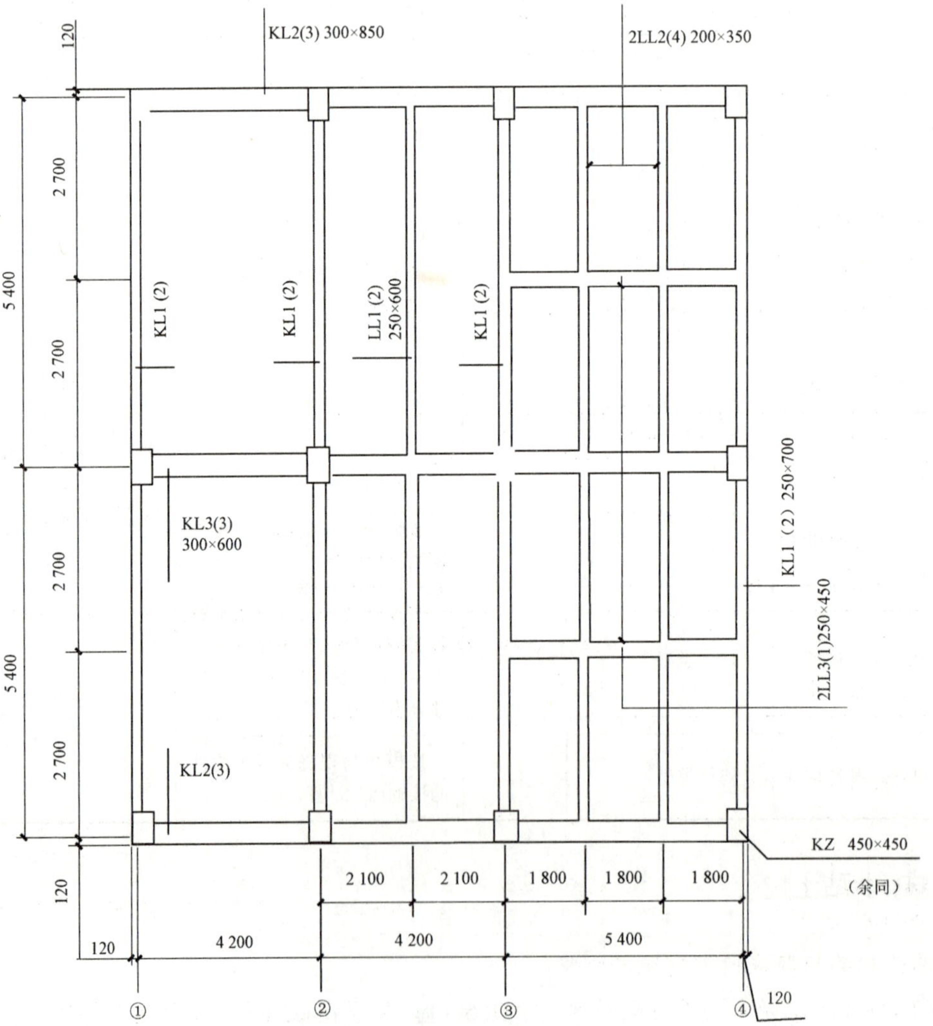

图2-21-1 二层楼结构平面(尺寸单位:mm)

解

(1)矩形梁模板工程量

KL1 模板:$S=(5.4\times2-0.33\times2-0.45)\times[0.7\times2+(0.7-0.12)\times4+(0.7-0.09)\times2+0.25\times4]=57.56m^2$

LL1 模板:$S=(5.4\times2-0.18\times2-0.3)\times[(0.6-0.12)\times2+0.25]=12.26m^2$

KL2 模板:$S=(4.2\times2-0.33-0.45-0.45\div2)\times(0.85\times4-0.12\times2+0.3\times2)+(5.4-0.45\div2-0.33)\times(0.85\times4-0.09\times2+0.3\times2)=46.31m^2$

KL3 模板:$S=(4.2\times2-0.33-0.45-0.45\div2)\times[(0.6-0.12)\times2+0.3]+(5.4-0.45\div2-0.33)\times[(0.6-0.09)\times2+0.3]=15.71m^2$

矩形梁模板工程量小计:$S=57.56+12.26+46.31+15.71=131.84m^2$

(2)平板模板工程量

①~②轴间板模板:$S=(4.2-0.13-0.125)\times(5.4\times2-0.18\times2-0.3)=40.00m^2$

②~③轴间板模板:$S=(4.2-0.125\times2-0.25)\times(5.4\times2-0.18\times2-0.3)=37.52m^2$

③~④轴间板模板:$S=(5.4-0.125-0.13)\times(5.4\times2-0.18\times2-0.3)=52.17m^2$

2LL2 模板:$S=(5.4\times2-0.18\times2-0.3-0.25\times2)\times(0.35-0.09)\times2\times2=10.02m^2$

2LL3 模板:$S=(5.4-0.125-0.2\times2-0.13)\times(0.45-0.09)\times2\times2=6.83m^2$

平板模板工程量小计:$S=10.02+6.83+52.17+40+37.52=146.54m^2$

具体措施项目清单、综合单价计算分别见表 2-21-3、表 2-21-4。

措施项目清单 表 2-21-3

工程名称:某项目

序号	项目编码	项目名称	项目特征	计量单位	工程数量
S.2 混凝土模板及支架(撑)					
1	011702006001	矩形梁	矩形梁模板:层高 4.5m	m^2	131.84
2	011702016001	平板	一般平板模板:层高 4.5m	m^2	146.54

措施项目清单综合单价计算表 表 2-21-4

单位及专业工程名称:某项目——建筑工程 第 1 页 共 1 页

序号	编号	名称	计量单位	数量	综合单价(元)							合计(元)
					人工费	材料费	机械费	管理费	利润	风险费用	小计	
1	011702006001	矩形梁	m^2	131.84	35.94	20.02	2.39	7.66	5.75	1.92	73.69	9 715.29
	5-131	矩形梁复合木模板	m^2	131.84	32.84	18.90	2.19	7.0	5.25	1.75	67.93	8 955.89

续上表

序号	编号	名称	计量单位	数量	综合单价(元)							合计(元)
					人工费	材料费	机械费	管理费	利润	风险费用	小计	
	5-137	层高超3.6m梁模板增加	m^2	131.84	3.10	1.12	0.20	0.66	0.50	0.17	5.75	758.08
2	011702016001	平板	m^2	146.54	23.02	17.82	1.94	4.99	3.74	1.25	52.76	7 731.45
	5-144	平板复合木模板	m^2	146.54	20.67	16.47	1.70	4.47	3.36	1.12	47.79	7 003.15
	5-151	层高超3.6m板模板增加	m^2	146.54	2.35	1.35	0.24	0.52	0.39	0.13	4.98	729.77

(三)垂直运输工程清单项目设置

垂直运输工程清单见表2-21-5。

S.3 垂直运输 表2-21-5

项目编码	项目名称	项目特征	计量单位	工程量计算规则	工程内容
011703001	垂直运输	1.建筑物建筑类型及结构形式; 2.地下室建筑面积; 3.建筑物檐高、层数	1.m^2; 2.天	1.按建筑面积计算; 2.按施工工期日历天数计算	1.垂直运输机械的固定装置、基础制作、安装; 2.行走式垂直运输机械轨道的铺设、拆除、摊销

(四)超高施工增加清单项目设置

超高施工增加清单见表2-21-6。

S.4 超高施工增加 表2-21-6

项目编码	项目名称	项目特征	计量单位	工程量计算规则	工程内容
011704001	超高施工增加	1.建筑物建筑类型及结构形式; 2.建筑物檐高、层数; 3.单层建筑物檐高超过20m,多层建筑物超过6层部分的建筑面积	项	按建筑物超高部分的建筑面积计算	1.建筑物超高引起的人工工效降低以及由于人工工效降低引起的机械降效; 2.高层施工用水加压水泵的安装、拆除及工作台班; 3.通信联络设备的使用及摊销

小贴士

其他相关问题应按下列规定处理：

(1)建筑物超高人工及机械降效工程量中的规定内容是指：建筑物首层室内地坪以上的全部工程项目，不包括各类构件单独水平运输、各类脚手架、预制混凝土及金属构件制作项目。

(2)同一建筑物有不同檐高时，可按不同高等的建筑面积分别计算建筑面积，以不同檐高分别编码列项。

(五)大型机械设备进出场及安拆清单项目设置

大型机械设备进出场及安拆清单见表2-21-7。

S.5 大型机械设备进出场及安拆 表2-21-7

项目编码	项目名称	项目特征	计量单位	工程量计算规则	工程内容
011705001	大型机械设备进出场及安拆	1. 机械设备名称； 2. 机械设备规格型号	台次	按使用机械设备的数量计算	1. 安拆费包括施工机械、设备在现场进行安装拆卸所需人工、材料、机械和试运转费用以及机械辅助设施的折旧、搭设、拆除等费用； 2. 进出场费包括施工机械、设备整体或分体自停放地点运至施工现场或由一施工地点运至另一施工地点所发生的运输、装卸、辅助材料等费用

(六)施工排水、降水清单项目设置

施工排水、降水清单见表2-21-8。

S.6 施工排水、降水 表2-21-8

项目编码	项目名称	项目特征	计量单位	工程量计算规则	工程内容
011706001	成井	1. 成井方式； 2. 地层情况； 3. 成井直径； 4. 井(滤)管类型、直径	m	按设计图示尺寸以钻孔深度计算	1. 准备钻孔机械、埋设护筒、钻机就位，泥浆制作、固壁，成孔、出渣、清空等； 2. 对接上、下井管(滤管)，焊接、安放、下滤料，洗井，连接试抽等
011706002	排水、降水	1. 机械规格型号； 2. 降排水管规格	昼夜	按降、排水日历天数计算	1. 管道安装、拆除，场内搬运等； 2. 抽水、值班、降水设备维修等

小贴士

其他相关问题应按下列规定处理:

(1)若设计图纸中有井点降水(含轻型井点、喷射井点和深井井点等)专项设计方案时,编制工程量清单时应按"施工降水"设置工程量清单项目;沟槽排水按"施工排水"设置工程量清单项目。

(2)采用施工降水后的土方,应按干土考虑。

【例2-21-2】 某工程如图2-21-2所示,混凝土板厚150mm,钢筋混凝土基础深度$H=5.2m$,每层建筑面积800m²,天棚面积720m²,楼板厚100mm,一层3.6m以内内墙抹灰面积4 000m²,二层内墙抹灰面积2 100m²,三层3.6m以内内墙抹灰面积1 100m²,四层、五层内墙抹灰面积均为1 600m²。采用塔式起重机(60kN·m)施工,现浇现拌混凝土,轻型井点降水20昼夜。

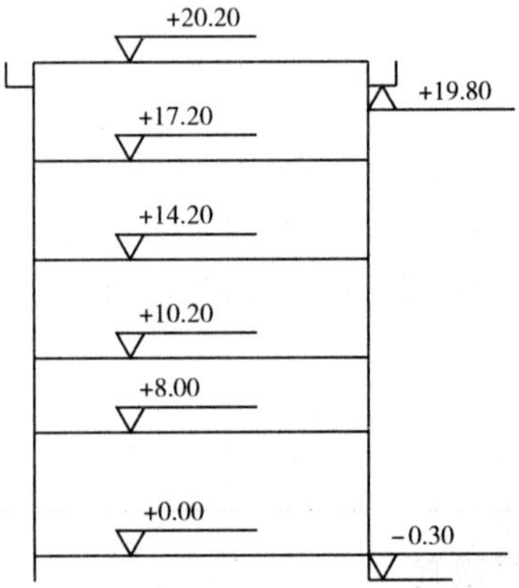

图 2-21-2

(1)试编制措施项目清单。

(2)设人、材、机市场价同定额取定价,管理费、利润、风险金分别按人加机的20%、15%、5%计取,试计算综合脚手架的综合单价。

解

(1)清单工程量

①综合脚手架:檐高20.1m,层高8m,$S=800m^2$

②综合脚手架:檐高20.1m,层高6m以内,$S=3\ 200m^2$

③满堂脚手架:工作面高度8m,$S=720m^2$

④满堂脚手架:工作面高度4m,$S=720m^2$

⑤满堂脚手架:基础深度5.2m,$S=800m^2$

⑥垂直运输:檐高20.1m,层高8m,$S=800m^2$

⑦垂直运输:檐高20.1m,层高4m,$S=800m^2$

⑧垂直运输：檐高 20.1m，层高 3.6m 以内，$S=2\ 400m^2$

⑨超高施工增加费：檐高 20.1m，$S=800m^2$

⑩大型机械设备进出场及安拆：1 台次。

⑪排水：20 昼夜。

措施项目清单见表 2-21-9。

措施项目清单 表 2-21-9

工程名称：某项目

序号	项目编码	项 目 名 称	项 目 特 征	计量单位	工程数量
S.10 脚手架工程					
1	011701001001	综合脚手架	钢筋混凝土结构，檐高 20.1m，层高 8m	m^2	800
2	011701001002	综合脚手架	钢筋混凝土结构，檐高 20.1m，层高 6m 以内	m^2	3 200
3	011701006001	满堂脚手架	工作面高度 8m	m^2	720
4	011701006002	满堂脚手架	工作面高度 4m	m^2	720
5	011701006003	满堂脚手架	基础深度 5.2m	m^2	800
S.3 垂直运输工程					
6	011703001001	垂直运输	钢筋混凝土结构，檐高 20.1m，层高 8m	m^2	800
7	011703001002	垂直运输	钢筋混凝土结构，檐高 20.1m，层高 4m	m^2	800
8	011703001003	垂直运输	钢筋混凝土结构，檐高 20.1m，层高 3.6m 以内	m^2	2 400
S.4 建筑物超高施工增加费					
9	011704001001	超高施工增加	钢筋混凝土结构，檐高 20.1m	m^2	800
S.5 大型机械设备进出场及安拆					
10	011705001001	大型机械设备进出场及安拆	塔式起重机（60kN·m）	台次	1
S.6 施工排水、降水					
11	011706002001	排水	轻型井点降排水	昼夜	20

（2）计价工程量

①综合脚手架：檐高 20.1m，层高 8m，$S=800m^2$

②综合脚手架：檐高 20.1m，层高 6m 以内，$S=3\ 200m^2$

综合单价计算见表 2-21-10。

措施项目清单综合单价计算表 表2-21-10

单位及专业工程名称:某项目——建筑工程 第1页 共1页

序号	编号	名称	计量单位	数量	综合单价(元)							合计(元)
					人工费	材料费	机械费	管理费	利润	风险费用	小计	
1	011701001001	综合脚手架	m^2	800	17.93	14.49	1.35	3.86	2.89	0.96	41.48	33 184
	18-7+2×18-8	檐高20.1m,层高8m综合脚手架	m^2	800	17.93	14.49	1.35	3.86	2.89	0.96	41.48	33 184
2	011701001002	综合脚手架	m^2	3 200	14.69	12.6	1.12	3.16	2.37	0.79	34.73	111 136
	18-7	檐高20.1m,层高6m以内综合脚手架	m^2	3 200	14.69	12.6	1.12	3.16	2.37	0.79	34.73	111 136

(七)安全文明施工及其他措施清单项目设置

安全文明施工及其他措施清单见表2-21-11。

S.7 安全文明施工及其他措施项目 表2-21-11

项目编码	项目名称	工作内容及包含范围
011707001	安全文明施工	1.环境保护; 2.文明施工; 3.安全施工; 4.临时设施
011707002	夜间施工	1.夜间固定照明灯具和临时可移动照明灯具的设置、拆除; 2.夜间施工时,施工现场交通标志、安全标牌、警示灯等的设置、移动、拆除; 3.包括夜间照明设备及照明用电、施工人员夜班补助、夜间施工劳动效率降低等
011707003	非夜间施工照明	为保证工程施工正常进行,在地下室等特殊施工部位施工时所采用的照明设备的安拆、维护及照明用电等
011707004	二次搬运	由于施工场地条件限制而发生的材料、成品、半成品等一次运输不能到达堆放地点,必须进行的二次或多次搬运
011707005	冬雨季施工	1.冬雨(风)季施工时增加的临时设施的搭设、拆除; 2.冬雨(风)季施工时,对砌体、混凝土等采用的特殊加温、保温和保护措施; 3.冬雨(风)季施工时,施工现场的防滑处理、对影响施工的雨雪的清除; 4.包括冬雨(风)季施工时增加的临时设施、施工人员的劳动保护用品、冬雨(风)季施工劳动效率降低等
011707006	地上、地下建筑物的临时保护设施	在工程施工过程中,对已建成的地上地下设施和建筑物进行的遮盖、封闭、隔离等保护措施
011707007	已完工程及设备保护	对已完工程及设备采取的覆盖、包裹、封闭、隔离等必要保护措施

三 其他项目、规费项目、税金项目清单及计价

(一)其他项目清单及计价

其他项目清单一般按照下列内容列项及计价(不足部分编制人可根据工程的具体情况进行补充)。

1. 暂列金额

暂列金额是招标人在工程量清单中暂定并包括在合同价款中的一笔款项。只有按照合同约定程序实际发生后的暂列金额,才能成为中标人的应得金额,纳入合同结算价款中。扣除实际发生金额后的暂列金额余额仍属于招标人所有。设立暂列金额并不能保证合同结算价格就不会再出现超过合同价格的情况,是否超出合同价格完全取决于工程量清单编制人对暂列金额预测的准确性,以及工程建设过程是否出现了其他事先未预测到的事件。

招标控制价中暂列金额应根据工程特点,按有关计价规定估算。

投标价中暂列金额应按招标人在其他清单项目中列出的金额填写。

2. 暂估价

暂估价包括材料暂估单价、专业工程暂估价。

暂估价是指招标阶段直至签订合同协议时,招标人在招标文件提供的用于支付必然要发生但暂时不能确定价格的材料以及需另行发包的专业工程金额。

一般而言,为方便合同管理和计价,需要纳入分部分项工程量清单项目综合单价中的暂估价最好是材料费,以方便投标人组价。以"项"为计量单位给出的专业工程暂估价一般应是综合暂估价,应当包括除规费、税金以外的管理费、利润等。

招标控制价中暂估价中的材料单价应根据工程造价信息或参照市场价格估算,暂估价中的专业工程金额应分不同专业,按有关计价规定估算。

投标价中材料暂估价应按招标人在其他项目清单中列出的单价计入综合单价,专业工程暂估价应按招标人在其他项目清单中列出的金额填写。

3. 计日工

计日工是为了解决现场发生的零星工作的计价而设立的。计日工以完成零星工作所消耗的人工工时、材料数量、机械台班进行计量,并按照计日工表中填报的适用项目的单价进行计价支付。计日工适用的所谓零星工作一般是指合同约定之外的或者因变更而产生的、工程量清单中没有相应项目的额外工作,尤其是那些时间不允许事先商定价格的额外工作。

招标控制价中计日工应根据工程特点和有关计价依据计算。

投标价中计日工按招标人在其他项目清单中列出的项目和数量,自主确定综合单价并计算计日工费用。

4. 总承包服务费

总承包服务费是为了解决招标人在法律、法规允许的条件下进行专业工程发包以及自行采购供应材料、设备时,要求总承包人对发包的专业工程提供协调和配合服务(如分包人使用总包人的脚手架、水电接剥等);对供应的材料、设备提供收、发和保管服务以及对施工现场进行统一管理;对竣工资料进行统一汇总整理等发生并向总承包人支付的费用。招标人应当预

计该项费用并按投标人的投标报价向投标人支付该项费用。

招标控制价中总承包服务费应根据招标文件列出的内容和要求估算。

投标价中总承包服务费应根据招标文件列出的内容和提出的要求自主确定。

(二)规费项目清单及计价

规费项目清单一般按照下列内容列项及计价。

(1)社会保险费:包括养老保险费、失业保险费、医疗保险费、工伤保险费、生育保险费。

(2)住房公积金。

(三)税金项目清单及计价

采用一般计税法计税时。税前工程造价中的各项费用均不包含增值税进项税额;采用简易计税法时,税前工程造价中的各项费用项目均包含增值税进项税额。

税率根据计价工程按规定选择"增值税销项税税率"或"增值税征收率"取定。

规费和税金应按国家或省级、行业建设主管部门的规定计算,不得作为竞争性费用。

学生工作页

一、单项选择题

1. 关于国标工程量清单计价模式与定额项目清单计价模式,下列说法正确的是(　　)。
   A. 国标工程量清单计价模式采用工料单价法,定额项目清单计价模式采用综合单价计价
   B. 国标工程量清单计价与定额项目清单计价工程量计算规则不同
   C. 工程量清单由招标人提供,工程量计算和单价风险由招标人承担
   D. 定额项目清单计价模式仅适用于非招投标的建设工程
2. 建筑材料、成品、半成品的二次搬运费已列入(　　),除另有规定外,不再另行计算。
   A. 材料单价　　B. 材料预算价
   C. 施工组织措施费　　D. 技术措施费
3. 以下各项中,属于建筑安装工程直接工程费的是(　　)。
   A. 模板及支架费
   B. 二次搬运费
   C. 大型机械设备进出场及安拆费
   D. 材料检验试验费
4. 按照现行规定,下列不属于材料费组成内容的是(　　)。
   A. 运输损耗费　B. 检验试验费　C. 运杂费　D. 采购及保管费
5. 以下属于施工技术措施费的是(　　)。
   A. 安全施工费　B. 临时设施费　C. 脚手架费　D. 文明施工费
6. 我国现行建筑安装工程费用构成中,材料的二次搬运费应计入(　　)。
   A. 直接工程费　B. 措施费　C. 企业管理费　D. 规费

7. 按时我国的现行规定,施工单位所需的临时设施搭建费属于(　　)。

A. 直接工程费　B. 措施费　C. 企业管理费　D. 工程建设其他费

8. 下列税费中计入建筑安装工程费的是(　　)。

A. 教育费附加　B. 外贸手续费　C. 进口关税　D. 增值税

9. 根据《建筑安装工程费用项目组成》(建标〔2013〕44 号)文件的规定,下列属于直接工程费中人工费的是(　　)。

A. 六个月以上病假人员工资　B. 装卸司机工资

C. 公司质量监督人员工资　D. 电焊工产、婚假期的工资

10. 下列费用属于措施费用的是(　　)。

A. 材料二次搬运费　B. 联合试运转费

C. 设备运杂费　D. 差旅交通费

11. 以下不应计入人工费的是(　　)。

A. 计时工资　B. 奖金　C. 津贴补贴　D. 职工养老保险

12. 下列不属于材料预算价格费用的是(　　)。

A. 材料原价　B. 材料包装费

C. 材料采购保管费　D. 新型材料试验费

13. 不包含在建筑安装工程费用的间接费中的是(　　)。

A. 财务费　B. 措施经费

C. 企业管理费　D. 工程定额测定费

14.《浙江省房屋建筑与装饰工程预算定额》(2018 版)不适用于(　　)。

A. 新建工程　B. 扩建工程　C. 改建工程　D. 修建工程

15. 按照我国目前的规定,在工程量清单计价过程中,分部分项工程单价不包括(　　)

A. 利润　B. 风险因素　C. 规费　D. 管理费

16. 按照现行《建筑安装工程费用项目组成》(建标〔2013〕44 号)规定,下列不属于企业管理费组成内容的是(　　)。

A. 财务费　B. 房产税　C. 土地使用税　D. 教育费附加

17. 按照现行《建筑安装工程费用项目组成》(建标〔2013〕44 号)规定,下列不属于人工费组成内容的是(　　)。

A. 流动施工津贴　B. 劳动保险费

C. 产、婚、丧假期工资　D. 防暑降温费

18. 在施工现场对建筑材料、构件进行一般性鉴定检查所发生的费用应列入(　　)。

A. 措施费　B. 间接费　C. 研究试验费　D. 企业管理费

二、多项选择题

1. 在建筑安装工程费用中,下列说法正确的是(　　)。

A. 直接费由直接工程费和措施费构成

B. 间接费由规费和企业管理费构成

C. 间接费由规费和企业财务费构成

D. 规费是政府和有关权力部门规定必须交纳的费用

E. 措施费是用于工程实体项目的费用

2. 根据《建筑安装工程费用项目组成》(建标〔2013〕44号)文件的规定,规费包括(　　)。

A. 工程排污费　　B. 工程定额测定费

C. 文明施工　　D. 住房公积金

E. 社会保险费

3.《浙江省房屋建筑与装饰工程预算定额》(2018版)适用于一般工业与民用建筑的(　　)。

A. 修建工程　　B. 其他专业工程

C. 新建工程　　D. 扩建工程

E. 国防、科研等有特殊要求的工程

4. 预算定额中日工资单价按Ⅱ类工资单价计算的是(　　)。

A. 土石方工程　　B. 混凝土及钢筋混凝土工程

C. 木结构工程　　D. 屋面及防水工程

5. 下列内容属于措施项目费的有(　　)。

A. 脚手架费用

B. 建筑物超高人工、机械降效费

C. 二次搬运费

D. 混凝土、钢筋混凝土模板及支架费用

E. 文明施工费

6. 下列属于技术措施费的是(　　)。

A. 超高施工增加费　　B. 安全文明施工费

C. 垂直运输费　　D. 施工排水、降水费

E. 脚手架费

7.《浙江省房屋建筑与装饰工程预算定额》(2018版)是(　　)的依据。

A. 编制设计概算、施工图预算

B. 竣工结算、编制招标控制价

C. 调解处理工程造价纠纷

D. 鉴定工程造价(E)编制财务决算

8. 根据《浙江省房屋建筑与装饰工程预算定额》(2018版)的规定,定额的人工消耗量包括(　　)。

A. 材料超运距用工、工种搭接用工

B. 人工幅度差

C. 零星项目用工

D. 临时停水、停电用工

E. 质量和安全检查用工

9. 预算定额中的材料、成品、半成品的取定价格包括(　　)。

A. 市场供应价　　B. 运杂费

C. 运输损耗费　　D. 采购保管费

E. 场内水平运输费

10. 以下有关《浙江省房屋建筑与装饰工程预算定额》(2018 版)的有关说明,正确的是(　　)。

A. 混凝土结构的碎石,冲洗费用及损耗已包括在碎石的材料价格内

B. 冷拔钢丝的加工损耗应另行计算

C. 混凝土结构施工中的添加剂,可按设计要求计算

D. 用于垫层的按毛砂计算

E. 混凝土强度等级有两种水泥标号时,可随时使用

11. 工程量清单应由(　　)等组成。

A. 分部分项工程量清单　　B. 措施项目清单

C. 其他项目清单　　D. 建设单位配合项目清单

E. 主要材料设备供货清单

12. 分部分项工程量清单应根据附录 A、B、C、D、E 规定的统一(　　)进行编制。

A. 项目编码　　B. 项目名称

C. 工程量计算规则　　D. 计量单位

E. 施工工艺流程　　F. 项目特征

三、计算题

(1)工程背景资料:

某市区临街工程,地下室二层建筑面积 4 000m^2,基坑挖深 6m,施工挖土方总量12 000m^3,其中挖湿土深 4m,挖方量 8 000m^3;桩基工程已分包完工。

裙房檐高 18m,建筑面积 5 000m^2(不包括主楼占地部位),层高均为 3.6m。

主楼檐高 65m,建筑面积 9 000m^2,其中:底层层高 5.6m,建筑面积 1 500m^2,天棚投影面积 1 350m^2;二层层高 3.9m,建筑面积 1 400m^2,天棚投影面积 1 230m^2;标准层层高 3.6m;顶层层高 3.9m,建筑面积 800m^2,天棚投影面积 680m^2;室内外不做装饰。

按上述背景资料某投标单位制订了施工组织设计方案:两级轻型井点 4 套,履带式挖掘机(1m^3 内)2 台,地下室施工工期 80d,采用商品泵送混凝土浇筑;配备自升式固定塔式起重机 1 台(基础附方案),运输距离 15km,搭设高度 70m 内;施工电梯 1 台(70m 内);临街过道防护架 300m^2,使用期 7 个月。

按照市场定价的原则,假设人工、材料、机械的市场信息价格与定额取定价格相同;经分析计算该单位工程人工费为 300 万元,机械费为 200 万元,其中(包括地下室)扣除垂直运输、各类构件单独水平运输、各项脚手架、预制混凝土及金属构件制作后的人工费为 240 万元,机械费为 150 万元;试计算建筑物超高施工增加费和基础排水、脚手架、垂直运输的施工技术措施费。

(2)某建筑物 20 层部分檐口高度为 63m;18 层部分檐口高度为 50m;15 层部分檐口高度为 36m。建筑面积分别为:1 ~ 15 层每层 1 000m^2;16 ~ 18 层每层 800m^2;19 ~ 20 层每层 300m^2。

①试编制措施项目清单。

②假设管理费、利润、风险金分别按人加机的 20%、15%、5% 计取,试计算综合单价并进行报价。

第三篇 工程造价软件应用

第三部
航道护岸的施工

单元一 概 述

【能力目标】

1. 能安装常用的计价软件。
2. 能注册常用的计价软件。

【知识目标】

1. 了解常用的计价软件。
2. 了解计价软件应用的意义。
3. 掌握软件的安装与注册方法。

随着科技的不断进步,工程造价行业也受到前所未有的影响。计算机开始较多地参与预算书编制、工程量清单编制及清单报价。在工程造价管理中,工程造价软件得到了充分的运用与展示,它是造价人员从事工程造价的重要工具。

一 常用的造价软件

目前,造价软件种类繁多,常用的有品茗计价软件、神机妙算计价软件、广联达计价软件、广达计价软件等。

二 工程造价软件应用的意义

工程造价软件的应用具有重要意义:

(1)计算的准确性。

计算机计算的准确性是毋庸置疑的,在计算机运行正常的情况下,只要输入的原始数据正确,则计算机可以保证数据处理过程中绝不发生运算上的错误。

(2)提高编制施工图预算书、工程量清单及清单报价文件的速度和效率。

(3)能对人工、材料和机械的市场价变动做出快速调整。

(4)能自动生成工料机分析、主材分析等各种附加信息。

三 工程造价软件的安装与启动

1. 软件运行环境

(1)硬件环境

推荐配置(并非最低要求)如下:

CPU:Intel I3 或更高。

内存:1024M。

硬盘:500MB 可用硬盘空间。

显示模式:VGA、SVGA、TVGA 等彩色显示器,分辨率 1024×768,24 位真彩。

其他要求:各种针式、喷墨和激光打印机,不建议使用打印复印一体机。

(2)软件环境

简体中文版 Windows 7、Windows 8、Windows 10。

2. 软件的安装

软件的安装流程基本相同,以品茗软件为例进行介绍。

(1)通过品茗公司网站(www.pinming.cn)下载软件安装程序或直接从光盘安装。

(2)安装完成后,插入加密锁,加密锁驱动程序会自动安装。加密锁上的指示灯不再闪烁表示驱动程序安装成功。

3. 软件的注册

软件自动完成加密锁注册,操作者可以通过"帮助"菜单,查看加密锁的注册状态。

4. 软件的卸载

从 Windows 操作系统的"开始"菜单中找"设置→控制面板",双击"添加/删除程序",系统出现"添加/删除程序属性"窗口,在添加/删除程序列表中找到该软件,双击或按"添加/删除"按钮。弹出软件卸载窗口。卸载完成后出现完成界面,按"完成"按钮。

单元二
造价软件应用

【能力目标】

1. 能利用软件进行报价。
2. 能输出报表。

【知识目标】

1. 熟悉品茗计价软件操作流程。
2. 掌握定额清单输入、组价及换算方法。
3. 掌握组织措施费等费率的输入。
4. 掌握人工、材料、机械市场价格的调整。
5. 掌握报表的输出

一 品茗计价软件操作流程

品茗计价软件基本操作流程如下：

新建工程→工程信息→清单定额输入及换算组价→调整主材价格→费率设置→打印输出。

二 新建工程

选择菜单文件下的“新建”或者点击工具栏的“新建”按钮。

1. 项目信息设置(图 3-2-1)

(1)选择工程性质：清单计价的招标、清单计价的投标、定额计价的招标、定额计价的投标。

(2)输入项目名称：操作者可输入工程的具体名字。

(3)选择地区标准：操作者可选择所在的地区。

(4)选择文件路径：根据需要选择，软件会默认设置为软件所在位置。

完成后点击“下一步”。

提示：如果操作者通常在固定的地方进行工程的招投标，则可以在设置完上述内容后，点击“设为默认”,这样下次新建就不用再重复选择了。

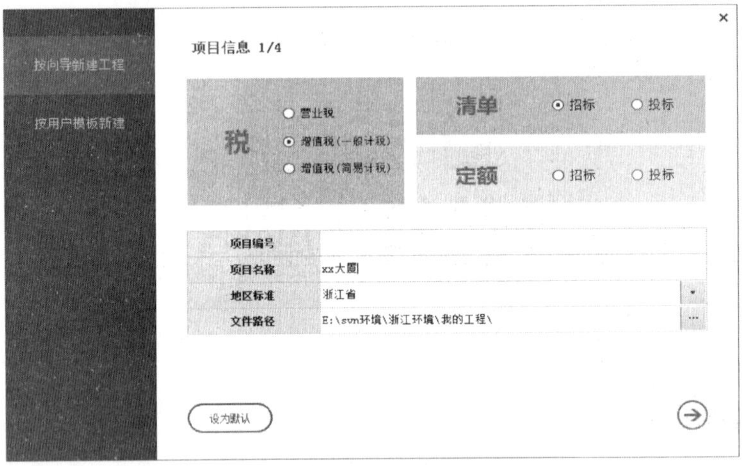

图 3-2-1　项目信息

2. 计价依据设置(图 3-2-2)

(1)选择计价模板:一般已经有默认选择,如果有多个请自行选择。

(2)选择接口标准:如果进行电子招投标,则需要选择具体的接口,一般不需要设置。

(3)选择招标文件:如果进行电子投标,则需要选择具体的招标文件,完成后,点击“下一步”。

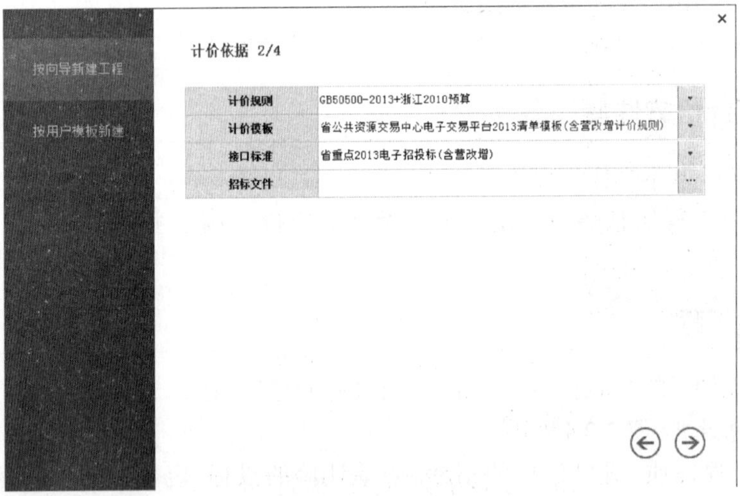

图 3-2-2　计价依据

3. 计价结构设置(图 3-2-3)

在此处,操作者可以对项目结构进行调整,通过右键可以增加、删除。如果是电子评标工程则自动建立,且无法调整。

完成后,点击“下一步”。

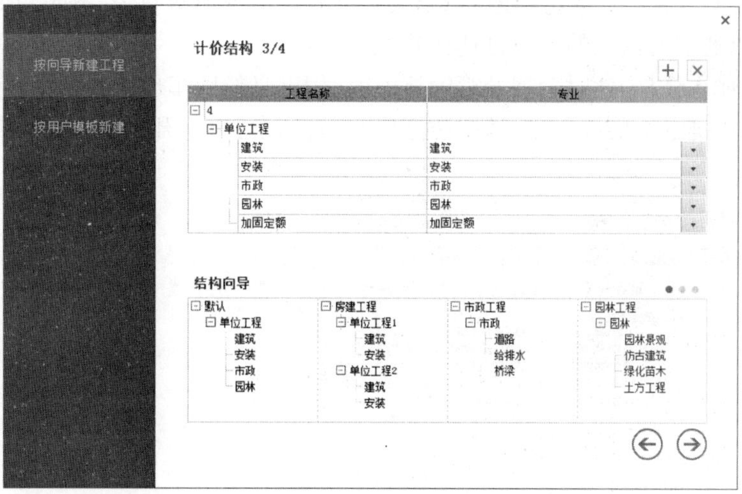

图 3-2-3　计价结构

4. 完成新建(图 3-2-4)

此处进行工程整体信息的展示,如果没有问题则点击“ok”。

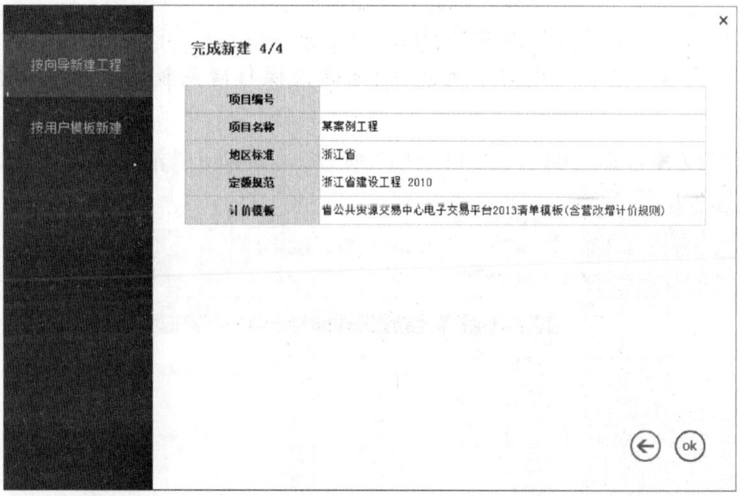

图 3-2-4　完成新建

三 清单、定额输入及组价

清单定额输入方式:请点击“分部分项”或者“措施项目”进行清单定额的输入。

1. 手工输入

手动输入清单有以下几种方法:

(1)智能联想输入(图 3-2-5):在编码位置输入清单或者定额的编码,则会出现智能联想的提示,通过各级提示快速找到操作者需要的清单定额。

举例说明,假设操作者想套用建筑屋面工程的立面防潮定额,可按以下步骤操作:

①步骤一,在建筑专业工程的定额行输入“7”(假设操作者知道屋面工程是第七章,不过

即使不知道也没有关系,后续操作还可以修改),此时会出现所有章节,并定位到屋面工程(当然操作者还可以通过键盘上的上下键选择其他章节)。

②步骤二,输入横杠,此时会展开第七章内容(用键盘的回车也能达到同样效果)。

③步骤三,用键盘上的向下键,选中防潮层立面,回车,再展开则可以选择具体定额,回车即可。

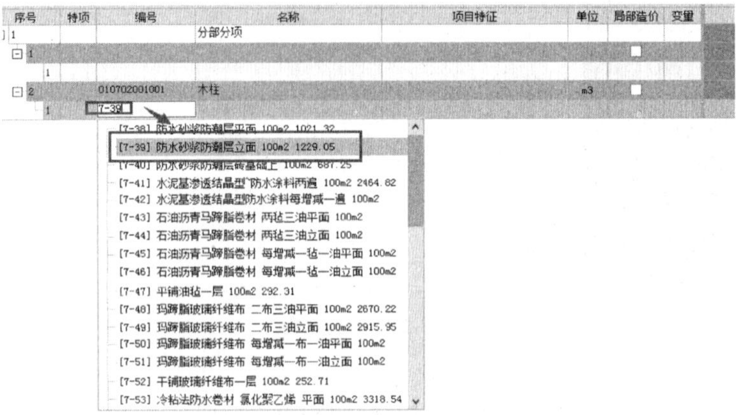

图 3-2-5　智能联想输入

同样,清单的编码也能达到一样的效果。

说明:操作中虽然用鼠标也能双击展开,但是建议操作者用键盘完成所有操作,这样效率最高。

(2)双击编号或者名称会弹出“项目指引”窗口,可以双击“清单”,也可以拖拉清单到所需要的位置(图 3-2-6)。

图 3-2-6　双击输入

(3)在编号列手动输入清单/定额编号,回车,清单编号输入前 9 位或 12 位均可。

(4)如果在定额编码位置输入一个数值,则自动套用上一条定额的章册,例如已经套用定额 6-9,在下一行需要套用定额 6-10,则直接输入“10”回车即可。

2. Excel 导入

(1)方法一:选择菜单“数据/导入数据/导入 Excel、WPS 电子表格、Access 数据库”功能,出现图 3-2-7 所示界面。

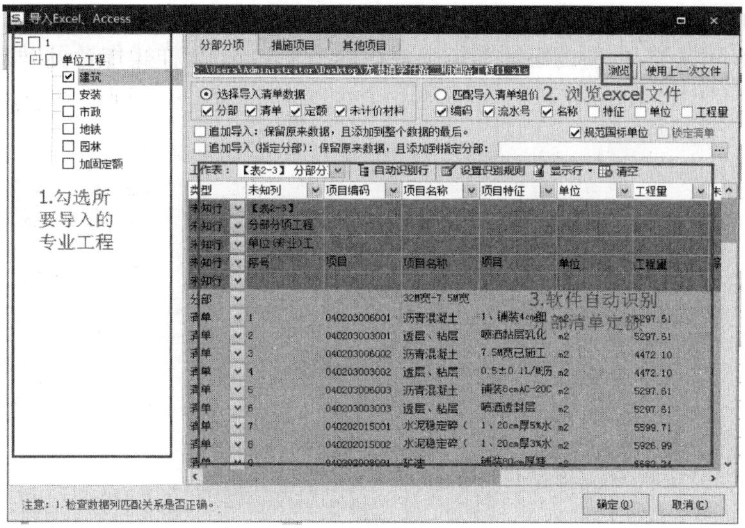

图 3-2-7　导入 Excel

按照图 3-2-7 依次进行操作：

①勾选所要导入的专业工程。

②浏览，选择要导入的 Excel。

③在下面，显示出 Excel 中内容，并自动识别。操作者也可以选择“类型”来调整导入的是清单还是定额或者分部。（未知行表示不导入的行）

④确定后，相应的分部、清单、定额就会导入到软件中。当然定额也都已经套用好。

说明：当选择完一个 Excel 后，可以选择“使用上一次文件”来快速选择前一次的 XLS 文件，提高速度。

（2）方法二：拖拉 Excel 文件，到不同区域，软件会自动导入内容，会弹出图 3-2-8 所示的窗口。

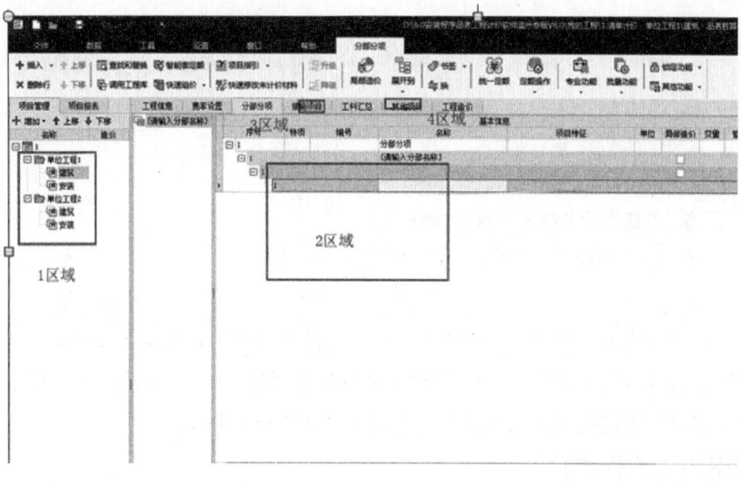

图 3-2-8　拖拉 Excel 输入

3. 快速组价

(1)项目特征快速组价(图3-2-9)

软件根据实际情况,把项目特征和指引放在同一个界面,这样操作者可以以最快的速度完成组价。

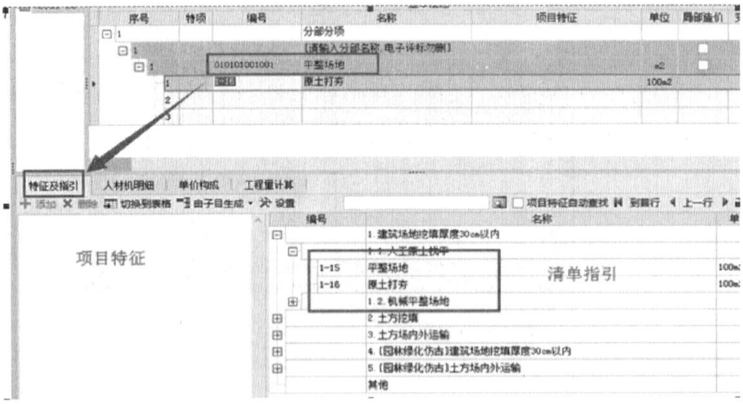

图3-2-9　项目特征快速组价

在清单的特征及指引插页,根据左面显示的“项目特征”,在右面的“清单指引”处,双击或拖拉定额。另外,如果操作者在左面显示的“项目特征”处,选中部分文字,则立刻在右面过滤出所含文字的定额。

(2)利用历史工程快速组价(图3-2-10)

历史工程组价可以利用操作者以前做过的工程(或者当前工程中其他专业工程),把相同清单下的定额复制到当前专业工程下,大大减少操作者的工作量。

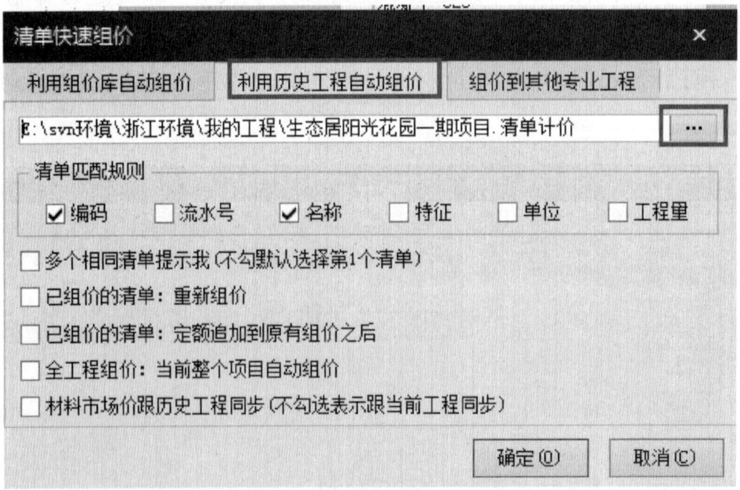

图3-2-10　利用历史工程快速组价

①点击“快速组价”按钮。

②选择“利用历史工程组价”。

③点击“工程文件”选择以前做过的工程,并选择需要调用的专业工程。然后根据需要,

对清单匹配规则和下面的选择做勾选。

④确定后，相同清单下的定额就复制过来了，如果是从同一个工程的另一个专业复制也利用此功能，只不过选择文件时选择当前工程文件。

说明：清单匹配规则一般选择特征和单位即可，选择过多则复制内容偏少；如果过少则重复的内容过多。全工程组价选项，当勾选后会把选择的两个工程进行整体配对，并快速组价。

(3)利用当前专业工程组价

在同一个专业工程之间往往有相类似的清单，软件用此功能可以快速把定额进行复制。

①把当前清单下定额复制到其他类似清单。

首先，选中清单，然后选择工具栏的“快速组价/利用当前专业工程组价”功能，在出现图3-2-11所示界面。

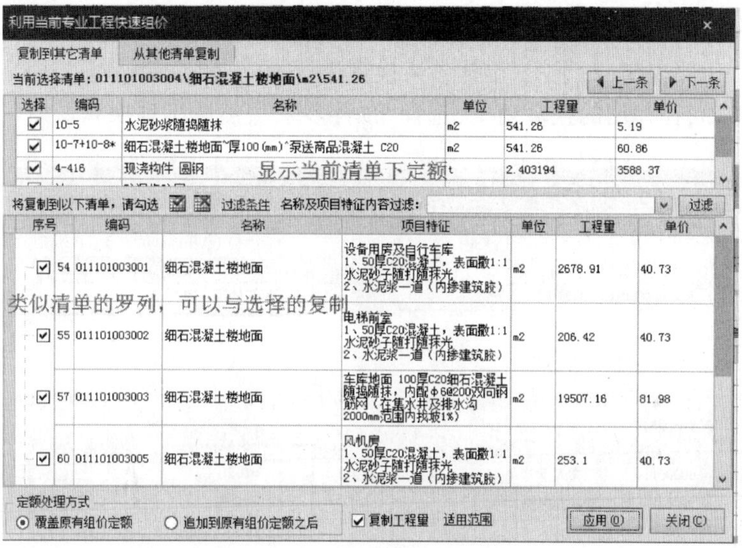

图3-2-11　利用当前专业工程组价

操作者可以把当前清单下定额有选择地复制到指定清单下。

②从其他类似清单中，选择其中一条复制到当前清单。

类似的，操作者可以选择一条空清单，然后进入功能，选择从其他清单复制，可以对即将复制的清单进行特征过滤。

四　换算及费用处理

1. 系数换算

当套用的定额有换算时，定额编号后面有一个“换”字。此时操作者可以点击以弹出换算窗口，比如套用定额1-1，点击“换”，出现图3-2-12所示界面。

根据实际情况勾选操作者的换算(后面的提示表示具体内容，供参考)。确定后，定额号的后面会出现不同的图标(“换”字下面有一个对勾)，表示这个定额有换算。同时任何时候，点击“换”字按钮，还会出现当时换算的记录，操作者可以进行调整。

说明：如果操作者不习惯在套用定额的时候进行换算，可以到菜单“工具/系统设置”，把

“自动弹出换算窗口”勾选去掉。

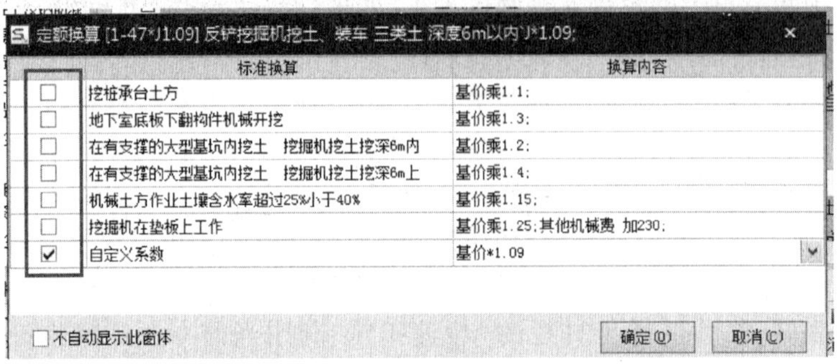

图 3-2-12　系数换算

2. 混凝土和砂浆(干混、湿拌砂浆换算)

根据浙江省相关规定,对干混、湿拌砂浆换算进行推广,软件专门对此进行了开发。例如,套用土建定额 3-13,在弹出的换算窗中,选择“预拌砂浆”,然后出现换算窗口(图 3-2-13)。

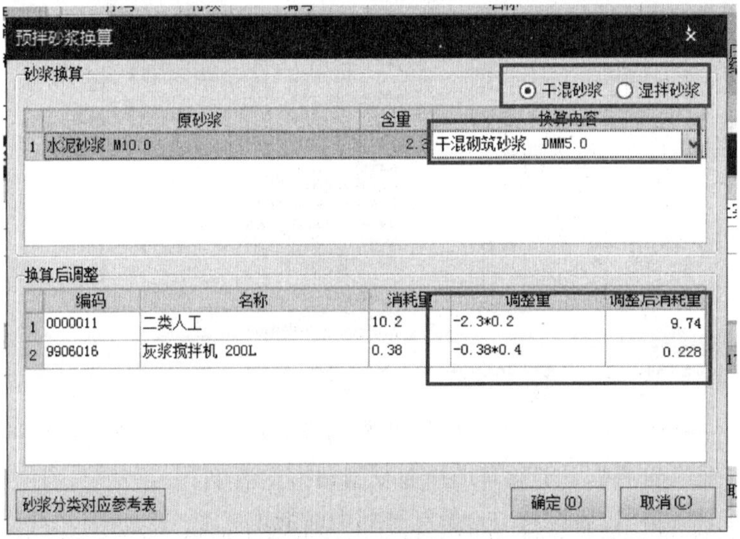

图 3-2-13　干混、湿拌砂浆换算

首先选择是换成干混,还是湿拌;然后选择砂浆的类型。完成后,在下面会提示换算的含量调整情况。如果没有问题确定即可。普通砂浆、混凝土的换算也可以在右键中换算。操作者可以批量选择多条定额,然后依次点“批量功能→批量数据换算→批量预拌砂浆换算”,应用到“相同”,则可以一次性做换算。

3. 增减定额换算

以土建定额 10-1 为例,如图 3-2-14 所示。

首先在换算内容中输入厚度,例如 25mm,后面的余数处理默认为:余数进一,当操作者有特殊计算方法时,可以选择相应的算法。

4. 混凝土模板定额自动计算

以土建定额 4-7 为例,如图 3-2-15 所示。

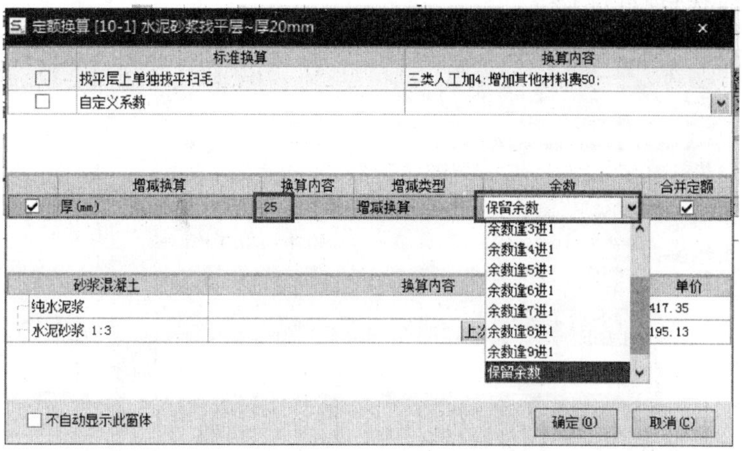

图 3-2-14　增减定额换算

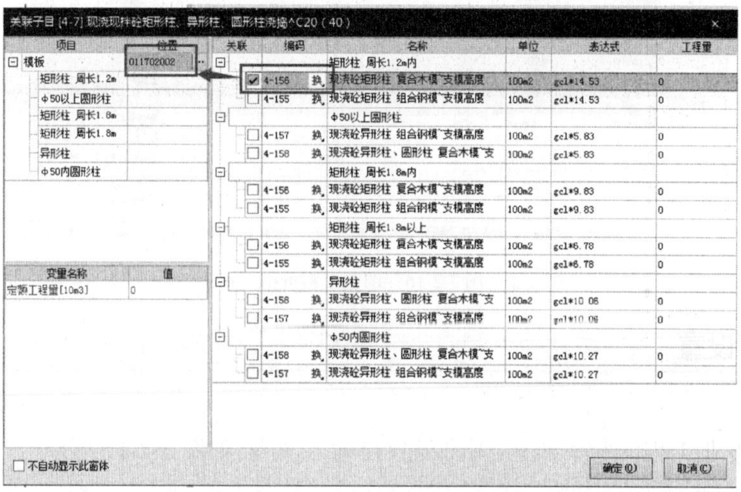

图 3-2-15　混凝土模板定额自动计算

首先勾选具体的混凝土定额,此时会自动出现混凝土清单,当然点击“…”后,还可以调整清单。如果操作者选择了当前工程中不存在的清单,软件会自动添加清单。

其次,如果有支模高度超过 3.6m,则点击定额的“换”,进行调整。完成后模板的工程量就根据含模量进行自动计算,并汇总到指定清单下。(Gcl 表示自动计算)

五　调整主料价格

1. 手动调整人、材、机市场价

组价完成后,切换插页到“工料汇总”界面(图 3-2-16),根据市场情况手动调整人、材、机市场价。

2. 调用信息价,调整人、材、机市场价

信息价来源:直接利用“我材助手”或者调用信息价文件。

“我材助手”是我材网和品茗公司的产品,其可以快速把各种信息价(信息价正刊、副刊、综合价、供应商报价)调用到工程。

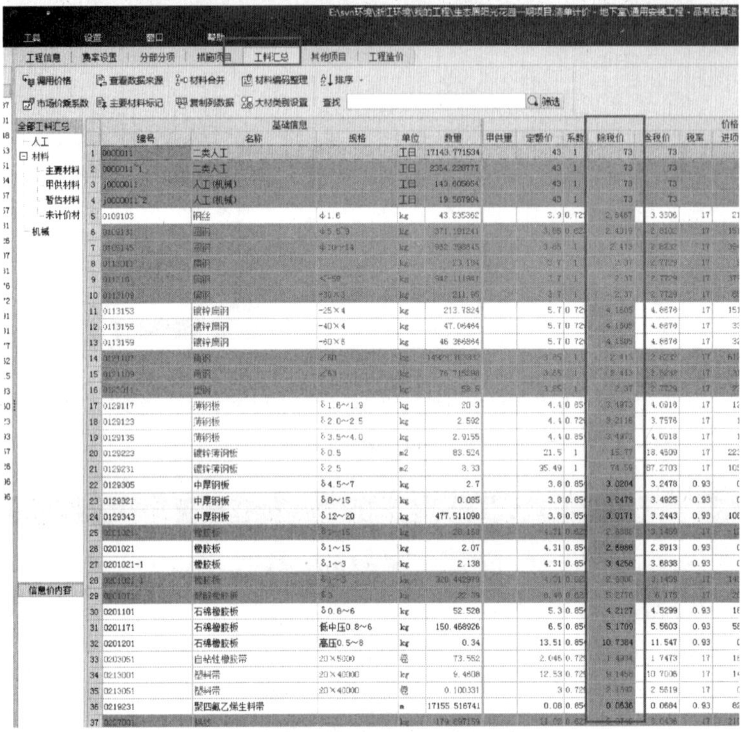

图 3-2-16　调整主料价格

六 费率设置

1. 单独输入

如果各个专业工程的费率独立,则可以各自输入费率,如图 3-2-17 所示。

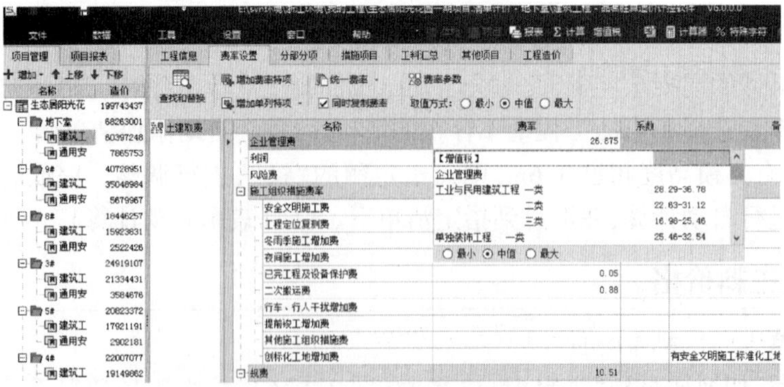

图 3-2-17　费率单独输入

2. 统一设置

当工程需要把费率统一(例如房建项目的土建、安装一般费率都一致)时,则可以利用“统一费率”功能,此功能可以把当前专业工程的费率复制到同专业的工程,如图 3-2-18 所示。

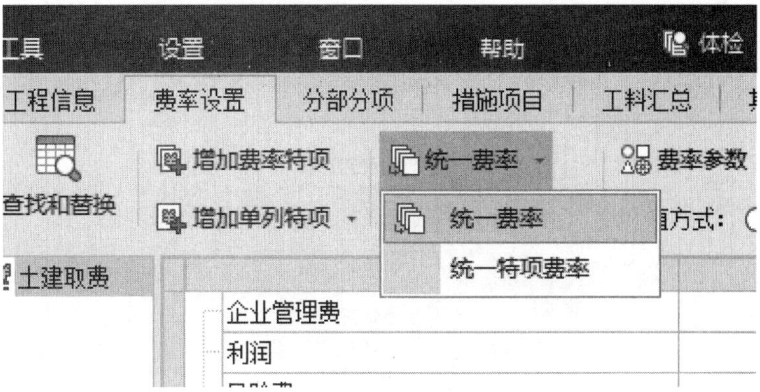

图 3-2-18　费率统一设置

举例说明,假设有这样项目,1 号楼建筑费费率已经输入完毕,现在希望把 4 栋楼的费率进行统一。则可按照以下步骤操作:

(1)在 1 号楼建筑的费率中录入完成费率,点击“统一费率”。

(2)在需要统一的专业工程前勾选或选择“勾选相同专业”。

(3)点“确定”,此时各勾选的专业的费率都相同了。

说明:如果有特项费率是不进行统一的。

3. 特项(不平衡报价)以及单列的设置

(1)特项(不平衡报价)。

①在费率设置中点“增加费率特项”按钮,如图 3-2-19 所示。

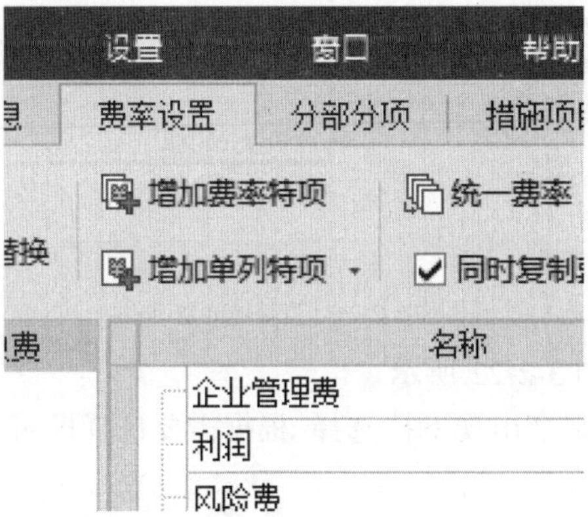

图 3-2-19　增加费率特项

②在索引栏增加“特项 1”。

③选中“特项 1”,然后在右面输入相应费率。

④在分部分项特项,选择相应特项即可。

(2)单列。

在部分地区,可以设定单列费用,操作如下:

①在费率设置中,点击增加单列费用(图 3-2-20),并选择计税不计费、不计费不计税,商品构件等,此时会增加特项。

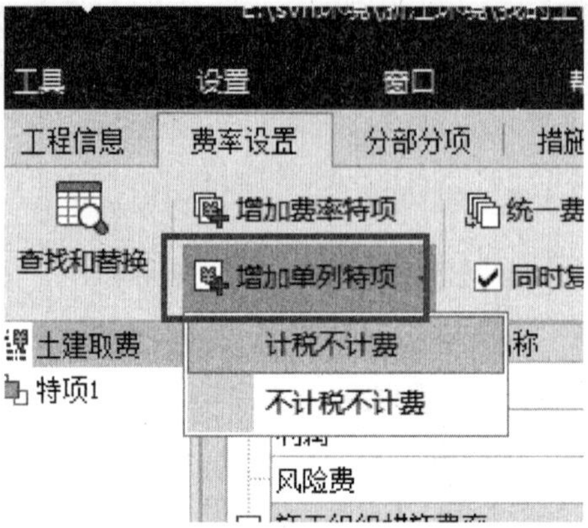

图 3-2-20　增加单列特项

②在分部分项或者技术措施特项处选择,此时这些清单定额费用就会进行相应处理。

4. 费率输入方法

(1)手工直接输入,如图 3-2-21 所示。

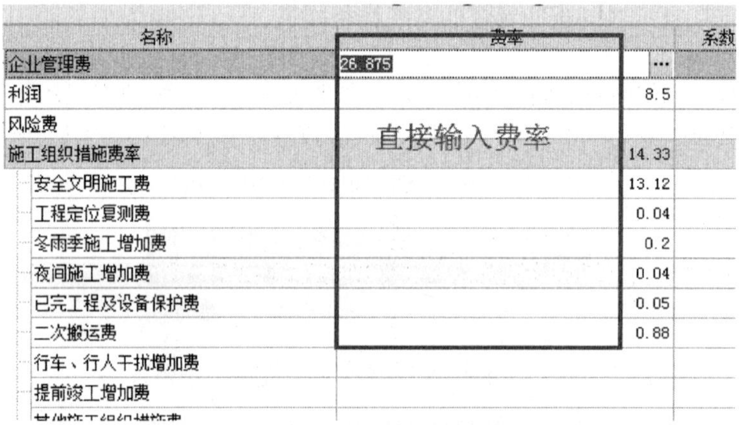

图 3-2-21　直接输入费率

(2)下拉选择费率,如图 3-2-22 所示。

点击费率后面的按钮,则会出现下拉选择,根据需要选择即可。

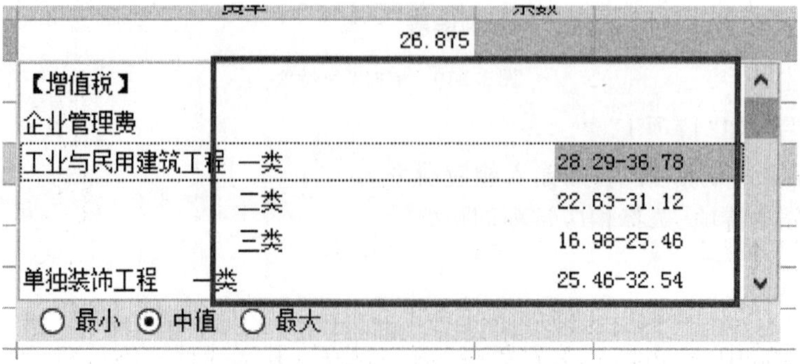

图 3-2-22　下拉选择费率

(3)根据费率库双击输入，如图 3-2-23 所示。

在费率窗口，选中某费率，此时下半个窗口自动定位到相应费率，之后双击则把费率进行自动填充。

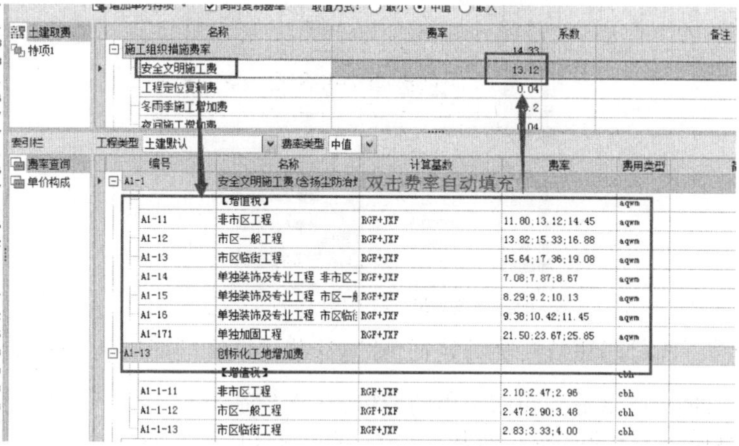

图 3-2-23　费率库双击输入

5. 查看费用

(1)直接查看。任何时候，操作者都可以在软件的左下角直观地看到各个节点的费用情况：点在项目节点，显示的为整个项目的相关费用；点在单位或者专业工程，则显示相应节点费用。

(2)切换到相应费率插页查看，如图 3-2-24 所示。

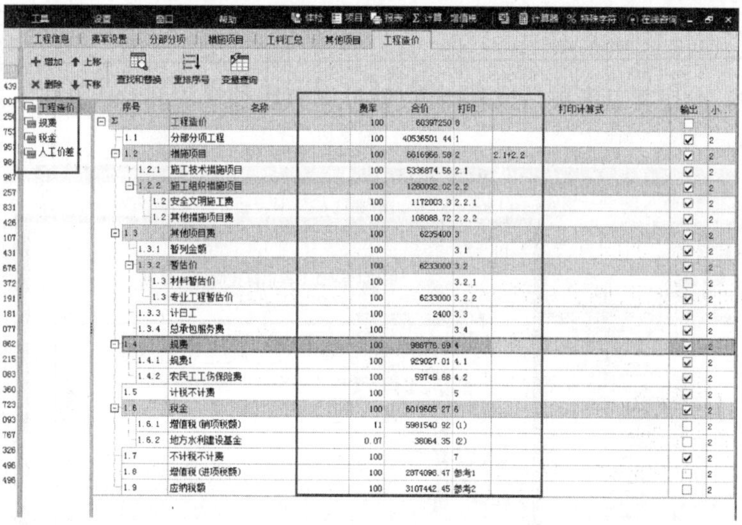

图 3-2-24　查看费率

6. 造价调整

造价调整处理除手工调整外，软件还针对性地开发了自动调整功能。

在项目管理中点右键，选择“造价调整/理想造价”(图 3-2-25)。

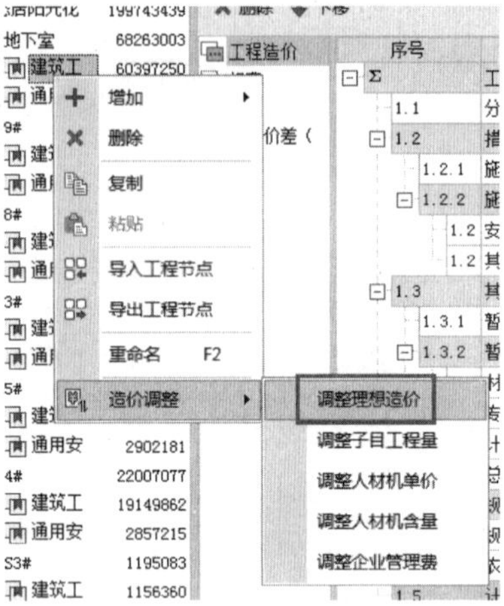

图 3-2-25 造价调整

在出现的界面中,可以看到当前工程的造价,在理想造价位置输入操作者希望的价格,之后点“预览”。例如输入 2 200 000,预览之后会出现调整后的价格,如果符合要求,点“确定”即可。

说明:由于精度原因,可能无法完全调整到操作者所需要的价格,操作者可以继续以手工的方式调整具体材料价格。

如果操作者不想调整某材料(例如暂定材料等)的价格,则可单击“锁定材料不参与调整”,然后选择当前工程中不参与的材料,这样选中的材料的价格就不会变化。

七 输出报表

1. 预览

在任何时候,操作者点击项目报表插页,就可以查看整个项目(包括整体、单位、专业)的表格(图 3-2-26)。

图 3-2-26 预览报表

2. 打印

(1)单表打印

在预览状态,点击“打印”,然后出现打印设置界面(图3-2-27)。

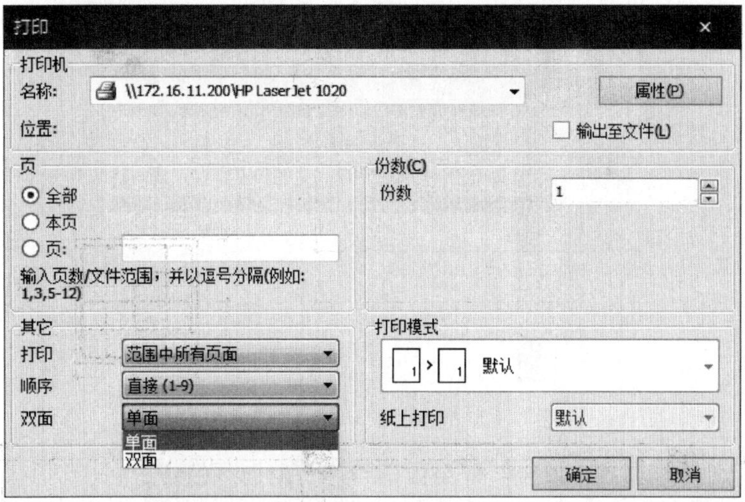

图3-2-27 单表打印

其中的“双面”表示可以进行双面打印。

说明:在双面打印时,软件会先打印一半,然后打印机会停止,请把纸张拿出后不要进行调整,直接放到进纸盒内,然后按下打印机“继续”按钮,软件会把其余内容打印在纸张背面。(如果打印机支持自动翻页的功能,则请在图3-2-27中选择“单面”) 433

(2)批量打印

首先选择需打印的表格,然后点右键选择“批量打印”(图3-2-28)。

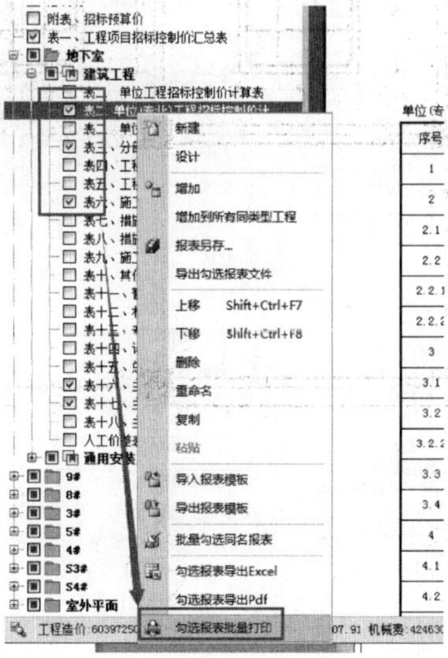

图3-2-28 批量打印

批量打印之前,可以选择是否需要只打印表头。

3. 导出

(1)单表导出,如图3-2-29所示。

①导出Excel:在预览时,点"导出",并选择文件名即可。导出后会提示是否打开。

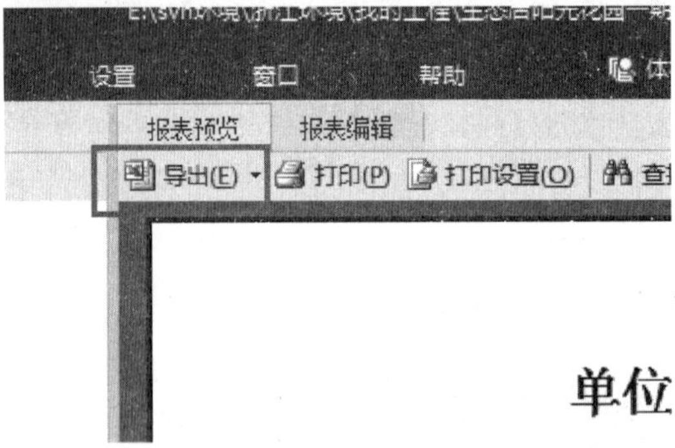

图3-2-29 单表导出Excel

②导出其他格式:软件除了Excel格式外,还支持pdf以及rtf格式,操作者可以根据需要选择:点击导出按钮右面的小三角,出现下列框,选择导出其他类型,然后在出现的窗口中选择导出类型。

(2)批量导出,如图3-2-30所示。

首先选择需导出的表格,然后点右键选择"批量导出Excel"。

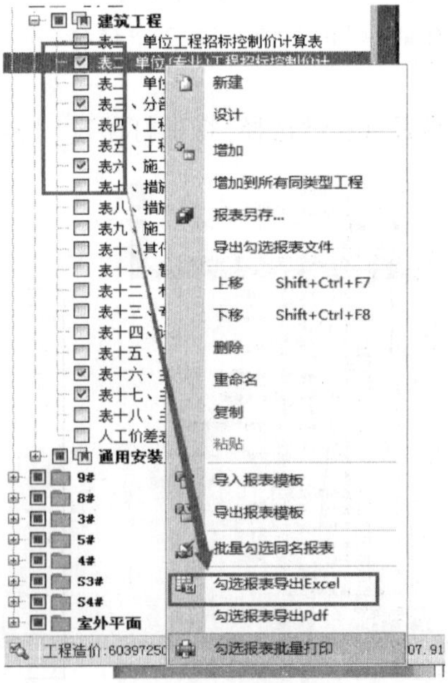

图3-2-30 批量导出

附录一　某学院培训楼建筑施工图

一 工程概况

本工程为框架结构,地上两层,基础为梁板式筏形基础。

二 抗震等级

本工程为一级抗震。

三 混凝土强度等级

基础垫层	C15 商品非泵送混凝土
±0.000 以下	C30 商品泵送混凝土
±0.000 以上	C25 商品泵送混凝土

四 钢筋混凝土结构构造

(1)混凝土保护层厚度:

板:15mm;梁和柱:25mm;基础底板:40mm。

(2)钢筋接头形式及要求:

直径≥18mm,采用机械连接;直径<18mm,采用搭接形式构造。

(3)未注明的分布钢筋 8@200。

(4)砌筑工程水泥砂浆强度等级:

±0.000 以下:DM M10.0 干混砌筑砂浆砌筑标准砖(240mm×115mm×53mm)实心砖墙。

±0.000 以上:DM M7.5 干混砌筑砂浆砌筑混凝土(240mm×115mm×53mm)实心砖墙。

(5)防潮层:砖基础侧面做 DS M15.0 干混地面砂浆防潮层。

五 墙体加筋

砖墙与框架柱及构造柱连接处应设连接筋,应每隔 500mm 高度配 2ϕ6 拉接筋,并伸入墙内 1 000mm。

某学院培训楼
设计说明

门 窗 过 梁 表 附表 1-1

<table>
<tr><th rowspan="2">名称</th><th colspan="3" rowspan="2">宽度
(mm)</th><th colspan="3" rowspan="2">高度
(mm)</th><th rowspan="2">离地高
(mm)</th><th rowspan="2">材质</th><th colspan="3">数 量</th><th colspan="3">过 梁</th></tr>
<tr><th>一层</th><th>二层</th><th>总数</th><th>高度
(mm)</th><th>宽度</th><th>长度
(mm)</th></tr>
<tr><td>M-1</td><td colspan="3">2 400</td><td colspan="3">2 700</td><td></td><td>镶板门</td><td>1</td><td></td><td>1</td><td>240</td><td rowspan="9">同墙厚</td><td rowspan="9">门洞宽度+500

备注:门为无亮平开门;窗为推拉窗</td></tr>
<tr><td>M-2</td><td colspan="3">900</td><td colspan="3">2 400</td><td></td><td>胶合板门</td><td>2</td><td>2</td><td>4</td><td>120</td></tr>
<tr><td>M-3</td><td colspan="3">900</td><td colspan="3">2 100</td><td></td><td>胶合板门</td><td>1</td><td>1</td><td>2</td><td>120</td></tr>
<tr><td>C-1</td><td colspan="3">1 500</td><td colspan="3">1 800</td><td>900</td><td>塑钢窗</td><td>4</td><td>4</td><td>8</td><td>180</td></tr>
<tr><td>C-2</td><td colspan="3">1 800</td><td colspan="3">1 800</td><td>900</td><td>塑钢窗</td><td>1</td><td>1</td><td>2</td><td>180</td></tr>
<tr><td rowspan="2">MC-1</td><td rowspan="2">总宽</td><td colspan="2">其中</td><td rowspan="2">总高</td><td colspan="2">其中</td><td></td><td rowspan="2">塑钢门联窗</td><td rowspan="2"></td><td rowspan="2">1</td><td rowspan="2">1</td><td rowspan="2">240</td></tr>
<tr><td>窗宽</td><td>门宽</td><td>窗高</td><td>门高</td><td></td></tr>
<tr><td></td><td>2 400</td><td>1 500</td><td>900</td><td>2 700</td><td>1 800</td><td>2 700</td><td>900</td><td></td><td></td><td></td><td></td><td></td></tr>
</table>

装 修 做 法 附表 1-2

<table>
<tr><th>层</th><th colspan="2">房间名称</th><th>地面</th><th>踢脚 120</th><th>墙裙 1 200</th><th colspan="2">墙 面</th><th>天 棚</th></tr>
<tr><td rowspan="4">一层</td><td colspan="2">接待室</td><td>地 25A</td><td></td><td>裙 10 A</td><td colspan="2">内墙 5A</td><td>棚 26(吊顶高 3 000mm)</td></tr>
<tr><td colspan="2">图形培训室</td><td>地 9</td><td>踢 10A</td><td></td><td colspan="2">内墙 5A</td><td>棚 2B</td></tr>
<tr><td colspan="2">钢筋培训室</td><td>地 9</td><td>踢 10A</td><td></td><td colspan="2">内墙 5A</td><td>棚 2B</td></tr>
<tr><td colspan="2">楼梯间</td><td>地 3A</td><td>踢 2A</td><td></td><td colspan="2">内墙 5A</td><td>楼梯底板做法:棚 2B</td></tr>
<tr><td rowspan="6">二层</td><td colspan="2">会客室</td><td>楼 8D</td><td>踢 10A</td><td></td><td colspan="2">内墙 5A</td><td>棚 2B</td></tr>
<tr><td colspan="2">清单培训室</td><td>楼 2D</td><td>踢 2A</td><td></td><td colspan="2">内墙 5A</td><td>棚 2B</td></tr>
<tr><td colspan="2">预算培训室</td><td>楼 2D</td><td>踢 2A</td><td></td><td colspan="2">内墙 5A</td><td>棚 2B</td></tr>
<tr><td colspan="2">楼梯间</td><td>楼 2D</td><td>踢 2A</td><td></td><td colspan="2">内墙 5A</td><td>棚 2B</td></tr>
<tr><td rowspan="2">阳台</td><td>内装修</td><td>楼 8D</td><td></td><td></td><td colspan="2">1. 阳台栏板
2. DP M15.0,20mm 厚,分三遍抹平;外墙弹性涂料面</td><td>阳台底板:棚 2B</td></tr>
<tr><td>外装修</td><td colspan="6">阳台栏板外装修为:DP M15.0,20mm 厚,分三遍抹平;绿色仿石涂料层</td></tr>
<tr><td rowspan="3">三层</td><td rowspan="2">挑檐</td><td>内装修</td><td colspan="2">见图纸剖面图</td><td>外侧上翻 200mm
内侧上翻 250mm</td><td></td><td>挑檐栏板:
DP M15.0,
20mm 厚,
分三遍抹平</td><td>挑檐板底:棚 2B</td></tr>
<tr><td>外装修</td><td colspan="6">挑檐栏板外装修为:DP M15.0,20mm 厚,分三遍抹平;绿色仿石涂料层</td></tr>
<tr><td colspan="2">不上人屋面</td><td colspan="2">见图纸剖面图</td><td>防水上翻
250mm</td><td></td><td colspan="2">女儿墙内装修为:外墙 5A
女儿墙外装修为:外墙 27A</td></tr>
<tr><td rowspan="2">外墙装修</td><td colspan="8">外墙裙:高 900mm,外墙 27A,贴彩釉面砖(红色)</td></tr>
<tr><td colspan="8">外墙面:外墙 27A,贴彩釉面砖(白色)</td></tr>
<tr><td>台阶</td><td colspan="8">面层:DS M20.0 干混砂浆;台阶面:100mm 厚 C15 混凝土垫层;素土夯实</td></tr>
<tr><td>散水</td><td colspan="8">面层:散水面层一次抹光,80mm 厚 C10 混凝土,垫层;伸缩缝:沥青砂浆嵌缝</td></tr>
</table>

某学院培训楼工程做法表

附表 1-3

编号	装 修 名 称	用料及分层做法
地 25A	硬实木复合地板地面	1. 9.5mm 厚硬实木复合地板，榫槽、榫舌及尾部满涂胶液后铺贴（专用胶与地板配套生产）； 2. 40mm 厚 C20 细石混凝土（非泵送商品混凝土）随捣随抹平； 3. 1.2mm 厚 JS 防水涂料； 4. 50mm 厚 C15 细石混凝土（非泵送商品混凝土）垫层； 5. 150mm 厚 3:7 灰土； 6. 素土夯实
地 9	铺地砖地面	1. 黏结剂铺贴 10mm 厚 600mm × 600mm 地砖，稀水泥浆擦缝； 2. 20mm 厚 1:3 水泥砂浆找平层； 3. 50mm 厚 C10 混凝土（非泵送商品混凝土）垫层； 4. 150mm 厚 3:7 灰土； 5. 素土夯实
地 3A	水泥地面	1. 20mm 厚 DS M20.0 砂浆抹面压实赶光； 2. 50mm 厚 C10 混凝土（非泵送商品混凝土）垫层； 3. 150mm 厚 3:7 灰土； 4. 素土夯实
楼 8D	铺地砖楼面	1. 黏结剂铺贴 600mm × 600mm 地砖，稀水泥浆擦缝； 2. 40mm 厚 C15 细石混凝土找平层； 3. 钢筋混凝土楼板
楼 2D	水泥楼面	1. 20mm 厚 DS M20.0 干混砂浆抹面压实赶光； 2. 钢筋混凝土楼板
踢 10A	大理石板踢脚	1. 10mm 厚大理石踢脚板，稀水泥浆擦缝； 2. 干混砂浆铺贴

续上表

编号	装修名称	用料及分层做法
踢 2A	水泥踢脚	1. 8mm 厚 DS M20.0 干混砂浆抹面压实赶光; 2. 10mm 厚 DS M15.0 干混砂浆打底
裙 10A	胶合板墙裙	1. 聚酯清漆三遍; 2. 红榉板面层(普通); 3. 附墙木龙骨(断面 7.5cm^2 以内,中距 40cm); 4. 15mm 厚细木工板基层; 5. 1.2mm 厚 JS 防水涂料; 6. 15mm 厚干混抹灰砂浆 DP M15.0 打底找平墙面
内墙 5A	水泥砂浆墙面	1. 刷乳胶漆三遍; 2. 干混抹灰砂浆 DP M15.0,20mm 厚,分三遍抹平
外墙 5A	水泥砂浆墙面	干混抹灰砂浆 DP M15.0,20mm 厚,分三遍抹平
棚 26	纸面石膏吊顶	1. 刷乳胶漆三遍(板缝贴胶带、点锈); 2. 满刮两遍面层耐水腻子找平; 3. 满刮氯偏共聚乳液,防潮涂料三道; 4. 9.5mm 厚纸面石膏板,用自攻螺钉与龙骨固定; 5. U38 型(不上人)轻钢龙骨,中距 600mm; 6. 龙骨吸顶吊件用膨胀螺栓与钢筋混凝土固定
棚 2B	板底刮腻子喷涂顶棚	1. 刷乳胶漆三遍; 2. 满刮两遍面层耐水腻子找平; 3. 板底满刮 3mm 厚底基防裂腻子分遍找平; 4. 素水泥浆一道甩毛(内掺建筑胶)
外墙 27A	贴彩釉面砖	1. 1:1 水泥(或水泥掺色)砂浆(细砂)勾缝; 2. 干混抹灰砂浆 DP M20 铺贴贴 50mm×230mm 彩釉面砖; 3. 15mm 厚干混抹灰砂浆 DP M20 打底

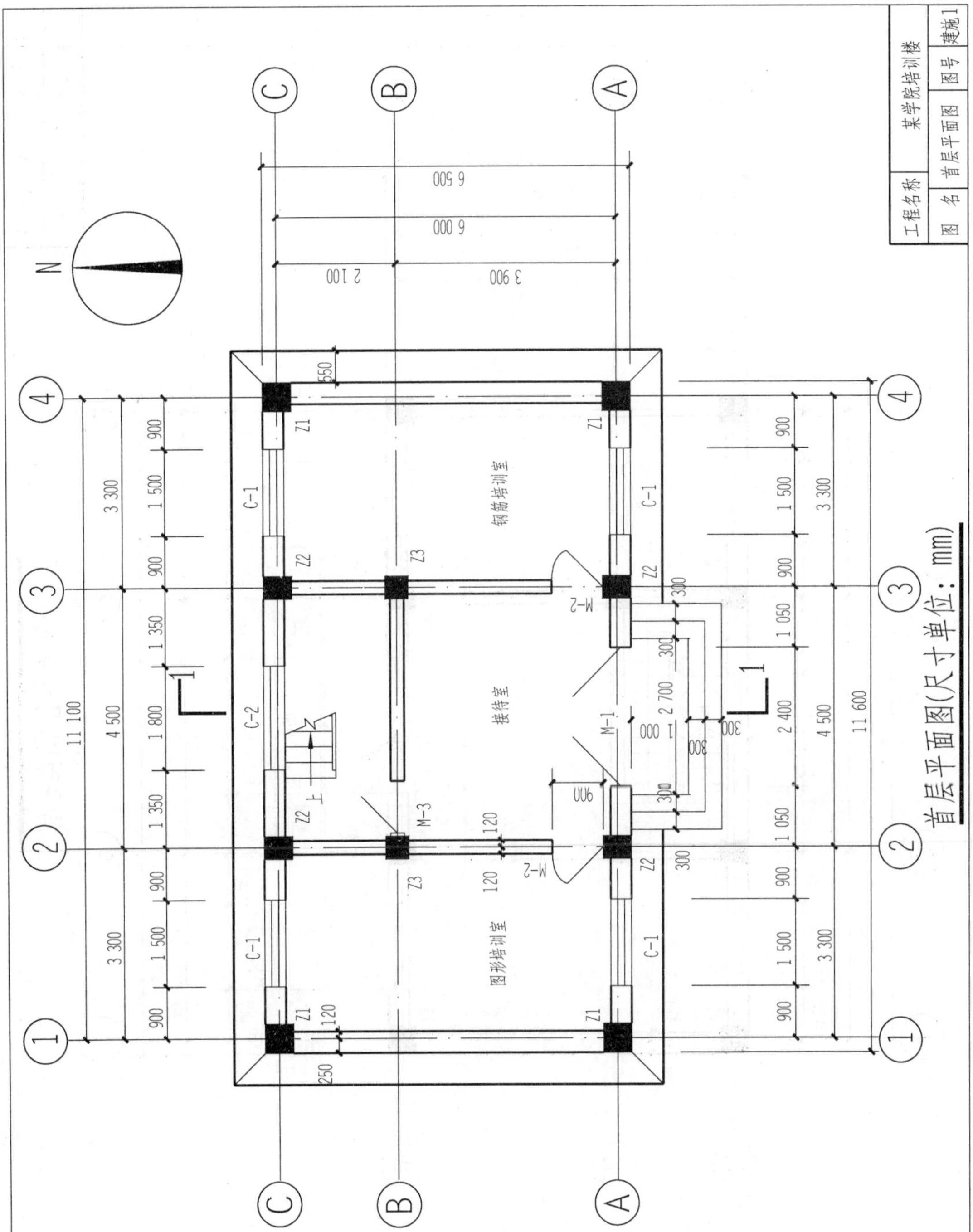

某学院培训楼工程图纸

某学院培训楼简明图纸

某学院培训楼BIM模型

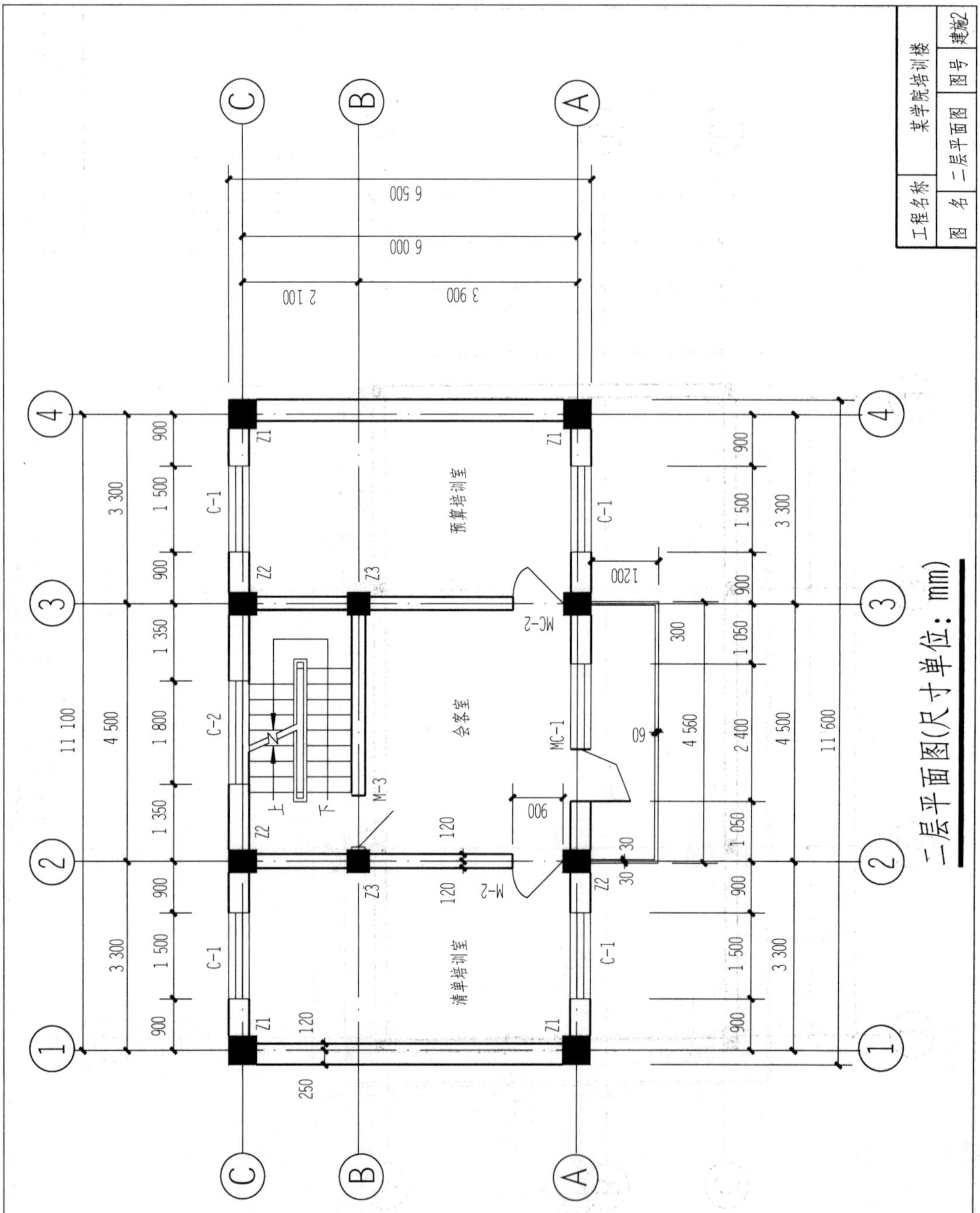

二层平面图(尺寸单位：mm)

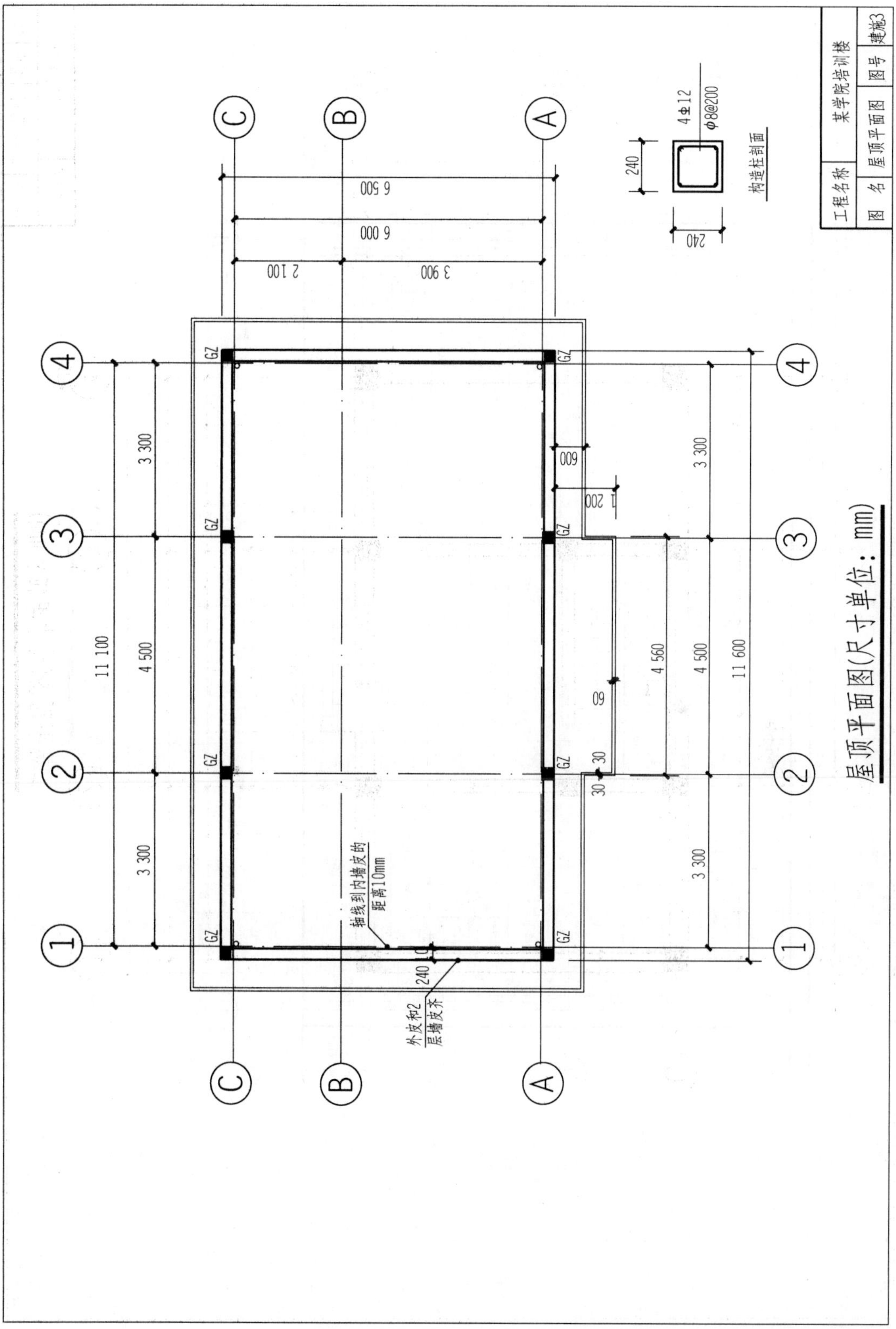
工程名称 某学院培训楼
图名 屋顶平面图
图号 建施3
4Φ12
φ8@200
构造柱剖面
轴线到内墙皮的距离10mm
外皮和2层墙皮齐
屋顶平面图(尺寸单位：mm)

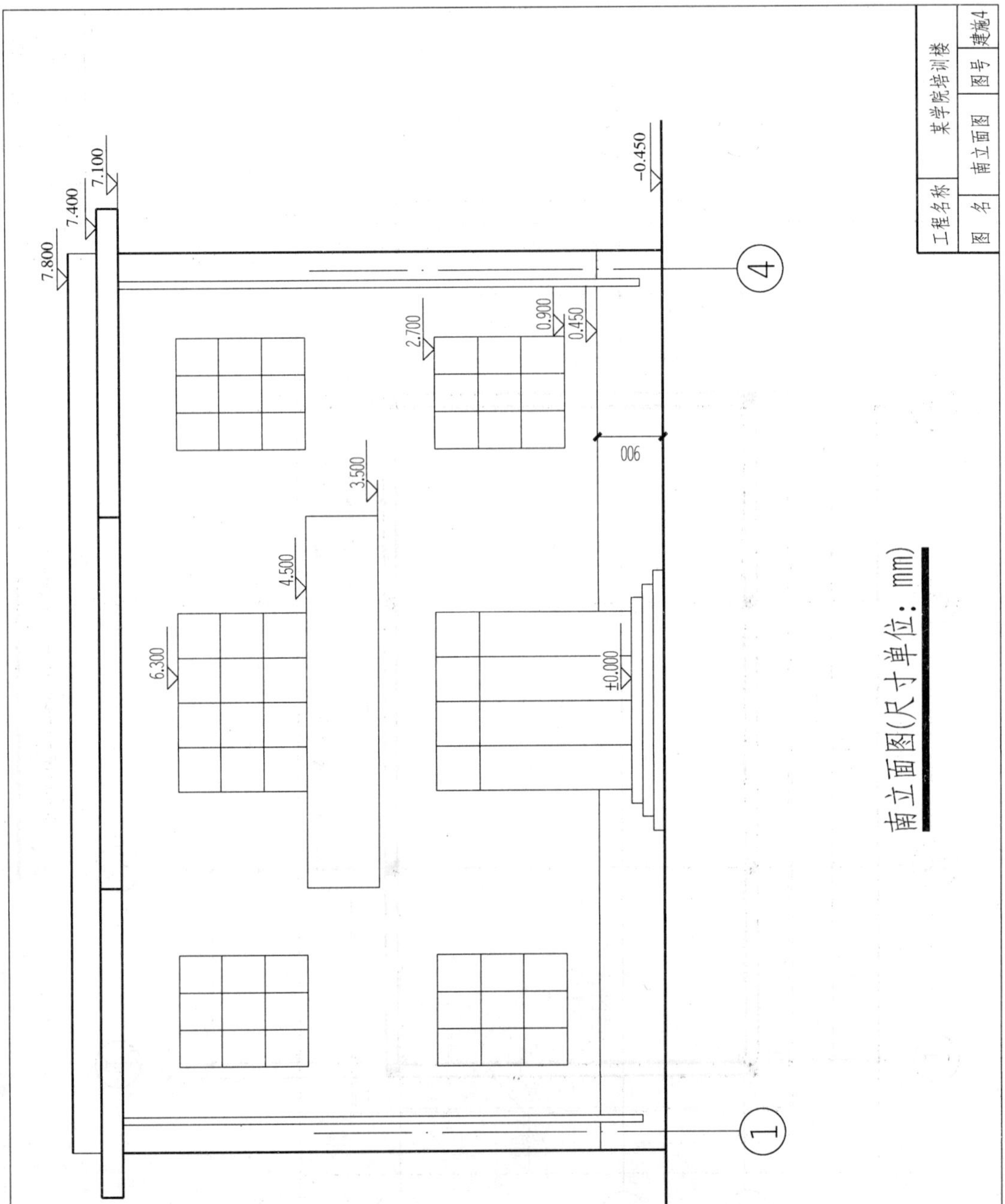
工程名称
某学院培训楼
图名
南立面图
图号
建施4
7.800
7.400
7.100
−0.450
2.700
0.900
0.450
900
3.500
4.500
6.300
±0.000
4
1
南立面图(尺寸单位：mm)

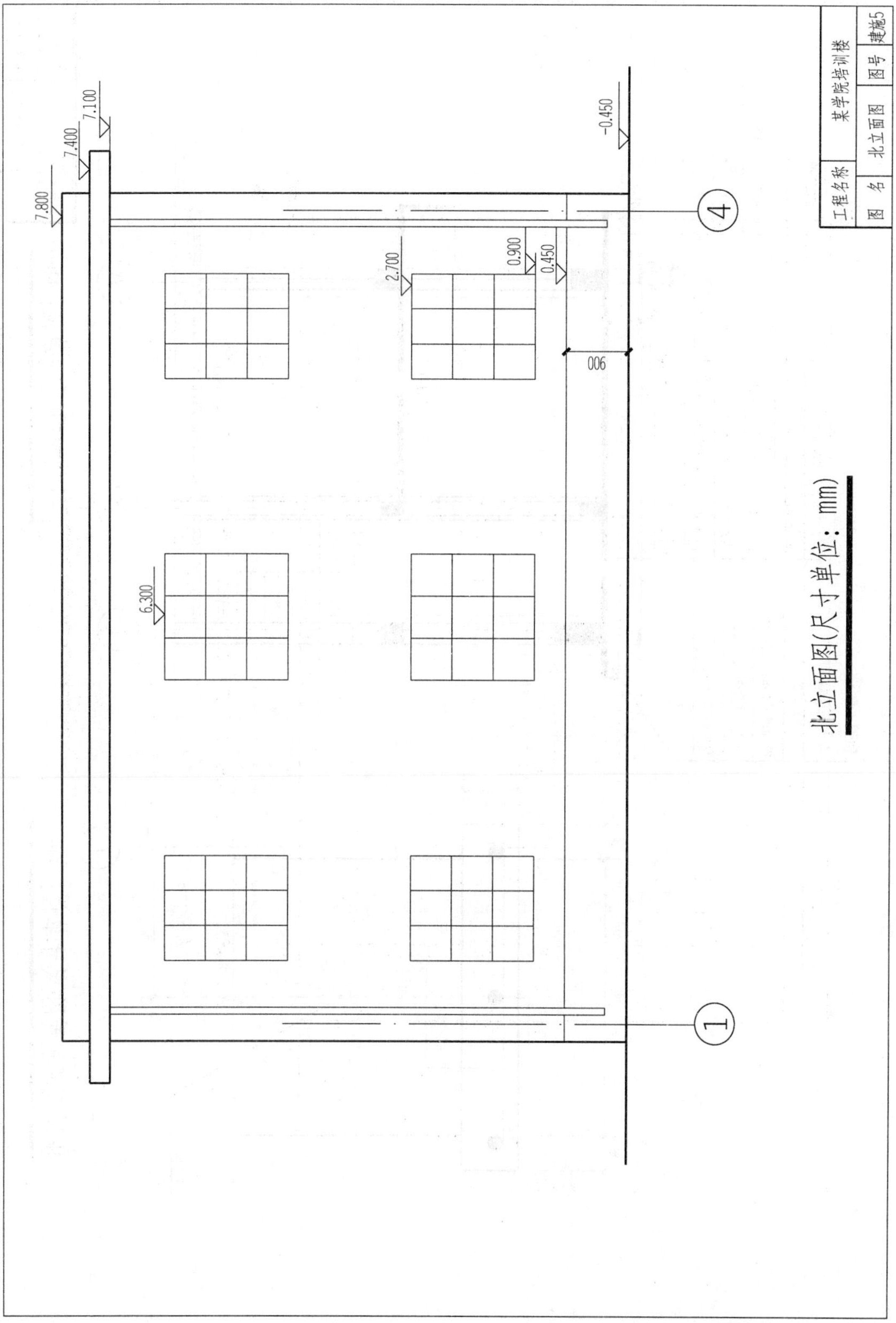

工程名称
某学院培训楼
图名
北立面图
图号
建施5
7.800
7.400
7.100
-0.450
2.700
0.900
0.450
900
6.300
4
1

北立面图(尺寸单位：mm)

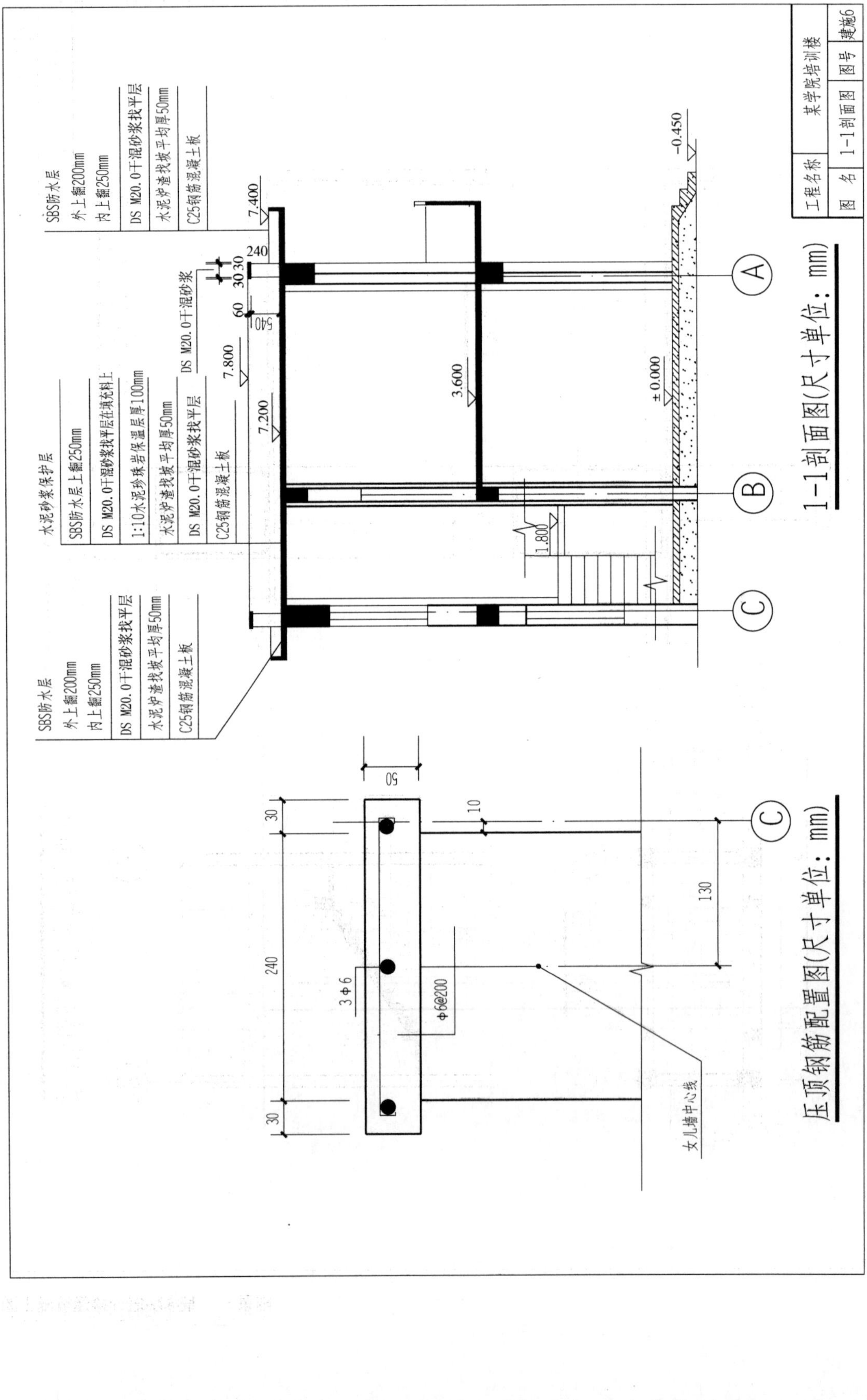

1-1剖面图(尺寸单位：mm)

压顶钢筋配置图(尺寸单位：mm)

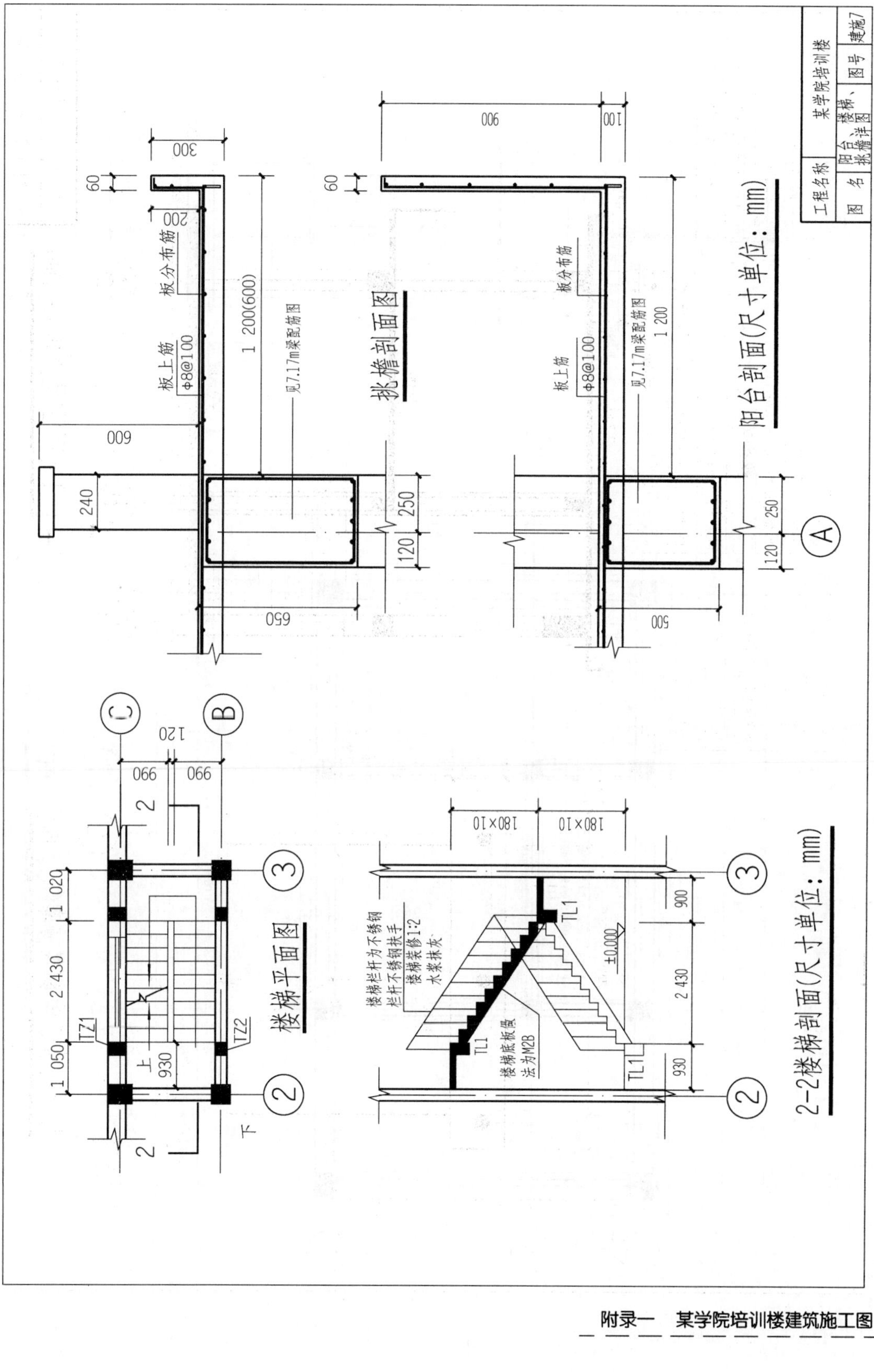
工程名称
某学院培训楼
图名
阳台、楼梯、挑檐详图
图号
建施7
挑檐剖面图
板上筋
Φ8@100
板分布筋
见7.17m梁配筋图
阳台剖面(尺寸单位：mm)
楼梯平面图
TZ1
TZ2
上
下
2-2楼梯剖面(尺寸单位：mm)
楼梯栏杆为不锈钢栏杆不锈钢扶手
楼梯装修1:2水泥抹灰
楼梯底板做法为M2B
TL1
±0.000

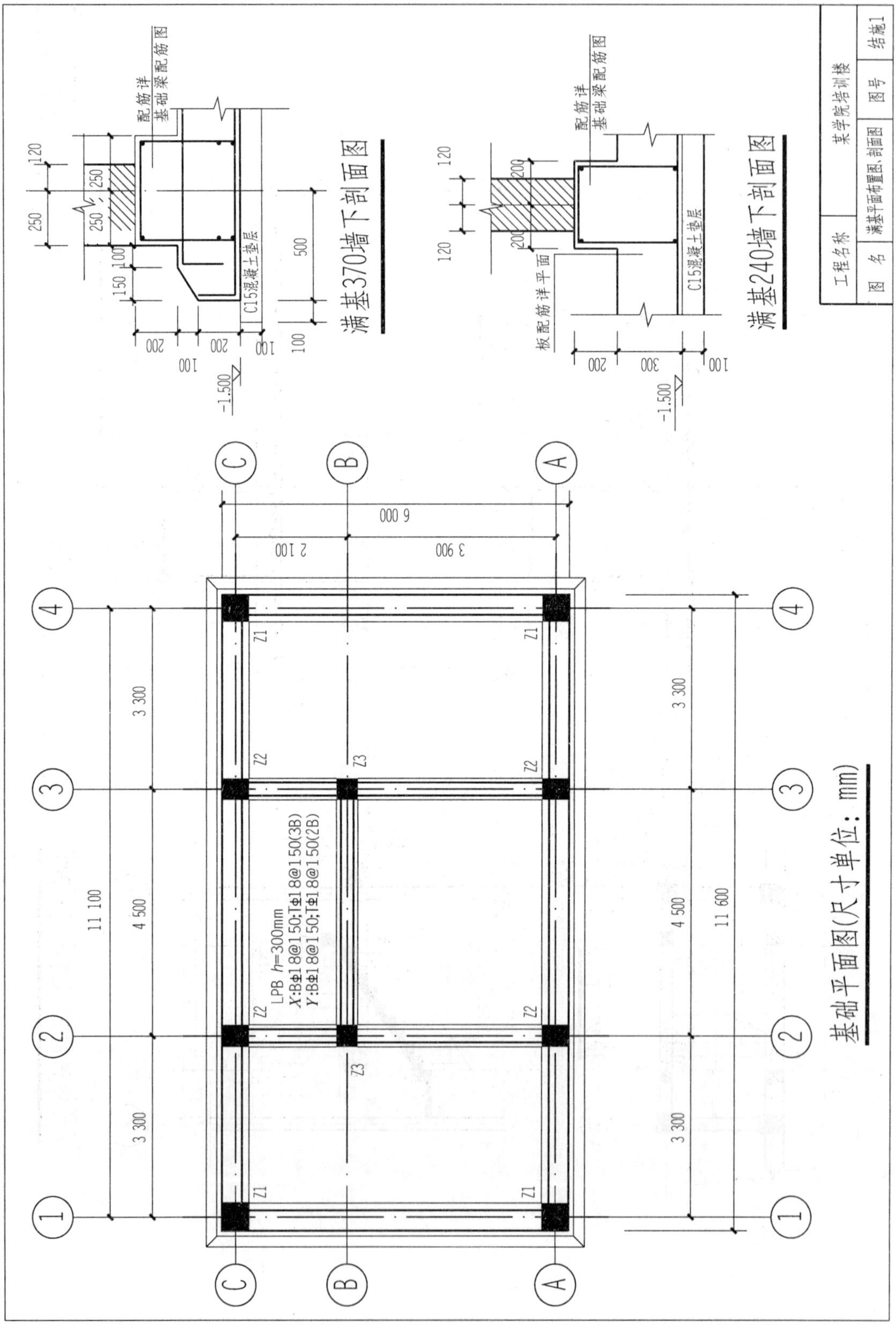

满基370墙下剖面图
配筋详
基础梁配筋图
C15混凝土垫层
-1.500
满基240墙下剖面图
板配筋详平面
基础平面图(尺寸单位：mm)
LPB h=300mm
X:B⌀18@150;T⌀18@150(3B)
Y:B⌀18@150;T⌀18@150(2B)
Z1
Z2
Z3
3 300
4 500
11 100
11 600
6 000
2 100
3 900
工程名称
某学院培训楼
图名
满基平面布置图,剖面图
图号
结施1

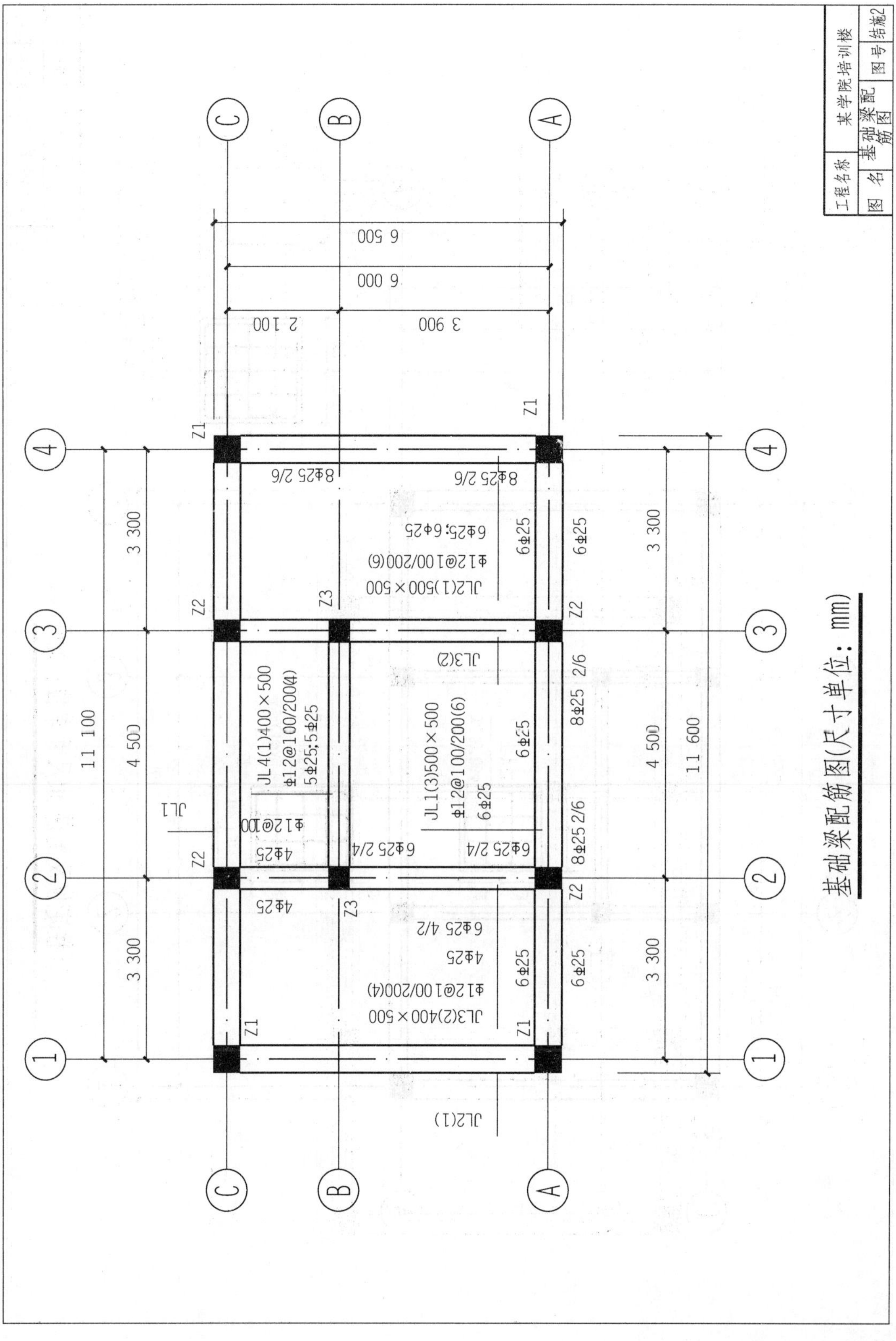

基础梁配筋图(尺寸单位：mm)

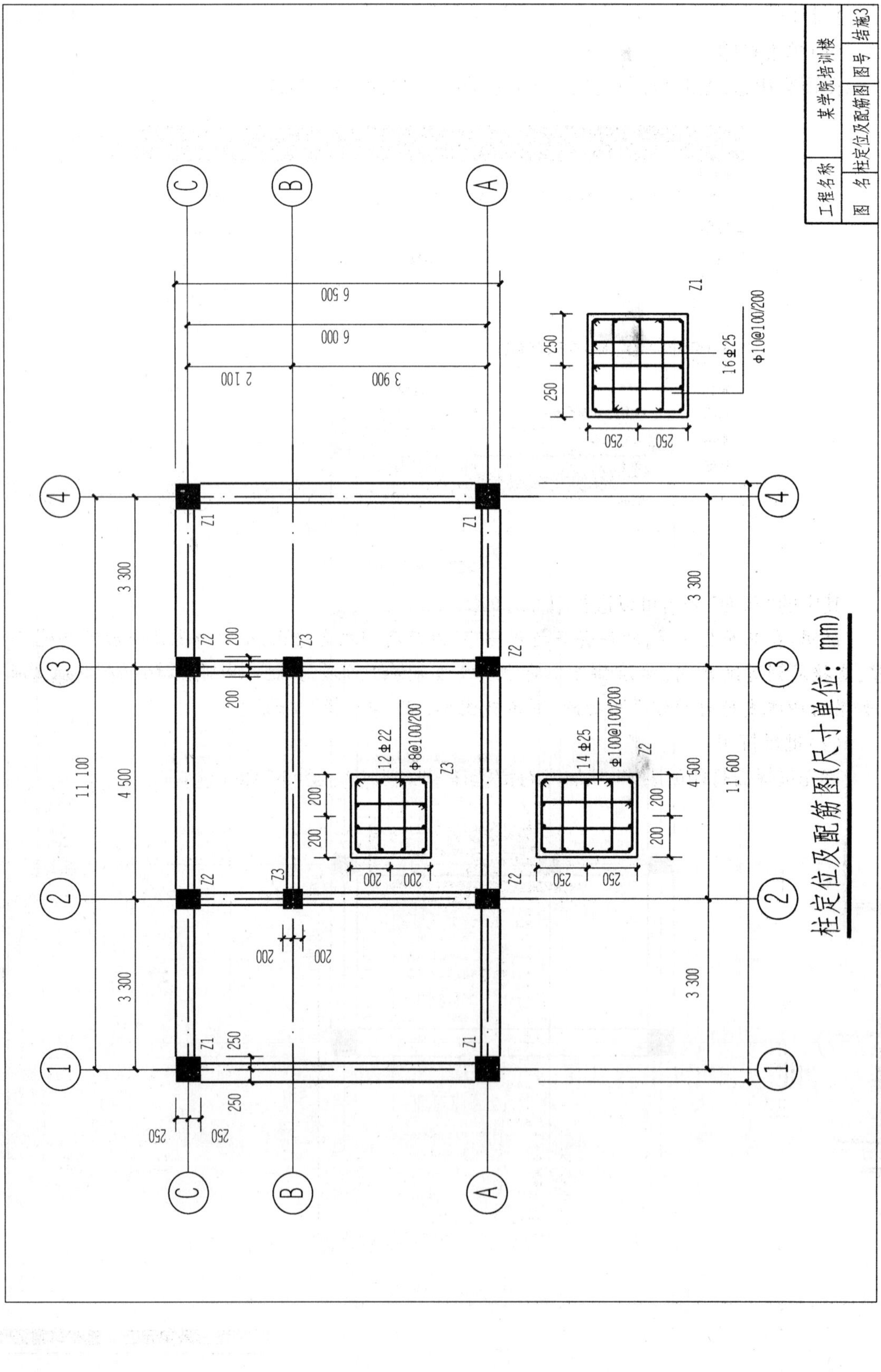
工程名称 某学院培训楼
图 名 柱定位及配筋图 图号 结施3
柱定位及配筋图(尺寸单位: mm)
Z1
16⌀25
⌀10@100/200
Z2
14⌀25
⌀10@100/200
Z3
12⌀22
⌀8@100/200
6 500
6 000
3 900
2 100
3 300
4 500
3 300
11 100
11 600
250
200

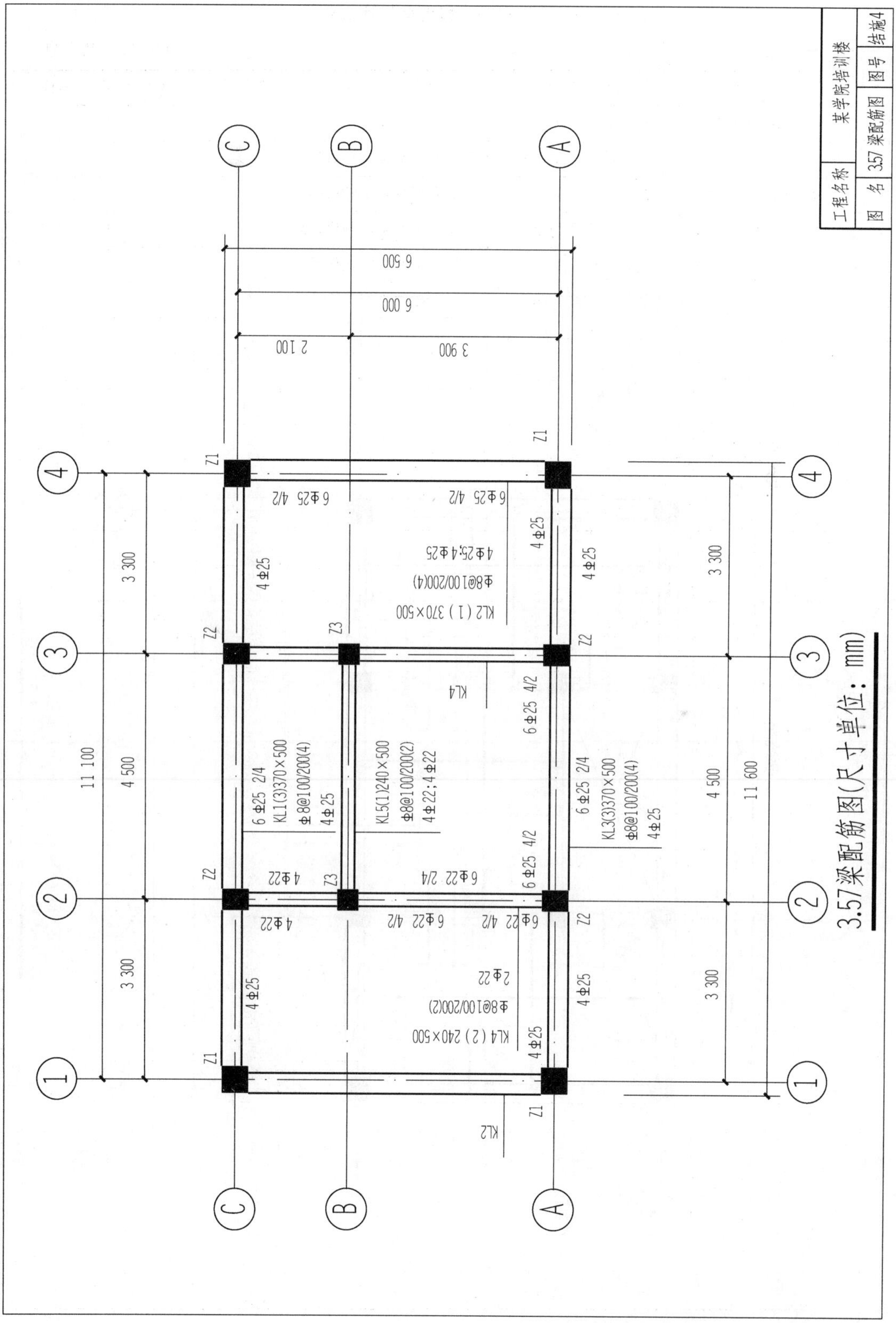

工程名称 某学院培训楼
图 名 3.57梁配筋图
图号 结施4
3.57梁配筋图(尺寸单位：mm)
KL1(3)370×500
Φ8@100/200(4)
4Φ25
6Φ25 2/4
KL2(1)370×500
Φ8@100/200(4)
4Φ25;4Φ25
6Φ25 4/2
KL3(3)370×500
Φ8@100/200(4)
4Φ25
KL4(2)240×500
Φ8@100/200(2)
2Φ22
6Φ22 2/4
6Φ22 4/2
4Φ22
KL5(1)240×500
Φ8@100/200(2)
4Φ22;4Φ22
KL2
KL4
Z1
Z2
Z3
3 300
4 500
11 100
11 600
6 500
6 000
2 100
3 900

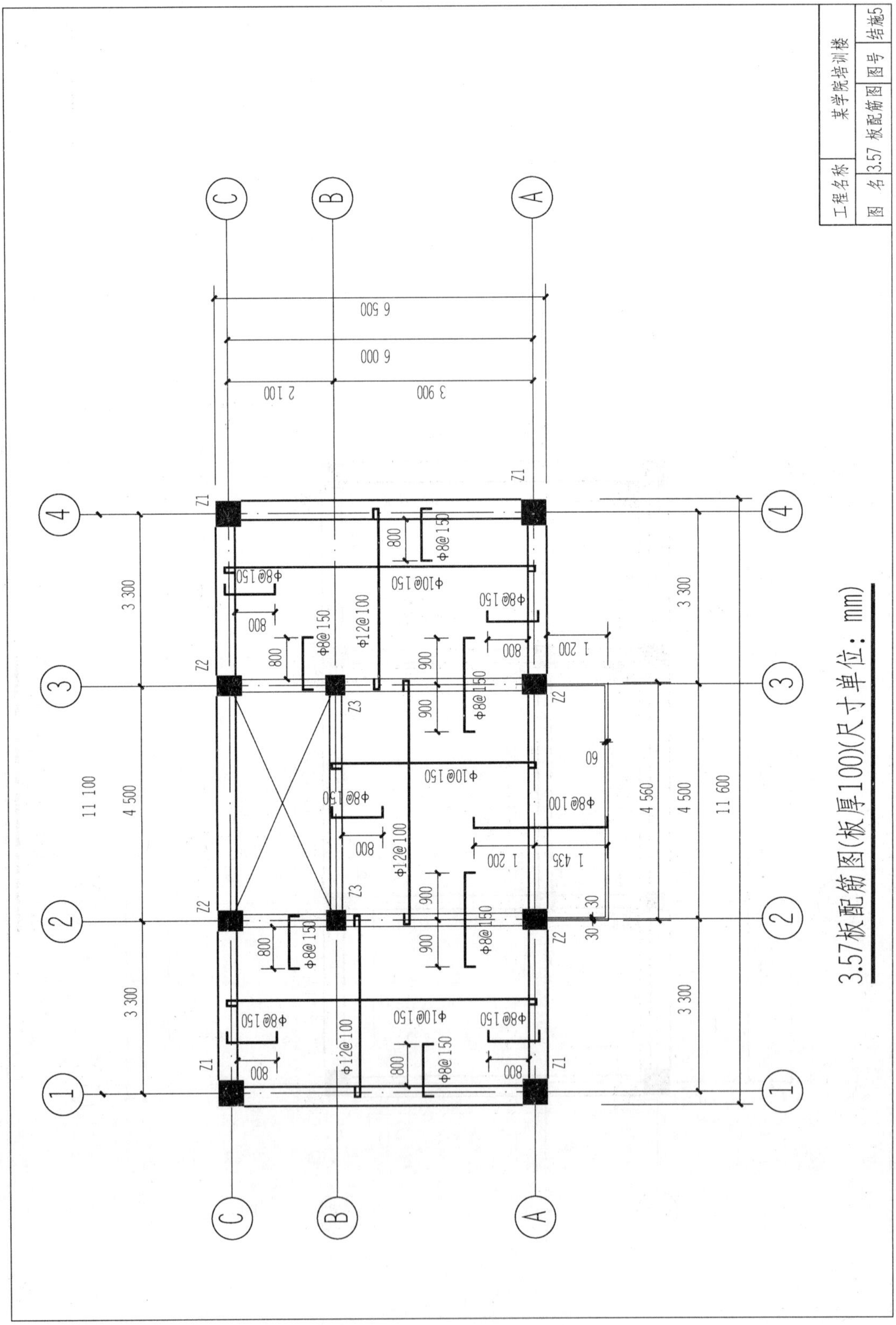
工程名称 某学院培训楼
图名 3.57板配筋图
图号 结施5
3.57板配筋图(板厚100)(尺寸单位：mm)
6 500
6 000
2 100
3 900
3 300
4 500
11 100
4 560
11 600
1 200
1 435
Z1
Z2
Z3
Φ8@150
Φ10@150
Φ12@100
Φ8@100
800
900
60
30

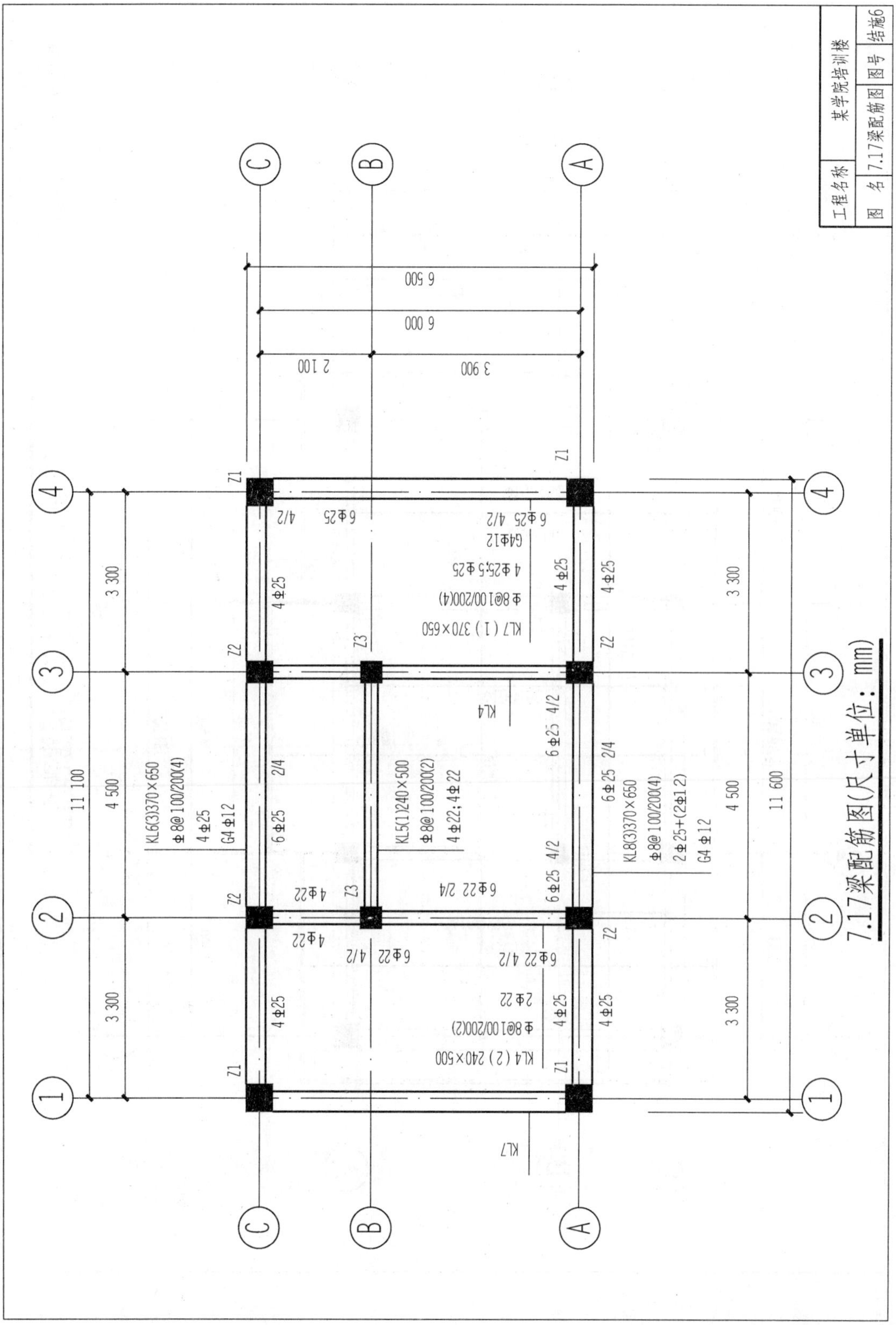

7.17梁配筋图(尺寸单位：mm)

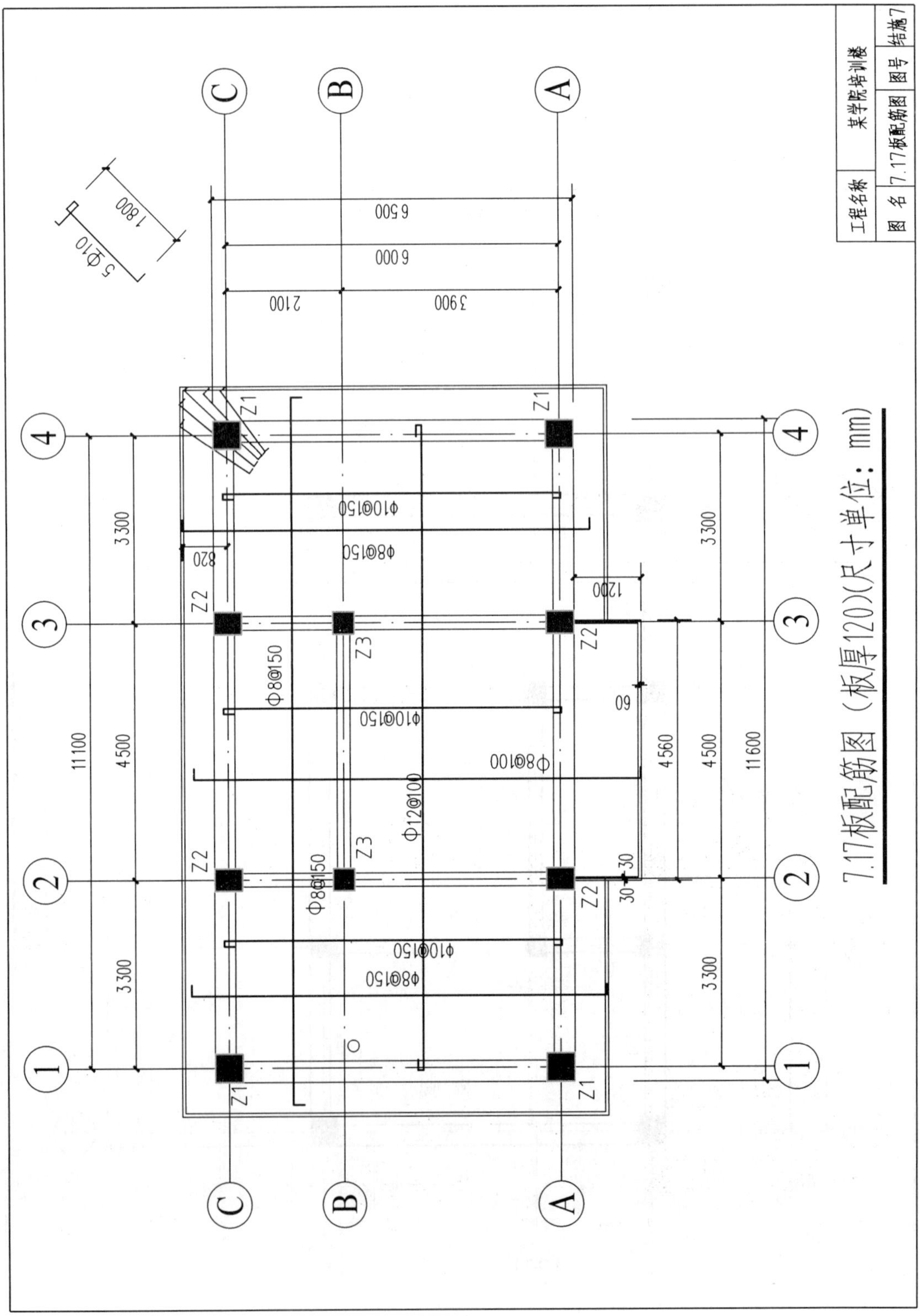
7.17板配筋图（板厚120）(尺寸单位：mm)
工程名称 某学院培训楼
图 名 7.17板配筋图 图号 结施7
Z1
Z2
Z3
Φ10@150
Φ8@150
Φ8@100
Φ12@100
5Φ10
1800
6500
6000
2100
3900
3300
4500
11100
11600
4560
1200
820
60
30

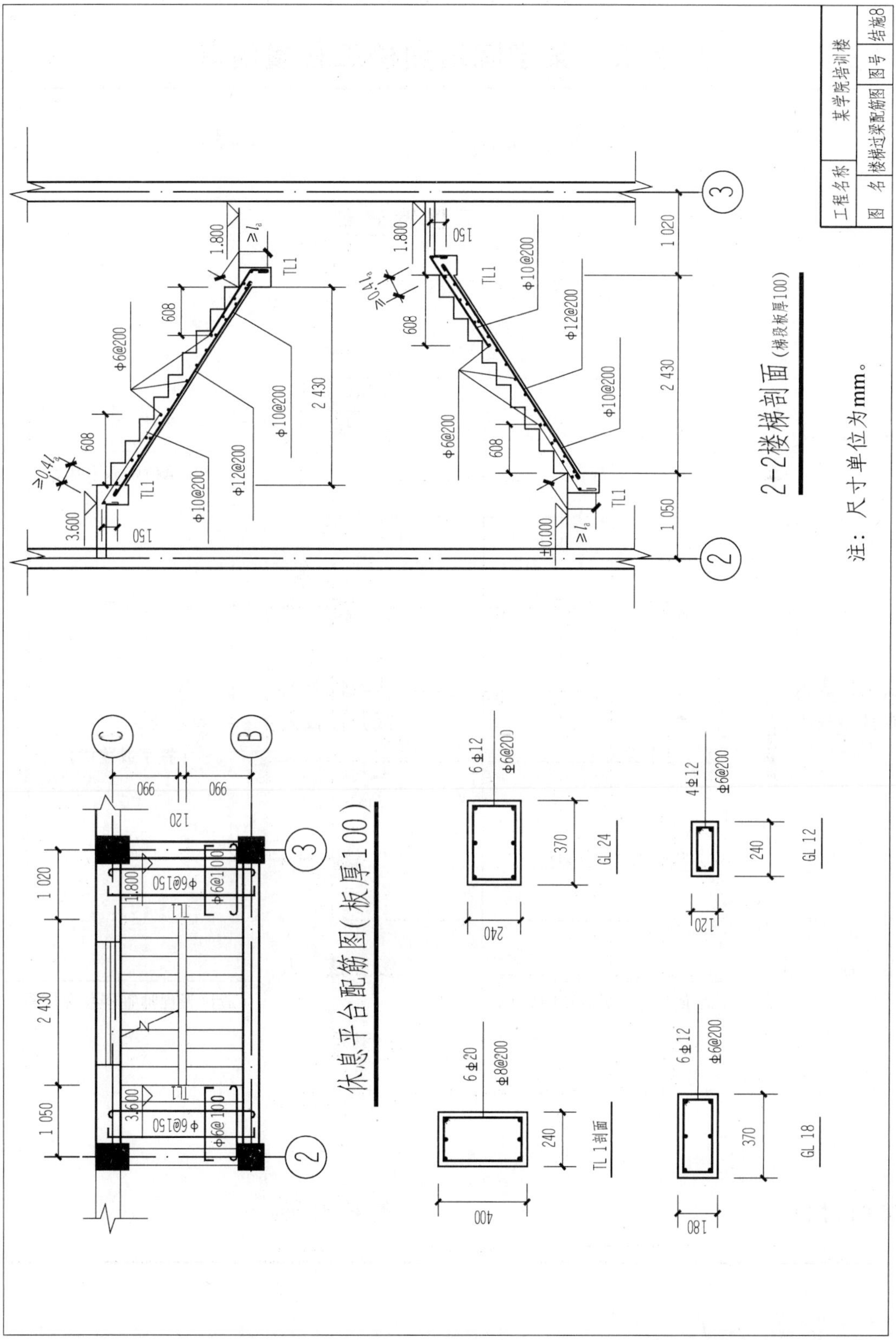
工程名称 某学院培训楼
图 名 楼梯过梁配筋图
图号 结施8
2-2楼梯剖面(梯段板厚100)
注：尺寸单位为mm。
休息平台配筋图(板厚100)
TL1剖面
6⌀20
⌀8@200
240
400
GL 18
6⌀12
⌀6@200
370
180
GL 24
6⌀12
⌀6@200
370
240
GL 12
4⌀12
⌀6@200
240
120
1 050
2 430
1 020
3.600
1.800
±0.000
TL1
608
150
⌀6@200
⌀10@200
⌀12@200
⌀6@150
⌀6@100
990
120

附录二　某学院培训楼工程量清单

某学院培训楼　　工程

工程量清单

招　标　人：__________
(单位盖章)

工程造价
咨　询　人：__________
(单位资质专用章)

法定代表人
或其授权人：__________
(签字或盖章)

法定代表人
或其授权人：__________
(签字或盖章)

编　制　人：__________
(造价人员签字盖专用章)

复　核　人：__________
(造价工程师签字盖专用章)

编制时间：

复核时间：

总 说 明

工程名称:某学院培训楼　　　　第1页　共1页

一 工程概况

(1)本工程位于本市××路,建筑高度7.55m,建筑面积153.54m^2。

(2)本工程共两层,为框架结构,层高均为3.6m。

(3)由地质报告得知土壤类别为三类土,自然地坪标高为-0.45m。

二 招标范围

施工图范围内的建筑工程。

三 清单编制依据

(1)××市建筑设计院设计的施工图及图纸会审纪要。

(2)××市工程造价咨询公司编制的《某学院培训楼工程招标文件》。

(3)工程量清单按《房屋建筑与装饰工程工程量清单计价规范》(GB 50500—2013)及浙江省有关补充规定编制。

四 其他有关问题的说明

(1)本工程的工程质量为合格,工期按正常施工工期考虑。

(2)本工程模板工程量计算按混凝土乘以含模量计算。

(3)按《浙江省房屋建筑与装饰工程预算定额》(2018版)报价,不需要市场调价,钢筋不报价,费用甲方自理。

(4)暂列金额10 000元。

分部分项工程工程量清单与计价表

附表 2-1

单位(专业)工程名称:单位工程——建筑

第 1 页　共 7 页

序号	项目编码	项目名称	项 目 特 征	计量单位	工程量	金额(元)					备注
						综合单价	合价	其中			
								人工费	机械费	暂估价	
1	010101001001	平整场地	正负在 30cm 以内的挖、填、找平,场内运土,无弃运土	m^2	75.40						
2	010101004001	挖基坑土方	挖三类土,满堂基础,挖土深度 1.15m,垫层底尺寸 7.2m×12.3m	m^3	115.71						
3	010103001001	回填方	人工就地回填三类土,夯实,密实度满足设计和规范的要求	m^3	66.97						
4	010103002001	余方弃置	余土外运 5km	m^3	35.05						
5	010401001001	砖基础	DM M10.0 干混砌筑砂浆,MU10 混凝土实心砖(240mm×115mm×53mm)一砖半条形砖基础,砖基础高度为 1m,砖基础侧面 DS M15.0 干混地面砂浆	m^3	14.60						
6	010401003001	实心砖墙	DM M7.5 干混砌筑砂浆,混凝土实心砖(240mm×115mm×53mm)砌筑实心砖墙,墙体厚度 370mm,墙体高度 6.05m,外墙	m^3	51.22						
7	010401003002	实心砖墙	DM M7.5 干混砌筑砂浆,混凝土实心砖(240mm×115mm×53mm)砌筑实心砖墙,墙体厚度 240mm,墙体高度 6.2m,内墙	m^3	18.06						
8	010401003003	实心砖墙	DM M7.5 干混砌筑砂浆,混凝土实心砖(240mm×115mm×53mm)砌筑实心砖墙,墙体厚度 240mm,墙体高度 0.54m,女儿墙	m^3	4.26						
9	010501004001	满堂基础	泵送商品混凝土,强度等级为 C30(40)	m^3	29.75						
10	010501001001	垫层	非泵送商品混凝土,强度等级为 C15(40)	m^3	8.86						
			本页小计								

续上表

第 2 页　共 7 页

序号	项目编码	项目名称	项 目 特 征	计量单位	工程量	金额(元)					备注
						综合单价	合价	其中			
								人工费	机械费	暂估价	
11	010502001001	矩形柱	C30(40)泵送商品混凝土矩形柱,柱高 1m,柱子断面周长在 1.8m 以内,层高 3.6m	m^3	1.12						
12	010502001002	矩形柱	C30(40)泵送商品混凝土矩形柱,柱高 1m,柱子断面周长在 1.8m 以上,层高 3.6m	m^3	1.00						
13	010502001003	矩形柱	C30(40)泵送商品混凝土矩形柱,柱高 7.17m,柱子断面周长在 1.8m 以内,层高 3.6m	m^3	8.03						
14	010502001004	矩形柱	C30(40)泵送商品混凝土矩形柱,柱高 7.17m,柱子断面周长在 1.8m 以上,层高 3.6m	m^3	7.17						
15	010502002001	构造柱	C25(40)泵送商品混凝土构造柱,柱高 0.54m,层高 0.54m	m^3	0.31						
16	010503002001	矩形梁	C30(40)现浇现拌混凝土矩形梁,梁高 0.6m 以内,层高 3.6m	m^3	9.09						
17	010503002002	矩形梁	C30(40)现浇现拌混凝土矩形梁,梁高 0.6m 以上,层高 3.6m	m^3	7.36						
18	010503005001	过梁	C25(40)现浇现拌混凝土过梁	m^3	2.09						
19	010505003001	平板	C30(40)泵送商品混凝土楼板,板厚 100mm	m^3	11.09						
20	010505006001	栏板	C30(16)泵送商品混凝土阳台栏板,板厚 60mm,高 0.9m	m^3	0.37						
本页小计											

续上表
第3页　共7页

序号	项目编码	项目名称	项目特征	计量单位	工程量	金额(元)					备注
						综合单价	合价	其中			
								人工费	机械费	暂估价	
21	010505007001	天沟(檐沟)、挑檐板	C30(16)泵送商品混凝土屋面挑檐板	m^3	3.06						
22	010505008001	雨篷、悬挑板、阳台板	C30商品泵送混凝土板式带翻檐雨篷,外挑尺寸为1.2m×2.56m,翻檐高为0.4m	m^3	0.55						
23	010506001001	直形楼梯	C30商品泵送混凝土直形楼梯,底板厚100mm	m^2	6.64						
24	010514002001	其他构件	C30非泵送商品混凝土压顶	m^3	35.24						
25	010514002002	其他构件	面层:DP M15.0干混砂浆,混凝土台阶非泵送商品混凝土C15,素土夯实	m^2	6.24						
26	010507001001	散水、坡道	面层:散水面层一次抹光,80mm厚C10混凝土,垫层;伸缩缝;沥青砂浆嵌缝	m^2	21.12						
27	010801001001	木质门	镶板平开门M1,2 400mm×2 700mm,无亮	m^2	6.48						
28	010801001002	木质门	胶合板平开门M2,900mm×2 400mm,无亮	m^2	8.64						
29	010801001003	木质门	胶合板平开门M3,900mm×2 100mm,无亮	m^2	3.78						
30	010807001001	金属(塑钢、断桥)窗	塑钢推拉窗C1, 1 500mm×1 800mm	m^2	21.60						
31	010807001002	金属(塑钢、断桥)窗	塑钢推拉窗C2,1 800mm×1 800mm	m^2	6.48						
32	010807001003	金属(塑钢、断桥)窗	塑钢门连窗(MC1),1.5m×1.8m+0.9m×2.7m	m^2	5.19						
本页小计											

续上表

第 4 页　共 7 页

序号	项目编码	项目名称	项目特征	计量单位	工程量	金额(元)					备注
						综合单价	合价	其中			
								人工费	机械费	暂估价	
33	010902001001	屋面卷材防水	不上人屋面，自下而上：C30 商品泵送混凝土板；DS M20.0干混地面砂浆找平层；炉渣混凝土找坡平均 50mm 厚；干铺珍珠岩 100mm 厚；DS M20.0 干混地面砂浆找平层在填充料上；热熔法一层改性沥青卷材，上翻 250mm；水泥砂浆保护层	m^2	75.51						
34	010902007001	屋面天沟、檐沟	挑檐，自下而上：C30 商品泵送混凝土板；炉渣混凝土找坡平均 50mm 厚；DS M20.0 干混地面砂浆找平层；SBS 防水层，外上翻 200mm，内上翻 250mm	m^2	40.80						
35	011101001001	水泥砂浆楼地面	一层楼梯间地面做法：150mm 厚 3∶7 灰土；50mm 厚 C15 非泵送商品混凝土垫层；20mm 厚 DS M20.0 干混砂浆地面	m^2	7.92						
36	011101001002	水泥砂浆楼地面	二层清单、预算培训室楼面做法：20mm 厚 DS M20.0 干混砂浆抹面压实赶光；素水泥结合层一道（内掺建筑胶）；钢筋混凝土楼板	m^2	35.25						
37	011102003001	块料楼地面	一层图形培训室、钢筋培训室地面做法：素土夯实；150mm 厚 3∶7 灰土；50mm 厚 C10 素混凝土垫层；20mm 厚 1∶3 水泥砂浆找平；素水泥浆结合层一道（内掺建筑胶）；黏结剂铺贴 10mm 厚 600mm×600mm 地砖，稀水泥浆擦缝	m^2	35.25						
本页小计											

续上表

第 5 页　共 7 页

序号	项目编码	项目名称	项目特征	计量单位	工程量	金额(元)					备注
						综合单价	合价	其中			
								人工费	机械费	暂估价	
38	011102003002	块料楼地面	二层会客室、阳台楼面做法:黏结剂铺贴 600mm × 600mm 地砖,稀水泥浆擦缝;素水泥浆结合层一道(内掺建筑胶);30mm 厚 C20 非泵送商品细石混凝土找平层;素水泥浆结合层一道(内掺建筑胶);钢筋混凝土楼板	m^2	21.38						
39	011104002001	竹、木(复合)地板	一层接待室地面做法:素土夯实;150mm 厚 3 : 7 灰土;50mm 厚 C15 商品混凝土非泵送垫层;1.5mm 厚 JS 防水涂料;40mm 厚 C20 细石混凝土随捣随抹平;复合木地板,榫槽、榫舌及尾部满涂胶液后粘铺	m^2	16.21						
40	011105001001	水泥砂浆踢脚线	一层楼梯间、二层清单(预算)培训室、楼梯间的踢脚线(踢 2A)做法:8mm 厚 DS M20.0 干混砂浆抹面压实赶光;素水泥结合层一道;10mm 厚 DS M15.0 干混砂浆打底,高 120mm	m^2	5.92						
41	011105002001	石材踢脚线	一层图形培训室、钢筋培训室、二层会客室踢脚线(踢 10A)做法:10mm 厚大理石踢脚板,稀水泥浆擦缝;干混砂浆铺贴,高 120mm	m^2	5.73						
42	011106004001	水泥砂浆楼梯面层	楼梯装饰做法:20mm 厚 DS M20.0 干混砂浆抹面压实赶光;素水泥结合层一道(内掺建筑胶);钢筋混凝土楼梯	m^2	6.64						
本页小计											

续上表

第 6 页 共 7 页

序号	项目编码	项目名称	项目特征	计量单位	工程量	金额(元)					备注
						综合单价	合价	其中			
								人工费	机械费	暂估价	
43	011107004001	水泥砂浆台阶面	台阶装饰做法:面层,20mm 厚 DS M20.0 干混砂浆;台阶面,100mm 厚 C15 混凝土垫层;素土夯实	m^2	6.24						
44	011201001001	墙面一般抹灰	内墙砖墙抹灰做法:干混抹灰砂浆 DP M15.0,20mm 厚分三遍抹平	m^2	360.43						
45	011201001002	墙面一般抹灰	干混抹灰砂浆 DP M15.0,20mm 厚分三遍抹平	m^2	24.06						
46	011201001003	墙面一般抹灰	干混抹灰砂浆 DP M15.0,20mm 厚分三遍抹平;外墙弹性涂料面	m^2	4.10						
47	011201001004	墙面一般抹灰	干混抹灰砂浆 DP M15.0,20mm 厚分三遍抹平;绿色仿石涂料层	m^2	6.96						
48	011201001005	墙面一般抹灰	20mm 厚干混抹灰砂浆 DP M15.0,分三遍抹平	m^2	8.34						
49	011201001006	墙面一般抹灰	20mm 厚干混抹灰砂浆 DP M15.0,分三遍抹平;绿色仿石涂料层	m^2	12.66						
50	011204003001	块料墙面	外墙裙:高 900mm,外墙 27A,瓷质外墙面砖墙裙(红色)	m^2	30.15						
51	011204003002	块料墙面	外墙面:外墙 27A,瓷质外墙面砖墙裙(白色)	m^2	244.65						
52	011207001001	墙面装饰板	墙裙做法:聚酯清漆三遍;红榉板面层(普通);附墙木龙骨(断面 7.5cm^2 以内,中距 40cm),15mm 厚细木工板基层;JS 防水涂料;干混抹灰砂浆 DP M15.0 打底找平	m^2	14.62						
本页小计											

续上表

第7页　共7页

序号	项目编码	项目名称	项目特征	计量单位	工程量	金额(元)					备注
						综合单价	合价	其中			
								人工费	机械费	暂估价	
53	011302001001	吊顶天棚	1. 刷乳胶漆三遍(板缝贴胶带、点锈); 2. 满刮两遍面层耐水腻子找平; 3. 满刮氯偏共聚乳液,耐水防霉涂料四遍; 4. 9.5mm 厚纸面石膏板,用自攻螺钉与龙骨固定; 5. U38 型(不上人)轻钢龙骨; 6. U38 型(不上人),中距 600mm,龙骨吸顶吊件用膨胀螺栓与钢筋混凝土固定	m^2	15.59						
54	011401001001	木门油漆	胶合板门、镶板门的表面均刷聚酯清漆三遍	m^2	15.12						
55	011404001001	木护墙、木墙裙油漆	红榉板墙裙面刷聚酯清漆三遍(10A)	m^2	15.64						
56	011407001001	墙面喷刷涂料	一、二层房间内墙面刷乳胶漆三遍(5A)	m^2	356.69						
57	011407001002	墙面喷刷涂料	女儿墙内侧刷乳胶漆三遍(5A)	m^2	24.06						
58	011407001003	墙面喷刷涂料	阳台栏板内外装修乳胶漆三遍(5A)	m^2	11.06						
59	011407001004	墙面喷刷涂料	挑檐栏板内外装修乳胶漆三遍(5A)	m^2	21.00						
60	011407002001	天棚喷刷涂料	吊顶面满刮两遍耐水腻子,刷乳胶漆三遍(板缝贴胶带、点绣)(棚2B)	m^2	133.98						
61	011407002002	天棚喷刷涂料	吊顶面满刮两遍耐水腻子,刷乳胶漆三遍(板缝贴胶带、点绣)(棚2B)	m^2	15.56						
本页小计											
合计											

施工技术措施项目清单与计价表

附表 2-2

单位(专业)工程名称:单位工程——建筑　　　　第 1 页　共 1 页

序号	项目编码	项目名称	项目特征	计量单位	工程量	金额(元)					备注
						综合单价	合价	其中			
								人工费	机械费	暂估价	
1	011702001001	基础	非泵送商品混凝土满堂基础垫层模板,复合木模	m^2	3.90						
2	011702001002	基础	泵送商品混凝土满堂基础模板,复合木模	m^2	33.18						
3	010502001001	矩形柱	独立矩形柱模板,柱支模高度 3.6m,复合木模	m^3	150.33						
4	011702003001	构造柱	构造柱模板,柱支模高度 0.54m,复合木模	m^2	4.67						
5	011702006001	矩形梁	矩形梁模板,梁支模高度 3.6m,复合木模	m^2	150.33						
6	011702009001	过梁	直形过梁模板,梁支模高度 3.6m,复合木模	m^2	20.73						
7	011702016001	平板	平板模板,复合木模(层高 3.6m)	m^2	104.52						
8	011702021001	栏板	直形阳台栏板模板,复合木模	m^2	13.06						
9	011702022001	天沟、檐沟	挑檐模板,复合木模	m^2	135.84						
10	011702023001	雨篷、悬挑板、阳台板	阳台模板,复合木模(层高 3.6m)	m^2	5.47						
11	011702024001	楼梯	直形楼梯模板,复合木模	m^2	6.64						
12	011702025001	其他现浇构件	压顶模板,复合木模	m^2	5.79						
13	011701001001	综合脚手架	综合脚手架,檐高 13m,层高 6m	m^2	153.54						
14	011703001001	垂直运输	建筑物垂直运输,檐高 20m 以内	m^2	153.54						
本页小计											
合计											

施工组织措施项目清单与计价表

附表2-3

工程名称:建筑　　　　第1页　共1页

序号	项 目 编 号	项 目 名 称	计 算 基 础	费率(%)	金额(元)	备注
1	011707001001	安全文明施工费				
1.1		安全文明施工基本费	定额人工费+定额机械费			
2	Z01110900801	提前竣工增加费	定额人工费+定额机械费			
3	011707004001	二次搬运费	定额人工费+定额机械费			
4	011707005001	冬雨季施工增加费	定额人工费+定额机械费			
5		其他施工组织措施费	按相关规定计算			
合计						

其他项目清单与计价汇总表

附表 2-4

工程名称:建筑　　　　　　　　　　　　　　　　　　　　第 1 页　共 1 页

序号	项 目 名 称	金额(元)	备　　注
1	暂列金额	10 000.00	
1.1	标化工地增加费		
1.2	优质工程增加费		
1.3	其他暂列金额		
2	暂估价		
2.1	材料(设备)暂估价		
2.2	专业工程暂估价		
2.3	专项技术措施暂估价		
3	计日工		
4	总承包服务费		
合计		10 000.00	

附录三 某学院培训楼投标报价

投 标 报 价

招　　标　　人：________________

工　程　名　称：某学院培训楼

投标总价(小写)：334 249 元

(大写)：叁拾叁万肆仟贰佰肆拾玖元整

投　　标　　人：________________

(单位盖章)

法定代表人
或其授权人：________________

(签字或盖章)

编　　制　　人：________________

(造价人员签字盖专用章)

编制时间：

总 说 明

工程名称:某学院培训楼

一 工程概况

(1)本工程位于本市××路,建筑高度7.55m,建筑面积153.54m^2。

(2)本工程共两层,为框架结构,层高均为3.6m。

(3)由地质报告得知土壤类别为三类土,自然地坪标高为-0.45m。

二 招标范围

(1)施工图范围内的建筑工程。

(2)工程质量等级:合格。

(3)投标工期:100日历天。

三 工程量清单投标报价编制依据

(1)××市建筑设计院设计的施工图及图纸会审纪要。

(2)××市工程造价咨询公司编制的《某学院培训楼工程招标文件》及工程量清单。

(3)工程量清单按《建设工程工程量清单计价规范》(GB 50500—2013)及浙江省有关补充规定编制。

(4)《浙江省房屋建筑与装饰工程预算定额》(2018版)。

四 其他有关问题的说明

(1)本工程安全文明施工费、规费、税金按相关文件规定计取。

(2)本工程管理费按人工费+机械费之和的15%计取,利润按人工费+机械费之和的10%计取,风险费用按人工费+机械费之和的2%计取,并计入综合单价。

(3)本工程施工技术措施费均按施工技术措施中有关内容取定和计算。

投标报价费用表

附表 3-1

工程名称:某学院培训楼　　　　第 1 页　共 1 页

序号	工 程 名 称	金额(元)	其中各项费用(元)				备　注
			暂估价	安全文明施工基本费	规费	税金	
1	单位工程	334 248.88		8 688.37	23 527.97	30 386.26	
1.1	建筑	334 248.88		8 688.37	23 527.97	30 386.26	
1.2	安装						
1.3	市政						
1.4	园林						
1.5	城市轨道交通						
合计		334 249		8 688.37	23 527.97	30 386.26	

单位(专业)工程投标报价费用表 附表3-2

工程名称:单位工程——建筑 第1页 共1页

序号	费用名称		计算公式	金额(元)	备注
1	分部分项工程费		Σ(分部分项工程量×综合单价)	227 938.48	
1.1	其中	人工费+机械费	Σ分部分项(人工费+机械费)	66 364.95	
2	措施项目费		(2.1+2.2)	52 396.17	
2.1	施工技术措施项目费		Σ(技术措施项目工程量×综合单价)	43 707.80	
2.1.1	其中	人工费+机械费	Σ技术措施项目(人工费+机械费)	24 899.47	
2.2	施工组织措施项目费		(1.1+2.1.1)×9.52%	8 688.37	
2.2.1	其中	安全文明施工基本费	(1.1+2.1.1)×9.52%	8 688.37	
3	其他项目费		(3.1+3.2+3.3+3.4)		
3.1	暂列金额		3.1.1+3.1.2+3.1.3		
3.1.1	其中	标化工地增加费	按招标文件规定额度列计		
3.1.2		优质工程增加费	按招标文件规定额度列计		
3.1.3		其他暂列金额	按招标文件规定额度列计		
3.2	暂估价		3.2.1+3.2.2+3.2.3		
3.2.1	其中	材料(工程设备)暂估价	按招标文件规定额度列计(或计入综合单价)		
3.2.2		专业工程暂估价	按招标文件规定额度列计		
3.2.3		专项技术措施暂估价	按招标文件规定额度列计		
3.3	计日工		Σ计日工(暂估数量×综合单价)		
3.4	施工总承包服务费		3.4.1+3.4.2		
3.4.1	其中	专业发包工程管理费	Σ专业发包工程(暂估金额×费率)		
3.4.2		甲供材料设备管理费	甲供材料暂估金额×费率+甲供设备暂估金额×费率		
4	规费		(1.1+2.1.1)×25.78%	23 527.97	
5	单列费用		单列费用		
6	税金		(1+2+3+4+计税不计费)×10%	30 386.26	
7	下浮		(1+2+3+4+5+6-不计税不计费不下浮-暂估材料)×0%		
其中	甲供费(不计入造价)		甲供材料费+甲供主材费+甲供设备费		
投标报价合计			1+2+3+4+5+6-7	334 248.88	

分部分项工程工程量清单综合单价计算表

附表 3-3

单位(专业)工程名称:单位工程——建筑

第 1 页　共 10 页

清单序号	项目编码（定额编码）	清单(定额)项目名称	计量单位	数量	综合单价(元)							合计(元)
					人工费	材料(设备)费	机械费	管理费	利润	风险费	小计	
1	010101001001	平整场地	m^2	75.40	8.17			1.23	0.82	0.16	10.38	782.65
	1-75	人工平整场地	$1000m^2$	0.163 8	3 762.50			564.38	376.25	75.25	4 703.13	770.37
2	010101004001	挖基坑土方	m^3	115.71	3.61		5.24	1.33	0.88	0.18	11.24	1 300.58
	1-24	挖掘机挖槽坑土方,装车,三类土	$100m^3$	1.157 1	265.13		297.97	84.47	56.31	11.26	703.88	814.46
	1-17	挖掘机挖一般土方,装车,一、二类土	$100m^3$	1.006 2	109.75		259.96	55.46	36.97	7.39	462.14	465.01
3	010103001001	回填方	m^3	66.97	11.73		0.51	1.84	1.22	0.24	15.54	1 040.71
	1-80	人工就地回填土,夯实	$100m^3$	0.669 7	1 172.50		50.99	183.52	122.35	24.47	1 529.36	1 024.21
4	010103002001	余方弃置	m^3	35.05	0.81		13.91	2.21	1.47	0.29	18.69	655.08
	1-36	挖掘机装车,土方	$100m^3$	0.350 5	48.00		239.86	43.18	28.79	5.76	359.83	126.12
	1-39 + 1-40 × 4 换	自卸汽车运土,运距 5 000m	$100m^3$	0.350 5	32.50		1 150.98	177.52	118.35	23.67	1 479.35	518.51
5	010401001001	砖基础	m^3	14.60	169.24	371.93	3.51	25.91	17.27	3.46	591.32	8 633.27
	4-1	混凝土实心砖基础,墙厚一砖,DM M10	$10m^3$	1.46	1 051.65	3 004.10	22.37	161.10	107.40	21.48	4 346.62	6 346.07
	9-43	立面防水砂浆防潮层	$100m^2$	0.898	1 041.80	1 162.82	20.62	159.36	106.24	21.25	2 490.84	2 236.77
6	010401003001	实心砖墙	m^3	51.22	139.59	304.54	2.30	21.28	14.19	2.84	484.74	24 828.38
	4-6	混凝土实心砖,墙厚一砖,DM M7.5	$10m^3$	5.122	1 395.90	3 045.38	22.96	212.83	141.89	28.38	4 818.96	24 682.71
7	010401003002	实心砖墙	m^3	18.06	139.59	304.54	2.30	21.28	14.19	2.84	484.74	8 754.40
	4-6	混凝土实心砖,墙厚一砖,DM M7.5	$10m^3$	1.806	1 395.90	3 045.38	22.96	212.83	141.89	28.38	4 818.96	8 703.04

续上表

第 2 页　共 10 页

清单序号	项目编码（定额编码）	清单（定额）项目名称	计量单位	数量	综合单价（元）							合计（元）
					人工费	材料（设备）费	机械费	管理费	利润	风险费	小计	
8	010401003003	实心砖墙	m^3	4.26	139.59	304.54	2.30	21.28	14.19	2.84	484.74	2 064.99
	4-6	混凝土实心砖，墙厚一砖，DM M7.5	$10m^3$	0.426	1 395.90	3 045.38	22.96	212.83	141.89	28.38	4 818.96	2 052.88
9	010501004001	满堂基础	m^3	29.75	21.64	467.38	0.25	3.28	2.19	0.44	495.18	14 731.61
	5-4	现浇混凝土满堂基础，地下室底板，泵送防水商品混凝土 C30/P8	$10m^3$	2.975	216.41	4 673.77	2.53	32.84	21.89	4.38	4 947.44	14 718.63
10	010501001001	垫层	m^3	8.86	40.88	408.79	0.69	6.24	4.16	0.83	461.59	4 089.69
	5 月 1 日	现浇混凝土基础垫层，非泵送商品混凝土 C15	$10m^3$	0.886	408.78	4 087.85	6.87	62.35	41.57	8.31	4 607.42	4 082.17
11	010502001001	矩形柱	m^3	1.12	87.62	470.39	0.42	13.21	8.80	1.76	582.20	652.06
	5-6	现浇混凝土矩形柱、异形柱、圆形柱浇捣，泵送商品混凝土 C30	$10m^3$	0.112	876.15	4 703.85	4.21	132.05	88.04	17.61	5 804.30	650.08
12	010502001002	矩形柱	m^3	1.00	87.62	470.39	0.42	13.21	8.80	1.76	582.20	582.20
	5-6	现浇混凝土矩形柱、异形柱、圆形柱浇捣，泵送商品混凝土 C30	$10m^3$	0.1	876.15	4 703.85	4.21	132.05	88.04	17.61	5 804.30	580.43
13	010502001003	矩形柱	m^3	8.03	87.62	456.25	0.42	13.21	8.80	1.76	568.06	4 561.52
	5-6 换	现浇混凝土矩形柱、异形柱、圆形柱浇捣，泵送商品混凝土 C25	$10m^3$	0.803	876.15	4 562.45	4.21	132.05	88.04	17.61	5 662.90	4 547.31
14	010502001004	矩形柱	m^3	7.17	87.62	456.25	0.42	13.21	8.80	1.76	568.06	4 072.99
	5-6 换	现浇混凝土矩形柱、异形柱、圆形柱浇捣，泵送商品混凝土 C25	$10m^3$	0.717	876.15	4 562.45	4.21	132.05	88.04	17.61	5662.90	4 060.30

续上表

第3页　共10页

清单序号	项目编码(定额编码)	清单(定额)项目名称	计量单位	数量	综合单价(元)							合计(元)
					人工费	材料(设备)费	机械费	管理费	利润	风险费	小计	
15	010502002001	构造柱	m^3	0.31	148.68	426.19	0.64	22.40	14.93	2.99	615.83	190.91
	5-7	现浇混凝土构造柱，非泵送商品混凝土 C25	$10m^3$	0.031	1 486.76	4 261.85	6.36	223.97	149.31	29.86	6 128.25	189.98
16	010503002001	矩形梁	m^3	9.09	36.65	469.82	0.42	5.56	3.71	0.74	516.90	4 698.62
	5-9	现浇混凝土矩形梁、异形梁、弧形梁，泵送商品混凝土 C30	$10m^3$	0.909	366.53	4 698.24	4.21	55.61	37.07	7.41	5 161.66	4 691.95
17	010503002002	矩形梁	m^3	7.36	36.65	469.82	0.42	5.56	3.71	0.74	516.90	3 804.38
	5-9	现浇混凝土矩形梁、异形梁、弧形梁，泵送商品混凝土 C30	$10m^3$	0.736	366.53	4 698.24	4.21	55.61	37.07	7.41	5 161.66	3 798.98
18	010503005001	过梁	m^3	2.09	99.75	432.75	0.64	15.06	10.04	2.01	560.25	1 170.92
	5-10	现浇混凝土圈梁、过梁、拱形梁，非泵送商品混凝土 C25	$10m^3$	0.209	997.52	4 327.52	6.36	150.58	100.39	20.08	5 582.37	1 166.72
19	010505003001	平板	m^3	11.09	42.31	474.09	0.78	6.46	4.31	0.86	528.81	5 864.50
	5-16	现浇混凝土平板，泵送商品混凝土 C30	$10m^3$	1.109	423.09	4 740.88	7.83	64.64	43.09	8.62	5 279.53	5 855.00
20	010505006001	栏板	m^3	0.37	131.45	467.74	0.64	19.81	13.21	2.64	635.49	235.13
	5-20	现浇混凝土栏板，泵送商品混凝土 C30	$10m^3$	0.037	1 314.50	4 677.38	6.36	198.13	132.09	26.42	6 328.46	234.15
21	010505007001	天沟(檐沟)、挑檐板	m^2	3.06	81.95	475.52	1.73	12.55	8.37	1.67	581.79	1 780.28
	5-21	现浇混凝土檐沟、挑檐，泵送商品混凝土 C30	$10m^3$	0.306	819.45	4755.16	17.31	125.51	83.68	16.74	5 801.11	1 775.14
22	010505008001	雨篷、悬挑板、阳台板	m^2	0.55	68.12	475.95	0.62	10.31	6.87	1.38	563.25	309.79

续上表

第 4 页　共 10 页

清单序号	项目编码（定额编码）	清单（定额）项目名称	计量单位	数量	综合单价（元）							合计（元）
					人工费	材料（设备）费	机械费	管理费	利润	风险费	小计	
	5-23	现浇混凝土阳台，泵送商品混凝土 C30	$10m^3$	0.055	681.21	4 759.47	6.20	103.11	68.74	13.75	5 618.73	309.03
23	010506001001	直形楼梯	m^2	6.64	15.59	114.60	0.15	2.36	1.57	0.32	134.59	893.68
	5-24	现浇混凝土楼梯，直形，泵送商品混凝土 C30	$10m^2$	0.664	155.93	1 146.03	1.50	23.61	15.74	3.15	1 342.81	891.63
24	010514002001	其他构件	m^2	35.24	158.56	474.22	0.64	23.88	15.92	3.18	676.40	23 836.34
	5-28 换	现浇混凝土小型构件，非泵送商品混凝土 C30	$10m^3$	3.524	1 585.58	4 742.17	6.36	238.79	159.19	31.84	6 732.09	23 723.89
25	010514002002	其他构件	m^2	6.24	83.62	134.67	0.77	12.66	8.44	1.69	241.85	1 509.14
	17-187	混凝土台阶，非泵送商品混凝土 C15	$10m^2$	0.624	836.19	1 346.72	7.71	126.59	84.39	16.88	2 401.60	1 498.60
26	010507001001	散水、坡道	m^2	21.12	22.74	55.73	0.38	3.47	2.31	0.46	85.09	1797.10
	17-179	混凝土面墙脚护坡，非泵送混凝土 C15	$100m^2$	0.211 2	2 274.08	5 573.18	37.93	346.80	231.20	46.24	8 463.19	1 787.43
27	010801001001	木质门	m^2	6.48	57.00	97.11	0.98	8.70	5.80	1.16	170.75	1 106.46
	8-4	无亮镶板门（M1）	$100m^2$	0.064 8	5 699.97	9 711.42	97.71	869.65	579.77	115.95	16 958.52	1 098.91
28	010801001002	木质门	m^2	8.64	66.00	98.36	1.14	10.07	6.71	1.34	183.62	1 586.48
	8-6	无亮胶合板门（M2）	$100m^2$	0.086 4	6 600.06	9 836.18	114.01	1 007.11	671.41	134.28	18 228.77	1 574.97
29	010801001003	木质门	m^2	3.78	66.00	98.36	1.14	10.07	6.71	1.34	183.62	694.08
	8-6	无亮胶合板门（M3）	$100m^2$	0.037 8	6 600.06	9 836.18	114.01	1 007.11	671.41	134.28	18 228.77	689.05
30	010807001001	金属（塑钢、断桥）窗	m^2	21.60	17.65	291.94		2.65	1.77	0.35	314.36	6 790.18

续上表

第 5 页　共 10 页

清单序号	项目编码（定额编码）	清单（定额）项目名称	计量单位	数量	综合单价（元）							合计（元）
					人工费	材料（设备）费	机械费	管理费	利润	风险费	小计	
	8-117	塑钢推拉窗安装（C1）	100m²	0.216	1 765.45	29 194.25		264.82	176.55	35.31	31 401.07	6 782.63
31	010807001002	金属（塑钢、断桥）窗	m²	6.48	17.65	291.94		2.65	1.77	0.35	314.36	2 037.05
	8-117	塑钢推拉窗安装（C2）	100m²	0.064 8	1 765.45	29 194.25		264.82	176.55	35.31	31 401.07	2 034.79
32	010807001003	金属（塑钢、断桥）窗	m²	5.19	35.45	622.94		5.32	3.55	0.71	667.97	3 466.76
	8-45 + 8-117	塑钢成品推拉门安装（MC1）	100m²	0.051 9	3 545.16	62 293.80		531.77	354.52	70.90	66 725.25	3 463.04
33	010902001001	屋面卷材防水	m²	75.51	31.56	89.75	0.98	4.88	3.25	0.65	131.07	9 897.10
	9-47	平面改性沥青卷材，热熔法，一层	100m²	0.669 4	297.14	3 045.77		44.57	29.71	5.94	3 417.19	2 287.47
	9-48	立面改性沥青卷材，热熔法，一层	100m²	0.085 7	515.70	3 092.33		77.36	51.57	10.31	3 736.96	320.26
	11-1	砂浆找平层，DS M20 混凝土或硬基层上，厚 20mm	100m²	0.669 4	803.21	923.65	19.85	123.46	82.31	16.46	1 952.48	1 306.99
	10-40	屋面炉（矿）渣混凝土	10m³	0.335	695.25	3 664.15	102.29	119.63	79.75	15.95	4 661.07	1 561.46
	10-43	屋面干铺珍珠岩	10m³	0.669	282.02	1 934.40		42.30	28.20	5.64	2 286.92	1 529.95
	11-1	砂浆找平层，DS M20 混凝土或硬基层上，厚 20mm	100m²	0.669 4	803.21	923.65	19.85	123.46	82.31	16.46	1 952.48	1 306.99
	9-5	刚性屋面，水泥砂浆保护层 DS M15，厚 20mm	100m²	0.669 4	960.80	1067.70	19.65	147.07	98.05	19.61	2 293.27	1 535.11
34	010902007001	屋面天沟、檐沟	m²	40.80	10.49	46.44	0.41	1.63	1.09	0.22	60.28	2 459.42
	9-47	平面改性沥青卷材，热熔法，一层	100m²	0.233 1	297.14	3 045.77		44.57	29.71	5.94	3 417.19	796.55
	9-48	立面改性沥青卷材，热熔法，一层	100m²	0.1749	515.70	3 092.33		77.36	51.57	10.31	3 736.96	653.59

续上表

第 6 页　共 10 页

清单序号	项目编码（定额编码）	清单（定额）项目名称	计量单位	数量	综合单价（元）							合计（元）
					人工费	材料（设备）费	机械费	管理费	利润	风险费	小计	
	11-1	砂浆找平层，DS M20 混凝土或硬基层上，厚 20mm	$100m^2$	0.233 1	803.21	923.65	19.85	123.46	82.31	16.46	1 952.48	455.12
	10-40	屋面炉（矿）渣混凝土	$10m^3$	0.117	695.25	3 664.15	102.29	119.63	79.75	15.95	4 661.07	545.35
35	011101001001	水泥砂浆楼地面	m^2	7.92	21.76	46.59	0.42	3.33	2.22	0.44	74.76	592.10
	11-8	干混砂浆楼地面，DS M20 混凝土或硬基层上，厚 20mm	$100m^2$	0.079 2	1 079.89	937.59	19.85	164.96	109.97	21.99	2 312.26	183.13
	5-1	现浇混凝土基础垫层，非泵送商品混凝土 C15	$10m^3$	0.039 6	408.78	4 087.85	6.87	62.35	41.57	8.31	4 607.42	182.45
	4-89	灰土垫层	$10m^3$	0.118 9	594.00	1 117.06	12.47	90.97	60.65	12.13	1 875.15	222.96
36	011101001002	水泥砂浆楼地面	m^2	35.25	10.80	9.38	0.20	1.65	1.10	0.22	23.35	823.09
	11-8	干混砂浆楼地面，DS M20 混凝土或硬基层上，厚 20mm	$100m^2$	0.352 5	1 079.89	937.59	19.85	164.96	109.97	21.99	2 312.26	815.07
37	011102003001	块料楼地面	m^2	35.25	40.04	103.77	0.42	6.07	4.05	0.81	155.16	5 469.39
	11-50	地砖楼地面（黏结剂铺贴），周长 2 400mm 以内，密缝	$100m^2$	0.350 8	2 115.75	5 764.72		317.36	211.58	42.32	8 409.41	2 950.02
	11-1	砂浆找平层，DS M20 混凝土或硬基层上，厚 20mm	$100m^2$	0.352 5	803.21	923.65	19.85	123.46	82.31	16.46	1 952.48	688.25
	5-1	现浇混凝土基础垫层，非泵送商品混凝土 C15	$10m^3$	0.176	408.78	4 087.85	6.87	62.35	41.57	8.31	4 607.42	810.91
	4-89	灰土垫层	$10m^3$	0.528 8	594.00	1 117.06	12.47	90.97	60.65	12.13	1 875.15	991.58
38	011102003002	块料楼地面	m^2	21.38	32.64	69.97	0.03	4.90	3.27	0.65	111.46	2 383.01

续上表
第7页　共10页

清单序号	项目编码（定额编码）	清单(定额)项目名称	计量单位	数量	综合单价(元)							合计（元）
					人工费	材料（设备）费	机械费	管理费	利润	风险费	小计	
	11-50	地砖楼地面(黏结剂铺贴),周长2 400mm以内,密缝	$100m^2$	0.213 8	2 115.75	5 764.72		317.36	211.58	42.32	8 409.41	1 797.93
	11-5	细石混凝土找平层,非泵送商品混凝土C20,厚30mm	$100m^2$	0.206 5	1 189.01	1 276.31	3.06	178.81	119.21	23.84	2 766.40	571.26
39	011104002001	竹、木(复合)地板	m^2	16.21	33.39	282.00	0.13	5.03	3.35	0.67	324.57	5 261.28
	11-86	水泥地面上铺复合地板	$100m^2$	0.162 1	907.53	17 024.70		136.13	90.75	18.15	18 159.11	2 943.59
	11-5+11-6*10换	细石混凝土找平层,非泵送商品混凝土C20,厚40mm	$100m^2$	0.155 92	1 237.06	1 701.20	4.20	186.19	124.13	24.83	3 252.78	507.17
	11-7	混凝土面上干混砂浆随捣随抹	$100m^2$	0.155 92	314.65	185.44	1.95	47.49	31.66	6.33	581.19	90.62
	9-80	平面聚合物水泥防水涂料,1.2mm厚	$100m^2$	0.155 92	295.92	2 241.24		44.39	29.59	5.92	2 611.14	407.13
	5-1	现浇混凝土基础垫层,非泵送商品混凝土C15	$10m^3$	0.078	408.78	4 087.85	6.87	62.35	41.57	8.31	4 607.42	359.38
	8-49	钢板防盗门安装	$100m^2$	0.023 4	3167.43	36 281.98	26.10	479.03	319.35	63.87	40 273.89	942.41
40	011105001001	水泥砂浆踢脚线	m^2	5.92	34.50	12.11	0.25	5.21	3.47	0.69	56.23	332.88
	11-95	干混砂浆踢脚线	$100m^2$	0.059 2	3 449.68	1 211.40	24.71	521.16	347.44	69.49	5 554.39	328.82
41	011105002001	石材踢脚线	m^2	5.73	47.45	173.79	0.10	7.13	4.75	0.95	234.17	1 341.79
	11-96	石材踢脚线,干混砂浆铺贴	$100m^2$	0.057 3	4 744.71	17 378.51	9.92	713.19	475.46	95.09	23 321.79	1 336.34
42	011106004001	水泥砂浆楼梯面层	m^2	6.64	58.79	16.35	0.32	8.87	5.91	1.18	91.42	607.03
	11-112	干混砂浆楼梯面,DS M20,厚20mm	$100m^2$	0.066 4	5 879.00	1 635.46	31.71	886.61	591.07	118.21	9 023.85	599.18

续上表

第 8 页　共 10 页

清单序号	项目编码（定额编码）	清单（定额）项目名称	计量单位	数量	综合单价（元）							合计（元）
					人工费	材料（设备）费	机械费	管理费	利润	风险费	小计	
43	011107004001	水泥砂浆台阶面	m^2	6.24	33.44	13.74	0.29	5.06	3.37	0.67	56.57	353.00
	11-131	干混砂浆台阶面，DS M20，20mm 厚	$100m^2$	0.062 4	3 344.13	1 374.33	29.38	506.03	337.35	67.47	5 591.22	348.89
44	011201001001	墙面一般抹灰	m^2	360.43	14.98	10.43	0.23	2.28	1.52	0.30	29.74	10 719.19
	12-1	内墙砂浆抹灰，14mm + 6mm 厚，DP M15	$100m^2$	3.604 3	1 498.23	1 042.74	22.57	228.12	152.08	30.42	2 943.74	10 610.12
45	011201001002	墙面一般抹灰	m^2	24.06	21.52	10.43	0.23	3.26	2.17	0.43	38.04	915.24
	12-2	外墙砂浆抹灰，14mm + 6mm 厚，DP M15	$100m^2$	0.240 6	2 151.71	1 042.74	22.57	326.14	217.43	43.49	3 760.59	904.80
46	011201001003	墙面一般抹灰	m^2	4.10	21.52	10.43	0.23	3.26	2.17	0.43	38.04	155.96
	12-2	外墙砂浆抹灰，14mm + 6mm 厚，DP M15	$100m^2$	0.041	2 151.71	1 042.74	22.57	326.14	217.43	43.49	3 760.59	154.18
47	011201001004	墙面一般抹灰	m^2	6.96	21.52	10.43	0.23	3.26	2.17	0.43	38.04	264.76
	12-2	外墙砂浆抹灰，14mm + 6mm 厚，DP M15	$100m^2$	0.069 6	2 151.71	1 042.74	22.57	326.14	217.43	43.49	3 760.59	261.74
48	011201001005	墙面一般抹灰	m^2	8.34	21.52	10.43	0.23	3.26	2.17	0.43	38.04	317.25
	12-2	外墙砂浆抹灰，14mm + 6mm 厚，DP M15	$100m^2$	0.083 4	2 151.71	1 042.74	22.57	326.14	217.43	43.49	3 760.59	313.63
49	011201001006	墙面一般抹灰	m^2	12.66	21.52	10.43	0.23	3.26	2.17	0.43	38.04	481.59
	12-2	外墙砂浆抹灰，14mm + 6mm 厚，DP M15	$100m^2$	0.126 6	2 151.71	1 042.74	22.57	326.14	217.43	43.49	3 760.59	476.09
50	011204003001	块料墙面	m^2	30.15	59.57	40.44	0.22	8.97	5.98	1.20	116.38	3 508.86
	12-54	墙面（干混砂浆）粘贴外墙面砖，DP M20，周长 600mm 以内	$100m^2$	0.301 5	4 951.94	3 330.48	6.62	743.78	495.86	99.17	9 528.68	2 872.90
	12-16	墙面砂浆打底找平，15mm 厚，DP M15	$100m^2$	0.300 2	1 009.05	716.92	15.56	153.69	102.46	20.49	1 997.68	599.70

续上表
第9页　共10页

清单序号	项目编码（定额编码）	清单(定额)项目名称	计量单位	数量	综合单价(元)							合计（元）
					人工费	材料（设备）费	机械费	管理费	利润	风险费	小计	
51	011204003002	块料墙面	m^2	244.65	59.11	40.12	0.21	8.90	5.93	1.19	115.46	28 247.29
	12-54	墙面(干混砂浆)粘贴外墙面砖,DP M20,周长600mm以内	$100m^2$	2.446 5	4 951.94	3 330.48	6.62	743.78	495.86	99.17	9 528.68	23 311.92
	12-16	墙面砂浆打底找平,15mm厚,DP M15	$100m^2$	2.324 7	1 009.05	716.92	15.56	153.69	102.46	20.49	1 997.68	4 644.01
52	011207001001	墙面装饰板	m^2	14.62	38.99	89.42	0.16	5.87	3.91	0.78	139.13	2 034.08
	12-126	墙面木(或夹板)基层上装饰夹板普通面层	$100m^2$	0.146 2	788.33	2 767.35		118.25	78.83	15.77	3 752.76	548.65
	12-112	附墙木龙骨基层,断面7.5cm^2以内,平均中距40cm以内	$100m^2$	0.146 2	990.14	954.77		148.52	99.01	19.80	2 192.44	320.53
	12-123	墙面木夹板基层	$100m^2$	0.1462	815.77	2 261.91		122.37	81.58	16.32	3 281.63	479.77
	9-80	平面聚合物水泥防水涂料,1.2mm厚	$100m^2$	0.146 2	295.92	2 241.24		44.39	29.59	5.92	2 611.14	381.75
	12-16	墙面砂浆打底找平,15mm厚,DP M15	$100m^2$	0.146 2	1 009.05	716.92	15.56	153.69	102.46	20.49	1 997.68	292.06
53	011302001001	吊顶天棚	m^2	15.59	35.47	23.07		5.32	3.55	0.71	68.12	1 061.99
	13-8	轻钢龙骨(U38型),吊顶平面	$100m^2$	0.155 9	1 764.37	i 103.98		264.66	176.44	35.29	3 309.45	515.94
	13-22	天棚石膏板平面基层,安在U形轻钢龙骨上	$100m^2$	0.155 9	999.75	1 126.31		149.96	99.98	20.00	2 376.00	370.42
	14-130+14-131×1换	墙、柱、天棚面刷涂料,三遍	$100m^2$	0.155 9	783.06	76.71		117.46	78.31	15.66	1 055.54	164.56
54	011401001001	木门油漆	m^2	15.12	30.44	13.74		4.57	3.04	0.61	52.40	792.29
	14-1	单层木门刷聚酯清漆,三遍	$100m^2$	0.151 2	3 043.89	1 374.20		456.58	304.39	60.88	5 179.06	783.07

续上表

第10页　共10页

清单序号	项目编码（定额编码）	清单(定额)项目名称	计量单位	数量	综合单价(元)							合计（元）
					人工费	材料（设备）费	机械费	管理费	利润	风险费	小计	
55	011404001001	木护墙、木墙裙油漆	m^2	15.64	22.07	6.62		3.31	2.21	0.44	34.65	541.93
	14-60	其他木材面刷聚酯清漆，三遍	$100m^2$	0.156 4	2 206.74	661.84		331.01	220.67	44.13	3 420.26	534.93
56	011407001001	墙面喷刷涂料	m^2	356.69	9.58	7.00		1.44	0.96	0.19	19.17	6 837.75
	14-128 + 14 -129 × 1 换	墙、柱、天棚面刷乳胶漆，三遍	$100m^2$	3.566 9	957.90	699.51		143.69	95.79	19.16	1 896.89	6 766.02
57	011407001002	墙面喷刷涂料	m^2	24.06	9.58	7.00		1.44	0.96	0.19	19.17	461.23
	14-128 + 14 -129 × 1 换	墙、柱、天棚面刷乳胶漆，三遍	$100m^2$	0.240 6	957.90	699.51		143.69	95.79	19.16	1 896.89	456.39
58	011407001003	墙面喷刷涂料	m^2	11.06	9.58	7.00		1.44	0.96	0.19	19.17	212.02
	14-128 + 14 -129 × 1 换	墙、柱、天棚面刷乳胶漆，三遍	$100m^2$	0.110 6	957.90	699.51		143.69	95.79	19.16	1 896.89	209.80
59	011407001004	墙面喷刷涂料	m^2	21.00	9.58	7.00		1.44	0.96	0.19	19.17	402.57
	14-128 + 14 -129 × 1 换	墙、柱、天棚面刷乳胶漆，三遍	$100m^2$	0.21	957.90	699.51		143.69	95.79	19.16	1 896.89	398.35
60	011407002001	天棚喷刷涂料	m^2	133.98	9.58	7.00		1.44	0.96	0.19	19.17	2 568.40
	14-128 + 14 -129 × 1 换	墙、柱、天棚面刷乳胶漆，三遍	$100m^2$	1.339 8	957.90	699.51		143.69	95.79	19.16	1 896.89	2 541.45
61	011407002002	天棚喷刷涂料	m^2	15.56	11.65	9.25		1.75	1.16	0.23	24.04	374.06
	14-128 + 14-129 × 1 换	墙、柱、天棚面刷乳胶漆，三遍	$100m^2$	0.155 6	957.90	699.51		143.69	95.79	19.16	1 896.89	295.16
	14-100	板缝贴胶带、点锈	$100m^2$	0.155 6	206.62	225.40		30.99	20.66	4.13	483.67	75.26
合计												227 938.48

分部分项工程工程量清单与计价表

附表 3-4

单位(专业)工程名称:单位工程——建筑　　　　第1页　共8页

序号	项目编码	项目名称	项目特征	计量单位	工程量	金额(元)					备注
						综合单价	合价	其中			
								人工费	机械费	暂估价	
1	010101001001	平整场地	正负在 30cm 以内的挖、填、找平,场内运土,无弃运土	m^2	75.40	10.38	782.65	616.02			
2	010101004001	挖基坑土方	挖三类土,满堂基础,挖土深度1.15m,垫层底尺寸:7.2m×12.3m	m^3	115.71	11.24	1 300.58	417.71	606.32		
3	010103001001	回填方	人工就地回填三类土,夯实,密实度满足设计和规范的要求	m^3	66.97	15.54	1 040.71	785.56	34.15		
4	010103002001	余方弃置	余土外运 5km	m^3	35.05	18.69	655.08	28.39	487.55		
5	010401001001	砖基础	DM M10.0 干混砌筑砂浆,MU10 混凝土实心砖(240mm×115mm×53mm)一砖半条形砖基础,砖基础高度为 1m,砖基础侧面 DS M15.0 干混地面砂浆	m^3	14.60	591.32	8 633.27	2 470.90	51.25		
6	010401003001	实心砖墙	DM M7.5 干混砌筑砂浆,混凝土实心砖(240mm×115mm×53mm)砌筑实心砖墙,墙体厚度 370mm,墙体高度6.05m,外墙	m^3	51.22	484.74	24 828.38	7 149.80	117.81		
7	010401003002	实心砖墙	DM M7.5 干混砌筑砂浆,混凝土实心砖(240mm×115mm×53mm)砌筑实心砖墙,墙体厚度 240mm,墙体高度 6.2m,内墙	m^3	18.06	484.74	8 754.40	2 521.00	41.54		
8	010401003003	实心砖墙	DM M7.5 干混砌筑砂浆,混凝土实心砖(240mm×115mm×53mm)砌筑实心砖墙,墙体厚度 240mm,墙体高度0.54m,女儿墙	m^3	4.26	484.74	2 064.99	594.65	9.80		
9	010501004001	满堂基础	泵送商品混凝土,强度等级为 C30(40)	m^3	29.75	495.18	14 731.61	643.79	7.44		
10	010501001001	垫层	非泵送商品混凝土,强度等级为 C15(40)	m^3	8.86	461.59	4 089.69	362.20	6.11		
本页小计							66 881.36	15 590.02	1 361.97		

续上表

第 2 页　共 8 页

序号	项目编码	项目名称	项目特征	计量单位	工程量	金额(元)					备注
						综合单价	合价	其中			
								人工费	机械费	暂估价	
11	010502001001	矩形柱	C30(40)泵送商品混凝土矩形柱,柱高1m,柱子断面周长在1.8m以内,层高3.6m	m^3	1.12	582.20	652.06	98.13	0.47		
12	010502001002	矩形柱	C30(40)泵送商品混凝土矩形柱,柱高1m,柱子断面周长在1.8m以上,层高3.6m	m^3	1.00	582.20	582.20	87.62	0.42		
13	010502001003	矩形柱	C30(40)泵送商品混凝土矩形柱,柱高7.17m,柱子断面周长在1.8m以内,层高3.6m	m^3	8.03	568.06	4 561.52	703.59	3.37		
14	010502001004	矩形柱	C30(40)泵送商品混凝土矩形柱,柱高7.17m,柱子断面周长在1.8m以上,层高3.6m	m^3	7.17	568.06	4 072.99	628.24	3.01		
15	010502002001	构造柱	C25(40)泵送商品混凝土构造柱,柱高0.54m,层高0.54m	m^3	0.31	615.83	190.91	46.09	0.20		
16	010503002001	矩形梁	C30(40)现浇现拌混凝土矩形梁,梁高0.6m以内,层高3.6m	m^3	9.09	516.90	4 698.62	333.15	3.82		
17	010503002002	矩形梁	C30(40)现浇现拌混凝土矩形梁,梁高0.6m以上,层高3.6m	m^3	7.36	516.90	3 804.38	269.74	3.09		
18	010503005001	过梁	C25(40)现浇现拌混凝土过梁	m^3	2.09	560.25	1170.92	208.48	1.34		
19	010505003001	平板	C30(40)泵送商品混凝土楼板,板厚100mm	m^3	11.09	528.81	5 864.50	469.22	8.65		
20	010505006001	栏板	C30(16)泵送商品混凝土阳台栏板,板厚60mm,高0.9m	m^3	0.37	635.49	235.13	48.64	0.24		
本页小计							25 833.23	2 892.90	24.61		

续上表

第3页　共8页

序号	项目编码	项 目 名 称	项 目 特 征	计量单位	工程量	金额(元)					备注
						综合单价	合价	其中			
								人工费	机械费	暂估价	
21	010505007001	天沟(檐沟)、挑檐板	C30(16)泵送商品混凝土屋面挑檐板	m^3	3.06	581.79	1 780.28	250.77	5.29		
22	010505008001	雨篷、悬挑板、阳台板	C30 商品泵送混凝土板式带翻檐雨篷,外挑尺寸为1.2m×2.56m,翻檐高为0.4m	m^3	0.55	563.25	309.79	37.47	0.34		
23	010506001002	直形楼梯	C30 商品泵送混凝土直形楼梯,底板厚100mm	m^2	6.64	134.59	893.68	103.52	1.00		
24	010514002001	其他构件	C30 非泵送商品混凝土压顶	m^3	35.24	676.40	23 836.34	5 587.65	22.55		
25	010514002002	其他构件	面层:DP M15 干混砂浆,混凝土台阶,非泵送商品混凝土 C15,素土夯实	m^2	6.24	241.85	1 509.14	521.79	4.80		
26	010507001001	散水、坡道	面层:散水面层一次抹光,80mm 厚 C10 混凝土垫层;伸缩缝;沥青砂浆嵌缝	m^2	21.12	85.09	1 797.10	480.27	8.03		
27	010801001001	木质门	镶板平开门 M1,2 400mm×2 700mm,无亮	m^2	6.48	170.75	1 106.46	369.36	6.35		
28	010801001002	木质门	胶合板平开门 M2,900mm×2400mm,无亮	m^2	8.64	183.62	1 586.48	570.24	9.85		
29	010801001003	木质门	胶合板平开门 M3,900mm×2100mm,无亮	m^2	3.78	183.62	694.08	249.48	4.31		
30	010807001001	金属(塑钢、断桥)窗	塑钢推拉窗 C1,1 500mm×1 800mm	m^2	21.60	314.36	6 790.18	381.24			
31	010807001002	金属(塑钢、断桥)窗	塑钢推拉窗 C2,1 800mm×1 800mm	m^2	6.48	314.36	2 037.05	114.37			
32	010807001003	金属(塑钢、断桥)窗	塑钢门连窗(MC1),1.5m×1.8m+0.9m×2.7m	m^2	5.19	667.97	3 466.76	183.99			
本页小计							45 807.34	8 850.15	62.52		

序号	项目编码	项 目 名 称	项 目 特 征	计量单位	工程量	金额(元)					备注
						综合单价	合价	其中			
								人工费	机械费	暂估价	
33	010902001001	屋面卷材防水	不上人屋面，自下而上：C30 商品泵送混凝土板；DS M20.0 干混地面砂浆找平层；炉渣混凝土找坡平均 50mm 厚；干铺珍珠岩 100mm 厚；DS M20.0 干混地面砂浆找平层在填充料上；热熔法一层改性沥青卷材，上翻 250mm；水泥砂浆保护层	m^2	75.51	131.07	9 897.10	2 383.10	74.00		
34	010902007001	屋面天沟、檐沟	挑檐，自下而上：C30 商品泵送混凝土板；炉渣混凝土找坡平均 50mm 厚；DS M20.0 干混地面砂浆找平层；SBS 防水层，外上翻 200mm，内上翻 250mm	m^2	40.80	60.28	2 459.42	427.99	16.73		
35	011101001001	水泥砂浆楼地面	一层楼梯间地面做法：150mm 厚 3　7 灰土；50mm 厚 C15 非泵送商品混凝土垫层；20mm 厚 DS M20.0 干混砂浆地面	m^2	7.92	74.76	592.10	172.34	3.33		
36	011101001002	水泥砂浆楼地面	二层清单、预算培训室楼面做法：20mm 厚 DS M20.0 干混砂浆抹面压实赶光；素水泥结合层一道(内掺建筑胶)；钢筋混凝土楼板	m^2	35.25	23.35	823.09	380.70	7.05		
37	011102003001	块料楼地面	一层图形培训室、钢筋培训室地面做法：素土夯实；150mm 厚 3：7 灰土；50mm 厚 C10 素混凝土垫层；20mm 厚 1：3 水泥砂浆找平；素水泥浆结合层一道(内掺建筑胶)；黏结剂铺贴 10mm 厚 600mm × 600mm 地砖，稀水泥浆擦缝	m^2	35.25	155.16	5 469.39	1 411.41	14.81		
本页小计							19 241.10	4 775.54	115.92		

续上表

第5页　共8页

序号	项目编码	项目名称	项目特征	计量单位	工程量	金额(元)					备注
						综合单价	合价	其中			
								人工费	机械费	暂估价	
38	011102003002	块料楼地面	二层会客室、阳台楼面做法：黏结剂铺贴600mm×600mm地砖，稀水泥浆擦缝；素水泥浆结合层一道（内掺建筑胶）；30mm厚C20非泵送商品细石混凝土找平层；素水泥浆结合层一道（内掺建筑胶）；钢筋混凝土楼板	m^2	21.38	111.46	2 383.01	697.84	0.64		
39	011104002001	竹、木（复合）地板	一层接待室地面做法：素土夯实；150mm厚3:7灰土；50mm厚C15商品混凝土非泵送垫层；1.5mm厚JS防水涂料；40mm厚C20细石混凝土随捣随抹平；复合木地板，榫槽、榫舌及尾部满涂胶液后粘铺	m^2	16.21	324.57	5 261.28	541.25	2.11		
40	011105001001	水泥砂浆踢脚线	一层楼梯间、二层清单（预算）培训室、楼梯间的踢脚线（踢2A）做法：8mm厚DS M20.0干混砂浆抹面压实赶光；素水泥结合层一道；10mm厚DS M15.0干混砂浆打底，高120mm	m^2	5.92	56.23	332.88	204.24	1.48		
41	011105002001	石材踢脚线	一层图形培训室、钢筋培训室、二层会客室踢脚线（踢10A）做法：10mm厚大理石踢脚板，稀水泥浆擦缝；干混砂浆铺贴，高120mm	m^2	5.73	234.17	1 341.79	271.89	0.57		
42	011106004001	水泥砂浆楼梯面层	楼梯装饰做法：20mm厚DS M20.0干混砂浆抹面压实赶光；素水泥结合层一道（内掺建筑胶）；钢筋混凝土楼梯	m^2	6.64	91.42	607.03	390.37	2.12		
本页小计							9 925.99	2 105.59	6.92		

续上表

第 6 页　共 8 页

序号	项目编码	项目名称	项目特征	计量单位	工程量	金额(元)					备注
						综合单价	合价	其中			
								人工费	机械费	暂估价	
43	011107004001	水泥砂浆台阶面	台阶装饰做法:面层,20mm 厚 DS M20.0 干混砂浆;台阶面,100mm 厚 C15 混凝土垫层;素土夯实	m^2	6.24	56.57	353.00	208.67	1.81		
44	011201001001	墙面一般抹灰	内墙砖墙抹灰做法:干混抹灰砂浆 DP M15.0,20mm 厚,分三遍抹平	m^2	360.43	29.74	10 719.19	5 399.24	82.90		
45	011201001002	墙面一般抹灰	干混抹灰砂浆 DP M15.0,20mm 厚,分三遍抹平	m^2	24.06	38.04	915.24	517.77	5.53		
46	011201001003	墙面一般抹灰	干混抹灰砂浆 DP M15.0,20mm 厚,分三遍抹平;外墙弹性涂料面	m^2	4.10	38.04	155.96	88.23	0.94		
47	011201001004	墙面一般抹灰	干混抹灰砂浆 DP M15.0,20mm 厚,分三遍抹平;绿色仿石涂料层	m^2	6.96	38.04	264.76	149.78	1.60		
48	011201001005	墙面一般抹灰	20mm 厚干混抹灰砂浆 DP M15.0,分三遍抹平	m^2	8.34	38.04	317.25	179.48	1.92		
49	011201001006	墙面一般抹灰	20mm 厚干混抹灰砂浆 DP M15.0,分三遍抹平;绿色仿石涂料层	m^2	12.66	38.04	481.59	272.44	2.91		
50	011204003001	块料墙面	外墙裙:高 900mm,外墙 27A,瓷质外墙面砖墙裙(红色)	m^2	30.15	116.38	3 508.86	1 796.04	6.63		
51	011204003002	块料墙面	外墙面:外墙 27A,瓷质外墙面砖墙裙(白色)	m^2	244.65	115.46	28 247.29	14 461.26	51.38		
本页小计							44 963.14	23 072.91	155.62		

续上表

第7页　共8页

序号	项目编码	项目名称	项目特征	计量单位	工程量	金额(元)					备注
						综合单价	合价	其中			
								人工费	机械费	暂估价	
52	011207001001	墙面装饰板	墙裙做法：聚酯清漆三遍；红榉板面层(普通)；附墙木龙骨(断面 7.5cm^2 以内，中距 40cm)，15mm 厚细木工板基层；JS 防水涂料；干混抹灰砂浆 DP M15.0 打底找平	m^2	14.62	139.13	2 034.08	570.03	2.34		
53	011302001001	吊顶天棚	1. 刷乳胶漆三遍(板缝贴胶带、点锈)； 2. 满刮两遍面层耐水腻子找平； 3. 满刮氯偏共聚乳液，耐水防霉涂料四遍； 4. 9.5mm 厚纸面石膏板，用自攻螺钉与龙骨固定； 5. U38 型(不上人)轻钢龙骨； 6. U38 型(不上人)，中距 600mm，龙骨吸顶吊件用膨胀螺栓与钢筋混凝土固定	m^2	15.59	68.12	1 061.99	552.98			
54	011401001001	木门油漆	胶合板门、镶板门的表面均刷聚酯清漆三遍	m^2	15.12	52.40	792.29	460.25			
55	011404001001	木护墙、木墙裙油漆	红榉板墙裙面刷聚酯清漆三遍(10A)	m^2	15.64	34.65	541.93	345.17			
56	011407001001	墙面喷刷涂料	一、二层房间内墙面刷乳胶漆三遍(5A)	m^2	356.69	19.17	6 837.75	3 417.09			
57	011407001002	墙面喷刷涂料	女儿墙内侧刷乳胶漆三遍(5A)	m^2	24.06	19.17	461.23	230.49			
58	011407001003	墙面喷刷涂料	阳台栏板内外装修乳胶漆三遍(5A)	m^2	11.06	19.17	212.02	105.95			
59	011407001004	墙面喷刷涂料	挑檐栏板内外装修乳胶漆三遍(5A)	m^2	21.00	19.17	402.57	201.18			
本页小计							12 343.86	5 883.14	2.34		

续上表

第8页　共8页

序号	项目编码	项目名称	项目特征	计量单位	工程量	金额(元)					备注
						综合单价	合价	其中			
								人工费	机械费	暂估价	
60	011407002001	天棚喷刷涂料	吊顶面满刮两遍耐水腻子,刷乳胶漆三遍(板缝贴胶带、点绣)(棚2B)	m^2	133.98	19.17	2 568.40	1 283.53			
61	011407002002	天棚喷刷涂料	吊顶面满刮两遍耐水腻子,刷乳胶漆三遍(板缝贴胶带、点绣)(棚2B)	m^2	15.56	24.04	374.06	181.27			
本页小计							2 942.46	1 464.80			
合计							227 938.48	64 635.05	1 729.90		

措施项目清单综合单价计算表

附表 3-5

单位(专业)工程名称:单位工程——建筑　　　　第 1 页　共 2 页

清单序号	项目编码(定额编码)	清单(定额)项目名称	计量单位	数量	综合单价(元)							合计(元)
					人工费	材料(设备)费	机械费	管理费	利润	风险费	小计	
1	011702001001	基础	m^2	3.90	26.17	10.94	0.92	4.06	2.71	0.54	45.34	176.83
	5-97	现浇混凝土模板,基础垫层模板	$100m^2$	0.039	2 616.98	1 093.70	91.69	406.30	270.87	54.17	4 479.54	174.70
2	011702001002	基础	m^2	33.18	23.40	12.20	0.67	3.61	2.41	0.48	42.77	1 419.11
	5-107	现浇混凝土地下室底板、满堂基础,有梁式、复合木模	$100m^2$	0.3318	2 339.55	1 219.87	67.49	361.06	240.70	48.14	4 228.67	1 403.07
3	010502001001	矩形柱	m^3	150.33	26.31	15.54	1.49	4.17	2.78	0.56	50.85	7 644.28
	5-119	现浇混凝土矩形柱,复合木模:支模高度3.6m以内	$100m^2$	1.503 3	2 630.88	1 554.29	148.99	416.98	277.99	55.60	5 029.13	7 560.29
4	011702003001	构造柱	m^2	4.67	20.84	19.03	0.72	3.23	2.16	0.43	46.41	216.73
	5-123	现浇混凝土构造柱	$100m^2$	0.046 7	2 083.86	1 902.81	72.27	323.42	215.61	43.12	4 597.97	214.73
5	011702006001	矩形梁	m^2	150.33	32.84	18.90	2.20	5.26	3.50	0.70	63.40	9 530.92
	5-131	现浇混凝土矩形梁,复合木模:支模高度3.6m以内	$100m^2$	1.503 3	3 283.88	1 889.90	219.90	525.57	350.38	70.08	6 269.63	9 425.13
6	011702009001	过梁	m^2	20.73	3.06	1.18	0.06	0.47	0.31	0.06	5.14	106.55
	5-140	现浇混凝土直形圈过梁,复合木模	$100m^2$	0.020 9	3 037.64	1 167.57	56.16	464.07	309.38	61.88	5 034.82	105.23
7	011702016001	平板	m^2	104.52	20.67	16.46	1.71	3.36	2.24	0.45	44.89	4 691.90
	5-144	现浇混凝土板,复合木模,支模高度3.6m	$100m^2$	1.0452	2 067.12	1 646.35	171.04	335.72	223.82	44.76	4 444.05	4 644.92
8	011702021001	栏板	m^2	13.06	25.84	21.58	1.28	4.07	2.71	0.54	56.02	731.62
	5-176	现浇混凝土直形栏板、翻檐模板	$100m^2$	0.1306	2 583.90	2 158.08	128.01	406.79	271.19	54.24	5 547.97	724.56
9	011702022001	天沟、檐沟	m^2	135.84	43.16	20.87	1.18	6.65	4.43	0.89	77.18	10 484.13

续上表

第2页　共2页

清单序号	项目编码（定额编码）	清单（定额）项目名称	计量单位	数量	综合单价（元）							合计（元）
					人工费	材料（设备）费	机械费	管理费	利润	风险费	小计	
	5-178	现浇混凝土天沟、挑檐模板	$100m^2$	1.358 4	4 316.22	2 086.84	118.41	665.19	443.46	88.69	7 630.12	10 364.76
10	011702023001	雨篷、悬挑板、阳台板	m^2	5.47	65.99	33.19	4.90	10.63	7.09	1.42	123.22	674.01
	5-174	现浇混凝土阳台、雨篷模板	$10m^2$ 水平投影面积	0.547	659.88	331.93	48.97	106.33	70.89	14.18	1 218.00	666.25
11	011702024001	楼梯	m^2	6.64	87.63	35.68	3.85	13.72	9.15	1.83	151.86	1 008.35
	5-170	现浇混凝土直形楼梯，复合木模	$10m^2$ 水平投影面积	0.664	876.29	356.79	38.46	137.21	91.48	18.30	1 500.23	996.15
12	011702025001	其他现浇构件	m^2	5.79	30.07	22.05	1.08	4.67	3.11	0.62	61.60	356.66
	5-182	现浇混凝土小型构件，复合模板	$100m^2$	0.057 9	3 006.72	2 205.21	108.01	467.21	311.47	62.29	6 098.62	353.11
13	011701001001	综合脚手架	m^2	153.54	12.09	6.26	0.88	1.95	1.30	0.26	22.74	3 491.50
	18-3	混凝土结构综合脚手架，檐高13m以内，层高6m以内	$100m^2$	1.535 4	1 208.93	626.40	88.24	194.58	129.72	25.94	2 247.87	3 451.38
14	011703001001	垂直运输	m^2	153.54			16.28	2.44	1.63	0.33	20.68	3 175.21
	19-4	混凝土结构建筑物垂直运输，檐高20m内	$100m^2$	1.535 4			1 628.00	244.20	162.80	32.56	2 035.00	3 124.54
合计												43 707.80

附表 3-6

施工技术措施项目清单与计价表

单位(专业)工程名称:单位工程——建筑　　　　第 1 页　共 1 页

序号	项目编码	项目名称	项目特征	计量单位	工程量	金额(元)					备注
						综合单价	合价	其中			
								人工费	机械费	暂估价	
1	011702001001	基础	非泵送商品混凝土满堂基础垫层模板,复合木模	m^2	3.90	45.34	176.83	102.06	3.59		
2	011702001002	基础	泵送商品混凝土满堂基础模板,复合木模	m^2	33.18	42.77	1 419.11	776.41	22.23		
3	010502001001	矩形柱	独立矩形柱模板,柱支模高度 3.6m,复合木模	m^3	150.33	50.85	7 644.28	3 955.18	223.99		
4	011702003001	构造柱	构造柱模板,柱支模高度 0.54m,复合木模	m^2	4.67	46.41	216.73	97.32	3.36		
5	011702006001	矩形梁	矩形梁模板,梁支模高度 3.6m,复合木模	m^2	150.33	63.40	9 530.92	4 936.84	330.73		
6	011702009001	过梁	直形过梁模板,梁支模高度 3.6m,复合木模	m^2	20.73	5.14	106.55	63.43	1.24		
7	011702016001	平板	平板模板,复合木模(层高 3.6m)	m^2	104.52	44.89	4 691.90	2 160.43	178.73		
8	011702021001	栏板	直形阳台栏板模板,复合木模	m^2	13.06	56.02	731.62	337.47	16.72		
9	011702022001	天沟、檐沟	挑檐模板,复合木模	m^2	135.84	77.18	10 484.13	5 862.85	160.29		
10	011702023001	雨篷、悬挑板、阳台板	阳台模板,复合木模(层高 3.6m)	m^2	5.47	123.22	674.01	360.97	26.80		
11	011702024001	楼梯	直形楼梯模板,复合木模	m^2	6.64	151.86	1 008.35	581.86	25.56		
12	011702025001	其他现浇构件	压顶模板,复合木模	m^2	5.79	61.60	356.66	174.11	6.25		
13	011701001001	综合脚手架	综合脚手架,檐高 13m,层高 6m	m^2	153.54	22.74	3491.50	1 856.30	135.12		
14	011703001001	垂直运输	建筑物垂直运输,檐高 20m 以内	m^2	153.54	20.68	3 175.21		2 499.63		
合计							43 707.80	21 265.23	3 634.24		

施工组织(总价)措施项目清单与计价表 附表 3-7

工程名称:建筑 标段: 第1页 共1页

序号	项目编号	项目名称	计算基础	费率(%)	金额(元)	备注
1	011707001001	安全文明施工费			8 688.37	
1.1		安全文明施工基本费	人工费+机械费	9.52	8 688.37	
2	Z01110900801	提前竣工增加费	人工费+机械费			
3	011707004001	二次搬运费	人工费+机械费			
4	011707005001	冬雨季施工增加费	人工费+机械费			
5		其他施工组织措施费	按相关规定计算			
合计					8 688.37	

其他项目清单与计价汇总表

附表 3-8

工程名称:建筑　　　　第1页　共1页

序号	项目名称	金额(元)	备注
1	暂列金额	10 000.00	
1.1	标化工地增加费		
1.2	优质工程增加费		
1.3	其他暂列金额		
2	暂估价		
2.1	材料(设备)暂估价		
2.2	专业工程暂估价		
2.3	专项技术措施暂估价		
3	计日工		
4	总承包服务费		
合计		10 000.00	

主要材料和工程设备一览表

附表 3-9

工程名称:建筑　　　　第 1 页　共 1 页

序号	名称、规格、型号	单位	数量	单价(元)	合价(元)	备注
1	普通硅酸盐水泥 PO 42.5 综合	kg	397.085	0.34	135.01	
2	黄砂净砂	t	0.037	92.23	3.41	
3	碎石综合	t	5.887	102.00	600.47	
4	混凝土实心砖,MU10(240mm × 115mm × 53mm)	千块	46.846	388.00	18 176.25	
5	泵送商品混凝土 C25	m^3	15.352	447.00	6 862.34	
6	泵送商品混凝土 C30	m^3	35.592	461.00	16 407.91	
7	泵送防水商品混凝土 C30/P8	m^3	30.048	460.00	13 822.08	
8	非泵送商品混凝土 C15	m^3	14.947	399.00	5 963.85	
9	非泵送商品混凝土 C20	m^3	1.256	412.00	517.47	
10	非泵送商品混凝土 C25	m^3	2.424	421.00	1 020.50	
11	非泵送商品混凝土 C30	m^3	35.592	438.00	15 589.30	
12	干混地面砂浆 DS M15.0	kg	5 771.203	0.26	1 500.51	
13	干混地面砂浆 DS M20.0	kg	9 264.211	0.26	2 408.69	
14	干混抹灰砂浆 DP M15.0	kg	23 503.546	0.27	6 345.96	
15	干混抹灰砂浆 DP M20.0	kg	3 114.995	0.27	841.05	
16	干混砌筑砂浆 DM M7.5	kg	28 636.476	0.25	7 159.12	
17	干混砌筑砂浆 DM M10.0	kg	5 540.700	0.25	1 385.18	
18	瓷质外墙砖 50mm × 230mm	m^2	234.652	34.48	8 090.80	
19	地砖 600mm × 600mm	m^2	58.153	53.45	3 108.28	
20	长条复合地板	m^2	17.021	138.00	2 348.90	
21	天然石材饰面板	m^2	5.959	159.00	947.48	
22	纸面石膏板 1 200mm × 2 400mm × 9.5mm	m^2	16.681	9.48	158.14	

主要机械台班价格表 附表 3-10

工程名称:建筑 第1页 共1页

序号	机械名称、规格、型号	单位	数量	单价(元)	合价(元)	备注
1	履带式推土机 90kW	台班	0.110	723.33	79.57	
2	履带式单斗液压挖掘机 $1m^3$	台班	0.662	923.97	611.67	
3	电动夯实机 250N·m	台班	1.583	28.33	44.85	
4	自升式塔式起重机 400kN·m	台班	2.579	575.55	1 484.34	
5	载货汽车 4t	台班	2.376	370.77	880.95	
6	自卸汽车 15t	台班	0.505	799.29	403.64	
7	电动卷扬机:单筒快速 5kN	台班	5.957	157.82	940.13	
8	卷扬机井架 30m	台班	5.957	12.56	74.82	
9	涡浆式混凝土搅拌机 500L	台班	0.159	289.76	46.07	
10	干混砂浆罐式搅拌机 20000L	台班	2.285	194.56	444.57	
11	木工圆锯机 500mm	台班	3.532	27.68	97.77	
12	木工压刨床单面 600mm	台班	0.536	31.60	16.94	
13	交流弧焊机 21kV·A	台班	0.010	63.66	0.64	
14	混凝土振捣器平板式	台班	1.937	12.73	24.66	
15	混凝土振捣器插入式	台班	10.569	4.68	49.46	
16	汽车式起重机 5t	台班	0.446	368.72	164.45	

人民交通出版社高职高专土建类专业系列教材书目

序号	书号 978-7-114-	书 名	著译者	定价(元)
1	16619-8	钢结构构造与识图(第2版)	马瑞强	48.00
2	13913-0	新平法识图与钢筋计算(第二版)*	肖明和	43.00
3	16618-1	建筑工程计量与计价(第4版)*	蒋晓燕	58.00
4	08462-1	建筑工程施工图实例图集	蒋晓燕	38.00
5	18358-4	建筑材料与检测(第4版)*	宋岩丽	52.00
6	12637-6	建筑法规(第三版)*	马文婷、隋灵灵	42.00
7	14863-7	建筑识图与构造	董罗燕	42.00
8	13098-4	建筑识图与构造技能训练手册(第二版)	金梅珍	38.00
9	12663-5	地基与基础(第三版)*	王秀兰	38.00
10	19106-0	建筑工程质量与安全管理(第2版)	程红艳	56.00
11	12920-9	建设工程监理概论(第三版)	杨峰俊	35.00
12	13880-5	建筑工程技术资料管理(第三版)	李媛	40.00
13	13672-6	建筑装饰装修工程预算(第三版)*	吴锐	43.00
14	13558-3	建筑装饰装修工程预算习题集与实训指导(第三版)*	吴锐	30.00
15	13648-1	园林绿化工程预算	吴锐	38.00
16	13979-6	建筑构造与识图(第三版)	张艳芳	48.00
17	13687-0	建筑构造与识图习题与实训(第三版)	张艳芳	26.00
18	13311-4	建筑工程预算(第三版)	王晓薇	38.00
19	13220-9	建筑结构(第二版)	盛一芳 刘敏	52.00
20	08947-3	建筑工程 CAD(第二版)	张小平	36.00
21	09269-5	建筑施工技术(第二版)	危道军	49.00
22	10863-1	工程测量	王晓平	39.00
23	09684-6	建筑工程质量事故分析与处理(第二版)	余斌	39.00
24	08602-1	广联达工程造价类软件实训教程—案例图集(第二版)	广联达公司	25.00
25	08579-6	广联达工程造价类软件实训教程—图形软件篇(第二版)	广联达公司	20.00
26	08580-2	广联达工程造价类软件实训教程—钢筋软件篇(第二版)	广联达公司	15.00
27	18305-8	Python 土力学与基础工程计算	马瑞强	68.00

注:带*者为国家规划教材。